Uhlig/Nitsch/Kehr
Wie Columbus fliegen lernte

Thomas Uhlig
Alexander Nitsch
Joachim Kehr

Wie Columbus fliegen lernte

Einblicke in eine einzigartige Weltraummission

HANSER

Vorderes Vorsatz:
Das Team – Flight Controller, Mission Manager,
Engineering Support, Ground Controller – im Haupt-
kontrollraum des Raumfahrtkontrollzentrums
Oberpfaffenhofen

Hinteres Vorsatz:
Aufbauphasen der Internationalen Raumstation ISS

**Bibliografische Information der Deutschen
Nationalbibliothek**
Die Deutsche Nationalbibliothek verzeichnet diese
Publikation in der Deutschen Nationalbibliografie;
detaillierte bibliografische Daten sind im Internet über
http://dnb.d-nb.de abrufbar.

ISBN 978-3-446-42161-5

© 2010 Carl Hanser Verlag München
www.hanser.de
Projektleitung/Lektorat: Dipl.-Phys. Jochen Horn
Herstellung: Renate Roßbach
Buchgestaltung: Dipl.-Grafiker Matthias Dittmann
Druck und Bindung: DZA Druckerei zu Altenburg GmbH
Printed in Germany

Einleitung

»... – five – four – three – two – one – and ... lift-off of Space Shuttle *Atlantis* as *Columbus* sets sails on its voyage to the International Space Station.« Angespannt und freudig überrascht schauen die vielen Menschen im Hauptkontrollraum in Oberpfaffenhofen auf die große Projektion an der Wand – der Space Shuttle *Atlantis* ist tatsächlich gestartet – mit *Columbus* an Bord, die **MET (Mission Elapsed Time)**-Uhr hat den Nullpunkt überwunden und läuft nun ihre ersten Sekunden in Vorwärtsrichtung. Die seit so vielen Jahren geplante **1E-Mission** hat immer wieder auf des Messers Schneide gestanden, nun hat sie endlich begonnen.

Die Startwahrscheinlichkeit war mit 30 % heute nicht gerade das gewesen, worauf man mit gutem Gewissen hätte wetten können. Dennoch war der Countdown nach den einzelnen, fest eingeplanten Haltepunkten jedes Mal wieder losgelaufen. Besorgt hatte man in Houston, im Startkontrollzentrum in Cape Canaveral und auch in Oberpfaffenhofen auf die Wettersituation geschaut – und immer wieder war mit schöner Regelmäßigkeit dem **Launch Director** ein »No Go« von den Wetterexperten gegeben worden, das sich wenige Minuten später dann wieder in ein »Go« umwandelte. Problematisch war, dass das **Startfenster** nur wenige Sekunden offen war – man hatte

nur ein paar Augenblicke Spielraum, falls das Wetter gerade nicht mitspielen sollte.

Und so musste man bis zuletzt zittern. Auf den Live-Übertragungen vom Startplatz 39 A waren immer wieder dunkle Wolken zu sehen. Aber das Wetter blieb auf »Go«, und der Start konnte erfolgen.

Flugdirektor *Alexander Nitsch* hatte kurz vor dem Start das Motto ausgegeben, dass die Flight Controller in Oberpfaffenhofen die kommenden Minuten genießen sollten, bevor dann wieder Ruhe und Konzentration im Kontrollraum einkehren müsse und alle nicht berechtigten Personen den Raum zu verlassen hätten.

Besonders die Älteren, die schon viele Jahre an der Konzeption und der Konstruktion des Moduls gearbeitet haben, sind von diesem Moment bewegt.

Andrea Geraci an der **ACE**-Konsole versucht, mit seiner Digitalkamera ein Foto von der erst einige Sekunden anzeigenden **MET**-Uhr zu machen – und gleichzeitig den fliegenden Shuttle auf seinem Monitor mit ins Bild zu bekommen.

Atemlose Stille herrscht in Oberpfaffenhofen. Zu unwirklich ist für viele der Beteiligten, was sie da gerade erleben. Man hatte sich jahrelang auf diesen Moment vorbereitet. Aber dass es nun nach all den Verschiebungen und Unsicherheiten endlich wirklich losgehen sollte, das war schwer zu glauben.

MET (Mission Elapsed Time)
Eine Zeitskala, die den Start einer Raumfahrtmission als »Nullpunkt« hat

Launch Director
Leiter des Startkontrollteams, der an den Flight Director übergibt, sobald der Shuttle die Startrampe hinter sich gelassen hat

Startfenster
Startzeitraum, der ein Rendez-vouz mit der Raumstation erlaubt

▲ *Space Station Flight Control Room in Moskau*

Flugdirektor (Flight Director)
Leiter der Flugkontrollteams

ACE (Activation and Check-Out Engineer)
Ein Repräsentant der *Columbus*-Herstellerfirmen, der die Aktivierung des Moduls begleiten wird

◄◄ *Angespannte Ruhe im Columbus-Kontrollzentrum in Oberpfaffenhofen bei München. Noch steht die Atlantis am Startplatz.*

◄ *Shuttle Flight Control Room am Johnson Space Center in Houston*

▲ Gespannt beobachten die Flight Controller in Oberpfaffenhofen den Start des Space Shuttles Atlantis

▶ »And Ignition!« Die Haupttriebwerke der Atlantis laufen bereits, während die Feststoffraketen noch auf ihre Zündung warten.

Um wie die ISS auf eine Kreisbahn um die Erde zu gelangen, ist es nicht nur damit getan, die erforderliche Höhe zu erreichen. Ein Raumfahrzeug, das nur vertikal nach oben fliegt, würde nach Brennschluss einfach der Gravitation

folgend wieder nach unten fallen. Bildhaft kann die Situation am waagerechten Wurf verdeutlicht werden. Ein Gegenstand, der waagerecht mit einer Anfangsgeschwindigkeit *v* geworfen wird, trifft bei gleicher Abwurfhöhe desto weiter

entfernt vom Abwurfpunkt auf die Erde, je größer *v* gewählt wurde (**a** und **b**). Im Gedankenexperiment kann man sich nun vorstellen (**c**), dass die Abwurfgeschwindigkeit so gesteigert werden kann, dass der Gegenstand schließlich weiter

fliegt, als der Erdumfang beträgt. Streng physikalisch argumentiert, muss die Gravitationskraft, die einen Körper auf die Erde zurückzieht, durch die Zentrifugalkraft aufgehoben werden, die dem Quadrat der Geschwindigkeit *v* proportional ist (**d**).

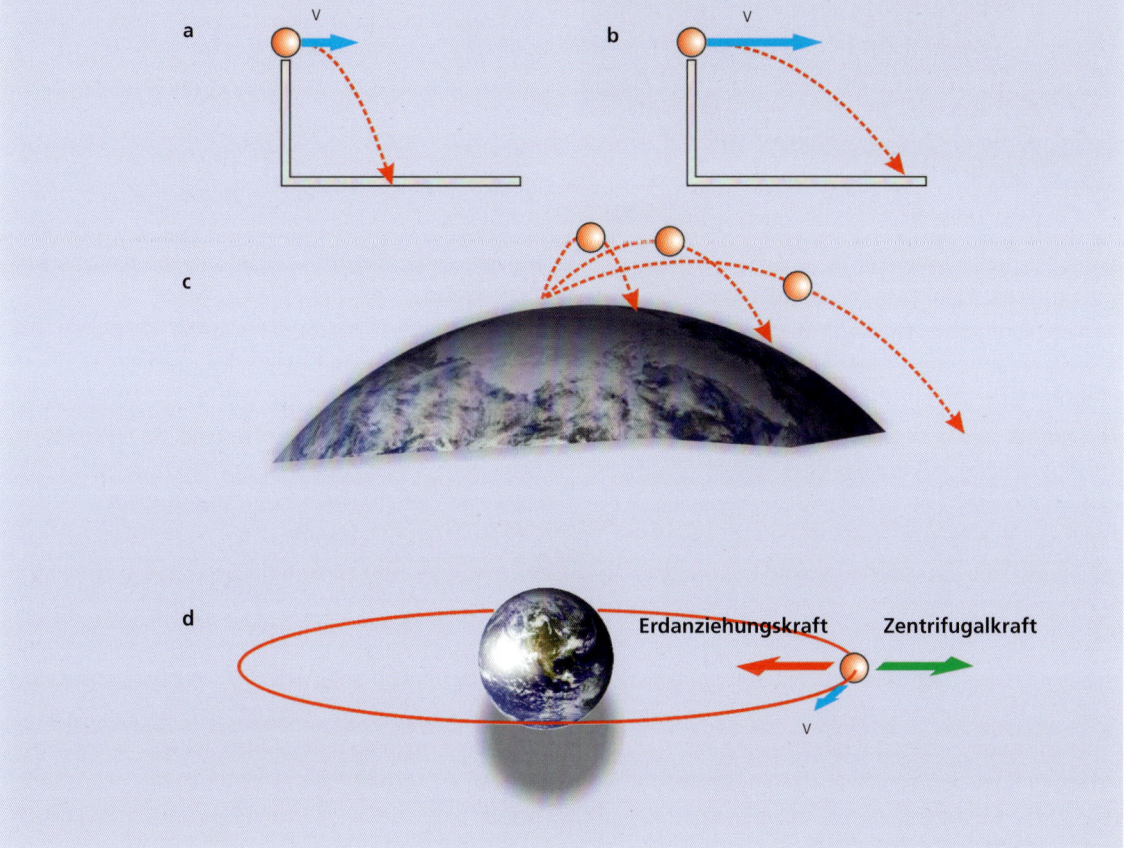

Auf der Projektionswand des Kontrollraums legt sich der Space Shuttle in der Zwischenzeit scheinbar auf den Rücken – er geht von der reinen Aufwärtsbewegung langsam in eine waagerechte Bewegungsrichtung über. Denn die Astronauten wollen nicht nur hoch hinaus, sondern auch auf einen stabilen Orbit um die Erde – und nach den Gesetzen der Physik ist das nur möglich, wenn sich das Raumfahrzeug in der horizontalen Richtung mindestens mit der sog. **ersten kosmischen Geschwindigkeit** (für die Erde 7,9 Kilometer pro Sekunde) bewegt.

So ist die Hauptaufgabe des Space Shuttles nicht nur, die Astronauten hoch in den Weltraum zu bringen, sondern auch, sie parallel zur Erdoberfläche so zu beschleunigen, dass sie nicht sofort wieder herunter-

fallen. Dabei nutzt der Raumgleiter geschickt die Eigenrotation unseres Planeten aus, indem die Aufstiegsrichtung so festgelegt ist, dass die Flugbahn nach Osten führt und sich die Umdrehungsgeschwindigkeit der Erde zu der Geschwindigkeit der Rakete addiert. Aber an solche physikalischen Spitzfindigkeiten denkt im Augenblick im Kontrollraum Vier (K4) in Oberpfaffenhofen kein Mensch.

Die Flight Controller wissen genau, dass Applaudieren im Kontrollraum nach einem Shuttle-Start erst dann gestattet – oder besser: gerechtfertigt – ist, wenn die Haupttriebwerke abgeschaltet worden sind. Erst dann ist die kritische Startphase wirklich erfolgreich verlaufen und sind die sieben Astronauten sicher auf ihrem Weg zur ISS. So verfolgen alle noch ange-

Nutzlasten
Experimente werden im Raumfahrtjargon als Nutzlasten oder Payloads bezeichnet

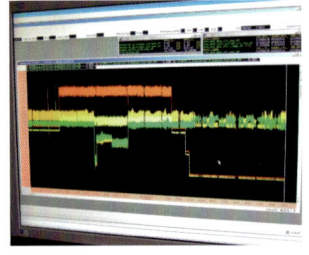

▶ Der Bayerische Ministerpräsident gratuliert: Flugdirektor Alexander Nitsch im Gespräch mit Günther Beckstein

Main Engine Cut-Off (MECO)
Abschalten der Haupttriebwerke

Telekommandos
Computerbefehle, die auf der Raumstation eine definierte Wirkung hervorrufen

▲ Die Heizer an der Außenhaut scheinen zuverlässig zu arbeiten: Ein gleichmäßiger Verlauf der Datenkurven wird angezeigt.

▶ Der Flight Controller hat alles im Blick: Telemetriesystem an der Konsole zur Überwachung von Columbus

spannt die nächsten Minuten auf den Monitoren und die Kommunikation zwischen Houston und den Raumfahrern, bis endlich der **Main Engine Cut-Off (MECO)** gemeldet wird. Nun bricht in Oberpfaffenhofen der Applaus los, und das Händeschütteln beginnt.

Bevor es endgültig mit der Überwachung des Fluges losgeht, hat sich noch hoher Besuch angekündigt: Der Bayerische Ministerpräsident *Günther Beckstein* ist gekommen, um den Start im Kontrollzentrum mit zu verfolgen, und richtet nun im Kontrollraum einige Worte an die Flight Controller, wobei er sich für das Engagement und den Elan bedankt, mit dem das Team in den letzten Monaten und Jahren diese erste europäische Mission vorbereitet hat.

Dann – *Günther Beckstein* ist kaum aus der Tür – beginnt die wirkliche Missions-Arbeit im Kontrollraum und an den Konsolen. Dazu bittet *Nitsch* zunächst einmal alle Unbeteiligten aus dem Raum, während sich die zurückbleibenden Flight Controller für die nächsten

Stunden einrichten. Viel gibt es für sie noch nicht zu tun – das wird sich in den nächsten Tagen ändern. Während *Columbus* in der Space-Shuttle-Ladebucht verankert ist, werden in Oberpfaffenhofen hauptsächlich die Ströme von einigen elektrischen Heizern empfangen, die bis zum Andocken an die ISS das Einfrieren des Moduls sowie der mitfliegenden externen **Nutzlasten** im kalten Weltraum verhindern sollen.

Eine weitere Aufgabe dieser Nachtschicht wird es sein, mehrere Testkommandos an die ISS zu schicken. Als Kommandos oder Befehle werden kurze Buchstaben- oder Zahlenfolgen bezeichnet, die von den Bodencomputern an die Raumstation gesendet werden und dort genau definierte Reaktionen hervorrufen, etwa ein Ventil zu schließen oder eine Datei zu kopieren. Das Senden von derartigen Befehlen wird im Fachjargon als Kommandieren bezeichnet – was aber nichts mit exerzierplatzmäßigen Anweisungen an die Astronauten zu tun hat ...

Der Weg solcher **Telekommandos** von Oberpfaffenhofen bis zu *Columbus* ist durchaus nicht ohne – davon wird später noch die Rede sein. Und so macht ein Test dieser komplizierten Verbindung durchaus Sinn. Auch, wenn *Columbus* noch nicht mit der ISS verbunden ist: Ein Großteil des Weges kann schon jetzt erfolgreich getestet werden, auch wenn der Zentralcomputer der ISS nur antwortet, dass *Columbus* nicht reagiert ...

Viele Konsolenpositionen im Kontrollraum bleiben diese Nacht noch unbesetzt. Für sie gibt es ohne ein angedocktes *Columbus*-Modul noch keine Arbeitsaufgaben. Außerdem muss man mit den Personalressourcen weitsichtig haushalten: Es stehen einige sehr herausfordernde Tage während dieser Shuttle-Mission bevor, und auch danach können die Beine nicht hochgelegt werden: *Columbus* soll mindestens die nächsten zehn Jahre ununterbrochen betrieben werden!

Die meisten der Flight Controller, die nach dem erfolgreichen Start nun in Richtung Heimat streben, um sich vor den kommenden anstrengenden Tagen noch ein wenig zu erholen, nehmen auf dem Nachhauseweg noch den kurzen Umweg über die Besucherbrücke in Kauf, von der man einen guten Einblick in die Kontrollräume hat. Ein seltsames Gefühl, die Nachtschicht dort unten sitzen zu sehen in der Gewissheit: In den kommenden Jahren wird man zu jeder Tages- oder Nachtzeit den Kontrollraum K4 besetzt vorfinden, um eine kontinuierliche Überwachung des Raumlabors sicherzustellen.

Die allererste Schicht am *Columbus*-Kontrollzentrum in Oberpfaffenhofen bei München hat begonnen.

▲ Die ISS in Erwartung des neuen Moduls

◄◄ Blick vom K4 in den Weltraum. Die Atlantis mit offener Ladebucht

◄ Space Station Flight Control Room am Johnson Space Center in Houston

Wie alles begann

Columbus – in Rom geboren?

Als am 7. Februar 2008 die routinierte, fast emotionslose Stimme des NASA-Kommentators bei der Live-Übertragung ins Foyer des *Columbus*-Kontrollzentrums den Brennschluss der Haupttriebwerke bekannt gab, dachte *Joachim Kehr*, ehemaliger *Columbus*-Projektmanager am **Deutschen Raumfahrtkontrollzentrum**: »Endlich geschafft«, und seine Gedanken schweiften zurück zu einem anderen Flug, mit dem für ihn das *Columbus*-Abenteuer begann.

Zum Anbruch eines sehr heißen Julimorgens im Jahre 1984 saß er an Bord des ersten Lufthansa-Fluges dieses Tages von München nach Rom, um bei der Endpräsentation einer deutsch-italienischen Raumstationsstudie der Firmen ERNO-MBB, Aeritalia und der Vorgängerorganisation des heutigen **DLR** teilzunehmen. Er sollte als Experte des Deutschen Raumfahrtkontrollzentrums das erarbeitete Bodenbetriebskonzept vorstellen. Das Treffen fand unter Beteiligung von deutschen und italienischen Vertretern der jeweiligen Ministerien am Sitz des italienischen Forschungsministeriums am Lungotevere Thaon di Revel 76 in Rom statt.

Die Raumstationsstudie der Firmen, die schon federführend am Bau des **Spacelabs** beteiligt waren, wurde bereits ein Jahr vor dem erfolgreichen Jungfernflug des *Spacelab*-Moduls mit *Ulf Merbold* 1983 initiiert, um über gemeinsame *Spacelab*-Weiterentwicklungen nachzudenken.

Derartig weitreichende, oft wie Science Fiction anmutende Studien sind in der Raumfahrt durchaus üblich. Sie sind der Ausgangspunkt einer langen Kette von immer konkreter werdenden Plänen, die letztendlich im Idealfall in der eigentlichen Mission kulminieren. In der Raumfahrt wird der Fortschritt eines Projekts üblicherweise über klar definierte Projektphasen beschrieben. Unter der Phase 0 versteht man die Entwicklung der eigentlichen Idee für eine Mission und einen ersten Konzeptentwurf. Die Phase A ist eine erste Machbarkeitsstudie, die unter der Berücksichtigung der Missionsziele eine Übersicht über ein mögliches Gesamtkonzept darstellt. So weit war das *Columbus*-System also 1984 gerade einmal gediehen.

Auf die Phase A folgt die Phase B, während der ein erstes Design des gesamten Raumflugkörpers, aber auch des notwendigen Bodensystems inklusive eines Betriebskonzeptes erarbeitet wird. Ist die Phase B erfolgreich abgeschlossen, so wird in Phase C das detaillierte Design erarbeitet und schließlich auch der eigentliche Bau begonnen. Bevor der Satellit, die Sonde oder das bemannte Modul dann endgültig in den Orbit geschickt werden kann, muss das Raumfahrzeug in der Phase D noch in zahlreichen Tests beweisen, dass es den harten Weltraumbedingungen gewachsen ist und richtig integriert wurde.

1984 waren die europäischen Raumfahrtpläne jedoch noch lange nicht so weit gediehen – das Projekt existierte bislang nur auf dem Papier als Phase-A-Konzept. Als Studienziel hatte man sich vorgenommen, den nächsten logischen Schritt zum Bau einer autonomen europäischen Raumstation zu definieren. Das entwickelte Konzept wurde von den Verantwortlichen *Gottfried Greger* vom deutschen Bundesministerium für Forschung und Technologie, *Manfred Fuchs* von der Firma ERNO-MBB und *Ernesto Vallerani* von Aeritalia auf den Namen *Columbus* getauft – in Hinblick auf einen möglichen ersten Starttermin im Jahr 1992, dem 500. Jahrestag der Entdeckung Amerikas.

Bei der Endpräsentation in Rom wurde erstmalig eine Gesamtschau der möglichen **In-Orbit-Infrastruktur (IOI)**-Elemente vorgestellt: Es war ein imposantes Szenario mit Plattformen in polaren und äquatorialen Umlaufbahnen, Labormodulen, freifliegend oder andockbar, bemannbar und unbemannt, jedoch immer durch Astronauten wartbar. Hinzu kamen die notwendigen Transportvehikel wie Trägerraketen und Raumgleiter sowie Kommunikationselemente – also **Relaissatelliten** mit den entsprechenden Bodenanlagen.

Deutsches Raumfahrtkontrollzentrum
Auch German Space Operations Center (GSOC) genannt, vom DLR betriebenes Kontrollzentrum für Satelliten und bemannte Raumfahrt

DLR
Deutsches Zentrum für Luft- und Raumfahrt, nationale deutsche Forschungseinrichtung

Spacelab
Deutsches Forschungslabor, das im Space Shuttle integriert Forschungen in der Schwerelosigkeit erlaubte und mehrfach durch die Amerikaner, teilweise mit deutscher Beteiligung, genutzt wurde

In-Orbit-Infrastruktur (IOI)
Die europäischen Weltraumträume sahen zunächst nicht ein einzelnes Modul, sondern ein ganzes Programm mit verschiedensten Komponenten vor.

Relaissatelliten
Satelliten zur Kommunikation mit der Raumstation

Control Center) wurde Toulouse vorgesehen, während die bemannten Weltraumlabore von Oberpfaffenhofen (Manned Space Laboratories Control Center) aus betrieben werden sollten. Zusätzlich sollten dezentralisierte Nutzerzentren (User Support Centers – USOCs) in den interessierten beteiligten Mitgliedsländern durch nationale Beiträge, also nicht von der ESA finanziert, aufgebaut werden.

Als Hauptbeitragszahler des *Columbus*-Programms zeichneten Deutschland 38 %, Italien 25 % und Frankreich 14 %. Die geschätzten Gesamtkosten wurden in einer virtuellen Währung berechnet und beliefen sich damals auf 3,7 Milliarden *Accounting Units*, wobei eine *Accounting Unit* in etwa einem Euro entsprach. Für den Starttermin des *Columbus*-Moduls wurde, wie bereits in der Phase A geplant, das Jahr 1992, der 500. Jahrestag der Entdeckung der »Neuen Welt« durch Christoph Kolumbus, vorgesehen.

Nachfolgend wurden zwanzig verschiedene Phase-B-Entwurfs- und Entwicklungsstudien für das *Columbus*-Bodensegment mit wechselnden Industriepartnern, jedoch immer unter Verantwortlichkeit des Deutschen Zentrums für Luft- und Raumfahrt (DLR) für die ESA durchgeführt, um die Leistungsfähigkeit des Kontrollzentrums den wechselnden politischen, technischen und finanziellen Anforderungen jeweils maßgeschneidert anzupassen. Diese Studienphase begann 1987 und konnte erst nach 16 Jahren im Jahre 2002 mit der »Phase-B2X-Extension« abgeschlossen werden.

Die komplexe Projektstruktur wird etabliert – Phase B

Zur Erklärung der nachfolgenden Beschreibung sei bemerkt, dass die zugeordneten Namen nur eine Art Momentaufnahme zeigen, da über die Jahre und Jahrzehnte hinweg natürlich viele Anpassungen und Änderungen stattfanden. Die erwähnten Ingenieure sind aus der Sicht der Autoren diejenigen, die für die Definition und Entwicklung des *Columbus*-Bodensegments (Phase B) prägend waren.

Das Ergebnis der auf der ESA-Versammlung am 18. Oktober 1996 beschlossen Reorganisation war die Einrichtung von ESA-Direktoraten verschiedener Fachrichtungen. Direktorate für Industrieangelegenheiten und Technologie-Programme sowie für wissenschaftliche Programme, Abteilungen für Anwendungsprogramme, für Raumfahrzeugträger sowie für bemannte Raumfahrt und Schwerelosigkeitsforschung wurden am **ESTEC (European Space Research and Technology Centre)** in Noordwijk etabliert. Für *Columbus*

zuständig war das Directorate of Manned Spaceflight and Microgravity, das von *Jörg Feustel-Büechl* geleitet wurde.

Dieses Direktorat war weiter in vier »Departments« gegliedert:

- Bemannte Raumfahrt-Programmintegration,
- Bemannte Raumfahrtprogramme,
- Schwerelosigkeitsforschung & Raumstationsnutzung
- sowie das Europäische Astronautenzentrum.

Außerdem wurden Außenbüros bei den internationalen Partnern und Agenturen eingerichtet, so in Houston am *Johnson Space Center*, in der Nähe von Moskau am **ZUP (Zentr Upravleniya Poletami)** und bei der französischen Raumfahrtbehörde **CNES (Centre national d' études spatiales)** in Toulouse.

Columbus war im **Department für Bemannte Raumfahrtprogramme** beheimatet, das von *Frank Longhurst* geleitet wurde. Das Department untergliederte sich weiter in die Fachabteilungen **System Integration** (*Jochen Graf, Bob Chesson, Jürgen Pfennigstorf, Hiltrud Pieterek, Wim van Leeuwen*), **Columbus-Projekte** (*Alan Thirkettle*), **ATV/CTV-Projekte** (*Patrice Amadieu*), **European Robotic Arm Project** (*Richard Bentall*) und die von *Marc Kudlikowski* geführte **Operations & Ground Segment**-Abteilung.

Alle Phase-B-Studienaktivitäten wurden unter der Leitung des Departments für bemannte Raumfahrtprogramme, insbesondere der Abteilung Operations & Ground Segment durchgeführt. Letztere wurde im Tagesgeschäft vom ESOC in Darmstadt unterstützt.

Das ESOC, damals unter der Leitung von *Kurt Heftmann*, später *Felix Garcia-Castaner* hatte ebenso wie das Deutsche Raumfahrtkontrollzentrum bereits große Erfahrung im Betrieb von Weltraummissionen. Daher existierte in Darmstadt Abteilungen ähnlich denen in Oberpfaffenhofen. Insbesondere das Department IOI Ground Segment Development (*Horst Kummer, Antonio Sesma*, später *Werner Frank*) mit den Abteilungen *Columbus*-Bodensegment (*Chris Reinhold*) und den Fachabteilungen für operationelle Aspekte (*Horst Brogl*), Kontrollzentrumsanforderungen (*Richard van Holtz, Uwe Christ*) und *Columbus*-Nutzerschnittstellen (*Jürgen Volpp*) bildeten ungefähr die auch in Oberpfaffenhofen vorhandenen Zuständigkeiten ab. Die ESOC-Ingenieure definierten nun alle Vorgaben und überwachten die Ausführung aller Entwicklungs- und Durchführungsarbeiten des Deutschen Raumfahrtkontrollzentrums bei München.

Die Bayern mussten für jede Studienphase ein Angebot nach ESA-Richtlinien mit der Identifizierung

▲ *Christoph Kolumbus – Entdecker neuer Welten und Namenspatron des europäischen Weltraumprogramms (Gemälde, 1519, von S. del Piombo)*

ZUP (Zentr Upravleniya Poletami)
Russisches Flugkontrollzentrum

CNES (Centre national d' études spatiales)
Französische Raumfahrtagentur

ESTEC (European Space Research and Technology Centre)
Forschungszentrum der ESA bei Amsterdam

Als Ergebnis der ersten Studie im Oktober 1985 wurde das hier skizzierte Konzept auf einem internationalen Symposium der Deutschen Gesellschaft für Luft- und Raumfahrt vorgestellt.

Die Grundidee für *Columbus* war im Gegensatz zum *Spacelab*-Programm, einen modularen, schrittweisen Aufbau des Gesamtszenarios in der Umlaufbahn vorzunehmen und einen ständigen Verbleib im Weltraum zu sichern. Dieses Konzept setzte natürlich Wartung und Komponentenaustausch während der aktiven Flugphasen voraus.

In dem verwirrend anmutenden Entwurf fanden sich vier Grundelemente in verschiedenen Konfigurationen immer wieder: das druckbeaufschlagte Modul **(Attached Pressurized Module – APM)** (b), an die US-Station (a) andockbar oder frei fliegend mit gelegentlichen Astronautenbesuchen, das **Ressourcen-Modul (RM)**, unbemannt (e) oder von Astronauten wartbar in der druckbeaufschlagten Version (i), das **Service-Vehikel (SV)**, entweder unbemannt (c, k), oder später auch bemannt (l) sowie **Experimental-Plattformen** in polaren (f) und äquatorialen (h) Umlaufbahnen.

Das Kernstück war das APM, das, kombiniert mit dem Ressourcen-Modul, als erste Ausbaustufe den durch Astronauten wartbaren **Man Tended Free Flyer (MTFF)**

a) *US-Raumstation,* **b**) *andockbares, druckbeaufschlagtes Labormodul (APM),* **c**) *Service-Vehikel (SV) – unbemannt,* **d**) *US-Kommunikationssystem: Tracking and Data Relais Satellite System (TDRSS),* **e**) *Ressource Module (RM) – unbemannt,* **f**) *Experiment-Plattform im polaren Orbit,* **g**) *Man Tended Free Flyer (MTFF), bestehend aus APM und RM,* **h**) *Experiment-Plattform im gleichen Orbit wie die Raumstation,* **i**) *Ressource Module (RM) mit druckbeaufschlagtem Modul APM (bemannbar),* **k**) *Service-Vehikel (SV) – unbemannt,* **l**) *Service-Vehikel (bemannt mit Roboterarm),* **m**) *europäisches Kommunikationssystem (E-DRS),* **n**) *Experiment-Plattform, erweiterte Ausbaustufe,* **o**) *autonome, europäische Raumstation (APM, RM und Habitation Module)*

(g) ergab. Dieser sollte später durch Hinzufügen eines Wohnmoduls (Habitation Module) zu einer autonomen, europäischen Raumstation ausgebaut werden.

Zum Aufbau im Orbit und zur Wartung sah man das Service-Vehikel in verschiedenen Konfigurationen vor, zunächst unbemannt, dann bemannt und mit einem externen Roboterarm ausgestattet.

Die Logistik des Wartungskonzepts war komplex und plante die Benutzung europäischer und amerikanischer Komponenten ein: für den Transport vom Boden in den Orbit die europäische Miniversion des Shuttles, den Astronautentransporter *Hermes* oder den amerikanischen Shuttle selbst.

Für orbitale Aktivitäten waren das Service-Vehikel und das automatisch operierende US-**Orbit-Manövrier-Vehikel (OMV)** zuständig.

Das Szenario sah weiterhin einen schrittweisen Ausbau der Experimentier-Plattformen, basierend auf dem früher entwickelten EURECA-Konzept, vor: modulare Experimentiereinheiten, die in standardisierten, austauschbaren Containern **(Orbital Replacement Units – ORU)** untergebracht waren und die für Auswerte- und Wartungsarbeiten zur Erde zurückgeführt werden konnten.

Wichtig für Oberpfaffenhofen war die Postulierung einer europäischen Kontrollautorität für Missionskontrolle und operationelle Unterstützung.

Zur Gesamtidee gehörten drei weitere ESA-Großprogramme: die Ariane-5-Trägerrakete, der europäische Astronautentransporter *Hermes* und ein aus drei geostationären Satelliten bestehendes Kommunikationssystem **(European Data Relay Satellite, E-DRS)** sowie der Entwurf und Aufbau sämtlicher für den Betrieb notwendigen europäischen Boden-Infrastruktureinrichtungen.

Interessanterweise trifft man auch heute noch in vielen Dokumenten auf die alte Bezeichnung »APM«, obwohl »angehängtes druckbeaufschlagtes Modul« eine nicht gerade eindeutige Beschreibung für das europäische Labor an der ISS ist.

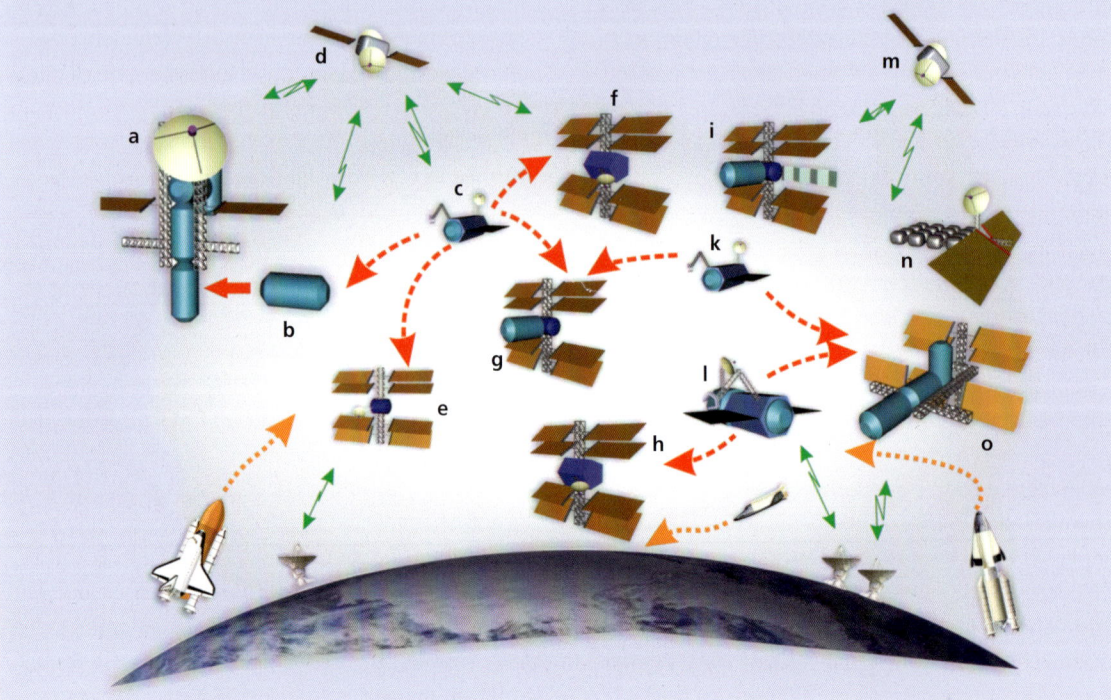

Die zentrale Komponente bildete ein etwa zehn Meter langes, zylindrisches, druckbeaufschlagtes Labormodul mit etwa viereinhalb Meter Durchmesser, basierend auf dem *Spacelab*-Konzept, das, unterstützt durch Service- und Ressource-Module, sowohl von Astronauten als auch automatisch betrieben werden sollte.

Neuartig an diesem Konzept war das vorgesehene Baukastensystem. Es beinhaltete eine Kompatibilität der Einzelmodule und ermöglichte eine stufenweise Kombination der einzelnen Module zu komplexeren Flugeinheiten im Orbit. Ebenfalls neu war die nicht begrenzte Flugdauer der Module, die durch die Wartbarkeit im Orbit erreicht werden sollte.

Drei prinzipielle Betriebsaspekte wurden als Erfahrungen des damals sehr jungen *Spacelab*-Programms von *Joachim Kehr* in die Studie eingebracht und auch bei der endgültigen Festlegung des Bodensegments 1994 berücksichtigt. Zum einen sollte eine hochratige transatlantische Datenübertragung zwischen den amerikanischen und europäischen Kontrollzentren bestehen. Zweitens wurde die direkte Versorgung der Wissenschaftler in ihren Heimatinstituten mit relevanten Rohdaten zur direkten Auswertung und Speicherung vor Ort angedacht. Und schließlich sollte die Kommunikationsinfrastruktur am Boden durch kommerzielle Anbieter zur Verfügung gestellt werden, die über entsprechende Verträge unter Federführung des verantwortlichen Kontrollzentrums vergeben werden sollten.

Ein weiterer Neuerungsvorschlag wurde heftig diskutiert – dann aber aus Sicherheitsgründen verworfen: Man dachte daran, die Überwachungsdaten nicht nur in der geschützten Kontrollraumumgebung, sondern auch direkt in den Büros der Flight Controller bereitzustellen. Leider konnte sich dieses innovative Konzept nicht durchsetzen. Dennoch wurde die Studie von den Beteiligten enthusiastisch als Erfolg bewertet, und man vereinbarte weiterführende Schritte, lediglich die Kostenfrage war ungeklärt.

Bilaterale, italienisch-deutsche Nachfolgestudien fanden dann jedoch nicht mehr statt, da einerseits *US-Präsident Reagan* bereits im im Januar 1984 vorgeschlagen hatte, eine gemeinsame, permanent bemannte Raumstation zu etablieren, verbunden mit einer weltweiten Einladung, sich am Aufbau zu beteiligen. Andererseits ergaben grobe Schätzungen, dass die Kosten für die Realisierung des deutsch-italienischen Traumes die Leistungsfähigkeit der kombinierten Forschungsbudgets dieser beiden Staaten weit übersteigen würden.

Deshalb wurden die bilateralen Phase-A-Ergebnisse der **ESA (European Space Agency)** vorgeschlagen. Diese verschmolz sie mit eigenen Vorstellungen und akzeptierte sie als Basiskonzept während der turnusmäßigen Forschungsministerkonferenz am 31. Januar 1985 in Rom. Dabei wurde die programmatische Maßgabe eingearbeitet, dass man sich am Aufbau der »internationalen« Raumstation beteiligen wolle – Kanada und Japan waren bereits *Reagans* Einladung gefolgt. Es wurde schließlich auch grünes Licht für eine Phase-B-Studie zur Konsolidierung möglicher europäischer Beiträge gegeben.

In der neuen Studie fielen viele Komponenten der italienisch-deutschen Weltraumvision dem knappen Budget zum Opfer, und so wurden letztendlich nur folgende vier Elemente unter dem Programmnamen *Columbus* zusammengefasst:

- das angedockte Labormodul (Attached Pressurized Module – APM),
- ein freifliegendes Labormodul (Man Tended Free Flyer – MTFF),
- eine wartbare, »koorbitale« Plattform (im gleichen Orbit wie die Raumstation fliegend) und
- eine wartbare Plattform in **polarer Umlaufbahn** – also einer Flugbahn senkrecht zur Äquatorebene.

Die Wartung letzterer sollte durch europäische Astronauten erfolgen, die mit dem Shuttle in einen polaren Orbit gebracht werden sollten, um dann an der Plattform in **Extravehicular Activities (EVA)** Arbeiten auszuführen. Die NASA plante zu diesem Zweck einen Start- und Landeplatz für Shuttle-Flüge in polaren Umlaufbahnen an der Westküste am kalifornischen Raketenstartplatz Vandenberg. Die entsprechenden Bodenbetriebseinrichtungen und die Zuordnung zu den interessierten Mitgliedsstaaten sollten während der Phase B-Studie näher definiert werden.

In der darauf folgenden ESA-Ministerkonferenz 1987 in Den Haag – die ersten Phase-B-Studienergebnisse mit groben Kostenschätzungen lagen mittlerweile vor – verständigte sich das Programmkomitee darauf, das europäische *Columbus*-Programm noch weiter zu kürzen. Nun bestand das zunächst so ambitionierte Konzept nur noch aus dem angedockten, druckbeaufschlagten Labormodul (APM).

Die »Koorbitale Plattform« war dem Rotstift zum Opfer gefallen, während die polare Plattform mit geänderten Randbedingungen als ENVISAT weitergeführt und schließlich als sehr erfolgreiche Mission vom **Europäischen Raumfahrtkontrollzentrum (ESOC)** in Darmstadt betrieben wurde.

ESA (European Space Agency)
Europäische Weltraumorganisation

Polare Umlaufbahn
Umlaufbahn, die den Flugkörper bei jeder Erdumkreisung über die beiden Pole fliegen lässt. Damit kann jeder Bereich der Erde überflogen werden, was bei anderen Bahnen nicht der Fall ist.

Extravehicular Activities (EVA)
Arbeiten von Astronauten außerhalb des Raumschiffes

Europäisches Raumfahrtkontrollzentrum (ESOC)
Während das Deutsche Raumfahrtkontrollzentrum (GSOC) vom DLR betrieben wird, ist das ESOC eine ESA-Einrichtung. Man ist übereingekommen, dass am GSOC bemannte Flüge betreut werden, während das ESOC unbemannte Sonden ins All dirigiert. Satellitenmissionen werden von beiden betrieben.

Von der Vision zur Mission

First Spacelab Mission
(FSLP)
28. November 1983

ESA-Ministerrats-
konferenz in Rom
Januar 1985

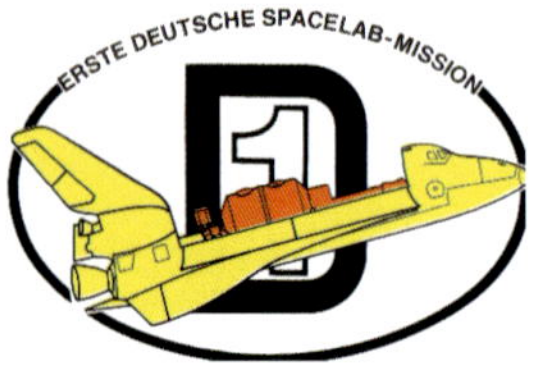

Challenger-Explosion
Januar 1986

ESA-Ministerratskonferenz
in Den Haag
November 1987

1984   1985   1986   1987   1988   1989

Deutsch-Italienische IOI-Studie
(MBB/DFVLR/Aeritalia)
Juli 1984

D1-Mission
30. Oktober 1985

ERSTE DEUTSCHE SPACELAB-MISSION
D1

Baubeginn des
Columbus-Kontrollzentrums
November 1988

Gründung des ESA
Directorate of
Manned Spaceflight
and Microgravity
Oktober 1996

Intergover-
mental Agree-
ment, Unter-
zeichnung
Januar 1998

Erstes ISS-
Modul
November
1998

3 Permanente Besatzungsmitglieder
ab Oktober 2000

Columbia-
Katastrophe
Februar 2003

1997   1998   1999   2000   2001   2002   2003

Start von
Destiny
Februar 2001

Vertragsabschluss zum
Aufbau des *Columbus*-
Kontrollzentrums
31. März 2003

Fertigstellung Kontrollzentrum
Oberpfaffenhofen
Juni 1991

US-Kongressbeschluss für die ISS
Juni 1993

| 1990 | 1991 | 1992 | 1993 | 1994 | 1995 | 1996 |

D2-Mission
24. April 1993

Verabschiedung
des europäischen
ISS-Programms
in Toulouse
Oktober 1995

Start *Columbus*
Februar 2008

6 Permanente
Besatzungs-
mitglieder (Exp. 20)
ab Mai 2009

Astrolab-Mission
Thomas Reiter
erster Deutscher
auf der ISS
Juli–Dezember
2006

| 2004 | 2005 | 2006 | 2007 | 2008 | 2009 |

Einfangen von HTV
September 2009

Return To Flight
Wiederaufnahme
der Shuttle-Flüge
Juli 2005

Columbus-
Modul-
Transport
nach Florida
März 2006

ATV-1
Ankoppeln
April 2008

Abnahme *Columbus*-
Kontrollzentrum durch ESA
März 2006

Nachdem zwischen Europa und den USA die vorläufigen Bedingungen für die europäische Teilnahme am Raumstationsprogramm ausgehandelt waren, wurde auf der ESA-Ministerratstagung in Den Haag 1987 das *Columbus*-Programm von den europäischen Wissenschaftsministern bestätigt, und es wurden die finanziellen Beteiligungen der Mitgliedsländer vereinbart. Die *Columbus*-Programmelemente des sog. »Den Haag Szenarios« waren:

- das an die Internationale Raumstation (**a**) angedockte, druckbeaufschlagte Labormodul (Attached Pressurized Module – APM) zur Durchführung von Schwerelosigkeitsexperimenten,
- ein freifliegendes, bemannbares Weltraumlabor (**b**) für sehr niedrige Gravitationswerte zur Durchführung von Präzisions-Schwerelosigkeitsexperimenten und für erd- oder weltraumbezogene wissenschaftliche Beobachtungen (Man Tended Free Flyer – MTFF),

- eine unbemannte, wartbare Plattform in polarer Umlaufbahn (**c**) für Erd- und Weltraumbeobachtungen (Polare Plattform – PPF).

Das Wartungskonzept sah jetzt nur noch die Benutzung des amerikanischen Shuttles (**d**) und von *Hermes* vor.

Drei ergänzende Großprogramme zur autonomen, europäischen Nutzbarmachung des Weltraums wurden ebenfalls in Den Haag beschlossen:

- die Installation eines geostationären Kommunikationssystems (Data Relais Satellites – DRS) (**e**),
- die Bereitstellung von geeigneter Startkapazität durch die Weiterentwicklung der Ariane-Familie zur Ariane-5-Trägerrakete (**g**),
- die Entwicklung einer eigenen europäischen Raumfähre *Hermes* (**f**).

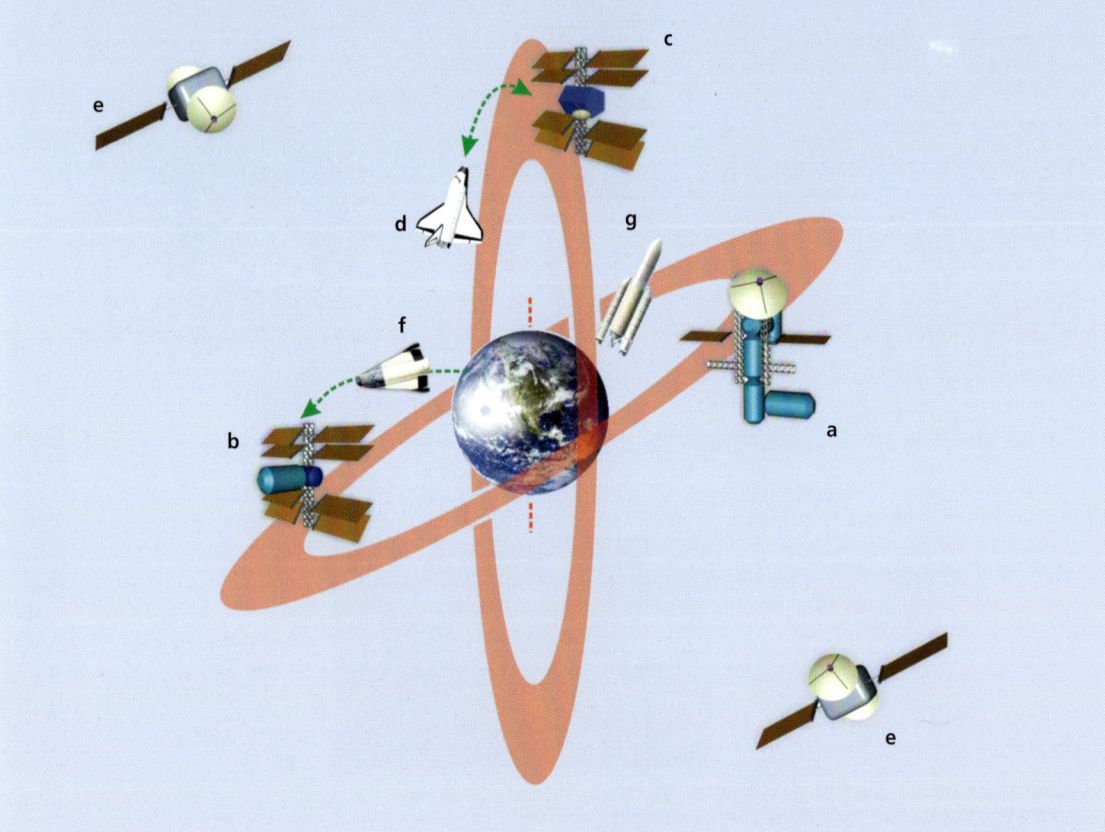

Geostationärer Orbit

Umlaufbahn in etwa 36 000 Kilometer Höhe. Die Kreisbahngeschwindigkeit nimmt mit zunehmender Entfernung von der Erde immer mehr ab, bis sie in der Höhe des geostationären Orbits genau der Drehgeschwindigkeit der Erde entspricht. Damit können im »Geo« Satelliten so platziert werden, dass sie von der Erdoberfläche aus gesehen an einem festen Punkt zu stehen scheinen.

Um dem Ziel des »unabhängigen, bemannten europäischen Zugangs zur Erforschung und Nutzbarmachung des Weltraums« (ESA) näher zu kommen, wurden dafür drei weitere Großprogramme verabschiedet. Vor allem sollte ein eigener europäischer Raumtransporter mit dem Namen *Hermes* entwickelt werden, um unabhängig von Amerikanern und Russen Astronauten in den Orbit schicken zu können. Dann wollte man auch in der Kommunikation auf eigenen Füßen stehen, wozu ein europäisches Kommunikationssystem (Data Relay Satellites – DRS) im **geostationären Orbit**

positioniert werden sollte. Weiterhin wurde auch die Etablierung einer geeigneten europäischen Transportkapazität angestrebt, was durch die Weiterentwicklung der *Ariane*-Familie, kulminierend in der *Ariane 5* als *Hermes*-Startrakete, erfolgen sollte.

Weiterhin wurde für den Betrieb dieser Elemente ein dezentralisiertes Bodensegment definiert: Ein übergeordnetes Betriebszentrum für kombinierte Flugphasen (Central Mission Control Center) sollte in Darmstadt beheimatet sein, für das Betriebszentrum für den europäischen Raumtransporter (*Hermes* Flight

ESA – Die Macher

Bob Chesson, Leiter des Flugbetriebs für bemannte ESA-Weltraummissionen

»Das ursprüngliche, gemeinsam von der deutschen und der italienischen Raumfahrtbehörde vorgeschlagene *Columbus*-Programm war mehr als ehrgeizig. Dagegen wirkten die ESA-Ideen, die hauptsächlich auf technologische Weiterentwicklungen des *Spacelab*-Programms setzten, eher bescheiden.

Deutschland wurde schnell zur treibenden Kraft des neuen Programms und unterstrich seinen Wunsch, die Federführung für Europas bemannte Raumfahrt zu übernehmen, in allen zuständigen ESA-Gremien.

Zehn lange Studienjahre folgten, in denen die NASA mit der enormen Komplexität des Raumstationsentwurfs zu kämpfen hatte. Das Programm erreichte seinen Tiefpunkt im Jahre 1993, als die NASA versuchte, durch eine drastische Überarbeitung des Designs die davonlaufenden Kosten zu reduzieren. Die sich zu dieser Zeit ergebende Möglichkeit, Russland einzubinden, hauchte jedoch dem ISS-Programm in den USA neues Leben ein und belebte auch wieder das Interesse der Europäer. Dieser Aufwind führte auf der ESA-Ministerratssitzung in Toulouse 1995 dann erfreulicherweise zu dem Beschluss, das *Columbus*- und das ATV-Programm sowie die Erstellung des Bodensegments endgültig zu implementieren.

Die Weichenstellung von Toulouse enthielt jedoch weder eine bindende Zuordnung der Zuständigkeiten und Verantwortlichkeiten für die Entwicklung und den Betrieb des Bodensegments, noch schrieb es die Standorte der verschiedenen Anlagen endgültig fest. Dies sollte erst das Ergebnis von Definitionsstudien sein, die von der zuständigen Abteilung »Bemannte Raumfahrtprogramme« des ESTEC an das DLR, das CNES und das ESOC vergeben wurden. Die Ergebnisse dieser Wettbewerbsstudien führten dann 1998 zu der Entscheidung, das *Columbus*-Kontrollzentrum und das zugehörige Bodenkommunikationsnetzwerk in Oberpfaffenhofen durch das DLR und ATV durch das CNES in Toulouse betreiben zu lassen. Daraufhin begannen unter der Leitung des »Operations & Ground Segment«-Teams des ESTEC unmittelbar die detaillierten Definitionsarbeiten für das Bodensegment.

Diese Arbeitsteilung war neu für die ESA, die bisher gewohnt war, ihre Satelliten durch das eigene ESOC betreiben zu lassen. Der Aufbau der Kontrollzentren war dabei nicht das Problem, schwierig aber war die Zuordnung des operationellen Managements und die Frage, wie die ESA die Echtzeit-Betriebsaktivitäten ausreichend kontrollieren könnte.

Das bisherige Arrangement am ESOC war, dass der Spacecraft Operations Manager und der Flugdirektor als Hauptverantwortliche ESA-Angestellte waren, während das Flugbetriebsteam im Wesentlichen aus Kontraktoren bestand.

Für ein von der DLR betriebenes *Columbus*-Kontrollzentrum musste nun ein anderer Ansatz gefunden werden. ESTEC und DLR beschäftigten sich über Jahre hinweg eingehend mit dieser Problematik. Viele Lösungen wurden vorgeschlagen, um gleich wieder verworfen zu werden, so zum Beispiel, das DLR-Team von ESA-Flugdirektoren leiten zu lassen, oder die Bildung eines integrierten Teams aus ESA- und DLR-Flugdirektoren. Keiner der Vorschläge entsprach den Vorstellungen der beiden Partner.

Schließlich einigte man sich auf gemeinsame Zuständigkeiten, die den Kompetenzen von ESA und DLR am besten entsprachen: Ein DLR-Flugbetriebsteam unter der Leitung eines DLR-Flugdirektors sollte für die Durchführung der Flugaktivitäten zuständig sein, während ein ESA-Missions-direktor (das Äquivalent zum Flight Operations Director am ESOC) für die Vorbereitung der Flugaktivitäten federführend sein und dem DLR-Flugdirektor für die Klärung von außergewöhnlichen Situationen vor Ort zur Seite stehen sollte. Dieses Arrangement wurde für den bisherigen Flugbetrieb von *Columbus* angewendet und hat sich als gut und effizient erwiesen.

Das eigentliche ISS-Nutzungsprogramm der ESA wurde 1999 auf der Ministerratssitzung in Brüssel verabschiedet. Dies sicherte Nutzung, Betrieb und Aufrechterhaltung des ESA-Anteils an der ISS für mindestens 10 Jahre. Als Vorbedingung wurde die ESA verpflichtet, den Betrieb der ISS-Anteile zu »industrialisieren«, das heißt, der europäischen Industrie sollten mehr Verantwortlichkeiten auch beim Betrieb eingeräumt werden. Dies wurde schließlich im Jahre 2005 durch einen sog. »End-to-End«-Servicevertrag verwirklicht, den die ESA an Astrium als Leiter des industriellen Konsortiums (Industrial Operators Team – IOT) vergab. Das DLR trat diesem Team dann als Subkontraktor zu Astrium bei. Dadurch wurde die direkte vertragliche Bindung des DLR mit der ESA aufgelöst. Nun musste der ESA-Missionsdirektor in die Entscheidungsprozesse eingebettet werden, um wieder eine direkte Schnittstelle zwischen ESA und DLR für den Echtzeitbetrieb einzuführen. Von der Einbringung des vereinbarten DLR-Anteils in das *Columbus*-Betriebs- und Servicekonzept wurde eine drastische Betriebskostenreduktion erwartet. Kostensenkungen konnten auch erzielt werden, die diesbezüglichen Erwartungen stellten sich jedoch als zu optimistisch heraus.

Die endgültige Beurteilung des Erfolgs der Industrialisierung steht noch aus, da der Servicevertrag von der Industrie auch zur Aufrechterhaltung des Entwicklungsteams benutzt wird, das eigentlich nach Beendigung der Entwicklungsarbeiten aufgelöst werden sollte. Dies führt zu hohen Kosten und liegt im Fehlen neuer Entwicklungsprogramme auf dem Gebiet der bemannten Raumfahrt in Europa begründet. Leider ist in absehbarer Zeit keine Änderung zu erwarten.

Rückblickend kann gesagt werden, dass die lange Partnerschaft zwischen ESA und DLR erfolgreich war. Insbesondere entstand ein neues Modell für die Durchführung des Flugbetriebs außerhalb der ESA, das die Übertragung von Verantwortlichkeiten in einer Art gestattet, die einerseits die Motivation der DLR-Flugbetriebsteams gewährleistete und andererseits eine effektive Kontrolle durch die ESA erlaubte. Die Entwicklung eines umfangreichen europäischen Bodensegments außerhalb der existierenden ESA-Infrastruktur, die normalerweise durch das ESOC betrieben wird, war eine Herausforderung für beide Partner. Leider entwickelte sich, getrieben durch die umfangreichen und komplizierten europäischen und internationalen Kontroll- und Beschaffungsregularien, eine Komplexität, unter der nun der Betrieb und die Aufrechterhaltung der Infrastruktur zu leiden haben. Trotzdem ist es durch exzellente Kooperation, intensives Engagement und technische Kompetenz der ESA- und DLR-Bodenbetriebsteams möglich, das Bodensegment effektiv und zuverlässig zu betreiben.

Insgesamt hat sich die ISS-Erfahrung sowohl für die ESA als auch für das DLR gelohnt. Man hat gelernt, wie man gemeinsam Bodensegmente aufbauen und Betriebsverantwortlichkeiten zwischen ESA und nationalen Agenturen verteilen kann. Auf diese Erkenntnisse kann man auch für zukünftige große und umfangreiche Projekte wie *Galileo* zurückgreifen.«

sämtlicher Unterauftragnehmer und verbindlichen Kosten vorlegen. Bei der Auswahl der Unterauftragnehmer war die Vorgabe der ESA zu berücksichtigen, die europäischen Mitgliedsländer im Verhältnis ihrer Beitragszahlungen einzubinden – eine Politik, die als **Georeturn** bezeichnet wird. Nach Auswertung, Iteration und Einarbeitung von teilweise gravierenden Änderungswünschen des ESA-Auswerteteams wurde dem Deutschen Raumfahrtkontrollzentrum dann die Freigabe des betreffenden Studienschrittes erteilt.

Als extrem hilfreich erwies sich die gemeinsame Teilnahme von ESOC- und GSOC-Ingenieuren an internationalen ISS-Bodensegment-Koordinationstreffen, da dort die sehr komplexen Schnittstellen (Interfaces) direkt auf Arbeitsebene definiert oder geklärt werden konnten. Alle Schnittstellen wurden in verbindlichen **Interface Control Documents (ICD)** festgeschrieben und unterlagen einer strikten internationalen Änderungskontrolle.

Nach Abschluss einer jeden Teilstudie, deren durchschnittliche Dauer etwa ein Jahr betrug, wurden die Ergebnisse in offiziellen Audits unter Teilnahme von ESA-Vertretern, NASA- und ISS-Partnerrepräsentanten sowie Vertretern der Industrie überprüft. Am Ende erfolgte für jeden Studienschritt die Veröffentlichung eines offiziellen Berichts. Eventuelle Kostenüberschreitungen gingen zu Lasten des DLR, wobei Dank des guten DLR-Managements das Prinzip der Vollkostenrechnung durch die ESA durchgehend eingehalten werden konnte.

Am Deutschen Raumfahrtkontrollzentrum in Oberpfaffenhofen wurde für *Columbus* eine Matrixstruktur etabliert. Die Projektabteilung **Betrieb Raumstation** (RS), später **Columbus** (COL), dann **Columbus-Betrieb** (CB) und zuletzt **Columbus-Projektbüro** (CB), die von 1984 bis 2005 von *Joachim Kehr* geleitet wurde, erfuhr Unterstützung durch Experten aus den jeweiligen Fachabteilungen des Kontrollzentrums, aber auch durch Kontraktorenfirmen des DLR. Die programmatische Überwachung erfolgte unter der Gesamtverantwortlichkeit des DLR-Vorstandsvorsitzenden (*Prof. Walter Kröll*) durch den Bereich Raumfahrt (*Jürgen Beck, Prof. Achim Bachem, Norbert Kiehne*) und die DLR-Verwaltungseinrichtungen in Köln.

Durch die komplexe Auftraggeber-Auftragnehmer-Organisation war das über viele Jahre hinweg durch starke programmatische und politische Einflüsse geprägte *Columbus*-Projekt bezüglich der Definition und Entwicklung des Bodensegments sehr stark reglementiert.

Endlich geht's los: Phase C

Anschließend begann am *Columbus*-Kontrollzentrum die Phase C mit der Unterzeichnung des Entwicklungsvertrags (Design, Delevopment and Integration – DDI-Vertrag) im März 2003, der dann aus Termingründen parallel zum *Columbus*-Missionsbetriebs-Vorbereitungsvertrag lief. Die damit verbundenen Arbeiten gipfelten schließlich 2007 in der Zertifizierung der *Columbus*-Betriebsbereitschaft (Certification of Flight Readiness) des neuen Kontrollzentrums.

Stark beeinflusst wurde der Studien- und Projektverlauf durch die dramatischen Ereignisse der *Challenger*-Explosion beim Start am 28. Januar 1986 und des Absturzes der *Columbia* beim Wiedereintritt in die Erdatmosphäre am 1. Februar 2003, die Auflösung der Sowjetunion 1991 und den nachfolgenden Abschluss einer Kooperationsvereinbarung der USA mit Russland über die Beteiligung Russlands am internationalen Raumstationsprogramm sowie durch daraus folgende, weitreichende politische und technische Entscheidungen und nicht abfangbare Kostenüberschreitungen, auch auf europäischer Seite.

Im Juli 1992 wurden von der ESA das *Hermes*-Programm zur Entwicklung eines eigenen europäischen Raumgleiters und das ursprünglich zum umfangreichen *Columbus*-Programm gehörende »Man Tended Free Flyer«-Element ersatzlos gestrichen.

Präsident *Clinton* forderte im Februar 1993 eine erneute Überarbeitung des Raumstationsentwurfs und gab ein Gesamtkostenlimit von 21 Milliarden US-Dollar vor, das der US-Kongress im Juni mit dem denkbar knappsten Abstimmungsergebnis von 216 zu 215 Stimmen absegnete.

Im Juni 1994 beschloss die ESA weitere Einsparungen im *Columbus*-Programm. Diese führten unter anderem dazu, dass sich die geplante Länge des europäischen Raumstationmoduls um die Hälfte auf etwa sechs Meter reduzierte. Im Gegenzug wurde jedoch zusätzlich ein **Automated Transfer Vehicle (ATV)** vorgeschlagen, um die Verpflichtungen der ESA gegenüber der NASA bei der Nutzung der Raumstation durch Einbringen einer zusätzlichen Transportkapazität einzuhalten und für die neue Rakete *Ariane 5* eine adäquate Auslastung zu schaffen.

Unter dem Eindruck des erfolgreichen Starts der **EUROMIR-95-Mission** im September 1995 beschloss die ESA nach einem beherzten Einsatz des damaligen DLR-Vorstandsvorsitzenden *Prof. Walter Kröll* auf der Ministerkonferenz im Oktober 1995 in Toulouse die endgültigen europäischen Beiträge zum Raumstations-

Georeturn
ESA-Politik, den einzahlenden Ländern die Gelder in Form von Aufträgen wieder zukommen zu lassen

Interface Control Document (ICD)
Definierung der Interaktionen verschiedener beteiligten Partner

▲ *Über erste Studienzeichnungen kam das Hermes-Projekt leider nicht hinaus.*

EUROMIR-95-Mission
Langzeitaufenthalt des europäischen Astronauten *Thomas Reiter* auf der russischen Raumstation MIR, der durch das 1992 fertiggestellte *Columbus*-Kontrollzentrum in Oberpfaffenhofen betreut wurde.

▶ *Das europäische Automated Transfer Vehicle ATV-1 beim Anflug auf die ISS*

▶▶ *Die russische MIR-Raumstation bekommt weiteren Besuch.*

International Space Station (ISS)
Durch Amerika geführtes Raumstationsprojekt, das zunächst unter den Namen »Freedom« und »Alpha« firmierte

Automated Transfer Vehicle (ATV)
Unbemannter Raumtransporter für die Versorgung der ISS. Startet mit der *Ariane*-Rakete ins All und verglüht beim Eintritt in die Erdatmosphäre

Col-CC
Columbus Control Center

ATV-CC
ATV Control Center

Engineering Support Centers (ESC)
Unterstützungszentren bei den Herstellerfirmen

User Support and Operations Centers (USOC)
Kleine Kontrollzentren für die einzelnen Experimente an Bord

European Astronaut Center (EAC)
Heimatbasis der europäischen Astronauten

programm, das nach mehrfacher Namensänderung jetzt **International Space Station (ISS)** hieß.

Die *Columbus* Orbital Facility (COF), das spätere *Columbus*-Modul, sowie das **Automated Transfer Vehicle (ATV)** sollten verwirklicht werden, beides mit dezentralisierten Kontrollzentren in Oberpfaffenhofen **(Col-CC)** auf dem Gelände des DLR und in Toulouse **(ATV-CC)**, angegliedert an die nationale französische Raumfahrtagentur CNES.

Ebenso sollte das hierzu nötige Kommunikationsnetzwerk aufgebaut werden, das zum Betrieb der beiden Zentren nötig war. Dazu kamen die entsprechenden Astronautentrainingseinrichtungen des **European Astronaut Center (EAC)** auf dem Gelände des DLR in Köln sowie die **Engineering Support Centers (ESC)** zur Unterstützung von Logistik und Wartungsarbeiten für die beiden ESA-Beiträge in Bremen, Turin und Les Mureaux. Weiterhin wurde beschlossen, eine Vielzahl von Nutzerzentren **(User Support and Operations Centers – USOC)** in den Mitgliedsländern einzurichten, um den Wissenschaftlern nach dem ESA-Konzept der dezentralen Missionsdurchführung ortsnah Zugang zu ihren Daten und die notwendige Expertenunterstützung bieten zu können.

Die Raumstationsära begann schließlich im November 1998 mit dem erfolgreichen Start des ersten Ele-

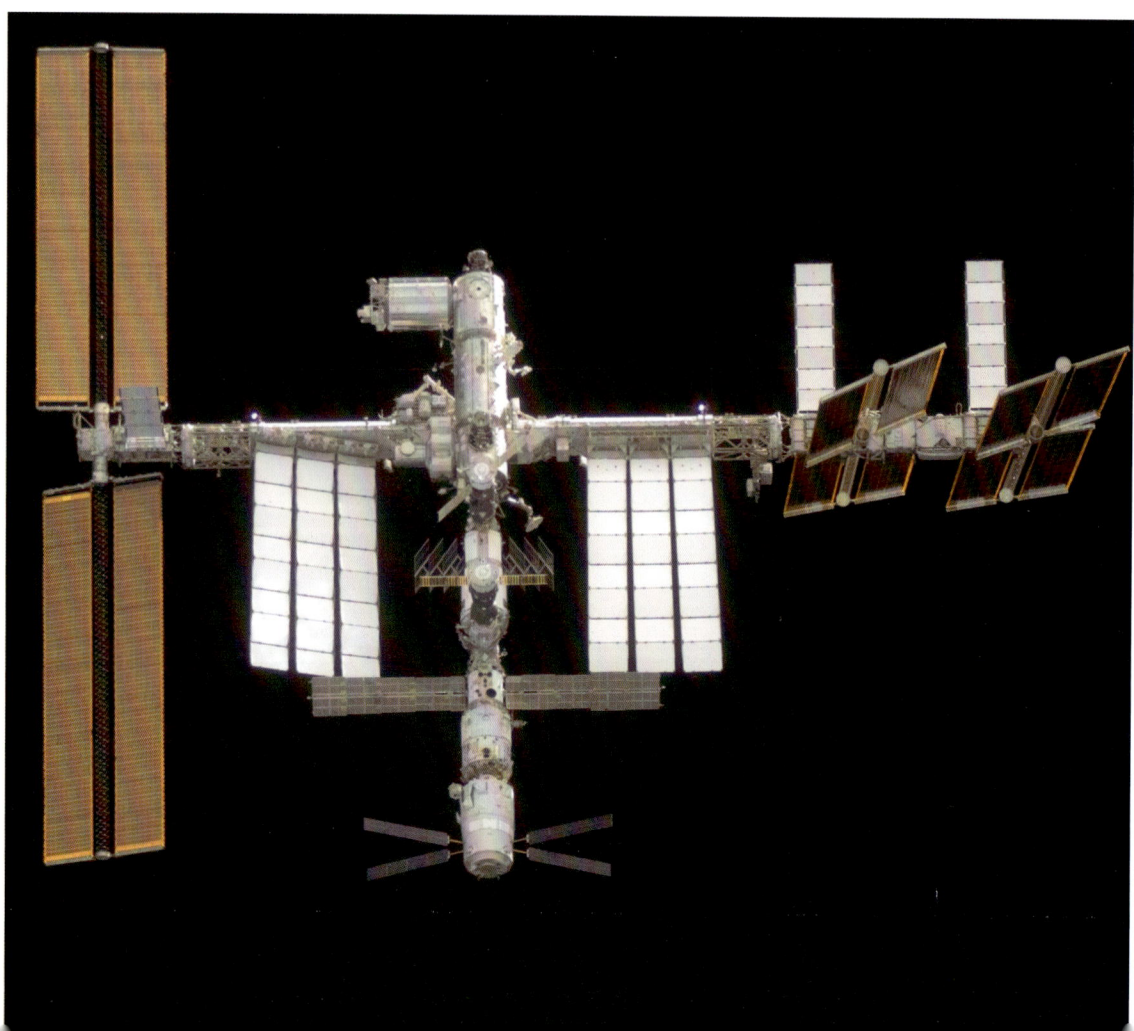

▶ *ATV-1 (unten) und Columbus (oben) als Teil der Internationalen Raumstation*

ments der ISS, des russischen *Zarya*-Moduls, zunächst jedoch unbemannt. An die bewegte Entwicklungsgeschichte des europäischen Beitrags erinnern immer wieder noch die Abkürzungen »COF« (Columbus Orbital Facility) oder »APM« (Attached Pressurized Module), die sich in manchen Dokumenten oder Telemetrievariablennamen bis in die Gegenwart herüber gerettet haben.

Oberpfaffenhofen – Bayern ist nicht Texas

Während der **Spacelab-D1-Mission**, die mit der Landung des Space Shuttles *Challenger* am 6. November 1985 zu Ende ging, agierte das Deutsche Raumfahrtkontrollzentrum als ein von der NASA nach Oberpfaffenhofen ausgelagertes Nutzerzentrum **(Remote Payload Operations Control Center – POCC)**. Unter diesem Eindruck stellte der technologiebegeisterte damalige bayerische Ministerpräsident *Franz-Josef Strauß*, unterstützt durch Zuschüsse vom Bundesministerium für Forschung und Verkehr, insgesamt etwa 25 Millionen Euro (damals 50 Millionen DM) als nationale Vorleistung für den Aufbau eines Kontrollzentrums für bemannte Raumfahrt in Oberpfaffenhofen zur Verfügung. Der Plan war, in Bayern ein Zentrum zu schaffen, das ähnlich wie das *Johnson Space Center* der NASA in Houston allein für die Missionskontrolle deutscher und europäischer bemannter Raumflugmissionen verantwortlich sein sollte.

Der Bau des neuen Kontrollzentrums in Oberpfaffenhofen begann im November 1988, die offizielle Grundsteinlegung erfolgte am 4. April 1989 und die

Fertigstellung im Juni 1991. In einer kleinen Zeremonie hinterlegte im Frühjahr 1989 *Joachim Kehr*, verantwortlich für den Aufbau des Col-CC, eine Zeitkapsel in einer Säule der Besucherplattform über den Kontrollräumen, die an die Entstehungsgeschichte erinnert:

> Betriebszentrum für bemannte Raumfahrt
> 25. Februar 1989
> Dieses Betriebszentrum wurde vom GSOC Team und den Mitarbeitern für bemannte Raumfahrt in den Jahren 1986-1989 im Schweiße ihres Angesichtes geplant und ausgeführt:
> Joachim Kehr
> Jürgen Fein
> Peter Dau
> Besonderer Dank gilt unserem Hauptabteilungsleiter Manfred Gass für die Beschaffung der 20 Mio. DM.*)
> Mögen in diesen Kontrollräumen nur erfolgreiche Projekte durchgeführt werden!
> *) der 20 Mio. DM Beitrag bezog sich auf den rein bayerischen Finanzierungsanteil)

▲ *Luftaufnahme des German Space Operation Centers (GSOC) in Oberpfaffenhofen*

Spacelab-D1-Mission
Erster Flug des Weltraumlabors *Spacelab* mit den deutschen Astronauten *Reinhard Furrer* und *Ernst Messerschmid* sowie dem Niederländer *Wubbo Ockels*

◀◀ *Ein Blick in das Spacelab, das während der D1-Mission in der Ladebucht des Space Shuttles eingebaut war*

▼ *Besatzung der Spacelab-D1-Mission, mit den deutschen Astronauten Reinhard Furrer (vorn links), Ernst Messerschmid (hinten, zweiter von rechts) und ESA-Astronaut Wubbo Ockels (hinten rechts)*

D2-Mission
Zweite deutsche Spacelab-Mission mit dem Space Shuttle *Columbia*

EUROMIR-95
165-Tage-Flug von *Thomas Reiter* auf der MIR-Station

MIR-97
Dritter deutscher Besucher auf der russischen Station ist der deutsche Kosmonaut *Reinhold Ewald*

Ab Mitte des Jahres 1992 war das neue Kontrollzentrum betriebsbereit und konnte den Flug von *Klaus-Dietrich Flade*, der als erster deutscher Astronaut die russische MIR-Station besuchte, mitverfolgen. Im April 1993 wurde die Betreuung der **D2-Mission** mit den Astronauten *Hans Schlegel* und *Ulrich Walter* vollverantwortlich vom neuen Zentrum aus übernommen.

Es folgten die **EUROMIR-95**-Mission unter ESA-Vertrag sowie die **MIR-97**-Mission als deutsch-russische Kooperation. Von Oberpfaffenhofen aus wurden dabei die Experimente betreut und die Interessen der Europäer beziehungsweise Deutschlands vertreten.

Bei all diesen Missionen lag die Verantwortlichkeit für den Betrieb der Flugsysteme sowie der Lebenserhaltungssysteme für die Mannschaft an Bord jedoch bei den jeweiligen Betriebszentren in Houston oder Moskau.

Mit der NASA-Entscheidung von 1994, ein neues Betriebskonzept für die Raumstation zu akzeptieren, wurde ein bisher nie da gewesenes, neues Missionsbetriebsszenario etabliert, das auch für das **Col-CC** eine signifikante Erweiterung der Betriebsverantwortlichkeiten bedeutete: Jeder Partner des ISS-Programms sollte nun für den Betrieb seiner beigestellten Komponenten selbst verantwortlich sein. Das bedeutete für

das **Col-CC** die Verantwortlichkeit für den *Columbus*-Systembetrieb und die Zuständigkeit für den Betrieb und die Überwachung der Lebenserhaltungssysteme inklusive der Betreuung und der Gesunderhaltung aller Astronauten im Modul.

Außerdem sollte das *Columbus*-Kontrollzentrum die Koordination des Experimentierbetriebs mit bis zu 16 dezentralisierten Nutzerzentren (**User Support and Operations Center – USOC**) übernehmen, die in ganz Europa verteilt waren.

Die dritte Hauptverantwortlichkeit waren die Bereitstellung, der Betrieb und die Instandhaltung aller *Columbus*-relevanten Bodenkommunikationseinrichtungen, sowohl innereuropäisch als auch transatlantisch. Diese Aufgabe war jedoch nicht auf *Columbus* beschränkt, sie beinhaltete auch die Unterstützung der **Automated Transfer Vehicle (ATV)**-Missionen, die ebenfalls durch das vom Col-CC betriebene Kommunikationsnetzwerk unterstützt werden.

Nachdem die Gebäude schon ab 1992 für verschiedene Missionen genutzt worden waren, erfolgte die offizielle Einweihung als *Columbus*-Kontrollzentrum dann im Oktober 2004. Ab diesem Zeitpunkt waren das im Auftrag der ESA aufgebaute Bodensegment einsatzklar und die Kontrollräume für die kom-

Wie alles begann

menden Jahre des ISS-Betriebes bereit. So konnte das Zentrum im April 2005 die Betreuung der **Eneide-Mission** und im Juli 2006 die **Astrolab-Mission** zur Vorbereitung des *Columbus*-Betriebs übernehmen. Hierdurch konnte das neue Kontrollzentrum Erfahrung bezüglich sowohl einer kurzen als auch einer Langzeitmission sammeln. »Learning by Doing« ist erwiesenermaßen die beste Vorbereitung!

Heute stehen in Oberpfaffenhofen drei Kontrollräume für das *Columbus*-Projekt zur Verfügung. Am größten ist der Hauptkontrollraum K4, von dem aus die Mission im Normalfall betreut wird. Gleich daneben und ebenfalls über die Besucherbrücke einsehbar ist der K3, der für Simulationen zur Missionsvorbereitung und zum Testen von neu entwickelten Kommandierungssequenzen genutzt wird. Während des 1E-Fluges war hier ein zweites Unterstützungsteam untergebracht. Außerdem muss das Flugkontrollteam auch in der Zukunft immer wieder für ein paar Tage in diesen Raum umziehen. Wenn nämlich an Bord eine Rundumerneuerung der Software durchgeführt wird, so müssen auch die verschiedenen Datenbanken und Computerprogramme am Boden nachgezogen werden. Das geschieht zunächst in einem der beiden Kontrollräume, während der andere noch mit der alten Softwareversion weiterläuft. Sollte sich herausstellen, dass sich mit der neuen Version Probleme ergeben, ist hierdurch gewährleistet, dass man ohne Zeitverzug wieder zum »guten Alten« zurückkehren kann. Erst wenn die Neuinstallation erfolgreich einige Tage gelaufen ist, wird auch der zweite Kontrollraum mit dieser ausgestattet.

Angrenzend an den K3 und K4 sind noch einige Betriebsräume ebenfalls mit Konsolen bestückt. Hier können die unterschiedlichen Unterstützungsgruppen der Mission und der Arbeit der Flight Controller folgen.

Außerdem existiert noch ein dritter Kontrollraum

K11 in einem anderen Gebäude auf der gegenüberliegenden Straßenseite. Aus diesem alten Teil des German Space Operations Center (GSOC) wurden seit 1969 einige Satellitenmissionen, 1983 dann der erste Flug des *Spacelabs* überhaupt und schließlich 1985 die deutsche *Spacelab*-Mission D1 kontrolliert und gesteuert. Im Gegensatz zu den beiden Kontrollräumen K3 und K4 stehen im K11 heute noch die alten Konsolen, an denen die Flugingenieure der Pionierzeit ihre Arbeit verrichtet haben – inzwischen mit neuen Flachbildschirmen und Rechnern aufgerüstet. Ein Großteil des jungen *Columbus*-Teams ist sich dessen nicht bewusst, dass sie im K11 »historische Hallen« betreten.

Ausnahme ist hier der *Columbus*-Flugdirektor *Albert Schencking*. Der 56-jährige Elektroingenieur hatte bereits den ersten *Spacelab*-Flug und die D1-Mission als Mitglied des Flugkontrollteams an diesen alten

▲ *Auf erfolgreiche Missionen im neuen Columbus-Kontrollzentrum: Hiltrud Pieterek von der ESA, der DLR-Vorstandsvorsitzende Prof. Sigmar Wittig, der bayerische Wirtschaftsminister Otto Wiesheu, der ESA-Direktor für Bemannte Raumfahrt Jörg Feustel-Büechl, Prof. Klaus Wittmann, Direktor des GSOC, und Joachim Kehr, DLR, (von links)*

Eneide-Mission
Zehntägiger ISS-Aufenthalt des Italieners *Roberto Vittori*

Astrolab-Mission
Etwa halbjähriger Aufenthalt des deutschen Astronauten *Thomas Reiter* auf der ISS

◄◄ *Baubeginn des GSOC im November 1988*

◄ *Der ehemalige D1-Missionskontrollraum dient nun als Backup-Kontrollraum für Columbus.*

▲ *Blick in den Hauptkontroll-raum während der D2-Mission*

Flight Control Team
Gruppe aus Experten unterschiedlicher Fachrichtungen zur Überwachung einer Mission

Ground Control Team
Experten für die Computernetzwerke auf der Erde, die die Mission unterstützen

EUROCOM
Zuständig für den Funkkontakt mit den Astronauten

CAPCOM (Capsule Communicator)
Hält im Kontrollzentrum in Houston Kontakt zu den Astronauten

Konsolen begleitet. Nach einem kurzen Ausflug in die professionelle Basketballszene zog es ihn zurück in die Raumfahrt. So stieß er Mitte 2002 zum *Columbus*-Team und begleitete die Vorbereitungsarbeit. Wegen seines D1- und D2-Hintergrundes brachte er immer wieder wichtige Erfahrungen ein – und bald wurde es für das Team ein richtiger Sport, während Besprechungen oder im persönlichen Gespräch mit ihm mitzuzählen, wie oft die Kürzel »D1« oder »D2« dabei fielen ...

Im Vergleich zu den D1-/D2-Missionen war nun allerdings, wie bereits erwähnt, nicht nur die Missionsdauer, sondern auch die Verantwortung wesentlich angewachsen. Jetzt sollten von Oberpfaffenhofen aus nicht nur die wissenschaftlichen Experimente betreut, sondern die gesamte Laborplattform – also *Columbus*-System- und Nutzlastkontrolle – in europäischer Eigenverantwortung betrieben werden. Deshalb hätte ein Ausfall des Kontrollzentrums weitreichendere und gefährliche Auswirkungen, weshalb der K11 nun als Backup-Kontrollraum eingerichtet wurde. Er ist im *Columbus*-Missionsszenario dafür vorgesehen, bei einem Totalausfall – zum Beispiel bei einem Feuer im Hauptgebäude – die Kontrolle und den Betrieb von *Columbus* sicherzustellen.

Das Team in Oberpfaffenhofen

Vertrag und Gebäude waren da – jetzt fehlten nur noch die Fachleute, die die Mission vorbereiten und letztendlich auch durchführen sollten. Schritt für Schritt begann man damit, in München ein geeignetes Team hochmotivierter Mitarbeiter zusammenzustellen.

Seit den Zeiten der ersten *Mercury*-Flüge über das erfolgreiche *Apollo*-Programm der NASA bis hin zum Space Shuttle und nun auch für die Raumstation hat sich das Konzept des **Flight Control Teams** bewährt. Der Grundgedanke, der von zwei der ersten Flugdirektoren der NASA, *Chris Kraft* und *Gene Kranz,* entscheidend mitgeprägt wurde, besteht darin, ein bemanntes Raumschiff nicht autark fliegen zu lassen, sondern jede Mission durch eine Gruppe von Ingenieuren zu begleiten, die für ein bestimmtes Subsystem des Raumschiffes oder einen bestimmten Teil der Mission die Experten darstellen. Die Fachbereiche werden als Positionen bezeichnet – also etwa eine Position für Bordcomputer oder eine für das elektrische System.

Das **Flight Control Team** wird dabei unterstützt durch ein **Ground Control Team**, das sich um die aufwendige Infrastruktur am Boden kümmert.

Beide Teams unterstehen einem **Flugdirektor**, der die letzte Autorität innehat und das Kontrollteam leitet. Eine solche hierarchische Anordnung ist im Hinblick auf die oft sehr schnell zu fällenden Entscheidungen wichtig und effektiver als Strukturen, in denen jeder gleiches Mitspracherecht hat.

Die Anzahl und das notwendige Expertenwissen der Konsolenpositionen variieren je nach Aufgabe des Kontrollzentrums oder nach dem Fortgang der jeweiligen Mission, aber die grundsätzliche Philosophie ist über die Jahrzehnte dieselbe geblieben.

Dieses erfolgreiche Konzept wurde auch in Oberpfaffenhofen übernommen und entsprechend angepasst. Der Flugdirektor, der als Funkrufnamen oder Kürzel die Bezeichnung **COL FLIGHT** trägt, führt das Team und hat auch die letztendliche Verantwortung und Entscheidungsbefugnis – natürlich nur für das *Columbus*-Modul: Für jedes Ereignis, das auch Einfluss auf die restliche Raumstation hat, muss der übergeordnete NASA-Flugdirektor im *Johnson Space Center* (JSC), der **HOUSTON FLIGHT**, konsultiert werden. Bei ihm liegt im Normalfall die Hauptverantwortung für die ISS. Fliegt auch der *Space Shuttle*, so gibt es auf amerikanischer Seite ein komplettes zweites Team, geleitet durch den **SHUTTLE FLIGHT**.

Dem COL FLIGHT zur Seite steht der **EUROCOM**. Er ist das Mitglied des Oberpfaffenhofener Teams, das alleine für die Kommunikation mit den Astronauten zuständig ist, also das Pendant zum amerikanischen **CAPCOM (Capsule Communicator)**. Heute erinnert weder der flugzeugähnliche *Space Shuttle* noch die geräumige Raumstation an eine Kapsel, aber der Name der Position in Houston hat sich in die Gegenwart hinübergerettet.

Die Konsole des **EUROCOMs** wird entweder von einem Astronautenkollegen oder einem Crewtrainer besetzt. Denn eine vertraute Stimme auf den Funkkanälen ist wichtig für die Besatzung: Ist einem das Gegenüber bekannt, dann spielt die große räumliche Distanz nur noch eine untergeordnete Rolle.

Allerdings ist dieser Ansatz für das *Columbus*-Team relativ kompliziert, da die **EUROCOMs** – die europäischen Astronauten und die Trainer – am Europäischen Astronautenzentrum in Köln stationiert sind. So müssen die **EUROCOMs** für ihre Schichten aus Köln eingeflogen werden. Nur in Phasen mit niedrigen Aktivitäten absolvieren sie ihren Dienst am Europäischen Astronautenzentrum in Köln an der Konsole, also einige hundert Kilometer vom eigentlichen Flugkontrollteam entfernt. Trotz moderner Technik ist dann die Zusammenarbeit zwischen dem Flugkontrollteam und dem EUROCOM schwierig, denn weder ist die schnelle nonverbale Verständigung möglich noch lassen sich komplizierte Sachverhalte durch eine kurz hingeworfene Skizze erklären.

Speziell für die 1E-Mission ist eine Kontrollraumposition geschaffen worden, an der Ingenieure der Herstellerfirmen die Installierung und erste Aktivierung des europäischen Moduls überwachen können. Sie stehen in direktem Kontakt mit Dutzenden von Experten für die verschiedenen Aggregate an Bord und haben den Funkrufnamen **ACE (Activation and Checkout Engineer)**.

Darüber hinaus befindet sich im Team auch der Ingenieur für das *Columbus* **Data Management System (DMS)**. Sein Rufname ist **COL DMS** (von *Columbus* abgeleitet). Außerdem versorgt er das Kontrollzentrum mit den benötigten Daten, indem er *Columbus* so konfiguriert, dass das Modul die gerade benötigte **Telemetrie** zur Erde sendet.

Der **COL COMMS** dagegen verwaltet die Videoausrüstung des *Columbus*-Moduls. Das Modul verfügt über zwei eigene Videokameras, die die Arbeit der Astronauten in die Kontrollzentren übertragen können. Zu diesen Kameras gehören Videomonitore, um der Besatzung die Einstellung der Kameras zu ermöglichen und auch Videorekorder zum Aufnehmen von Filmsequenzen. Weiterhin enthalten auch manche Experimentschränke eigene Videoquellen. Alle diese Geräte sind an eine Schaltungsmatrix angeschlossen, die einerseits deren beliebige Verbindung ermöglicht, andererseits auch das Digitalisieren eines Videokanals erlaubt. Zum amerikanischen Teil der ISS stehen weiterhin zwei analoge Videokanäle zur Verfügung. Diese sind ebenfalls an die Schaltungsmatrix angeschlossen und können verwendet werden, um ein beliebiges Videosignal aus *Columbus* auf einen der vier Videokanäle zu legen, die von der ISS ständig über Funk auf die Erde übertragen werden.

Außer den Videosignalen existieren auch wissenschaftliche Datenquellen, die mit großer Bandbreite zur Erde übertragen werden müssen, und auch für die Konfiguration dieser Verbindung mit hoher Datenrate zeichnet der **COL COMMS** verantwortlich.

Was in Houston auf den drei verschiedenen Positionen (**ECLSS**, **THOR** und **PHALCON**) verteilt ist, das vereinigt der **COL SYSTEMS** hier in Personalunion.

COL DMS
Experte für die Computersysteme an Bord

Telemetrie
Von der Raumstation zur Erde gefunkte Daten, die den Zustand des Raumfahrzeuges zeigen

COL COMMS
Fachmann für den Datenverkehr mit großer Bandbreite

ECLSS (Environmental Control and Life Support Subsystem)
Das Subsystem, das das Leben an Bord möglich macht

THOR Thermal Operations and Resources Officer
Alles, was mit Wärmemanagement zu tun hat

PHALCON Power, Heating, Articulation, Lighting Control
Der Bordelektriker

COL SYSTEMS
Verantwortlich für Luft, Kühlung und Strom in *Columbus*

Er kümmert sich um die lebenserhaltenden Systeme, die Temperaturkontrolle und die Elektrizität an Bord von *Columbus*. Die Unzahl von Sensoren, Ventilen und Ventilatoren, Wärmetauschern, Stromwandlern und Sicherungen, die er zu beaufsichtigen hat, führen dazu, dass seine Computeranzeigen kryptische Anordnungen von aberhunderten von Zahlen, Texten und Verlaufskurven enthalten. Diese sind im Moment

▲ *Das COL SYSTEMS-Team …*

◄ *… und die Kollegen vom COL DMS und COL COMMS*

▲ *Die COL OC-Gruppe*

jedoch noch alle dunkelblau, was zeigt, dass augenblicklich noch keine Telemetrie hereinkommt. Wegen der tragenden Rolle, die der **COL SYSTEMS**-Position während der 1E-Mission zukommen wird, ist die Konsole in den beiden Hauptschichten gleich mit zwei ausgebildeten Flight Controllern besetzt.

Gleich hinter der **COL SYSTEMS**-Konsole im Kontrollraum sitzt der *Columbus* **Operations Controller**, kurz **COL OC**.

Im wissenschaftlichen Betrieb des Labors wird die **COL OC**-Position später wohl die am meisten beschäftigte Position im Kontrollraum sein. Sie ist zum einen zuständig für die technische Schnittstelle zwischen dem *Columbus*-Modul und den Experimentschränken, die als **Racks** bezeichnet werden. Das Zurverfügungstellen von Strom, Wasserkühlung, die Zuweisung von Datenraten oder gasförmigem Stickstoff übernimmt der **COL OC**, natürlich in engem Kontakt zu dem eigentlichen »Besitzer« der jeweiligen Ressource – was in den meisten Fällen **COL SYSTEMS** ist.

Wie bereits erwähnt, hat sich in der Raumfahrt für die Experimente im Deutschen der Begriff »**Nutzlast**« eingebürgert. Diese Bezeichnung spiegelt die Tatsache wider, dass der Sinn und Zweck der Raumfahrt – ihr Nutzen – letztendlich in der Wissenschaft besteht. Die Amerikaner sehen das wesentlich pragmatischer: Wer sein Experiment ins All geflogen sehen will, der zahlt. Daher spricht man im Englischen von **Payload** – was auch im Folgenden immer wieder als Synonym verwendet werden wird.

In Europa hat jede Payload an Bord von *Columbus* ihr eigenes, kleines Kontrollzentrum im jeweiligen ESA-Mitgliedsland, das sich um diesen wissenschaftlichen

Versuch kümmert. Da gibt es das ERASMUS-Center in Noordwijk (Niederlande), das B.USOC-Center in Brüssel, das CADMOS-Center in Toulouse, das MARS-Center in Neapel, das MUSC-Center in Köln ... – der Sammelbegriff heißt **User Support and Operations Center** oder kurz **USOC**.

Der **COL OC** stellt nun die Schnittstelle von Oberpfaffenhofen zur europäischen Payload-Welt dar und wird später für die **USOCs** sozusagen als »kleiner Flugdirektor« agieren, der die Belange der Wissenschaftszentren in das Oberpfaffenhofener Flight Control Team einbringt und andererseits gegenüber den **USOCs** die Entscheidungen des **COL FLIGHT** vertreten muss.

Der **Columbus Operations Planner (COP)** hat seine Konsole am anderen Ende des Kontrollraums. Er ist der im Kontrollraum sichtbare Vertreter einer ganzen Planungsabteilung, des **European Planning Teams (EPT)**, das seit vielen Monaten an dem Zeitplan der Mission getüftelt hat – und auch bereits an zukünftigen Missionsplänen arbeitet. Von den komplizierten Prozessen zur Erstellung einer **Timeline** wird später noch ausführlicher die Rede sein.

Was auf der Erde Alltag ist, wird auf der Raumstation zum Problem. Der **COSMO** (*Columbus* **Stowage and Maintenance Officer**) hat in seinen Datenbanken ein genaues Verzeichnis, welcher Gegenstand auf der Raumstation sich wo befindet. Da auf der ISS chronischer Platzmangel herrscht, muss er auch für jedes neue Ding auf der Station einen geeigneten Aufbewahrungsort finden – was nicht einfach ist. Für jeden neuen Tag sichtet der **COSMO** im Vorhinein die Timeline. Er identifiziert, welche Werkzeuge, Geräte oder Verbrauchsmaterialien benötigt werden und erstellt für die Besatzung eine **Stowage Note**, aus der hervorgeht, wo alles Notwendige zu finden ist – und wo alles Gebrauchte wieder abgelegt werden soll. Immer wieder kommt es auch zu Diskrepanzen zwischen der Datenbank und der realen Situation in der Raumstation: Plötzlich ruft die Crew herunter, dass der benötigte Schraubenschlüssel nicht an der erwarteten Stelle zu finden sei. Dann ist der **COSMO** gefragt, einen möglichen anderen Lagerungsplatz herauszufinden, einen zweiten baugleichen Schraubenschlüssel vorzuschlagen – oder einen Suchplan für die Astronauten aufzustellen.

Auch für den Müll ist der **COSMO** zuständig. Er schlägt – in Koordination mit seinen Kollegen in Houston – vor, wo Gegenstände verstaut werden sollen, die nicht mehr gebraucht werden. Und bei nächster Gelegenheit sorgt er dann dafür, dass dieser

Die involvierten Kontrollzentren auf europäischer
Seite sind über den gesamten Kontinent verstreut. Die
Grafik stellt die Situation
während der 1E-Mission
dar – in den darauffolgen-
den Monaten änderte sich
die Situation immer wieder
leicht, da beispielsweise für
neue Experimente neue

USOCs nominiert wurden.
CADMOS (Toulouse) ist
während 1E zuständig für
das EPM-Rack, MARS (Ne-
apel) für FSL, wobei das
GEOFLOW-Experiment, wel-
ches in FSL eingebaut ist,
von E-USOC (Madrid)
betrieben wird. B.USOC
(Brüssel) ist einerseits verantwortlich für SOLAR,

andererseits auch für das
PCDF-Experiment. Dadurch
hat B.USOC zwei Rollen:
Einmal direkt COL-CC
unterstellt für die externe
Payload, andererseits unter
ERASMUS (Noordwijk)
aufgehängt, da ERASMUS
für EDR zuständig ist,
welches PCDF beherbergt.
Ebenso ist MUSC (Köln)

einmal direkt verantwortlich
für BIOLAB, andererseits
ERASMUS unterstellt, da
das EXPOSE-Experiment auf
EuTEF von Köln aus, EuTEF
selbst aber von Noordwijk
aus betrieben wird. Und
schließlich gibt es noch
BIOTESC (Zürich), von wo
das WAICO-Experiment in
BIOLAB überwacht wird ...

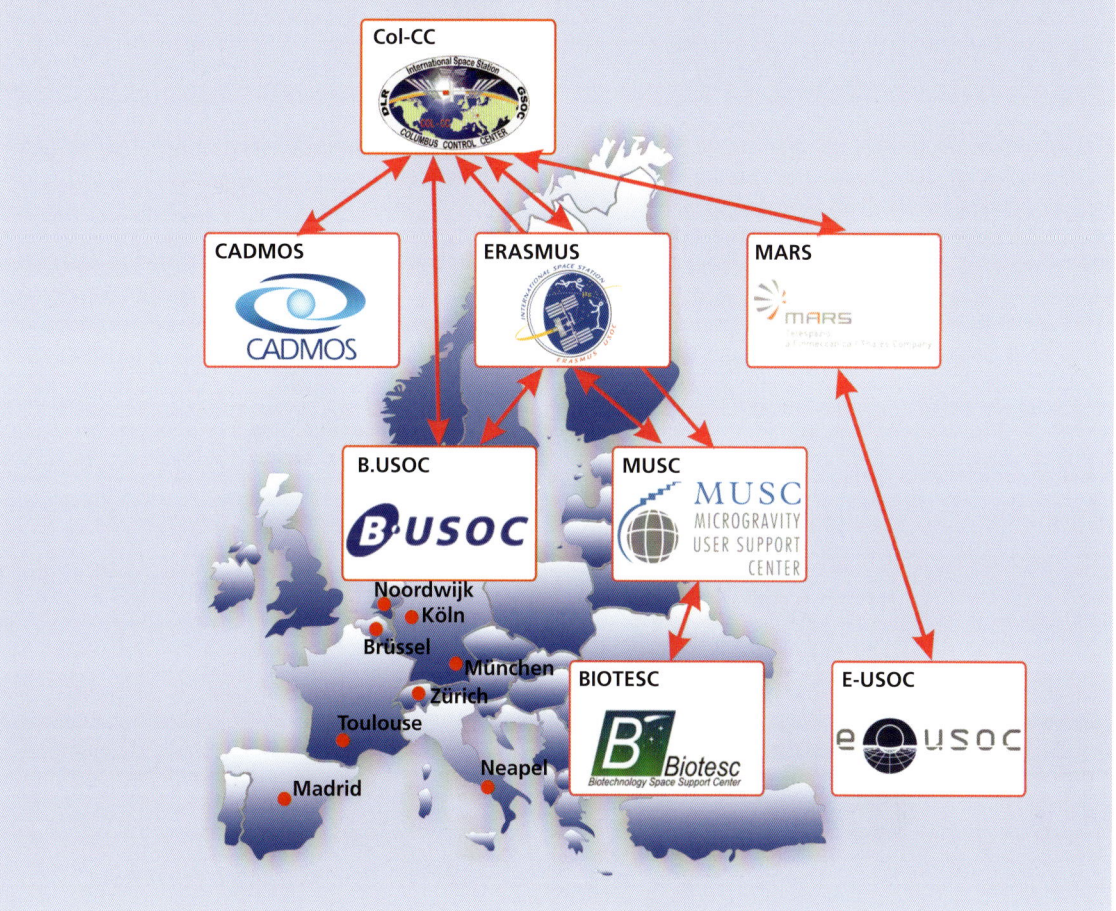

Müll in ein ausgedientes Progress- oder ATV-Raum-
schiff geladen wird, welches später kontrolliert in der
Atmosphäre zum Verglühen gebracht wird – eine
problemlose, kosmische Art der Müllverbrennung.

Manche Teile von Experimenten oder defekte Ausrüs-
tungsgegenstände müssen für weitere Untersuchungen zur Erde zurückgebracht werden. Auch hieran arbeitet der **COSMO**, ein Platz auf diesen »Download«-
Listen ist hart umkämpft. Um etwas zur Raumstation
zu bringen, stehen mehrere Möglichkeiten zur Verfügung: der Shuttle, die Soyuz- und Progress-Raumschiffe der Russen, das europäische **Multi Purpose
Logistic Module (MPLM)**, das in der Ladebucht des

Space Shuttles mit zur Station gebracht und wie das
Columbus-Modul an die Station angedockt wird,
jedoch am Ende der Shuttle-Mission wieder im Bauch
des Shuttles zur Erde zurückkehrt, der **ATV**-Transpor-
ter der ESA und zukünftig auch das **HTV (H-IIB Transfer
Vehicle)** der Japaner. Um etwas zurück auf die Erde
zu bringen, stehen dagegen nur die enge Soyuz-Kapsel und der Space Shuttle, eventuell mit dem **MPLM**
in der Ladebucht, zur Verfügung. Alle anderen Trans-
porter kehren nicht mehr zur Erde zurück, sondern
verglühen in der Erdatmosphäre und können daher
nur als »Müllentsorger« benutzt werden. Deshalb sind
sehr gute Argumente und lange Verhandlungen not-

**Multi Purpose Logistic
Module (MPLM)**
Das Logistikmodul MPLM hat
ein ähnliches Aussehen wie
Columbus, ist aber im Wesent-
lichen ein Transportcontainer.

Der Space Shuttle (**a**) ist der Chef – das wird beim Betrachten dieser maßstabsgetreuen Weltraumtransportergrafik schnell klar. Wenn die Shuttle-Flotte der NASA in den Ruhestand verabschiedet wird (2010), dann wird eine wesentliche Transportkapazität wegfallen. Alle amerikanischen Module der ISS haben im Bauch der Raumfähren ihre Reise in den Orbit angetreten, und auch die **Multi Purpose Logistics Modules (MPLMs)** (**b**) wurden mit diesem Gefährt in den Orbit gebracht. An der Station angekommen, wird das **MPLM** durch einen Roboterarm aus dem Shuttle gehoben und an der Station angedockt. Dann können die Astronauten das Transportmodul bequem ausladen und anschließend wieder beladen, denn der Space Shuttle nimmt das **MPLM** jeweils wieder mit »nach Hause«. Mithilfe des Space Shuttles und des **MPLMs** lassen sich so nicht nur viele Versorgungsgüter zur Station bringen, sondern auch große Mengen wieder zurückbefördern. Das einzige andere Raumschiff, das ebenfalls wieder zur Erde zurückfliegt, ist die russische Soyuz-Kapsel (**c**). Allerdings ist hier der Platz sehr begrenzt – schließlich haben in der engen Kugel auch noch drei Kosmonauten ihre Sitze. Ebenfalls in Russland starten die Progress-Versorgungsschiffe (**d**), die automatisch an der Raumstation andocken, aber anschließend nicht mehr auf der Erde landen können, sondern gezielt in der Atmosphäre zum Verglühen gebracht werden. Das gleiche Schicksal ereilt die europäischen **Automated Transfer Vehicles (ATVs)** (**e**), die ebenfalls vollautomatisch an die Station ankoppeln – wie die Progress-Transporter am russischen Teil der ISS. Das japanische **HTV (H2 Transfer Vehicle)** (**f**) dockt nicht selbst an – es lässt docken! Vorsichtig nähert sich dieser Weltraumtransporter dem amerikanischen Teil der Station, bis es in Reichweite des Roboterarms ist, der es greift und am *Node 2* verankert. Wieder kann die Besatzung die Lieferung bequem ausräumen und den Metallzylinder dann mit Müll auffüllen, der in der Atmosphäre verbrannt werden soll. Nachdem im amerikanischen Teil die Luken größer sind, lassen sich mit dem **HTV** auch neue Racks auf die Station bringen – die russischen Luken wären hierfür viel zu schmal.

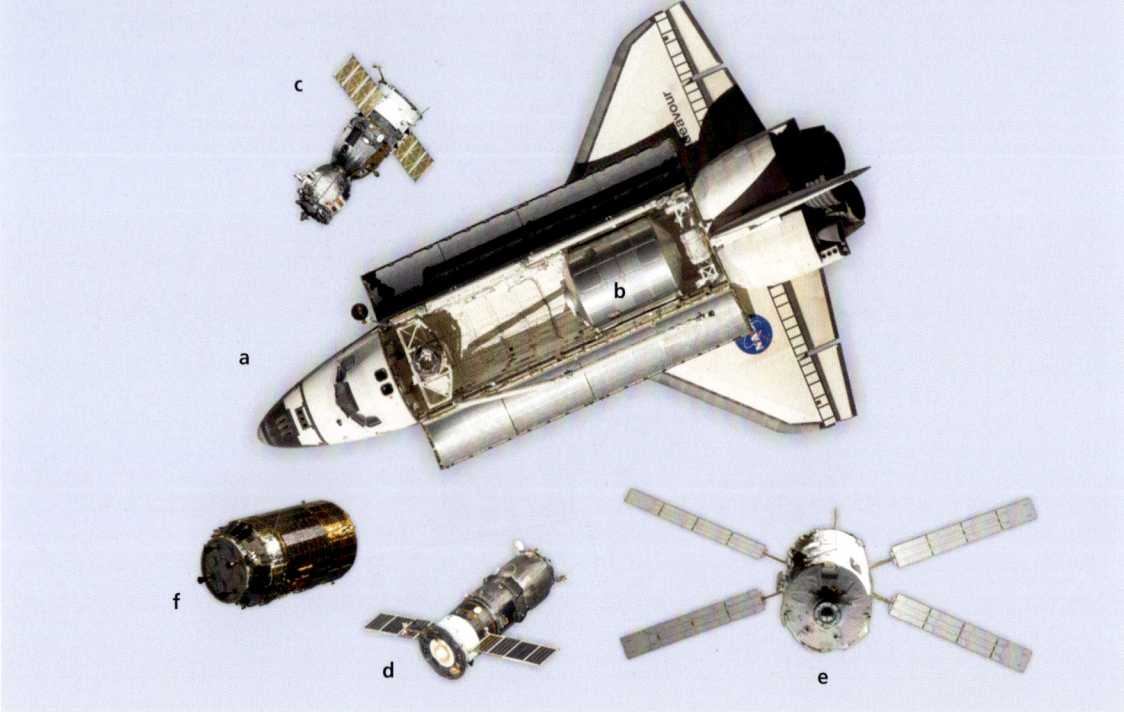

wendig, um etwas von der Raumstation zurück auf die Erde zu bringen.

Es ist naheliegend, dass der **COSMO** außerdem die Verantwortung und Mitsprache bei allen Aktivitäten der Crew hat, die mechanischer Natur sind. Hiervon wird es während dieser Mission viele geben, was auch dem **COSMO** zu einer Schlüsselposition verhilft.

Speziell bei der 1E-Mission sitzt an der eigens definierten **COL COMMAND**-Konsole noch ein Flight Controller, der für die anderen Positionen und unter deren Anleitung und Verantwortung die Kommandos an die ISS schicken wird. Diese Position wurde geschaffen, um einerseits die eigentlichen Experten zu entlasten und andererseits wegen der vielen notwendigen Kommandos von den verschiedenen Positionen einen zentralisierten »Kanal« für die Befehle an das *Columbus*-Modul zu schaffen. Für die **COL COMMAND**-Position wurden einer der *Columbus*-Trainer und einige Flight Controller zertifiziert, die nach der Mission auf ihren eigentlichen Positionen, der **COL DMS** und der **COL OC**-Konsole zu arbeiten beginnen werden.

Neben diesen Flight Controllern, die sichtbar im Kontrollraum agieren, gibt es in Oberpfaffenhofen

COL COMMAND
Auf das Senden von Telecommands spezialisiertes Mitglied des Teams

Der Kontrollraum K4 kurz nach dem Handover mit »kleiner Besetzung«: Links von der COL FLIGHT-Konsole sitzen der EUROCOM und der COP, rechts davon hat der COL OC als Verantwortlicher für die Experimente seinen Platz. Während der 1E-Mission teilt er seine Konsole mit dem ACE, dem Experten der Firmen Astrium und Thales Alenia Space. Vor dem COL OC hat COL SYSTEMS sein Reich, der die Bordtechnik von Columbus kontrolliert. Der COSMO koordiniert alle mechanischen Aktivitäten und verwaltet den Stauraum an Bord. Vor dem Flugdirektor wurde während 1E eine eigene Konsole nur für das Kommandieren eingerichtet. Nach der Mission steht die COL COMMAND-Konsole weiterhin für alle als »hot Backup« zur Verfügung, falls jemand Probleme mit den eigenen Computern hat. Schließlich kümmert sich COL COMMS um die Videosysteme und den hochratigen Datenverkehr, während COL DMS Herr über die Bordrechner ist.

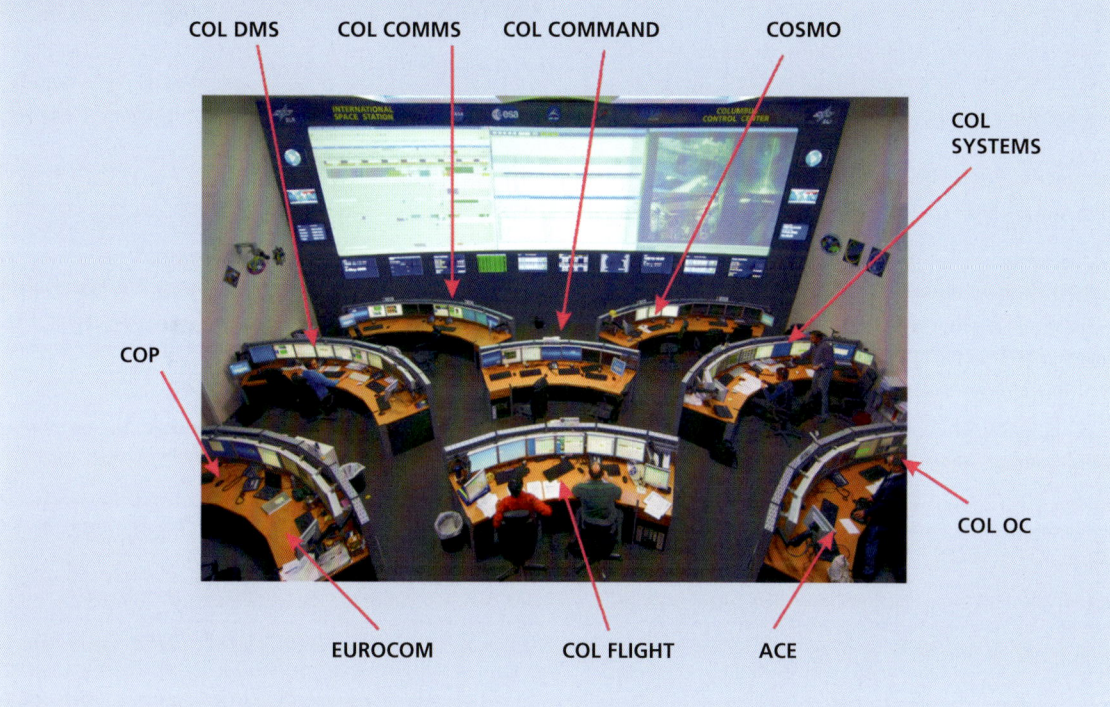

COL DMS COL COMMS COL COMMAND COSMO

COL SYSTEMS

COP

COL OC

EUROCOM COL FLIGHT ACE

COL EST (Columbus Engineering Support Team)
Gruppe von Ingenieuren, die im Hintergrund eventuell auftretende Probleme untersucht und dann Handlungsempfehlungen an das Flugkontrollteam gibt

ESA Operations Manager (OM)
Missionsverantwortlicher der ESA

ESA Mission Science Office (MSO)
Für wissenschaftliche Belange zuständige ESA-Vertrerer

ESA Payload Operations Manager (POM)
Zuständige Manager für die Koordination der verschiedenen ESA-Experimente

Biomedical Engineers (BME)
Medizinisches Fachpersonal, das den Flugarzt unterstützt

Houston Support Group Columbus (HSG-C)
Unterstützungsgruppe der NASA vor Ort in München

noch viele Personen im Hintergrund. Im Validierungs- und Simulationskontrollraum K3 sitzt während der 1E-Mission ein zweites fast komplettes Kontrollteam, das als Unterstützung für die »echten« Flight Controller gedacht ist. Dieses Team übernimmt Aufgaben, die ihm aus dem Hauptkontrollraum übertragen werden. Weiterhin gibt es Ingenieure, die das **COL EST (Columbus Engineering Support Team)** bilden und sowohl den ACE, aber auch die anderen Positionen unterstützen. Der **ESA Operations Manager (OM)** stellt die offizielle Schnittstelle von Oberpfaffenhofen zur ESA dar. Da das DLR das Kontrollzentrum in Auftrag der ESA betreibt, benötigt das Flugkontrollteam in bestimmten programmatischen Fragen die Weisung ihres Auftraggebers, wie dieser sein Modul in besonderen Situationen gesteuert und eingesetzt wissen will.

Das **ESA Mission Science Office (MSO)** und die **ESA Payload Operations Manager (POM)** haben für die Mission eigene Vertreter an das *Columbus*-Kontrollzentrum entsandt, und in Köln stehen **Biomed-ical Engineers (BME)** der ESA zur Verfügung. Diese wachen zusammen mit dem Flugarzt und dem medizinischen Team in Houston über die Gesundheit der Astronauten und legen schon im Vorfeld ihr Veto ein, sollte ein Planer auf den Gedanken kommen, die wertvolle Freizeit der Besatzung antasten zu wollen.

Dann gibt es für die ersten Wochen und Monate des *Columbus*-Betriebs noch ein weiteres spezielles Team, das mit Rat und Tat den noch frischen europäischen Flight Controllern zur Seite steht. Die **Houston Support Group *Columbus* (HSG-C)** ist eine kleine Gruppe von NASA-Flight Controllern, die für etwa ein halbes Jahr ihre Zelte am Col-CC aufgeschlagen und dort einen eigenen kleinen Kontrollraumbereich mit drei Konsolen bezogen haben.

Die gute Seele des Teams ist *Paul Wester*, der in der langjährigen Vorbereitungsphase zum wichtigen Ansprechpartner für die Münchner geworden war. Er hat bereits etwa ein halbes Jahr vor dem Start seinen Wohnsitz nach Bayern verlegt, um direkt vor Ort die

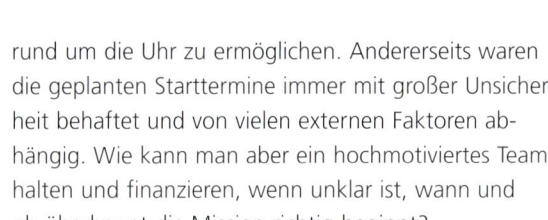

Ground Control Team (GCT)
Gruppe von Experten, die das Bodensystem und die Infrastruktur auf europäischer Seite überwachen

heiße Phase unterstützen zu können. Neben den offiziellen Kommunikationskanälen zum ISS-Hauptkontrollzentrum in Houston hat sich während der Mission diese zweite Möglichkeit des Informationsaustausches als sehr effektiv und wertvoll erwiesen. Denn das **HSG-C**-Team kennt viele der Spezialisten am *Johnson Space Center* und bekommt deshalb schnell benötigte Informationen. Eine kurze Anfrage – und schon kümmern sich *Paul Wester, Eugene Schwanbeck* und die anderen NASA-Kollegen am Col-CC darum, die Antwort von jenseits des Atlantiks zu erhalten. Diese unbürokratische Hilfe wird hauptsächlich für die Vorkoordination und Durchführung von komplexen modulübergreifenden Aktivitäten der Betriebsteams in Anspruch genommen. Weiterhin stellt das **HSG-C**-Team sicher, dass die Münchner ein gutes Verständnis der zeitgleich stattfindenden amerikanischen und russischen Aktivitäten auf der Raumstation haben.

Ebenfalls im Hintergrund arbeitet das **Ground Control Team (GCT)**, das rund um die Uhr das gesamte europaweite Bodennetzwerk mit den vielen verschiedenen Komponenten im Auge hat und im Notfall schnell eingreifen muss – möglichst, bevor vom Flight Control Team das Bodenproblem überhaupt bemerkt wird. Auch diese Experten sind während der Mission gefragte Ansprechpartner und müssen sich Dutzender kleinerer und größerer Probleme annehmen. Viel Erfahrung ist nötig, um in dem komplexen Netzwerk schnell einen Fehler zu finden, zu isolieren und zu beheben – immer unter dem Druck des Flugkontrollteams, das jede Unterbrechung der Infrastrukturverfügbarkeit als kritische Situation einstuft.

Für die beteiligten Firmen und Organisationen war es durchaus eine Herausforderung, die Teams für die Mission zusammenzustellen. Einerseits war für den zukünftigen Betrieb von *Columbus* eine große Anzahl von Experten notwendig, um einen Schichtbetrieb

rund um die Uhr zu ermöglichen. Andererseits waren die geplanten Starttermine immer mit großer Unsicherheit behaftet und von vielen externen Faktoren abhängig. Wie kann man aber ein hochmotiviertes Team halten und finanzieren, wenn unklar ist, wann und ob überhaupt die Mission richtig beginnt?

Internationale Zusammenarbeit

Ein herber Rückschlag war für die neu formierte Betriebsmannschaft die *Columbia*-Tragödie, bei der der Shuttle »Columbia« am 16. Januar 2003 nach dem Flug beim Wiedereintritt in die Erdatmosphäre auseinanderbrach. Für den geplanten *Columbus*-Start im Oktober 2004 bedeutete der Unfall zunächst einmal das Aus – und eine ungewisse Zukunft. Die Bestürzung war groß, und keiner hatte eine Vorstellung, ob und wann es der NASA gelingen würde, noch einmal einen Space Shuttle startklar zu machen, mit dem *Columbus* zur ISS gebracht werden könnte.

Die NASA ließ jedoch keine Zweifel darüber aufkommen, dass sie plane, sobald wie möglich wieder bemannt in den Weltraum zu fliegen. Dieser Eindruck wurde auch dadurch verstärkt, dass bereits im Oktober 2003 das nächste Vorbereitungstreffen mit dem NASA-Flugkontrollteam durchgeführt wurde.

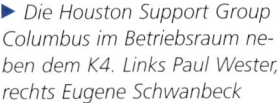

Diese **European Joint Operations Panel (EJOP)**-Treffen, bei denen alle anstehenden technischen Fragen und Abmachungen zwischen den beiden Flugkontrollteams diskutiert wurden, fanden jeweils zweimal im Jahr statt. Dabei trafen sich die Teams entweder in Houston oder in Europa, meistens in Oberpfaffenhofen, aber auch in Bremen oder am Technischen Center der ESA (ESTEC) in Noordwijk in den (NL).

Neben dem technischen Austausch während der einwöchigen Tagung und den zahlreichen Diskussionen konnten sich natürlich auch persönliche Beziehungen entwickeln, die sich im Laufe der Vorbereitungszeit von *Columbus* zu Freundschaften vertieften. Gang und gäbe war es bei jedem EJOP-Treffen, einen sog. Social Event abzuhalten, um die Teambildung zu fördern. Dabei reichte die Bandbreite der Veranstaltungsideen von der Einführung der Amerikaner (und die der norddeutschen und italienischen Teammitglieder) ins bayerische Weißwurstessen bis hin zum Kart-Nachmittag auf einer Rennstrecke in Texas, bei dem es auch zu knallharten Ausscheidungsrennen zwischen sonst eher ruhigeren Teammitgliedern kam.

Schon bei den ersten Missionssimulationen stellten viele Teammitglieder fest, dass es von unschätzbarem Vorteil war, sein Gegenüber im »Partnerkontrollraum« am anderen Ende der Welt persönlich zu kennen und seine Verhaltensweisen dadurch besser einschätzen zu können. Mit fortschreitendem Bekanntheitsgrad entwickelte sich – innereuropäisch und über den Atlantik hinweg – eine Vertrautheit, die es ermöglichte, oftmals langwierige Diskussionen mit Witz und Humor etwas aufzulockern und Problemlösungen dadurch zu beschleunigen.

Unvergessen bleibt etwa die Anekdote, als in der angespannten Atmosphäre eines langen EJOP-Tages der damalige, für die 1E-Mission vorgesehene leitende NASA-Flugdirektor, *Mark Ferring*, eine lange kontroverse Diskussion einer operationellen Frage mit den Worten »Hey, it is just a **MPLM**…« unterbrach. Für einige Augenblicke war damals Stille im Besprechungsraum – da hatte doch gerade jemand das Hightech-Forschungslabor *Columbus* mit dem Logistikmodul verglichen, mit einer einfachen Tonne sozusagen! Betroffenes Schweigen bei den Europäern, bis klar wurde, dass dies als Witz gemeint war und im Klartext heißen sollte, dass man den Sachverhalt nicht über die Maßen verkomplizieren sollte. In der anschließenden Kaffeepause war dieser Satz natürlich in aller Munde und einige besonders eifrige NASA-Kollegen hielten die Aussage ihres Chefs schließlich in einer kleinen Karikatur fest, die großen Anklang fand.

Das von der NASA nominierte Team umfasste Spezialisten aus allen Fachgebieten und wurde anfangs durch *Mark Ferring* geleitet. Dieser konnte jedoch die *Columbus*-Vorbereitungen nicht bis zur 1E-Mission begleiten, sondern folgte einem Ruf als Standortleiter an das NASA-Zentrum White Sands (New Mexico). Als seine Nachfolgerin wurde Flugdirektorin *Sally Davis* nominiert, unterstützt von *Bob Dempsey*. Die beiden leiteten dann auch während der Mission die Hauptschichten auf amerikanischer Raumstationsseite, ergänzt durch *Ron Spencer* in der Nachtschicht. Weiterhin bekamen die Europäer schließlich mit *Mike Sarafin* für die Mission auch einen äußerst erfahrenen leitenden Space-Shuttle-Flugdirektor zur Seite gestellt.

In Erwartung des *Columbus*-Starts im Dezember 2007 folgte im Oktober die mittlerweile etablierte *Columbus*-Betriebsmannschaft einem alten bayerischen Brauch: Immer dann, wenn es galt, kritische Situationen zu überstehen, wurde ein Bittgang zu einem nahe gelegenen Kloster unternommen. Da Oberpfaffenhofen nahe dem weltberühmten Benediktinerkloster Andechs gelegen ist, pilgerte das gesamte *Columbus*-Team auf den »heiligen Berg«, um mit dem Altabt

▲ *Geborgene Trümmerteile der Columbia im RLV Hangar am Kennedy Space Center*

European Joint Operations Panel (EJOP)
Diskussionsforum und Entscheidungsgremium für bilaterale Fragen zwischen den europäischen und den amerikanischen Flight Control Teams

▼ *NASA-Kollegen der ersten Stunde bei einem Besuch am Col-CC. Nur wenige der abgebildeten Personen nahmen letztendlich an der 1E-Mission einige Jahre später teil.*

▲ Abt Odilo Lechner bei der Segnung der Columbus-Mission

▲ Sylvia Utendörffer vom Columbus-Projektbüro mit der Stiftungskerze

Aktivierung
Kommandierungssequenz, die *Columbus* von einer Konfiguration, die nur das pure Überleben ermöglicht, in einen voll betriebsbereiten Zustand bringen soll

Systemvalidierungstest (SVT)
Test in einem möglichst echten Missionssetup, der zum Ziel hat, die Funktionalität und das Zusammenspiel der einzelnen Missionssegmente zu bestätigen und zu beweisen

Odilo Lechner für eine erfolgreiche Space-Shuttle-Mission zur Installierung des neuen Moduls zu bitten. Wie in Andechs üblich, wurde aus diesem Anlass auch eine spezielle *Columbus*-Kerze geweiht.

Auch *Christoph Kolumbus* hat einen ähnlichen Segen der Kirche erhalten – mit großem Erfolg, wie die Geschichte gezeigt hat.

Der Bittgang zeigte jedoch für den Dezember-Starttermin wenig Wirkung, da dieser nach mehreren vergeblichen Versuchen abgebrochen und in das Jahr 2008 verschoben werden musste.

Erfahrungen der langen Projektvorbereitung

Ein über Jahre laufendes Projekt bringt gute, aber auch schlechte Dinge zum Vorschein. Das gilt auch für das *Columbus*-Programm – viele Erfahrungen wurden aus dem langen und manchmal dornigen Weg des Entwicklungsprozesses gewonnen.

Die Finanzierung internationaler Großprojekte ist nicht automatisch durch ihre multinationalen Verankerungen gesichert. Das gilt bei dramatischen Kostenüberschreitungen, die sowohl durch operationelle als auch durch technische und politische Änderungen verursacht werden. Alle beteiligten Agenturen werden dann immer versuchen, Kosteneinsparungsprogramme – bis hin zu drastischen Maßnahmen wie Entwicklungseinstellungen – zu initiieren, um im Kostenrahmen bleiben zu können. Dies ist insbesondere bei Kostenerhöhungen der Fall, die durch programmatische Änderungen der beteiligten Partner verursacht werden.

Andererseits können solche Änderungen aber auch den Fortbestand eines Projekts wie das der ISS sichern. So konnte zum Beispiel durch die Zusage Russlands, sich mit eigenen Ressourcen und dem vorhandenen Know-how an der ISS zu beteiligen, das Überleben der Internationalen Raumstation politisch und finanziell sichergestellt werden. Außerdem war nur durch Russlands Bereitschaft, zusätzliche Soyuz- und Progress-Raumschiffe während des unvorhersehbaren zweijährigen Shuttle-Ausfalls nach dem *Columbia*-Unglück zur Verfügung zu stellen, die Betriebsbereitschaft der ISS aufrechtzuerhalten. Allerdings brachte die nachträgliche Aufnahme eines zusätzlichen internationalen Partners weitere Herausforderungen bei der Formulierung der verschiedenen Regierungsabkommen und der programmatischen Vereinbarungen mit sich. Ebenso ist die technische Komplexität bezüglich der Schnittstellen von uneinheitlichen Bodensystemen dadurch dramatisch gestiegen.

Eine Schlussfolgerung ist, dass komplexe Systemschnittstellen enorme finanzielle und operationelle Zusatzaufwendungen verursachen, die auch große Programme gefährden können. Im ISS-Programm verursachten die vielen verschiedenen Raumfahrtfirmen und die existierenden Bodenanlagen der Partner ein vielschichtiges und durch die verschiedenartigsten Schnittstellen geprägtes Datenmanagementsystem. Es ist klar ersichtlich, dass harmonisierte Schnittstellen und gemeinsame Datenformate wesentlich kostengünstiger und operationell leichter zu handhaben wären.

Das Ziel einer Vereinheitlichung von Datenaustauschformaten wird wohl für die ISS nicht mehr realisierbar sein, da ein solches Konzept zu Beginn eines Programms festgelegt werden muss, etwa in enger Zusammenarbeit mit dem internationalen Consultative Committee for Space Data Systems- (CCSDS) Forum, das sich seit Jahren um die Standardisierung von Datenformaten bemüht. Die Hoffnung ist, dass zukünftige Programme, wie z. B. die geplanten Mond- und Mars-Explorationsprogramme, aus diesen Erfahrungen lernen werden und dass eine Zusammenarbeit mit geeigneten Foren frühzeitig während der Definitionsphase etabliert wird. Auch unter einem solchen Aspekt kann der Nutzen der Internationalen Raumstation gesehen werden.

Ohne Test geht gar nichts!

Jeder Satellit, jede Sonde und erst recht jedes bemannte Weltraumfahrzeug muss gegen Ende der Entwicklungsphase penible Tests über sich ergehen lassen, um seine Einsatzbereitschaft zu beweisen. Eine Vielzahl von Prüfungen wurde hierfür ersonnen – von der Vakuumkammer über Rütteltische bis zu gleißenden Sonnenlichtsimulatoren und Hochfrequenzcharakterisierungen. Auch *Columbus* blieb hiervon nicht verschont – und einer der Tests involvierte auch das Flugkontrollteam in Oberpfaffenhofen. Aufgabe der Flight Controller war es, eine »echte« **Aktivierung** des Moduls von der Konsole aus durchzuführen. In einem **Systemvalidierungstest (SVT)** sollten das in einer Integrationshalle bei Astrium in Bremen stehende echte *Columbus*-Modul vom *Columbus*-Kontrollzentrum aus angesteuert und die Aktivierungssequenz durchfahren werden.

Januar 2006 – Eine Handvoll Mitglieder des *Columbus*-Flugkontrollteams wartet im Backup-Kontrollraum K11 auf die erste Gelegenheit, Telemetriedaten aus Bremen zu empfangen und auch Telekommandos zu schicken – nicht in den Weltraum zur ISS, sondern zurück nach Bremen. Der Start des Tests verzögert sich etwas, nachdem es anfänglich zu Problemen mit den Datenleitungen zwischen Oberpfaffenhofen und Astrium in Bremen kommt, die aber nach einigen Stunden gelöst werden können. Telemetrie strömt nun von *Columbus* – installiert auf einem Drehgestell in der Integrationshalle – über Datenleitungen durch die Republik nach Süden in den Kontrollraum K11 und dort weiter auf die Anzeigemonitore der Flight Controller. Zum ersten Mal füllen sich diese mit echten Daten von *Columbus* und zeigen dem Betriebspersonal den ganzen Umfang der zur Verfügung stehenden Informationen aus dem Modul. Bislang hatte man am Col-CC nur die Möglichkeit, Daten von Computersimulatoren oder dem **Electrical Test Model (ETM)** in die Missionsbetriebssysteme einzuspielen und für die Entwicklung der operationellen Programme zu verwenden.

In den folgenden Stunden breitet sich eine ungewohnte Stille im Kontrollraum aus, denn alle nutzen die Zeit, um in die Daten des Forschungsmoduls einzutauchen und sich auf den geplanten Aktivierungsversuch des Moduls an den folgenden Testtagen vorzubereiten. Um zunächst den Testaufbau überprüfen zu können, wurde für den ersten Testtag ein bereits vollständig aktiviertes Modul als Datenquelle verwendet. Damit können die Flight Controller nun zunächst einmal alle Daten überprüfen und sich auf den eigentlichen Test vorbereiten. Im nächsten Schritt nämlich deaktiviert das Testteam in Bremen mithilfe des **Electrical Ground Support Equipments (EGSE)** das Modul wieder. Nun ist *Columbus* exakt in der Konfiguration, wie es nach dem Andocken von *Columbus* an der ISS zu erwarten sein wird.

Dauert die Aktivierung von *Columbus* wirklich zwei ganze Tage? Im Vorfeld der Besprechungen und Koordinationstreffen zwischen den Flugkontrollteams der NASA und der ESA war einige Male die Frage aufgetaucht, wie lange sich die Aktivierung des *Columbus*-Moduls wohl hinziehen würde. Da bis dahin nie die komplette Aktivierungssequenz in einer realistischen Umgebung mit operationellen Produkten durchgeführt wurde, konnten bis dato nur ungefähre Angaben gemacht werden. Von den Integrationstestläufen her war mit einer Dauer von zwei Tagen zu rechnen, andererseits hatte das Flugkontrollteam bereits die Aktivierungssequenz unter Benutzung von Simulatoren wesentlich schneller durchfahren. Neben der Demonstration der technischen Durchführbarkeit war demnach

die Ermittlung der wirklichen Aktivierungsdauer ein wichtiges Ziel des Tests. Für die weitere Ausarbeitung des Flugplanes war die Bestimmung dieser Zeit essenziell.

Um es vorweg zu nehmen: Die im Testplan vorgesehenen zwei Testtage und ein weiterer zusätzlicher Ausweichtag waren mehr als ausreichend. Die Flight Controller schafften es, die erste *Columbus*-Aktivierung von Oberpfaffenhofen aus in sechs Stunden und 30 Minuten zu erledigen und hatten danach noch genug Zeit, um zusätzliche Versuche mit dem nun laufenden Modul durchzuführen. Diese neue Bestzeitmarke, maßgeblich zustande gekommen durch die Verwendung genau zugeschnittener Aktivierungsdisplays und die gute Koordination zwischen den Testingenieuren und dem Flugkontrollteam, war dann die Grundlage für die veranschlagte Zeit im Flugplan – auch wenn sich die Realität wieder komplett anders darstellen sollte.

Für den **Systemvalidierungstest** waren die vier ESA-Nutzlastschränke komplett in *Columbus* eingebaut worden, um die »End-to-End«-Kommunikation testen zu können. Nach dem Test wurden die Racks wieder ausgebaut und teilweise demontiert. So konnten beispielsweise 60 % der BIOLAB-Komponenten aus Massegründen nicht mit der *Atlantis* gestartet werden, sondern mussten – in **Crew Transfer Bags (CTBs)** verpackt – zusammen mit dem ***Node 2*** bereits im Oktober 2007 zur ISS »fliegen«. Dies geschah sehr zum Leidwesen von *Hans Schlegel*, der in den letzten Tagen der 1E-Mission einen Großteil seiner Zeit mit dem Zusammenbau der einzelnen BIOLAB-Komponenten verbringen musste …

Der erfolgreiche Systemvalidierungstest mit der **Flughardware** unter Verwendung der vorgesehenen operationellen Hilfsmittel war ein wichtiger Eckpunkt auf dem Weg zur 1E-Mission. Es war gezeigt worden, dass Col-CC mit dem Modul kommunizieren und es kontrollieren konnte, und dass *Columbus* funktionstüchtig war. Von diesem Zeitpunkt an, der das erste Zusammentreffen von »Raumschiff« und »Mission Control« markierte, sollte es bis zum Februar 2008 dauern, bis wieder Kommandos vom Col-CC aus das *Columbus*-Modul erreichten. Diesmal aber nicht von Oberpfaffenhofen nach Bremen, sondern auf dem abenteuerlichen Weg über Houston, White Sands und Satelliten im geostationären Orbit bis hin zur Raumstation!

Electrical Test Model (ETM)
Bester zur Verfügung stehender Simulator von *Columbus*, der durch Kombination von echter Hardware und Simulationsprogrammen Daten erzeugt

Electrical Ground Support Equipment (EGSE)
Steuerungseinheit zur Telemetrieanzeige und Telekommandogabe, die bei der Integration und dem Zusammenbau eines Raumfahrzeuges verwendet wird

Crew Transfer Bags (CTBs)
Nomextaschen von festgelegter Größe, in denen einzelne Komponenten verpackt werden können

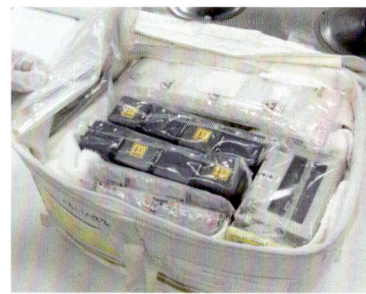

▲ *Ein geöffnetes Crew Transfer Bag*

Node 2
Die Nodes (zu deutsch »Knoten«) sind Module der ISS, die in allen sechs Raumrichtungen Anschlussstücke haben und somit den Anbau von anderen Modulen in mehreren Richtungen erlauben

Flughardware
Die originalen, später auch im Weltraum betriebenen Komponenten

Die Crew der 1E-Mission (STS-122)
Von links:
Leland Melvin (Missionsspezialist),
Stephen Frick (Kommandant),
Rex Walheim (Missionsspezialist),
Léopold Eyharts (ESA, Bordingenieur),
Stanley Love (Missionsspezialist),
Alan Poindexter (Pilot),
Hans Schlegel (ESA, Missionsspezialist)

Three... Two... One... Lift-Off!

Der erste Startversuch

Starttermine für das *Columbus*-Modul hat es schon viele gegeben – immer wieder wurden sie nach hinten korrigiert, weil sich das Shuttle-Programm der NASA zunächst durch den Absturz der *Columbia* und die daraus resultierenden verschärften Sicherheitskriterien, die für einen Start erfüllt sein mussten, immer wieder verzögerte. Der Flug hatte die Nummer STS-122 erhalten, wobei die Nummerierung des **Space Transportation Systems (STS)** – also der Shuttles – nicht chronologisch die Startreihenfolge wiedergibt – zu viele Umplanungen hatte es gegeben, aber die anfangs zugeteilten Nummern blieben der Übersichtlichkeit halber unverändert. Der Flug firmierte auch unter der Bezeichnung »1E«, also die erste europäische Mission während des Baues der Raumstation. Mit der gleichen Logik waren auch ein »1J«-, ein »1JA«- und »2JA«-Flug in Planung, also Shuttle-Flüge der Japaner, teilweise in Kombination mit amerikanischen Zielen. Die rein amerikanischen Flüge für den ISS-Ausbau waren natürlich inzwischen schon längst bei zweistelligen Nummern angekommen.

Am ersten Arbeitstag des neuen Jahres 2007 veranstalteten die Flight Controller in Oberpfaffenhofen einen kleinen Sektempfang, um das erste Jahr zu feiern, in dem das geplante Startdatum die gleiche Jahreszahl trug wie das aktuelle Datum – langsam schien es wirklich ernst zu werden!

Tatsächlich kam es über das Jahr 2007 hinweg nur zu kleineren Feinkorrekturen des Startdatums, obwohl dieses schließlich mit dem 6. Dezember schon gefährlich nahe an das Jahresende heranrückte.

Der 6. Dezember blieb jedoch stabil, und alle Aktivitäten der Flight Control Teams in Houston und Oberpfaffenhofen wurden auf diesen Tag hin fokussiert. Auch einige Tage vor dem 6. Dezember gab es keine Probleme mit dem Shuttle – und die Wettervorhersa-

gen wurden eher besser als schlechter. Bis auf 90 % vergrößerte sich die Startwahrscheinlichkeit. Eine Woche vor dem geplanten Termin stieg das europäische Flugkontrollteam offiziell in den bereits laufenden Planungsprozess für die ISS ein. Die Flight Control Teams in Houston und Oberpfaffenhofen begannen damit, den schon seit Langem vorbereiteten Flugplan für den Fall eines Starts am 6. Dezember bis ins Detail zu prüfen – und parallel dazu auch die alternativen Zeitpläne für eine Startverschiebung um einen, zwei oder mehr Tage zu entwickeln. Damit musste zum ersten Mal der große Kontrollraum in Oberpfaffenhofen regelmäßig mit dem gesamten Team besetzt werden – die Experten aller Konsolenpositionen waren nötig, um eine gründliche und kritische Prüfung der geplanten Aktivitäten der kommenden Tage vorzunehmen. Alles war auf das kurze **Startfenster** von nur ein paar Minuten Länge am 6. Dezember fixiert ...

Der Space Shuttle kann nicht mit einem Flugzeug verglichen werden, das seinen einmal eingeschlagenen Kurs nach Belieben korrigieren kann. Vielmehr werden durch Startzeitpunkt und -richtung die Umlaufbahnen der gesamten Mission schon ziemlich genau definiert – der Treibstoff, den der Shuttle mitführt, reicht nur für kleinere Korrekturen aus, aber nicht dafür, eine komplett andere Bahn einzuschlagen.

Space Transportation System (STS)
Amerikanisches Space Shuttle-Programm

◄ *Blick vom Kontrollraum K4 auf die Besucherbrücke, von der während der Mission die Presse regen Anteil am Geschehen nahm.*

Die Bahn der ISS und das Startfenster

Die ISS fliegt in einer Bahnebene um die Erde, die etwa 52° gegenüber der Äquatorialebene geneigt ist, wie es in **a**) – **d**) durch die rote Fläche angedeutet ist. Diese im Raum feststehende Bahnebene und die sich darunter hinwegdrehende Erdkugel bewir-

ken, dass sich die zeitlichen Startfenster für eine Shuttle-Reise zur ISS nur dann »öffnen«, wenn diese Ebene die Erde gerade so schneidet, dass Cape Canaveral auf diesem Schnittkreis liegt (**d**) – nur dann kann der Orbit des Space Shuttles so gewählt werden, dass er in

der Bahnebene der ISS liegt und der Orbiter somit die Raumstation erreichen kann.

Projiziert man die Bahn der ISS auf die Weltkarte (**e**), so ergeben sich wellenförmige Bahnlinien, die zeigen, dass etwa die Polarregion (präziser gesagt jede Region nördlich von 52°N

und südlich von 52°S) nie überflogen wird. Da sich die Erde unter der im Wesentlichen raumfesten Bahnebene der ISS hinwegdreht, verschieben sich die wellenförmigen Bahnlinien bei jedem Umlauf etwas gegeneinander, sodass immer andere Regionen der Erde überflogen werden.

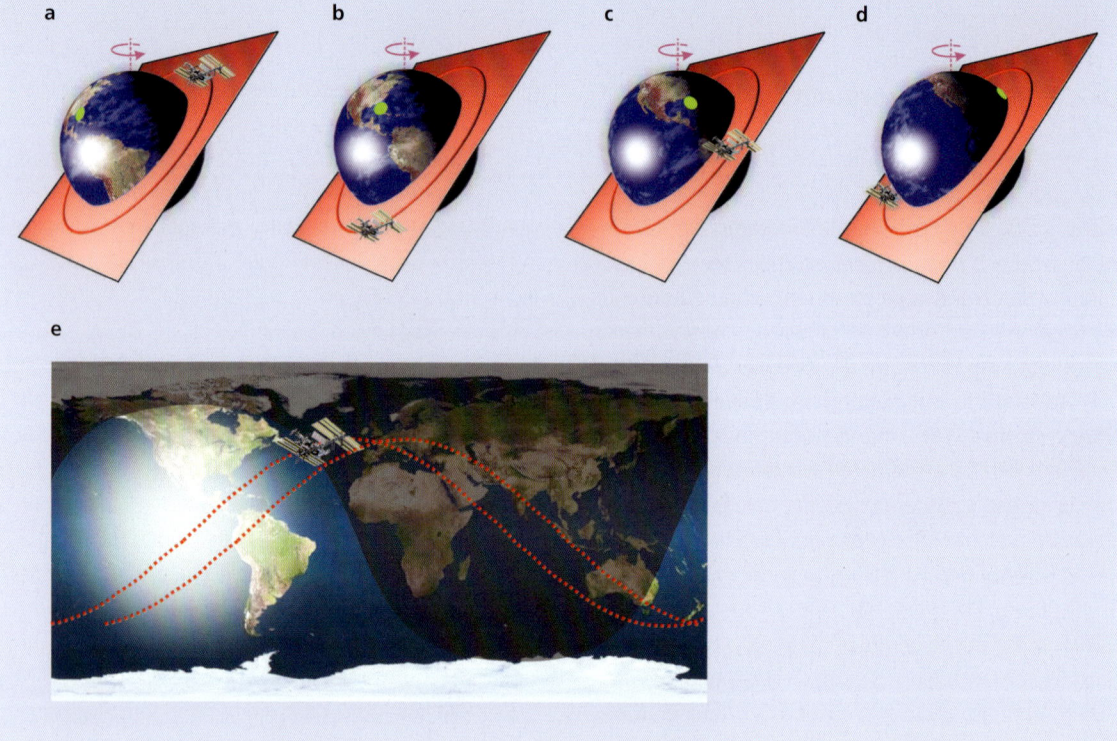

Rendezvous
Zusammentreffen zweier Raumfahrzeuge im Erdorbit

Wenn also ein **Rendezvous** zwischen der Raumstation und dem Space Shuttle möglich sein soll, dann ist genaues Timing gefragt – der Start muss genau so erfolgen, dass der Orbiter in die gleiche Umlaufebene wie die Raumstation eingebracht wird. Da sich die Erde pro Tag einmal ganz um die eigene Achse dreht, während die ISS-Bahnebene weitgehend fest im Raum stehenbleibt, schneidet diese virtuelle Ebene den Ort des *Kennedy Space Centers* zweimal pro Tag. Einer dieser beiden Schnittpunkte kann nicht genutzt werden, weil die Flugrichtung der Raumstation einen Shuttle-Start erfordern würde, der den Shuttle nicht in Richtung Atlantischer Ozean, sondern über bewohntes Gebiet führen würde – ein »No Go«, wenn niemand durch die herabstürzenden Feststoffraketen und den riesigen Außentank gefährdet werden soll. Und da sich die Erde in nur vier Minuten um ein ganzes Grad

dreht, ist das **Startfenster**, während dessen der Orbiter gestartet werden muss, um die Raumstation zu erreichen, nur wenige Minuten »groß«. Sollte der Start nicht innerhalb dieser Zeit erfolgen können, so muss er auf den nächsten Tag verschoben werden, wo sich ein neues **Startfenster** dann etwa 20 Minuten früher öffnet (durch die unregelmäßige Massenverteilung innerhalb der Erde dreht sich die Orbitalebene jedes Flugkörpers ständig etwas weiter). Einschränkungen der verschiedensten Art, etwa spezifische Anforderungen an die Lichtverhältnisse während der Startphase, schränken die nutzbaren **Startfenster** weiter ein.

Der Countdown für eine Shuttle-Mission beginnt schon Tage, bevor sich das eigentliche Startfenster öffnet, und so hatten die NASA-Ingenieure schon am 4. Dezember damit begonnen, die Brennstoffzellen der *Atlantis* zu betanken, die während der Mission den elektrischen Strom für den Orbiter generieren. Diese Betankung ist ausreichend, um den Start um bis zu drei Tage zu verschieben – dann muss ein Tag »Pause« eingelegt und die Betankung wiederholt werden.

Am Starttag selbst wurde in aller Frühe mit dem eigentlichen Befüllen des Haupttanks der *Atlantis* begonnen. Das Shuttle-System auf der Startrampe 39A des *Kennedy Space Centers* in *Cape Canaveral* fasst etwa 2 Millionen Liter flüssigen Sauerstoffs und flüssigen Wasserstoffs, und entsprechend lange dauert das Betanken mit dem hochexplosiven Treibstoff.

Dann, um 15:25 Uhr Mitteleuropäischer Zeit kommt die Meldung, dass es Probleme mit zwei von vier **ECO**-Sensoren gibt – der Tank war inzwischen schon zu vier Fünfteln gefüllt und der Startzeitpunkt nur etwa sieben Stunden entfernt. Gespannte Minuten, bis klar wurde, dass ein Start bei zwei fehlerhaften Sensoren nicht erlaubt ist: Die **Early Engine Cut-Off (ECO)**-Sensoren sollen während des Fluges verhindern, dass ein Treibstofftank bei arbeitenden Triebwerken leerläuft – die

Sensoren würden bei einem zu niedrigen Treibstoffstand die Triebwerke automatisch stoppen, um Schäden am Shuttle zu verhindern. Aber nach den letzten Unglücken ist man bei der NASA vorsichtig geworden – und für jedes System gibt es genaue Regeln, wann es als »einwandfrei funktionierend« und wann als »zweifelhaft« einzustufen ist. Und die Triebwerkabschaltung könnte bei zwei defekten **ECO**-Sensoren gefährdet sein. Deshalb verbreitete sich wenige Minuten später die traurige Neuigkeit, dass der heutige Startversuch leider abgesagt werden muss.

Den enttäuschten Flight Controllern in Oberpfaffenhofen blieb nichts weiter übrig, als die Gelegenheit zu nutzen und ein Gruppenfoto vom gesamten Team zu machen – so schnell würde sich den Fotografen wohl nicht mehr die Möglichkeit bieten, alle auf ein Bild zu bekommen. Schließlich war vom Zeitpunkt des erfolgreichen Starts an für die nächsten Jahre am Deutschen Zentrum für Luft- und Raumfahrt Schichtarbeit angesagt!

Early Engine Cut-Off (ECO)
Sensoren des Space Shuttles, die bei leerem Tank die Triebwerke abschalten

▼ *Atlantis am Startkomplex 39A – bereit zum Countdown*

esa COLUMBUS

Space Flight Awareness ★★★ GO ATLANTIS

▲ Atlantis landet in Kalifornien auf der Edward Air Force Base.

▶▶ Die aerodynamische Verkleidung wird über den Haupttriebwerken angebracht.

Shuttle Carrier Aircraft (SCA)
Transportflugzeug für den Space Shuttle

Orbiter Processing Facility (OPF)
Spezialgebäude zur Wartung der Shuttle-Orbiter

gleiter der NASA nicht ausgelegt, und so muss das Raumschiff »huckepack« auf dem **Shuttle Carrier Aircraft (SCA)**, einer modifizierten Boeing 747, transportiert werden. Durch den zusätzlichen Luftwiderstand reduziert sich die Reichweite der Boeing auf etwa ein Fünftel, wodurch zahlreiche Zwischenstopps auf dem Weg quer über Amerika nach Florida notwendig sind. Wenn möglich landet das Gespann dabei auf militärischen Stützpunkten, und es kommt auch vor, dass der Flieger eine Extrarunde über dem Houstoner *Johnson Space Center* zieht, bevor er sich Richtung *Cape Canaveral* wendet. Dann stehen die Mitarbeiter des Kontrollzentrums schon mal auf dem

Dach oder auf den Straßen, um »ihrem Raumschiff« die Aufwartung zu machen.

Diesmal machte das seltsame Gespann Tank- und Übernachtungsstopps in Amarillo, auf dem Luftwaffenstützpunkt Offut in Nebraska, auf dem Stützpunkt der US-Armee in Fort Campbell in Kentucky, bevor es unter den Augen der Presse in einem selbstbewussten und eleganten Tiefflug entlang der amerikanischen Küste auf das *Kennedy Space Center* Kurs nahm.

Dort traf die *Atlantis* schließlich am 3. Juli 2007 nach einer zweitägigen Reise ein und wurde in die **Orbiter Processing Facility (OPF)** gebracht, wo sie während der nächsten Monate überholt und auf

▶ Abflug nach Florida.

◀ Die Atlantis kommt zum Kennedy Space Center zurück, wo sie auf ihre neue Mission, Columbus an der Raumstation abzuliefern, vorbereitet wird.

ihren neuen Einsatz vorbereitet wurde. Besonders der Hitzeschild des Raumgleiters wurde sorgfältig inspiziert, und beschädigte hitzebeständige Kacheln wurden gegen neue ersetzt. Die Haupttriebwerke mussten für die Wartung ausgebaut werden, und eine neue Verkabelung der **ECO**-Sensoren machte sehr umfangreiche Demontagen notwendig. Die Cockpit-Scheiben der *Atlantis* wurden ebenfalls geprüft und teilweise ausgetauscht. Ein defektes Ventil und eine Brennstoffzelle mit verdächtiger Signatur zogen außerdem die Aufmerksamkeit der Ingenieure auf sich.

Auch andernorts in den USA wurde bereits für die 1E-Mission gearbeitet. Östlich von New Orleans liegt die **Michoud Assembly Facility (MAF)**, in deren Hallen die riesigen orangen Flüssigkeitstanks der Raumfähren gebaut werden. Die Aluminiumkonstruktion mit ihren nahezu 30 Tonnen Leergewicht beherbergt im Wesentlichen zwei Tanks, die während der Startphase mit flüssigem Sauerstoff und Wasserstoff gefüllt werden. Diese Tanks versorgen die drei Haupttriebwerke des Orbiters in den ersten Sekunden mit Brennstoff und Oxidator, bevor der externe Tank nach dem Brennschluss abgeworfen wird und in den Ozean stürzt. Er ist das einzige Hauptelement des Space-Shuttle-Systems, das nicht wieder verwendet wird. Aus der Herstellerfabrik werden die riesigen Ungetüme mit Lastkähnen auf dem Wasserweg nach *Cape Canaveral* gebracht. Der Tank mit der Seriennummer ET-125, der für 1E vorgesehen war, traf dort nach einer fünftägigen Schiffsreise am 14. September ein. Von der Anlegestelle ging es dann gleich in das **Vehicle Assembly Building (VAB)**, eine der größten Hallen der Welt, in

der die NASA-Raumschiffe seit den *Apollo*-Zeiten auf ihren Flug vorbereitet werden. Der Rauminhalt, den das **VAB** umfasst, ist etwa um die Hälfte größer als der des Pentagons – um nur einen Vergleich zu nennen. Über 70 verschiedene Kräne stehen in dem Gebäude zur Verfügung, darunter zwei 250-Tonnen-Laufkatzen, mit denen auch der Außentank ET-125 in Position gebracht wurde. Nach einer ersten Überprüfung des vertikal aufgerichteten Tanks wurde eine der mobilen Startplattformen in das **VAB** gefahren, um darauf mit dem Zusammenbau des Space Shuttles zu beginnen.

Im September besuchte die zukünftige Besatzung noch einmal »ihr« Raumschiff und nutzte die Mög-

Vehicle Assembly Building (VAB)
Integrationsgebäude, in dem die Raumschiffe in ihrer ganzen Größe zusammengebaut werden können

Michoud Assembly Facility (MAF)
Herstellungswerk der Außentanks

▼ Der riesige Außentank wird auf dem Wasserweg von seiner Herstellerfirma an das Cape geliefert.

▲ *In dem gigantischen Vehicle Assembly Building, in dem schon die Saturn-5-Raketen für die Mondmissionen der NASA montiert wurden, nimmt sich der Außentank geradezu lächerlich klein aus.*

▶ *Columbus wird in den Payload Canister eingebaut.*

Solid Rocket Boosters (SRB)
Zwei seitliche Feststoffraketen geben dem Space Shuttle während der Startphase zusätzlichen Schub. Nach dem Start werden sie abgesprengt und können dann aus dem Atlantik geborgen werden.

▶ *Die Besatzung der Atlantis inspiziert noch einmal in Reinraumkleidung die Ladebucht ihres Raumgleiters, bevor dieser in der VAB in die Vertikale gedreht und fest mit dem Außentank verbunden wird.*

▶▶ *Der entgleiste Zug mit den Feststoffraketenteilen für die 1E-Mission*

lichkeit, sich vor Ort ein letztes Mal auf dem sicheren Erdboden mit dem Orbiter und den Ausrüstungsgegenständen in der Ladebucht und der Kabine vertraut zu machen. Unterdessen trafen auch die ersten Teile der beiden Feststoffraketen am *Kennedy Space Center* ein und wurden für den Zusammenbau ebenfalls in das **VAB** verbracht.

Auch die Feststoffraketen – oder **Solid Rocket Boosters (SRB)** – hatten im Vorfeld einiges an Arbeit gekostet. Die ausgebrannten Raketen schweben bei einem Shuttle-Start nach dem Brennschluss an Fallschirmen wieder zurück zur Erde und werden durch die bereits in Position gebrachten Bergungsschiffe der NASA aus dem Atlantik geborgen. Dann folgt die Wiederaufbereitung der Raketen, zum Teil auf dem Gelände des *Kennedy Space Centers*, zum Teil auch an ausgelagerten Stellen, wie etwa einer chemischen Firma in Utah, wo der feste Brennstoff wieder in die Segmente eingebracht wird. Auch hierzu sind Schwertransporte quer durch die USA notwendig, diesmal auf dem Schienenweg. Einige Teile der **SRBs** für die *Columbus*-Mission waren dabei besonders vom Pech verfolgt – auf ihrem Weg zurück nach Florida entgleiste der Zug wegen einer eingestürzten Brücke, wobei auch einige Personen zu Schaden kamen. Aber auch dieses Unglück verursachte keine Startverschiebungen.

Mitte Oktober 2007 waren schließlich die vorbereitenden Arbeiten am Orbiter soweit gediehen, dass damit begonnen werden konnte, die Ladebucht zu schließen und die *Atlantis* für ihren Transport ins **VAB** vorzubereiten. Dort wartete bereits der Außentank mit den beiden Feststoffraketen auf die letzte große Komponente des Space-Shuttle-Systems. Vor dem Verlassen der **Orbiter Processing Facility** wurde das Raumschiff noch einmal genau gewogen und der exakte Schwerpunkt bestimmt, dann rollte es auf dem Orbitertransporter in das **VAB**.

In einem akrobatischen Akt wurde die *Atlantis* nun

von dem Kran im **VAB** angehoben und in die Position geschwenkt, die eine Montage an den aufrecht stehenden externen Tank erlaubt. Eine Reihe von Tests des gesamten Systems folgte – aber noch war der Bauch des Space Shuttles leer, denn *Columbus* sollte erst auf der Startrampe selbst in die *Atlantis* eingebaut werden.

Die Schwerpunkts- und Gewichtsbestimmung des Orbiters findet vor jedem Flug am *Kennedy Space Center* statt. Diese Messungen werden in der **Orbiter Processing Facility (OPF)** vorgenommen, bevor die vertikale Montage an das Shuttle-Startsystem beginnt.

Die gewonnenen Ergebnisse werden während der weiteren Integrations- und der verschiedenen Flugphasen genauestens verfolgt, denn während des Wiedereintrittes ist der Shuttle ein Überschallgleiter, dessen Trimmung auf die Wiedereintrittslage und den Gleitwinkel einen empfindlichen Einfluss hat. Da eine sichere Landung nur mit einer genau eingehaltenen Flugbahn und -lage möglich ist, müssen daher die sich während des Fluges ändernden Gewichtsparameter berücksichtigt werden. Dies betrifft verschiedene Nutzlasten und -verteilungen in der Ladebucht sowie in den Stauräumen oder die noch vorhandenen Treibstoffmengen.

Diese Gewichtsbilanzen, basierend auf den OPF-Messungen, werden während des Fluges in einer Gewichtsdatenbank täglich von den Experten in Houston mit einer Genauigkeit von einem Kilogramm auf dem aktuellen Stand gehalten.

Der eigentliche Messvorgang besteht aus zwei Schritten: Der Orbiter wird je zweimal in einer genau ausgerichteten horizontalen Position gewogen (**a**) und je zweimal in der Landeposition (Fahrwerk auf die Landebahn aufgesetzt), was einem Ablagewinkel von etwa 3° entspricht (**b**).

Aus diesen Daten können dann das Gewicht und die Position des Schwerpunktes des Orbiters errechnet werden. Unter Umständen ist eine Austarierung durch Ballast notwendig. Dies erfolgt entweder durch Hinzufügen entsprechender Treibstoffmengen oder durch Bleiplatten.

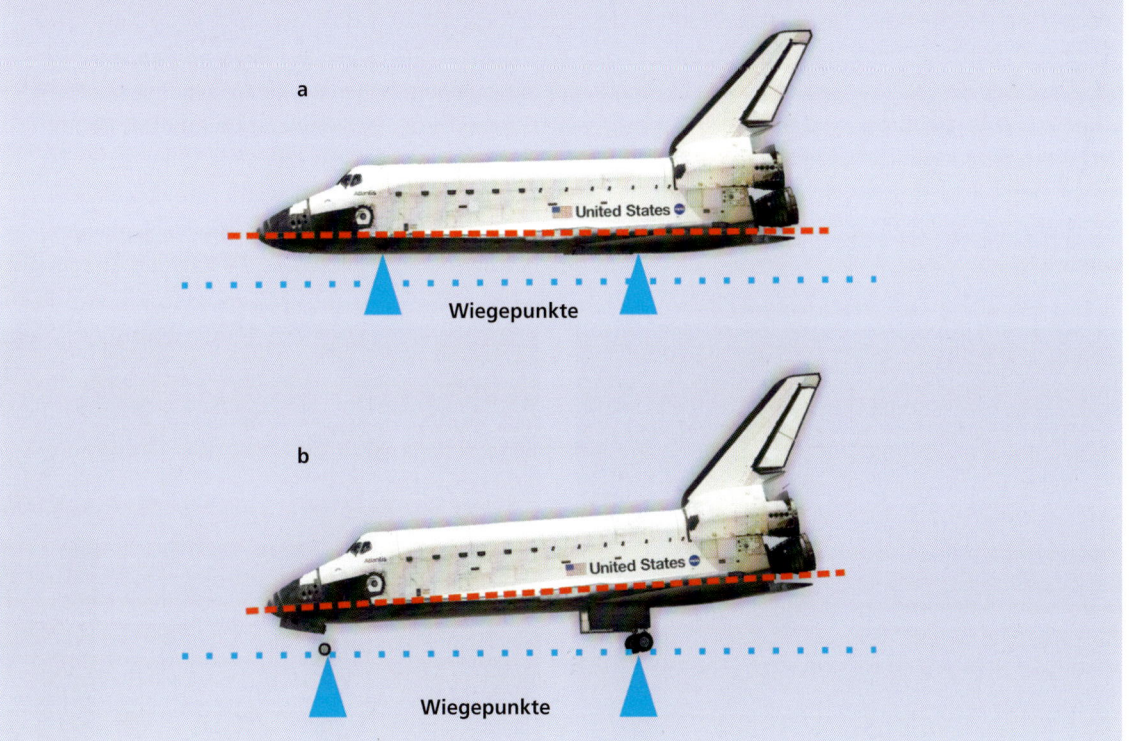

Wiegepunkte

Wiegepunkte

Anfang November begannen in der Space Station Processing Facility am *Kennedy Space Center* die letzten Schritte, um das *Columbus*-Modul für seine Reise in den Orbit fertig zu machen. Das europäische Labor wurde in den **Payload Canister** gepackt, in dem es seinem Raumschiff zum Startplatz nachfolgen sollte.

Beinahe gleichzeitig konnte die zukünftige Besatzung der *Atlantis* ebenfalls einen großen Meilenstein für die 1E-Mission feiern. Das monatelange intensive Training der Astronauten war offiziell beendet, und die Sieben waren endlich bereit für ihre bevorstehende Aufgabe, *Columbus* bei der Raumstation abzuliefern.

Letzte Vorbereitungen am Startkomplex

Am 10. November 2007 war es dann endlich so weit, der Space Shuttle machte sich auf seiner mobilen Startplattform, getragen von einem **Crawler**, auf den Weg zur Startrampe. Dieses gigantische Raupenfahrzeug wiegt schon unbeladen etwa 6400 Tonnen, durch das unbetankte Raumschiff kommen noch einmal etwa 1300 Tonnen hinzu. Allein jedes der Kettenglieder wiegt beinahe eine Tonne – und jede der acht Ketten hat beinahe 60 davon. Das Gefährt bewegt sich mit etwa 1,5 km/h über die 40 Meter breite

Payload Canister
Riesiger Behälter mit Reinraumatmosphäre, in dem der Inhalt der Ladebucht dem Space Shuttle auf die Startrampe nachgeliefert wird, um dort integriert zu werden

Crawler
Raupenfahrzeug, das den auf die mobile Startplattform montierten Space Shuttle an die Startrampe bringt

Launch Pad 39A
Bezeichnung der Startrampe für für Space Shuttles am Kennedy Space Center

Payload Changeout Room
Reinraum im Startkomplex zum Einbau von Nutzlasten in die Ladebucht des Shuttles

▶ Für die kleine Feier im Johnson Space Center zum Ende des offiziellen Crewtrainings kam der Besatzung die ehrenvolle Aufgabe zu, die »1E-Torten« anzuschneiden (ganz rechts: Hans Schlegel).

▶▶ Der Payload Canister, der das europäische Forschungslabor enthält, ist an der Startrampe angekommen. In den kommenden Stunden wird Columbus in den Bauch der Atlantis eingebaut.

▼ Langsam trägt der Crawler die mobile Startplattform mit Atlantis zu ihrem Standort am Launch Complex.

Spezialpiste, die bis zur Startrampe führt. Die »Straße« ist über ihre ganzen 5,5 Kilometer Länge mit einem über zwei Meter tiefen Fundament versehen, um die enormen Lasten zu tragen. Die oberste Schicht besteht aus Steinen mit zehn Zentimetern Durchmesser in den geraden Teilen, in den leichten Kurven sind es sogar kleine 20-Zentimeter-Brocken, die die Oberfläche bilden. Trotz der riesigen Dimensionen und der großen Masse sorgt ein Lasersystem für eine millimetergenaue Positionierung der Plattform im **VAB** und an der Startrampe.

Natürlich waren viele Mitarbeiter gekommen, um das eindrucksvolle Spektakel zu verfolgen, das sich über fünf Stunden hinzog. Die letzten Meter führen über eine Rampe hinauf bis zum eigentlichen **Launch Pad 39A**, wobei die mobile Startplattform den leichten Anstieg ausgleichen und die eigentliche Plattform etwas anstellen musste, um den Space Shuttle nicht in Schieflage zu bringen.

Am Tag darauf machte sich auch der **Payload Canister** mit seiner wertvollen europäischen Fracht auf den Weg zum Startplatz – aus Gewichts- und Logistikgründen konnte das Labor erst auf der Rampe selbst in den Orbiter eingebaut werden. Dort angekommen, wurde der riesige Container zum **Payload Changeout Room** hochgehoben, der zu dem Teil der Startrampe gehört, der um eine vertikale Achse gedreht werden kann. Der **Payload Canister** wurde mit dem geräumigen Reinraum verbunden und *Columbus* so in den **Payload Changeout Room** eingeschleust, dass das Modul nicht mit der Außenwelt in Kontakt kam – alles war hermetisch abgeschlossen. Dann konnte das große Stahlungetüm geschwenkt werden, sodass der **Payload Changeout**

Three... Two... One... Lift-Off!

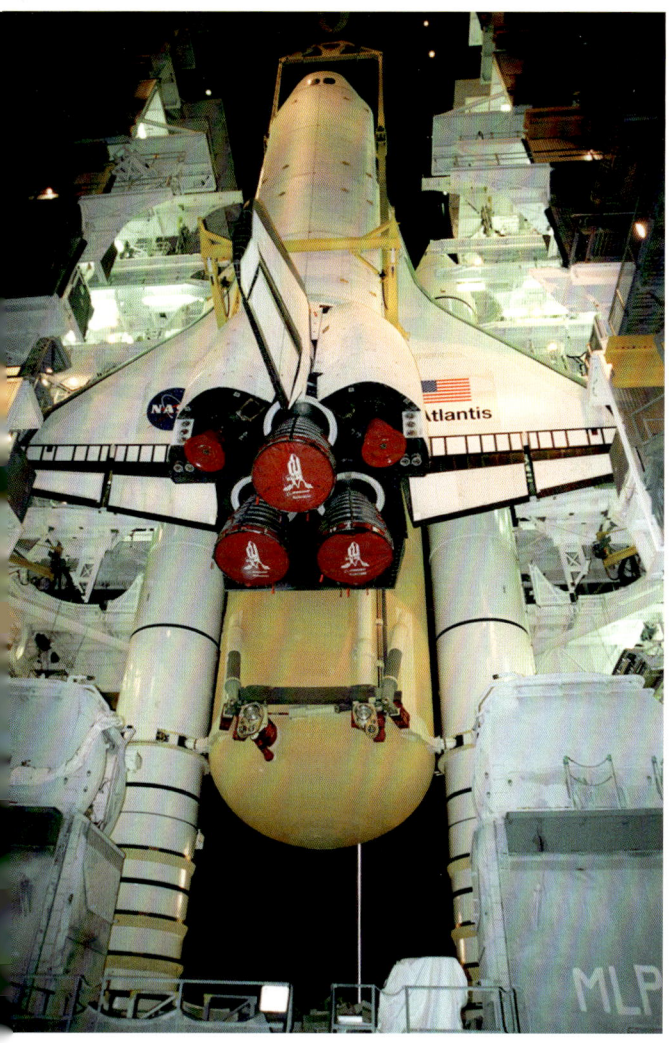

Room exakt auf der Ladebucht des auf der Startplattform stehenden Shuttles zum Aufsitzen kam. Ebenfalls ohne die Reinraumatmosphäre zu verletzen, wurden nun die Tore des Laderaums geöffnet, und das europäische Modul trat seine letzte Reise auf der Erde an – in den Bauch der *Atlantis* hinein.

Noch einmal kam auch die zukünftige Crew ans Cape, zum einen, um noch einmal einen letzten Blick auf das *Columbus*-Modul in der Ladebucht zu werfen, bevor sich die großen Tore endgültig über dem Bauch des Shuttles schlossen, zum anderen stand der **Terminal Countdown Demonstration Test (TCDT)** auf dem Plan. Die Astronauten übten noch einmal das Fliegen und Landen mit dem **Shuttle Training Aircraft (STA)**, und sie stellten die gesamte Startsequenz inklusive Einkleiden, Fahrt zur Startrampe und Einstieg in die *Atlantis* nach. Schließlich simulierten sie auch noch einen Notfall während der Startphase – etwa ein Feuer an der Rampe. Dann wäre es für die Astronauten überlebenswichtig, möglichst schnell von den

vielen Tonnen hochexplosiven Treibstoffs wegzukommen – nach dem Notausstieg hätten sie nur wenige Meter über den Startturmausleger zu laufen, um die kleinen offenen Gondeln zu erreichen, mit denen sie über eine Drahtseilbahn vom Startkomplex weg und auf den Boden gleiten würden. Dort steht zum einen ein Bunker, zum anderen auch ein Panzerfahrzeug bereit, um weiter aus der Gefahrenzone herauszukommen. Für die 1E-Crew gab es deshalb auch ein sehr unübliches Panzerfahrtraining für einen solchen Notfall.

Trotz der Startverschiebungen und der verschiedenen Reparaturen, die bis zum endgültigen Start am 7. Februar 2008 notwendig waren, wurde der Space Shuttle auf der Startplattform belassen – ein Zurückbringen der *Atlantis* hätte große zusätzliche Verzögerungen des Shuttle-Programms zur Folge gehabt.

Der **Countdown** für einen amerikanischen Raketenstart ins All beginnt bereits viele Stunden, ja Tage vor dem eigentlichen Lift-Off. Der Startzeitpunkt wird

▲ *Der Space Shuttle aus der Vogelperspektive. In Kürze wird auch er die Welt von oben sehen!*

◄◄ *Die Atlantis wird im VAB sachte angehoben und an den Außentank mit den beiden Feststoffraketen anmontiert.*

Terminal Countdown Demonstration Test (TCDT)
Durchspielen des gesamten Startvorganges

Shuttle Training Aircraft (STA)
Umgebautes Spezialflugzeug, mit dem das Flugverhalten des Orbiters simuliert werden kann

Countdown
Zeitrechnung vor einem Raketenstart bis zum eigentlichen Abheben

▲ *Ein letztes Mal ist Columbus im Payload Change Out Room am Startkomplex zu sehen – dann schließen sich die großen Tore des Laderaums der Atlantis.*

▶ *Die Astronauten beim Test des Rettungssystems, das sie bei einem Notfall in der Startphase schnell mithilfe kleiner Seilbahnen aus dem gefährlichen Bereich in einen Bunker bringen soll*

hierbei als Fixpunkt der Zeitskala betrachtet und mit $T = 0$ festgelegt. Relativ dazu werden Ereignisse vor dem Start durch Angaben wie »$T – 1$ hr« oder »$T – 9$ mins« beschrieben. Aber hier ist Vorsicht angebracht, denn die Rechnung ist noch wesentlich komplizierter. In den Countdown sind vordefinierte Haltezeiten eingebaut, in denen die Uhr gestoppt wird und erst nach einer festgelegten Haltedauer weiterläuft. Dadurch kann der Countdown auf den exakten Startzeitpunkt feinjustiert werden. Gleichzeitig bilden die Haltezeiten einen Zeitpuffer, um immer genau zwischen der Countdown-Uhr und dem strikten Arbeitsplan im Gleichklang bleiben zu können. Die Angabe »$T – 1$ hr« sagt demnach zwar dem Fachmann genau, wie weit die Vorbereitungsarbeiten gediehen sind,

bedeutet aber nicht, dass der Shuttle in genau einer Stunde startet.

Auch die Tage vor dem 1E-Start wurden anhand eines straffen Zeitplans strukturiert. In den Nächten erfolgten Arbeiten an der hell erleuchteten Startrampe, auf der sich das noch leblose Raumschiff im Licht der unzähligen Scheinwerfer vom Himmel abhob. Auch eine Ingenieurgruppe aus Europa musste noch letzte Arbeiten an den externen Experimentplattformen erledigen, die mit *Columbus* in der Ladebucht der Raumfähre auf die Reise ins All warteten.

Drei Tage vor dem Abheben der *Atlantis* wurden die europäischen Spezialisten gegen Mitternacht von einem Konvoi aus NASA-Fahrzeugen an den Startkomplex gebracht. Natürlich war vorher eine rigorose Sicherheitsüberprüfung notwendig, um nun bis zum Allerheiligsten vorgelassen zu werden. Denn sie mussten direkt ran an die offen liegenden »Eingeweide« des Orbiters. Dort, in der Nutzlastbucht, mussten letzte Konfigurationen an SOLAR und EuTEF vorgenommen werden. Dazu wurde die Gruppe an der Startrampe in Schutzanzüge gekleidet und durfte dann in den Reinraum der **Rotating Service Structure** hinaufsteigen, der auf dem Laderaum der *Atlantis* auflag. *Stefano Masiello* war einer von ihnen, und er erinnert sich: »Es war wie bei einer chirurgischen Operation. Vom Patienten selbst war nichts zu sehen – nur der offene Bauch gähnte uns entgegen.«

Nachdem der Orbiter bereits in die Vertikale geschwenkt war, waren die einzelnen Teile des Laderaums nur über mehrere Stockwerke von Arbeitsplattformen aus zugängig. Wer wie *Stefano* direkt an SOLAR oder EuTEF arbeiten musste, der war wie ein Kletterer angeleint. Und nicht nur der Arbeiter – jedes Werkzeug, jede abzunehmende Abdeckung hing ebenfalls an Schnüren. Zu groß wäre die Gefahr gewesen, dass im letzten Moment durch eine ungeschickte Handbewegung ein Schraubenzieher in die Tiefe

Three... Two... One... Lift-Off!

Der Space Shuttle wird, auf der **Mobile Launch Platform** montiert, von einem der riesigen **Crawler** zu den Startanlagen gebracht. Der Crawler wird vor dem Start unter der Mobile Launch Platform herausgefahren, damit die heißen Abgase und Flammen beim Start durch das **Deflector System** in die **Flame Trenches** gelangen können – gewaltige Gräben aus extrem hitzebeständigem Beton, die vom Orbiter und den Startanlagen wegführen. Auf der Mobile Launch Platform sind auch die beiden **Tail Service Masts** montiert, die zum einen die Versorgungsleitungen zum Space Shuttle bis zum Start zur Verfügung stellen und während der Startphase zurückziehen und schützen. Zum anderen beginnen diese Masten einige Sekunden vor dem Start damit, Funken zu sprühen, um so sicherzustellen, dass sich eventuell austretender Wasserstoff sofort entzündet und nicht zu einer explosiven Konzentration anreichern kann, was großen Schaden anrichten würde. Eine weitere wichtige Funktion, die auf der Mobile Launch Platform installiert ist, ist das **Sound Suppression System** – mit über 1 Million Liter Wasser wird die Plattform innerhalb von etwa 40 Sekunden durch 16 Sprüher während des Startes geflutet, um die gewaltige Schallenergie, die der Shuttle verursacht, zu absorbieren.

Der eigentliche **Startturm**, das fest montierte Stahlungetüm, ist in zwei Teile untergliedert. Da ist zunächst einmal die **Fixed Service Structure**, die über drei schwenkbare Arme Zugang zum Shuttle bietet. Der unterste Arm – immerhin auch noch in 45 Meter Höhe – ist der Einstiegspfad in den Orbiter. Am Ende dieses **Orbiter Access Arms** ist der **White Room** angebracht, der dann direkt an die Luke angrenzt. Von hier aus werden die Astronauten vor dem Start der Reihe nach in ihre Sitze im Shuttle geleitet. Über den Orbiter Access Arm können die Astronauten im Notfall auch zu den kleinen Seilbahnen gelangen, die die Besatzung schnell vom explosiven Inhalt des Shuttles wegbringen können.

Fünf Meter darüber gibt der **External Tank Hydrogen Vent Umbilical and Intertank Access Arm** die Möglichkeit, auch den Außentank zu erreichen, um letzte Probleme zu beheben oder die dicken Schläuche zu montieren, über die flüssiger Sauerstoff und Wasserstoff getankt wird. Diese werden erst bei der Zündung zurückgezogen – wohingegen der eigentliche Arm schon Tage vor dem Start weggeschwenkt werden kann. Wie eine Kappe über dem Außentank sitzt schließlich der **External Tank Gaseous Oxygen Vent Arm**, dessen Hauptfunktion es ist, den verdampfenden flüssigen Sauerstoff aufzufangen, der durch Öffnungen oben im Tank entweichen kann. Dieser Arm wird einige Minuten vor dem Start zur Seite geschwenkt – der Space Shuttle wird in der Startphase nur durch gewaltige Bolzen auf der Mobile Launch Platform gehalten, die im richtigen Moment abgesprengt werden.

Der zweite Teil der Startanlage ist beweglich – die **Rotating Service Structure** kann um eine vertikale Achse geschwenkt und in einem großen Kreis auf den Space Shuttle zu bewegt werden (orangefarbene Strichlinien im Bild). So erhalten die Ingenieure auch an der Startrampe unmittelbaren Zugang zu den wichtigsten Komponenten und können über den **Payload Changeout Room** auch das Innere der Ladebucht erreichen.

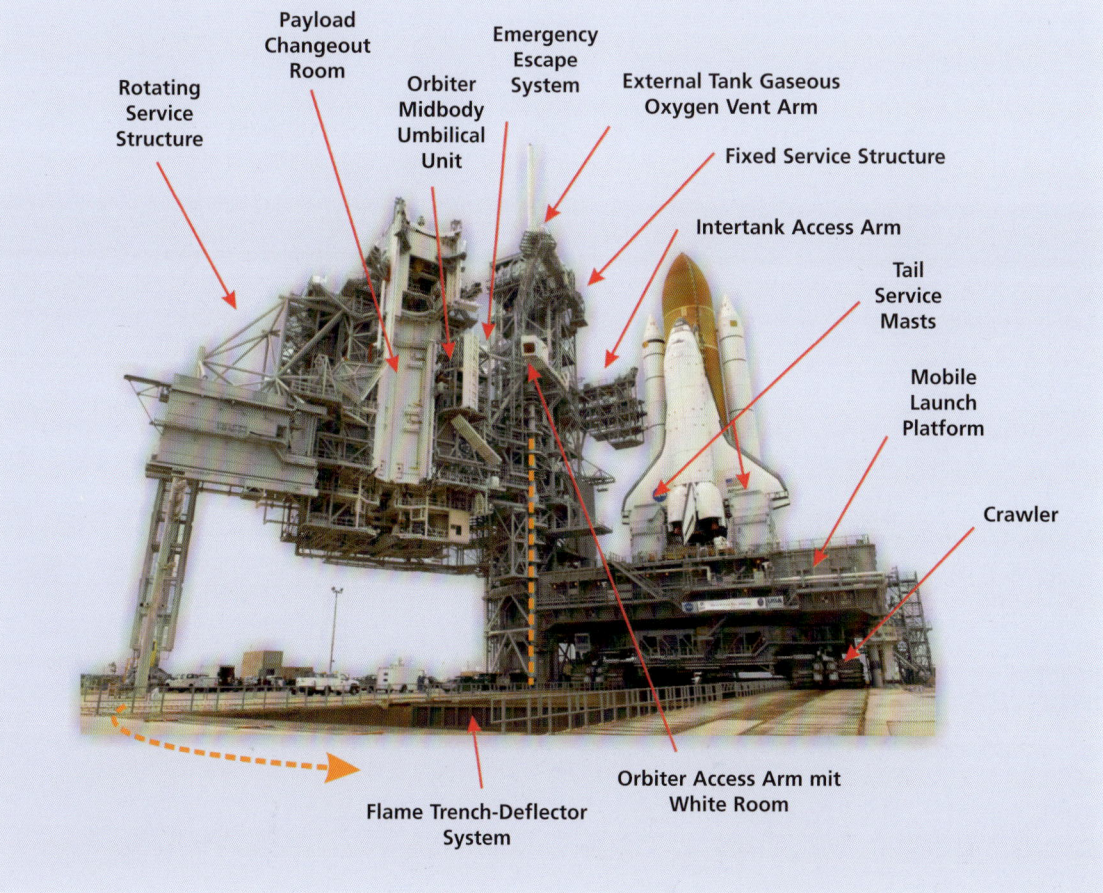

Payload Changeout Room

Rotating Service Structure

Orbiter Midbody Umbilical Unit

Emergency Escape System

External Tank Gaseous Oxygen Vent Arm

Fixed Service Structure

Intertank Access Arm

Tail Service Masts

Mobile Launch Platform

Crawler

Orbiter Access Arm mit White Room

Flame Trench-Deflector System

▶ Nur in Reinraumkleidung und durch Klettergurte gesichert können die Experten die letzten Startvorbereitungen für SOLAR vornehmen.

▶▶ Launch Director Doug Lyons begrüßt die STS-122-Besatzung, als sie aus dem Shuttle Training Aircraft aussteigt.

▼ Dunkle Wolken über dem Kennedy Space Center und dem Launch Pad

stürzen und dort unten das *Columbus*-Modul oder den Shuttle selbst beschädigen könnte. Das hätte das jähe Ende zumindest dieses Startversuchs bedeuten können.

Viele Stunden lang arbeiteten die Fachleute aus Europa an ihren Experimenten – nicht, weil die eigentliche Arbeit so aufwendig gewesen wäre, sondern weil die Vorbereitungen und Schutzmaßnahmen so unendlich zeitraubend waren! Und viele Zeitpuffer wurde ihnen für ihren chirurgischen Eingriff im Bauch

der *Atlantis* nicht zugestanden, denn gleich nach ihren Vorbereitungsarbeiten war auch schon das endgültige Schließen der Ladebucht eingeplant.

Der Starttag

Am frühen Morgen des 7. Februar 2008 waren die Vorbereitungsarbeiten noch genau im Zeitplan, und bislang hatte es keine größeren Probleme gegeben. Zwar war vor einigen Tagen beim Schließen der riesi-

gen Ladebuchttore von *Atlantis* ein Knick in einem Kühlmittelschlauch bemerkt worden, trotzdem konnte der Orbiter aber startfertig gemacht werden.

Die Crew, bestehend aus Kommandant *Steve Frick*, dem Piloten *Alan Poindexter* und den Missionsspezialisten *Leland Melvin*, *Rex Walheim*, *Stanley Love*, *Hans Schlegel* und *Léopold Eyharts*, war bereits am 4. Februar von Houston aus wieder zum *Kennedy Space Center* geflogen, um die Vorbereitung »ihres« Raumschiffes mitzuverfolgen. *Steve Frick* und *Alan Poindexter* hatten die wenigen Tage bis zum Start dazu genutzt, noch einmal ausführlich mit dem **Shuttle Training Aircraft (STA)** die Landung auf der Piste von *Cape Canaveral* zu üben.

Am Shuttle selbst waren inzwischen an Ort und Stelle auf der Startrampe Teile der ECO-Sensoren, die bei den letzten Startversuchen zum Abbruch führten, ausgetauscht worden – nur das Wetter verheißt diesmal nichts Gutes: Man rechnet mit einer Kaltfront mit Wolken, Regen und vielleicht sogar Gewitter!

Im Moment jedoch läuft der Countdown weiter wie erwartet. Immer wieder eingebaute Zeitfenster, in denen die Countdown-Uhr für eine bestimmte Zeit anhält, verstreichen – und jedes Mal wieder kann der Kommentator auf NASA-TV danach vermelden »...and counting«. Die Uhr hat wie geplant ihre Tätigkeit wieder aufgenommen.

Inzwischen sind auch die großen Antennenschüsseln der MILA-Bahnverfolgungsanlage, die zum *Kennedy Space Center* gehört, auf den Startturm und die *Atlantis* ausgerichtet. Die Antennen werden während der Aufstiegsphase dem Space Shuttle folgen und so die Kommunikation mit Astronauten und Bordsystemen sicherstellen. Auch die beiden Bergungsschiffe der NASA, die *Freedom Star* und die *Liberty Star*, die später die beiden ausgebrannten Feststoffraketen bergen und zurückschleppen sollen, sind seit gestern unterwegs und haben inzwischen ihre endgültige

◄ *Taucher montieren Abschleppgurte an die ausgebrannten Booster.*

Position etwa 230 Kilometer vor der Küste Floridas erreicht.

Um 14:40 Uhr deutscher Zeit – die Sonne am Cape ist vor etwa einer Stunde aufgegangen – hat auch das Bangen um die ECO-Sensoren ein Ende. Die riesigen Tanks sind in der Zwischenzeit gefüllt, und der **Launch Director** *Doug Lyons* kann bekanntgeben, dass die ausgetauschten Sensoren diesmal ohne Probleme funktionieren.

350 Kilometer über den betriebsamen Vorbereitungsarbeiten in Florida zieht lautlos die Internationale Raumstation ihre Bahnen. Auch für die drei Astronauten an Bord ist heute ein spannender Tag. Während sie gespannt die Startvorbereitungen für die *Atlantis* über einen Monitor verfolgen und vom CAPCOM aus Houston regelmäßig die aktuellen Neuigkeiten mitgeteilt bekommen, steht für sie heute auch noch das

◄ *Die Freedom Star läuft mit einer der geborgenen SRBs in den Hafen ein.*

◄◄ *Das NASA-Bergungsschiff Liberty Star sichert eine der ausgebrannten Feststoffraketen.*

▲ *Raumfahrttourismus in der Steppe Kazakhstans*

▶ *Eine Soyuz-Rakete Sekunden nach dem Abheben in Baikonur*

Suit-up Room
Ankleideraum für die Astronauten

Advanced Crew Escape Suites (ACES)
Astronautenanzüge, die in der Aufstiegs- und Landungsphase getragen werden

▶ *Hier wird das Anlegen der Advanced Crew Escape Suites (ACES) geübt.*

Andocken eines russischen Progress-Versorgungsraumschiffes, das vor kurzem gestartet ist, auf dem Plan.

Der unbemannte Progress-Transporter und auch die Soyuz-Raumschiffe, mit denen jeweils drei Besatzungsmitglieder zur ISS befördert werden können, beginnen ihre Reise sozusagen vom anderen Ende der Welt, in *Baikonur* in der Steppe Kazakhstans, und begeben sich mithilfe von russischen Raketen von dort auf den Weg ins All. Beide Startplätze – *Baikonur* und *Cape Canaveral* – könnten gegensätzlicher nicht sein, jedoch haben sie eines gemeinsam: Sie sind die Eintrittspforten in den Weltraum und damit zur Internationalen Raumstation ISS.

Pünktlich um 15:30 Uhr heißt es »contact and capture«, und das Progress-Raumschiff ist fest mit der Raumstation verbunden. Die Astronauten können die Luke öffnen und damit beginnen, die zahlreichen Versorgungsgüter in die ISS umzuladen.

In Florida findet an der Startrampe fast zeitgleich die letzte visuelle Überprüfung der *Atlantis* statt. Experten in orangefarbenen feuerfesten Überlebensanzügen und mit Notfallatemgeräten überprüfen noch einmal die Tanks mit dem hochexplosiven Mix aus flüssigem Sauerstoff und Wasserstoff mit Wärmescannern auf eventuelle Lecks. Ihre Infrarotkameras sind in der Lage, auch die kleinste Wasserstoffflamme zu entdecken, die dem menschlichen Auge sonst verborgen bleiben würde. Vorsichtig bewegen sie sich in der verlassenen Gefahrenzone um das Launch Pad 39A.

Die Besatzung der *Atlantis* ist in der Zwischenzeit auch längst auf den Beinen. Bereits am Vorabend hat sie sich von ihren Familien verabschiedet, die natürlich die Fernsehübertragungen der Startvorbereitungen gespannt verfolgen. Nach einer exzellenten Mahlzeit – der letzten vor dem Start – und einer nochmaligen medizinischen Untersuchung sind die Astronauten nun im **Suit-up Room** dabei, die **Advanced Crew Escape Suites (ACES)** anzulegen, die sie während der Startphase und in etwa zwei Wochen auch während der

Landung tragen werden. Angeblich sitzen sie dabei in den gleichen Stühlen, in denen bereits die Mondfahrer angekleidet wurden – die Tatsache, dass die damaligen *Apollo*-Kapseln allerdings nur mit drei Personen besetzt waren, spricht jedoch dafür, dass zumindest einige der Sitze nachträglich angeschafft wurden.

Für den Commander und den Piloten des Shuttles zählt auch eine kurze Besprechung der Wetterlage in Florida und auch an den Notlandeplätzen in Amerika und Europa zu den Startvorbereitungen. Die Presse verfolgt das Einkleiden, und so bietet sich für den europäischen Astronauten *Léo Eyharts* noch einmal die Möglichkeit, seiner Familie einen Gruß zu übermitteln, indem er ein handgemaltes Bild seines neunjährigen Sohnes in die Kamera hält: »Ich denke fest an Euch!«

Schließlich gibt es noch ein Ritual, auf das die Astronauten – obwohl bereits voll eingekleidet – nicht verzichten wollen. Sie spielen Karten. Niemand kann wirklich erklären, wer diesen Brauch eigentlich eingeführt hat – und mit welchem Hintergrund. Tatsache jedoch ist: Es wird so lange gespielt, bis der Commander einmal verloren hat. Praktischerweise dauert es nicht allzu lange, bis *Steve Frick* endlich ein unglückliches Händchen hat, sodass alle pünktlich um 16:50 Uhr in den **AstroVan** steigen können, der sie zur Startrampe und zu ihrem Raumschiff bringt. Seit 1984 hat jede Space-Shuttle-Crew ihre Fahrt zum Lift-Off in demselben silbergrauen Bus mit dem riesigen NASA-Logo zurückgelegt – eine andere Tradition, an der die Amerikaner festhalten: Der Versuch der NASA, das in die Jahre gekommene Fahrzeug durch ein neues Gefährt zu ersetzen, ist bisher am Widerstand der Astronauten gescheitert.

Noch kreativer bezüglich der Rituale sind übrigens die Russen bei ihren Starts in Kazakhstan. Die Kosmonauten haben ein straffes Brauchtumsprogramm vor dem Abflug ins All zu absolvieren. Sie besuchen vor ihrem Start das Museum über den ersten Menschen im Weltraum, Yuri Gagarin, und tragen sich dort in »sein« Gästebuch ein. Sie residieren im *Kosmonaut Hotel* und unterschreiben ihre Zimmertüren am Aufbruchstag. Vor dem Hotel durchschreiten sie eine Allee mit Bäumen, die von den zurückgekehrten Kosmonauten gepflanzt werden müssen. Und wenn die Soyuz-Rakete über Schienen an den Startplatz gebracht wird, dann würde es Pech bedeuten, wenn die Besatzung zugegen wäre. Deshalb werden sie zu dieser Zeit sicherheitshalber traditionell zum Haareschneiden geschickt, während die Techniker Münzen auf die Gleise legen, über die der Zug mit dem Soyuz-Raumschiff rollt – das wiederum soll Glück bringen.

Three... Two... One... Lift-Off! / `Flight Day 1`

◄ *Angespannt warten die Astronauten auf den Beginn ihres Abenteuers. Von links: Steve Frick, Alan Poindexter, Leand Melvin*

Schließlich bekommen sie am Tag vor dem Start den Segen eines orthodoxen Geistlichen und müssen am Abend dem Film »Weiße Sonne der Wüste« beiwohnen, einem russischen Heldenepos aus Sowjetzeiten.

Bevor sie sich dann auf den Weg zum Raumschiff machen, müssen sie vor einem uniformierten russischen Offiziellen strammstehen, Rapport abgeben und ihre Flugbereitschaft melden. Von ihm erhalten sie dann ihren Einsatzbefehl, ins Weltall zu fliegen. Auf der Fahrt zur Startrampe schließlich legen die Russen einen kleinen Zwischenstopp in der Steppe Kazakhstans ein. Die drei Raumfahrer steigen dann kurz in ihren Raumanzügen aus dem Bus und entleeren das letzte Mal ihre Blase – und zwar am Hinterreifen des Fahrzeugs. Auch das soll Glück für die Mission bringen. Frauen sind übrigens von diesem Brauch befreit, überzeugte Kosmonautinnen allerdings sorgen vor und haben in einem Fläschchen die Zutat für diese Zeremonie dabei.

Auf amerikanischer Seite jedoch wird auf solche Glücksbringer lieber verzichtet, und der Konvoi, der den **AstroVan** begleitet, setzt seine Fahrt ohne derartige Unterbrechungen fort.

Mit im **AstroVan** sitzt auch *Steven Lindsey*, der das Astronautenbüro der NASA leitet. Er persönlich wird zunächst mit einem T-38-Trainingsjet aufsteigen und die Wetterlage vor Ort beurteilen. Dann ist vorgese-

▼ *Der AstroVan steht bereit, um die 1E-Crew zu ihrem Raumschiff zu bringen.*

▶ ESA-Astronaut Léo Eyharts im White Room kurz vor dem Einsteigen in die Atlantis

▶▶ Festgeschnallt im Middeck der Atlantis warten die Astronauten, bis es endlich losgeht.

White Room
An der Shuttle-Einstiegsluke anliegender Reinraum, von dem aus die Astronauten in den Orbiter steigen

Orbiter Access Arm
Schwenkbarer Verbindungsgang zwischen Startrampe und Orbiter

hen, dass *Lindsey* auf eines der **Shuttle Training Aircrafts (STA)** umsteigt, einer modifizierten Gulfstream, deren extra umgebautes Cockpit dem der Raumfähre zum Verwechseln ähnlich ist. Mit diesem Flugzeug wird er, während für seine Kollegen die Startvorbereitungen weiterlaufen, mehrere Landungen auf der **Shuttle Landing Facility (SLF)** durchführen. Diese Versuche helfen, besser beurteilen zu können, ob bei einem Abbruch des Fluges kurz nach dem Start direkt am *Kennedy Space Center* eine Notlandung möglich wäre – auch eines der Kriterien, die über »Go« oder »No Go« für den Start der 1E-Mission entscheiden.

Währenddessen steht der Countdown wie geplant wieder einmal – bei »*T* minus three hours«. Und wie vorgesehen tickt die Uhr um 16:50 Uhr wieder los, während die Astronauten auf dem Weg zur *Atlantis* sind. Dort angekommen, kann die Besatzung noch einmal einen letzten Blick auf ihr eindrucksvolles Raumschiff werfen, das schon mit Leben erfüllt scheint: Weißer Dampf umgibt bereits die großen Düsen, die in wenigen Stunden den Space Shuttle und *Columbus* mit über 31 000 Kilonewton Schub in den Himmel

stemmen werden. Dann steigen die Astronauten in den Aufzug, der sie auf die Höhe des **White Rooms** bringt, jenes Ende des **Orbiter Access Arms** zwischen Startrampe und Orbiter, der direkt an der Einstiegsluke der *Atlantis* gelegen ist. Mit etwas gemischten Gefühlen folgen sie der grellroten Linie, die ihnen in der Gegenrichtung in einem Notfall den Weg zu den rettenden Fluchtgondeln weisen soll. Ihnen ist sehr wohl bewusst, dass sie nur in den wenigsten Notfällen eine kleine Chance haben, mit dem Leben davonzukommen. Sie wissen auch, dass die Unfallstatistik der Shuttle-Flotte verheerend ist: Zwei Totalverluste bei nicht einmal 200 Flügen. Aber im Moment konzentrieren sie sich nur auf die bevorstehende Mission und können keine Gedanken an die Gefahren ihres Raumausfluges verschwenden.

Im obersten Stock der Startrampe steht den Astronauten auch noch einmal eine Toilette zur Verfügung. *Léo Eyharts* nutzt diese letzte Gelegenheit, obgleich der **Advanced Crew Escape Suit** den Vorgang nicht einfach macht. Aber auch hierfür wurde trainiert – und für die kommenden Stunden des Wartens und während des Starts und Aufstiegs steht nur die »eingebaute« Windel zur Verfügung.

Es ist 17:25 Uhr, als die Astronauten der Reihe nach in den Space Shuttle gebracht, angegurtet und an die Bordsysteme angeschlossen werden. *Léo Eyharts* kommt gleich als Zweiter an die Reihe – direkt nach dem Kommandanten *Steve Frick*. Die Astronauten tragen ihre orangen Überlebensanzüge und bekommen dann in ihren Sitzen von den Ingenieuren noch Helme und Handschuhe angelegt. An den Anzügen werden Knicklichter angebracht, die über einen chemischen Prozess Licht erzeugen und in Notfällen helfen sollen, die Astronauten durch die Rettungsteams zu orten. Gespannte Konzentration ist sowohl den Astronauten als auch den Helfern ins Gesicht geschrieben.

▶ Endlich gehts los! Hans Schlegel bereitet sich im White Room auf seinen Einstieg in die Atlantis vor.

Die Flight Controller in den Kontrollräumen können dabei alles durch eine Videoübertragung live verfolgen – und für sie oder ihre Familien halten manche der Astronauten auch kleine Schilder mit kurzen Nachrichten in die Kamera. Der Kommandant *Steve Frick* und sein Pilot *Alan Poindexter* haben ihre Sitze zusammen mit *Leland Melvin* und *Rex Walheim* auf dem **Flight Deck**, also sozusagen im ersten Stock der Orbiterkabine, während *Stanley Love* und die beiden europäischen Astronauten *Hans Schlegel* und *Léopold Eyharts* darunter auf dem **Middeck** untergebracht sind. Das Einsteigen dauert seine Zeit und ist nicht einfach, da der Shuttle-Boden ja im Moment vertikal steht. NASA-Mitarbeiter, in weiße Reinraumanzüge gehüllt, stehen der Crew zur Seite und sorgen für eine sichere Fixierung der Raumfahrer.

Dann folgt der Verständigungstest mit den Astronauten. Für den Funkverkehr zwischen den Kontrollzentren und dem Space Shuttle stehen zwei **Air-to-Ground Loops** zur Verfügung, über die sich der CAP-COM mit der Besatzung, einem strikten Kommunikationsprotokoll folgend, unterhalten kann. Diese beiden Funkkanäle werden nun mit jedem der Astronauten durchgetestet, und von jeder Seite kommt die Bestätigung »I read you five by five« – was so viel heißt wie »die Verständigung ist laut und deutlich«.

Schließlich wird um 18:45 Uhr die Luke geschlossen, ab jetzt sind die Astronauten nur noch über Funk mit den Bodenkontrollstationen verbunden. Langsam und genau nach Zeitplan werden nun auch die verschiedenen Aggregate und Computer des Space Shuttles und des Launch Pads 39A in den Startzustand versetzt: Die Software wird geladen, welche die letzten neun Minuten des Countdowns kontrollieren wird, das Navigationssystem des Orbiters wird gestartet. Die Sprengladungen werden scharfgeschaltet, die die Verbindungen des Shuttles mit der Startrampe kappen und die riesigen Bolzen durchtrennen werden, die den Shuttle auf der Rampe halten.

Bei »T – 20 min« bleibt die Countdown-Uhr noch einmal wie geplant für zehn Minuten stehen, ebenso bei »T – 9 min«. Dieser letzte Halt wird auch genutzt, um noch einmal den Countdown genau auf den geplanten Startzeitpunkt um 20:45:30 Uhr abzustimmen. Es folgt gespanntes Warten in den Kontrollräumen. Bisher war das Wetter am Cape immer auf »Go« gewesen – just um 19:57 Uhr muss der Meteorologe auf »No Go« umschwenken – ein Gewitter entwickelt sich westlich des Space Centers. Kann es sein, dass es nördlich am Startgebiet vorbeizieht? Das Startfenster ist heute gerade einmal fünf Minuten »lang«. Kann

▲ *Countdown-Uhr am Kennedy Space Center*

der Start in diesem Zeitraum nicht erfolgen, muss abgebrochen werden – die Konstellation der Raumstation im Orbit und des Shuttle-Startplatzes auf der Erde würde kein Rendezvous zwischen den beiden Raumflugkörpern mehr erlauben. Dann, um 20:15 Uhr, meldet das Launch Control Center wieder »Go« bezüglich des Wetters. Ein Zittern und Bangen.

Dann der »T – 9 min«-Halt des Countdowns. Noch einmal fragt der **Launch Director** *Doug Lyons* alle Positionen des Launch Control Centers ab, und alle – inklusive der Meteorologen – geben ihm »Go« für den Start. Es folgt noch ein letzter Statusreport an und eine letzte Rückversicherung mit den obersten NASA-Managern:

> »And Ops Manager, the Launch and Flight teams are ready to resume to count« –
> *»Operationsmanager, Start- und Flugkontrollteam sind bereit für die Wiederaufnahme des Countdowns!«*

> »OK, Launch Director, Ops Manager. Doug, the MMT is not working any issues, it looks like a good day to fly. You are go to launch!« –
> *»O.K. Start-Direktor, hier spricht der Operationsmanager. Doug, das Missionsmanagementteam bearbeitet keine Problemfälle, es schaut nach einem guten Tag für den Flug aus. Ihr habt die Startfreigabe!«*

Damit hat auch das **Mission Management Team (MMT)** grünes Licht für den Start gegeben – und *Doug* nutzt die Chance für einen ermutigenden kurzen Gruß an die Astronauten, die im engen Cockpit gespannt der Dinge harren, die da kommen und die im Moment auf Informationen von außen angewiesen sind.

Flight Deck
Oberes Deck des Shuttles, welches das eigentliche Cockpit des Orbiters darstellt

Middeck
Fensterloses unteres Deck des Shuttles

Air-to-Ground
Dies sind die beiden Sprechfunkkanäle, über die mit dem Shuttle kommuniziert werden kann. Die beiden Funkkanäle, über die die Raumstation erreichbar ist, heißen entsprechend Space-to-Ground Loops.

Mission Management Team (MMT)
Gruppe von hohen NASA-Managern, die den Flugkontrollteams für besondere Entscheidungen zur Seite stehen

Der Countdown

T – x	L – x	Dauer	
T – 43 hr and counting	L – 69:10 h	16 h	Start des Countdowns; Rundruf an alle Stationen, um deren Bereitschaft festzustellen
T – 27 hr and holding	L – 53:10 h	4 h	Der Countdown hält zum ersten Mal. Ein Teil des Personals verlässt die unmittelbare Umgebung der Startrampe.
T – 27 hr and counting	L – 49:10 h	8 h	Die Uhr läuft weiter. Die Tanks der Brennstoffzellen werden mit Sauerstoff und Wasserstoff befüllt.
T – 19 hr and holding	L – 41:10 h	4 h	Nächster Stopp. Reinigung der Mannschaftskabinen. Gerüste im mittleren Teil des Shuttles werden abgebaut.
T – 19 hr and counting	L – 37:10 h	8 h	Die Startvorbereitungen gehen weiter. Die Haupttriebwerke des Orbiters werden für die Betankung vorbereitet, die großen Wassertanks des Sound Suppression Systems werden gefüllt. Konfiguration der Tail Service Masts.
T – 11 hr and holding	L – 29:10 h	13 h	Längster Stopp im Countdown, die letzten Ausrüstungsgegenstände werden im Space Shuttle verstaut, das Cockpit wird für den Start konfiguriert. Nun kann die Rotating Service Structure endgültig weggeschwenkt und in ihre Parkposition gebracht werden .
T – 11 hr and counting	L – 16:10 h	5 h	Die Brennstoffzellen des Orbiters werden aktiviert, und Gasleitungen werden mit Stickstoff gespült, um eine genau definierte Atmosphäre zu schaffen. Ein weiterer Teil des Personals verlässt nun den Gefahrenbereich.
T – 6 hr and holding	L – 11:10 h	2 h	Die Uhr hält. Das gesamte Personal verlässt nun die Startanlagen.
T – 6 hr and counting	L – 9:10 h	2 h	Beginn des Herunterkühlens der Versorgungsleitungen des orangefarbenen Außentanks.
T – 5 hr 50 min			Das langsame Betanken mit flüssigem Wasserstoff beginnt.
T – 5 hr 20 min			Das langsame Betanken mit flüssigem Sauerstoff beginnt.

T – 5 hr 15 min			Die berüchtigten Engine Cut-Off-Sensoren, die später einen »niedrigen Füllstand« des Außentanks melden sollen, sind nun von flüssigem Wasserstoff umspült.
T – 5 hr			Übergang in den Fast-Fill-Modus beim Betanken des Außentanks mit flüssigem Wasserstoff und Sauerstoff.
T – 4 hr			Die MILA-Antennen werden auf den Startkomplex ausgerichtet.
T – 3 hr 45 min			Der Wasserstofftank hat ein Fülllevel von etwa 98 % erreicht und wird nun noch langsam komplett betankt.
T – 3 hr and holding	*L* – 6:10 h	2 h	Zweistündiger Halt im Countdown. Die Besatzung erhält die letzten Informationen über die Wetterentwicklung im Start- und in den Notlandebereichen. Abfahrt des Inspektionsteams und des Personals des White Rooms zu den Startanlagen. Der White Room und der Shuttle werden auf den Einstieg der Besatzung vorbereitet. Die Inspektion des Shuttles auf Eis oder andere Teile, die sich beim Aufstieg lösen könnten, wird innerhalb dieses Halts abgeschlossen.
T – 3 hr and counting	*L* – 4:10 h	2 h 40 min	Zum drittletzten Mal wird die Uhr wieder gestartet.
T – 2 hr 55 min			Während die Besatzung mit dem AstroVan unterwegs zur Startrampe ist, wird für die vorgesehene Flugbahn eine Gefährdung des Shuttles durch Weltraummüll überprüft.
T – 2 hr 40 min			Der Landing and Recovery Director nimmt noch einmal die Erklärung der Einsatzbereitschaft der Notlandeplätze außerhalb Amerikas entgegen.
T – 2 hr 30 min			Die Astronauten werden der Reihe nach an ihren Sitzplatz im Space Shuttle gebracht, durch Helfer angegurtet und entsprechend mit den Bordsystemen verbunden.
T – 2 hr 10 min			Die Besatzung im Orbiter überprüft und korrigiert die Schalter im Cockpit.
T – 1 hr 30 min			Die Astronauten überprüfen mit den Kontrollzentren, ob die Funkverbindung ohne Probleme funktioniert.
T – 1 hr 20 min			Die Luke zur Raumfähre wird geschlossen, und der Drucktest der Kabine beginnt.
T – 40 min			Ende des Drucktests der Kabine

T – 20 min and holding	L – 1:30 h	10 min	In diesem zehnminütigen Halt erhält der Launch Director noch einmal einen Rapport vom NASA Test Director, der die Vorbereitung des Raumschiffes überwacht hat. Es wird auch überprüft, ob die Notlandeplätze bereit für den Start sind. Das Personal, das für das Einsteigen der Besatzung verantwortlich war, zieht sich aus dem Startbereich zurück.
T – 20 min and counting	L – 1:20 h	11 min	Konfiguration der Computersysteme, Schließen der Abluftventile und Regelung der Treibstoffzufuhr. Der Shuttle ist nun startbereit.
T – 9 min and holding	L – 1:09 h	~ 1 h	Letzte Kontrolle der Startbereitschaft. Alle Positionen werden noch einmal gebeten, ihr »Go« für den Start zu geben – darunter auch die Wetterexperten. Taucht ab sofort ein Ersuchen auf, den Countdown anzuhalten, dann wird dieser nach Behebung des Problems gleich wieder aufgenommen, ohne noch einmal die generelle Startbereitschaft zu evaluieren. Die Dauer dieses letzten Halts im Countdown ist für die Missionen jeweils unterschiedlich.
T – 7,5 min			Der Orbiter Access Arm mit dem White Room wird zur Seite geschwenkt – im »Falle des Falles« müsste der Arm erst wieder an den Space Shuttle herangebracht werden, bevor die Besatzung aussteigen könnte.
T – 3 min 55 s			Die Bewegung der Orbiterdüsen wird noch einmal getestet, bevor sie ihre Startposition endgültig anfahren.
T – 2 min 55 s			Anheben und Schwenken des External Tank Gaseous Oxygen Vent Arms, der wie eine Kappe auf dem Außentank sitzt und den austretenden Sauerstoff absaugt
T – 2 min			Die Besatzung schließt die Visiere ihrer Helme.
T – 50 s			Die Energieversorgung des Orbiters wird von der externen Versorgung auf die interne umgeschaltet.
T – 31 s			Die automatische Startsequenz wird gestartet.

$T - 16$ s	Das Sound Suppression System wird aktiviert und mehr als tausend Tonnen Wasser fluten über den Starttisch, dadurch werden gefährliche Schallreflexionen während des Starts gedämpft.	
$T - 10$ s	Das Free Hydrogen Burn-Off-System, das eine eventuelle Wasserstoffanreicherung vermeiden soll, beginnt, Funken zu sprühen.	
$T - 6,6$ s	Minimal früher werden die drei Haupttriebwerke des Space Shuttles gezündet. Das Raumfahrzeug wird durch die Haltebolzen am Boden gehalten.	
$T - 0$ $L - 0:00$ h	Zündung der Feststoffraketen, Absprengen der Haltebolzen und Start	

»*Atlantis*, this is Launch Director!«
»Launch Director, *Atlantis*. Go ahead, *Doug*!«
»Well *Steve*, for you and your crew: *Atlantis* is ready to fly, all systems are go. An effort that has spanned from one year to the next, teams from around the globe, both on Earth and in space, have overcome many obstacles to come to this point. So on behalf of all of them I like to wish you a successful mission and safe return.« –
»*O.K., Steve, für Dich und die Besatzung: ›Atlantis‹ ist bereit für den Flug, alle Systeme sind startklar. In den Jahren der Vorbereitung hatten Arbeitsgruppen überall auf der Erde und im Weltraum viele Hindernisse zu bewältigen, um bis zu diesem Punkt zu kommen. In aller derer Namen wünsche ich Euch eine erfolgreiche Mission und eine sichere Rückkehr auf die Erde.*«

»Thanks very much, *Doug*, from the crew. We know that the *Columbus* module has been many years in the making. And we are looking forward to do our part to bring it up to *Peggy Whitson* and her crew on the International Space Station and start its good work and many, many years of science. We appreciate your team and all the folks in the shuttle program that have worked so hard over the last couple of months to get the cut-off sensors working and it looks based on today they are working great. We really appreciate them fixing that problem. We are looking forward to a great flight and to come back to see our families in two weeks. I know it has been a hard road for them especially with the slip, but look as if today is a good day and we are ready to go fly!« –
»*Vielen Dank im Namen der Besatzung, Doug. Wir wissen, dass viele Jahre an Columbus gearbeitet wurde. Und wir freuen uns, nun unseren Teil dazu beitragen zu können und das Modul hinauf zu Peggy Whitson und ihrer Besatzung auf der ISS zu bringen, es dort in Betrieb zu nehmen und viele, viele Jahre Wissenschaft zu starten. Wir sind dem Team und allen Leuten im Shuttle-Programm sehr dankbar, die hart gearbeitet haben, um das Sensorenproblem des Shuttles zu lösen – und alles scheint im Moment wunderbar zu funktionieren. Danke dafür! Wir sind gespannt auf einen guten Flug und freuen uns darauf, dann in zwei Wochen wieder heimzukommen zu unseren Familien. Ich weiß, dass es für sie eine schwierige Zeit war, besonders*

mit den Startverschiebungen, aber heute schaut alles gut aus, und wir sind bereit für den Start!«

Dann gibt *Doug Lyons* die offizielle Anweisung, dass der Countdown fortgesetzt werden darf – und die große Uhr, die für die Besucher des Shuttle-Starts die Minuten und Sekunden zählt, setzt sich wieder in Bewegung. Nun hat der Computer übernommen, etwa eine halbe Minute vor dem Start wird er an den Bordcomputer des Space Shuttles abgegeben.

Noch siebeneinhalb Minuten – und der riesige Zugangsarm, der bisher den Orbiter mit der Startrampe verbunden hat, schwenkt langsam und bedächtig zur Seite. In Oberpfaffenhofen herrscht angespannte Ruhe, so nahe war man dem Start von *Columbus* bislang noch nie!

Schnell noch ein paar Worte über den »Air-to-Ground«-Kanal an die wartenden Raumfahrer:

»*Atlantis*, OTC, like *Columbus* before you, you have braved adversity before you. We wish you smooth sailing to the new world among the stars.« –
»*Atlantis, OTC, wie vor Euch Kolumbus habt Ihr allen Widrigkeiten getrotzt. Wir wünschen Euch einen ruhigen Flug zu der neuen Welt unter den Sternen.*«

Dann schaltet Pilot *Alan Poindexter* den Shuttle auf die interne Stromversorgung durch die Brennstoffzellen um. Die Astronauten sehnen den Start herbei. Seit Stunden liegen sie in ihren rechtwinklig montierten Sitzen, der Rücken schmerzt – und immer noch könnte alles umsonst sein! Ein Startabbruch würde heißen, dass sie morgen die ganze Tortur nochmals über sich ergehen lassen müssten – inklusive Einkleiden, Abschied mit Winken und Jubeln, Einsteigen in den Orbiter und Warten in unbequemer Stellung. Alles hängt am Wetter – aber momentan ist das Wetter auf »Go«.

Noch dreieinhalb Minuten bis zum Start. Ein Abbruch ist immer noch möglich und in der Vergangenheit auch schon zu diesem fortgeschrittenen Zeitpunkt im Countdown vorgekommen. Die drei gewaltigen Düsen des Orbiters werden ein letztes Mal durch den Computer geschwenkt, um das korrekte Funktionieren zu testen. Wie ein stilles Ballett von Riesen in Zeitlupe mutet ihre Bewegung an. Dann fahren sie ihre endgültige Startposition an.

Zwei Minuten vor dem Start werden die Astronauten gebeten, nun die Schutzvisiere ihrer Helme zu schließen. Auch die Steuerflächen der Shuttleflügel werden noch einmal probehalber bewegt. Alles scheint wunderbar zu funktionieren. Und auch das Wetter bleibt »Go«.

Scheinbar unaufhaltsam tickt die große Uhr, die auf der großen Projektionswand des Kontrollraums in Oberpfaffenhofen zu sehen ist, dem Startzeitpunkt entgegen – und die Flight Controller fiebern mit unter den Augen der Pressekameras, die von der Besucherbrücke aus wie gebannt herunterstarren.

Interessanterweise ist das »Three – Two – One – Lift-Off«, was ja geradezu zu einem Markenzeichen der Raumfahrt geworden ist, nicht eine technische, sondern eine rein künstlerische Erfindung. Der deutsche Regisseur *Fritz Lang* suchte lange vor den ersten Raketenstarts ein dramatisches Element für seinen Science-Fiction-Film »Frau im Mond«, um den Zuschauern die Spannung vor dem Beginn des Mondfluges zu vermitteln. Wie kann man dies für ein Publikum darstellen, welches 1929 gerade einmal die ersten Atlantiküberquerungen als fliegerische Höchstleistungen feierte? »Wenn ich rückwärts zähle, dann verstehen sie es«, meinte *Fritz Lang*, und so hat großes deutsches Kino die Raumfahrt der Zukunft mitgeprägt. Mit seiner Erfindung des Countdowns lässt der 1976 verstorbene Regisseur heute den Adrenalinspiegel in Deutschland, aber auch in Amerika, Russland und bei vielen Menschen an den Bildschirmen ansteigen. Denn die große Uhr, die seit den Apollo-Zeiten für die Zuschauer in *Cape Canaveral* die verbleibende Zeit anzeigt, ist inzwischen auf unter eine Minute gesprungen.

Die Kappe, die bisher auf dem orangefarbenen Außentank ruhte und die austretenden Gase des tiefgefrorenen Treibstoffs absaugte, wird nun auch in einem großen Bogen zur Seite geschwenkt. Nun steht der Space Shuttle frei auf seiner Startplattform und wartet auf den großen Moment, der nur noch wenige Sekunden entfernt ist. Die riesigen Bolzen, die den Shuttle in der aufrechten Position sichern, werden zeitgleich mit der Zündung der Feststoffraketen durch Sprengladungen durchtrennt werden und erst dann das Raumschiff endgültig freigeben.

Um die gewaltige akustische Energie zu »schlucken«, die bei einem Shuttle-Start entsteht, wird ab 16 Sekunden vor dem Start die Startplattform mit einer riesigen Menge Wasser geflutet. 1130 Kubikmeter davon sollen verhindern, dass der Orbiter durch die Rückreflexion des ohrenbetäubenden Lärms beschädigt wird. Dann geht es Schlag auf Schlag. Zehn Sekunden vor dem Start werden neben den Haupttriebwerken »Funkensprüher« aktiviert, die eventuell

schon austretenden hochexplosiven Wasserstoff verbrennen sollen. 3,4 Sekunden später werden dann die Haupttriebwerke gezündet – der Space Shuttle macht einen merklichen Ruck aufwärts, wird aber durch die mächtigen Bolzen noch auf dem Starttisch gehalten. Erst kurz darauf – bei »$T – 0$ s« – werden diese zeitgleich mit der Zündung der beiden seitlichen Feststoffraketen weggesprengt. Die Startrampe verschwindet in einem Inferno aus Flammen und Rauch, als der Kommentator das »Lift-Off« verkündet.

Es ist 20:45 Uhr und 30 Sekunden, als die *Atlantis* beginnt, sich langsam über den Startkomplex hinaus zu schieben – *Columbus* ist unterwegs ...!

Auf einer riesigen Feuer- und Rauchsäule steigt das Raumschiff in den Himmel – ein Augenblick, auf den die Techniker, Flight Controller, Ingenieure und Manager seit vielen Jahren und sogar Jahrzehnten gewartet haben. Seitdem der Countdown bei Null angekommen ist, läuft nun die Missionszeit von *Columbus*. Endlich ist das *Columbus*-Kontrollzentrum in Oberpfaffenhofen »operationell« – bisher war es nur theoretisch ein Kontrollzentrum für die Raumstation, nun würde in einigen wenigen Stunden *Columbus* wirklich in Betrieb genommen werden!

Auch in den übrigen kleinen Kontrollzentren in Europa haben sich die Flight Controller zusammengefunden, um den Start »ihrer« Raumfähre zu beobachten. Auch hier hatte es banges Erwarten, ängstliches Daumendrücken und schließlich erleichtertes Aufatmen gegeben – *Atlantis* hat nun wirklich die Startrampe hinter sich gelassen und war im Begriff, das europäische Forschungslabor mitsamt seinen verschiedenen Wissenschaftsexperimenten in das All zu bringen! *Liesbeth De Smet* am belgischen B.USOC-Zentrum

dem Start natürlich konzentrierter Hochbetrieb, denn Abertausende von Daten der *Atlantis* müssen überwacht und analysiert werden.

Schon 35 Sekunden nach dem »Lift-Off« durchbricht der Shuttle die Schallmauer – und die Leistung der Triebwerke wird etwas reduziert, um die aerodynamischen Belastungen auf den Orbiter so gering wie möglich zu halten. Noch feuern nicht nur die drei Düsen der *Atlantis*, die aus dem riesigen Haupttank mit Flüssigtreibstoff versorgt werden, sondern auch die beiden Feststoffraketen, die in der Startphase zusätzlichen Schub liefern. Aber schon nach 130 Sekunden sind diese riesigen Hilfstriebwerke ausgebrannt, werden durch kleine Sprengladungen abgetrennt und fallen auf die Erde zurück, während der Orbiter mit dem Haupttank weiter an Geschwindigkeit gewinnt.

Die Astronauten, die in den vergangenen Sekunden mit der mehrfachen Erdbeschleunigung in ihren Sitzen durchgeschüttelt worden sind, sind in ihrer Raumfähre inzwischen so schnell, dass im Falle eines Triebwerkfehlers eine Notlandung in Amerika – entweder als **Return to Launch Site (RTLS)** oder als **East Coast Abort Landing (ECAL)** nicht mehr möglich ist – »negative return« in der Fachsprache. Der Shuttle müsste nun in Europa **(Transatlantic Abort Landing – TAL)** landen – drei Flughäfen in Spanien und Frankreich stehen hierfür in Bereitschaft. In wenigen Sekun-

Return to Launch Site (RTLS)
Zurückkehren an den Startplatz

East Coast Abort Landing (ECAL)
Notabbruchlandung an der Ostküste

Transatlantic Abort Landing (TAL)
Transatlantische Notabbruchlandung

Blue FCR
FCR – Flight Control Room, der blaue FCR ist für die ISS zuständig. Weil die Amerikaner manche Abkürzungen nicht als einzelne Buchstaben, sondern wie ein zusammenhängendes Wort aussprechen, löst »Blue Ficker« manchmal Verwirrung bei Unkundigen aus ...

White FCR
Shuttle-Kontrollraum

erinnert sich lebhaft an den großen Moment: Beinahe gleichzeitig haben alle im Augenblick des Starts gerufen: »Nun gibt's kein Zurück mehr!« Viele Monate und Jahre der Vorbereitung waren endgültig vorbei, und die Betriebsphase steht kurz bevor! Einige Sektkorken knallen an diesem Abend in Europa!

Die Startvorbereitungen und der Start selbst sind durch das Launch Control Center auf dem Gelände des *Kennedy Space Centers* der NASA überwacht worden. Ein spezielles **Launch Control Team** unter der Leitung des **Launch Directors** hat diese Aufgabe wahrgenommen. Nun, da die *Atlantis* die Startanlagen hinter sich gelassen hat und sich in der Aufstiegsphase befindet, übergibt das Launch Control Team die Verantwortung an das **Shuttle Flight Control Team**, das sich im Houstoner *Johnson Space Center* befindet. Dort arbeiten zwei Flight Control Teams Tür an Tür: Vom **Blue FCR** aus wird die Raumstation überwacht, während im **White FCR** die Spezialisten für die einzelnen Subsysteme des Space Shuttles sitzen, die vom SHUTTLE FLIGHT geleitet werden. Hier herrscht nach

den wird der Shuttle auch hierfür zu schnell sein: Die Astronauten bekommen etwa fünf Minuten nach dem Start vom Kontrollzentrum den Befehl »Press for **ATO**« – im Falle eines Triebwerksausfalls kann der Raumgleiter jetzt trotzdem mit den verbleibenden Triebwerken eine Erdumlaufbahn erreichen, also **Abort to Orbit (ATO)**.

Für jeden Shuttle-Start entsendet die NASA Notfallteams zu den europäischen Militärflughäfen in *Moron, Zaragosa* (beide Spanien) und *Istres* (Frankreich). Diese Flughäfen stehen dem Shuttle als Notlandeplätze in der Aufstiegsphase zur Verfügung. Sie haben Landebahnen, die für die Orbiter geeignet sind, außerdem steht besondere Ausrüstung zur Navigationshilfe, zur Wettervorhersage und zur Prozessierung des Shuttles nach der Landung für den Fall der Fälle zur Verfügung. In Deutschland wäre der US-Stützpunkt *Ramstein* in der Pfalz als Notlandeplatz für die NASA verfügbar

und könnte aktiviert werden, falls die geplante Aufstiegsbahn eines Shuttles Ramstein ideal erscheinen ließe.

Etwa 50 Personen umfasst jede Gruppe, die einen der Flughäfen für eine eventuelle Notlandung vorbereitet, was immerhin vier Tage in Anspruch nimmt. Zu jedem Team gehören Flugärzte und medizinisches Fachpersonal, Feuerwehrspezialisten, Rettungsfallschirmspringer und Wetterspezialisten, die jede adäquate Hilfe für eine Notlandung zur Verfügung stellen können. Sie haben ihre Ausrüstung in einem eigens dafür ausgestatteten Flugzeug mitgebracht, das dann im schlimmsten Fall auch für **Search and Rescue (SAR)**-Operationen eingesetzt werden kann, beziehungsweise zur MEDEVAC – dem Ausfliegen verletzter Besatzungsmitglieder. Zu jedem dieser Militärflughäfen wird auch ein Astronaut abkommandiert, der mit einem eigenen Flugzeug etwa eineinhalb Stunden vor

▲ *Nach dem Lift-Off übernimmt Houston die Verantwortung für Atlantis.*

Abort to Orbit (ATO)
Notabbruch in die Umlaufbahn

Search and Rescue (SAR)
International vereinbarte Rettungsmaßnahmen für See- und Luftfahrtsnotfälle

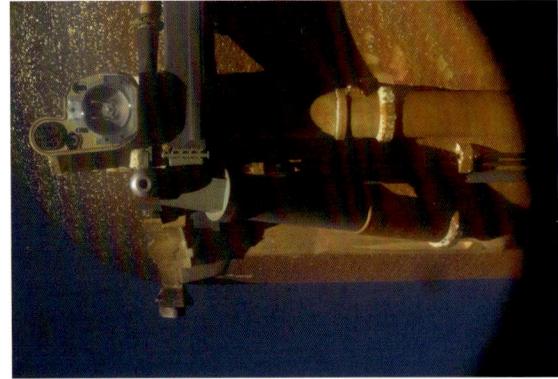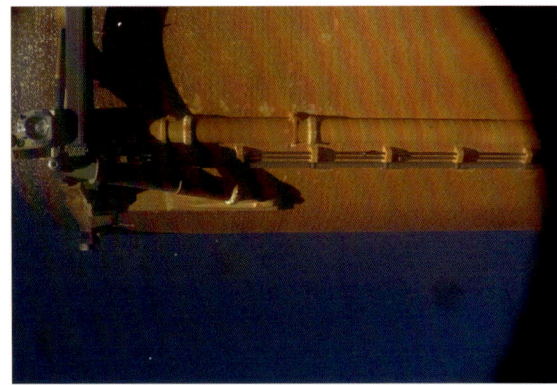

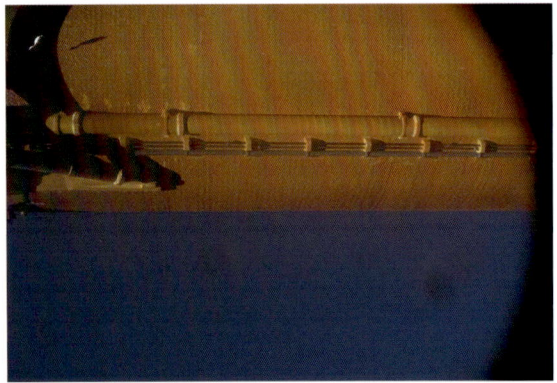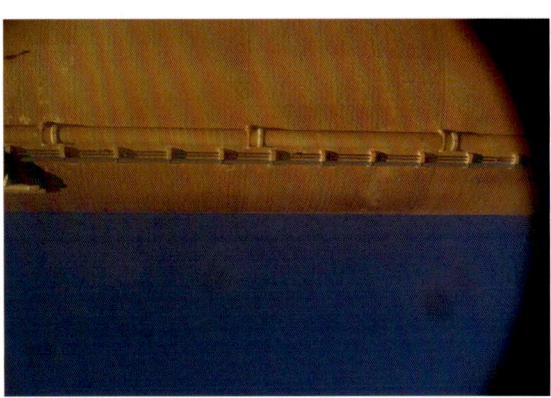

▶ *Abtrennung des Außentanks der Atlantis nach dem Main Engine Cut-Off (MECO)*

Main Engine Cut-Off (MECO)
Abschalten des Haupttriebwerks

dem vorgesehenen Start in Florida bis zum Ende der kritischen Flugphase Wetteraufklärung über dem Notlandeflughafen betreibt und bei einer potenziellen Shuttle-Landung den Shuttle-Piloten wertvolle Tipps über die lokalen Verhältnisse geben kann.

Sollte für die 1E-Mission wirklich eine Landung in Spanien oder Frankreich notwendig werden, so bliebe etwa eine halbe Stunde vom Erklären der Notlage bis zur eigentlichen Landung. In dieser Zeit würde sich der Leiter der entsprechenden NASA-Gruppe mit den nationalen Luftfahrtbehörden in Verbindung setzen, um den Luftraum für die Notlandung zu räumen. Zeitgleich würde auch die Botschaft des betroffenen Landes informiert. Der Space Shuttle müsste während des Fluges die nicht mehr benötigten Treibstofftanks entleeren und den orangefarbenen Außentank ab-

werfen, bevor der eigentliche Landeanflug auf den ausgewählten Luftwaffenstützpunkt beginnen würde.

Aber an solche Probleme ist glücklicherweise im Augenblick nicht zu denken – der Shuttle hat einen Bilderbuchstart hingelegt, und alles ist planmäßig verlaufen. Um 20:54 Uhr schließlich findet der **Main Engine Cut-Off (MECO)** statt. Die Haupttriebwerke des Orbiters haben ganze Arbeit geleistet und die Astronauten samt dem *Columbus*-Modul in eine Erdumlaufbahn gebracht. Nun werden sie abgeschaltet. Auch der Haupttank wird nun nicht mehr benötigt und kann abgesprengt werden – für die Flight Control Teams wieder einmal atemberaubende Bilder auf den großen Videoleinwänden, als der Tank Richtung Erde taumelt.

Im Inneren der *Atlantis* sind die beiden europäischen Astronauten einerseits erleichtert, dass die Mission nun endlich ihren Anfang genommen hat, auf der anderen Seite ist die Aufregung spürbar: Für beide geht's nach langer Zeit endlich wieder zurück in den Weltraum! *Léopold Eyharts*, ein 50-jähriger Franzose, ist über den aufregenden Beruf als Testpilot 1990 zur französischen Raumfahrtagentur CNES (Center National d'Etudes Spatiales) gekommen und war als Astronaut ausgewählt worden. Zunächst wurde er dem *Hermes*-Projekt zugewiesen und hatte dann den Jet geflogen, mit dem bei Parabelflügen für kurze Zeit Schwerelosigkeit hergestellt werden kann. Endlich, 1998, durfte er das erste Mal mit einer Soyuz-Kapsel zur Raumstation MIR aufbrechen, wo er im Rahmen der französisch-russischen **MIR-Pégase-Mission** drei Wochen auf der MIR forschte. Im gleichen Jahr wurde

Eyharts dann auch von der ESA in das frisch gegründete europäische Astronautenkorps übernommen. Zusammen mit einer Gruppe amerikanischer Astronauten folgte die Ausbildung zum Missionsspezialisten bei der NASA am *Johnson Space Center*, wo er dann die Leitung der ISS-Softwareabteilung übernahm. Für die **Astrolab-Mission** – als Vorläufer für 1E konzipiert, um das europäische Bodensystem in die operationelle Phase zu überführen – wurde *Léo* als Ersatzmann für *Thomas Reiter* ausgebildet. Allerdings war es dann doch der Deutsche, der schließlich das halbe Jahr auf der ISS verbrachte. Endlich erfolgte am 12. Februar 2007 seine Nominierung als ISS-Besatzungsmitglied für die Installation und das Austesten des neuen europäischen Labors – und so sitzt *Léo Eyharts* nun auf seinem wohlverdienten Platz im Middeck des Space

MIR-Pégase-Mission
Fünfter Ausflug eines Franzosen auf die russische MIR-Raumstation

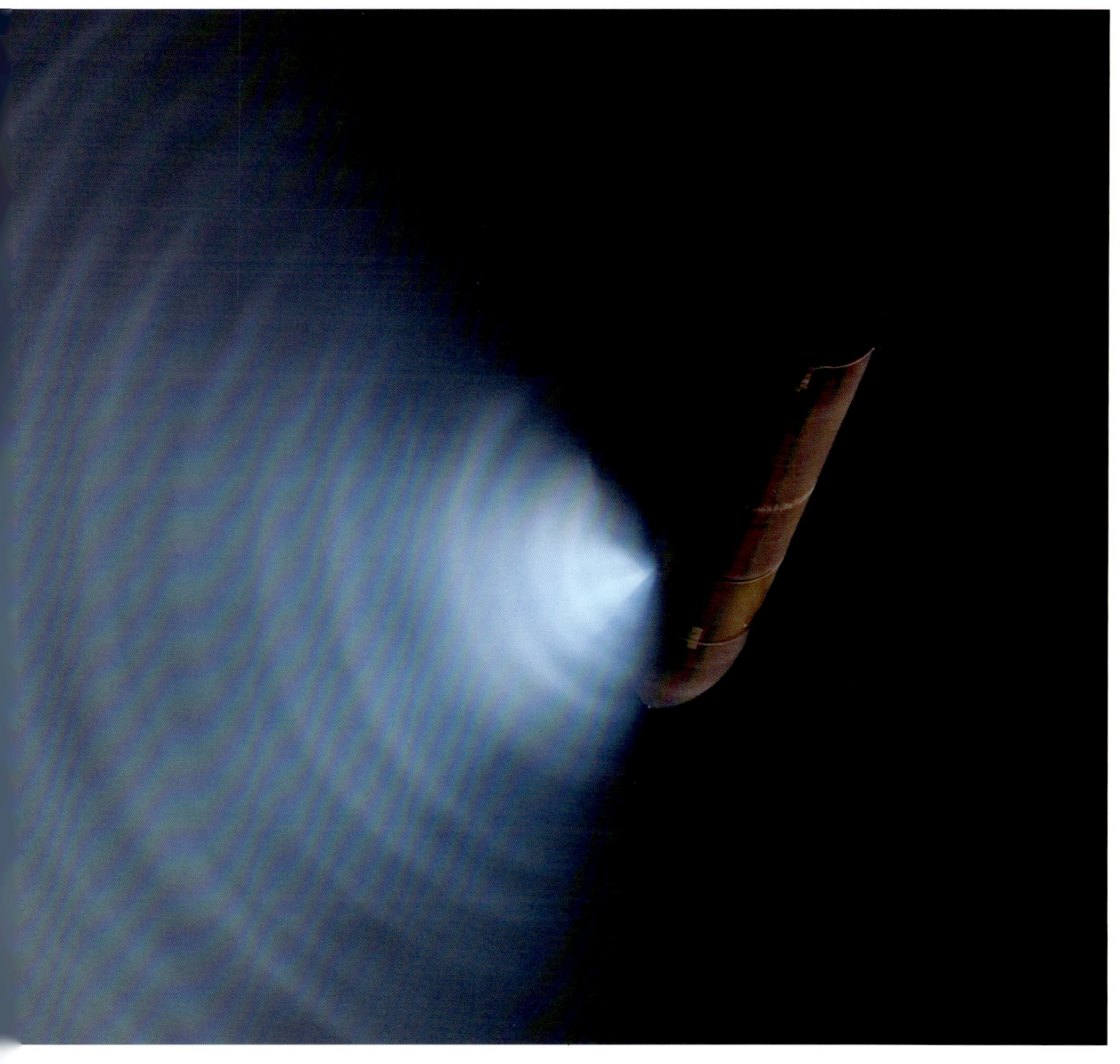

◄ *Der Außentank der Atlantis taumelt zur Erde zurück. Die Sonnenstrahlung wird durch die austretenden Treibstoffgase gebrochen.*

Léopold Eyharts

Léopold Eyharts, geboren am 28. April 1957 in Biarritz, Frankreich, ist verheiratet und hat einen Sohn. Seine Hobbys sind Laufen, Mountainbike, Tennis und Computer.

1979 erhielt *Eyharts* das Ingenieurdiplom der französischen Luftwaffen-Akademie von Salon-de-Provence. 1980 schloss er die Ausbildung als Kampfjet-Pilot in Tours, Frankreich, ab. 1988 erhielt er das Diplom der französischen Testpilotenschule in Istres, Frankreich.

1980 wurde *Léopold Eyharts* Kampfjet-Pilot in einem operationellen Jaguar-A-Geschwader der Luftwaffenbasis Istres und 1985 Flugkommandant der Luftwaffenbasis Saint-Dizier. 1988 wurde er zum Flug-Testzentrum Brétigny-sur-Orge bei Paris versetzt, wo er 1990 Chef-Testpilot wurde.

1990 wählte die Französische Nationale Raumfahrtagentur (CNES) *Léopold Eyharts* als Astronaut aus. Er unterstützte das *Hermes*-Raumtransporterprogramm innerhalb der Hermes Crew Office in Toulouse, Frankreich. Eyharts wurde auch als Testpilot eingesetzt, etwa für das Parabelflug-Programm der CNES, und führte die Qualifikationsflüge des Parabelflugzeugs Airbus A300 Zero-G durch.

Eyharts durchlief zwei kurze Trainingsperioden am russischen Kosmonautenausbildungszentrum »Yuri Gagarin« in der Nähe von Moskau und nahm an einer Auswertung des russischen Buran-Raumtransporter-Trainings in Moskau teil, wo er mit dem Tupolev-154-Buran-Simulationsflugzeug flog.

1994 wurde er als Reserveastronaut für die französisch-russische Mission Cassiopée, die im August 1996 durchgeführt wurde, eingesetzt. Im Dezember 1996 wurde *Eyharts* als Kosmonaut für die Nachfolgemission Pégase, die vom 29. Januar bis zum 19. Februar 1998 stattfand, ausgewählt. Während dieser Mission führte er zahlreiche französische Experimente in den Bereichen Medizin, Neurologie, Biologie, Flüssigkeitsphysik und Technologie durch.

Im August 1998 wurde *Léopold Eyharts* ins Europäische Astronautenkorps aufgenommen, dessen Heimatbasis das Europäische Astronautenzentrum (EAC) in Köln ist.

Er wurde zum Training an das *Johnson Space Center* der NASA in Houston abgeordnet und dort in die Missionsspezialisten-Klasse 1998 aufgenommen.

Eyharts übernahm technische Aufgaben im NASA-Astronautenbüro als Section Chief für ISS-Systeme, Software und bordeigene Informationstechnologie.

Léopold Eyharts war Reserveastronaut von *Thomas Reiter* für die Mission Astrolab, Europas erste Langzeitmission auf der Internationalen Raumstation ISS, die vom 4. Juli bis 22. Dezember 2006 erfolgreich durchgeführt wurde. Das Training als Reserveastronaut durchlief er seit dem Jahr 2004. Quelle: (Quelle: DLR)

Shuttles und wird durch die enorme Beschleunigung in seinen Sitz gepresst.

Hans Schlegel gehört einer anderen großen Gruppe der Astronauten an. Er hat nicht wie *Eyharts* eine Ausbildung zum Testpiloten genossen, sondern ist als Wissenschaftler zum Korps gestoßen. Der 56-jährige Baden-Württemberger war bereits während seiner Gymnasialzeit als Austauschschüler in Amerika gewesen und hatte sich dann zum Physikstudium in der renommierten Rheinisch-Westfälischen Technischen Hochschule (RWTH) Aachen eingeschrieben. Dort arbeitete er auch nach dem Abschluss als Diplom-Physiker weiter als wissenschaftlicher Angestellter.

Als er sich entschied, 1986 in die Wirtschaft zu wechseln, hatte beinahe zeitgleich die Vorgängerorganisation des Deutschen Zentrums für Luft- und Raumfahrt mit der Auswahl neuer deutscher Astronauten begonnen. *Schlegel* wurde mit vier weiteren Kollegen,

darunter seine spätere Frau *Heike Walpot*, ausgewählt. Die fünf wurden für die deutsche D2-Mission ausgebildet, und *Hans Schlegel* war schließlich zusammen mit *Ulrich Walter* bei der amerikanisch-deutschen Mission 1993 mit von der Partie.

Zusammen mit dem deutschen Astronauten *Reinhold Ewald* trainierte er anschließend für einen Aufenthalt auf der russischen Raumstation MIR, musste aber die eigentliche MIR-97-Mission dann seinem Kollegen überlassen. *Hans Schlegel* blieb weiter in Russland, unterstützte den Flug von *Reinhold Ewald* vom russischen Kontrollzentrum aus und wurde im »Sternenstädtchen« **Zvezdny Gorodok** zum MIR-Bordingenieur ausgebildet. 1998 gliederte man dann auch die deutschen Astronauten in das europäische Astronautenkorps ein, und *Schlegel* wurde in derselben Astronautenklasse wie *Eyharts* am *Johnson Space Center* zum Missionsspezialisten geschult. Auch er

Zvezdny Gorodok
Auch Star Sity genannt, streng abgeschirmte Siedlung nordöstlich von Moskau, wo sich das Yuri-Gagarin-Trainingszentrum der russischen Kosmonauten befindet

Hans Schlegel wurde am 3. August 1951 in Überlingen/Friedrichshafen geboren, ist mit der Astronautin *Heike Schlegel-Walpot* verheiratet und hat sieben Kinder. Seine Hobbys sind Skifahren, Tauchen, Fliegen, Lesen und Heimwerken.

Hans Schlegel ist Diplom-Physiker. 1970 erlangte er sein Abitur am Mathematisch-Naturwissenschaftlichen Hansa-Gymnasium in Köln und schloss 1979 sein Diplom in Physik an der Rheinisch-Westfälischen Technischen Hochschule (RWTH) in Aachen ab.

Nach seiner Bundeswehr-Ausbildung zum Fallschirmjäger wurde er 1972 als Leutnant entlassen und 1980 zum Oberleutnant der Reserve ernannt. Von 1979 bis 1986 war er wissenschaftlicher Angestellter an der RWTH Aachen und forschte dort im Bereich Experimentelle Festkörperphysik mit dem Schwerpunkt elektronische Transporteigenschaften und optische Eigenschaften von Halbleitern.

Von 1986 bis 1988 arbeitete *Hans Schlegel* als Verfahrensspezialist für zerstörungsfreie Werkstoffprüfung in der Forschungs- und Entwicklungsabteilung der Institut Dr. Friedrich Forster GmbH in Reutlingen.

1988 wechselte er zum Deutschen Zentrum für Luft- und Raumfahrt (DLR) und durchlief dort bis 1990 eine Ausbildung zum Wissenschaftsastronauten. Während dieser Ausbildung sammelte er bei mehr als 1300 Parabelflügen an Bord einer Boeing KC-135 theoretische und praktische Erfahrungen in der Schwerelosigkeit und führte zahlreiche Experimente durch. Weiterhin wurde er zum Forschungstaucher ausgebildet und erwarb eine Privatpilotenlizenz einschließlich der Instrumenten- und Kunstflugberechtigung.

1990 wurde *Hans Schlegel* zum Nutzlastspezialisten für die zweite deutsche Spacelab-Mission ernannt und begann seine Ausbildung an wissenschaftlichen Experimenten im DLR-Standort Köln und im *Johnson Space Center* in Houston. *Schlegel* war vom 26. April bis 6. Mai 1993 an Bord der Raumfähre *Columbia* (STS-55) zum ersten Mal im Weltraum. Fast 90 Experimente aus den Gebieten Lebenswissenschaften, Materialwissenschaften, Physik, Robotik und Astronomie sowie Untersuchungen zur Erdatmosphäre wurden durchgeführt.

Im August 1995 folgte das Training als Ersatzmann für die deutsch-russische Mission MIR-97 im Yuri-Gagarin-Kosmonauten-Trainingszentrum bei Moskau. Während der Mission war *Schlegel* vom 10. Februar bis 2. März 1997 als russischer CAPCOM für den Funkkontakt verantwortlich. Zwischen Juni 1997 und Februar 1998 absolvierte er eine Zusatzausbildung zum zweiten Bordingenieur für die russische Raumstation MIR.

1998 wurde *Hans Schlegel* in das Astronautenkorps der ESA berufen und durchlief eine Ausbildung zum Missionsspezialisten im *Johnson Space Center* in Houston. Zur zweijährigen Ausbildung zählten das Training im Überschall-Trainingsflugzeug (T-38), Trainingseinheiten zum Shuttle-Rendezvous und -Docking sowie Robotik und Außenbordeinsätze. Zusätzlich nahm er verschiedene Aufgaben bei der NASA wahr.

Ab 2000 arbeitete *Schlegel* weiterhin im *Johnson Space Center* in der ISS-Abteilung für Mechanismen und Strukturen. 2002 wurde *Schlegel* als CAPCOM eingesetzt und war somit für die Kommunikation mit der ISS-Bordmannschaft zuständig. Anschließend wurde er von der NASA zum leitenden CAPCOM für die ISS-Expedition Nr. 10 berufen.

Im Mai 2005 begann *Schlegel* als leitender ESA-Astronaut im *Johnson Space Center*. Im September 2005 wurde er Shuttle-CAPCOM, schließlich Ausbilder für ISS-CAPCOMs und leitete ein Team von 12 Mitgliedern auf dem Gebiet ISS-Systeme und Mensch-Maschine-Schnittstellen.

Im Juli 2006 wurde *Schlegel* für die Shuttle-Mission STS-122 benannt. Seit Oktober 2006 erfolgte das missionsspezifische Training, insbesondere für den Außenbordeinsatz (Quelle: DLR).

blieb nach der zweijährigen Ausbildung in Texas und arbeitete im ISS-Kontrollraum als CAPCOM, bis er am 20. Juli 2006 mit der Vorbereitung der *Columbus*-Mission begann.

Die ersten Schichten am COL-CC

Nach dem Bilderbuchstart mit vielen Zuschauern, dem Besuch von Ministerpräsident *Beckstein* und der Aufforderung von Flugdirektor *Alexander Nitsch*, dass alle

Unbeteiligten nun den Kontrollraum zu verlassen hätten, ist im K4 Ruhe eingekehrt. An vielen Konsolen läuft NASA-TV, wo der Start der Raumfähre aus verschiedenen Kameraperspektiven wiederholt und kommentiert wird.

Der nächste aufregende Schritt auf dem Weg zur Raumstation, die Öffnung der Ladebucht des Space Shuttles, steht kurz bevor. Dann wird *Columbus* das erste Mal den lebensfeindlichen Weltraumbedingungen ausgesetzt sein, und es wird sich auch zeigen,

ob die Heizelemente funktionieren, die ein Einfrieren des Moduls verhindern sollen.

Das Öffnen der Shuttle-Ladebucht ist ein wichtiges Manöver für den Wärmehaushalt des Shuttles. An der Innenseite der Ladebuchttore sind die Radiatoren angebracht, welche die im Shuttle durch die elektrischen Geräte, die Computer oder die Astronauten erzeugte Wärme in den Weltraum abstrahlen sollen. Ohne dieses Manöver könnten die Kühlflüssigkeiten an Bord des Shuttles nicht im richtigen Temperaturbereich gehalten werden.

Übrigens besitzt auch die Raumstation derartige Radiatoren, die senkrecht zu den großen Solarzellenfeldern stehen und oft irrtümlich für Sonnenkollektoren gehalten werden. Sie sorgen dafür, dass die Elektronik nicht überhitzt und ISS-Commander *Peggy Whitson* mit den Kollegen unter angenehmen Temperaturbedingungen arbeiten und leben kann.

Glücklicherweise verläuft das langsame Öffnen der großen Tore der **Cargo Bay** gegen 22:30 Uhr unspektakulär – und das erste Mal glänzt das *Columbus*-Modul im harten Licht der ungeschwächten Sonne. Ebenso sind die beiden externen Experimentplattformen SOLAR und EuTEF nun dem Weltraumvakuum ausgesetzt. Die beiden sind getrennt von *Columbus* auf einem eigenen Adapter mit dem Namen **ICC-Lite** in der Ladebucht angebracht, und auch sie müssen beheizt werden. Bei den Extremtemperaturen des Weltraums ist die Gefahr zu groß, dass die empfindlichen Instrumente und beweglichen Teile Schaden erleiden könnten. In Oberpfaffenhofen atmet man erleichtert auf, als die wenigen Telemetriedaten der *Atlantis*, die die NASA zur Verfügung stellt, die erwarteten Verläufe zeigen.

Sehr voll ist der Kontrollraum in Oberpfaffenhofen nicht – heute gibt es noch nicht allzu viel zu tun. Sollte jetzt irgendetwas schieflaufen, den Europäern wären die Hände gebunden. Denn mehr als den Kollegen in Houston mit Rat und Tat zur Seite zu stehen, ist im Augenblick nicht möglich. Erst am Flugtag drei wird der Space Shuttle an die ISS anlegen, am Flugtag vier ist das Andocken von *Columbus* an die ISS geplant, und am Flugtag fünf wird Houston die Station so weit konfiguriert haben, dass die ersten Kommandos aus Oberpfaffenhofen das neue Modul langsam hochfahren können – und erst dann wird es richtig was zu geben für alle Positionen im Kontrollraum.

Alexander Nitsch leitet diese erste Schicht als Flugdirektor. Seine Karriere hat ihn von Satellitenmissionen über eine Ausbildung als COL SYSTEMS direkt in den Stuhl eines der drei Flugdirektoren für die 1E-

Mission gebracht – und mit seinen 31 Jahren ist er der Jüngste in einer solchen Position. Er hat heute nach Houston schon die Statusmitteilung gegeben, dass das *Columbus*-Kontrollzentrum »Go« für den Start der Raumfähre ist – und ist damit der erste deutsche Flugdirektor, der mit einem wirklich fliegenden *Columbus*-Modul arbeitet.

Die erste Schicht, die um 3:30 Uhr enden wird, und auch das folgende Flight Control Team unter der Leitung von Flugdirektor *Guido Morzuch* langweilt sich dennoch nicht. So viele Dinge müssen in letzter Minute geklärt werden und erfordern die ganze Aufmerksamkeit der Flight Controller: Kurzfristig wurde entschieden, dass einige Gegenstände, die gerade mit *Atlantis* auf dem Weg zur ISS waren und ursprünglich auch wieder mit der Raumfähre zurück zur Erde gebracht werden sollten, nun doch an Bord der ISS bleiben sollen. Nun muss verhandelt werden, wo noch Platz auf der ISS gefunden werden kann, um sie zu verstauen.

Außerdem hat die NASA gerade, basierend auf dem nun genau definierten Startzeitpunkt, die Flugbahn des Shuttles und der Raumstation für die gesamte Mission neu berechnet. Dadurch kann man genau die Zeiten bestimmen, in denen bestimmte Teile von *Columbus* von der Sonne beschienen werden und daraus verschiedene **Thermal Clocks** errechnen – die Zeiten, nach denen Teile des Raummoduls kaputtgehen, sollten die entsprechenden Heizer versagen. Die Flugkontrollteams auf beiden Seiten des Atlantiks müssen auch hierfür in engem Funkkontakt bleiben und die neuen Daten analysieren.

Dann stellt sich heraus, dass die ISS das Oberpfaffenhofener Flight Control Team nicht hören kann, wenn es auf dem **Space-to-Ground**-Funkkanal zu den Astronauten sprechen möchte. Auch hier ist viel Anstrengung nötig, um das Problem in den komplizierten Sprachkanalschaltungen zwischen Europa und Amerika herauszufinden und zu beheben. Aber der Ground Controller *Kevin Pasay* hat viel Erfahrung mit den Eigenheiten des Systems und arbeitet verbissen an einer Lösung.

Nach dem Einschalten der Stromversorgung für die Ladebucht und damit für die Außenheizung des neuen Moduls haben einige Ingenieure Zweifel am korrekten Funktionieren aller Heizer – die Stromverläufe, die als Telemetrie ständig zur Erde gefunkt werden, zeigen ein sehr eigentümliches und unerwartetes Verhalten. Nichts Kritisches, aber man möchte auch hier abklären, ob sich ein größeres Problem anbahnt oder ob kein Anlass zur Sorge besteht.

Cargo Bay
Ladebucht des Space Shuttles, in der *Columbus* und die externen Payloads transportiert werden

ICC-Lite
Querträger in der Shuttle Cargo Bay, auf dem unter anderem SOLAR und EuTEF montiert sind

Thermal Clocks
Zeitwerte, nach denen im ungeheizten Zustand die ersten Schäden wahrscheinlich werden

Space-to-Ground
Die beiden Sprechfunkkanäle mit der Raumstation werden als »Space-to-Ground« Loops bezeichnet

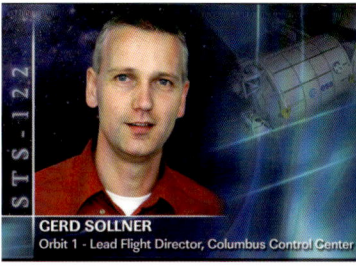

GERD SÖLLNER
Orbit 1 - Lead Flight Director, Columbus Control Center

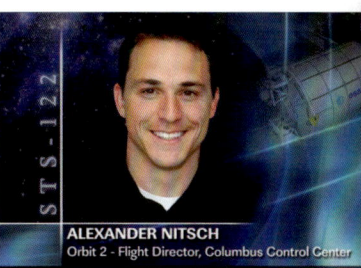

ALEXANDER NITSCH
Orbit 2 - Flight Director, Columbus Control Center

GUIDO MORZUCH
Orbit 3 - Flight Director, Columbus Control Center

▲ *Den Columbus-Flugdirektoren der 1E-Mission war sogar ein kurzer Auftritt in NASA-TV gegönnt: Gerd Söllner, Alexander Nitsch und Guido Morzuch*

◄ *Atlantis mit geöffneter Ladebucht. Im Vordergrund der Dockingadapter*

Bei einem riesigen internationalen Projekt wie der Raumstation ISS haben viele Experten mitzureden – und das im wörtlichen Sinne. Daher wurde ein Sprachkommunikationssystem eingerichtet, das jeden Amateurfunker vor Neid erblassen lassen würde. Mehrere hundert Voice Loops werden bereitgestellt, teilweise innerhalb der Kontrollzentren und teilweise auch zu anderen oder allen Zentren. Jeder dieser Loops erfüllt einen ganz spezifischen Zweck – ob es nun etwa der **EPO COORD Loop** ist, auf dem die Stromversorgungsexperten ihre jeweiligen Gegenspieler in den anderen Kontrollzentren erreichen, der **FD ISS/COL COORD Loop**, der nur dem HOUSTON FLIGHT und dem COL FLIGHT als »privater Kanal« zugänglich ist, oder beispielsweise der **TRANS RUS/ENG Loop**, auf dem ein Simultanübersetzer rund um die Uhr russische Konversation auf einigen wichtigen anderen Kanälen ins Englische dolmetscht und umgekehrt. Für jeden Flight Controller wurde vordefiniert, zu welchen Kanälen er Zugang haben sollte – und ob er auf dem jeweiligen Kanal nur das Recht zum Mithören oder auch zum aktiven Sprechen hat. Zu den beiden **Space-to-Ground Loops** etwa hat jeder Zugang – aber nur zum Mithören – Sprechrechte haben

nur CAPCOM, EUROCOM und Co sowie die Flugdirektoren für Ausnahmefälle. Über einen Touch Screen hat jeder Controller die Möglichkeit, auf jeweils 56 Loops auf acht Seiten zuzugreifen und durch Drücken des jeweiligen Kopfes zu bestimmen, ob er mithören (blau), den Kanal abschalten (grau) oder den Kanal zu dem einen Kanal machen möchte, auf dem er sprechen kann, sobald er die Sprechtaste seines Mikrofons drückt (grün). So gelingt es dem Flight Controller, in ruhigen Phasen alle Vorgänge auf der ISS im Auge zu behalten, während er bei viel Sprachverkehr die Auswahl auch gezielt auf die Kanäle einschränken kann, die unbedingt notwendig sind. Einige Loops müssen jedoch immer offenbleiben: Natürlich die beiden Space-to-Ground-Loops, der ISS FD-Loop, auf dem alle wichtigen, die gesamte ISS betreffende Dinge diskutiert werden, der COL FD-Loop, der für wichtige *Columbus*-relevante Themen reserviert ist und schließlich noch der eigene Kanal, über den der Controller für alle anderen erreichbar sein muss.

Die Sprache ist – bis auf die Russen – Englisch und wie im Sprechfunk üblich, kurz und knapp: mit Spezialwörtern wie »Wilco« und »Copy« durchsetzt.

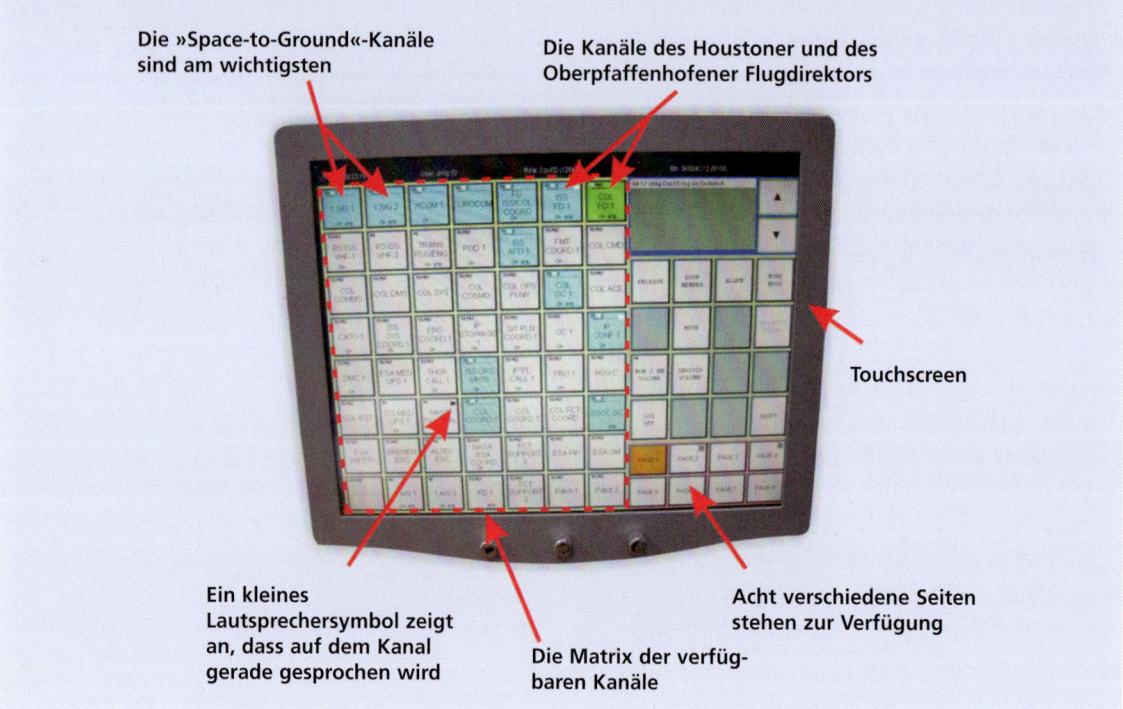

Die »Space-to-Ground«-Kanäle sind am wichtigsten

Die Kanäle des Houstoner und des Oberpfaffenhofener Flugdirektors

Touchscreen

Ein kleines Lautsprechersymbol zeigt an, dass auf dem Kanal gerade gesprochen wird

Die Matrix der verfügbaren Kanäle

Acht verschiedene Seiten stehen zur Verfügung

Dann müssen einige Montageanleitungen, die die Crew in den nächsten Tagen brauchen wird und in denen Fehler gefunden wurden, in letzter Minute auf den neuesten Stand gebracht und auf die Stationscomputer transferiert werden – hier müssen die vielen über ganz Europa verstreuten Experten zusammenarbeiten und letztendlich ihre Zustimmung geben, was den Prozess sehr kompliziert und langsam macht.

Und schließlich hat sich für das außen an *Columbus* angebrachte Experiment **SOLAR** in den letzten Tagen vor dem Start die gesamte Bedienungsphilosophie

geändert. SOLAR ist über zwei Stromanschlüsse mit *Columbus* verbunden: Ein Kanal versorgt die Heizelemente, die das Einfrieren verhindern sollen, der andere beliefert den Hauptrechner und die wissenschaftlichen Experimente mit Strom. Bisher galt die Regel, dass die Experimentplattform nie zugleich Strom von diesen beiden Anschlüssen bekommen dürfe – nur einer von ihnen könne jeweils eingeschaltet sein. Nun aber hatte sich durch neue Analysen herausgestellt, dass genau das Gegenteil richtig ist: Zu jedem Zeitpunkt muss SOLAR Strom aus beiden Leitungen zur Verfügung haben. Nicht nur, dass dieses neue Konzept von allen Verantwortlichen genehmigt und unterschrieben werden muss: Auch die Flight Controller müssen ihre Regeln, ihre Kommandoreihenfolge und ihre Datenauswertungen überdenken und ändern. Nachdem aber alle diese Dokumente oder Softwaresequenzen geschützt sind, bedarf jede Änderung erst der Zustimmung von vielen verschiedenen Gremien. Und das kurz vor dem ersten Anwenden in ein paar Tagen!

Gerd Söllner ist schließlich der Flugdirektor der dritten Schicht, die um 10:00 Uhr zur Ablösung der erschöpften Nachtschicht erscheint. Inzwischen ist nach der Missionszeitrechnung bereits der Flugtag zwei angebrochen. Der große Höhepunkt des **Orbits 1**, wie *Söllners* Team in Anlehnung an das Flight Control Team in Houston heißt, ist die erstmalige Teilnahme des *Columbus*-Kontrollzentrums an der allmorgendlichen Besprechung mit den drei Astronauten auf der ISS.

Jeder Tag auf der Raumstation beginnt und endet für die Besatzung mit der **Daily Planning Conference (DPC)**. Diese beiden Ereignisse sind fest im Tagesablauf der Crew eingeplant. Pünktlich zum vorgegebenen Zeitpunkt ruft der Kommandant der ISS auf dem *Space-to-Ground*-Funkkanal das Kontrollzentrum in Houston. Dort wurde bereits im Vorfeld der **DPC** mit allen Flight Controllern abgesprochen, welche Fragen oder Anweisungen man den Astronauten für den bevorstehenden Tag mit auf den Weg geben möchte. Der CAPCOM, der für die Kommunikation mit der Station verantwortlich ist, übernimmt für das Houstoner Zentrum das kurze Funkgespräch und übergibt abschließend nach Huntsville. Im dortigen **Payload Operations and Integration Center (POIC)** ist es der PAYCOM, der ins All funken darf. Das Kontrollzentrum der NASA in Huntsville/Alabama ist zuständig für die amerikanischen Experimente an Bord der Station. Von **POIC** bekommt die Crew demzufolge Hinweise für die an diesem Tag geplanten Experimente. Bisher war es die Aufgabe des PAYCOMs, am Ende des Huntsviller Teils der **DPC** an den **Glavni** in Moskau zu übergeben, der die Crew-Konferenz dann auf Russisch weiterführte. Aber von nun an wird – der geografischen Lage von West nach Ost folgend – das *Columbus*-Kontrollzentrum hier eingeschoben werden. In einigen Monaten wird auch das japanische Zentrum in Tsukuba bei Tokio folgen.

Und so ruft *Peggy Whitson* heute zum ersten Mal in fast perfektem Deutsch den EUROCOM in Oberpfaffenhofen: »Munich, Station, guten Morgen!« Natürlich bleibt es bei diesem kurzen Deutschintermezzo – und der Rest der Kommunikation erfolgt wie gewohnt

◄ *Die EUROCOMs Peter Eichler, Norbert Illmer und Rüdiger Seine an der EUROCOM-Konsole*

auf Englisch. *Peter Eichler* im Sitz des EUROCOMs macht einen kurzen **Voice Check** mit der Raumstation, *Peggy* begrüßt die Europäer sehr herzlich »an Bord«, und *Peter Eichler* spricht allen aus dem Herzen, als er erwidert, dass viele Menschen seit Jahren auf diesen Zeitpunkt gewartet haben – und dass alle hier auf die kommenden Tage gespannt sind. Auch die russischen Kollegen haben noch einige Anweisungen an die Besatzung, bevor diese ihren Arbeitstag nach der etwa 20-minütigen Morning-DPC beginnen kann.

Tageszeiten sind auf der Raumstation freilich nicht so klar definiert wie auf der Erde – natürlich orientiert sich ein Tag auf der ISS nicht an Sonnenauf- oder -untergängen. Wenn die Raumstation in 90 Minuten einmal die Erde umkreist, erleben die Astronauten während eines 24-Stunden-Tages etwa 16 Tag- oder Nachtdurchläufe. An Bord gilt als Zeitreferenz die **Greenwich Mean Time (GMT)**, der Schlaf-Wach-Rhythmus ist in etwa der russischen Zeitzone angepasst. Augenblicklich arbeiten die Astronauten jedoch nach amerikanischer Zeit, denn während der Shuttle-Flüge wird die Crew »sleep shifted«, also über mehrere Tage hindurch langsam auf US-Zeit umgestellt, wodurch sichergestellt ist, dass die wichtigen Schlüsselaktivitäten der Shuttle-Mission wie etwa die Weltraumspaziergänge dann durchgeführt werden, wenn auch in Houston das volle Unterstützungspersonal anwesend ist.

Während die Astronauten früher während der auf nur wenige Tage beschränkten reinen Shuttle-Missionen in Schichten gearbeitet haben, um die kostbare Zeit bestmöglich zu nutzen, hat man sich für die ISS entschieden, gemeinsame Arbeits- und Ruhezeiten einzuführen. Denn bei Langzeitmissionen ist der psychologische Faktor entscheidend, und ein gemeinsamer Zyklus und gemeinsam eingenommene Mahlzeiten sind wichtig für das seelische Gleichgewicht. Außerdem soll die Besatzung auch Freizeit zum Regenerieren und Erholen haben. Deshalb werden die

Orbit 1
Die drei Schichten während eines Tages werden am Kontrollzentrum als Orbits bezeichnet.

Daily Planning Conference (DPC)
Täglich zweimal durchgeführte Planungsbesprechung mit der Besatzung der ISS

Payload Operations and Integration Center (POIC)
Zweites Kontrollzentrum der NASA in Alabama, von wo aus die amerikanischen Experimente auf der ISS betreut werden

Glavni
Bezeichnung für die Position des Moskauer Kontrollzentrums, die sich mit der Crew-Kommunikation befasst

Voice Check
Verständigungstest

Greenwich Mean Time (GMT)
Übliche Zeitreferenz ist eigentlich UTC (Universal Time Coordinated), für die Raumstation wird allerdings immer noch von GMT-Zeiten gesprochen.

Wocheneneden und Feiertage auch weitgehend von Arbeit freigehalten. Man bietet ihr nur auf freiwilliger Basis Experimente an – oft ist ja Langeweile der größte psychische Stressfaktor. Die Arbeitszeit pro Tag ist ebenso genau geregelt und wird von den Flugmedizinern streng überwacht. Sollte es aus dringenden Gründen nötig sein, dass ein Besatzungsmitglied mehr arbeiten muss, so wird dafür gesorgt, dass die Überstunden baldmöglichst ausgeglichen werden.

Heute sind jedoch keine Überstunden nötig. Die Crew ist zwar gut beschäftigt, aber alles bewegt sich innerhalb des normalen Rahmens. Während sich die Shuttle-Besatzung in ihrem Raumschiff an die Weltraumbedingungen gewöhnt, bereiten die drei Kollegen auf der ISS schon einmal alles für den bevorstehenden Besuch und die Vergrößerung ihres außerirdischen Domizils vor.

Auch am Abend des ISS-Tages – in der Zwischenzeit ist im Kontrollzentrum wieder die Orbit-2-Schicht an den Konsolen – findet noch einmal eine Planungskonferenz mit den Astronauten statt. Auch hier gilt wieder die Abfolge Houston – Huntsville – Oberpfaffenhofen – Moskau.

Die beiden Planungskonferenzen pro Tag sind der einzige wirklich regelmäßige Funkkontakt zwischen den Kontrollzentren und der Raumstation. Während der ISS-Nacht sind jedwede Störungen der Astronauten natürlich streng verboten. Die CAPCOMs, PAYCOMs und EUROCOMs haben frei, und für einen eventuellen Notfall (oder ein schlafloses Besatzungsmitglied) lassen sich die Flugdirektoren der jeweiligen Kontrollzentren selbst die Sprechberechtigung auf dem »Space to Ground«-Kanal geben, sodass sie unerwartete Funkrufe der Astronauten aufnehmen können.

Während des ISS-Tages arbeiten die Astronauten nach fertig ausgearbeiteten Prozeduren und kontaktieren die Kontrollzentren nur, wenn die Prozedur eine Kontaktaufnahme verlangt oder wenn Fragen auftauchen. Auch die Flight Controller vermeiden so weit wie möglich, die Astronauten durch Funksprüche in ihrer Arbeit zu stören. Der Funkkontakt wird sogar so restriktiv gehandhabt, dass jedes Kontrollzentrum beim Flugdirektor in Houston, der die Oberautorität darstellt, um Erlaubnis für einen »Crew Call« fragen muss. Dennoch sind die wenigen Gespräche mit der Raumstation mit einiger Aufregung für Nichtmuttersprachler verbunden – und wenn ein Kontrollzentrum mit der Besatzung spricht, dann müssen alle anderen Gespräche der Flight Controller auf den anderen Kanälen unterbrochen werden. Jeder hat seine gesamte Aufmerksamkeit dem Zwiegespräch zwischen bei-

spielsweise dem EUROCOM und dem Weltall zuzuwenden.

Während der vielen Jahre der Vorbereitung der *Columbus*-Mission hat man sich mit den Astronauten und der NASA verständigt, als Funkrufnamen für das deutsche Kontrollzentrum statt des unaussprechlichen Wortes »*Oberpfaffenhofen*« das einfachere »*Munich*« zu verwenden. Ob Amerikaner, Kanadier, Japaner, Russen oder Europäer: Für Nichtdeutsche wirkt der Ortsname des kleinen verwinkelten Dorfes westlich von München einfach wie ein Zungenbrecher, während der Name der bayerischen Hauptstadt – nicht zuletzt wegen ihrer Bedeutung als Hightech-Standort und Stadt des Oktoberfestes – leicht über die Lippen geht. Übrigens ist auch das Kontrollzentrum »Houston« fast eine Autostunde südlich der eigentlichen texanischen Stadt zu finden, obwohl »*Clearlake*« natürlich auch ein schöner Rufname wäre. Statt »*Korolev*« wird »*Moskau*« gerufen, nur »*Huntsville*« ist wirklich nahe an der eigentlichen Stadt in Alabama in dem riesigen militärischen Sperrbezirk »Redstone Arsenal« gelegen, wo *Wernher von Braun* an den ersten amerikanischen Raketen arbeitete. Und die Japaner werden »*Tsukuba*« als Funkrufname haben – genau der Ort, wo die japanische Weltraumorganisation JAXA beheimatet ist, etwa eine Stunde nordöstlich von Tokyo.

Im Februar 2008 steht das japanische Modul »*Kibo*« in den Integrationshallen des *Kennedy Space Centers* in *Cape Canaveral*, und die Japaner verfolgen die europäische Mission nur passiv – aber dennoch mit großem Interesse ... Und so hören sie auch die Abend-DPC am diesem 8. Februar mit. Während dieser Konferenz zwischen den Astronauten und den nun vier Kontrollzentren beschränkt sich die Kommunikation mit »Munich« auf den Austausch von Nettigkeiten – die großen Fragen und Herausforderungen werden sich erst in den kommenden Tagen ergeben.

»ISS, hier München. Wir hören Sie laut und deutlich«

Die Tatsache, dass der EUROCOM aus einem Kontrollraum in München ohne größere Probleme mit einer Raumstation reden kann, die mit etwa 28 000 Kilometer in der Stunde im Weltall um die Erde kreist, wird von den Beteiligten so lange als selbstverständlich hingenommen, bis Probleme bei der Kommunikation auftreten. Dann erst erinnert man sich an die hohe Komplexität der Bodeninfrastruktur, die die bemannte Raumfahrt erst möglich macht.

Im erdnahen Satellitenbetrieb ist es durchaus üblich, nur für eine sehr kurze Zeit Funkkontakt mit dem Flugkörper zu haben. Eine bewegliche Satellitenschüssel wartet auf den Horizont ausgerichtet auf das »Aufgehen« des Satelliten und verfolgt ihn dann für die wenigen Minuten, in denen er über den Himmel wandert und wieder hinter dem Horizont verschwindet. Die Zeit ist ausreichend, um einen kurzen Einblick in die Bordsystemdaten zu erhalten, gegebenenfalls Anomalien zu entdecken und durch entsprechende Kommandos zu korrigieren, wissenschaftliche Daten herunterzuholen und einen Satz von Softwarebefehlen für die nächsten Stunden in den Satellitenspeicher zu laden.

Für den bemannten Raumflug war von Anfang an klar, dass ein Kontakt der Astronauten zum Boden aus Sicherheits- und Effektivitätsgründen möglichst kontinuierlich bestehen muss. Im Zeitalter der weltweiten Vernetzung und des Internets vergisst man leicht, vor welchen Herausforderungen die NASA hier bei den ersten *Mercury-*, *Gemini-* und auch *Apollo*-Flügen stand: Der einzig technologisch gangbare Weg war, dass die Raumschiffe auf ihrem Weg um die Erde zwischen geografisch weltweit verteilten unabhängigen Bodenstationen weitervermittelt wurden, die jeweils den Kontakt mit den Astronauten hielten.

Die Raumstation und die Space Shuttles dagegen kommen mit einer einzigen Bodenstation in White Sands (New Mexico) aus – aber nur durch die Hilfe modernster Weltraumtechnik. Einige Satelliten weit draußen im geostationären Orbit, die **Tracking and Data Relay Satellites (TDRS)**, sind ständig im Blickfeld der Bodenantennen in White Sands, und durch die geschickte Verteilung der Satelliten kann auch die Raumstation beinahe ständig Funkkontakt mit einem dieser Satelliten halten. Nachdem **TDRS** auch für Space Shuttles, Erdbeobachtungs- oder militärische Satelliten genutzt wird, muss koordiniert werden, zu welchen Zeiten welcher Kommunikationssatellit für die Raum-

Tracking and Data Relay Satellites (TDRS)
Kommunikationssatelliten, die ein Netzwerk bilden

Kommunikation mit der ISS

Die Kommunikation mit der Raumstation wird durch das Tracking and Data Relay Satellite- (TDRS)-System der USA sichergestellt. Beinahe ununterbrochen hat die ISS Kontakt mit einem der TDRS-Satelliten, der über die NASA-Bodenstation in White Sands (New Mexiko) mit dem Kontrollzentrum in Houston verbunden ist. Dort ist auch das *Columbus*-Kontrollzentrum über mehrere kommerzielle Datenleitungen angeschlossen – und gibt die Daten schließlich an die anderen kleinen Zentren in Europa weiter. Auf diese Weise kommen Telemetrie, wissenschaftliche Daten und Video von der Station herunter – und auf dem umgekehrten Weg gehen auch Telekommandos oder Computerdateien zur Station hoch. Auch die Sprechverbindung mit den Astronauten wird hierüber sichergestellt. Das *Columbus*-Kontrollzentrum nutzt derzeit die weiteren Kommunikationsmöglichkeiten nicht, die den Russen dann zur Verfügung stehen, wenn die Station über die Bodenstationen Russlands fliegt. Auch die Japaner wollen in Zukunft einen eigenständigen Kommunikationspfad zu ihrem Modul aufbauen.

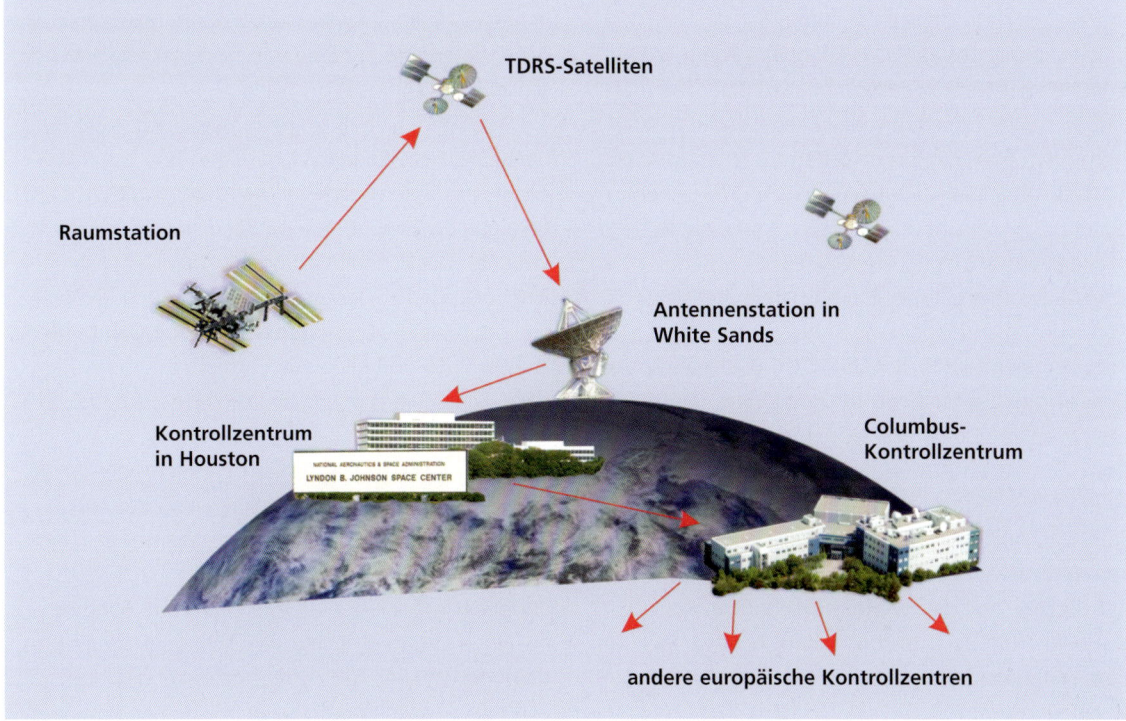

TDRS-Satelliten

Raumstation

Antennenstation in White Sands

Kontrollzentrum in Houston

NATIONAL AERONAUTICS & SPACE ADMINISTRATION
LYNDON B. JOHNSON SPACE CENTER

Columbus-Kontrollzentrum

andere europäische Kontrollzentren

S- und **Ku-Band**
Zwei definierte Frequenzbänder im Mikrowellenbereich, die für den Datenverkehr mit der Raumstation genutzt werden

GSOC GC (German Space Operations Center Ground Controller)
Ground Controller im Deutschen Raumfahrtkontrollzentrum

▲ Bilder von der ISS auf der Großleinwand – damit kann das Team direkt ins Modul schauen.

station zur Verfügung stehen soll. In Notfällen kann Houston aber auch die uneingeschränkte Nutzung dieses Systems verlangen, wenn die Station oder die Astronauten an Bord in Gefahr sind.

Die Raumstation kommuniziert über zwei Funkkanäle, die nach der jeweiligen Frequenz als **S-** und **Ku-Band** bezeichnet werden. Diese Kanäle enthalten in digitaler Form und verschlüsselt dann Video-, Datenströme und den Sprechfunkverkehr mit der ISS. Von den Antennen im amerikanischen Teil der Station werden die jeweils günstigsten **TDRS**-Satelliten angepeilt und die Daten über diese Relais dann nach White Sands geschickt. Von dort gehen die **S-Band**-Daten nach Houston und der **Ku-Band**-Strom, der wegen der größeren Bandweite insbesondere Video- und Wissenschaftsdaten enthält, nach Huntsville. Über diese beiden Zentren schließlich kommen Ton, Video und Daten auch nach Oberpfaffenhofen.

Telekommandos aus dem *Columbus*-Kontrollzentrum nehmen den umgekehrten Weg. Von Oberpfaffenhofen über Houston, White Sands, und das Satellitensystem erreichen sie via **S-Band** die Raumstation, werden von einem amerikanischen Zentralrechner als *Columbus*-Kommandos identifiziert und entsprechend in dieses Modul der ISS weitergeleitet.

Verantwortlich für die Betriebsbereitschaft dieser Kommunikationseinrichtungen des europäischen Bodensegmentteils ist der **GSOC GC (German Space Operations Center Ground Controller)**, der in einem separaten Betriebsraum im ersten Stock des Col-CC untergebracht ist. Hier befindet sich die Schaltzentrale der gewaltigen Bodeninfrastruktur, die den korrekten Austausch der Daten zwischen den einzelnen Kontrollzentren und den Nutzerzentren überwacht und steuert. Auch hier wird im 24-Stunden-Betrieb gearbeitet, um die Schaltungen und Anpassungen der Datenleitungen an die jeweiligen Vorgaben der Benutzer anzupassen.

Leicht kann es passieren, dass die **GSOC GCs** in Vergessenheit geraten – ein gutes Zeichen, da dies ein Indiz dafür ist, dass das Bodensystem problemlos arbeitet und alle Daten fließen. Aber die Flight Contoller erinnern sich schnell wieder an ihre Kollegen zwei Stockwerke höher, wenn sich Schwierigkeiten in den Datenverbindungen anbahnen, störende Geräusche in den Kopfhörern die Trommelfelle strapazieren oder der Computer an der Konsole streikt. Jetzt kann es nur noch der **GSOC GC** richten, der in detektivischer Arbeit dann oft den langen Datenweg analysieren muss, um der Ursache für den Fehler auf die Spur zu kommen. Ist weitere Hilfe nötig, so stehen *Thomas Müller* und *Osvaldo Peinado* bereit, um als Bodensegment-Operationsmanager den nötigen Kontakt zu den Herstellerfirmen und deren Experten herzustellen. Dabei kann besonders *Thomas Müller* als »Columbianer« der ersten Stunde auf seine große Erfahrung zurückgreifen, die er während des Aufbaus des Kontrollzentrums gewonnen hat.

Daten, Videobilder oder auch der Sprechfunk haben auf dem komplizierten Weg zwischen der Raumstation über das Satelliten- und Bodensystem bis nach München natürlich eine gewisse Verzögerung, die allerdings erstaunlich kurz ist. Nur etwas über eine Sekunde braucht das Signal von einem Ende des Kommunikationspfades zum anderen – aber immerhin genug, dass sich der EUROCOM darauf besinnen muss, bei einer Antwort nach den »letzten Worten« der Besatzung noch einen winzigen Moment zu warten – es könnten ja noch weitere Sätze der Astronauten über den Äther unterwegs zur Erde sein, und man möchte sich schließlich nicht ins Wort fallen.

Diese sehr kurze Verzögerungszeit rührt nicht nur daher, dass das Bodensystem schnell und gut durchdacht ist, sondern auch von der doch vergleichsweise geringen Entfernung, die die Raumstation von der Erde hat. Die sich mit Lichtgeschwindigkeit ausbreitenden Funksignale können die paar Tausend Kilometer von der ISS zu TDRS im **geostationären Orbit** (immerhin in 36 000 Kilometer Entfernung) und weiter nach White Sands in unmerklich kurzer Zeit zurücklegen.

Wesentlich anders wird das bei zukünftigen Missionen sein, die tief in das Weltall hineinführen. Für die Marsrover etwa musste künstliche Intelligenz für die Steuerung eingesetzt werden – bis nämlich etwa der direkt vor einem Kraterrand stehende Roboter die Nachricht über seine bedrohliche Lage an die Erde gesendet und von der Kontrollstation endlich das »Nicht weiterfahren« befohlen bekommen hätte, wären mehrere Minuten vergangen. Der Befehl wäre dann eventuell zu spät gekommen.

Intensiv wird auch daran gearbeitet, wie dieses Problem auch bei zukünftigen Missionen zu anderen Planeten gelöst werden kann. Mit bis zu 40 Minuten Verzögerung ist eine Frage-Antwort-Kommunikation, wie sie derzeit leicht möglich ist, praktisch ausgeschlossen. In Studien mit simulierten langen Signalwegen werden daher momentan Kommunikationskonzepte (»Delay Tolerant Systems«) entwickelt und erforscht, auf welche Weise sich das Problem auswirkt. Sicher ist: Die Besatzung muss dann in der Lage sein, wesentlich autarker zu arbeiten. Das betrifft normale Alltagssituationen, aber auch Notfälle, wo die Astronauten viel mehr auf sich selbst gestellt sein werden. Auch die psychologischen und soziologischen Auswirkungen, während einer mehrjährigen Mission nicht mit den Lieben daheim hin und wieder normal plaudern zu können, werden enorm sein.

Auch für die ISS laufen daher Experimente, die

◀ *Columbus und die Crew ganz nah: fast wie im Wohnzimmer zu Hause*

darauf abzielen, den Astronauten mehr eigene Möglichkeiten an die Hand zu geben, Probleme selbständig zu lösen. Für diese Mission jedoch sind die Kontrollzentren und die Astronauten noch in der glücklichen Lage, jede Situation gemeinsam zu meistern. In den kommenden Tagen wird sich wirklich zeigen, dass beide Seiten immer wieder aufeinander angewiesen sind und glücklicherweise die schnelle

Die Daily Summary

Eines der Daily Summaries von einem Freitag, dem Dreizehnten: Jeden Tag tragen die Kontrollzentren die wichtigsten Informationen zusammen, welche die ISS-

Besatzung dann als Morgenlektüre liest. Die Astronauten erfahren daraus die Schlüsselparameter der Raumstation, sie erhalten Hinweise und Ergänzendes

zum bevorstehenden Tagesplan und können ersehen, wer in den jeweiligen Kontrollzentren über ihr Wohlergehen wacht. Auch Ergebnisse von wichtigen Sport-

ereignissen, Comics oder hier der Geburtstagskuchen für *Columbus* erreichen so die Raumstation.

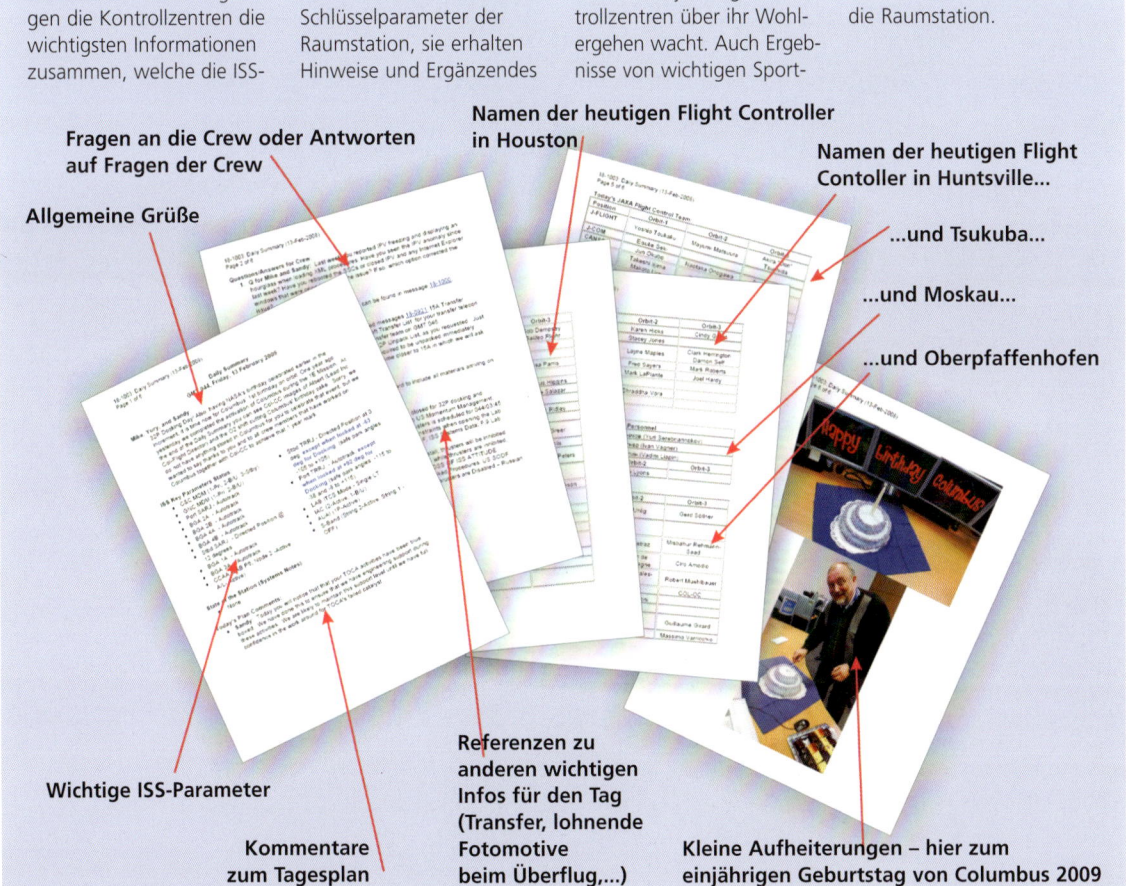

Fragen an die Crew oder Antworten auf Fragen der Crew

Allgemeine Grüße

Namen der heutigen Flight Controller in Houston

Namen der heutigen Flight Contoller in Huntsville...

...und Tsukuba...

...und Moskau...

...und Oberpfaffenhofen

Wichtige ISS-Parameter

Kommentare zum Tagesplan

Referenzen zu anderen wichtigen Infos für den Tag (Transfer, lohnende Fotomotive beim Überflug,...)

Kleine Aufheiterungen – hier zum einjährigen Geburtstag von Columbus 2009

Kommunikation ohne große Signalverzögerungen sichergestellt ist.

Die verschiedenen Subsysteme des *Columbus*-Moduls erzeugen eine riesige Datenmenge, die in der Raumfahrt üblicherweise als Telemetrie bezeichnet wird. Alle Temperaturen, Drücke, elektrischen Ströme oder Schalterstellungen müssen, wenn nötig, vom Kontrollzentrum eingesehen werden können. Weil nur ein kleiner Teil der gesamten ISS-Bandbreite für *Columbus* reserviert ist, wurden deshalb die Daten in Pakete eingeteilt. Von Oberpfaffenhofen aus kann dann definiert werden, welche Konfiguration von Paketen von der Station heruntergeschickt werden soll. Nur die momentan wichtigsten Daten kommen so mit einer Frequenz von 1 Hertz bzw. 0,1 Hertz (also einmal pro Sekunde bzw. einmal pro zehn Sekunden) in Oberpfaffenhofen an.

Für alle ISS-Nutzer stehen außerdem vier Videokanäle zur Verfügung. Welche der vielen Kameras an Bord der Raumstation letztendlich auf einen dieser Kanäle gelegt wird, koordinieren die Kontrollzentren untereinander. Houston behält sich freilich die letzte Entscheidung vor und blockiert auch in bestimmten Situationen das Hinaussenden der Bilder in die Welt, falls etwa die Privatsphäre eines der Astronauten dadurch verletzt würde.

Peggys Geburtstag

Wo feiert ein Astronaut Geburtstag? Klar, im Weltall! Da die meisten ISS-Besatzungen etwa ein halbes Jahr auf der Raumstation bleiben, sind die Chancen für eine außerirdische Feier gar nicht so schlecht. Und so ist auch NASA-Astronautin *Peggy Whitson* an diesem

▼ *Die Atlantis nähert sich an die ISS an.*

▲ Die Columbus Operations Planners der 1E-Mission. Von links German Zoeschinger, Giovanni Gravili und Warren Chell

▲ German Zoeschinger und Horst Himmelskamp bei der Diskussion über den Flugplan. Während Horst sich bereits in der Konstruktionsphase des Moduls mit dessen Computersystemen vertraut machen konnte, hat German viel operationelle Erfahrung. Er war schon beim D2-Flug 1993, einer Mission der Endeavour zur dreidimensionalen Vermessung der Erde (2000) und der Astrolab-Langzeitmission von Thomas Reiter (2006) Mitglied des Flugkontrollteams.

Daily Summary
Tägliche Zusammenfassung aller wichtigen Informationen für die Crew

9. Februar im Orbit unterwegs und wird an ihrem Geburtstag sogar seltenen Besuch von der Erde bekommen. Schon seit einigen Stunden zieht die *Atlantis* nämlich in einigen Dutzend Kilometern Entfernung zur ISS ihre Bahnen, wird sich im Verlauf des Tages in einer komplizierten Choreografie immer weiter annähern und schließlich an die Raumstation andocken.

Und so steht in der **Daily Summary**, einer Art Crew-Zeitung, die die Astronauten jeden Tag erhalten:

»Happy Birthday, *Peggy*! The party guests are on their way. Please open the door when they knock.« –
»Alles Gute zum Geburtstag, Peggy! Die Partygäste sind schon unterwegs. Bitte öffne die Tür, wenn sie anklopfen.«

Natürlich gratulieren die Kontrollzentren der Reihe nach auch in der morgendlichen Planungskonferenz zu diesem Ehrentag. Für *Peggy* steht ein ganz normaler Arbeitstag im Weltall bevor. Nur in der wenigen privaten Zeit früh, mittags oder abends ist Zeit zum Zusammensitzen – und Alkohol zum Anstoßen gibt es natürlich auf der Station nicht.

Zumindest ein von den Kollegen im amerikanischen Weltraumlabor aufgehängtes »Happy Birthday«-Banner erinnert an den heutigen Ehrentag. Und wieder wundern sich die neuen Oberpfaffenhofener Flight Controller, was so alles auf der Raumstation mit dabei ist!

Das Kontrollzentrum in Houston ist mit dem bevorstehenden Andocken des Shuttles beschäftigt, und für die Münchner steht noch einmal Planungsarbeit im Vordergrund, bevor es in den nächsten Tagen richtig ernst wird.

Wie in den anderen Kontrollzentren gibt es auch in Oberpfaffenhofen mit den **COPs** eine Konsolenposition, die sich ausschließlich mit der **Mission Timeline** beschäftigt, welche minutiös den Ablauf der Mission für jeden Astronauten, aber auch für alle Kommandos von den Bodenstationen festlegt. Die **COPs** der drei 1E-Schichten, *German Zoeschinger*, *Warren Chell* und *Giovanni Gravili* leisten in diesen Tagen fast Unglaubliches, denn obwohl die Timeline für einen Space-Shuttle-Flug jahrelang vorbereitet wird, werden immer wieder Fehler entdeckt oder es muss schnellstens auf plötzlich auftretende Ereignisse durch eine Änderung des Zeitplans reagiert werden.

Besonders das Geburtstagskind Peggy macht den dreien und den **OPS PLANs** in Houston, den **MAR-SHALL OCs** in Huntsville und den russischen Planern zu schaffen. Hat sie doch mit ihrer an sich lobenswerten Weise, jede Aktivität in der Hälfte der angesetzten Zeit zu erledigen, schon nach kurzer Zeit die Missions-Timeline komplett auf den Kopf gestellt. Und überall wird fieberhaft nach weiteren Aufgaben für *Peggy* gesucht...

Die Welt der Planung

Die drei COPs in Mission Control Oberpfaffenhofen sind nur die sichtbare Spitze eines Planungsteams, das schon lange Zeit vor dem Start des Shuttles begonnen hat, nicht nur die Mission, sondern auch die darauf

folgende Zeit nach der Landung des Raumgleiters genau durchzuplanen.

Die Zeitrechnung auf der ISS tickt anders als auf der Erde. Die größte Zeitskala ist ein **Increment**, was etwa einem halben Jahr entspricht. Das Increment orientiert sich am Flugplan der verschiedenen Raumschiffe, welche die Crew zur ISS transportieren. Der Flug der *Atlantis* mit *Columbus* in der Ladebucht fällt ins Increment 16, das mit dem Andocken des Soyuz-Raumflugs 15S begann. Die Soyuz-Kapsel brachte die Increment-16-Kommandantin der ISS, *Peggy Whitson*, und ihren Ersten Flugingenieur, *Yuri Malenchenko*, an Bord.

Lange vor dem eigentlichen Beginn des Increments legen sich die Raumfahrtagenturen auf ihre wissenschaftlichen Zielsetzungen für den entsprechenden

Die Planung für einen gegebenen Tag auf der ISS beginnt schon viele Monate vor der eigentlichen Durchführung. Zunächst wird für jedes Increment ein **On-Orbit Summary (OOS)** entwickelt, das alle Forschungs- und Wartungsvorhaben enthält, die in den Anforderungsdokumenten aller Raumfahrtagenturen niedergeschrieben sind. Die Entwicklung des OOS wird vor dem Beginn des Incre-

ments abgeschlossen und von allen internationalen Partnern ratifiziert. Während des laufenden Increments extrahieren die Planer aus dem OOS etwa zwei Wochen im Voraus eine komplette Woche, verfeinern die Planung der Woche und fügen die alltäglichen Aktivitäten der Besatzung ein. Dieser Plan wird **Weekly Look-ahead Plan (WLP)** genannt und von den Planern aller

Agenturen fünf Werktage lang bearbeitet und diskutiert, bevor auch er verabschiedet wird. Aus dem WLP wird nun sieben Tage vor der Ausführung eines gegebenen Tages dieser Tag herausgelöst und ein **Short Term Plan (STP)** generiert, der nun alle Details enthält. Dieser Plan wird zwei Tage lang bearbeitet und schließlich sechs Tage im Voraus in die **OSTPV**-Anwendung übertragen und damit den

Flight Control Teams zugänglich gemacht. Die Teams überprüfen den Plan ein erstes Mal, sobald er in OSTPV vorhanden ist, dann ein zweites Mal drei Tage vor der Ausführung und dann noch ein drittes Mal am Tag vor der Ausführung. Dabei wird der Plan jeweils den aktuellen Entwicklungen auf der Raumstation angepasst, falls Änderungen notwendig sind.

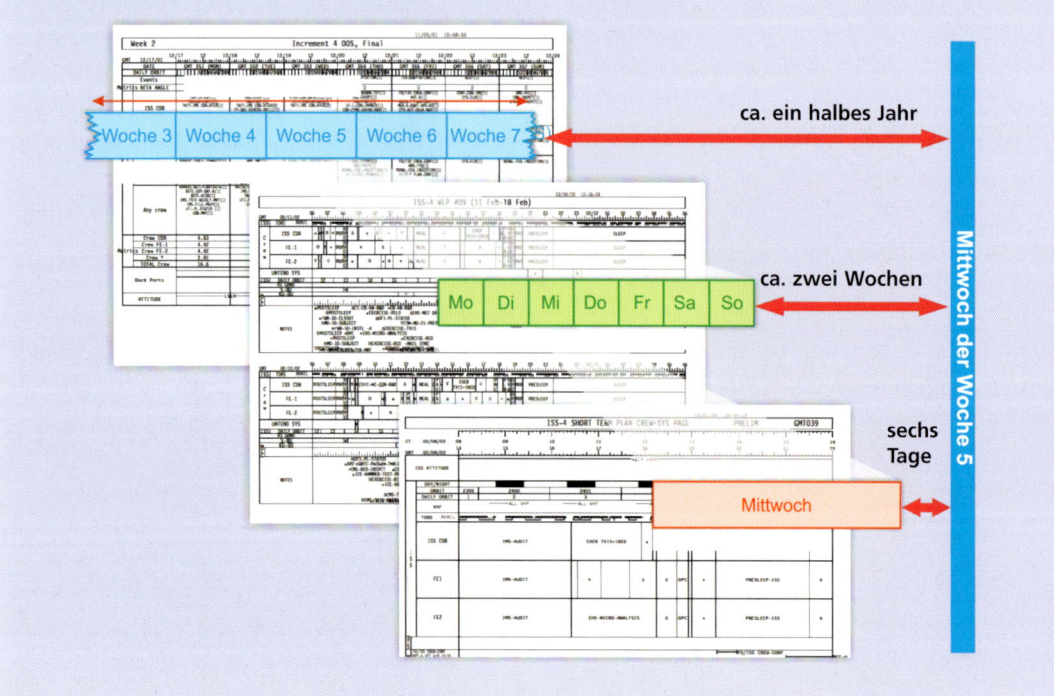

◄ Ein Soyuz-Start in Baikonur, wie ihn auch Peggy und Yuri erlebt haben – allerdings innerhalb der kleinen Kapsel

▲ Anflug auf die ISS – das nächste Soyuz-Raumschiff trifft an der Raumstation ein.

On-Orbit Summary (OOS)
Relativ grober Halbjahresplan für alle Aktivitäten auf der ISS

▶ Transport der Trägerrakete zum Startplatz per Eisenbahn

Zeitraum fest. Gemeinsam muss dann vereinbart werden, welche Astronauten zum Einsatz kommen, welches Experimentteil mit welchem Raumschiff transportiert werden soll und welche Priorität die einzelnen

Aktivitäten haben werden. Es gibt harte Verhandlungen um die jeweils zugeteilte Crew-Zeit (die ESA etwa hat Anspruch auf 8,3 %), die zur Verfügung stehenden Ressourcen und das Verhältnis zwischen wissenschaftlichen Aufgaben und Stationswartung.

Sind diese Randbedingungen einmal niedergeschrieben, so haben die Planungsgruppen die notwendigen Informationen zur Hand, um einen ersten Plan zu entwickeln, der bereits detailliert alle Aktivitäten aufführt, die von der Crew während ihres Aufenthalts auf der Station erledigt werden sollen: sowohl Aufgaben, die für die Instandhaltung der ISS notwendig sind als auch wissenschaftliche Arbeiten. Der so entstehende, etwa ein halbes Jahr umfassende Plan wird **On-Orbit Summary (OOS)** genannt. Er wird mit allen internationalen Partnern diskutiert, immer wieder modifiziert und verbessert und schließlich in einer finalen Version verabschiedet.

Und die Timeline ist fertig? Weit gefehlt! Zwei Wochen bevor die Astronauten einen bestimmten Tagesablauf auf der ISS abarbeiten, wird dieser Ablauf, der im **OOS** bereits grob definiert worden ist, noch einmal mit detaillierterer Information versehen. Es werden regelmäßige Aktivitäten wie die beiden täglichen DPCs oder das Mittagessen der Crew eingefügt, alles noch einmal mit allen Verantwortlichen diskutiert – und ein neues Planungsprodukt ist entstanden. Für jede Woche wird ein solcher **Weekly Look-ahead Plan (WLP)** entwickelt, der sieben Tage umfasst. Drei Telefonkonferenzen der internationalen Planungsteams und eine große Sitzung aller Raumstationsexperten sind jede Woche notwendig, um den **WLP** der jeweils übernächsten Woche auf seine Richtigkeit zu überprüfen und schließlich zu verabschieden.

Aber den **WLP** bekommen die Astronauten noch nicht zu sehen – ein weiterer Schritt ist notwendig. Etwa eine Woche vor einem bestimmten Tag wird der Plan für diesen Tag, der schon im **Weekly Look-ahead Plan** genau festgelegt ist, ein weiteres Mal

durch die internationalen Planungsteams prozessiert. Nun weiß man bereits die genauen Zeiten, wann die ISS Funkkontakt haben wird, man kann genau festlegen, welche Schritte der Astronaut für eine bestimmte Aktivität ausführen muss und welche er überspringen kann. Alle unterstützenden Bodenkommandierungsaktivitäten sind identifiziert und können eingefügt werden. Es wird versucht, nichts dem Zufall zu überlassen, und das Produkt, das nun generiert wird, nennt sich **Short Term Plan (STP)**. Jetzt – eine Woche vor der eigentlichen Ausführung – ist der Plan auch endlich so weit fortgeschritten, dass er an alle Flight Control Teams der Welt und an die Crew an Bord verteilt werden kann.

Hierfür wird die Timeline in eine spezielle internetbasierte Software geladen **(OSTPV – Onboard Short Term Plan Viewer)**, welche jeder Flight Controller an seiner Konsole laufen hat und die eine grafische Darstellung des Tagesablaufs ermöglicht.

Ganz verlassen möchte man sich freilich nicht auf die Planer, und deshalb wird jeder fertige Tagesplan noch dreimal von allen Flight Controllern der ISS-Partner auf seine Richtigkeit hin überprüft, bevor die

Weekly Look-ahead Plan (WLP)
Eine Woche umfassender Plan, wird etwa zwei Wochen im Voraus aus dem OOS erstellt.

Short Term Plan (STP)
Detaillierter Plan für einen Tag auf der ISS

OSTPV (Onboard Short Term Plan Viewer)
Computerprogramm zur Darstellung des Flugplans

▼ *Fast geschafft: Ein Soyuz-Raumschiff kurz vor dem Andocken*

▶ Auch die Crew an Bord der ISS kann den Start am Monitor mitverfolgen.

Astronauten und die Kontrollzentren diesen Schritt für Schritt abarbeiten. Zum ersten Mal, wenn er in die Software (»E-7«, also etwa sieben Tage vor der Ausführung, wobei das Kürzel »E« immer für »Execution« steht) eingespeist wird, dann noch einmal drei Tage vor der Ausführung (»E-3«) und schließlich am Vortag des »Execution Day« (»E-1«). Hierbei geht es nicht nur darum, mögliche Fehler der Planer aufzuspüren, sondern vor allem auch darum, den Plan den aktuellen Ereignissen anzupassen. Wenn etwa ein Experiment schneller erledigt werden konnte als geplant, dann kann man die wertvollen Minuten Crew-Zeit, die hierfür am nächsten Tag im Plan vorgesehen sind, getrost

Der OSTPV

Sowohl für die Besatzung der ISS als auch für die Flight Controller in den Kontrollzentren sind die auf der gesamten Raumstation abzuarbeitenden Aufgaben zusammen mit wichtigen Zusatzinformationen im **Onboard Short Term Plan Viewer (OSTPV)** dargestellt. Die Astronauten werden dabei nicht mit ihren Namen aufgeführt, sondern als ISS CDR (ISS-Kommandant), FE-1 und FE-2 (Erster und Zweiter Flugingenieur) bezeichnet.

Jeder horizontale Balken symbolisiert eine Aktivität – Details kann der Benutzer durch einen Mausklick darauf abrufen. Dunkelgraue Blöcke wurden von der Besatzung bereits durchgeführt und am Bordlaptop als »fertig« markiert. Mit grüner Farbe markieren die Astronauten die Aktivitäten, die gerade in Arbeit sind, weitere Farben verwenden die Planer, um mehrere Aktivitäten zu gruppieren und so ihre Abhängigkeit voneinander darzustellen. Es steht im eigenen Ermessen der Astronauten, ob sie sich genau an die »Timeline« halten, oder ob sie von den Vorgaben der Planer abweichen. Ist jedoch eine Aktivität durch einen blauen Rand gekennzeichnet, so ist die Crew angehalten, diese genau zur vorgegebenen Zeit durchzuführen. Die vertikale rote Linie stellt den Zeiger der aktuellen Zeit dar.

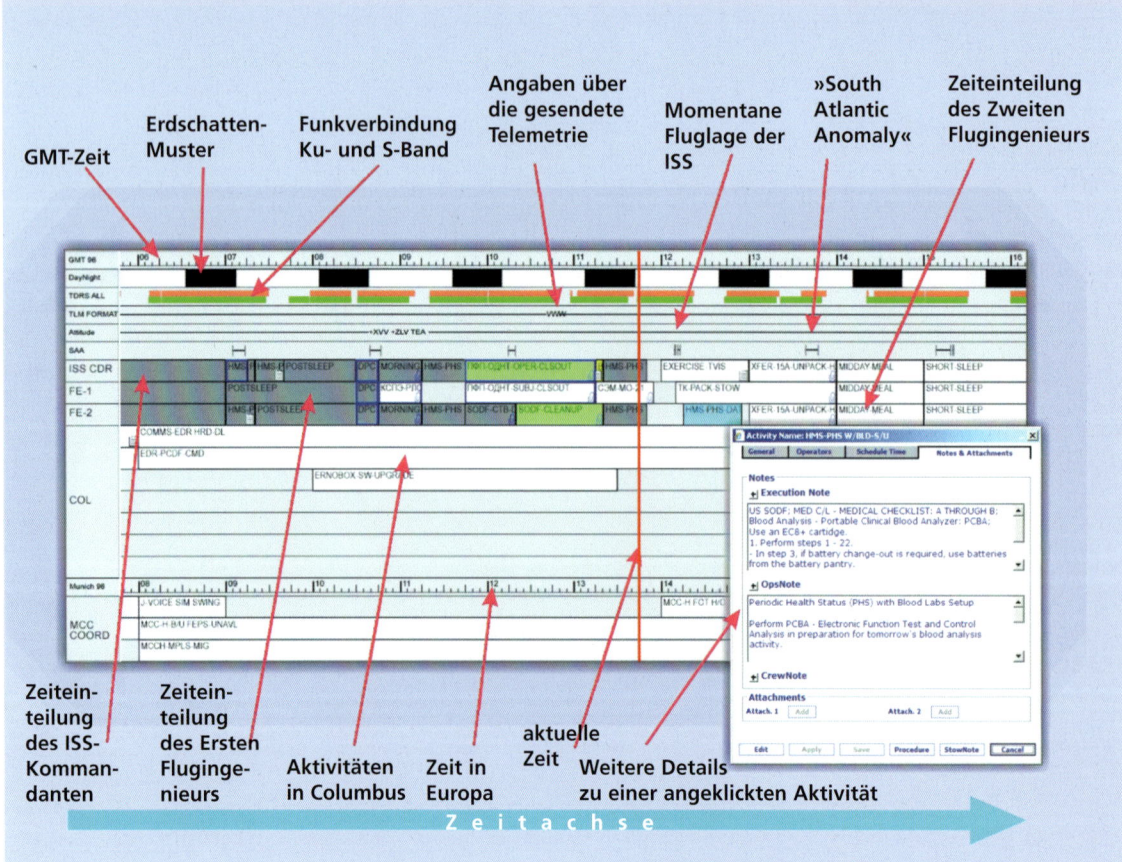

GMT-Zeit

Erdschatten-Muster

Funkverbindung Ku- und S-Band

Angaben über die gesendete Telemetrie

Momentane Fluglage der ISS

»South Atlantic Anomaly«

Zeiteinteilung des Zweiten Flugingenieurs

Zeiteinteilung des ISS-Kommandanten

Zeiteinteilung des Ersten Flugingenieurs

Aktivitäten in Columbus

Zeit in Europa

aktuelle Zeit

Weitere Details zu einer angeklickten Aktivität

Zeitachse

durch eine andere Aktivität ersetzen. Oder anders-herum: Falls die Astronauten heute den richtigen Schrau-benzieher nicht gefunden haben, muss morgen nach diesem Werkzeug gesucht werden – und die Reparatur selbst vielleicht auf übermorgen verschoben werden.

Gerade bei einer hochkomplexen Shuttle-Mission wie dem gegenwärtigen Flug der *Atlantis* sind Ände-rungen der Timeline als Reaktion auf aktuelle Ereig-nisse an der Tagesordnung – wie noch zu sehen sein wird ... Allein die Tatsache, dass nicht nur drei, son-dern zehn Astronautenpläne zu verwalten sind, verviel-

facht die Arbeit der Planer. Und deshalb sind *German Zoeschinger*, *Warren Chell* und *Giovanni Gravili* schon richtig beschäftigt, bevor *Columbus* überhaupt an die ISS angeschlossen wurde. Sie stehen dabei in direktem Kontakt mit den Planern in allen Kontrollzentren und verhandeln mit ihnen, wer wann welche Aktivität durchführen kann. Und im Hintergrund werden bereits die **WLPs** für zwei Wochen später entwickelt, wenn *Columbus* längst angedockt, die *Atlantis* gelandet ist und die Astronauten mit dem Experimentieren begin-nen sollen ...

▲ *Rückkehr zur Erde auf rus-sisch: Landung in der Steppe Kazakhstans*

Das Andocken der *Atlantis* an die Raumstation

»Go« for docking

Der 9. Februar 2008 ist nicht nur *Peggy Whitsons* Geburtstag, sondern auch der Tag des Andockens des Shuttles an die Raumstation. Ganz bewusst wird das schwierige und auch kritische Manöver des Andockens erst am Flugtag drei ausgeführt, um den Astronauten im Space Shuttle die Möglichkeit zu geben, sich an die Schwerelosigkeit zu gewöhnen und die oft auftretende Weltraumkrankheit, von der noch näher zu sprechen sein wird, in den Griff zu bekommen. Für das Docking sollen alle fit und wohlauf sein – das ist der Hauptgrund, warum sich die *Atlantis* auf ihrem Weg zur Raumstation Zeit lässt. Denn eigentlich bräuchte der Shuttle keine drei Tage, um die ISS zu erreichen – bei deren Bahnhöhe von etwa 400 Kilometern könnte die Raumfähre schon in wenigen Minuten am Ziel sein.

Die Zeit bis zum Andocken wurde von den Shuttle-Astronauten effektiv genutzt. So hat die Besatzung am vergangenen Tag mithilfe des Roboterarms und einer speziellen Kamera die beiden Tragflächen und die Nase der *Atlantis* auf Schäden untersucht. Seit 2005, nach dem Verlust der *Columbia* , deren Hitzeschild während der Startphase durch vom Haupttank herabfallende Materialteile beschädigt wurde, steht diese Inspektion des Gleiters fest auf dem Flugplan – einmal vor dem Rendezvous mit der Raumstation und noch einmal nach dem Abdocken, um auch kleinste Schäden, die während der Mission durch Minimeteoriten verursacht werden könnten, zu erkennen.

Die zahlreichen Bilder der Hitzeschutzkacheln werden dann in mühsamer Arbeit von den Spezialisten in Houston ausgewertet. Und für die *Atlantis* stellt sich bald heraus: Sie ist ein robustes Raumschiff, es werden keine besorgniserregenden Schäden festgestellt.

Dennoch: Was wäre, wenn? Was würde passieren, wenn sich ein Anfangsverdacht erhärten und schließlich bestätigen würde? Mit diesem Shuttle kann eine sichere Landung nicht gewährleistet werden. Zwei Möglichkeiten könnten dann erwogen werden. Zum einen ist ein Notfallreparaturset für den Hitzeschild mit an Bord. Die Astronauten müssten den Ablauf eines der geplanten Außeneinsätze komplett ändern und darauf verwenden, mit einer speziellen Spachtelmasse die fehlerhaften Schutzkacheln an der Unterseite des Orbiters zu reparieren oder schützende Platten über größeren Schadstellen anzubringen. Noch nie ist dies unter realistischen Bedingungen gemacht worden – und ob eine solche Reparatur letztlich erfolgreich wäre, würde sich nur mit einem geglückten Landeversuch beweisen lassen. Die psychischen Auswirkungen auf die Besatzung, die sich ihrer Lebensgefahr bewusst ist, lassen sich wohl kaum abschätzen.

▼ *Der Hitzeschutzschild der Atlantis in Nahaufnahme – die Astronauten inspizieren von der Raumstation aus, ob Schutzkacheln beschädigt sind.*

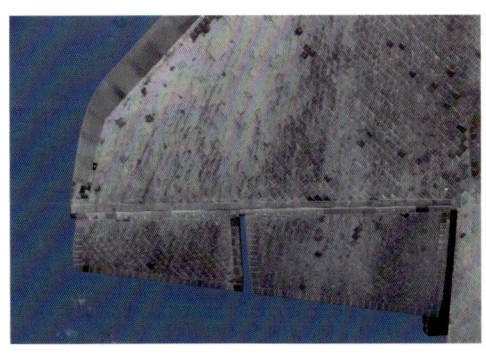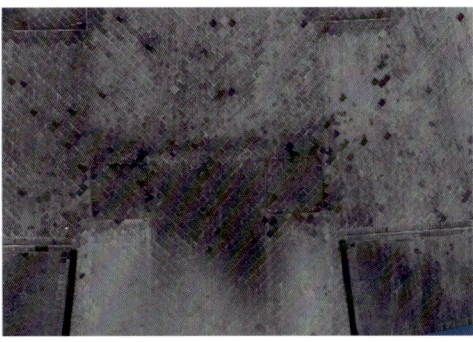

Safe Haven
wörtlich: Sicherer Hafen, sinnge-
mäß: Zufluchtsort

Die zweite Möglichkeit ist ebenfalls mit erheblichen Risiken verbunden. Die NASA hat Pläne, dass im Fall einer nicht mehr benutzbaren Raumfähre zunächst einmal die Station als **Safe Haven** herhalten muss – und zwar für eventuell über zehn Besatzungsmitglieder und über einen Monat. Diese Zeit wird benötigt, um einen zweiten Space Shuttle für eine Rettungsmission vorzubereiten und auf die Startrampe in *Cape Cana-veral* zu bringen. Parallel dazu werden Astronauten ausgewählt, die als Retter der Raumstation zur Hilfe kommen sollen. Dabei ist geplant, auf die nächste Missionscrew zurückzugreifen, da diese Astronauten bereits voll in ihrem Trainingsprogramm sein sollten. In Houston wird diese Mission dann natürlich mit höchster Priorität bearbeitet werden – für den Flugplan werden nur Standardelemente verwendet: Ein praktisch leerer Space Shuttle, als Aktivitäten nur der Start und Aufstieg, die Annäherung und das Andocken an die Station und schließlich, nachdem die »Gestrandeten« umgestiegen sind, das Abdocken und die Landung. Einige Komponenten für eine solche, hoffentlich nie notwendige Mission sind bereits vorbereitet – diese hat die Arbeitsnummer STS-300 erhalten. Um die Worte »Notfall« oder »Rettung« zu vermeiden, wird die Bezeichnung **Launch on Need** verwendet.

Launch on Need
wörtlich: Start nach Bedürfnis

Die ausgewählten Astronauten müsten in einem solchen Fall schnellstens für ihre Aufgabe ausgebildet werden. Während der 35 Tage, die die NASA in ihrem Notfallplan vorsieht, werden sie natürlich kaum Freizeit haben, und auch die Wochenenden können nicht berücksichtigt werden. Aber schließlich geht es auch um die Rettung ihrer Kollegen aus dem Weltall.

Noch abenteuerlicher wäre – in Klammern ange-merkt – eine Rettungsaktion für eine der Hubble-Mis-sionen gewesen, bei der der Space Shuttle nicht die Raumstation ansteuerte, sondern Reparaturarbeiten weit draußen am Hubble-Weltraumteleskop durch-führte. Hier hätte die ISS nicht als notdürftiges Refu-gium dienen können, weshalb das Rettungsraumschiff bereits während der normalen Mission fertig in *Cape Canaveral* auf der Rampe stehen müsste. Natürlich wäre nicht die Zeit geblieben, mit dem Training der Rettungscrew erst nach Eintritt des Notfalls zu begin-nen. Daher wurden schon im Voraus Astronauten für diesen STS-400 genannten Flug ausgewählt und ge-schult – insgesamt ein riesiger Aufwand! Auch die ei-gentliche Rettung wäre hochkomplex gewesen – man hätte nicht einfach an der Raumstation andocken und die Kollegen aufnehmen können. Es wurde eine auf-wendige Szenerie ersonnen, nach der der Rettungs-orbiter den Havaristen mit dem Robotergreifarm ge-

halten hätte, während die Astronauten sich an einem Drahtseil hin- und hergehangelt hätten. Da das de-fekte Raumschiff nicht genug Raumanzüge für alle Astronauten an Bord gehabt hätte, wären drei Welt-raumausstiege notwendig gewesen, bei denen immer wieder leere Anzüge hätten zurückgeschafft werden müssen, um alle Raumfahrer zu retten.

Eine weitere Panne mit den Shuttles hätte wohl unweigerlich das vorzeitige Ende des Space-Shuttle-Programms zur Folge, deswegen wagt niemand bei der NASA, an solche Eventualitäten auch nur zu den-ken. Und die gerade laufende 1E-Mission in Betracht ziehend, besteht auch gar keine Notwendigkeit, sich mit derartigen Gedanken zu beschäftigen, denn alles läuft bisher beinahe wie im Bilderbuch ab.

Das Flight Control Team in Houston ist in der Zwi-schenzeit auf das Docken der *Atlantis* konzentriert. Schon kurz nach dem Start finden kurze Manöver mit den Düsen des Shuttles statt, um das Raumschiff an die ISS anzunähern und auf der entsprechenden Tra-jektorie zu halten. Da der Shuttle sich im luftleeren Raum bewegt, spielt die Aerodynamik keine Rolle. Der Orbiter fliegt nicht zwangsläufig mit der Nase voraus, sondern in einer Lage, die thermisch oder für die je-weils durchgeführte Operation am günstigsten ist. Wei-terhin ist seine Flugbahn bis auf genau festgelegte Zündungen seiner Lageregelungsantriebe durch die himmelsmechanischen Gesetze vorgegeben. Während der als NC1, NC2, NPC and NC3 bezeichneten Bahn-manöver wird der Shuttle jeweils in einer Weise und Richtung so beschleunigt, dass er sich in den folgen-den Stunden im freien Drift genau der gewünschten Position annähert. Die letztendlich angestrebte Position bei dieser Grobannäherung, die durch die TDRS-Satel-liten und Bodenradargeräte überwacht wird, ist ein virtueller Punkt etwa 65 Kilometer von der ISS entfernt.

Aus dieser Position beginnt der letzte Anlauf auf die Raumstation. Um 14:06 Uhr erfolgt der NC4-Burn, der den Shuttle auf einen weiteren Freiflugkurs bringt und ihn auf zwölf Kilometer an die ISS annähert (Info-box Seite 92). Bisher war die Messgenauigkeit von Radar- und Satellitenpeilungen ausreichend, aber für die folgende weitere Annäherung muss der Space Shuttle nun selbst die Lage der ISS und den relativen Abstand messen.

Auch die ISS muss nun für das bevorstehende An-docken der *Atlantis* vorbereitet werden. Einmal wer-den die empfindlichen und überlebenswichtigen Solar-paneele in eine Konfiguration gebracht, die Schäden an den filigranen Strukturen etwa durch die kurzen Stöße aus den Manövrierdüsen des Space Shuttles

◀ *Die Internationale Raumstation ISS von der Atlantis aus gesehen – Columbus ist noch nicht Teil der Station.*

ausschließt. Da hierunter natürlich die Stromerzeugung etwas leidet, werden dafür einige für diese Phase nicht essenzielle Systeme heruntergefahren. Weiterhin muss die Raumstation in die entsprechende Lage gebracht werden, um für den Andockvorgang richtig ausgerichtet zu sein. Die Anlegestelle, als **Pressurized Mating Adapter (PMA)** bezeichnet, befindet sich am *Node 2* der ISS und muss nun exakt auf den sich annähernden Space Shuttle ausgerichtet werden. Kurz vor dem eigentlichen Docking wird die Lageregelung der Station abgeschaltet, und die ISS geht in eine »**Free Drift Attitude**« über. Ohne diese Maßnahme würden die Computer während des langsamen Andockens des Shuttles versuchen, die Lage der Station permanent konstant zu halten, während die Computer der *Atlantis* eine ähnliche Reaktion zeigen würden – was enorme Kräfte und Momente auf die Verbindungsstelle verursachen würde. Um 15:36 Uhr meldet der STATION FLIGHT:

> »ISS maneuver to docking attitude completed.« –
> *»Das ISS-Manöver zur Lageausrichtung ist abgeschlossen, die ISS ist bereit zum Andocken«.*

Um 15:37 Uhr schließlich bringen der »Ti-Burn« und einige weitere kleine Kurskorrekturen den Shuttle auf eine Bahn mit Zielpunkt leicht unterhalb der Raumstation. Die Station ist inzwischen weniger als einen Kilometer vom Shuttle entfernt.

Gespannt beobachten die Flight Controller in Oberpfaffenhofen die Videosignale von der Station und vom Space Shuttle. Dessen Kamera zeigt die Raumstation als kleinen Lichtpunkt, der langsam in die filigrane Struktur der Raumstation übergeht – ein bisschen erinnert das Bild an eine Libelle. Der Shuttle ähnelt aus der Sicht der Raumstation dagegen einem aufgeschnittenen Flugzeug – die offene Ladebucht gibt den Blick auf den silbernen Zylinder des *Columbus*-Moduls frei. Beim Näherkommen lassen sich immer mehr Details erkennen – die externen Experimente SOLAR und EuTEF auf ihrem Sonderplatz in der Nutzlastbucht, dann das Einschalten des Scheinwerfers für das Andocken. Schließlich sind im Dachfenster des Shuttles Bewegungen auszumachen – die Besatzung, die konzentriert das Annähern steuert.

Im Kontrollzentrum in Houston herrscht angespannte Betriebsamkeit. Während die Flight Controller im Kontrollraum der Raumstation diese für das Docking konfigurieren und *Peggy Whitson, Yuri Malenchenko* und *Dan Tani* durch die letzten Schritte der Andockprozedur leiten, sind im benachbarten Shuttle-Kon-

Pressurized Mating Adapter (PMA)
Kurze Verbindungsstücke der ISS, an der Shuttle andocken kann

Free Drift Attitude
Die Lageregelung der Station ist abgeschaltet, die ISS wird den von außen einwirkenden Drehmomenten überlassen.

▶ Majestätisch führt die Atlantis ihren Purzelbaum aus, sodass die ISS-Besatzung das Raumschiff auf etwaige Schäden kontrollieren kann.

Rendezvous Pitch Maneuver (RPM)
Unterhalb der Raumstation dreht sich der Shuttle-Orbiter in einem Flugmanöver um seine Querachse, um der ISS-Besatzung die Möglichkeit zu geben, den Hitzeschild zu inspizieren und zu fotografieren.

▶ Rendezvous-Pitch-Manöver (im Bauch des Shuttles ist Columbus zu erkennen)
(Bildersequenz Seite 91)

trollraum alle auf die Manöver des Shuttles konzentriert. Auf dem großen Projektionsschirm an der vorderen Wand des Kontrollraums ist die Shuttle-Position relativ zur ISS in zwei Kurven aufgetragen. Die erste zeigt den relativen Abstand der beiden Vehikel unter der Annahme, dass sich Shuttle und Raumstation mit der momentanen Geschwindigkeit und Richtung antriebslos weiterbewegen. Die zweite Kurve stellt das gewünschte Annäherungsprofil dar. Bei jeder Zündung verbiegt sich die erste Kurve am Projektionsschirm während des Feuers der Triebwerke immer mehr und schmiegt sich der gewünschten Kurve an, bis sie endlich beim Abschalten der Triebwerke genau mit dem Annäherungsprofil übereinstimmt – zumindest bis zum nächsten geplanten Kurskorrekturmanöver. Wenn das gelungen ist, dann bestätigt der zuständige Flight Controller dem SHUTTLE FLIGHT:

»We had a good burn.« –
»Wir hatten eine erfolgreiche Kurskorrektur.«

Direkt unterhalb der Raumstation vollzieht der Space Shuttle nun ein langsames akrobatisches Kunststück. Während *Peggy* und *Yuri* von der ISS aus hochauflösende Fotoaufnahmen machen, lässt Kommandant

Steve Frick das Raumschiff einen langsamen Salto um die eigene Querachse drehen. Hierbei wird, während die Erde im Hintergrund vorbeizieht, nochmals die Unterseite mit den Hitzeschutzkacheln auf etwaige Schäden untersucht. Dieses **Rendezvous Pitch Maneuver (RPM)** ist nach wenigen Minuten vorüber, die *Atlantis* ist mit der offenen Ladebucht wieder Richtung Raumstation orientiert und etwa 200 Meter unterhalb des riesigen Komplexes, bevor der letzte Anlauf beginnt.

Nach dem »Go« von Houston beschreibt der Space Shuttle nun einen Bogen, der ihn direkt vor die Raumstation bringt. Um 17:47 Uhr meldet der Shuttle-Kontrollraum, dass der »V-bar« erreicht ist – dass sich das Shuttle also nun genau in Flugrichtung vor der ISS befindet, nur etwa 100 Meter von ihr entfernt. Nun muss die Shuttle-Crew den Raumgleiter an den **PMA**-Port heransteuern. Dabei nutzt sie Lasersensoren und spezielle Kameras, um die Position auf den Zentimeter genau zu bestimmen und das Manöver zu kontrollieren. Mit etwa zwei Meter pro Minute nähern sich die beiden Raumfahrzeuge vorsichtig einander an.

Um 18:11 Uhr erfolgt das letzte Gegenchecken der Ausrichtung von ISS und Shuttle, und die Bodenkontrollstation kann den Astronauten grünes Licht für das Andocken geben. Langsam schiebt sich der Shuttle

Das Andocken der *Atlantis* an die Raumstation /

Der hochkomplexe Dockingvorgang zwischen dem Space Shuttle und der Raumstation wird hier dargestellt in einem Koordinatensystem, das sich mit der Station mitbewegt.

Die vertikale Achse zeigt dabei immer Richtung Erde und gibt somit den Unterschied in der Flughöhe zwischen Shuttle und ISS an. Die horizontale Achse veranschaulicht die Entfernung zwischen den beiden Flugkörpern in Flugrichtung der ISS. Verschiedene Zündungen der Lageregelungsdüsen der *Atlantis* sind als Punkte eingezeichnet, die gestrichelte Linie deutet an, dass dieser Teil der Annäherung im Erdschatten stattfindet.

Zunächst ziehen ISS und *Atlantis* in einigem Abstand ihre Bahnen. Durch die **NC-(Nth Central Phasing Burn-) Zündung** wird dann die Annäherung eingeleitet: Zunächst fliegt der Shuttle auf gleicher Höhe mit der Raumstation, jedoch über 70 Kilometer hinter ihr. Die Zündung bremst nun die *Atlantis* ab. Damit hat der Orbiter eine niedrigere spezifische Gesamtenergie, was dazu führt, dass seine Flughöhe im weiteren Verlauf des Umlaufs stärker abnimmt als die der ISS (in Fachworten: Das Perigäum der Shuttle-Bahn liegt etwas niedriger als das der Stationsbahn). Dadurch wird er jedoch auch schneller und holt im Vergleich zur Raumstation immer mehr auf. Am Punkt der **Ti-(Terminal Intercept-)Zündung** sind ISS und Shuttle wieder

auf annähernd gleicher Höhe über der Erde, und das Shuttle hat sich bis auf etwa 15 km an die Raumstation angenähert. Die Zündung der Triebwerke bringt die *Atlantis* nun endgültig auf einen Rendezvouskurs mit der Raumstation. Die spezifische Gesamtenergie des Shuttles wird erneut vergrößert, sodass seine Flughöhe bei der nächsten Erdumkreisung weniger stark abnimmt und er sich höhenmäßig nur noch wenig von der ISS entfernt, während er weiter aufholt. Verschiedene **Midcourse Corrections (MC)** bewirken eine Feinkorrektur der Shuttle-Bahn, die den Orbiter genau unter die ISS bringt (vergrößerte Darstellung) – von jetzt an übernimmt die Shuttle-Besatzung und fliegt die letzte Annäherung manuell. Langsam überholt die *Atlantis* nun die ISS und führt dabei unmittelbar unter der Raumstation das **Rendezvous Pitch Maneuver (RPM)** aus, was von der ISS-Besatzung zum Aufnehmen von Bildern der Hitzeschutzkacheln genutzt wird. In der weiteren Folge manövriert sich das Shuttle dann aus der Position wenige hundert Meter unter der ISS in eine Lage wenige Duzend Meter vor der Raumstation, um sich dann langsam zurückfallen zu lassen und schließlich an der Station anzudocken. Die Fachleute für die Trajektorie der *Atlantis* haben den gesamten Vorgang so geplant, dass für die letzten Meter und Zentimeter der Annäherung sowie für andere kritische Manöver die Lichtverhältnisse ideal sind.

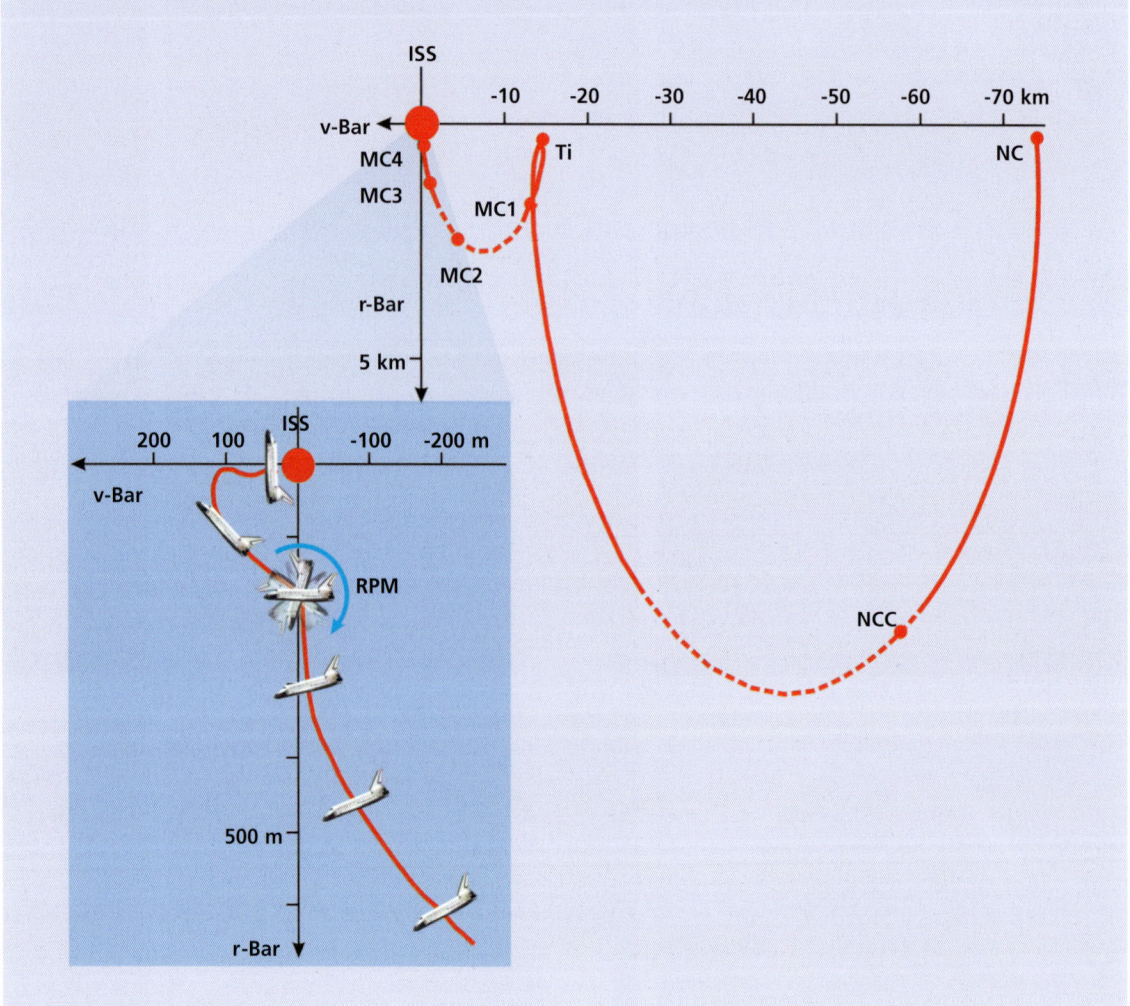

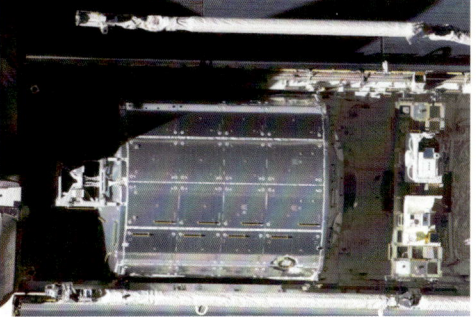

von vorne her auf die Raumstation zu, während beide mit etwa 28 000 Kilometer in der Stunde um die Erde rasen. Auf den Funkkanälen werden die Zentimeter (oder besser die Feet, in denen die Amerikaner rechnen) heruntergezählt – und sonst herrscht atemlose Stille. Denn ab einem Abstand von zehn Metern muss die Kommunikation im Kontrollraum nach einem genau vorgegebenen Skript ablaufen – andere Unterhaltungen werden nicht mehr geduldet.

Endlich, um 18:17 Uhr, genau über Australien, das erlösende »Contact and Capture« – die beiden Raumfahrzeuge sind mit den Dockingadaptern auf Tuchfühlung gegangen, der Shuttle wurde durch die ISS »eingefangen« und über die nächsten Minuten werden die Stoßwellen der beiden zusammengestoßenen riesigen Massen durch Federn gedämpft. *Dan Tani* funkt aus dem Shuttle:

◄◄ *Die Atlantis jetzt ganz nah!*

◄◄ *Das Heck der Atlantis*

◄ *Columbus in der Ladebucht der Atlantis. Rechts der ICC-Lite mit SOLAR and EuTEF*

▲ *SOLAR und EuTEF (links) und der Andockadapter (rechts) in der Ladebucht des Shuttles*

▲ Die Astronauten des Space Shuttles haben die Raumstation exakt im Fadenkreuz!

▶ Nur noch wenige Meter liegen zwischen der Atlantis und der ISS.

▶▶ Und dann nur noch ein zentimetergroßer Abstand

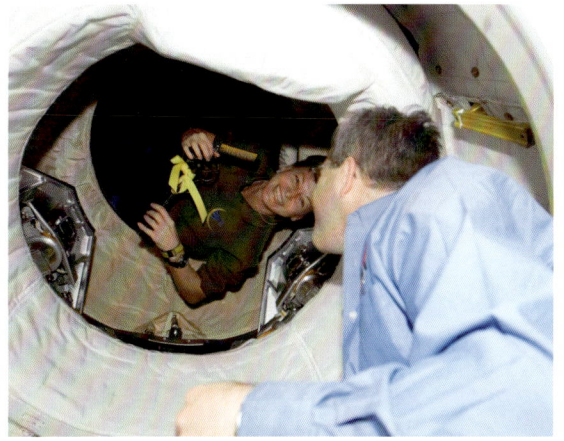

◄◄ *Die Begrüßung der Besucher: ISS-Commander Peggy Whitson mit dem symbolischen Schlüssel für die Atlantis und Shuttle-Commander Steve Frick nach dem Öffnen der Andockluke*

◄ *Der Nächste, der die Station betreten darf, ist Alan Poindexter.*

◄ *Am Ziel angekommen. Die Atlantis hat an der ISS festgemacht, und die neuen Nachbarn schauen zur Raumstation herüber.*

»Houston, Alpha and Atlantis. We have capture confirmed.« –
»Houston, hier ist die Raumstation und die Atlantis. Wir können das erfolgreiche Andocken bestätigen.«

Peggy bestätigt aus der Raumstation:

»Great indicator.« –
»Alle Anzeigen sehen gut aus.«

Nun beginnt das Verriegeln der Verbindung, und schließlich kann der neu entstandene Durchgang auf seine Luftdichtheit überprüft werden. Erst dann – inzwischen ist es 19:41 Uhr – können die beiden Luken

geöffnet werden, und die Shuttlebesatzung fällt den ISS-Bewohnern in die Arme.

In der Zwischenzeit hat Houston die Lagekontrolle der Raumstation wieder aktiviert und dreht nun die Station langsam um 180 Grad. Der Space Shuttle hat von vorn an den **PMA** am *Node 2* angedockt und ist also dabei mit seiner Unterseite in Flugrichtung der ISS vorausgeflogen. Allerdings ist an der Vorderseite der Raumstation die Gefahr am größten, dass der riesige Komplex durch Minimeteoriten oder Weltraumschrott getroffen wird. Um nun nicht den empfindlichen Hitzeschild des Shuttles diesen Einschlägen auszusetzen, wird die Station seit dem Unglück der *Columbia* während der Zeit mit angedockten Shuttle einfach umge-

▶ *NASA-Flugdirektorin Sally Davis muss die schlechte Nachricht übermitteln, dass der Außeneinsatz um einen Tag verschoben werden muss.*

noch um eine Besprechung mit der leitenden Flugdirektorin, *Sally Davis* in Houston auf einem »privatized loop« bittet, scheinen sich die Befürchtungen zu bestätigen, dass ein größeres medizinisches Problem auf die Flight Controller wartet.

Dann schließlich erfolgt die Bekanntgabe auf dem Kanal der amerikanischen Flugdirektorin *Sally Davis*: Der für morgen geplante Weltraumspaziergang, bei dem das *Columbus*-Modul installiert werden sollte, wird um einen Tag nach hinten verschoben. Weiterhin wird nicht wie geplant der deutsche Astronaut *Hans Schlegel* mit dem Amerikaner *Rex Walheim* nach draußen gehen, sondern sein Backup *Stan Love*. Ein Crew Health Care Incident – ein Krankheitsfall!

Kurz darauf klingelt das Telefon an der Konsole von *Columbus*-Flugdirektor *Alexander Nitsch*, und der verantwortliche ESA-Arzt *Ulrich Straube* versorgt auch das Oberpfaffenhofener Kontrollzentrum mit etwas mehr Information: Details könnten natürlich nicht genannt werden, aber *Hans Schlegel* gehe es den Umständen entsprechend gut und er könne innerhalb der Station weiterhin die Mission voll unterstützen und aller Voraussicht nach auch seinen zweiten geplanten Weltraumspaziergang gegen Ende der Mission durchführen.

Natürlich müssen NASA und ESA auch gegenüber der Öffentlichkeit eine Stellungnahme abgeben – und werden mit Anfragen von Pressevertretern bombardiert. Aber auch hier gilt: Die Privatsphäre der Astronauten geht vor: Alle Details bleiben im Dunklen, nur dass der Vorfall nicht lebensbedrohlich ist oder war, wird erwähnt.

Auch wenn schon bei der Auswahl der Astronauten die gesundheitliche Konstitution ein wichtiges Kriterium ist, kann ein Krankheitsfall im Weltraum natürlich nicht ausgeschlossen werden. Schon einige Tage vor dem Start eines Shuttles wird die Mannschaft unter Quarantäne gestellt. In dieser Zeit dürfen sich den Raumfahrern nur Personen nähern, die eine medizinische Freigabe dafür haben, also von NASA-Ärzten auf mögliche Krankheiten untersucht wurden. Zur Warnung sind im *Johnson Space Center* in Houston, der Heimatbasis der amerikanischen Astronauten und dem Aufenthaltsbereich der Shuttle-Besatzung bis zum Abflug ans Cape Schilder aufgestellt, die die übrigen Mitarbeiter um Abstand zu den Astronauten bitten. Texte wie »Protect the prime crew from contagious ›bugs‹« – »*Schützt die Hauptcrew vor ansteckenden Bazillen*« oder »The Untouchables« – »*Die Unberührbaren*« mahnen zusammen mit den Bildern der Besatzung, eine eventuelle Ansteckung tunlichst zu vermeiden.

dreht. Nun sind der **PMA** und damit das Shuttle der hinterste Teil der Station und der Hitzeschild zeigt in die ungefährliche Rückwärtsrichtung.

Krank im Weltall …

Schon während des Rendezvous-Manövers, das den Besatzungen ihre gesamte Konzentration abverlangt hat, bat der Shuttle-Kommandant *Steve Frick* zweimal um eine ungeplante **Private Medical Conference (PMC)**. Bei diesen normalerweise in regelmäßigen Abständen für jeden Astronauten eingeplanten Ereignissen wird einer der Funkkanäle in einen Modus geschaltet, der nur dem Flight Surgeon, dem Flugarzt in Houston, das Mithören und das Sprechen zur Crew erlaubt – in der Fachsprache wird der »loop privatized«. Nun mit einem Arzt alleine gelassen, kann das jeweilige Besatzungsmitglied Gesundheitsprobleme besprechen oder sein Befinden ohne Rücksicht auf Mithörer auf der ganzen Welt beschreiben. Der Mediziner ist an seine übliche ärztliche Schweigepflicht gebunden, sodass auch an die Flugdirektoren nur die allernötigsten Informationen weitergegeben werden, die diese für die weitere Durchführung der Mission benötigen.

Die zwei ungeplanten **PMCs** während der kritischen Missionsphase haben bereits die Kontrollzentren in Alarmzustand versetzt – und als jetzt *Steve Frick* auch

Private Medical Conference (PMC)
Privates Gespräch zwischen einem Astronauten und seinem Flugarzt

Im All sind dann die bereits erwähnten regelmäßigen privaten Arztgespräche eine Möglichkeit, sich anbahnende gesundheitliche Probleme der Besatzung rechtzeitig zu erkennen und Gegenmaßnahmen einzuleiten.

Trotz all dieser Maßnahmen ist ein medizinischer Notfall an Bord, sei es durch eine Erkrankung oder einen Unfall, nicht auszuschließen. Daher ist ein Mitglied der Besatzung besonders in medizinischen Maßnahmen geschult, manchmal ist sogar ein Besatzungsmitglied selbst Arzt wie der niederländische ESA-Astronaut *André Kuipers*. Weiterhin steht auf der ISS umfangreiches Material zur Verfügung, das von Medikamenten über ein Ultraschallgerät bis hin zu einem Defibrillator reicht. Sogar Schwangerschaftstests sind vorhanden. Und ein extra entwickeltes elektronisches »Med Ops«-Buch enthält für alle denkbaren Notfalllagen detaillierte Schritt-für-Schritt-Behandlungsbeschreibungen, sodass an Bord mit Unterstützung des Arztes im Kontrollzentrum kleine und größere medizinische Eingriffe von der Wundversorgung bis hin zum Zahnziehen oder der kardiopulmonalen Reanimation durchgeführt werden können.

Bei längeren Aufenthalten auf der Station ist nicht nur ein guter medizinischer Zustand für effektive Arbeit und Forschung wichtig, sondern auch eine gesunde Psyche. Immer mehr stellt sich die Wichtigkeit dieses Faktors gerade bei Langzeitmissionen heraus, die sich über ein halbes Jahr oder länger erstrecken. Entsprechend den Personal Medical Conferences gibt es deshalb auch **Personal Psychological Conferences (PPC)** und **Personal Family Conferences (PFC)**, bei denen der Astronaut mit seinem Psychologen beziehungsweise mit seiner Familie spricht. Natürlich hält der Psychologe ebenfalls engen Kontakt zu der Familie des Astronauten und kann auch hier bei auftretenden Problemen frühzeitig intervenieren.

Mit ihren Psychologen hat sich die Besatzung auch bereits vor Missionsbeginn beraten, wie sie eventuelle schlechte Nachrichten vom Kontrollzentrum mitgeteilt bekommen möchte. Während des Aufenthaltes im All ist schließlich nicht auszuschließen, dass ein schwerer Schicksalsschlag die Familie eines der Astronauten ereilt. Der Flugdirektor stellt dann sicher, dass zunächst alle Personen in einem separaten Raum versammelt sind, die bei der Überbringung der traurigen Botschaft anwesend sein sollen. Erst dann wird die Raumstation gerufen und um eine private Konferenz mit dem betroffenen Astronauten gebeten. Man möchte verständlicherweise die Zeit kurz halten, in der ein Besatzungsmitglied zwar von der ernsten Lage in seiner

Familie ahnt, aber nicht weiß, was wirklich passiert ist. Schließlich sind die Astronauten von jedweder Informationsmöglichkeit abgeschnitten und beinahe gänzlich auf die Informationen aus den Kontrollzentren angewiesen!

Dann eben einen Tag später

Das medizinische Problem und die Verschiebung des Weltraumspaziergangs um einen Tag lässt nun wieder einmal die große Stunde der Planer aller Kontrollzentren schlagen. Ein hochkomplexer Außenbordeinsatz muss nach hinten verschoben und die zehnköpfige Besatzung einen ganzen Tag beschäftigt werden. Schon während der Erstellung des 1E-Flugplans in den letzten Monaten und Jahren waren Aktivitäten identifiziert worden, welche die Crew noch zusätzlich während der Mission ausführen könnte. Die meisten Shuttle-Missionen sind nämlich auf »Nummer Sicher« geplant – also etwa einen Tag kürzer mit der Option, diesen einen Tag noch dranzuhängen, falls sich kurzfristig zeigt, dass die Shuttle-Ressourcen, etwa der Treibstoff, das zulassen.

Allerdings ist bei dieser Planung davon ausgegangen worden, dass dieser zusätzliche Tag hinten an den Missionsplan angehängt werden wird – also mit einem fertig installierten *Columbus*-Modul, das aufs Einräu-

Personal Psychological Conferences (PPC)
Personal Family Conferences (PFC)
Private Funkschaltungen, die ein Gespräch zwischen dem Astronauten und seinem Psychologen bzw. seiner Familie erlauben

◄ *Rex Walheim und Hans Schlegel kümmern sich um einen der Raumanzüge für den Außenbordeinsatz.*

▼ *Das erste gemeinsame Essen. Der kleine Tisch kann die vielen ISS-Bewohner kaum fassen. Glücklicherweise kann man sich von allen Raumrichtungen aus bedienen!*

men und Herrichten wartet. Dementsprechend setzen die meisten »+1«-Tag-Aktivitäten ein zumindest angedocktes europäisches Labor voraus – sind also für den morgigen Tag, an dem *Columbus* noch unzugänglich in der Ladebucht des Shuttles verankert sein wird, nicht brauchbar.

Und so bekommen die Planer nun die höchst komplexe Aufgabe, die in mühsamer Kleinarbeit über Monate konstruierte Timeline der Mission komplett auseinanderzunehmen und neu wieder zusammenzubauen. Aufgaben, die ohne das installierte *Columbus*-Modul ausgeführt werden können, werden auf morgen verlegt. Die hierdurch frei werdenden Lücken im Plan der nächsten Tage sollen durch andere Aktivitäten aufgefüllt werden. Dabei müssen die Planer die zahlreichen Abhängigkeiten der einzelnen Aktivitäten voneinander genau kennen und beachten. Und da sich die übrigen Tage zusammen mit dem Weltraumausstieg durch den Einschub des einen Tages morgen nach hinten verschieben, tritt überall Verwirrung auf. Jahrelang hat man in den Simulationen am Flugtag fünf *Columbus* zum ersten Mal aktiviert – jetzt wird das am Flugtag sechs erfolgen. Und wer sich über den Flugtag acht unterhält, muss nachfragen, ob nach alter Zählung der Flugtag des dritten Weltraumspaziergangs und der Installation der externen Experimente gemeint ist – oder nach neuer Zählung der Tag danach – oder war's der davor?

Ein wichtiger Teil des morgigen Tages wird das gemeinsame Durchsprechen des Weltraumausstiegs sein. Zwar hat *Stan Love* als **Backup** von *Hans Schlegel* auch alle Arbeiten im Weltraum trainiert, aber eben nicht mit der gleichen Häufigkeit und Genauigkeit wie der Deutsche. Nun muss den beiden genug Zeit zur Verfügung stehen, um *Love* auf den letzten Stand zu bringen. Auch der Spaziergangspartner *Rex Walheim* soll an dieser Besprechung teilnehmen, ebenso wie *Alan Poindexter*, der den Außenbordeinsatz der beiden von innerhalb der Raumstation her begleiten und überwachen wird.

Für alle vier reservieren die Planer morgen drei Stunden, in denen sie über den Prozeduren brüten und die Spezialisten in Houston mit Fragen löchern können. Und auch für die übrige Zeit der Besatzung werden Aktivitäten identifiziert, sodass am nächsten Tag der Crew eine brandneue Timeline präsentiert werden kann.

Nach dem Andocken

Die Begrüßung der Shuttle-Besatzung fällt sehr herzlich aus – schließlich haben *Peggy Whitson, Yuri Malenchenko* und *Dan Tani* schon seit über drei Monaten keine anderen Menschen gesehen. Nachdem die Shuttlemission zunächst für Dezember geplant war, waren die ständigen Startverschiebungen immer wieder herbe Enttäuschungen für die drei Astronauten

gewesen. Für *Dan Tani* hatte die unfreiwillige Verlängerung seiner Mission schließlich noch eine besondere Dramatik, weil gerade in diesem Zeitraum seine Mutter durch einen Unfall tödlich verunglückte.

Nun aber sind Aktivität und Ablenkung in die Station und für *Dan* auch wie geplant der ESA-Astronaut *Léopold Eyharts* als Ablösung gekommen. Und die Aussicht darauf, in den kommenden Tagen ein neues Modul an die ISS anzubauen und in Betrieb zu nehmen, hebt die Stimmung zusätzlich noch einmal an. Von der Begrüßungszeremonie bekommen die Bodenstationen zunächst gar nicht viel mit, fällt das »Hatch Opening« doch in ein **LOS (Loss of Signal)**. Aber um den historischen Moment auch der Erde nicht vorzuenthalten, läuft ein Videorekorder mit – und die Begrüßung ist mit wenigen Minuten Verzögerung auch auf den großen Displays in den Kontrollräumen zu sehen.

Den Neuankömmlingen aus dem Space Shuttle erscheint die Raumstation nun wie eine unendliche Weite. *Die Atlantis* ist ungemein eng, schließlich können sich die Astronauten nur im vordersten Teil des Raumgleiters aufhalten. Die Sitze vom Start haben sie weggestaut, aber dennoch ist im **Flight Deck** und **Middeck** für sieben Menschen einfach zu wenig Platz. Nun schweben sie nach dem Öffnen der Luke in die Raumstation, durchqueren die verschiedenen Module, staunen über die vielen Abzweigungen und die geräumigen Schlafkojen, das »Wohnzimmer« im russischen Teil der Station und die Erzählungen von der Raumstationsbesatzung, dass es Tage gibt, an denen man sich nur zu den Mahlzeiten zu Gesicht bekommt. Für die Shuttle-Astronauten eine komplett andere Welt. Aber schnell gewöhnt man sich an die neuen Freiheiten!

Viele Flight Controller, die nicht gerade Schicht haben, und viele andere Mitarbeiter des Deutschen

▲ *Hans Schlegel und Rex Walheim auf den Weg vom US-Lab in den Node 2*

Loss of Signal (LOS)
Abriss der Funkverbindung, im Gegensatz zu **Acquisition of Signal (AOS)**, also einer bestehenden Verbindung

▶ *Der SSRMS-Roboterarm der Station*

Safety Briefing
Sicherheitseinweisung für die Raumstation

Zentrums für Luft- und Raumfahrt sind heute extra gekommen, um die Annäherung, das Andocken und die Begrüßung im Kontrollzentrum live mitzuerleben. Obwohl einige Fernsehkanäle ihre Kameras auf der Besucherbrücke aufgebaut haben und Livebilder aus dem Weltraum und den Kontrollzentren in Houston und Oberpfaffenhofen senden, ist die Atmosphäre direkt vor Ort doch noch mal etwas aufregender. In den Kontrollraum selbst dürfen freilich nur die Kollegen, die gerade »auf Schicht« sind, um konzentriertes Arbeiten zu gewährleisten.

Für die Astronauten lässt der enge Arbeitsplan des dritten Flugtages jedoch nicht viel Zeit für freudige Gefühle zu. Genau 30 Minuten stehen laut Timeline zum Öffnen der Luken und Händeschütteln zur Ver-

fügung, dann beginnt wieder der »All-Tag«. Als Allererstes steht für die Neuankömmlinge das **Safety Briefing** auf dem Stundenplan. Dabei werden sie von der inzwischen routinierten ISS-Besatzung in die Sicherheitsregeln und -maßnahmen auf der Raumstation und das Verhalten bei Notfällen eingewiesen. Für *Dan Tani* ist nun auch die Zeit der Stabübergabe gekommen. Gehörte er bisher zur ISS-Crew und hätte bei einem Notfall seinen Platz im Soyuz-Raumschiff gehabt, so wird ab sofort *Léo Eyharts* diese Rolle zukommen. Da die russische Kapsel zwar mit Fallschirmen, aber doch etwas unsanft in der kasachischen Steppe landet, sind die Sitzschalen der Insassen genau an deren Körperformen angepasst, um beim Aufschlag Schäden an der Wirbelsäule vorzubeugen. *Léo* hat seinen eigenen Soyuz-Sitz in der *Atlantis* mitgebracht und tauscht diesen nun gegen *Dans* aus. Damit ist er formal Teil der ISS-Besatzung, während *Dan* fortan zu den Shuttle-Astronauten gerechnet wird. Eigentlich ist sein Soyuz-Platz nur für den Notfall gedacht – es ist geplant, dass *Léo* mit dem nächsten Shuttle wieder zur Erde zurückkehren wird. Sollte sich jedoch der Start dieses Shuttles unverhältnismäßig lange verzögern, so könnte entschieden werden, dass der Franzose doch mit einem der nächsten Soyuz-Flüge zurückkehrt. Für diesen Fall hat *Léo* extra seinen Reisepass an einen Kollegen übergeben, der diesen dann unverzüglich nach Russland fliegen würde. Ordnung muss sein. Wie allerdings dann die Tatsache gehandhabt wird, dass er nicht ordnungsgemäß aus den USA ausgereist und in Russland eingereist ist, sondern dort im wahrsten Sinn des Wortes vom Himmel gefallen ist, darüber sollen sich im Bedarfsfall die Bürokraten ihre Gedanken machen …

Nach der Stabübergabe zwischen *Dan Tani* und *Léo Eyharts* widmet sich jeder der Arbeit, die minutengenau auf seinem Flugplan verzeichnet ist. Heute stehen besonders das Ausräumen der mitgebrachten Gegenstände aus dem Shuttle und das Einräumen in der Station auf der Tagesordnung – es sind sowieso nur noch etwa drei oder vier Stunden, bis das Nachtlager auf der ISS oder im Shuttle aufgeschlagen wird.

Für vier Astronauten steht ein Manöver mit den beiden Roboterarmen auf dem Programm: Der Kameraarm, den der Shuttle-Roboter für die Untersuchung der Hitzeschutzkacheln des Orbiters verwendet hat und der nun seitlich entlang der Ladebucht im Shuttle liegt, muss für das Herausnehmen von *Columbus* aus der Bucht entfernt werden. Da aber das **Remote Manipulator System (RMS)** im angedockten Zustand nicht mehr an diese Seite der Ladebucht herankommt, muss der bewegliche **SSRMS (Space Station Remote Manipulator System)**-Arm der Station nun assistieren. Die Astronauten greifen den Kameraarm mit dem **SSRMS** und übergeben ihn an die Kollegen, die den **RMS** des Shuttles steuern. In Houston überwacht eine spezielle Kontrollraumposition (ROBO), die mit mehreren Spezialisten besetzt ist, jeden Millimeter der Bewegungen. Aber dank des ausgiebigen Trainings kann das komplizierte Manöver mit dem wichtigen Zusammenspiel der Astronauten an den beiden Roboter-Steuerständen im Shuttle und der ISS, den ROBOs und der Technik erfolgreich ausgeführt werden.

Es ist 1:25 Uhr, als die Astronauten laut Zeitplan ihre allabendliche Freizeit, den PRESLEEP, beginnen. Etwa um die gleiche Zeit wird in Oberpfaffenhofen das Team von *Alexander Nitsch* durch die Orbit-3-Schicht von *Guido Morzuch* abgelöst. Zwei Stunden später schlafen die Astronauten laut Plan. In den Kontrollzentren

Remote Manipulator System (RMS)
Roboterarm des Space Shuttles

Space Station Remote Manipulator System (SSRMS)
Roboterarm der Station

◀ *Hochbetrieb vor dem Steuerstand des SSRMS-Arms im US-Lab. Von hier aus haben die Astronauten Leland Melvin, Steve Frick und Stanley Love den riesigen Roboter fest im Griff.*

dagegen wird nicht geschlafen, sondern bereits um die Timelines der kommenden Tage gerungen.

Was ein Flight Controller wissen muss ...

Konstruktionsstudien, Hazard Reports, Interface Requirements Documents, technische Memos, Bedienungsanleitungen, Testreports, Validation Records, Electromagnetic Compliance Reports, ... – die Liste der Dokumente, die während der Planung, der Konstruktion und des laufenden Betriebes der ISS erstellt wurde, ist schier endlos. Alleine die Schriftstücke und elektronischen Archive, die zum *Columbus*-Projekt existieren, sind angetan, eine kleine Bibliothek zu füllen. Natürlich kann weder ein Flugdirektor noch sein Subsystemexperte all diese Daten im Kopf haben, und auch ein Nachschlagen ist während des Flugbetriebes an der Konsole praktisch nicht möglich. Deshalb besteht ein wichtiger Teil der Missionsvorbereitung eines Flugkontrollteams darin, die wichtigsten, für den Betrieb notwendigen Informationen in wenigen, übersichtlich strukturierten Datensätzen zusammenzufassen. Diese Schriftstücke sind an den Konsolen als Ordner oder in elektronischer Form verfügbar und von allen denkbaren Experten durchgesehen und abgezeichnet worden: den Spezialisten im Flugkontrollteam, den Ingenieuren, den Medizinern und Planern, den Managern der ESA und Vertretern der Crew, den Betreibern und Konstrukteuren der Experimentschränke, den Sicherheitsverantwortlichen, den Flight Controllern und den Flugdirektoren.

Ein Teil dieser Dokumente beschreibt die verschiedenen Interaktionen der vielen Personen, die während der Mission eine Funktion ausfüllen: Wie die Flight Controller zusammenarbeiten, wie die Schnittstelle zu den USOCs ist, die die Experimente betreiben, wo die NASA ins Spiel kommen muss und was etwa die Aufgaben des COL DMS an der Konsole sind. Diese Dokumente gliedern sich auf in die **Console Operations Handbooks (COH)**, das **Flight Control Operations Handbook (FCOH)**, die **Joint Operations Interface Procedures (JOIP)** und die **Operations Interface Procedures (OIP)**.

Die Konsolenhandbücher **(COH)** werden für jede Position extra erstellt und enthalten das Wissen, das speziell für das jeweilige Handlungsfeld notwendig ist. Viele Fakten sind in einfachen Schemata anschaulich dargestellt, sodass etwa der COL OC auf einen Blick verstehen kann, über welche Bordcomputer die Telemetrie läuft, die von den Experimentschränken zu den

USOCs geliefert wird. Für den normalen Betrieb ist diese Kenntnis vielleicht nicht unbedingt erforderlich, aber im Falle eines Problems mit einem dieser Rechner kann der COL OC so schnell herausfinden, welche Datenkanäle betroffen sind und entsprechend auf die Anomalie reagieren.

Das **Flight Control Operations Handbook (FCOH)** enthält prozedurale Abläufe, die die Interaktion zwischen den Flight Controllern im Oberpfaffenhofener Kontrollraum beschreiben. Schritt für Schritt ist hier dokumentiert, wer zu welchem Zeitpunkt mit wem reden muss, um beispielsweise eine Änderung der Timeline für den übernächsten Tag zu beantragen.

Eine ähnliche Ausrichtung hat auch das **Joint Operations Interface Procedures (JOIP)**-Buch, nur dass hier das Zusammenspiel zwischen Oberpfaffenhofen und den anderen Centern niedergeschrieben ist, die auf europäischer Seite beteiligt sind: also den USOCs, die als kleine Kontrollzentren für die Experimente agieren, den beiden Unterstützungszentren in Bremen und Turin, die das Flight Control Team in technischen Fragen beraten, dem European Planning Team (EPT), den Medizinern, die dem Europäischen Astronautenzentrum in Köln angegliedert sind, und nicht zuletzt den Managern der ESA, die als Auftraggeber dem Projekt *Columbus* den programmatischen Rahmen vorgeben und auch in Echtzeit in wichtige Entscheidungen eingebunden sind.

Entsprechend enthält das **Operations Interface Procedures (OIP)**-Buch dann die Beschreibung der Schnittstellen zwischen den Europäern und den NASA-Zentren in Houston und Huntsville.

Die Aufteilung in verschiedene Bücher musste gewählt werden, weil für die verschiedenen Schnittstellen verschiedene Personengruppen beim Erstellen und Abzeichnen der Prozesse Mitsprache- und Gestaltungsrecht haben und die NASA nicht jede Änderung abzeichnen möchte, die etwa für die Prozedur zum Einschalten der Oberpfaffenhofener Kontrollraumprojektoren gemacht wird. Auf der anderen Seite macht die Aufteilung viele Vorgangsbeschreibungen auch sehr unübersichtlich, denn manche Vorgänge werden in mehreren Büchern zugleich beschrieben, wenn etwa gleichzeitig Interaktionen auf internationaler, europäischer und interner Ebene notwendig sind.

Neben diesen Dokumenten, die die Interaktion von Flight Controllern oder ganzen Kontrollzentren beschreiben, gibt es noch weiteres sehr wichtiges Material an den Konsolen – oder auf der Raumstation. Die Arbeit der Astronauten an Bord sowie das Kommandieren bestimmter Funktionen von Oberpfaffenhofen

Die **Operational Data Files (ODF)** oder kurz Prozeduren, die hinter jeder Aktivität der Astronauten oder des Flight Control Teams stehen, folgen einem eigenen strengen Standard, den die NASA vorgibt. Alle Kommandos, die geschickt werden, und jeder Arbeitsschritt, den die Astronauten durchführen müssen, ist hier im Detail niedergeschrieben, mehrfach in verschiedenen Tests erprobt und durch ein Kontrollgremium aus den verschiedensten Experten verabschiedet. Die wenigsten dieser Prozeduren sind wirklich in gedruckter Form auf der Station vorhanden, die meisten ODFs können von den Astronauten und den Flugkontrollteams über den **International Procedure Viewer (IPV)** elektronisch aufgerufen werden. So erleichtert es die kontinuierlich weiterlaufende Arbeit, die Prozeduren zu verbessern und zu erweitern. Für den europäischen Teil der ODFs wird regelmäßig eine elektronische Ergänzungslieferung bei EADS in Bremen erstellt, an das Kontrollzentrum geliefert und an die NASA übermittelt. Dort gibt es eine eigene Konsole in einem Nebenkontrollraum (ODF), die alle Änderungen in die Datenbank einpflegt und an alle internationalen Partner und an die ISS hinausschickt.

Titel

Inhalt der Prozedur

Ortsangabe

Dauer der Durchführung

Benötigtes Material

Bilder oder Schemata

Handlungsanweisungen für die Astronauten

Alternative Handlungsanweisungen für die Flight Controller

Telemetriekontrolle

Zu sendendes Kommando

Wichtige Sicherheitshinweise

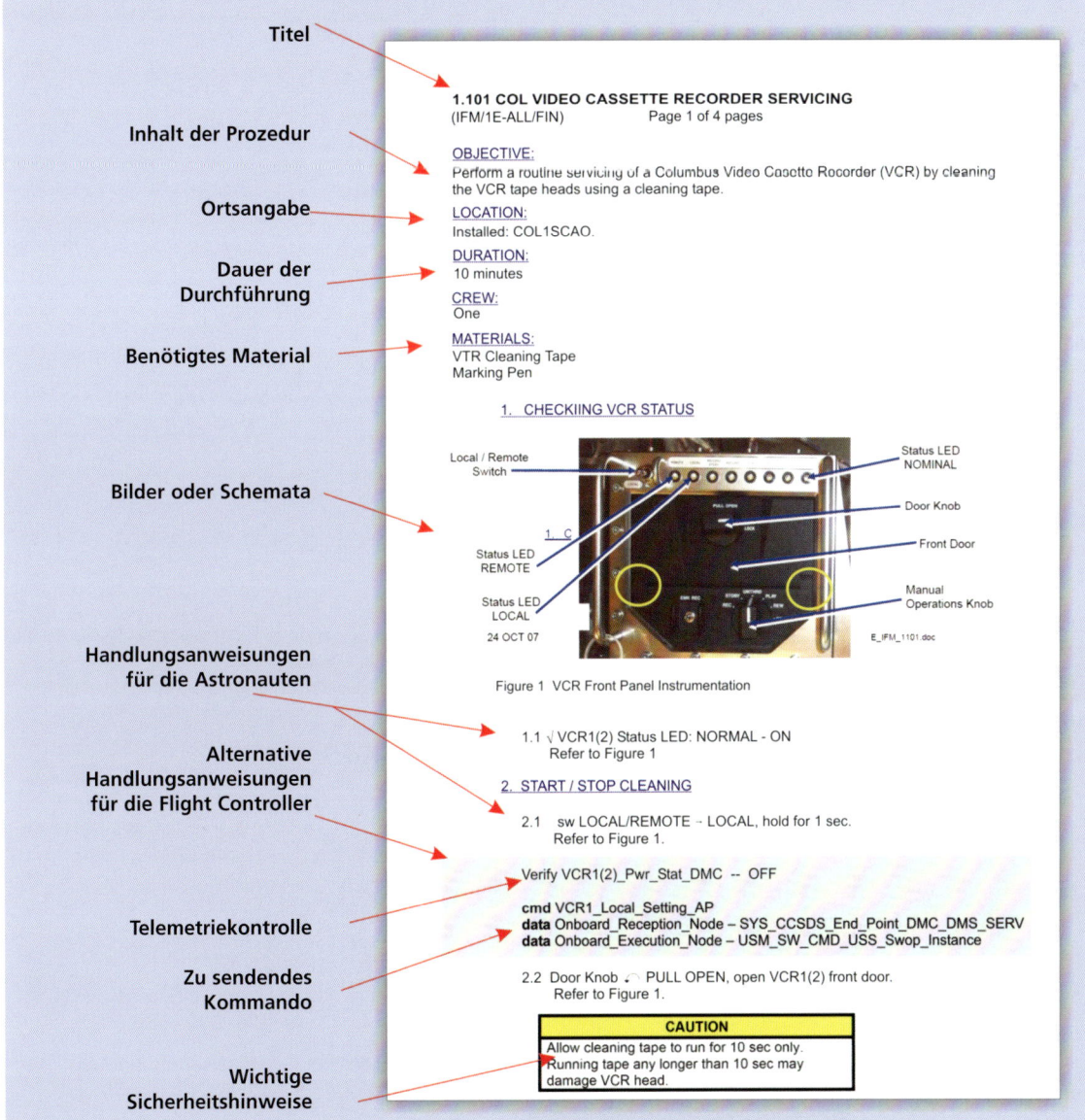

aus wird Schritt für Schritt in den **Operational Data Files (ODF)** aufgelistet. Diese wichtigen Dokumente sind für jede einzelne Aktivität vorhanden – de facto ist jeder Eintrag in der Timeline mit einer entsprechenden Prozedur verknüpft. Prozeduren müssen aber nicht nur für geplante Ereignisse, sondern auch für mögliche Fehlerfälle oder nötige korrigierende Eingriffe vorgehalten werden. Denn falls nach einer Anomalie das

Operational Data Files (ODF)
Detaillierte Handlungsanweisungen für jede Aktivität auf der Timeline, oft auch einfach »Prozedur« genannt

Durch **Flight Rules** werden die Rahmenbedingungen definiert, unter denen die ISS betrieben werden darf. Weiterhin wird für spezielle operationelle Situationen bereits eine vorgefertigte Entscheidung (»Was tun wir, wenn …«) vorgegeben. Es gibt mehrere Bände des **Flight Rule**-Buches, wobei etwa der Band B für die ISS ohne angedocktes Space Shuttle gilt. Band A enthält Regeln, die nur für den Space Shuttle im Alleinflug gelten, während Band C den gedockten Zustand beschreibt. In Ergänzung zu diesen allgemeingültigen Regeln gibt es für jede Shuttle-Mission noch einen flugspezifischen Annex, der Regeln enthält, die nur für die spezielle Situation dieses Fluges Geltung besitzen und danach wieder auslaufen. Jeder Band ist in 19 Kapitel für die verschiedenen Subsysteme, Themengebiete und Fachrichtungen unterteilt. Die unten abgebildete Regel B9-2005 ist aus dem Kapitel 9 des B-Bandes, das alle mit

Elektrizität verbundenen Regeln zusammenfasst. Sie beschreibt die Vorsichtsmaßnahmen, die erfüllt werden müssen, bevor die Astronauten an elektrischen Verbindungen arbeiten dürfen. Die Änderung einer **Flight Rule** ist ein komplizierter Prozess, bei dem die verschiedensten Experten die vorgeschlagene Änderung im Detail untersuchen und letztendlich für gut befinden müssen. Dann wird die überarbeitete Regel vor ein monatlich speziell für diesen Zweck tagendes Gremium gebracht, wo die Änderung dann schließlich offiziell verabschiedet wird. Erst dann werden die Bücher neu veröffentlicht, und die Regel darf in der neuen Version angewendet werden. Verstöße gegen die **Flight Rules** sind im Normalfall nicht erlaubt – deswegen muss wie bei Gesetzestexten viel Aufwand betrieben werden, um die Formulierungen eindeutig und klar zu gestalten und jeden Interpretationsspielraum zu minimieren.

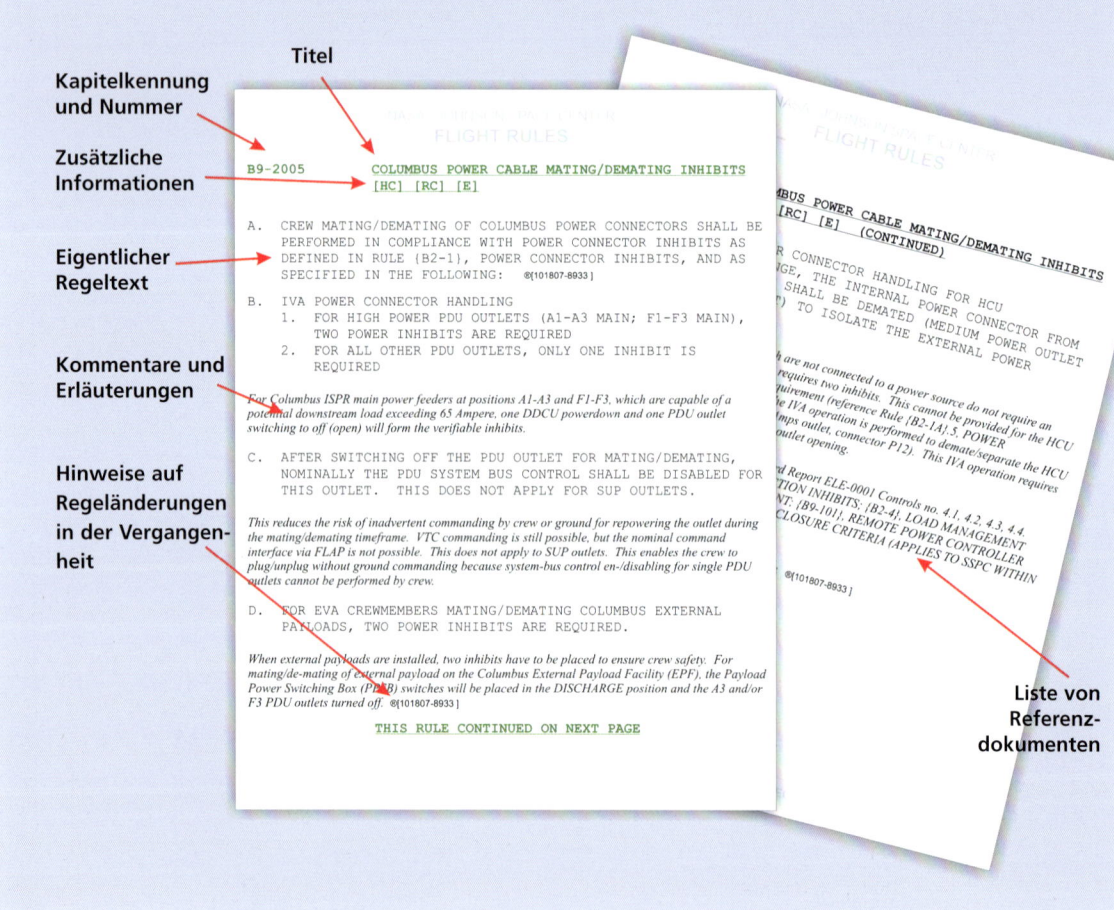

System in seinen Normalzustand zurückgebracht werden muss, so sind diese Kommandos nur dann erlaubt, wenn sie aufgrund einer vorher durchgesehenen und abgezeichneten Prozedur geschickt werden. Ebenso können die Astronauten an Bord nur tätig werden, wenn sie über eine **ODF** die genauen Vorgaben und Abläufe zur Hand haben.

Um sowohl für das Bodenpersonal als auch die Be-

satzung diese **ODFs** schnell lesbar und eindeutig interpretierbar zu gestalten, wurde zusammen mit der NASA, den japanischen, russischen und kanadischen Partnern eigens ein mehrere hundert Seiten umfassender Standard entworfen, welcher die genaue äußere Form dieser Dokumente festlegt. Von der Information, die in den Überschriften enthalten sein muss, über die Verwendung von Anmerkungen zur näheren

Erläuterung bis hin zur Art und Weise, wie für die Astronauten die Navigation durch die zahlreichen Computerfenster dargestellt werden muss, ist hier alles im Detail definiert.

Die einzelnen **ODFs** sind bis auf wenige Ausnahmefälle nicht ausgedruckt auf der Station verfügbar, sondern sie sind in einer elektronischen Bibliothek **(International Procedure Viewer – IPV)** hinterlegt, die sowohl jeder Flight Controller auf seinen Konsolencomputern als auch die Astronauten auf ihren Laptops installiert haben. Die immer wieder notwendigen Überarbeitungen des vorhandenen Prozedurmaterials und die ständige Generierung neuer **ODFs** ist nur elektronisch und durch die Kontrollzentren zu bewerkstelligen. Müssten mit jeder neuen Version an Bord neue Ausdrucke erstellt und die veralteten Seiten ausgetauscht werden, so wäre dies bei der teuren Crewzeit zu kostspielig. Abgesehen davon, dass auch Papier und Druckermaterial in großen Mengen auf die Station gebracht werden müssten. Die wenigen Prozeduren, die in einer Papierversion auf der ISS zu finden sind, beziehen sich nur auf Notfälle. Hier ist es wichtig, dass die Astronauten sich nicht auf die Verfügbarkeit der Laptops verlassen müssen und die Prozeduren auch mit sich nehmen können. Allein die Aktualisierung dieser Bücher in roten oder orangefarbenen Umschlägen bringt einiges an Aufwand mit sich – sind doch diese Notfallpläne in beinahe jedem der Module vorhanden. Deshalb müssen die Astronauten bei kleinen Änderungen statt wertvolles Papier zu verbrauchen mit einem Stift die notwendigen Korrekturen vornehmen – auch wieder einer Prozedur folgend, die diese »pen and ink«-Änderungen genau beschreibt.

Während die ODFs Schritt für Schritt durch die einzelnen Aktivitäten auf der Raumstation führen, geben die **Flight Rules** den Rahmen des erlaubten ISS-Betriebes vor. Durch sie kann das »große Ganze« definiert werden, sie stellen gesetzesähnliche Vorschriften und Verbote dar, die akribisch befolgt werden müssen. Eine Abweichung ist nur in extremen Sonderfällen und mit Zustimmung des Houstoner Flugdirektors erlaubt – und dieser handhabt derartige Anfragen sehr restriktiv, nimmt er es doch in solchen Fällen auf seine eigene Kappe, die ISS sozusagen jenseits aller Empfehlungen der Ingenieure und Experten zu betreiben. Falls bereits länger im Voraus klar ist, dass ein Paragraf des **Flight Rule**-Buches verletzt werden muss, um etwa auf eine zunächst nicht geplante Situation reagieren zu können, so muss das jeweilige Kontrollzentrum zugleich gute Gründe in Form von Analysen und Gefahreneinschätzungen angeben und weiterhin beweisen, dass

die Abweichung von der **Flight Rule** kein Sicherheitsrisiko für die Besatzung, die Station oder die Experimente an Bord darstellt. Diese Anfrage muss nicht nur vom STATION FLIGHT, sondern auch von NASA-Experten und hohen NASA-Managern beurteilt und schließlich abgezeichnet werden, womit dann die einmalige Abweichung von den aufgestellten Regeln beschlossene Sache wird.

Der gesetzesähnliche Stellenwert dieses Regelwerks führt wie in den Rechtswissenschaften dazu, dass beim Erstellen des Textes jeder einzelne Satz genauestens auf seine Verständlichkeit oder Missverständlichkeit, seine Interpretierbarkeit und die genaue Formulierung seiner Aussage hin überprüft wird. Wie auch in Gesetzbüchern fügt man der eigentlichen Vorschrift noch kommentierende und erklärende Worte bei, die den dahinterliegenden Sinn erläutern und so bei Diskussionen wertvolle Ergänzungen darstellen.

All diese hier aufgeführten Dokumente erfordern bei einer potenziellen Änderung einen formalen Prozess, der sicherstellt, dass alle Experten der neuen Version zustimmen und dass das Dokument technisch und operationell weiterhin korrekt ist. Die letztendliche Verabschiedung geschieht dann in jeweils regelmäßig stattfindenden Konferenzen, etwa dem **ODFCB (Operational Data Files Control Board)** oder dem **EFRCB (European Flight Rule Control Board)**, bei denen alle Experten vertreten sind.

Einige der Dokumente müssen, nachdem sie auf europäischer Ebene für gut befunden und abgezeichnet worden sind, auch noch einmal einen ähnlichen Prozess auf amerikanischer Seite durchlaufen, oft auch unter Beteiligung der anderen internationalen Partner. Erst dann ist die Änderung gültig und darf – oft nach mehreren Monaten Bearbeitung – endlich angewendet werden.

... und womit er so arbeitet

Die zahlreichen Besuchergruppen, die täglich über die Besucherbrücke des Oberpfaffenhofener Raumfahrtkontrollzentrums geführt werden, sind meist fasziniert von der Anzahl der Computermonitore, die jeder Flight Controller an seinem Arbeitsplatz vor sich hat. Je nach Position reihen sich sechs bis zehn Flachbildschirme aneinander, die im Auge behalten werden müssen. Mehrere Mäuse und Tastaturen tummeln sich auf jeder der Konsolen, die verschiedenen Rechnern zugeordnet sind. Denn drei verschiedene und strikt voneinander getrennte Netzwerke wurden aus Sicherheitsgründen am COL-CC implementiert. Das **OFFICE LAN** ist ein

Flight Rules
Gesetzesähnliche Rahmenbedingungen und vorgefertigte Entscheidungsregeln für den Betrieb der Raumstation

Operational Data Files Control Board (ODFCB) European Flight Rule Control Board (EFRCB)
Diskussions- und Beschlussgremien für die jeweiligen Produkte

▶▶ *Die »Werkzeuge« der Flight Controller an der Konsole*

▶ *Prozeduren sind eines der wichtigsten Hilfsmittel für die Astronauten, aber auch für die Flight Controller.*

OFFICE LAN
DLR-Netzwerk mit der niedrigsten Sicherheitsstufe. Ist, wie der Name impliziert, auch in den Büros verfügbar

OPS SUPPORT LAN
Nur in den Kontrollräumen zugängliches Netzwerk mit hohem Sicherheitsstandard

OPS LAN
Hochsicherheitsnetzwerk, das ausschließlich zum Kommandieren und Prozessieren der Telemetrie verwendet wird

Mission Flight Data Base
Allumfassende Datenbank, in der alle Dateninformation für *Columbus* enthalten ist

SatMon
Datendarstellungssoftware für Raumfahrtanwendungen

Console Log
Elektronisches Logbuch für jede Schicht

Schichthandover
Als Handover wird die Weitergabe der Information während des Schichtwechsels bezeichnet.

Flight Note
Elektronisches Minidokument, das in Echtzeit von den Flight Controllern erstellt und innerhalb der Kontrollräume prozessiert und schließlich durch den Flugdirektor als verbindlich abgezeichnet wird

gut geschütztes Intranet mit Anbindung an das weltweite Internet, was für schnelle Recherchen, aber auch für den E-Mail-Verkehr benötigt wird.

Das **OPS SUPPORT LAN** ist ein spezielles Netzwerk, an das nur die Raumfahrtzentren angeschlossen sind und über das sozusagen der administrative und bürokratische Teil des Raumfahrtbetriebes abgewickelt wird.

Am stärksten geschützt und kontrolliert wird schließlich das **OPS LAN**, über das Kommandos an die Raumstation geschickt und die Telemetriedaten empfangen werden. Hier kann sich nur einloggen, wer eine spezielle Schlüsselkarte besitzt, die für jede Person auch genau die Rechte festlegt, die er im **OPS LAN** in Anspruch nehmen darf.

Die komplexe Software, die zum Kommandieren von *Columbus* verwendet wird, wurde eigens für diesen Zweck entwickelt. Das Rückgrat bildet dabei eine geschützte Datenbank, die **Mission Flight Data Base**, in der alle Kommandodefinitionen, alle Telemetrievariablen mit den entsprechenden Zusatzinformationen und Kalibrierungsdatensätzen, verschiedene Hilfsparameter und Rechenformeln enthalten sind, die das europäische Modul virtuell nachbilden.

Auf diese Datenbank greift auch das Softwarepaket zu, das zur Darstellung der Telemetrie verwendet wird. Mit **SatMon**, das vom DLR für Satellitenprojekte entwickelt wurde und geringfügig modifiziert nun auch für *Columbus* verwendet wird, können die vielen Tausend Daten des Moduls als Zahlen oder auch Grafiken auf verschiedenen Displays dargestellt werden, die von den Flight Controllern in den Vorbereitungsjahren in mühsamer Kleinarbeit erstellt wurden. Für viele der Parameter wurden auch Grenzwerte definiert, bei deren Überschreitung ein automatischer Alarm die Aufmerksamkeit des Teams auf sich zieht.

Neben diesen beiden Hauptanwendungen laufen

auf dem **OPS LAN** noch weitere nützliche Hilfsprogramme, die etwa den aktuellen Zustand der Funkverbindung zur Raumstation anzeigen, die Paketkonfiguration der **Telemetrie** darstellen oder die errechnete Lage der **TDRS**-Satelliten aus Sicht der ISS-Antenne zeigen.

Die Computeranwendungen, die am **OPS SUPPORT LAN** laufen, sind beinahe ausnahmslos webbasiert konzipiert, sodass alle Nutzer dieses geschützten Netzwerkes einfachen Zugriff auf sie haben. Teils sind sie von der NASA für den Raumstationsbetrieb zur Verfügung gestellt, teils für *Columbus* entwickelt worden. Hier läuft **OSTPV** zur Anzeige der Timeline ebenso wie **IPV**, mit dem die zur Ausführung nötigen Arbeitsprozeduren aufgerufen werden können.

Das **Console Log**, eine Art elektronisches Schichttagebuch, in dem jeder Flight Controller wichtige Ereignisse, aber auch Entscheidungen, gegebene oder empfangene Anweisungen oder Probleme vermerkt, ist ebenfalls als webbasierte Anwendung verfügbar, die den jeweiligen Einträgen automatisch Zeitstempel hinzufügt. Die in diesem Programm gemachten Aufzeichnungen sind wichtig zur Dokumentation und eigenen Absicherung, aber auch die Grundlage für den Informationstransfer während dem **Schichthandover**.

Einen besonderen Stellenwert haben die **Flight Note**-Systeme, die als europäische und internationale NASA-Versionen vorhanden sind. Die Bezeichnung **Flight Note** ist irreführend – keineswegs sind es einfache Notizen, die von den Flight Controllern geschrieben werden, sondern die elektronische Dokumentation wichtiger Entscheidungsprozesse in Echtzeit, also an den Konsolen. Für jede Anomalie, die an Bord passiert ist, für jede Abweichung von der zunächst vereinbarten Timeline oder auch für jede dringende Änderung eines in der Vorbereitungsphase erstellten

Produktes bittet der Flugdirektor einen seiner Flight Controller, eine neue **Flight Note** zu verfassen und darin kurz das Problem oder den Änderungswunsch darzustellen – wenn nötig, können auch die entsprechenden Beweis- oder Referenzunterlagen als Datei beigefügt werden. Diese neue **Flight Note** wird dann durch den Flugdirektor in den »Review« gegeben, indem er aus allen betroffenen Experten eine Liste von Gutachtern erstellt, die den Inhalt auf seine Richtigkeit oder Machbarkeit hin überprüfen und letztendlich dieses kleine Dokument entweder elektronisch abzeichnen, Änderungen verlangen oder schlichtweg als falsch ablehnen müssen. Dann obliegt es wieder dem Flugdirektor, die Gutachterliste und die entsprechenden Kommentare zu sichten und dann in letzter Instanz zu entscheiden, ob er seine Unterschrift ebenfalls unter die **Flight Note** setzt und sie damit für gut und verbindlich anwendbar befindet oder ob er den Autor bittet, zunächst den einen oder anderen Kommentar einzuarbeiten, eine neue Version mit geändertem Inhalt zu erzeugen und schließlich die Begutachtung durch die Experten noch einmal wiederholen zu lassen.

Jede Angelegenheit, die ausschließlich *Columbus* betrifft, kann im internen System abgehandelt werden. Für jede modulübergreifende Sachlage muss die NASA-Version der **Flight Notes** benutzt werden, zu der alle internationalen Partner Zugang haben und in welcher der STATION FLIGHT die letzte Entscheidungsinstanz darstellt. Oft sind auch gemischte Herangehensweisen notwendig: Zunächst einigt man sich im internen System auf eine gemeinsame europäische Stimme in einer bestimmten Angelegenheit, der COL FLIGHT schließt durch seine Unterschrift die Diskussion diesseits des Atlantiks ab und überträgt dann die Information in das amerikanische System, in das nun auch die anderen Kontrollzentren eingebunden sind und wodurch letztendlich ein internationaler Konsens gefunden wird.

Die **Flight Notes** sind nicht für *Columbus* oder die Raumstation erfunden worden. Schon bei den *Apollo*-Missionen wurde festgestellt, dass es während einer Raumfahrtmission nötig ist, Informationen schnell im Team zu verteilen oder von einem Experten zum andern zu schicken. In den alten *Apollo*-Kontrollräumen ist es noch möglich, den Ursprung dieses Informationsaustauschsystems zu besichtigen. Nachdem die Computertechnik damals noch in ihren Kinderschuhen steckte und an Netzwerke im heutigen Sinne kaum zu denken war, war an den Konsolen ein Rohrpostsystem integriert, über das die Nachrichten verteilt wurden. Die Notizen wurden dabei entweder handschriftlich oder mit der Schreibmaschine auf Papier gebracht und dann in einem verschlossenen Zylinder in das Rohrsystem eingeworfen. Natürlich durften der Empfänger und der Absender nicht fehlen.

Damals wie heute schließt das System eine wichtige Lücke im Informationsaustausch zwischen den einzelnen Positionen, denn im Raumfahrtbetrieb darf nicht auf Gerüchten, Verdacht oder Meinungen Einzelner basierend gearbeitet werden. Selbst eine technisch richtige Aussage einer Herstellerfirma hat an der Konsole keine Verbindlichkeit, solange sie nicht in eines der »Operational Products« übersetzt wurde, die die alleinigen Handlungsanweisungen für die Mitglieder des Kontrollteams bilden.

Allerdings ist es andererseits praktisch unmöglich, schon bei der Vorbereitung alle Fragen, die während des Flugbetriebes aufkommen, erschöpfend zu beantworten und den Flight Controllern etwa in einer Prozedur, einer Flight Rule oder einem JOIP eine geschriebene Anweisung in die Hand zu geben. Über die **Flight Notes** können nun die notwendigen Klärungen auch an der Konsole geschaffen und ausführlich dokumentiert werden. In diesem Sinn stellt jede neue **Flight Note** ein kleines Zusatzdokument dar, das die existierenden Richtlinien ergänzt und verbindlich für alle gilt.

Weitere wichtige webbasierte Computerprogramme sind außerdem das **JEDI**-System, über das elektronische Dokumente an die Raumstation übermittelt werden, und das **Planning Product Change Request (PPCR)**-Programm, über das Änderungen der Timeline beantragt und über ein Genehmigungsverfahren verabschiedet werden können.

Der *Columbus* Operations Planner *Giovanni Gravili* hat nun in der Nachtschicht zusammen mit seinen Kollegen genau ein solches **PPCR** erstellt, um den morgigen Tagesplan, der den Außenbordeinsatz enthalten

◄ *Das Genie beherrscht das Chaos: German Zoeschinger an seinem Arbeitsplatz, der COP-Konsole*

JEDI
Koordinierungsanwendung für alle Dateien, die auf die Raumstation gebracht werden sollen

Planning Product Change Request (PPCR)
Computerprogramm, über das Änderungen der Timeline beantragt und über ein Genehmigungsverfahren verabschiedet werden können

▶ German Zoeschinger, Julian Doyé und Norbert Porth und Gerd Söllner (von links) bei ihrer Arbeit

Die kleinsten Dokumente in der Raumfahrt

Flight Notes dienen der Entscheidungsfindung und -dokumentation an der Konsole und haben den Stellenwert von kleinen, elektronisch unterschriebenen Dokumenten, die für die Flight Controller verbindlich gelten. Der Flugdirektor bittet seine Experten jeweils, den Inhalt zu prüfen. Diese kommentieren den Inhalt, falls nötig, und zeichnen dann für ihr Fachgebiet ab. Das letzte Wort liegt schließlich wieder beim Flugdirektor, der dabei die Anmerkungen seiner Experten in seine Entscheidungsfindung mit einbezieht. Im unten gezeigten Beispiel informiert COL SYSTEMS das Team, dass der Stromverbrauch von *Columbus* für die Dockingphase des 19S-Soyuz-Raumschiffes im vorgegebenen Rahmen liegt und keine weiteren Geräte abgeschaltet werden müssen. Die anderen Positionen überprüfen auf die Aufforderung des Flugdirektors hin die Rechnung von COL SYSTEMS und bestätigen mit ihrer Unterschrift zugleich, dass sie von dem Energieengpass Notiz genommen haben. Dann gibt der Flugdirektor durch sein abschließendes Approval dem Inhalt der Flight Note operationelle Relevanz und Verbindlichkeit. Ab jetzt ist es beschlossene Sache, dass *Columbus* während des 19S-Dockings in seiner geplanten Stromverbrauchskonfiguration bleiben kann.

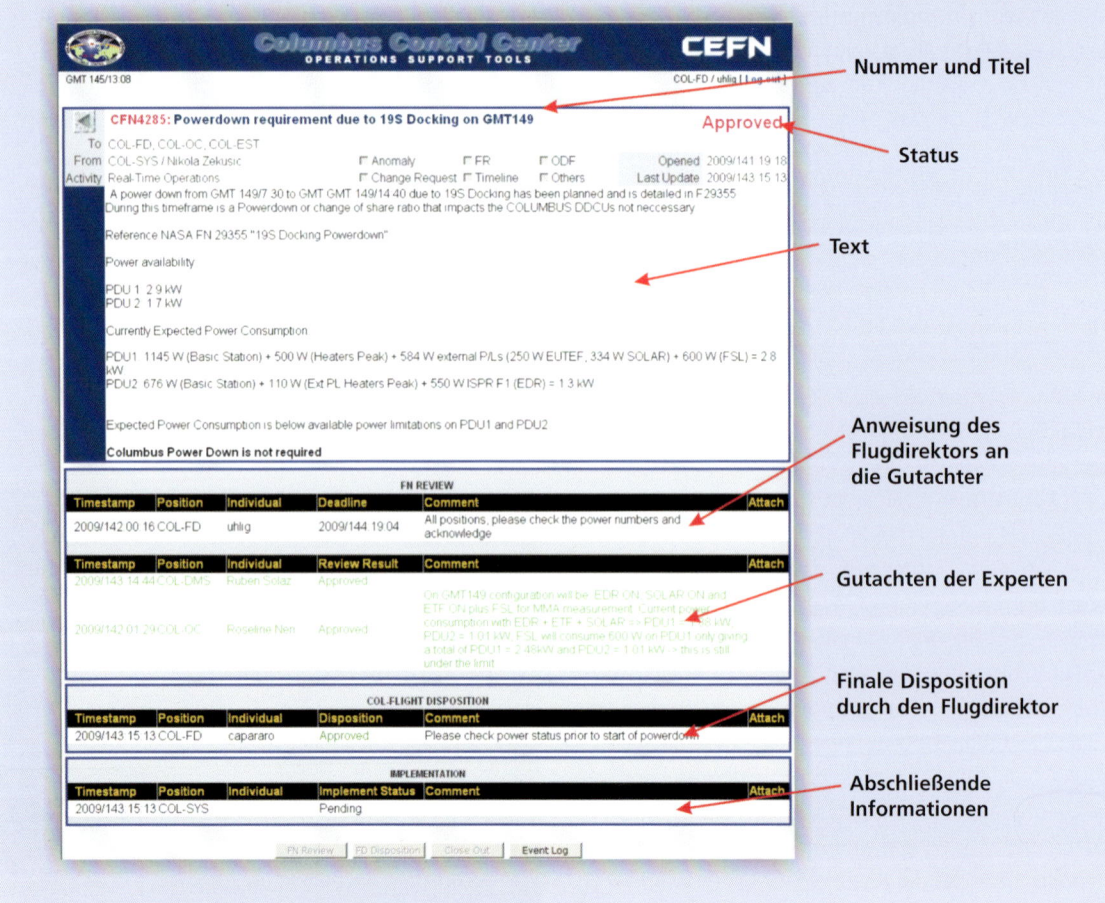

hätte, komplett zu löschen und mit neuen Aktivitäten für alle Besatzungsmitglieder zu füllen – eine sehr aufwendige Angelegenheit für alle Beteiligten!

Der Tag »+1«

Der vierte Flugtag beginnt in Oberpfaffenhofen mit dem **Handover** zwischen *Orbit 3* und *Orbit 1*, der sich ab 10:00 Uhr für etwa eineinhalb Stunden hinzieht. Der Schichtwechsel ist immer eine wichtige Phase, da keine essenzielle Information dadurch verloren gehen darf, dass sie nicht von einem Team an das nächste weitergegeben wurde. Entsprechend fangen die abzulösenden Flight Controller schon etwa eine Stunde vor der Ankunft der neuen an, Notizen über die vergangene Schicht zusammenzuschreiben und die Informa-

tion so aufzubereiten, dass der hinzukommende Kollege alles Wichtige schnell und umfassend erfährt.

Schon während der Schicht ist jedermann an der Konsole dazu angehalten, in der bereits erwähnten speziellen Software minutiös alle Ereignisse, Entscheidungen und Informationen als **Console Log** festzuhalten. Zum einen dient dies dem Sammeln von Informationen (und in der Tat – die Autoren dieses Buches bedienten sich beim Schreiben der verschiedenen **Console Logs** als zusätzlicher Gedächtnisstütze) und auf der anderen Seite zur Dokumentation und damit zur eigenen Absicherung.

Das **Console Log** ist somit ein wichtiger Bestandteil des **Handovers** – hier kann der neue Flight Controller einen detaillierten Überblick über die Ereignisse der vergangenen Schicht gewinnen. Nach dem Lesen dieses

▼ *Auf gute Nachbarschaft – Blickkontakt von der Raumstation zum Shuttle hinüber*

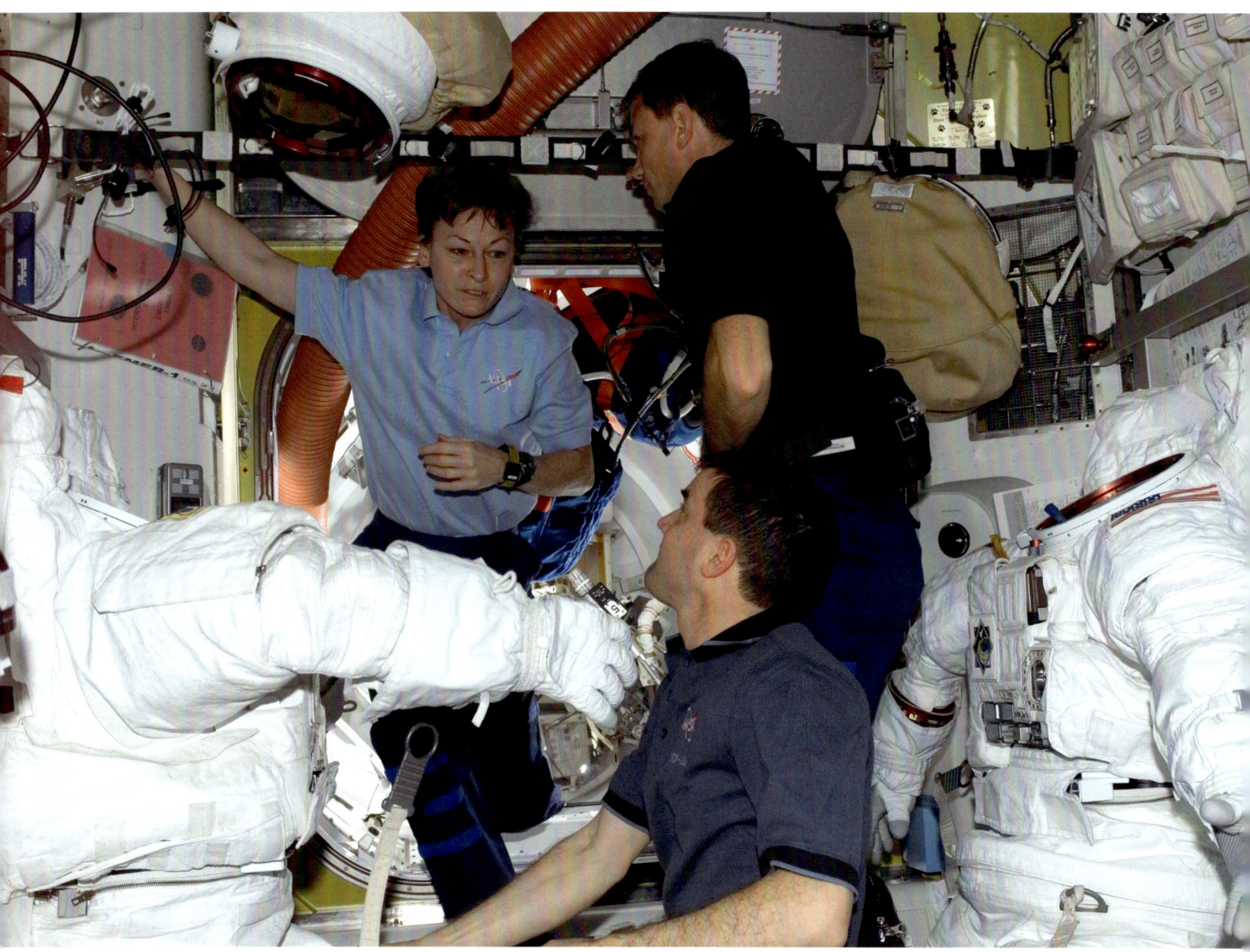

▲ *Die Vorbereitungen für den ersten Weltraumaustieg beginnen. Die Astronauten Peggy Whitson, Stanley Love und Rex Walheim im Airlock*

Dokuments versucht der abzulösende Kollege dann, die eventuellen Fragen seines Nachfolgers zu beantworten, ohne das gerade auf der Raumstation ablaufende Geschehen aus den Augen zu verlieren. Da dies in manchen heißen Phasen oft praktisch unmöglich zu bewerkstelligen ist, wird das **Handover** auch oft erst auf die Zeit nach einer solchen Phase verlegt.

Nach diesem Konsolen-Handover folgt nun das Briefing im neuen Team. Weil während der 1E-Mission eine Schichtbesetzung aus relativ vielen Flight Controllern besteht, findet dieses Briefing in einem angrenzenden Raum statt. Hier berichtet jede Position von den Ereignissen der letzten Schicht, eventuellen Problemen, dem Status ihrer Lösung und den geplanten Aktivitä-

ten in der bevorstehenden Schicht. Auf diese Weise wird das ganze Team auf den gleichen Wissensstand gebracht, und es wird nebenbei auch sichergestellt, dass kein wichtiges Detail im Konsolen-Handover übersehen wurde.

Etwas zeitversetzt beginnt schließlich auch das **Handover** des Flugkontrollteams in Houston. Auch hier bekommt der STATION FLIGHT von seinem Team alle notwendigen Informationen, indem auch hier die Positionen der Reihe nach abgefragt werden. Auch der COL FLIGHT wird auf dem Funkkanal angesprochen und gibt einen kurzen Überblick, welche Probleme von seinem Team derzeitig bearbeitet werden und welche Aktivitäten in der kommenden Schicht geplant sind.

Danach kehrt das neue Oberpfaffenhofener Team in den Kontrollraum zurück, und der neue Flugdirektor entlässt das vorherige Team, wenn die neuen Flight Controller sich genügend informiert fühlen, um die Schicht antreten zu können.

Gegen 11:30 Uhr entlässt *Gerd Söllner* heute den *Orbit 3* von *Guido Morzuch* und übernimmt damit die Verantwortung für den laufenden Betrieb. Kurz darauf wird auch die Crew in der Raumstation und im Space Shuttle geweckt – heute ist dies die Aufgabe von *Herbert Grönemeyer*. Er singt – insbesondere für *Hans Schlegel* – seinen Hit »Männer«. Es sind die Familien und Freunde der Astronauten, die während eines Space Shuttle-Fluges für jeden Morgen einen musikalischen Weckruf zusammenstellen, der dann von Houston während des **Wake-up-Calls** gespielt wird. Für

Hans hat seine Frau *Heike* das Musikstück ausgesucht – und *Hans* bedankt sich dafür bei ihr über den Space-to-Ground-Funkkanal.

Während des *Orbits 1* ist ein Teil der Besatzung mit Vorbereitungen für den Außeneinsatz beschäftigt, der andere Teil setzt das Entladen des Shuttles und das Einräumen der Station fort. In Oberpfaffenhofen kümmert sich das Team hauptsächlich um die Vorbereitung der kommenden Tage. Auch am Nachmittag setzt sich für *Orbit 2* der relativ gemächliche Tagesablauf für Crew und Flight Controller fort. Und heute wird im *Node 2* schon einmal einer der *Columbus*-Laptops installiert, mit dem die Crew die wichtigsten Funktionen von *Columbus* kontrollieren und kommandieren kann – und zwar hoffentlich schon ab morgen! Der große Tag wirft bereits seine Schatten voraus.

◄ *Neben den Arbeiten zur Installation des neuen Moduls gibt es riesige Mengen an Shuttle-Fracht, die vom Middeck in die Raumstation gebracht, dort ausgepackt und verstaut werden muss. Viele Stunden sind in der Timeline hierfür vorgesehen.*

Columbus wird installiert!

Die Installation

Flugtag fünf. Heute steht das Andocken des europäischen Moduls *Columbus* auf dem Plan – wenn alles gut geht. Ein großer Tag für die europäische Raumfahrt und auch für das Kontrollzentrum in Oberpfaffenhofen, das seit Jahren auf diesen Moment gewartet hat. Es ist die Feuertaufe für die Flight Controller in Bayern, für die nun der Wechsel von der »Preparation Phase« in die »Operations Phase« ansteht.

Stan Love und *Rex Walheim*, die beiden Astronauten, die heute die erste **EVA (Extravehicular Activity)** der Mission durchführen werden, haben eine Nacht mit mehr oder weniger gutem Schlaf isoliert im **Quest-Modul**, der Luftschleuse für die Außenbordeinsätze, bei verringertem Luftdruck verbracht. Diese als **Campout** bezeichnete Prozedur ist vergleichbar mit der Dekompression eines Tauchers nach einem langen Tauchgang. Da die Atemluft in seiner Druckluftflasche nur zu etwa einem Fünftel aus Sauerstoff besteht, während der Hauptteil Stickstoff ist, hat der Taucher während seines Aufenthaltes in der Tiefe dieses Gas unter hohem Druck geatmet. Entsprechend hoch ist auch die Menge des im Blut gelösten Stickstoffs. Wird nun der äußere Druck zu schnell erniedrigt, kann das gelöste Gas nicht langsam und allmählich austreten, sondern formt Blasen im Blut. Diese Blasen können

Blutgefäße blockieren und zumindest Hautirritationen oder Gelenkschmerzen, schlimmstenfalls jedoch Herzinfarkt, Schlaganfall oder Lungenembolie verursachen oder gar zum Tod führen.

Für Astronauten, die einen Weltraumausstieg durchführen, ist die Lage ähnlich. Die Raumanzüge können nicht auf denselben Luftdruck gebracht werden, der im Inneren der Station herrscht. Im Vakuum des Weltalls wären die Anzüge sonst so prall gefüllt wie Autoreifen, was die Bewegung von Armen und Beinen praktisch unmöglich machen würde. Also besteht in den Raumanzügen ein niedrigerer Luftdruck. Wie bei Tauchern, die aus einer großen Tiefe langsam und unter Einhaltung von vorgeschriebenen Dekompressionsstopps aufsteigen, so werden die Körper der Astronauten nun langsam an den verminderten Druck in den Raumanzügen gewöhnt, indem sie die Nacht in der Schleuse bei bereits reduziertem Druck verbringen.

Stan und *Rex* und auch der Rest der ISS-Besatzung werden heute von der Steve-Miller-Band und ihrem Hit »Fly like an eagle« geweckt. Für *Stan* und *Rex* bedeutet der Weckruf heute, dass sie die Luftschleuse wieder kurzzeitig auf Normaldruck bringen dürfen, um ihre Morgentoilette durchzuführen – dabei atmen sie reinen Sauerstoff aus Masken, um den Stickstofflevel weiter niedrig zu halten. Danach geht es schnell wieder zurück in **Quest** und auf niedrigen Druck. Diesmal

Extravehicular Activity (EVA)
Außenbordtätigkeit der Astronauten

Quest-Modul
Luftschleuse des amerikanischen Teils der Raumstation, die den Ausstieg ins All ermöglicht

Campout
Durch verminderten Luftdruck und Anreicherung von Sauerstoff wird der Stickstoff aus dem Blut gespült.

▼ *Jede Hilfe ist willkommen. Peggy Whitson bugsiert Rex Walheim in die Luftschleuse.*

▲ Rechts am Node 1 ist Quest angebracht: Die Ausstiegstür der ISS. Für einen Weltraumausstieg stellt der zylindrische Teil ganz rechts die eigentliche Luftschleuse dar, die auf Vakuumniveau gebracht wird.

Simplified Aid for EVA Rescue (SAFER)
Raketenrucksack zur Selbstrettung, sollte ein Astronaut während eines Weltraumeinsatzes abdriften

▶ Peggy Whitson und Alan Poindexter sind beim Anlegen des Raumanzuges behilflich.

werden die beiden von *Peggy Whitson* und *Alan Poindexter* begleitet, die in den nächsten Stunden beim Anlegen der Raumanzüge assistieren.

Pünktlich um 15:14 Uhr öffnet sich schließlich die Luke nach außen, und *Rex* und *Stan* verlassen vorsichtig die Raumstation. Beide sind mit Leinen und Karabinern, die sie immer wieder umsetzen müssen, ständig mit der ISS verbunden. Würden sie den Kontakt mit der Station verlieren, hätte dies fatale Folgen. Denn die Physik würde es dem Astronauten nicht mehr erlauben, aus eigener Kraft zur Raumstation zurückzukehren. Die Gesetze der Impulserhaltung hätten zur Folge, dass er mit konstanter Geschwindigkeit davondriften würde – ohne jede Möglichkeit, daran etwas etwa durch Körperbewegungen zu ändern. In diesem absoluten Notfall könnte nur der **SAFER (Simplified Aid for EVA Rescue)**-Rucksack helfen, der genau für diese Situation konstruiert wurde und der den Astronauten durch kleine Düsen die ent-

▸ »I love Columbus« – ist es das, was Astronaut Stan Love hier sagen will?

▶ Arbeit im Weltraum – Columbus wird für das Andocken an den Node 2 vorbereitet.

Robotic Workstation
Steuerstand für den Stationsroboterarm im amerikanischen Weltraumlabor

an der Spitze des Arms befestigt und damit zur hochintelligenten »Roboterhand« mutiert.

Immer wieder müssen die empfindlichen Handschuhe der **EVA**-Astronauten genau untersucht werden, um eventuelle Schäden an diesen stark beanspruchten Stellen des Raumanzuges sofort festzustellen. Für *Stan* ist nach seiner Arbeit am Roboter und seiner eigenen Befestigung am Arm nun der Zeitpunkt gekommen, seine Handschuhe noch einmal genau anzusehen – das Ergebnis der Überprüfung fällt zu aller Zufriedenheit aus, und der Außeneinsatz darf fortgeführt werden.

Alan hat in der Raumstation die Arbeit der Weltraumspaziergänger genau im Auge und hält die Funkverbindung mit seinen Kollegen außerhalb. Die Bodenstationen in Houston und Oberpfaffenhofen hören gespannt den Funkverkehr im All mit und sehen die Bilder der Außenbordkameras und der Helmkameras der beiden Astronauten auf den großen Projektionsschirmen. Natürlich sind auch wieder viele Besucher gekommen, um dem historischen Moment beizuwohnen. Viele Mitarbeiter des Kontrollzentrums stehen mit ihren Familien auf der Besucherbrücke und fiebern mit Astronauten und Flight Controllern mit.

Die Stunde der Roboter

Im *Columbus*-Kontrollzentrum steigt die Spannung. Denn nun wird es richtig ernst. *Alan Poindexter* schaltet die Shuttle-Stromversorgung zu den elektrischen Heizern ab, die die *Columbus*-Außenhülle vor zu kalten Temperaturen schützten. *Nathalie Gérard* an der COL OC-Position hat bereits eine elektronische Stoppuhr vorbereitet und bringt das Computerfenster nun für alle sichtbar auf den großen Projektionsschirm des Kontrollraums: 19 Stunden, so haben die Thermalspezialisten errechnet, kann das 6,87 Meter lange und 4,47 Meter im Querschnitt messende Modul bei der derzeitigen Flugbahn der ISS und der entsprechenden Sonneneinstrahlung im kalten Weltraum überleben. Können die Heizer innerhalb dieser 19 Stunden nicht wieder mit Strom versorgt werden, so steigt mit jeder weiteren Minute das Risiko, dass das Kühlwasser in *Columbus* einfriert oder die empfindliche Elektronik beschädigt wird, drastisch an. Immer wieder schielen die Flight Controller auf diese Uhr und hoffen, dass in den nächsten Stunden kein schwerwiegendes Problem auftritt.

Die Weltraumspaziergänger werden nun das Stromkabel, das *Columbus* mit dem Shuttle verbindet, abmontieren, dann einen speziellen Adapter für den

sprechende Kurskorrektur und damit ein Zurückkommen ermöglichen könnte.

Rex und *Stan* legen deshalb auf ihrem Weg zum *Node 2* viel Wert auf ihre Sicherungsleinen, während sie sich entlang der fest definierten Pfade mit den goldgelben Griffen hangeln. *Stan* bewegt sich gleich weiter in die Ladebucht des Space Shuttles, das am *Node 2* angedockt hängt, während *Rex* den Anlegeport des *Nodes 2* vorbereitet, an dem in wenigen Minuten *Columbus* verankert werden soll. Hier muss eine Nomexabdeckung von der rechten Luke entfernt werden, die den empfindlichen Mechanismus zum Andocken des neuen Moduls vor Mikrometeoriten schützt. Außerdem wirft der Astronaut noch einmal einen letzten Blick auf die Dichtungsringe, die später den Durchgang zu *Columbus* gegen das Vakuum des Weltraums abdichten werden.

Dann gesellt sich auch *Rex* zu *Stan* in die Ladebucht. Dort hat *Alan Poindexter*, der innerhalb der Station an der **Robotic Workstation** den Weltraumspaziergang unterstützt, schon den **SSRMS**-Arm der Station in eine Position gebracht, um *Stan* die Konfiguration des Roboters zu erlauben. *Stan* wird nun sozusagen selbst zu einem Teil des **SSRMS**, indem er sich mit den Füßen

Roboterarm an der Außenhülle des Moduls anbringen und schließlich den Roboterarm über diesen Adapter mit *Columbus* verbinden. Verläuft dies alles reibungslos und im vorgegebenen Zeitplan, dann können die Heizer über den Roboterarm wieder mit Strom versorgt werden – und *Columbus* ist fertig für einen kurzen Flug aus der Shuttlebucht an die Raumstation. Gäbe es Probleme, hätten die Flight Controller immer noch einige ausgearbeitete Notfallpläne – aber in jedem Fall würde die **Thermal Clock** von 19 Stunden dann gegen sie arbeiten.

Nachdem *Rex* von *Alan Poindexter* aus der Station die Information bekommen hat, dass die Stromversorgung zu *Columbus* abgeschaltet wurde, kann er langsam durch die Ladebucht zu *Columbus* schweben, dort das nun spannungsfreie Kabel abmontieren und in der Ladebucht an der vorgesehenen Stelle verstauen. Um 16:23 Uhr hören die erleichterten Flight Controller die Meldung dieses erfolgreich durchgeführten Schritts mit – eine Problemquelle weniger! Jetzt muss nur noch der Roboterarm einwandfrei funktionieren, damit *Columbus* wieder gegen die Minusgrade des Alls gefeit ist.

Während *Stan Love* an der Spitze des Roboterarms wartet, hangelt sich *Rex Walheim* nun am *Columbus*-Modul entlang zu der Stelle, wo als nächster Schritt der Adapter für den Roboterarm der Station installiert werden soll. Dieser in Kanada entwickelte Roboter *Canadarm2* (oder eben **SSRMS** genannt) ist ein in voller Ausdehnung fast 18 Meter langer Arm, der nicht fest installiert ist, sondern zwei nahezu identische

◀ *Rex Walheim in der Nutzlast-bucht der Atlantis*

Enden hat, mit denen er sich entlang der Raumstation fortbewegen kann.

Hierzu sind überall an der Außenhaut der Raumstation Adapter angebracht – die **Power Data Grapple Fixtures (PDGF)** –, sodass der Arm mit einem Ende über einen **PDGF** mit der Station verbunden sein kann und mit Strom und Daten versorgt wird, während er mit seinem zweiten Ende entweder eine Last – wie momentan gerade *Stan Love* – bewegen oder eben den nächsten **PDGF** fassen und so einen fast 18 Meter langen, gewaltigen »Schritt« entlang der Raumstation durchführen kann. Der Arm hat auch eine Art Hand zur Verfügung – den **Special Purpose Dexterous Manipulator (SPDM)** oder auch als *Dextre* oder *Canada Hand* bekannt. Dieser zweite kleinere Roboter kann entweder autark oder buchstäblich als Hand des *Canadarms2* eingesetzt werden. Und schließlich ist noch die dritte Komponente des Systems erwähnenswert: Auf dem **Truss**, der riesigen Querstruktur der Raumstation, die die Sonnensegel hält, sind Schienen angebracht, mit deren Hilfe sich ein kleiner Wagen über die gesamte Länge des **Trusses** bewegen kann. *Der Canadarm2* kann dort im wahrsten Sinn des Wortes aufsteigen und so auch die gigantischen Sonnen-

◀ *Der PDGF – damit lässt sich alles anpacken.*

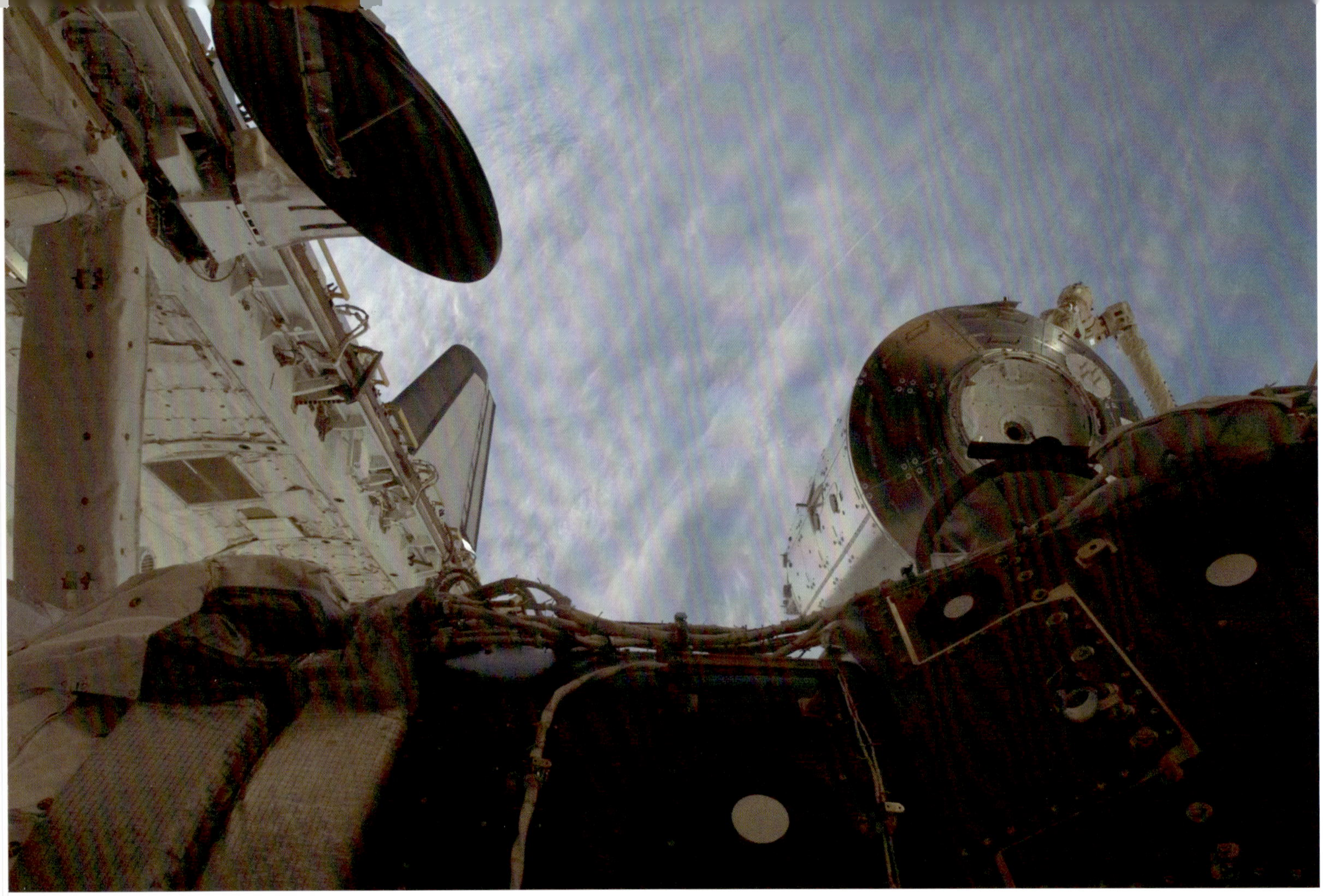

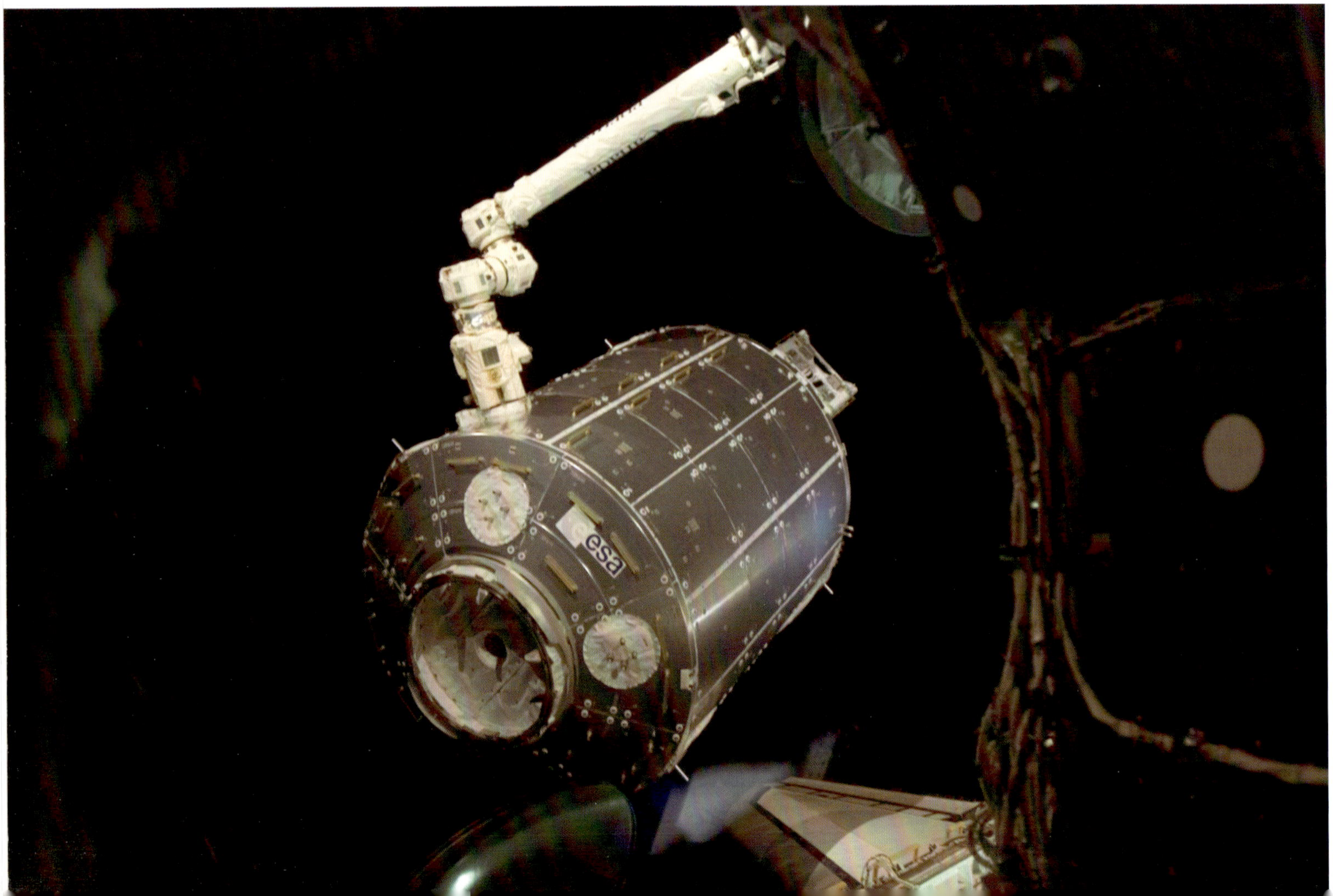
esa

Während *Rex* an den Leitungen arbeitet, bleibt *Stan* an der Luftschleuse und hat damit kurz Zeit, einen Moment die blauschimmernde Erde zu betrachten, die sich unter ihm hinwegzubewegen scheint – in Wirklichkeit ist er es, der zusammen mit der Raumstation, dem Shuttle und seinen Kollegen mit einer atemberaubenden Geschwindigkeit von etwa 7,7 Kilometer pro Sekunde (etwa Mach 23) um den Planeten kreist und dabei beispielsweise die Strecke München – Berlin in nur etwas mehr als einer Minute hinter sich bringt!

Um 20:53 Uhr gibt der Flugdirektor in Houston endlich das »Go« für den Beginn der Installation des neuen Moduls, nachdem *Alan Poindexter* Bescheid gegeben hat:

> »Alright, Alpha and Houston, *Atlantis*, for *Columbus* unberth. The trunions and the keel are released. You have a 'go' for *Columbus* unberth.« –
> »Raumstation und Houston, hier spricht die Atlantis wegen des Herausnehmens von Columbus. Die seitlichen und die unteren Halterungen sind gelöst, und von unserer Seite aus könnt Ihr Columbus herausheben.«

Die Halterungen, die *Columbus* in der Ladebucht des Shuttles gehalten haben, werden nun gelöst, und Zentimeter für Zentimeter hebt sich das 12,8 Tonnen schwere Modul aus der *Atlantis*. Natürlich hält jeder Flight Controller in Oberpfaffenhofen dieses Ereignis in seinem Log fest. Und Astronaut *Dan Tani* kommentiert das Geschehen auf dem *Space-to-Ground*-loop:

> »Columbus has started its trip to the new world!« –
> »Columbus hat seine Reise in die Neue Welt begonnen!«

Langsam und in einem eleganten Bogen bewegt sich das Modul nun auf seinen Bestimmungsort zu. Die Flight Controller in Houston überwachen das Spektakel – die Robotikexperten genauso wie die Spezialisten für die Lageregelung der Raumstation. Denn die Bewegung eines solchen Gewichts ist mit einem nicht unerheblichen Drehmoment verbunden und hat damit unweigerlich auch eine Auswirkung auf die gesamte Raumstationsausrichtung.

Auch die Kollegen in Oberpfaffenhofen verfolgen den Transfer und können sich immer wieder einen kurzen Blick auf die eindrucksvollen Videobilder gönnen.

Im Hintergrund jedoch müssen noch viele Dinge für die kommenden Tage erledigt werden. Für die externe

◄ Bei der Annäherung des Columbus-Moduls an den Node 2 lässt sich bereits der spätere Durchgang erahnen, der noch mit einem schützenden Gewebe bedeckt ist.

◄ Columbus ist nur noch wenige Zentimeter vom endgültigen Bestimmungsort entfernt. Hier sind zwei Vierergruppen von Außenbordventilen (innerhalb der weißen Scheiben) erkennbar, ebenso die goldgelben Griffe, an denen sich die Astronauten bei zukünftigen Außeneinsätzen entlangbewegen werden.

Experimentplattform EuTEF ist in letzter Minute ein neuer Softwarepatch gekommen, der nun auf die ISS gebracht und später installiert werden muss. Die Timeline ist immer noch unter Bearbeitung. Die elektronische Bibliothek der Prozeduren soll auf den aktuellen Stand gebracht werden. Und *Aaron Butler* und *Bernie Kerr* an der COL SYSTEMS-Konsole halten ein waches Auge auf den Strom, der über den Roboterarm in die Außenhautheizer fließt. Sie können im Lauf der Zeit eine Regelmäßigkeit feststellen, die das korrekte Funktionieren der Thermostaten und Heizer beweist. Für *Aaron* ist die Arbeit an der Konsole übrigens nichts Neues. Bevor der Amerikaner zum *Columbus*-Team gestoßen ist, war er in Houston bereits als **ADCO (Attitude Determination and Control Officer)** ausgebildet worden und hatte die Lagekontrollsysteme der ISS überwacht – für die Münchner ein hochwillkommener Experte für Fragen zu diesem komplizierten Spezialgebiet.

Es ist schon 22:29 Uhr abends in München, als *Columbus* mit der Raumstation zum ersten Mal Kontakt

Attitude Determination and Control Officer (ADCO)
Lageregelungsexperte

◄ Columbus wird vom SSRMS-Greifarm aus der Ladebucht der Atlantis gehoben.

◄ Transfer des Columbus-Moduls zum Node 2

hat. Nun wird das neue Modul in einem mehrstufigen Prozess endgültig und für immer mit der ISS verbunden. Die ersten Flight Controller von *Orbit 3*, die natürlich früher nach Oberpfaffenhofen gekommen sind, um diesen Moment miterleben zu können, betreten schon den Kontrollraum, als der französische ESA-Astronaut *Léopold Eyharts* über den *Space-to-Ground*-Kanal meldet:

»Houston and Munich, the European *Columbus* laboratory module is now part of the ISS.« – *»Houston und München, das europäische Columbus-Labormodul ist von nun an Teil der ISS.«*

Mission Control Houston antwortet schlicht: »Beautiful work!«

Die beiden Arbeiter draußen im Weltall haben zusammen mit den Astronauten innerhalb der Raumstation an den Roboterjoysticks und in den Kon-

▼ *Am Ziel! – Columbus ist am Node 2 angekommen und wird endgültig verankert.*

trollzentren ganze Arbeit geleistet. Inzwischen sind auch sie wieder wohlbehalten von ihrem aufregenden Abenteuer zurück in der Station angekommen.

Columbus hat sozusagen fliegen gelernt.

Sicherheit wird GROSS geschrieben

Während eines Weltraum-Außeneinsatzes ist das Houstoner Kontrollzentrum mit vielen zusätzlichen Spezialisten besetzt, die Experten in Sachen Raumanzug, Gesundheit oder Robotik sind. Für die kritische Zeit einer EVA werden alle erdenklichen Maßnahmen getroffen, um Unfälle oder größere Probleme möglichst vollständig auszuschließen.

Aber nicht nur für die Außeneinsätze werden hohe Ansprüche an die Sicherheit gestellt. Für jede Aktivität, jedes Gerät oder jedes Experiment, welches auf der ISS betrieben wird, muss mit hohem Aufwand nachgewiesen werden, dass keine Gefahren davon

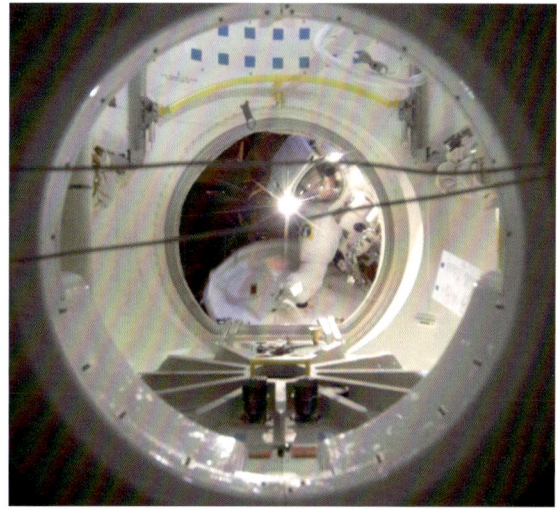

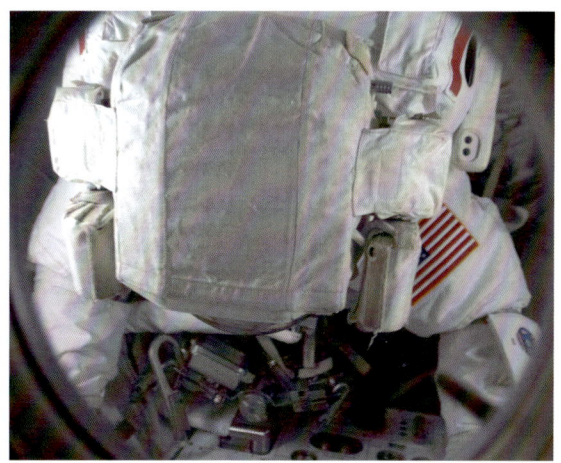

ausgehen oder diese Gefahren ausreichend kontrolliert werden. Was in einem Wissenschaftslabor auf der Erde zwar vielleicht nicht explizit erlaubt ist, aber dennoch geduldet wird, das ist etwa in *Columbus* streng verboten – etwa das Hantieren mit stromführenden Kabeln oder das Experimentieren an einem offen zugänglichen Laserstrahl.

Schon bei den ersten Entwicklungsideen für ein neues Experiment auf der ISS sind Überlegungen zur Betriebssicherheit wichtig und werden auch eingefordert und entsprechend überprüft. Deshalb wird die Entwicklung von einer detaillierten Gefahrenanalyse begleitet – eine Wissenschaft für sich und ausreichend kompliziert, um ganze Kongresse darüber abzuhalten.

Anhand von bereits vorhandenen Checklisten muss der Entwickler zunächst überprüfen, welche Gefahren von seiner Konstruktion, die zunächst ja nur auf dem Papier existiert, ausgehen. Wird etwa Glas verwendet, das beim Transportweg auf die Raumstation zerbrechen, sich dann als winzige Splitter wegen der fehlenden Schwerkraft unkontrolliert in den Modulen verbreiten und leicht in die Atemwege oder die Augen der Astronauten kommen könnte? Werden Substanzen eingesetzt, die als toxisch eingestuft sind? Bei einer Toxidätsskala, die bereits Alkohol als »toxisch« einstuft, sind die meisten Substanzen, die in Biologie- oder Chemielaboren auf der Erde standardmäßig zum Einsatz kommen, nicht als harmlos zu klassifizieren.

Elektrischer Strom ist natürlich eine potenzielle Gefahrenquelle, ebenso wie Wasserschläuche, heiße oder kalte Flächen, die der Astronaut unwillkürlich oder willkürlich berühren könnte, Leitungen oder Tanks, die unter Überdruck stehen, scharfe Kanten, schnell rotierende Gegenstände, Laserstrahlen … Da schon kleinere Verletzungen auf der Raumstation zu

◄◄ *Nach getaner Arbeit lässt sich Rex Walheim noch einmal mit Columbus ablichten.*

◄▲ *Der Außenbordeinsatz ist beendet. Der Blick durch den »Türspion« in den evakuierten Teil der Luftschleuse zeigt, wie die Astronauten in die Station zurückkehren.*

großen Schwierigkeiten führen und ein »Arztbesuch« auf der Erde mithilfe der Soyuz-Rettungskapsel viele Millionen kosten würde – ganz abgesehen von der öffentlichen Wirkung einer solchen Aktion – investiert man viel, um das Risiko von Unfällen an Bord möglichst gegen null zu drücken.

▶ *Hunderte von Glückwünschen und Unterschriften zieren dieses Plakat im Mission Control Houston. Die amerikanische Bevölkerung nimmt regen Anteil.*

Hazard Report
Sicherheitsreport, der alle Gefahrenquellen und die Maßnahmen zur Vermeidung dieser Gefahren auflistet

Safety Review Panel (SRP)
Fachgremium für Sicherheitsfragen

Integrated Hazard Reports
Hazard Reports, die nicht nur ein Einzelexperiment, sondern das Zusammenspiel aller Experimente und des Moduls betrachten

Operational Hazard Control Matrix (OHCM)
Liste aller nicht allein durch ein entsprechendes Design vermeidbaren Gefahrenlagen

Ist eine mögliche Gefahrenquelle einmal identifiziert, muss der Konstrukteur rechtfertigen, warum er nicht komplett auf sie verzichten kann. Aber Strom wird nun einmal meistens gebraucht – oder der Laser ist möglicherweise das zentrale Element für das Experiment. Ist eine Vermeidung nicht möglich, so muss im nächsten Schritt der Analyse identifiziert werden, unter welchen Fehlerbedingungen wirklich eine Gefahr für die Besatzung auftritt.

Denn es ist in der bemannten Raumfahrt genau festgelegt, wie viele unabhängige »Barrieren« – abhängig von der potenziellen Gefährlichkeit – zwischen dem normalen Betrieb und dem Auftreten einer Gefahrenlage existieren müssen. Das System ist »null-Fehlertolerant«, wenn ein Fehler im System an der falschen Stelle (etwa ein Sensor, der zu geringen Druck anzeigt) genug ist, um direkt das Auftreten der Gefahr (etwa der Explosion eines Gasbehälters) nach sich ziehen zu können. »Ein-Fehler-tolerant« bedeutet dagegen, dass auch beim Versagen eines beliebigen Schutzmechanismus immer noch eine weitere Barriere zur gefährlichen Lage vorhanden ist.

Nachdem die Besatzung etwa bei der Explosion eines Druckbehälters ernsthaft verletzt werden könnte oder sogar mit dem Verlust eines Astronauten gerechnet werden muss, ist hierfür beispielsweise sogar Zwei-Fehler-Toleranz vorgeschrieben. Erst ein dritter simultan auftretender Fehler könnte zu einer Explosion führen.

Ein Beispiel für die Implementierung eines mehrfach fehlertoleranten Konzepts etwa sind die Tanksensoren, die den ersten Startversuch der *Atlantis* vereitelt haben – ganze vier Stück wurden hier eingebaut, um die notwendige Sicherheit zu gewährleisten.

Nachdem im Rahmen der Konstruktionsplanung alle Gefahrenquellen erfasst und die Fehlerbedingungen analysiert wurden, die zum direkten Auftreten der Gefahrenlage führen, muss nun die entsprechende Anzahl von Sicherheitsmechanismen eingebaut werden, um die verlangte Fehlertoleranzstufe zu erreichen. All dies wird in einem **Hazard Report** genauestens dokumentiert – jede Gefahrenquelle, die entsprechenden potenziellen Auslöser und auch die Kontrollmechanismen. Und letztendlich müssen auch Referenzen zu schriftlichen Testberichten eingefügt werden, die beweisen, dass die Gefahr durch die gewählten Sicherheitsmechanismen ausreichend kontrolliert werden kann.

Die **Hazard Reports** werden anschließend von einem unabhängigen Gremium der ESA beziehungsweise der NASA, dem **Safety Review Panel (SRP)**, analysiert und entweder genehmigt oder zur Überarbeitung zurückgegeben. Im letzteren Fall kann die Empfehlung des **SRPs** etwa lauten, dass die Konstruktion komplett überarbeitet werden muss, da die gegenwärtigen Pläne nicht sicher genug sind. Nachdem auch Gefahren aus dem Zusammenspiel der einzelnen Komponenten entstehen können, die für die Komponenten selbst nicht existieren, müssen obendrein auch **Integrated Hazard Reports** erstellt und durch das **SRP** für ausreichend genügend befunden werden.

Manche Gefahrenquellen sind einfach unmöglich durch ein entsprechendes Design so zu kontrollieren, dass jede sicherheitskritische Situation ausgeschlossen werden kann. Zum Beispiel beim Anstecken eines Laptops an das Stromsystem der Raumstation kann konstruktionstechnisch einfach nicht verhindert werden, dass die stromführende Steckdose für den Moment des Einsteckens offen liegt und der Astronaut einer theoretischen Gefahr eines Elektroschocks ausgesetzt ist. Solche nicht durch die Konstruktion ausreichend kontrollierbaren Gefahren werden im **Hazard Report** ebenfalls aufgelistet. Sie werden dann weiter in eine andere Datenbank, die **Operational Hazard Control Matrix (OHCM)**, übertragen.

Nun kommen die Flight Controller, die Trainer und die Entwickler von Prozeduren ins Spiel. Sie müssen diese Datenbank überprüfen und vorschlagen, ob und wie die Gefahren »operationell« kontrolliert werden können, also durch gezielte Steuerung der Vorgänge auf der Raumstation eine Gefahrenexposition der Astronauten vermieden werden kann. Ist die Kontrolle möglich, so vereinbaren die Sicherheitsspezialisten und die Betriebsmannschaft in einem **OCAD (Operational Control Agreement Document)**, dass letztere in Zukunft die Verantwortung dafür übernehmen werden, dass das Auftreten dieser spezifischen gefährlichen Lage vermieden wird.

Für diese **Operational Hazard Controls** stehen drei erlaubte Möglichkeiten zur Verfügung. Im Beispiel der Laptopstromversorgung kann etwa in der Prozedur **(ODF)**, die der Astronaut zum Einstecken verwendet, ein Schritt eingebaut werden, in dem die Besatzung die Steckdose zunächst spannungsfrei schaltet, bevor die Abdeckung entfernt wird, und erst wieder einschaltet, wenn die Steckverbindung zum Laptop installiert ist. Eine weitere Möglichkeit wäre das Einführen einer **Flight Rule**, die als Gesetz den Flight Controllern

diktiert, dass eine Steckdose im offenen Zustand immer spannungsfrei zu sein hat. Die letzte Option, die nur eingesetzt wird, wenn Prozeduren oder **Flight Rules** nicht als Kontrolle greifen, ist das Crewtraining. Die Astronauten würden hier während ihrer Vorbereitung auf die Mission eine spezielle Belehrung bekommen, dass Steckdosen immer abgeschaltet werden müssen, bevor sie berührt werden dürfen. Da Astronauten auch nur Menschen sind, die etwas vergessen können, wird Crewtraining nur selten als Gefahrenkontrolle eingesetzt – und natürlich muss bei den operationellen Gefahrenkontrollen auch das Safety Review Panel zustimmen.

Weiterhin wird jede **Flight Rule** und jede Prozedur, die als solche **Operational Hazard Control** verwendet wird, im Titel mit einem [HC] gekennzeichnet. Das verhindert, dass bei einer späteren Änderung dieser Produkte aus Versehen der Kontrollmechanismus her-

Operational Control Agreement Document (OCAD)
Es wird dokumentiert, dass sich das Flight Control Team um die Ausschaltung gewisser Gefahren zu kümmern hat.

▼ *Atemberaubende Aussichten von der Raumstation aus*

ausgenommen oder so verändert wird, dass er seine Wirksamkeit verliert. Bei jeder zukünftigen Änderung eines mit [HC] gekennzeichneten Dokuments muss dann einer der Sicherheitsexperten explizit zustimmen.

Weil der Flugdirektor die letztendliche Verantwortlichkeit für die Sicherheit der Astronauten hat, muss er für jedes Gerät oder Experiment an Bord zumindest ein grobes Verständnis haben, welche sicherheitsrelevanten Faktoren zu berücksichtigen sind. Dem Flight Control Team sind freilich auch alle **Hazard Reports**, die **OHCMs** und zusätzliche Informationen zugänglich, aber im Normalfall können sie sich durch die vorher durchdachten Sicherheitskontrollen, die im Design, in den Prozeduren, den **Flight Rules** oder dem Astronautentraining implementiert sind, leiten lassen.

Weiterhin steht dem Flight Director zumindest während des ISS-Tages auch eine Safety-Konsole zur Verfügung, also ein extra Flight Controller, der sich nur mit der Sicherheit der täglichen Arbeiten der Crew befasst und den Flugdirektor im Zweifelsfall kompetent beraten kann.

Sehr schnell unübersichtlich wird es dagegen, wenn Anomalien an Bord auftreten, also bestimmte Komponenten eines Geräts nicht mehr so arbeiten, wie ursprünglich vorgesehen. Dann ist es für das Flight Control Team praktisch unmöglich zu beurteilen, ob alle Sicherheitsmechanismen noch korrekt funktionieren. In diesem Fall müssen die Entwickler und Konstrukteure direkt herangezogen werden, die in einem **Anomaly Resolution Team (ART)** das Problem diskutieren, analysieren und schließlich eine Empfehlung an das Flight Control Team abgeben, wie weiter verfahren werden sollte.

Besonders während der 1E-Mission war das **ART** wegen der fehlenden Erfahrung mit dem neuen Modul und der doch beträchtlichen Anzahl von nicht ganz verstandenen oder erwarteten Verhaltensweisen der Flug-Hard- und Software schwer beschäftigt ...

Jetzt geht's richtig los!

Der *Orbit 3* von *Guido Morzuch* ist wieder weitgehend mit Planungsarbeiten für die kommenden Tage beschäftigt. Außerdem läuft auch, während die Besatzung der Station schläft, ein Drucktest für den Verbindungstunnel zum *Columbus*-Modul. Am Vorabend schon hat *Peggy Whitson* den Tunnel mit Luft gefüllt und in einem groben Test festgestellt, dass kein größeres Leck an der Verbindungsdichtung zwischen den beiden Modulen vorhanden zu sein scheint. Nun wird die ganze Nacht hindurch gemessen, ob der kleine Zwischen-

Columbus-Flugdirektor Guido Morzuch ist wieder weitgehend mit Planungsarbeiten beschäftigt.

Anomaly Resolution Team (ART)
Gruppe von Experten, die nach einem Problem an Bord zusammengerufen werden und Empfehlungen zum weiteren Vorgehen erarbeiten

raum zwischen den beiden immer noch geschlossenen Luken den Druck der eingelassenen Luft auch halten kann oder ob ein kleines Leck die Atmosphäre in das Vakuum des Weltraums entweichen lässt. Glücklicherweise verläuft der Test zur Zufriedenheit aller, womit die wichtigste Voraussetzung zum Öffnen der Luken gegeben ist.

Schon während des Handovers zum *Orbit 1* wird die Stromversorgung des *Columbus*-Moduls durch den Roboterarm abgeschaltet, um die endgültige Stromversorgung durch die Station vorbereiten zu können. Wieder fängt die Überlebensuhr von *Columbus* an zu ticken, aber inzwischen hat sich Optimismus bei den Flight Controllern breit gemacht: Kleinere Fehler ja, große Katastrophen nicht mehr!

Um 9:48 Uhr sendet *Fabrice Scheid* von der COL COMMAND-Konsole das letzte Testkommando zur ISS, das vom Bordcomputer mit einer Fehlermeldung beantwortet wird – schließlich ist der eigentliche Zielort des Kommandos, das *Columbus*-Modul, bislang nichts weiter als eine geheizte Hülle. Aber die Fehlermeldung wird in Oberpfaffenhofen als Erfolg angesehen: Der komplizierte Weg der Kommandos bis in den Weltraum und auch der Weg zurück ins deutsche Kontrollzentrum funktioniert also.

In Oberpfaffenhofen übernimmt das Team von *Gerd Söllner* den Kontrollraum fast gleichzeitig mit dem Erwachen der Crew. Heute ist der große Tag der **Assembly and Checkout Engineers (ACEs)**. Sie werden unter der Aufsicht des *Columbus*-Flugdirektors die Aktivierung des neuen Moduls mit den jeweiligen Flight Controllern durchführen. Wie schon erwähnt, werden die Flight Controller die Kommandos nicht selber von ihren Konsolen aus schicken, sondern diese

Aufgabe an die eigens eingerichtete Kontrollraumposition delegieren. Der COL COMMAND wird nichts anderes zu tun haben, als die von den anderen Positionen benötigten Kommandosequenzen auszuführen. Die angehenden Flight Controller *Marie-Line Guillermin* aus Frankreich, *Ilenya Salvoni* aus Italien, *Fabrice Scheid* und der Trainer *Bernd von Kuhlmann* wurden für die Mission mit dieser Aufgabe betraut.

Für *Peggy Whitson* und *Hans Schlegel* startet der Tag gleich mit Vorbereitungen für das erste Betreten von *Columbus*. Zunächst öffnen die beiden die Luke, die vor ein paar Stunden noch in das Nichts des Weltalls geführt hätte. Nun finden sie quasi vor der Tür einen kurzen Gang vor, der bei einer weiteren Luke endet – ab hier wird es nun europäisch! Das Modul selbst ist noch geschlossen und nur mechanisch mit der ISS verriegelt – sonst gibt es zwischen *Columbus* und der ISS noch keine weiteren Kontakte. Als Erstes muss der Durchgang gründlich untersucht werden. Dann verbindet *Hans* die Module mit einem Erdungskabel, um die elektrischen Potenziale anzugleichen.

>»Station, this is Houston on Space-to-Ground One.« –
>*»Station, das ist Houston auf dem Space-to-Ground-Loop Eins.«*

Die Houstoner haben den Astronauten eine wichtige Mitteilung zu machen. Um das neue Modul an die Stromversorgung der ISS anschließen zu können, muss die Besatzung eine Steckerverbindung montieren. Die strengen Sicherheitsanforderungen auf der Raumstation verlangen hierzu nicht nur, dass die Leitung spannungsfrei ist, sondern sie fordern zwei unabhängige und überprüfbare Unterbrechungen des Stromes. Für heute heißt das, dass der gesamte *Node 2* heruntergefahren und stromlos geschaltet werden muss – inklusive Computer, Kühlwasserpumpen, Frischluftventilatoren. Das bedeutet natürlich auch, dass die Feuermelder in diesem Bereich nicht mehr funktionieren – und in

einem solchen Fall sagen die Flight Rules, dass die Crew gewarnt werden muss. Die Besatzung muss nun nämlich als lebendiger Rauchdetektor agieren – und genau das ist nun der Fall.

>»Go ahead, Houston.« –
>*»Wir hören, Houston!«*

Um 13:47 Uhr kann endlich der CAPCOM der Crew mitteilen, dass sie ohne Gefahr mit dem Verbinden von *Columbus* mit der ISS fortfahren können. Nun montieren *Hans* und *Peggy* der Reihe nach die verschiedenen Kabel – zuerst die Stromverbindung, dann einige Stecker für Signalleitungen und schließlich den MIL-1553B-Bus, ein robustes Datenübertragungsprotokoll aus dem militärischen Bereich, das auf der ISS für die vitalen, also überlebenswichtigen Daten verwendet wird. In schneller Folge berichten die Astronauten an Mission Control, welche der Schritte sie bereits erledigt haben.

In Oberpfaffenhofen laufen inzwischen die letzten Vorbereitungen für die große Aktivierungssequenz von *Columbus*. Zunächst wird das Modul in den **Berthed**

Berthed Survival Mode
Wörtlich: Verankerter Überlebensmodus. Niedrigster Aktivierungsstand des Labors, in dem es beliebig lange bleiben kann, ohne Schaden zu nehmen

▼ *Verbindung zwischen der ISS und Columbus – Im Vestibule laufen alle Versorgungsleitungen zum Labor.*

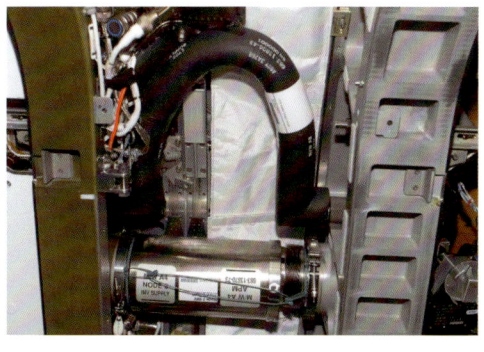

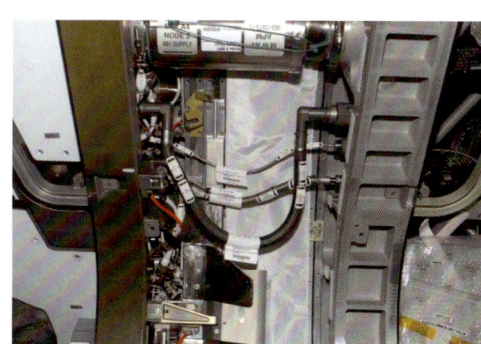

Columbus wird installiert! /

Final Activation Sequence
Lange Aktivierungsprozedur, um das Labor aus dem Berthed Survival Mode in den voll funktionsfähigen Zustand zu bringen

Survival Mode gebracht werden. Dieser Modus ist ein Grundzustand, in dem das Labor beliebig lange überleben kann. Allerdings ist die Funktionalität auch sehr stark eingeschränkt. Von da aus wird dann die **Final Activation Sequence** durchlaufen, um alle Computer, Aggregate und die Software in den Endzustand zu bringen, der den vollen Betrieb des Moduls erlaubt. Unzählige Male ist diese viele Stunden dauernde Prozedur trainiert und simuliert worden – nun wird sich zeigen, ob die Flight Controller auf alle Eventualitäten und Überraschungen des echten Lebens ausreichend vorbereitet sind.

Leland Melvin und *Stan Love* haben in der Raumstation in der Zwischenzeit wieder an der Robotic Workstation Platz genommen und lösen langsam den riesi-

gen Roboterarm von *Columbus* und bringen ihn in eine gute Ausgangsposition für die Unterstützung der morgigen zweiten EVA. Inzwischen ist es bereits 14:40 Uhr. Nachdem die Stromverbindung inzwischen montiert ist und keine Gefahr für einen Stromstoß mehr besteht, hat Houston begonnen, den *Node 2* wieder hochzufahren. Auf der *Node-2*-Seite des Verbindungstunnels müssen die vier Motoren abgebaut werden, die während des Docking-Vorganges für die Verriegelung der Bolzen zuständig waren, nun nicht mehr gebraucht werden und den Durchgang blockieren. Hierfür sind einige Stunden auf der Timeline veranschlagt, aber *Peggy* arbeitet sehr schnell, zunächst unterstützt von *Hans*, später von *Dan* und *Léo*.

Der Aufbau der ISS

Der Anbau des europäischen Forschungslabors ist für die Raumstation ein wichtiger historischer Schritt. Nun ist sie wirklich zu einer »internationalen« Plattform im All geworden, während sie bisher im Wesentlichen bilateral durch die USA und Russland betrieben wurde. Nun sind also auch die Europäer dabei – die Japaner werden in Kürze folgen.

Die Erfolgsgeschichte der ISS begann am 20. November 1998, als vom russischen Weltraumbahnhof Baikonur das erste Teil der Raumstation unbemannt in den Orbit verfrachtet wurde. **Zarya**, was im Russischen soviel wie »Sonnenaufgang« bedeutet, ist zwar mit seinen beinahe 20 Tonnen Gewicht und den 13 Metern Länge ein stattliches Modul, hat eigene Solarzellen und Antriebe, ist aber noch kein wirtlicher Aufenthaltsort für Menschen.

Etwa einen Monat später folgte dann das zweite Modul – das erste amerikanische. Mit dem Space Shuttle *Endeavour* wurde der **Node 1**, auch *Unity* genannt, in den Orbit befördert und in einer akroba-

tischen Aktion an die bereits einige Orbits alte **Zarya** angedockt. Hierfür wurde der *Node 1* zuerst mit dem Roboterarm aus der Ladebucht des Shuttles herausgehoben und dann im rechten Winkel wieder hineingestellt und zwar genau auf den Dockingadapter der *Endeavour*. Dann musste ebenfalls mit dem Roboter-

▲ *In der Ladebucht des Space Shuttles türmen sich die ersten Elemente der Raumstation, als Zarya auf den neu gelieferten Node 1 gesetzt wird.*

Nach »hinten« (im Bild: nach oben) schwebend passiert ein Astronaut vom **Node 2** aus zunächst das amerikanische Labor **Destiny**, dann den **Node 1**, um nun in den russischen Teil zu gelangen, der durch **Zarya** und **Zvezda** gebildet wird. An verschiedenen Modulen, insbesondere an den Knoten, sind **Pressurized Mating Adapter (PMA)** montiert, an denen Versorgungsraumschiffe anlegen können. An den russischen Dockingstellen haben hier etwa zwei Soyuz-Raumschiffe angelegt. Der imposante **Truss** mit

den Sonnensegeln verläuft senkrecht zu den Modulen. Zwei große Radiatoren strahlen die in der Raumstation generierte Wärme in das Weltall ab. Die **Truss**-Segmente mit den Solarpaneelen sind voll drehbar gelagert (und verfügen deshalb über einen eigenen Radiator, da die Kühlflüssigkeit nicht über die drehbaren Stellen hinweg transportiert werden kann), und auch die einzelnen Segel sind noch einmal in sich rotierbar (siehe orange Linien), um die Solarzellen immer genau auf die Sonne ausrichten zu können.

Die ISS-Module

Node 1
Amerikanische Verzweigungsstelle, an der über einen PMA das Zarya-Modul angedockt ist, ebenso die Luftschleuse Quest. Zukünftig ist auch der Node 3 hier angebaut.

Zarya
Russisches Modul der Raumstation, auch Functional Cargo Block (FGB) genannt

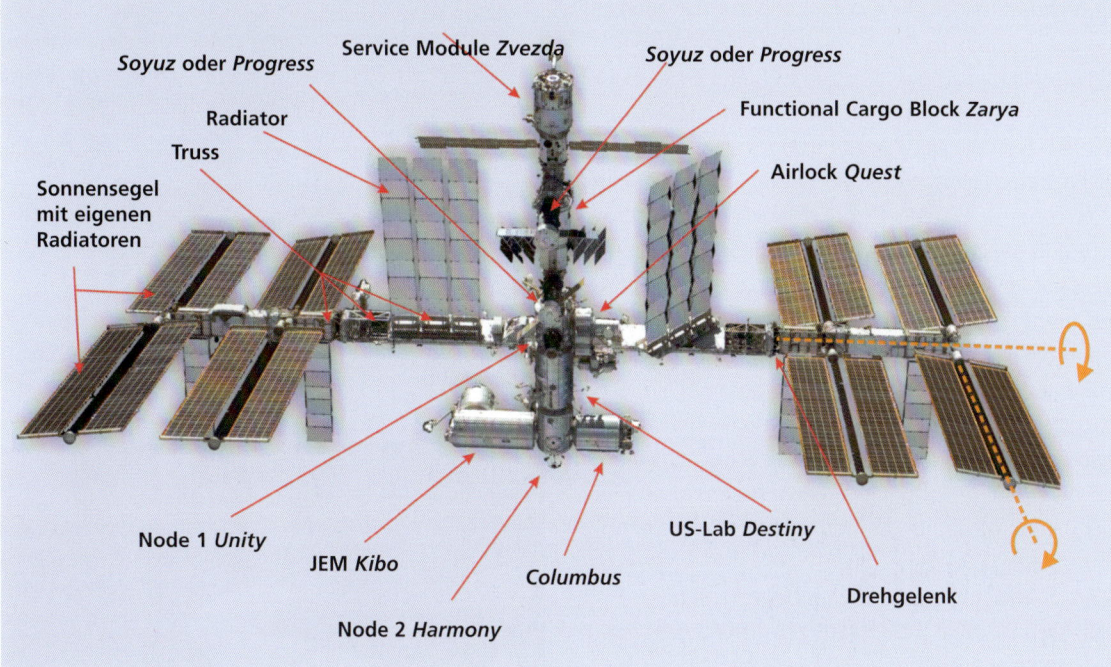

Soyuz oder Progress
Service Module Zvezda
Soyuz oder Progress
Radiator
Functional Cargo Block Zarya
Truss
Airlock Quest
Sonnensegel mit eigenen Radiatoren
Node 1 Unity
JEM Kibo
Columbus
US-Lab Destiny
Node 2 Harmony
Drehgelenk

◄ *Die ISS im Mai 2009 – das japanische Modul Kibo ist bereits montiert, die Astronauten betreten es wie Columbus über den Node 2.*

ГИДЗЕНКО КРИКАЛЁВ
SHEPHERD

▲ Missionslogo der Expedition 1

▶ Die Expedition-1-Crew Sergei Krikalev, Bill Shepherd und Yuri Gidzenko (von links nach rechts)

Zvezda
Hinterstes russisches Modul der Raumstation, bietet eine Andockmöglichkeit für Progress- oder Soyuz-Raumschiffe, aber auch für das europäische ATV. Wird auch als Service Module bezeichnet.

Expedition
Die Besatzungen der ISS werden als »Expeditions« bezeichnet und nach den entsprechenden Increments durchnummeriert.

▶ Verabschiedung der Expedition-1-Crew Krikalev, Shepherd und Gidzenko und Start von Soyuz TM-31 in Baikonur

arm das ja bereits frei fliegende **Zarya**-Modul eingefangen und oben auf *Unity* aufgesetzt werden, so dass aus der Ladebucht des Shuttles ein mehrstöckiges Gebilde wuchs. Während dieser Mission betraten auch erstmals Astronauten die neue Station – aber eine permanente Besatzung war immer noch nicht möglich.

Erst am 26. Juli 2000 wurde dann das nächste Kapitel in der Geschichte der Raumstation geschrieben. Wieder durch eine unbemannte russische Rakete wurde **Zvezda** (russisch für »Stern«) in den Orbit gebracht und automatisch an **Zarya** angedockt. Die notwendigen Steckverbindungen mussten während einer späteren Space Shuttle-Mission durch EVA-Astronauten montiert werden. Mit **Zvezda** standen endlich die wesentlichen Elemente zur Verfügung, um die Station bewohnbar zu machen: Zwei Schlafzellen, ein Essbereich und die notwendigen Kühl- und Heizmöglichkeiten, sanitäre Anlagen mit einer Toilette, Fitnessgeräte und sehr wichtig: der Sauerstoffgenerator. Die Russen haben bei der Konstruktion des riesigen Moduls ihre großen Erfahrungen aus dem MIR-Programm eingebracht, weshalb in den Fertigungshallen auch immer wieder von »MIR-2« zu hören war. Die Raumstation war damit auf drei Module angewachsen und nun auch bereit, Menschen ein permanentes Zuhause im All zu bieten.

Am 2. November des gleichen Jahres zog dann schließlich die erste »Weltraum-WG« in die neue Station ein. Zwei Russen und ein Amerikaner flogen mit

einem Soyuz-Raumschiff zur ISS und eröffneten als **Expedition 1** den Reigen der Astronauten, die für jeweils mehrere Monate im Weltraum lebten. Von da an war die Raumstation – trotz immer wieder auftauchender Probleme und Verzögerungen, ja sogar Katastrophen – permanent mit Leben erfüllt. Vor ihrer Ankunft und auch während ihres Allaufenthalts brachten meh-

rere Space Shuttles weitere Materialien und kleinere Geräte zur Station, außerdem begann auch der Aufbau des riesigen **Truss**, einem Querträger der senkrecht über den bisher aneinander montierten Modulen die großen Solarpaneele der ISS trägt.

Während des *Increments 1* wurde im Februar 2001 auch das US-Labor *Destiny* durch einen Space Shuttle in den Orbit gebracht und an die ISS montiert. Die *Expedition 2* erlebte im Juli 2001 den Anbau der amerikanischen Luftschleuse *Quest* an den *Node 1* und eröffnete damit den Amerikanern erstmals die Chance, direkt von der ISS aus Weltraumspaziergänge durchzuführen – bislang war das nur von der Luftschleuse des Shuttles aus möglich gewesen.

Während der folgenden Zeit lag der Fokus auf der »Baustelle« ISS bei der Innenausstattung und dem Weiterausbau der großen **Truss**-Strukturen, bis durch den tragischen Unfall der *Columbia* das ISS-Programm zu einem jähen vorläufigen Ende kam. Am 1. Februar 2003 verglühte diese Raumfähre beim Wiedereintritt in die Erdatmosphäre mitsamt seiner siebenköpfigen Besatzung. Schuld an dem Unglück war ein Schaden am Hitzeschild gewesen, der in der Startphase von einem herabfallenden Isolierungsteil verursacht worden war. Nach der *Challenger*-Explosion während des Starts 1986 war die *Columbia*-Tragödie der zweite große Unfall in der Geschichte der amerikanischen Space Shuttles. An die verstorbenen Astronauten erinnert eine Baumallee im *Johnson Space Center*, in der die Bäume der Shuttle-Astronauten neben den Bäumen der *Apollo-1*-Astronauten stehen, die damals bei einem Test auf der Startrampe verbrannten.

Das *Columbia*-Desaster versetzte die NASA in einen Schockzustand, von dem sie sich erst über zwei Jahre später erholte. Während dieser Zeit mussten die Russen mit ihren Soyuz- und Progress-Raumschiffen die Versorgung der ISS und den Austausch der Besatzung allein bewältigen – der Ausbau der ISS wurde bis auf Weiteres eingestellt. Da die nächsten, schon in den Integrationshallen bereitstehenden Module auf den Space Shuttle als Raumtransporter angewiesen waren, wurden die Monate auch zu einem Bangen um *Columbus* – sollte womöglich das europäische Forschungslabor auf direktem Wege ins Museum wandern? Im Juli 2005 dann startete ein grundüberholter Space Shuttle unter strengen Sicherheitsauflagen zur Internationalen Raumstation – »Return to Flight« (RTF) war das erklärte Hauptziel der Mission, die erfolgreich abgeschlossen werden konnte.

Nach weiteren Missionen wurde dann im Oktober 2007 endlich der **Node 2** (auch unter dem Namen

Destiny
Weltraumlabor der Amerikaner. Liegt zwischen den Nodes 1 und 2

Quest
Luftschleuse der Amerikaner am Node 1

Harmony bekannt) gestartet und damit die direkte Voraussetzung für die Installation von *Columbus* geschaffen. Die Mission wurde natürlich von Oberpfaffenhofen mit besonderem Interesse verfolgt, war sie doch eine Art Generalprobe für den nächsten Shuttle-Flug mit *Columbus* an Bord. Außerdem waren in den Stauräumen der *Discovery* auch bereits die ersten europäischen Bauteile enthalten, die für die 1E-Mission auf der Raumstation bereitliegen mussten.

Die finale Ausbaustufe der ISS wird aber erst dann erreicht werden, wenn neben dem europäischen Modul auch das japanische Forschungslabor installiert ist, was wegen seiner Größe ganze drei Flüge des Space Shuttles benötigt. Weiterhin steht auch noch ein weiterer *Node* bereit, der dann mit einem großen Rundumfenster, der *Cupola* versehen sein wird, die einen atemberaubenden Ausblick garantieren wird. Auch die **Truss**-Strukturen erfordern noch einige Flüge des amerikanischen Raumgleiters.

In ihrer Endausbaustufe wird die ISS die Fläche eines Fußballfeldes abdecken und eine Gesamtmasse von ca. 420 Tonnen auf die Waage bringen. Sie wird dabei die permanente Heimat von jeweils sechs Astronauten sein. Nach der *Columbia*-Katastrophe war die Besatzung vorübergehend auf zwei reduziert worden, um die Zeit der reduzierten Versorgungskapazität bis zur

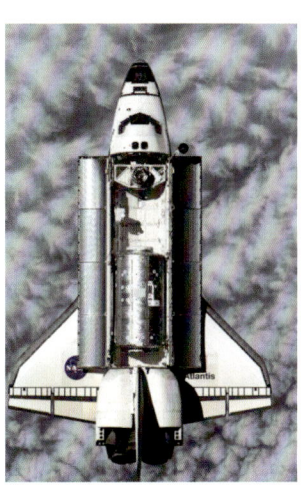

▲ *Februar 2001: Die Atlantis im Anflug auf die ISS – Destiny, das US-Raumlabor, ist auf dem Weg zur ISS*

Wiederaufnahme der regelmäßigen Shuttleflüge zu überbrücken. Der Deutsche *Thomas Reiter* war dann 2007 das erste dritte Mitglied nach dem *Columbia*-Unfall, und schließlich wurde einige Zeit nach der 1E-Mission im Mai 2009 auf sechs Besatzungsmitglieder aufgestockt. Zumindest noch weitere zehn Jahre soll die geplante Betriebszeit betragen, bevor die Station wie auch ihre Vorgänger gezielt zum Absturz über dem Pazifik gebracht werden wird, um den Orbit für zukünftige Unternehmungen freizugeben.

▶ *Die COL SYSTEMS-Position ist mit Julian Doyé (rechts) und Norbert Porth besetzt.*

Out of Limit
Ein Telemetriewert läuft aus dem vordefinierten Wertebereich heraus

Power Distribution Unit (PDU)
Die beiden Hauptstromverteiler und -konvertierer in *Columbus*

▲ *Horst Himmelskamp an der COL DMS-Konsole*

Vital Telemetry and Telecommand Controller (VTC)
Die beiden überlebenswichtigen Hauptcomputer von *Columbus*

Strom für *Columbus*

Nachdem Houston den *Node 2* wieder vollständig hochgefahren hat, gibt der HOUSTON FLIGHT *Bob Dempsey* nun – es ist 14:51 Uhr – das »Go« für die Prozedur, *Columbus* in den **Berthed Survival Mode** bringen wird. Der erste Schritt hierbei ist, dass die Flight Controller in Houston über einen Computer in *Node 2* zwei Signalleitungen so schalten, dass die beiden **Power Distribution Units (PDU)** in *Columbus* dadurch ihr Startsignal bekommen und hochfahren.

Die **PDUs** sind zwei gleich aufgebaute Geräte, die von der amerikanischen Seite jeweils mit dem üblichen Bordgleichstrom von 120 Volt versorgt werden. Dieser Strom wird von den PDUs zum einen in mehrere 120-Volt-Stränge aufgeteilt, an denen jeweils ein Verbraucher von *Columbus* fest angeschlossen ist. Zum anderen wird der Strom in 28 Volt konvertiert, und auch hier stehen wieder mehrere einzeln schaltbare Kanäle zur Verfügung, an denen entsprechende Verbraucher angeschlossen sind. Zusätzlich enthält jede **PDU** auch noch ein Set von Ventilansteuerungen für die Luft- und Wasserleitungen. Um diese Ventilsteuerungen auch bei einem Ausfall einer der beiden **PDUs** gewährleisten zu können, werden diese Einheiten auch zusätzlich von der jeweils anderen **PDU** mit Strom versorgt.

Mit dem Einschalten der **PDUs** steht jetzt prinzipiell für jedes Gerät in *Columbus* Strom zur Verfügung, allerdings fehlen noch die Computer, die das Ein- und Ausschalten der einzelnen Stromkanäle der **PDUs** befehlen können. Diese Computer werden im nächsten Schritt aktiviert. Die **Vital Telemetry and Telecommand Controller (VTC)** sind einfache, aber robuste Computer, die die überlebenswichtigen Subsysteme von *Columbus* kontrollieren. Im Wesentlichen können sie über ihre Input/Output (IO)-Karten wichtige Sensoren auslesen oder Kommandos über Spannungspulse oder -level senden. Auch kleine Programme sind implementiert, die gewisse Parameter gegen bestimmte

Soll-Werte vergleichen und – sollte ein **Out of Limit** festgestellt werden – gegebenenfalls eine entsprechende Gegenmaßnahme einleiten können.

Beide **VTCs** werden nun ebenfalls durch Kommandos aus Houston initialisiert und danach in eine Master-Slave-Konfiguration gebracht – ein **VTC** spielt den Chef, der andere gehorcht, ist aber jederzeit bereit, bei einem Problem die Führungsrolle zu übernehmen. Weil das *Columbus*-Kontrollzentrum mit diesen beiden Computern nun erstmals selbst die Möglichkeit hat, direkt Kommandos in das Modul zu schicken und Daten in Form von Telemetrie zu sehen, kann nun die Übergabe der »Befehlsgewalt« erfolgen: Ab jetzt wird COL-CC von Houston übernehmen und die weitere Aktivierung ihres Moduls selber in der Hand haben.

Die ersten richtigen Kommandos, die aus Oberpfaffenhofen an die Raumstation gehen, sind Befehle zum weiteren Konfigurieren der **VTCs** und **PDUs**. *Gerd Söllner* hat dem ACE *Kai-Uwe Peters* die Erlaubnis gegeben, die gesamte restliche Prozedur durchzuführen. Und *Kai-Uwe* koordiniert nun mit den anderen Flight Controllern die verbleibenden Schritte. Zunächst hat *Horst Himmelskamp* als COL DMS die Konfiguration der **VTC** vorgenommen, dann war die COL SYSTEMS-Position an der Reihe, die im *Orbit 1* mit *Julian Doyé* und *Norbert Porth* besetzt ist. Sie haben eine Reihe von Kommandos an die PDUs geschickt und als letzten Schritt den Stromkanal eingeschaltet, der die Leuchtstoffröhren in dem fensterlosen *Columbus*-Modul mit Energie versorgt – und es wurde Licht!

Léo Eyharts hat inzwischen von Houston auch das »Go« bekommen, das neue Modul zu betreten. Um 15:06 Uhr öffnet er zusammen mit *Hans Schlegel* die Luke zu *Columbus*. Natürlich ist der historische Moment eine kurze Rede wert, und so ruft *Léo* auf dem *Space-to-Ground*-Kanal die beiden Kontrollzentren, die schon ungeduldig auf das erste Video und die erste Berichterstattung aus *Columbus* warten:

»Alright, Houston and Munich, *Hans* and I have worked together here and we are ready to ingress the *Columbus* module and we have a special though at this moment for all the people in Europe and in the US who have contributed to the make-up of *Columbus*, especially to the space agencies of course, the industry, but also to all the cities who are supporting the space flight. This is a great moment and *Hans* and myself are very proud to be here and to ingress for the first time the *Columbus* module.« –
»*Ok, Houston und München, Hans und ich haben alles vorbereitet und wir sind bereit, das Columbus-Modul zu betreten. Unsere Gedanken sind in diesem Moment bei all den Menschen in Europa und Amerika, die zu Columbus beigetragen haben, natürlich im Speziellen bei den Raumfahrtbehörden, der Industrie, aber auch bei all den Orten, an denen dieser Raumflug gerade unterstützt wird. Das ist ein großer Moment und Hans und ich sind sehr stolz, hier zu sein und zum ersten Mal Columbus zu betreten.*«

Dann übernimmt *Hans Schlegel* das Mikrofon:

»And I wanted to add that we are very proud, I think it starts a new era now the volume of the European scientific module *Columbus* and the ISS are connected for many, many years of research in space in cooperation, internationally. Its a great moment for us!« –
»*Und ich möchte hinzufügen, dass wir sehr stolz sind, ich glaube, es beginnt nun eine neue Ära, nachdem das europäische Forschungslabor*

Columbus und die ISS jetzt verbunden sind für viele, viele Jahre gemeinsamer internationaler Forschung. Es ist ein großartiger Moment für uns!«

Darauf antwortet zunächst der CAPCOM in Houston:

»*Léo* and *Hans*, thanks for these great words and we are both watching down here in Munich and Houston.« –
»*Léo und Hans, danke für diese großartigen Worte, wir schauen Euch von München und Houston aus zu.*«

Und auch EUROCOM *Peter Eichler* antwortet den beiden europäischen Astronauten:

»And Alpha, Munich on One, thanks a lot, *Léo* and *Hans* for these kind words, that's the great news we have been waiting for. Let me also take this chance to thank you all, ISS and Shuttle crew members and congratulate you for the fantastic job you did yesterday for the *Columbus* installation, so now bonne chance and good luck for you for unwrapping of *Peggys* present.« –
»*Alpha, hier spricht München auf Kanal eins, Léo und Hans, herzlichen Dank für die netten Worte, das sind gute Nachrichten, auf die wir gewartet haben. Ich möchte auch die Chance nutzen, Euch allen, der ISS- und der Shuttle-Besatzung zu danken für die fantastische Arbeit gestern während der Columbus-Installation und nun viel Spaß beim Auspacken von Peggys Geburtstagsgeschenk.*«

 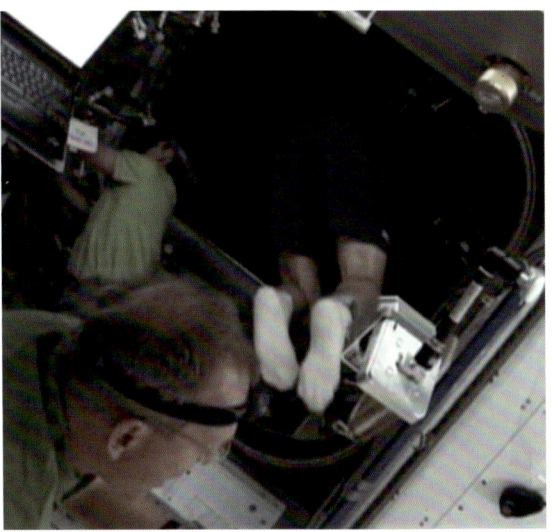

◀ *Mit Stirnlampen bewaffnet sind Léo und Hans die Ersten, die in das noch dunkle europäische Labor hineinschweben. Wer vom Rest der Mannschaft einen Moment Zeit hat, will dem historischen Moment natürlich beiwohnen. Die Kontrollzentren verfolgen den großen Augenblick über Video.*

▲ *EUROCOM Peter Eichler versucht gewissenhaft, seine Konversation mit der Raumstation minutiös niederzuschreiben.*

Negative Pressure Relief Valves (NPRV)
Gegen Überdruck von außen nachgebende Ventile

Nach diesem kurzen Intermezzo, was natürlich besonders bei den europäischen Medien große Aufmerksamkeit findet, betreten *Léo* und *Hans*, mit Schutzbrille und einem Mundschutz ausgerüstet, das Modul. Der erste »Ingress« in ein neu angefügtes Modul ist nicht ganz unbedenklich. Während auf der Erde sich alle auftretenden Partikel früher oder später auf dem Boden ablagern, führt die fehlende Schwerkraft dazu, dass sie im Weltraum frei durch die Kabine schweben. Um die Astronauten vor dem Einatmen und vor Augenverletzungen, etwa durch die Startvibrationen abgeblätterte Farbe, zu schützen, müssen sie Brille und Maske so lange im neuen Modul verwenden, bis die Luft einmal komplett durch die Luftfilter zirkuliert ist.

Auch das Ausgasen der im Modul verwendeten Materialien muss bedacht werden. Oft wird das Modul schon Tage oder Wochen vor dem Start final verschlossen, und durch die fehlende Luftzirkulation können sich Giftstoffe anreichern. Deswegen wurden vor dem endgültigen Verschließen im *Kennedy Space Center* immer wieder Luftproben genommen und daraus Vorhersagen über den Verlauf der Toxizitätslevel getroffen. Für *Columbus* sind für den heutigen Tag die Levelvorhersagen immer noch unter den kritischen Werten, und somit bereiten toxische Stoffe in der Atmosphäre des versiegelten Moduls heute kein Kopfzerbrechen.

Ein weiteres Problem für das erste Betreten ist der

Ausschluss eines Feuers, das während der Aufstiegsphase stattgefunden und die Atmosphäre vergiftet haben könnte. Um die entsprechenden giftigen Gase in der Atemluft nachweisen zu können, hat *Léo* vor dem Öffnen der Luke mit einem speziellen Messgerät die Konzentration von verschiedenen Gasen wie Kohlenmonoxid und Chlorwasserstoff gemessen. Aus den Ergebnissen können die Experten folgern, dass kein Brand in *Columbus* stattgefunden haben kann – die Luft ist sicher ...

Lange wurde vor der Mission dieser »Early Ingress« von *Léo* und *Hans* diskutiert – den Flugmedizinern wäre lieber gewesen, wenn das Modul erst betreten worden wäre, wenn die gesamte Luftumwälzungsanlage schon gelaufen und die Luft bereits einmal komplett durch die Filter geblasen worden wäre. Aber letztendlich war man zu dem Ergebnis gekommen, dass die Risiken wesentlich kleiner sind als der gewonnene Nutzen. Bevor *Columbus* für die restliche Besatzung freigegeben werden kann, soll die Luftzirkulation jedoch laufen – und hierfür hat *Léo Eyharts* einige wichtige Konfigurationen innerhalb des Moduls vorzunehmen. Seine erste Aufgabe ist es, die **Negative Pressure Relief Valves (NPRV)** durch die Luftkanäle zu ersetzen, die zukünftig das Modul mit Frischluft versorgen und die verbrauchte Luft zur Aufbereitung in den amerikanischen Teil der Raumstation zurückführen werden. Die **NPRVs** wurden für die Startphase an die Stelle dieser Luftkanäle gesetzt, um bei einem Überdruck von außen, der das Konstruktionslimit des Moduls überschreiten würde, für einen Druckausgleich zu sorgen. Nachdem *Columbus* für den Rest seines Lebens nun vom Vakuum des Weltalls umgeben sein wird, wird ein solcher Druckausgleich nie wieder nötig sein. Damit haben die Überdruckventile ausgedient – so schnell kann es gehen!

Die Überdruckventile in die andere Richtung – also mit der Funktion, bei einem Überdruck in der Station, der über das Qualifizierungslimit der Hülle hinausgeht, Luft abzulassen – haben natürlich weiter ihre Berechtigung. Dennoch werden sie während der **Final Activation Sequence** geschlossen werden, da die Überdruckventilfunktion zentral für die gesamte ISS von den Amerikanern wahrgenommen wird. Die *Columbus*-Ventile werden in Zukunft nur noch als Notlösung benutzt werden, falls die amerikanischen Ventile nicht einsatzklar sind oder wenn die Luke zu *Columbus* geschlossen und das Modul somit isoliert wäre. Nun also ersetzt *Léo* die **NPRVs** durch zwei Luftkanäle zur Raumstation, die auch jeweils ein Absperrventil enthalten.

In der Zwischenzeit hat *Kai-Uwe Peters* seine Zustimmung für den letzten Schritt in der **Berthed Survival Mode**-Aktivierungsprozedur gegeben. Und nach kurzer Kommunikation zwischen der COL SYSTEMS-Konsole und *Marie-Line Guillermin* an der COMMAND-Konsole

> »COL COMMAND, COL SYSTEMS. Please enable next command!«
> »Command enabled.«
> »Send command!«
> »Command sent.«

laufen nun die externen Heizer von *Columbus* endlich aus eigener Kraft – wieder einmal eine kleine Erleichterung für alle, denn seit der Roboterarm keinen Strom mehr zur Verfügung gestellt hat, war wieder eine **Thermal Clock** für das Überleben des Moduls gelaufen. Und mit diesen letzten Kommados ist das europäische Labor nun endlich im **Berthed Survival Mode** angekommen. Ein stabiler, sicherer Zustand und ein Grund für große Erleichterung auf beiden Seiten des Atlantiks!

Der erste Alarm!

Die beiden europäischen Astronauten *Hans Schlegel* und *Léopold Eyharts* können nun weiter im Verbindungstunnel am Zusammenschließen zwischen »ihrem« Labor und der ISS arbeiten. Weitere Kabel und Rohre müssen installiert werden – Klempnerarbeiten für die Hausmeister im Weltall!

Die wichtigste Verbindung für den Moment ist die Kühlwasserzu- und -abfuhr. Eine weitere Aktivierung des Moduls kann nur dann erfolgen, wenn für die elektrischen Geräte eine Kühlung zur Verfügung steht. *Columbus* hat einen eigenen Kühlwasserkreislauf mit dazugehöriger Wasserpumpe. Aus Sicherheitsgründen kann auch auf eine zweite baugleiche und parallel geschaltete Wasserpumpe umgeschaltet werden, falls Probleme auftauchen sollten.

Der Kühlwasserkreislauf wird nun über zwei Rohre mit *Node 2* verbunden und so geschlossen. Außen am *Node 2* sind für *Columbus* zwei Wärmetauscher angebracht, die das aus dem Labor kommende erwärmte Kühlwasser in zwei Stufen auf die erforderliche Temperatur herunterkühlen und wieder zurück zu *Columbus* leiten. In diesen Wärmetauschern wird die Wärme an zwei sekundäre Kühlkreisläufe übergeben, welche die Wärme schließlich über riesige Radiatoren, die am **Truss** montiert sind, an den Weltraum abstrahlen. In

diesen beiden Sekundärkreisläufen zirkuliert auf amerikanischer Seite giftiger Ammoniak als Kühlmittel.

Um 17:30 Uhr gibt es dann erst einmal Mittagessen für die fleißige Crew – was natürlich ziemlich kurz ausfällt. Jeder ist scharf darauf, das neue Modul endgültig in Betrieb zu nehmen. Für *Rex Walheim*, *Hans Schlegel* und *Alan Poindexter* steht allerdings nun wieder ein **EVA PROC REVIEW** auf dem Programm – auch der morgige Weltraumspaziergang möchte vorbereitet werden. *Stan Love*, *Leland Melvin* und *Dan Tani* sind wieder mal mit dem Entladen des Shuttles beschäftigt, und *Yuri Malenchenko* muss sich russischen Aufgaben widmen.

So basteln am Nachmittag nur *Peggy* und *Léo* an dem neuen Modul. Der **Condensate Jumper**, der das Kondenswasser, das die Klimaanlage in *Columbus* produziert, wieder in den amerikanischen Teil der Station zur Aufbereitung zurückleitet, muss installiert werden. Genauso wie die Glasfaserverbindung für große Datenmengen, die Internetleitungen zur Station, der Anschluss für eine drahtlose Sprechverbindung und ein Messrohr für regelmäßige automatische Luftüberprüfungen. Dann muss auch das Notfallequipment untergebracht werden, das in jedem Modul vorgeschrieben ist. Zwei Feuerlöscher werden installiert sowie zwei Atemmasken mit Sauerstoffflaschen – hoffentlich werden diese Gerätschaften nie zum Einsatz kommen …

Im *Columbus*-Kontrollzentrum hat es in der Zwischenzeit das erste Herzklopfen für Flugdirektor *Gerd Söllner* und COL DMS *Horst Himmelskamp* gegeben. »DMS Vital Bus Failure – COL« steht plötzlich in großen Lettern auf dem Wanddisplay im Kontrollraum – auf alarmierendem gelbem Hintergrund! Schnell gibt *Gerd Söllner* dem ISS-Flugdirektor Bescheid, dass die Meldung gesehen und bearbeitet wird. Dann beginnen die Untersuchungen zu dem Fehler.

Auf der Raumstation gibt es ein gemeinsames System für die Meldung von schwerwiegenden Fehlern. Diese sind je nach Wichtigkeit in drei verschiedene Stufen eingeteilt. Eine **Caution**, dargestellt durch gelbe Farbe, hat die niedrigste Priorität. Hier ist meist das Bodenteam gefordert, sich um die Fehlerbehebung zu kümmern. Falls der Funkkontakt gerade abgerissen ist, hat die Angelegenheit Zeit, bis wieder Kontakt besteht.

Bei einer roten **Warning** ist die Crew in Bereitschaft, den Fehler zu bearbeiten. Soweit ausreichende Funkverbindung mit der Station besteht, kann das Kontrollzentrum übernehmen und so die Crew entlasten – aber sollte es Probleme mit dem Kommandieren geben, dann ist das Problem ernst genug, dass es die Besatzung unmittelbar selbst übernehmen muss.

EVA PROC REVIEW
Das Durchgehen der zeitlichen Abfolge des Weltraumspaziergangs

Condensate Jumper
Kurzes Verbindungsrohr zwischen *Columbus* und Node 2 zur Rückführung des in *Columbus* kondensierten Wassers

Caution
Niedrigste Stufe des stationsweiten Meldesystems für Ausnahmezustände

Warning
Zweithöchste Stufe des Meldesystems

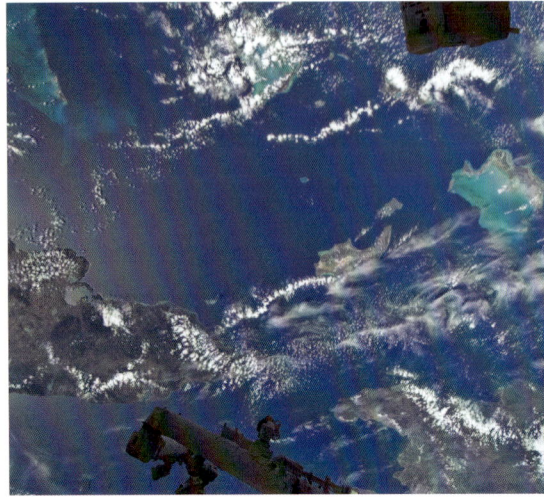

Emergency
Höchste Meldestufe, ist gleichzusetzen mit einem Notfall an Bord, der das Leben der Astronauten und die Sicherheit der ISS unmittelbar gefährdet

Vitales System
Das Computersystem von *Columbus* besteht aus zwei Ebenen: Das »vitale System« kontrolliert die grundlegenden, überlebenswichtigen Funktionen, während das »normale System« aus einem beheizten und luftdurchfluteten Modul ein Forschungslabor macht.

Die am meisten ernst zu nehmende Meldung ist schließlich der **Emergency**-Alarm. Hier muss die Besatzung alles stehen und liegen lassen und sofort reagieren. Auch alle Bodenkontrollzentren stellen alle anderen Aktivitäten ein und arbeiten ausschließlich an dem Notfall.

Jede dieser Meldungen, die entweder als **Caution**, **Warning** oder **Emergency** klassifiziert sind, ist genau definiert. Auch die Reaktion darauf ist in einer Prozedur genauestens festgehalten. Und alle Kontrollzentren haben dieses Meldesystem auf ihren Bildschirmen – genau wie auch die Besatzung, die durch einen Alarmton und ein Warnlicht in jedem der Module benachrichtigt wird, und dann auf den Computern der Station den genauen Text der Warnung einsehen kann. Deshalb muss die Crew, die ja in einem Fehlerfall unmittelbar gefährdet sein könnte, auch schnellstmöglich kontaktiert und entweder beruhigt oder um Mithilfe gebeten werden. Der Flight Director auf der amerikanischen Seite möchte deswegen sofort von seinen Flight Controllern – oder vom COL FLIGHT – die Meldung erhalten, ob auf der Station ein akustischer Alarm ausgelöst wurde, ob das Ganze erwartet war

oder komplett überraschend aufgetreten ist, ob die Astronauten zur Behebung des Problems benötigt werden und natürlich, worin die mögliche Ursache besteht.

Für die »Neulinge« vom Oberpfaffenhofener Kontrollzentrum ist daher eine gewisse Aufregung mit der Caution verbunden – auch wenn natürlich bei so weitreichenden Umkonfigurierungen der Station wie der Integration eines neuen Moduls zu erwarten ist, dass nicht alles glatt läuft. Man muss sich vor Augen halten, dass die Station selbst und auch die Computer der Station noch nie auf der Erde zusammengebaut und -geschaltet waren. Wer etwa schon einmal Probleme beim Anschluss eines Druckers an seinen Computer hatte, der kann diese Meisterleistung wertschätzen …

Für COL DMS *Horst Himmelskamp* kommt der aufgetretene Fehler keineswegs erwartet – und er ist auch in keiner Simulation trainiert worden. Zusammen mit den unterstützenden Spezialisten versucht er nun, das aufgetretene Problem zu verstehen. Klar ist, dass aus irgendeinem Grund auf dem Hauptdatenbus des **vitalen Systems** ein Fehler aufgetreten hat und deshalb automatisch auf den redundanten Datenbus umgeschaltet wurde. Wie die meisten wichtigen Systeme an Bord der Raumstation ist auch diese Verbindung doppelt ausgeführt, und so empfehlen die Ingenieure, dass mit der Aktivierung fortgefahren werden kann, auch wenn im Moment nur einer der beiden Busse verfügbar ist. Mit dieser Empfehlung wendet sich COL DMS an den Flugdirektor und dieser stimmt dem Vorschlag nach Rücksprache mit dem ACE *Kai-Uwe Peters* zu. Nun wird auch Houston über die Entscheidung aus München informiert, und *Bob Dempsey* im Stuhl des HOUSTON FLIGHT gibt dem Vorgehen grünes Licht.

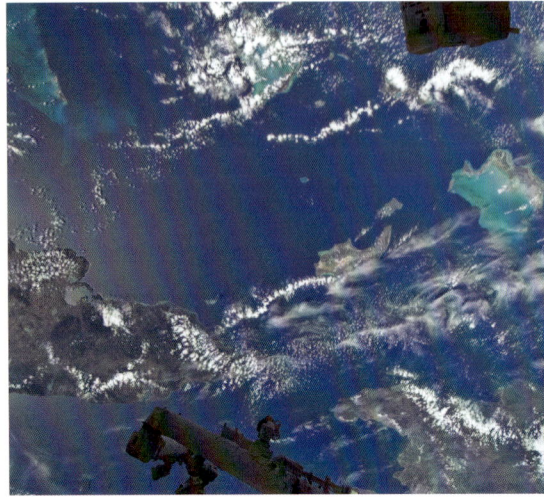

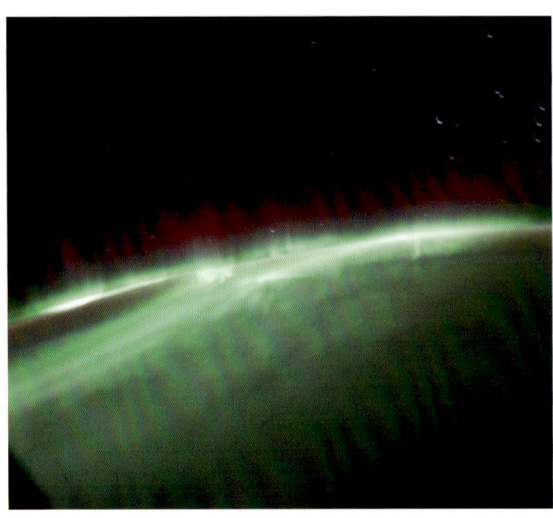

Columbus auf dem Weg zur ISS

Datum	Flight Day		
03. 11. 2007		Integration von *Columbus* in den Payload Container	
10. 11. 2007		*Atlantis* auf dem Weg zum Startplatz	
10. 11. 2007		*Atlantis* am Startkomplex angekommen	
11. 11. 2007		Integration von *Columbus* in die Nutzlastbucht des Orbiters	
07. 02. 2008	FD1	Start der STS-122- »1E-Mission« mit *Atlantis*	
09. 02. 2008	FD3	Annäherung und Andocken an die Raumstation ISS	
09. 02. 2008	FD3	Öffnen der Luke und Willkommensparty	

Datum	Flight Day		
11. 02. 2008	FD5	Erster Außenbordeinsatz (EVA1)	
11. 02. 2008	FD5	Andocken von *Columbus* am *Node2*	
12. 02. 2008	FD6	Aktivierung des *Columbus*-Moduls	
12. 02. 2008	FD6	Erstes »Betreten« von Columbus durch die Crew	
13. 02. 2008	FD7	Einräumen des europäischen Labors	
13. 02. 2008	FD7	Zweiter Außenbordeinsatz (EVA2)	
15. 02. 2008	FD9	Dritter Außenbordeinsatz (EVA3)	
15. 02. 2008	FD9	Anbringen der externen Nutzlasten SOLAR und EuTEF	
17. 02. 2008	FD11	Abschied der Crew und Schließen der STS-Luke	
18. 02. 2008	FD12	Abdocken der *Atlantis* von der ISS	
20. 02. 2008	FD14	Landung am Kennedy Space Center, Florida	

Columbus wird aktiviert

Die »Final Activation« von *Columbus* beginnt

Die Flight Controller im *Columbus*-Kontrollzentrum in Oberpfaffenhofen und auch die Houstoner Kollegen haben nun ein gutes Stück Arbeit vor sich: 72 Seiten ist die **Columbus Final Activation**-Prozedur lang, die genau festlegt, in welcher Sequenz die einzelnen Komponenten eingeschaltet werden sollen. Für jeden Schritt ist definiert, welche Kommandos mit welchen Parametern an das Modul geschickt werden müssen – und wie die entsprechende Telemetrie nach dem Kommando aussehen soll. In unzähligen Simulationen wurde das Vorgehen geübt, viele Fehlerfälle wurden durchgespielt – und doch werden die Teams am Ende überrascht sein, wie völlig anders die Realität aussehen wird.

Feierlich gibt Flugdirektor *Gerd Söllner* dem ACE die Erlaubnis, nun mit dieser Aktivierung des europäischen Moduls zu beginnen. Und *Kai-Uwe Peters* gibt dieses »Go« gleich an die beiden COL SYSTEMS weiter, in deren Verantwortung der erste Schritt in der Prozedur liegt. *Julian Doyé* und *Norbert Porth* schicken daraufhin die ersten Kommandos, um die ersten der zahlreichen 120-Volt-Ausgänge der beiden **PDUs** einzuschalten. Das ist natürlich eine wichtige Voraussetzung für die weitere Aktivierung der einzelnen Komponenten: Strom muss vorhanden sein. Außerdem werden auch die Drucksensoren in den Wasserpumpen aktiviert – und schon muss COL SYSTEMS das erste Problem an *Gerd Söllner* melden: Die Sensoren sollten laut Aktivierungsplan einen bestimmten Druck anzeigen – so wurde das Modul vor dem Start konfiguriert. Eine der beiden Wasserpumpen **(Water Pump Assembly 1 – WPA1)** – sollte einen höheren Druck haben als die parallel geschaltete, aber im Moment durch Ventile isolierte **WPA2**. Und das ist nicht der Fall. Was tun?

Zunächst einmal wird die Abarbeitung der **Final Activation Sequence** bis auf Weiteres gestoppt und der HOUSTON FLIGHT informiert. Dann beraten sich der ACE, die Unterstützungsteams in Turin und Bremen, COL SYSTEMS und die Flugdirektoren.

Der Kühlwasserkreislauf in *Columbus* ist eine komplizierte Anordnung aus zwei Pumpen, Ventilen, Wärmetauschern und Sensoren. Wegen seiner essenziellen Bedeutung für den Betrieb des Moduls als Forschungslabor wurden viele Komponenten doppelt oder mehrfach ausgeführt, um im Fall einer Störung nicht sofort das Modul stilllegen zu müssen.

Die Wasserpumpe ist für den Antrieb des geschlossenen Wasserkreislaufs verantwortlich und enthält neben dem eigentlichen Impeller auch verschiedene Sensoren und einen Druckgastank, mit dem ein gewisser statischer Wasserdruck erzeugt wird. Genau hier wird im Moment der Fehler vermutet. Parallel geschaltet ist eine zweite baugleiche Wasserpumpe vorhanden, die normalerweise isoliert und nicht aktiv ist, jedoch im Bedarfsfall sofort anspringen und den Wasserfluss aufrechterhalten kann.

Das warme Kühlwasser läuft von der Wasserpumpe aus nacheinander durch zwei Wärmetauscher, die zunächst das Wasser über einen der ISS-Kühlkreisläufe vorkühlen und schließlich über einen zweiten end-

Water Pump Assembly (WPA)
Pumpen zum Umwälzen des Kühlwassers in Columbus

◀ *Die Verstärkung sitzt im K3: Gespannt blickt das Unterstützungsteam auf seine Monitore.*

Gut durchdacht und auch mit Fehlern noch betreibbar ist der Kühlkreislauf von *Columbus* ausgelegt. Eine von zwei Wasserpumpen (**a**) bewegt die Kühlflüssigkeit, während die zweite in Notfällen jederzeit bereit ist einzuspringen. Das Wasser wird in zwei Stufen (**b** und **c**) über Wärmetauscher heruntergekühlt. Diese Wärmetauscher führen die Wärme in zwei externe Kühlkreisläufe ab, die mit Ammoniak arbeiten und die in der ISS produzierte Wärme letztendlich über Radiatoren in den Weltraum abstrahlen. Um die Temperatur des heruntergekühlten Wassers kontrollieren zu können, kann warmes Wasser beigemischt werden (**d**), das nach der Wasserpumpe abgezweigt wurde. Die Temperatur wird so eingestellt, dass sie geringfügig unter dem Kondensationspunkt der *Columbus*-Atmosphäre liegt. Dadurch

kann in den **Condensate Heat Exchangern (CHX)** (**e**) die Luft im Modul nicht nur gekühlt, sondern auch getrocknet werden – die Luftfeuchtigkeit kondensiert an den kalten Oberflächen. Im weiteren Verlauf des Kühlkreislaufs soll aber dann Kondensation vermieden werden, und so wird die Kühlwassertemperatur nochmals nach oben korrigiert, indem warmes Wasser beigemengt wird (**f**). Dann teilt sich der Wasserkreislauf in viele Zweige auf (**g**) und kühlt die Payload Racks genauso wie verschiedene Geräte des Moduls selbst, die auf wasserdurchflossenen Platten montiert sind, um eine optimale Wärmeabführung zu gewährleisten. Das aufgeheizte Wasser wird schließlich wieder von der Pumpe angesaugt und von ihr wieder zu den kühlenden Wärmetauschern transportiert.

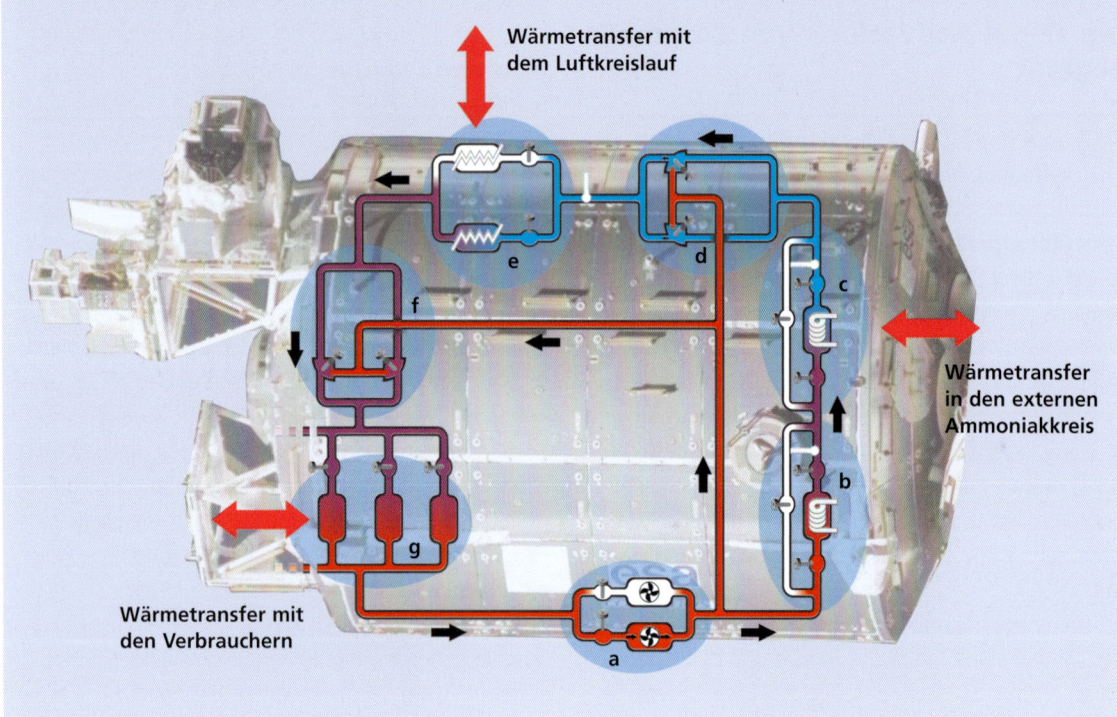

Wärmetransfer mit dem Luftkreislauf

Wärmetransfer in den externen Ammoniakkreis

Wärmetransfer mit den Verbrauchern

Condensate Heat Exchanger (CHX)
Schnittstelle zwischen Wasser- und Luftkreislauf. Die Luft wird hier gekühlt und getrocknet.

gültig auf eine Temperatur von 2,1 bis 4,2 °C bringen. Bei einem Fehler in einem der beiden Wärmetauscher kann dieser durch einen Bypass umgangen werden und die Kühlung nur durch den anderen Wärmetauscher erfolgen – allerdings ist der Kühlkreislauf in *Columbus* dann entsprechend weniger belastbar. Die Wärmetauscher selbst befinden sich außerhalb des *Nodes 2*. Hier wird die Wärme aus dem europäischen Forschungslabor an die Ammoniak-Kühlkreise der ISS abgegeben und schließlich über Radiatoren in den Weltraum abgestrahlt.

Im weiteren Verlauf besitzt *Columbus* zunächst einen »kalten« Bereich des Wasserkreislaufs und schließlich einen »moderaten« Teil. In beiden Bereichen kann die Temperatur des Kühlwassers geregelt werden. Hierzu wird das Kühlwasser jeweils mit ungekühltem

Wasser gemischt, das direkt hinter der Wasserpumpe abgezweigt wurde und damit nicht die Wärmetauscher durchlaufen hat. Diese Mischung erfolgt jeweils automatisch durch einen Regelkreis in dem Verhältnis, das notwenig ist, um die gewünschte Kühlwassertemperatur zu erreichen.

Zunächst also wird dem heruntergekühlten Wasser – falls nötig – entsprechend warmes Wasser zugemischt, um die Soll-Temperatur des »kalten« Wasserkreislaufs zu erreichen. Der kalte Bereich des Kreislaufs speist den **Condensate Heat Exchanger (CHX)**, in dem die Luft aus dem Modul über wassergekühlte Lamellen geblasen und so auf die gewünschte Lufttemperatur gebracht wird. Zusätzlich kann der Kabinenluft auch die Feuchtigkeit durch Kondensation entzogen werden, indem die Kühlwassertemperatur in diesem »kalten« Bereich unter den Wasserdampfpunkt gebracht wird. Der Haupterzeuger dieser Luftfeuchtigkeit ist natürlich die Besatzung – je mehr Arbeit in *Columbus* verrichtet wird, desto mehr muss auch der **CHX** leisten. Die Leitungen dieses »kalten« Bereichs sind besonders dick isoliert, da das Kondensieren von Feuchtigkeit natürlich nur im **CHX** erwünscht ist – und nicht etwa an den Leitungen, wo sich bildende Wassertropfen schnell die benachbarte Elektronik lahm legen könnten.

Nachdem das Kühlwasser den **CHX** durchlaufen hat, wird es auf eine Temperatur erwärmt, die keine Bildung von Kondenswasser mehr ermöglicht. Auch das geschieht wieder durch kontrolliertes Zumischen von nicht gekühltem Wasser. Auch hier ist wieder ein automatischer Regelkreis implementiert, der das Mischverhältnis so einstellt, dass hinter der Mischbatterie die gewünschte Temperatur vorherrscht. An dieser »moderaten« Hälfte des Kühlkreislaufes hängen nun sämtliche Verbraucher, die einer Wasserkühlung bedürfen. Hierzu zweigt sich der Kreislauf in mehrere Äste auf, die die elektrischen Geräte kühlen. Auch an allen Positionen, wo später Experimentschränke betrieben werden sollen, sind Anschlüsse für den Zu- und Abfluss von Kühlwasser vorhanden.

Alle überschüssige Hitze, die etwa durch die zugeführte elektrische Energie entsteht, wird so an das Kühlwasser abgegeben. Das erwärmte Kühlwasser erreicht schließlich wieder die jeweils aktive Pumpe, und der Kreislauf beginnt von neuem. Kompliziert wird das System noch dadurch, dass alle wichtigen Misch- oder Regelungsventile redundant (also doppelt) ausgeführt sind, was kleine und unübersichtliche »Subkreisläufe« innerhalb des großen Ganzen erzeugt.

Nun ist noch vor der eigentlichen Aktivierung des Kühlwassersystems gleich die erste Anomalie aufgetreten. In aller Eile wird ein Plan für das weitere Vorgehen zusammengestellt. Manche Fehlerfälle wurden schon im Vorhinein diskutiert und in einem **Crib Sheet** offiziell zusammengestellt, aber dieser Fall war nicht vorhergesehen. Trotzdem liegt innerhalb kürzester Zeit eine Empfehlung vor, wird in einer Flight Note dokumentiert und von allen Positionen für gut befunden und abgezeichnet. Demnach soll mit der Aktivierung fortgefahren, bestimmte Telemetriedaten besonders beobachtet und schließlich das verdächtige Ventil einmal bewegt (geöffnet und gleich wieder geschlossen) werden, um es hierdurch hoffentlich dicht zu bekommen.

Endlich, gegen 18:00 Uhr erhält der ACE grünes Licht, die Aktivierung wieder aufzunehmen.

Die Aktivierung des Kühlkreislaufs

Viele aufregende Stunden lang war das *Orbit-1*-Team unter *Gerd Söllner* bereits an der Konsole, und noch immer ist für manche aus diesem Team kein Ende in Sicht. Wegen der speziellen Lage während der **Final Activation Sequence** wurde ein »schleichender Handover« vereinbart – und so wechselt jede Position zu dem Zeitpunkt in den *Orbit 2*, der am ehesten für einen Tausch geeignet ist. Extrem viel Information muss von einem Team zum anderen transportiert werden: Schließlich ist heute viel passiert, und die durch die verschiedenen Probleme ganz spezielle *Columbus*-Konfiguration muss erklärt und in voller Tragweite von der nächsten Schicht verstanden werden. Für jede Position ist ein anderer Zeitpunkt in der **Final Activation Sequence** der geeignete, der etwas Zeit zum Übergabegespräch zwischen den Flight Controllern bietet.

Am denkbar schlechtesten hat es hier die COL DMS-Konsole erwischt, denn die Aktivierung der verschiedenen Computer an Bord fällt in ihre Verantwortlichkeit und zieht sich über die folgenden Schritte der Aktivierungsprozedur hin. So muss *Dieter Arndt* einige Zeit lang *Horst Himmelskamp* über die Schultern schauen, bevor er letztendlich übernehmen kann. Aber es wird sich zeigen, dass gerade an der COL DMS-Konsole jetzt zwei erfahrene Ingenieure nicht zuviel sind!

Andrea Geraci, der inzwischen *Kai-Uwe Peters* an der ACE-Konsole abgelöst hat, bittet nun den Flugdirektor um das »Go« für den nächsten Schritt in der **Final Activation Sequence** – erst der zweite Schritt von insgesamt 24! Die Aktivierung der vier **Command and Measurement Units (CMUs)** steht an. Diese Computer sind – wie auch die VTCs – einfache und

Command and Measurement Unit (CMU)
Computer zum Datenerfassen und analogen Steuern von anderen Geräten

Crib Sheet
Zu deutsch: Spickzettel, vorgefertigte Vorgehensweise für alle erdenklichen Fehlersituationen

◀ *Dieter Arndt an der COL DMS-Konsole brütet über zahlreichen Prozeduren, Handbüchern und Notizen der vorhergehenden Schicht.*

▲ *Natürlich braucht THOR in Houston einen Hammer als Symbol! Wenn die alten Germanen das gewusst hätten!*

Systembus
Der Systembus ist eines der verschiedenen Netzwerke, über die die Computer im europäischen Labor miteinander kommunizieren.

Bus Controller, Remote Terminals
Bus Controller und Remote Terminal sind Fachbegriffe für ein bestimmtes Netzwerkkonzept, in dem ein Computer die Führungsrolle übernimmt und die anderen Computer nur auf seine Aufforderung hin Daten mit ihm austauschen.

robuste Maschinen, die einerseits Messwerte von verschiedenen Sensoren in digitale Daten konvertieren und andererseits ankommende Daten in Spannungssignale umsetzen können, die wiederum anderen Geräten als Steuersignal dienen. Alle vier Computer hängen an einer gemeinsamen Datenleitung, die momentan von den VTCs verwaltet wird – später werden »intelligentere« Computer diese Aufgabe übernehmen.

Um im Fachjargon zu sprechen: Die Datenleitung, der **Systembus**, von *Columbus* ist eine 1553B-Architektur, was heißt, dass ein **Bus Controller** (momentan noch einer der beiden **VTCs**) der Reihe nach seine **Remote Terminals** (die vier **CMUs**) um Daten bittet und diese mit einem Datenpaket antworten. Alternativ

kann der **Bus Controller** auch Kommandos an die **CMUs** schicken, die diese dann umsetzen. Ein mögliches Kommando wäre etwa »Setze Deine Leitung 64 auf 5 Volt«, was etwa bei einem anderen an diese Stromleitung angeschlossenen Gerät ein Relais schalten könnte und dieses aktivieren würde. Etwa so wird nun im nächsten Schritt der **Final Activation Sequence** eine der beiden Wasserpumpen aktiviert. Nachdem die **CMUs** eigentlich wassergekühlt werden müssen, ergibt sich hier ein Teufelskreis: Auf der einen Seite brauchen die **CMUs** zum Arbeiten laufendes Kühlwasser, zum anderen müssen die **CMUs** laufen, um die Wasserpumpen aktivieren zu können.

Glücklicherweise dauert es nach der Berechnung der Ingenieure etwa fünf Stunden, bis die **CMUs** ohne Kühlwasser an einem Hitzetod sterben – und so kann man die vier Computer zunächst auch ohne Wasserkühlung aktivieren, wenn man innerhalb von fünf Stunden dann die Wasserpumpe mithilfe der **CMUs** dazu bringt, das Kühlwasser umzuwälzen. Deshalb startet *Nathalie Gérard* an der COL OC-Konsole um 18:03 Uhr eine **Thermal Clock**, die auf dem großen Projektionsschirm an der Kontrollraumwand jeden Flight Controller erinnert, dass wieder einmal eine Überlebensuhr für *Columbus* tickt.

Die Aktivierung der **CMUs** wird von COL DMS ohne größere Schwierigkeiten erledigt – und bald darauf können *Horst Himmelskamp* und *Dieter Arndt* um 18:08 Uhr dem ACE die erfolgreiche Ausführung von Schritt zwei melden. Daraufhin gibt es vom ACE die Erlaubnis für den Schritt drei, in dem der Kühlwasserkreislauf aktiviert werden soll.

Die Konfiguration des Kühlkreislaufs fällt in die Zuständigkeit von COL SYSTEMS. Nachdem der Kreislauf das allererste Mal aktiviert wird, sind *Julian Doyé* und *Norbert Porth* auf die Unterstützung der **THOR**-Position in Houston angewiesen. Gemeinsam müssen sie den Kreislauf von *Columbus* in den Gesamtkühlkreislauf der ISS integrieren, was viel Kommandieren auf der Oberpfaffenhofener Seite, aber auch einige Kommandos von Houston notwendig macht.

Als erstes muss THOR von Houston aus die für *Columbus* vorgesehenen Wärmetauscher in den Gesamtfluss einbauen, indem er das bisher offene Bypass-Ventil schließt und dafür das Ventil für den Durchfluss der Wärmetauscher öffnet. Zunächst soll das für den **Medium Temperature Loop** erfolgen. Über den Sprechfunkkanal, der von allen Kontrollzentren dazu genutzt wird, alle auf die Station zu schickenden Kommandos kurz anzukündigen, kann COL SYSTEMS seinen Kollegen jenseits des Atlantiks hören:

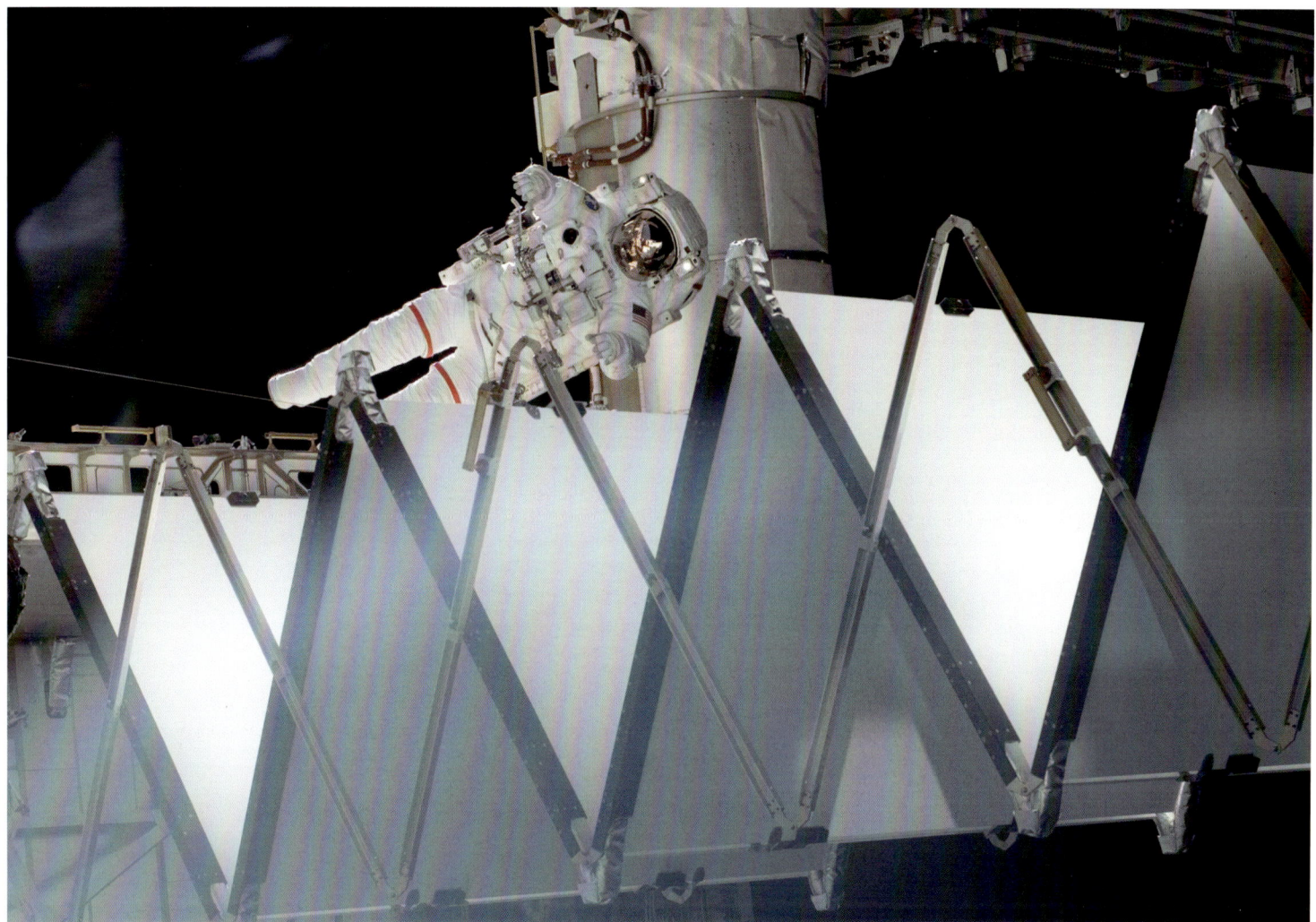

»THOR on FMT COORD sending one command for cooling loop integration, on my mark, three, two, one, mark!« –
»Hier THOR auf dem Koordinierungsfunkkanal. Wir schicken nun ein Kommando zum Einbau des Kühlungskreislaufs: Drei, zwei, eins – jetzt!«

Und sofort füllen sich die Bildschirme der Flight Controller auf der ganzen Welt mit einigen der gefürchteten **Caution**- und **Warning**-Meldungen! Auf den ersten Blick scheint eine unerwartete Wassertemperatur aufgetreten zu sein. Einmal mehr komplett unerwartet! Außerdem hat die ISS als automatische Reaktion auf das Problem auch die Kühlung des US-Labors und des *Nodes 2* sicherheitshalber ausgeschaltet, sodass plötzlich eine Vielzahl von Überlebensuhren anläuft.

Während die Amerikaner die aufgetauchten Fehler untersuchen, kann diesmal zumindest in Oberpfaffenhofen bis zu einem bestimmten Schritt weitergemacht

werden: Vor der Aktivierung der Wasserpumpe können *Julian Doyé* und *Norbert Porth* noch alle Ventile in die korrekte Stellung bringen, dann aber muss gewartet werden, bis die Amerikaner die aufgetretenen Fehler verstanden und behoben haben. Gleichzeitig bittet Flugdirektor *Nitsch* die restlichen Positionen abzuschätzen, wie man bei länger andauernden Problemen mit der Kühlung weiter verfahren könnte. Eine konzentrierte Betriebsamkeit tritt ein!

In Houston wird die Priorität zunächst darauf gelegt, die Kühlung der restlichen ISS wieder herzustellen. Im Hintergrund werten die Ingenieure die Daten von kurz vor dem Moment aus, in dem der *Columbus*-Wärmetauscher in den Kühlkreislauf geschaltet wurde. Nach ein bis zwei Stunden ist das Problem erkannt – ein kompliziertes Versehen, was bereits Ende des vergangenen Jahres seinen Ursprung hatte. Damals wurde von einem Hauptcomputer der ISS auf einen zweiten umgeschaltet – und dabei schalteten sich in allen Wärmetauschern automatisch Notheizer ein. In den

▲ *Mit der Hilfe von Radiatoren wird die überschüssige Wärme an den Weltraum abgegeben.*

◄ *Die Radiatoren am Truss können nicht nur gedreht, sondern auch zusammengefaltet werden, falls dies erforderlich sein sollte.*

Das Innere des europäischen Raumlabors

Da im Weltall »oben« und »unten« kaum Bedeutung haben, können im europäischen Raumlabor nicht nur die Seitenwände, sondern auch Boden und Decke voll genutzt werden. Daher sind in *Columbus* rechts, links, oben und unten jeweils vier Installationsorte für Racks vorgesehen. Im Bodenbereich sind die wichtigsten Aggregate für die Grundversorgung eingebaut, zusätzlich ist noch Stauraum vorhanden. In der Decke ist FSL integriert, außerdem wei

tere drei Racks zum Unterbringen der verschiedensten Verbrauchsmaterialien und Zusatzausrüstungen. »In Flugrichtung« sind EDR, MSG und HRF1 montiert, wobei zwischen MSG und HRF1 noch Platz für ein zukünftiges Experiment frei geblieben ist. Gegenüber haben das Express Rack 3, BIOLAB, EPM und HRF2 ihren Platz gefunden. An dem der Luke gegenüberliegenden Ende des Moduls ist die Videoausrüstung von *Columbus* untergebracht.

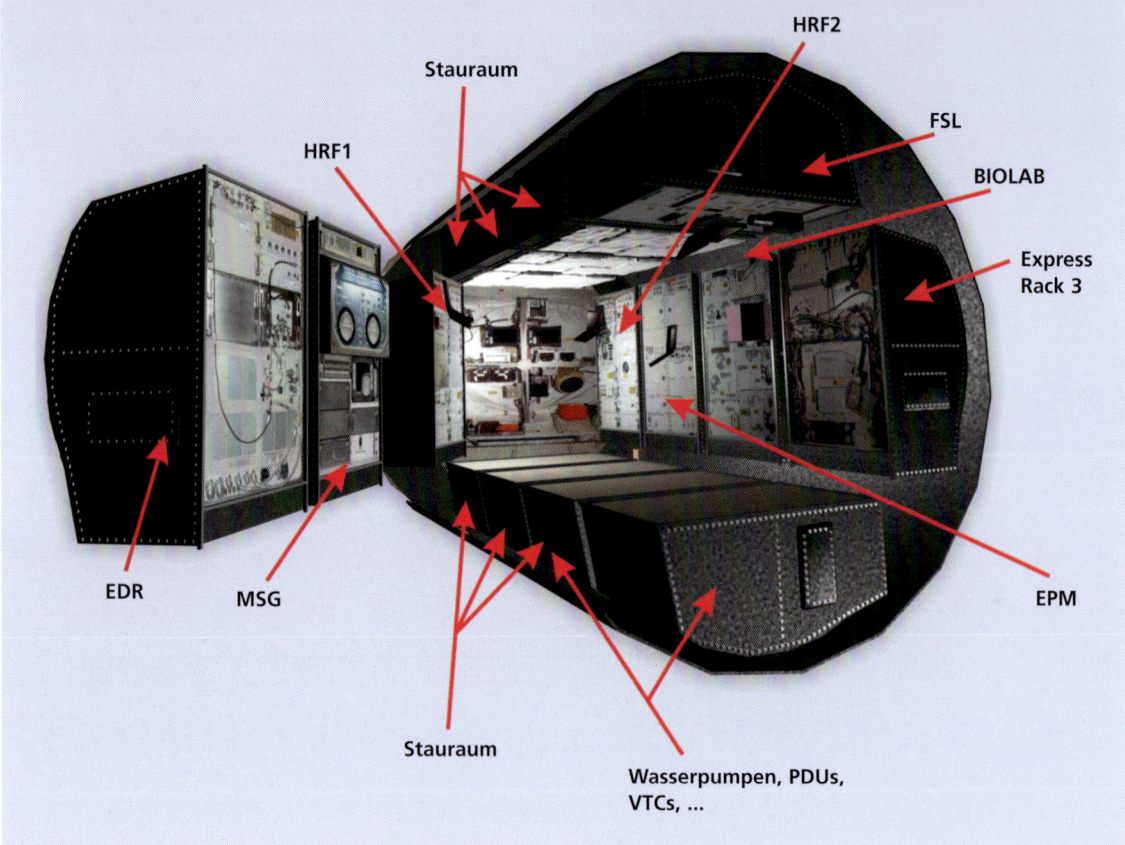

Wärmetauschern der damals bereits vorhandenen Module wurde dies gleich darauf manuell korrigiert. Die Notheizer wurden mit den entsprechenden Kommandos wieder abgeschaltet – aber in dem damals von der restlichen Raumstation isolierten *Columbus*-Wärmetauscher, auf den die Houstoner noch keinerlei Augenmerk richteten, wurde das übersehen – der Heizer war bis heute weitergelaufen. Und nun, beim Integrieren des neuen Elements, war plötzlich stark aufgeheizte Kühlflüssigkeit aus dem bisher isolierten Zweig in den Kreislauf gelangt. Dieser hatte daraufhin automatisch versucht, gegenzusteuern und dabei seine Grenzen überschritten.

Mit diesem Wissen war nun die Behebung des Problems einfach: Notfallheizer ausschalten, etwas warten, bis die Temperatur abgefallen ist – und das Integrieren von *Columbus* ein zweites Mal versuchen!

Während in Houston langsam Klarheit erreicht wird, sind in Oberpfaffenhofen schon die nächsten Ungereimtheiten auf dem Tisch – glücklicherweise kleinerer Natur. Bei zwei baugleichen Ventilen zeigt die Telemetrie einen nicht erwarteten Status. Hier entschließt man sich kurzerhand zu einer bei Computernutzern beliebten Strategie: COL SYSTEMS führt einfach ein Aus- und Wiedereinschalten der Stromversorgung des verdächtigen Ventils durch und schon zeigen die Daten einen zufriedenstellenden Wert. Und nachdem man sowieso momentan auf das »Go Ahead« von Houston warten muss, entscheidet man sich, ein Zurückschalten des **Systembusses** auf die normale Konfiguration zu riskieren – und *Horst Himmelskamp* kann kurz darauf stolz vermelden, dass sein Subsystem nun komplett normal arbeitet.

Nach dem großen Kühlungsproblem, das gegen

18:10 Uhr auftrat, kann die Besatzung endlich um 20:11 Uhr über den Hintergrund des Fehlers informiert werden. Kurz darauf sind auch das US-Labor und der *Node 2* wieder voll mit Kühlung versorgt, doch die Überlebensuhr für *Columbus* tickt nach wie vor, da für das europäische Modul der Kühlkreislauf noch nicht geschlossen und damit aktiviert werden konnte. COL FLIGHT hat daher seine Flight Controller angewiesen, die Kommandos zum Ausschalten aller bereits aktivierten Geräte vorzubereiten, falls die Temperaturen zu hoch werden sollten.

Auch die Besatzung arbeitet inzwischen wieder in *Columbus*. Anders als die Bodenkontrollstationen sind *Peggy Whitson* und ihre Männer in der Zwischenzeit weit ihrer Timeline voraus. Um weitermachen zu können, muss *Peggy* nun eine der vier Bodenabdeckungen aufschrauben, um an das darunter verstaute Material zu kommen. Der Schraubenzieher, den sie hierzu verwenden soll, passt allerdings nicht – ein Fehler in der Prozedur. *Peggy* hat extra eine Videokamera in das *Columbus*-Modul gebracht, um den Oberpfaffenhofenern zu zeigen, wo ihr Problem ist: Sie kommt mit diesem Werkzeug einfach nicht an die Schrauben heran.

Nun ist *Frank Hartung* an der COSMO-Position gefragt – und die Antwort, die er dem Flight Director geben muss, gefällt keinem so recht: Ja, es gibt im *Columbus*-Werkzeugset ein passendes Instrument, aber unglücklicherweise ist das Set momentan noch genau in dem Bodenstauraum eingeschlossen, welchen *Peggy* gerade zu öffnen versucht!

Eine etwas peinliche Situation, aber nicht unlösbar: Auf amerikanischer Seite gibt es das entsprechende Werkzeug, nur muss Flugdirektor *Alexander Nitsch* nun vorsichtig nachfragen, ob es kurz von den Europäern ausgeliehen werden kann. Und obwohl er mit keinem Wort das eigentliche Problem erwähnt, ist seine Kollegin *Sally Davis* auf der NASA-Seite auf Draht.

»Seems that you have locked the keys in your car.« –
»Sieht so aus, als hättet Ihr Eure Schlüssel im Auto eingesperrt.«,

ist der trockene Kommentar der ISS-Flugdirektorin, mit dem sie die Erlaubnis zur Benutzung des US-Werkzeugsets erteilt.

Um 22:18 Uhr ist die Temperatur im *Columbus*-Wärmetauscher endlich so weit abgefallen, dass **THOR** einen erneuten Versuch der Integrierung des neuen Moduls in den Kühlkreislauf der ISS vorschlägt. Und diesmal verläuft alles reibungslos. Auch die Konfigura-

◀ *Bernie Kerr, Norbert Porth und Aaron Butler (von links) an der COL SYSTEMS-Konsole*

tion des zweiten Wärmetauschers erzeugt keine zusätzlichen Probleme, und ein paar Minuten später sind alle Ventile im *Node 2* in der gewünschten Stellung. Die beiden Wärmetauscher werden nun auf der einen Seite mit kaltem Ammoniak durchflossen – höchste Zeit also, auch das *Columbus*-Kühlwasser auf der anderen Seite des Wärmetauschers zum Zirkulieren zu bringen!

Nachdem COL SYSTEMS bereits vorgearbeitet hat, fehlt nun nur noch ein Kommando, um die Wasserpumpe in Bewegung zu setzen. Und endlich kann um 22:37 Uhr durch *Bernie Kerr* und *Aaron Butler*, die inzwischen wieder die Konsole übernommen haben, gemeldet werden, dass die Kühlung des europäischen Moduls aktiviert worden ist. Erleichtert kann *Alexander Nitsch* den COL OC nun bitten, die **Thermal Clock** für die **CMUs** endgültig auszuschalten – alles ist noch einmal gut gegangen, COL DMS kann aus den Daten der vier Computer bestätigen, dass die Temperaturen nun langsam zu sinken beginnen.

Ein kleines Problem zeigt sich schließlich doch noch: Einer der mehrfach vorhandenen Wasserdrucksensoren meldet einen komplett von den anderen Messungen abweichenden Wert. Die Ingenieure empfehlen schnell, diesem Sensor nicht zu trauen und sich auf die anderen Sensoren zu verlassen. Und tatsächlich wird dieser Sensor nach einigen Monaten ausgetauscht werden.

Am Ende des dritten Schrittes der **Final Activation Sequence** aktiviert Col-CC nun noch in Zusammenarbeit mit Houston die beiden **Audioterminal Units (ATU)**, die in *Columbus* wie auch in jedem anderen Modul der ISS angebracht sind. Sie ermöglichen der Besatzung die Unterhaltung über mehrere Module hinweg sowie auch den Funkverkehr mit den Kontrollzentren. Zusätzlich verbreiten die **ATUs** auch die Warntöne für die **Caution**- und **Warning**-Meldungen – deshalb gelten diese Geräte als besonders wichtig und

Audioterminal Units (ATU)
Geräte für die Sprechverbindung zwischen den Modulen und mit den Kontrollzentren, enthalten auch das Notfallwarnsystem

Columbus LAN Switch (CLSW)
Verantwortlich für das LAN-Netzwerk in *Columbus*

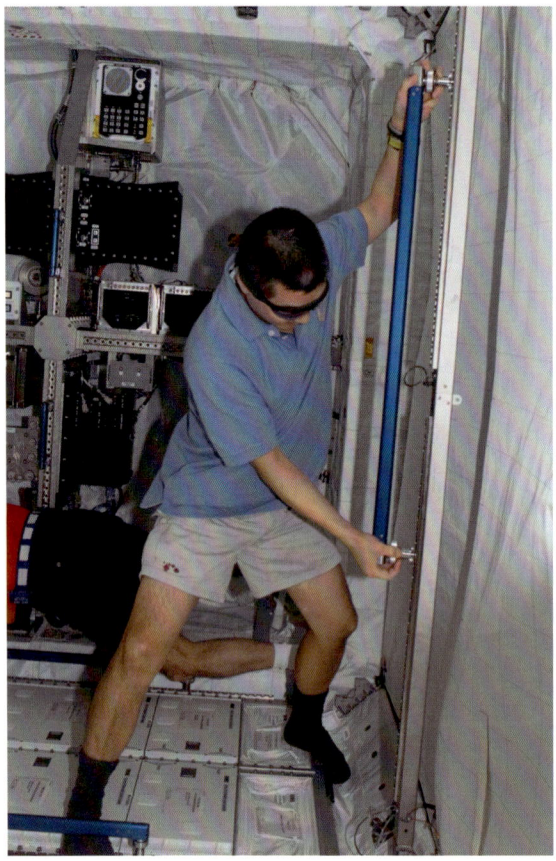

▶ *Dan Tani im Columbus-Modul – Die Einrichtungsgegenstände werden installiert.*

Mass Memory Unit (MMU)
Speicherbereich des *Columbus*-Netzwerks

die später von der Crew zur Befestigung von zusätzlichem Gerät verwendet werden können.

In Oberpfaffenhofen hat inzwischen *Andrea Geraci* seine Zustimmung zum Schritt vier der **Final Activation Sequence** gegeben – und dieser Schritt verläuft erfreulich unspektakulär. Die Aktivierung der beiden *Columbus* **LAN Switches (CLSWs)** ist die erste Aktivität einer längeren Serie von COL DMS-Aufgaben. Die »intelligenteren« Bordcomputer, die nun der Reihe nach eingeschaltet werden, sind alle über ein schnelles LAN-Netzwerk verbunden – da auch dieses Netz redundant aufgebaut ist, werden zwei Switches für die Verwaltung benötigt.

Und dann folgt vor den Computern zunächst noch die Aktivierung des Speicherbereichs des kleinen »außerirdischen« Netzwerks, der beiden **Mass Memory Units (MMUs)**. Wie alle wichtigen Komponenten sind all diese Geräte über eine Direktleitung mit den VTCs verbunden, sodass diese einfachen, aber überlebenswichtigen Controller den direkten Zugriff auf die **CLSWs**, die **MMUs** und alle folgenden Computer haben.

Nachdem es schon lange keine Probleme mehr gegeben hat, tritt freilich bei der **MMU**-Aktivierung im Schritt fünf der **Final Activation Sequence** gleich wieder eine unerwartete Situation auf. Nach dem Einschaltkommando an die **MMU2** und der Anweisung, als Slave hochzufahren, verlangt die Prozedur eine Wartezeit von bis zu fünf Minuten, bis eine Meldung über einen erfolgreichen Bootvorgang auf dem Telemetriedisplay auftaucht. Die fünf Minuten verstreichen – und auch die folgenden fünf Minuten, und nichts passiert. Für COL DMS *Horst Himmelskamp* ist das wieder der Punkt, das glücklicherweise zuvor so genau durchgearbeitete **Crib Sheet** hervorzuholen, auf dem der Fehlerfall »**MMU** reagiert nicht« bereits voranalysiert wurde. Und die Empfehlung ist wieder mal der Power Cycle, also das Aus- und Wiedereinschalten des Geräts. Die entsprechenden Kommandos werden vorbereitet und geschickt – und wieder einmal ist dieser zweite Versuch erfolgsgekrönt.

Das Ganze hat System, denn auch beim Einschalten der **MMU1** und dem Befehl, als Master zu booten, dauert es länger als fünf Minuten. Diesmal ist *Horst Himmelskamp* schon routiniert und auch COL FLIGHT und ACE geben ihr Einverständnis mit dem vorgeschlagenen weiteren Vorgehen ohne längere Bedenkzeiten. Und auch diesmal ist der Neustart das Mittel der Wahl, das zum gewünschten Erfolg führt. Pünktlich um Mitternacht laufen sowohl die LAN-Switches als auch die beiden Massenspeicher in *Columbus* – Stunden später, als zunächst geplant!

so hat man sich für eine möglichst frühzeitige Aktivierung innerhalb der **Final Activation Sequence** entschlossen.

Die fleißige *Peggy* sucht inzwischen an Bord schon wieder nach Beschäftigung. Und auch in Oberpfaffenhofen wird fieberhaft gesucht: Was kann man beim derzeitigen Aktivierungsstand des Moduls noch an Einräumarbeiten erledigen? Viele Aspekte müssen hier von den Flight Controllern abgewogen werden, bevor der Crew eine Aufgabe angeboten werden kann. Laufen die entsprechenden Aggregate schon, die zum Erledigen notwendig sind? Sind die erforderlichen Sicherheitsmaßnahmen schon getroffen? Sind die benötigten Werkzeuge verfügbar? Sind andere Aktivitäten damit verknüpft, die zuerst erledigt werden müssen? Schließlich bekommt die Crew den Auftrag, von den ersten Experimentschränken die zusätzlichen Verschraubungen zu entfernen, die nur während der stark beanspruchenden Startphase benötigt werden. Ferner können die ersten Laptops in *Columbus* aufgebaut und angeschlossen werden. Und zwischen den in der nächsten Zeit noch nicht benutzten Schrankpositionen kann *Peggy* schon einmal die Zwischenstandleisten einbauen, die zusammengeklappt auf einer Bodenabdeckung befestigt in den Orbit gebracht wurden und

Bevor die Crew sich heute noch ein paar ruhige und private Abendminuten gönnt, hat sie noch eine erste Pressekonferenz aus dem Space Shuttle auf dem Programm stehen. Auch *Hans Schlegel* nimmt daran teil, und natürlich sind das neue Modul und die Verschiebung des Weltraumspaziergangs das Thema Nummer eins! Aber *Hans Schlegel* bittet die Journalisten um Verständnis, dass medizinische Themen natürlich Privatsache seien – und genauso vertraulich behandelt werden müssten wie auch jeder Arztbesuch auf der Erde.

Der Körper in der Schwerelosigkeit

Es ist in der Raumfahrt bisher nur sehr selten passiert, dass ein Weltraumausstieg aus gesundheitlichen Gründen abgesagt wurde, deshalb ist das große Interesse der Medien natürlich verständlich. Es wäre ja auch möglich, dass eine echte Story dahintersteckt, die auf die Titelseiten gehören würde. Es könnte – und das ist wesentlich wahrscheinlicher – aber auch eine ganz normale Reaktion des menschlichen Körpers auf die veränderten Lebensbedingungen im Weltall sein.

Seit es Leben auf der Erde gibt, waren Tiere und Pflanzen einer über die Erdoberfläche relativ konstanten Erdanziehung ausgesetzt – jedes Kilogramm Masse wird mit etwa 9,81 Newton von unserem Planeten angezogen. Deshalb ist jeder Organismus in perfekter Weise auf diese Schwerkraft eingestellt: Die Evolution hat hier ganze Arbeit geleistet. Erst seit dem Beginn des Raumfahrtzeitalters ist es möglich, das Verhalten von Lebewesen gänzlich ohne Schwerkraft oder unter verringerter Schwerkraft zu studieren – und natürlich reagiert unser Körper mit einer Vielzahl von Symptomen auf Schwerelosigkeit.

Weltall heißt nicht, dass keine Schwerkraft existieren würde – auch in der Entfernung, in der die ISS um die Erde zieht, ist das Schwerefeld der Erde vorhanden, leicht schwächer zwar, aber diese Abschwächung ist vernachlässigbar gering. Präzise formuliert nimmt die Kraftwirkung mit dem Quadrat des Abstandes ab – verdoppelt man die Entfernung, so reduziert sich die Anziehung auf ein Viertel. Aber auch in großer Entfernung hat die Masse der Erde noch einen spürbaren Effekt – hält sie doch durch ihr Schwerefeld etwa auch den Mond auf seiner Bahn.

Warum schweben die Astronauten dennoch wie schwerelos durch die Raumstation, obwohl die Erdanziehung nicht aufgehoben ist? Das liegt daran, dass die Raumstation ungestört auf ihrer Bahn um die Erde »fallen« kann – wie man auch in einer »frei fallenden« Achterbahn oder einem schnell abwärts fahrendem Aufzug ein Gefühl von aufgehobener Gravitation bekommen kann.

Genau genommen gilt dieses freie Fallen der Raumstation nur für ihren Schwerpunkt. Da die ISS eine beträchtliche Ausdehnung hat und ein starres, zusammenhängendes Gebilde ist, ist für die meisten Bereiche der Station die Bedingung des freien Fallens nicht exakt erfüllt. Deshalb redet man in Fachkreisen auch nicht von Schwerelosigkeit auf der ISS, sondern von Mikrogravitation – also eine im Vergleich auf ein paar Tausendstel reduzierte Gravitationsstärke. Es sind noch mehrere Faktoren, die die ideale Schwerelosigkeit der Station stören. Zum einen ist trotz der großen Bahnhöhe immer noch eine äußerst dünne Restatmosphäre vorhanden, die eine Bremskraft auf die Station ausübt. Dann resultiert jedes Andocken, jedes Ausstoßen von Gasen oder Flüssigkeiten, jede Kurskorrektur in einer Beschleunigung. Und schließlich verursachen auch die zahlreichen Pumpen, Aggregate und die Solarflügel – aber auch die Astronauten selbst – durch ihre Bewegung Schwingungen an der Station – und stören die ideale Schwerelosigkeit. Diese Störungen sind freilich minimal und nur für die Wissenschaftler interessant,

◀ *Hans Schlegel und Dan Tani in der Atlantis*

◀ *Auch im Orbit gelten Geschwindigkeitsbegrenzungen.*

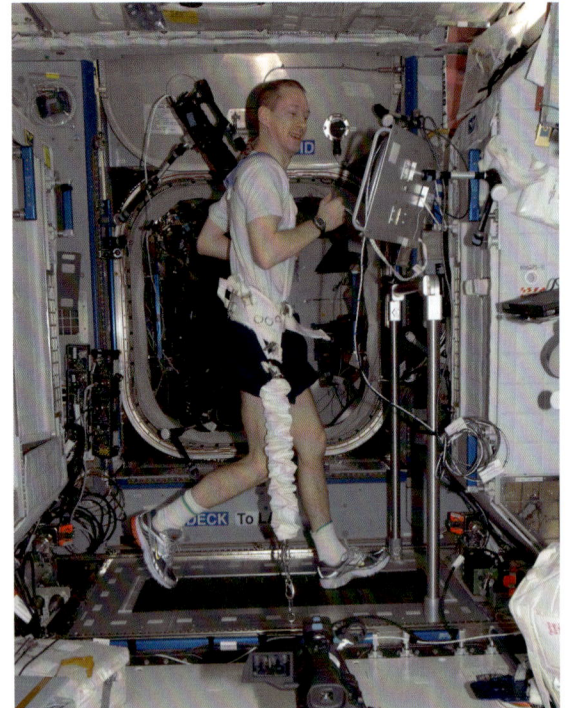

Space Motion Sickness
Weltraumkrankheit, die manche
Astronauten zu Beginn ihrer
Mission durchleiden

▶ *Der europäische Astronaut
Frank De Winne trainiert wäh-
rend seines Langzeitaufenthaltes
(Expedition 20/21) auf dem
Laufband.*

die diese Effekte in die Planung oder die Auswertung
ihrer Experimente mit einbeziehen müssen. Für die
Astronauten herrscht auf der ISS Schwerelosigkeit – an
die man sich zunächst einmal gewöhnen muss. (Übrigens gibt es diesen Gewöhnungseffekt dann auch
wieder in umgekehrter Richtung, wie einer der Astronauten später berichtete, der einige Male in seiner
Küche daheim auch sein Glas einfach mal »in der Luft«
abgestellt hat ...). Die physikalischen Prinzipien von
»actio = reactio« oder der Gleichförmigkeit der Bewegung, deren Beweis auf der Erde dem Physiklehrer bei
kritischen Schülern seine ganze Überredungskunst abverlangt, treten im Weltraum in erbarmungsloser Klarheit auf. Ein Abstoß genügt – und der Astronaut bewegt sich solange geradlinig weiter, bis er sich durch
einen weiteren, richtig dosierten »Impulsübertrag«
wieder bremsen kann. Auch beim Arbeiten mit Werkzeug muss sich der Astronaut immer festen Halt verschaffen, um sich nicht in Gegenrichtung zum Schraubenzieher zu drehen oder sich etwa beim Bedienen
eines Hebels auf und ab zu bewegen.

So verwundert es nicht, dass auch der menschliche
Körper, seine physiologischen Vorgänge und seine Mechanik sich erst der Schwerelosigkeit anpassen müssen.
Ähnlich der Reise- oder auch Seekrankheit, an der
manche Menschen leiden, gibt es auch eine Weltraumkrankheit, die viele Astronauten in ihren ersten Tagen
im All durchleiden. Wie bereits erwähnt, legt die NASA
vor dem Andocken an der Station deshalb erst einmal

einen Erholungstag für die Besatzung ein. Wenn die
durch die Augen wahrgenommene Bewegung nicht
mit der in unseren »Beschleunigungssensoren« im
Mittelohr gemessenen übereinstimmt, dann reagiert
unser Körper mit Unwohlsein und Übelkeit. Das passiert sowohl beim Lesen während des Mitfahrens im
Auto (bei manchen Menschen reicht auch das Auto-
fahren alleine aus ...), aber eben auch bei der Bewegung ohne Schwerkraft – alles fühlt sich plötzlich
so ganz anders an als die lebenslang gesammelte
Erfahrung. Aber durch die beeindruckende Anpas-
sungsfähigkeit des Gehirns ist diese **Space Motion
Sickness** meistens nach einem bis zwei Tagen verschwunden.

Ein weiterer Effekt der Schwerelosigkeit ist die Ver-
änderung der Flüssigkeitsverteilung im Körper. Durch
die mangelnde Erdanziehung verteilt sich das Blut
anders als auf der Erde, wo es tendenziell in die Beine
sackt, deshalb erscheinen die Gesichter der Astronauten oft aufgedunsen. Auf lange Sicht reagiert der
Körper dann auch mit einem Abbau von Flüssigkeit –
und die Stärke des Herzmuskels nimmt ab, da die nun
benötigte Pumpleistung natürlich niedriger ist, weil das
Blut nicht mehr entgegen der Erdanziehung bewegt
werden muss.

Allgemein bekannt ist auch, dass bei Langzeitauf-
enthalten im All die Muskel- und Knochenmasse abgebaut wird – auch das eine Folge der fehlenden
Schwerkraft, unter deren Einwirkung wir immer dazu
gezwungen werden, uns ihr unter Kraftaufwand ent-
gegenzustemmen. Das Trainingsprogramm, das Astronauten täglich auf der Raumstation absolvieren müssen, um negative Auswirkungen gering zu halten, ist
eindrucksvoll: Jeden Tag sind zweieinhalb Stunden
Training vorgeschrieben – nicht joggenderweise durch
den Wald, sondern auf einer Art Laufband oder Fahr-
rad innerhalb der Raumstation.

Manche Astronauten klagen auch über starke Rü-
ckenschmerzen während des Raumfluges, was möglicherweise durch die konstant fehlende Belastung der
Bandscheiben ausgelöst werden könnte.

Nicht nur die fehlende Schwerkraft, auch die anderen Umweltbedingungen können den Astronauten in
der Station zu schaffen machen. Außerhalb der schützenden Erdatmosphäre sind sie einer erhöhten Strahlung ausgesetzt. Viele Astronauten berichten von
Lichtblitzen bei geschlossenen Augen – eine Reaktion
der Sehnerven auf hochenergetische Teilchen, die in
das Augeninnere treffen. Bei besonders hoher Sonnen-
aktivität und einer damit verbundenen großen Strah-
lungsdichte werden die Astronauten sogar dazu auf-

gefordert, das besser abgeschirmte russische Modul aufzusuchen und dort, geschützt von den Wassertanks der ISS, bis zum Ende des Teilchenschauers zu warten.

Viele Erscheinungen, die bei Langzeitmissionen auftreten, sind noch ungeklärt oder gerade unter näherer Untersuchung. Beispielsweise verändert ein Aufenthalt im All die Zusammensetzung der Knochen. Der Stoffwechsel ändert sich, das Immunsystem reagiert anders – der Mensch ist wie alle Lebewesen eben die Anziehung der guten alten Erde gewohnt.

Auch die Langzeitwirkung von Weltraumaufenthalten ist noch weitgehend unbekannt. Denn nachdem die bemannte Raumfahrt ihre Geburtsstunde erst 1961 hatte und es bislang nur wenigen Menschen vorbehalten war, in das Weltall vorzustoßen, ist die Datenlage noch sehr spärlich. Deshalb hat die NASA alle ihre Astronauten verpflichtet, jedes Jahr für medizinische Untersuchungen zurück ans *Johnson Space Center* zu kommen. So sind auch die Mondfahrer des *Apollo*-Programms zumindest einmal im Jahr wieder an ihrem früheren Wirkungsort und tragen immer noch aktiv zur Erforschung der Weltraumeinflüsse auf den menschlichen Körper bei.

Aber nicht nur die Medizin und Biologie, sondern auch die Psychologie zeigt Interesse an den Astronauten auf der ISS. Man darf schließlich auch die psychologischen Auswirkungen der oftmals monatelangen Isolierung nicht vernachlässigen. Die Psychologen sind bereits in der Lage, jeden Langzeitaufenthalt eines Astronauten in immer ähnlich ablaufende Phasen zu unterteilen – wie sie auch bei Langzeitexperimenten in anderen abgeschlossenen sozialen Systemen auftreten. Die Auswirkungen auf die Psyche verstärken sich noch durch das immer gegenwärtige Wissen, dass das Leben im Weltall immer auch ein höheres Risiko birgt. Es dringt wenig nach außen, wie die Crewmitglieder eigentlich miteinander zurechtkommen. Freilich werden die Besatzungen nach gewissen Kriterien zusammengestellt, aber bei einem Zusammenleben über ein halbes Jahr auf engstem Raum darf man annehmen, dass sich eine gewisse Gruppendynamik entwickelt, die sicher noch einmal ganz anders verläuft, wenn zukünftig sechs Personen auf längere Zeit in der Station zusammenleben.

Immer diese Computer!

Nachdem *Hans Schlegel* aus gesundheitlichen Gründen schon seinen ersten Weltraumspaziergang an einen Kollegen abtreten musste, möchte er für die

▼ Auf der ISS kehrt nach einem aufregenden sechsten Flugtag etwas Ruhe ein. Zeit, um die Aussicht zu genießen

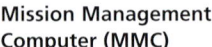

▶ »Wie bringen wir es den Astronauten bei?« Horst Himmelskamp (links) und Dieter Arndt beim Gespräch mit dem EUROCOM

▲ Maximilien de Roquigny-Iragne kann sich auf das Verhalten des DMCs einfach keinen Reim machen.

▶ Krisenbesprechung an der Flugdirektorkonsole: Wie kann es weitergehen?

morgige EVA voll einsatzfähig sein. Deshalb steht für ihn und *Rex Walheim* nun eine Nacht in der Luftschleuse unter Unterdruckbedingungen an, um seinen Körper auf den niedrigeren Druck im Raumanzug vorzubereiten. Nach dem gemeinsamen Durchgehen der EVA-Prozeduren richten sich die beiden auf ihre nächtliche Dekompression ein.

EUROCOM *Norbert Illmer* bedankt sich in der abendlichen Planungskonferenz noch einmal bei der Besatzung für das schnelle Arbeiten – »appropriate for a vehicle moving as fast as the ISS« – »*passend zu einem Gefährt, das sich so schnell bewegt wie die ISS*« – und muss zugeben, dass die Flight Control Teams am Boden hier einfach nicht mithalten können und wirklich weit hinterher sind mit der Aktivierung des Moduls. Das ist auch der Grund, warum *Norbert* die Crew bitten muss, heute Nacht nicht in *Columbus* zu schlafen: Zum einen läuft die Luftzirkulation noch nicht und es besteht die Gefahr, dass die Ausatemluft der schlafenden Astronauten sich nicht verteilt, sondern sich im Kopfbereich anreichert und damit ein Erstickungsrisiko besteht. Und zum anderen möchte das Oberpfaffenhofener Team die Nacht zum Aufholen nutzen, und da kann es schon einmal sein, dass Ventile klicken oder Ventilatoren anlaufen. Womit man niemandem auf der Raumstation den Schlaf stören will – besonders wenn ein anstrengender Raumspaziergang am nächsten Tag ansteht!

Peggy Whitson denkt natürlich noch lange nicht ans Schlafen und hat noch einige Fragen bezüglich des ersten Experimentschranks, der an seiner endgültigen Position eingebaut werden soll. Und wirklich sieht man über die Videoübertragung Peggy noch eine geraume Zeit in *Columbus* schuften. Mehrmals noch ruft sie »Munich, Station, for *Columbus* outfitting«, und es muss schnell eine Antwort auf ihre Fragen gefunden werden. Zumeist ist COSMO *Frank Hartung* gefordert, da es um mechanische Details geht. Und später ist sich

sogar das Münchner Kontrollteam nicht sicher: Kann es denn wirklich sein, dass *Peggy* das **European Physiology Modules (EPM)**-Rack, einer der vier ESA-Experimentschänke, bereits in die endgültige Position gehievt und fest montiert hat? Offensichtlich war das Flight Control Team so beschäftigt, dass ihnen dieser Teil der Videoübertragung komplett entgangen ist … Oder war da etwa ein kurzzeitiger Abriss der Funkverbindung mit der Station, sodass keine Videobilder im Kontrollraum sichtbar waren?

Letztendlich ist es der COSMO, der das Rack deutlich in seiner finalen Position erkennen kann und damit bestätigt: Es ist kein Traum – *Peggy* ist einfach zu schnell für alle! Und schon hat COP *Warren Chell* wieder ein Loch in einem der kommenden Flugtage, das er irgendwie stopfen muss.

Aber irgendwann zieht sich auch Peggy nach einem ereignisreichen sechsten Flugtag zum Schlafen zurück, während auf der Erde in der Nähe von München die Aktivierung des *Columbus*-Moduls weiterläuft.

Schritt sechs der **Final Activation Sequence** sieht das Einschalten des **Mission Management Computers (MMC)** vor. Wieder eine Aufgabe für die COL DMS *Horst Himmelskamp* und *Dieter Arndt*. Und abermals wiederholt sich das bereits bekannte Schema: Der **MMC** springt nicht, wie erwartet, nach dem ersten Kommando an, sondern ein Aus- und Wiedereinschaltzyklus muss durchfahren werden, um den Computer zum Laufen zu bewegen. Es ist schon 00:30 Uhr, bis der **MMC** endlich akzeptable Signale von sich gibt. Allerdings bringt schon das nächste Kommando – der erste direkte Befehl an den **MMC** – wieder Ernüchterung: Es kommt mit einer Fehlermeldung versehen wieder von der Raumstation herunter!

Das Datenverarbeitungssystem von *Columbus* ist in zwei grundlegende Teile geteilt: Das **vitale System**, das durch die beiden VTCs überwacht und verwaltet wird, und das **nominale System**. Alle bisherigen Kommandos wurden durch den Zentralrechner der ISS an

die beiden **VTCs** weitergeleitet – also das **vitale** System –, die dann durch ihre fest verkabelten Verbindungen etwa die LAN-Switches oder nun den **MMC** eingeschaltet oder konfiguriert haben. Diese vitalen Kommandos sind sehr wichtig, ermöglichen sie doch ein direktes Zugreifen auf die Hardware in *Columbus*. Allerdings sind die Möglichkeiten der **VTCs** damit schon ziemlich ausgeschöpft.

Um das neue Modul wirklich in ein Forschungslabor zu verwandeln, sind intelligentere Computer, das nominale Datenverarbeitungssystem, notwendig. Dieses System wird später über die LAN-Leitungen und die LAN-Switches miteinander kommunizieren, und der zentrale Computer der ISS wird die Kommandos für das nominale System an den **MMC** weitergeben, der als Schnittstelle zwischen Amerika und Europa angesehen werden kann. Der **MMC** hat noch zwei weitere, baugleiche Computer zur Unterstützung: Der **Data Management Computer (DMC)** wird sich um die Verwaltung der *Columbus*-Funktionen kümmern, während sich die **Payload Control Unit (PLCU)** der Experimente annehmen wird.

Und nun ist das erste Kommando, das jemals an das nominale System geschickt wurde, gleich an vorderster Front, nämlich schon am **MMC** abgelehnt worden – wieder einmal ein schwerer Schlag für die Oberpfaffenhofener und ein weiterer Punkt auf der ohnehin schon langen Problemliste der Ingenieure. Nach zwei weiteren Kommandierungsversuchen, die ebenfalls erfolglos bleiben, entschließt man sich, diesen letzten Teil des sechsten Aktivierungsschrittes erst einmal auf die lange Bank zu schieben und den nächsten Schritt in Angriff zu nehmen, das Einschalten des bereits erwähnten **Data Management Computers (DMC)** – nachdem diese Befehle wieder über die **VTCs** laufen, sollten sie von dem gegenwärtigen Problem mit dem nominalen Kommandieren unberührt sein.

Wer hat es anders erwartet? Auch der **DMC** reagiert auf das erste Kommando nicht, ein Power Cycling ist notwendig. Dann zeigt der **DMC** Lebenszeichen, aber ein Kommando über das nominale Datensystem nimmt er nicht an – kein Wunder: Das Problem scheint ja schon am Eingang in das nominale *Columbus*-Datensystem zu liegen.

Inzwischen ist auch das Handover in Oberpfaffenhofen in vollem Gange – der *Orbit 3* steht in den Startlöchern. Gegen 3:30 Uhr darf sich *Alexander Nitschs* Schicht endlich verabschieden, und *Dieter Arndt* und *Horst Himmelskamp* müssen ein nur sehr eingeschränkt funktionsfähiges Computersystem an *Maximilien de Roquigny-Iragne* übergeben. Noch nicht einmal einen konkreten Plan für das weitere Vorgehen können sie vorschlagen, zu unübersichtlich ist die gegenwärtige Situation im Augenblick noch.

Ein Anomaly Resolution Team muss ran

Noch während des Handovers bekommt die COL SYSTEMS-Gruppe die Erlaubnis, einen wichtigen Teil aus dem Aktivierungsschritt 19 vorzuziehen. Wie bereits erwähnt, hat das *Columbus*-Modul ein Überdruckventil für den Fall, dass der Kabinenluftdruck über ein bestimmtes Limit ansteigt. Nachdem das europäische Labor nun fest mit der ISS verbunden ist, kann diese Überdruckfunktion zentral von den Amerikanern übernommen werden. *Gerd Hajen* als neuer ACE bittet nun *Enrico Noack* an der COL SYSTEMS-Konsole, diese Funktion für *Columbus* bis auf Weiteres abzuschalten.

Dann muss sich auch das Team des *Orbits 3* wieder dem Hauptproblem zuwenden: Warum akzeptiert *Columbus* keine Kommandos an sein nominales Datenverarbeitungssystem? Nachdem die Ursache des Problems nicht feststeht, niemand bisher viel Erfahrung mit dem neuen System hat und noch dazu genau die Schnittstelle zwischen dem amerikanischen und dem europäischen Teil betroffen ist, schlägt die NASA ein gemeinsames **Anomaly Resolution Team** vor, um alle Puzzleteile des Problems zusammenzutragen und zusammen mit den Computerspezialisten und Ingenieuren auf beiden Seiten des Atlantiks sowie den Flight Controllern einen Plan zu entwickeln, wie die Sache angegangen werden soll. Das vorhandene Datenmaterial muss gesichtet, zusätzliche Hinweise und Daten müssen gesammelt und schließlich ein Versuch zur Problembehebung mit allen nötigen Kommandos, Telemetriechecks und Entscheidungen entworfen werden.

Data Management Computer (DMC)
Zentraler Verwaltungspunkt des nominalen Datenverarbeitungssystems

Payload Control Unit (PLCU)
Zentraler Verwaltungsknoten für ein weiteres Netzwerk, an dem alle Experimentschränke angeschlossen sind

Anomaly Resolution Team (ART)
Team von Experten, die zusammengerufen werden, um ein bestimmtes Problem zu analysieren und an das Flugkontrollteam dann eine Empfehlung für das weitere Vorgehen abzugeben

◀ *Diskussion unter Experten: Martin Canales und Giovanni Gravili sprechen über den bevorstehenden Flugtag.*

▶ *Krisensitzung: Technische Experten und Manager diskutieren in Houston, wie man dem Problem mit dem DMC beikommen kann.*

Das Arbeiten an dem **MMC**-Problem hat zwar höchste Priorität, aber nachdem noch nicht abzuschätzen ist, ob eine Lösung im Laufe dieser Nacht gefunden und erfolgreich implementiert werden kann, arbeiten das Hintergrundteam und die nicht involvierten Flight Controller an einem Plan für den schlimmsten Fall, dass nach dem Aufwecken der Besatzung morgen immer noch keine Kommunikation mit dem **MMC** möglich ist. Wie kann die Crew in *Columbus* auch ohne das nominale Datenverarbeitungssystem und damit auch ohne wichtige Grundfunktionen des Moduls weiterarbeiten?

Die Planer sind wieder einmal gefragt, aber COP *Giovanni Gravili* muss auch die Meinungen seiner Flight Control Team-Kollegen einholen. Die **Biomedical Engineers (BME)** sind beispielsweise gar nicht davon begeistert, dass die Crew auch morgen ohne aktive Luftumwälzung in *Columbus* arbeiten soll. Also muss COL SYSTEMS überlegen, ob er nicht zumindest einen Teil der Ventilatoren einschalten kann. Aber geht das ohne das nominale System? Und selbst wenn das Anschalten funktionieren würde – ist der Betrieb der Luftzirkulation auch sicher? Sind alle notwendigen

Daten vorhanden und können alle automatischen Reaktionen auf Fehler an Bord ablaufen, wenn ganz essenzielle Computer nicht zuverlässig laufen? Und selbst wenn die Ventilation eingeschaltet werden könnte, sagt eine **Flight Rule**, dass dann sofort auch die Rauchdetektoren aktiviert werden müssen, damit ein potenzielles Feuer sofort erkannt werden kann und sich keine Rauchgase und das Feuer durch die Ventilatoren unbemerkt auf die gesamte Station verteilen. Ist das möglich?

Flugdirektor *Guido Morzuch* hat alle Hände voll zu tun, sein Team zu koordinieren, die richtigen Prioritäten zu setzen und sicherzustellen, dass jede Eventualität angesprochen und kein Problem übersehen wird. Jetzt zahlt sich für den studierten Elektrotechniker aus, dass er vor seiner Nominierung als *Columbus*-Flugdirektor 2005 mehrere Jahre in der Entwicklung des europäischen Weltraumlabors mitgearbeitet hat und daher über gute Kenntnisse des Gesamtsystems verfügt!

In der Zwischenzeit ist auch das **Anomaly Resolution Team** in Houston einberufen worden – obwohl es in Houston inzwischen auch schon neun Uhr abends ist. Die europäischen Ingenieure wählen sich per Telekonferenzschaltung von extern ein und die Flight Controller lassen sich von den Ground Controllern *Paul Dale* und *Andreas Pohl* die Besprechung auf ihre Kopfhörer legen.

Was die NASA-Kollegen berichten, könnte ein wichtiger Mosaikstein zur Lösung des Problems sein. Auf ihrem Zentralcomputer, dem **C&C-MDM**, der die Kommandos an den **MMC** weiterleitet, zeigt ein Telemetriewert an, dass der für den **MMC** zuständige Befehlsspeicher voll zu sein scheint – aus welchen Gründen auch immer. Der **C&C-MDM** nimmt also an, dass die Warteschlange für **MMC**-Kommandos bereits überfüllt ist und lehnt daher weitere Kommandos an diesen Rechner einfach ab. Wenn man diesen Speicher irgendwie leeren könnte, dann wäre es sehr wahrscheinlich, dass das Kommando an den **MMC** vielleicht nicht gleich abgewiesen werden würde, sondern zumindest in diesen Command Queue gelangen und vielleicht sogar unmittelbar den **MMC** erreichen würde!

Nur: Ein vorbereitetes, in eine Anwendungsprozedur gegossenes und bereits getestetes Löschkommando gibt es bislang nicht – und das ist die generelle Voraussetzung, um überhaupt Kommandos an die Raumstation senden zu dürfen, vor allem an so einen wichtigen Computer wie den **C&C-MDM**! Die NASA-Kollegen müssten also zunächst einmal tief in den Handbüchern des **C&C-MDMs** das richtige Kommando mit den korrekten Parametern herausfinden, und dieses genau zu verstehen versuchen. Dann müssten sie eine Prozedur um das Kommando herum schreiben, in der alle wichtigen Voraussetzungen zum Schicken des Kommandos überprüft und gegebenenfalls zuerst hergestellt werden. Diese Prozedur müsste dann von allen für gut befunden werden – in diesem Fall hätte sicher der Computerhersteller mitzureden, eine Sicherheitsanalyse müsste gemacht werden, das Management müsste unterschreiben. Ein erfolgreicher Test der Prozedur am Simulator wäre unumgänglich – und der müsste erst einmal von den entsprechenden Personen in die erforderliche Konfiguration gebracht werden, um den Ist-Zustand auf der Station wirklich repräsentieren zu können. Und das alles, obwohl es bereits Nacht ist in Texas und die Mehrzahl der benötigten Fachleute bereits das *Johnson Space Center* verlassen hat!

Ganz klar wird dieser Plan seine Zeit bis zur Verwirklichung brauchen! Und selbst dann ist nicht garantiert, dass das ursprüngliche Problem damit behoben werden kann. Gibt es noch andere Alternativen? Die findigen NASA-Ingenieure haben noch einen anderen Vorschlag: Man könnte doch einfach auf den zweiten redundanten **C&C-MDM** umschalten – dessen **MMC**-Kommandospeicher sollte doch leer sein? Aber das kann definitiv nicht sofort gemacht werden, das Risiko wäre zu groß, die Besatzung durch irgendwelche **Caution**- oder **Warning**-Alarme während des Umschaltvorganges zu wecken. Außerdem schlafen *Hans Schlegel* und *Rex Walheim* heute ja unter Unterdruck in der Schleuse – und keiner weiß, ob ein Umschalten eines so zentralen Computers hier nicht große Probleme verursachen könnte. Schließlich kontrolliert der **C&C-MDM** nahezu alles an Bord – ob mittelbar oder unmittelbar. Der Weltraumausstieg und damit sehr wichtige Missionsziele wären in Gefahr – und im schlimmsten Fall auch die Gesundheit oder sogar das Leben der beiden Astronauten!

Schließlich liegen die beiden Möglichkeiten auf dem Tisch – und das Management soll zusammen mit den Flugdirektoren auf beiden Seiten einen der beiden Wege wählen. Nachdem feststeht, dass beide Optionen noch einige Stunden bis zu ihrer Verwirklichung brauchen werden, macht sich das **Anomaly Resolution Team** noch weitergehende Gedanken: In welchem Zustand soll *Columbus* in dieser Zeit bleiben? Soll man zurückgehen in den sicheren **Berthed Survival Mode**? Aber dann kann die Besatzung womöglich das Modul am morgigen Tag nicht betreten! Soll man die Ventilatoren einschalten? Das würde aber verlangen, dass ständig ein Astronaut in *Columbus* bleibt, denn wenn die Rauchmelder nicht eingeschaltet werden können, verlangt die Flight Rule ja eine ständige Präsens eines wachen Besatzungsmitglieds, der als »menschlicher Feuermelder« fungiert.

Die nächtlich einberufene Managementkonferenz und die Flugdirektoren entscheiden sich schließlich für das Löschkommando und keine partielle Aktivierung der Luftzirkulation. Die Besatzung soll darüber informiert werden, dass die *Columbus*-Kabinenventilatoren noch nicht eingeschaltet werden können und sie daher auf Symptome eines Sauerstoffmangels achten sollen.

Nun bleibt den Oberpfaffenhofenern nichts weiter, als das Problem und seine erhoffte Lösung Schritt für Schritt in einer **Flight Note** zu dokumentieren und auf die Kollegen in Houston zu warten, denen nun eine schlaflose Nacht zur Behebung des Problems bevorsteht. Und EUROCOM *Rüdiger Seine* versucht nun, in kurzen Worten die aufgetretenen Schwierigkeiten für die **Daily Summary**, das tägliche Crewbulletin zusammenzufassen. Schließlich ist es ein gutes Recht der Besatzung, genau über den Zustand der Raumstation

Command and Control Multiplexer/Demultiplexer (C&C-MDM)
Auf amerikanischer Seite der Hauptcomputer der Raumstation, der alle anderen Computer kontrolliert und mit Daten versorgt. Wegen seiner zentralen Bedeutung ist er mehrfach auf der Station vorhanden.

informiert zu sein, die augenblicklich ihren Lebens- und Überlebensraum darstellt.

Die richtige Kleidung für das All

Erstaunt stellt am Morgen des 13. Februar der hereinkommende *Orbit 1* fest, dass *Columbus* noch immer nicht komplett hochgefahren ist. Während des Handovers gilt es nun, alle aufgetretenen Fehler in möglichst großer Detailtreue an die neue Schicht weiterzugeben und so eine reibungslose Weiterarbeit zu gewährleisten.

Heute steht der zweite Weltraumausstieg der Mission auf der Tagesordnung. Aber für das *Columbus* Flight Control Team werden die weiteren Arbeiten innerhalb des europäischen Moduls die höhere Priorität haben. Der Außeneinsatz wird heute bis auf eine kleine *Columbus*-Aktivität für *Hans Schlegel* eine rein amerikanische Angelegenheit sein. Für den EUROCOM

heißt das: Er muss mit dem CAPCOM vereinbaren, wann einer der beiden wichtigen Space-to-Ground-Funkkanäle für den Weltraumspaziergang freigehalten werden muss und wann der EUROCOM einen der Kanäle nutzen darf, um zu der in *Columbus* arbeitenden Besatzung zu sprechen.

Der Weckruf für die Besatzung kommt heute von *Jimmy Buffett* und ist *Alan Poindexter* gewidmet – seine Familie hat das Lied »Oysters and Pearls« ausgewählt, und *Alan* bedankt sich bei seiner Frau und seinen beiden Söhnen dafür. Außerdem hat *Léo Eyharts* auch noch eine Botschaft für Oberpfaffenhofen: Er gratuliert der ESA-Operations-Managerin *Berti Meisinger* zu ihrem gestrigen Geburtstag. Einen Geburtstagsgruß aus dem All bekommt nicht jeder – und deshalb sieht *Berti* großzügig über die eintägige Verspätung hinweg.

Für die Morgentoilette wird die Luftschleuse für etwa eine halbe Stunde auf Normaldruck gebracht,

▼ *Flugtag 7 der 1E-Mission – Heute wird wieder außen am Columbus-Modul gearbeitet.*

◀ Vorbereitungen in der Luftschleuse – das Anlegen der
Raumanzüge für den Ausstieg

und *Hans Schlegel* und *Rex Walheim* können ihr nächtliches Schlafquartier kurz für Waschen und Frühstücken
verlassen. Nur nicht zu lange, um die Gassättigung
ihres Körpers nicht wieder auf das Normalniveau zu
bringen. Und sicherheitshalber tragen sie Masken und
atmen reinen Sauerstoff, um auch so den Stickstofflevel in ihrem Blut möglichst niedrig zu halten. Dann
geht es wieder in die Schleuse, diesmal zusammen mit
Peggy Whitson und *Steve Frick*, die den beiden EVA-
Astronauten beim Anziehen der Raumanzüge assistieren werden.

Jahrelange Entwicklungsarbeit und das Know-how
der Mondausflüge steckt in den **Extravehicular
Mobility Units (EMUs)**, in die sich *Hans* und *Rex* nun
zwängen. Die modular aufgebauten Anzüge sind schon
am Vortag speziell auf die beiden angepasst worden.
Auf der Raumstation stehen drei dieser amerikanischen Anzüge zur Verfügung, außerdem sind noch
weitere im russischen Teil vorhanden, die allerdings ein
etwas anderes Design haben und nur für russische
EVAs verwendet werden. Normalerweise finden Welt-
raumausstiege sehr selten statt – die meisten werden
für die Tage geplant, an denen der Space Shuttle angedockt ist. Dann werden sie durch die Besatzung des
Orbiters durchgeführt, um der ISS-Besatzung, die ja
immerhin mehrere Monate auf der Station bleibt, zumindest dieses zeitfressende Training zu ersparen –

reine amerikanische Stations-**EVAs** sind meist auf nicht
vorhersehbare Ausnahmefälle beschränkt.

Somit baumeln die beiden Raumanzüge, für die pro
Stück jeweils immerhin ein zweistelliger Millionenbe-
trag investiert werden musste, die meiste Zeit über in
der Luftschleuse der Raumstation vor sich hin und erinnern auf dem Live-Videobild manchmal an einen auf
bessere Zeiten wartenden Aussteiger.

Die unterste Lage bildet eine Windel mit dem klangvollen Namen **Maximum Absorbency Garment
(MAG)** – die Astronauten sind schließlich für oft mehr
als acht oder zehn Stunden durch einige Hindernisse

**Maximum Absorbency
Garment (MAG)**
Windel für den Weltraum-
spaziergang

**Extravehicular Mobility
Unit (EMU)**
Anzug für den Außeneinsatz

◀ »Der russische ORLAN-Anzug
schaut komplett anders aus«,
scheint Dan Tani hier der Kamera zu beweisen.

Der Weltraumanzug

Für einen Einzelnen ist das Anlegen des hochkomplizierten Weltraumanzugs praktisch unmöglich. Zunächst ziehen die Astronauten eine Art Windel und die Unterwäsche an, die über eingewebte Wasserschläuche ihren Temperaturhaushalt kontrollieren kann. Dann steigen sie in den **Lower Torso Assembly**. Der **Hard Upper Torso** wird bereits in der Vorbereitung der **EVA** aus verschiedenen Komponenten zusammengebaut (verschiedene Größen sind auf der Raumstation vorrätig), bevor der Astronaut dann von unten in das steife Oberteil schlüpft. Platzangst darf man nicht haben, denn das Anlegen des Anzugs ist eher mit dem Kriechen durch ein enges Rohr als mit dem Anziehen gewöhnlicher Kleidung vergleichbar. Der obere und der untere Teil werden dann durch einen Verschlussmechanismus

miteinander luftdicht verbunden. Dann setzen die Weltraumspaziergänger zunächst die Kappe mit den eingearbeiteten Kopfhörern und Mikrofonen auf, bevor sie auch den Helm mitsamt der **EVA Visor Assembly (EVA)** anlegen, die die Scheinwerfer und die Kamera enthält. Nicht abgebildet ist der Rucksack, der über das **Display and Control Module** gesteuert wird und der die lebenswichtigen Funktionen des Anzugs kontrolliert. Hier sind der Sauerstoff und die elektrische Energie gespeichert, hier wird die Wasserkühlung reguliert, das Kohlendioxid gebunden und die Funkkommunikation sichergestellt. Das **SAFER**-System, das dem Astronauten im Notfall erlaubt, selbständig zur ISS zurückzuschweben, ist ebenfalls am Rucksack angebracht.

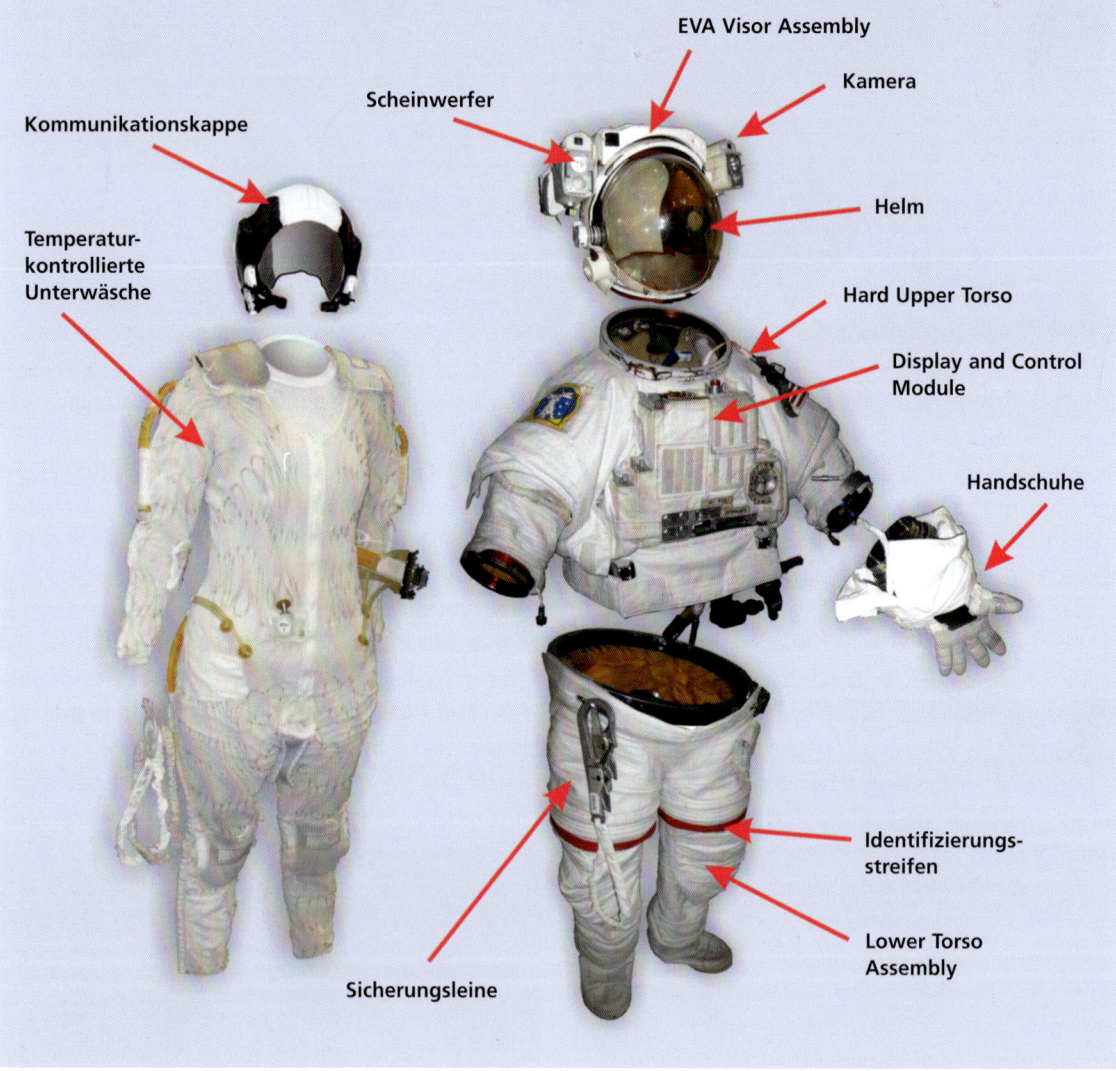

EVA Visor Assembly

Kamera

Scheinwerfer

Kommunikationskappe

Helm

Temperatur-kontrollierte Unterwäsche

Hard Upper Torso

Display and Control Module

Handschuhe

Identifizierungs-streifen

Lower Torso Assembly

Sicherungsleine

von der nächsten Toilette getrennt. Darüber kommt eine Unterwäsche, die mit dünnen Plastikschläuchen durchwirkt ist, über die der Astronaut entweder seinen Körper in der Nachtphase aufwärmen oder im Sonnenschein oder bei anstrengenden Aktivitäten die Körperwärme abführen kann. Schließlich herrschen ohne

den abschirmenden und ausgleichenden Einfluss der Atmosphäre extreme Temperaturen von −100 °C bis über 100 °C!

Dann steigen die Astronauten in den unteren Teil des Raumanzuges, in den wie bei einer Anglerhose die Stiefel bereits eingearbeitet sind. Dieser untere, als

Kopf ist der Astronaut nun für den Außeneinsatz eingekleidet.

Schon auf der Erde ist es schwierig, den steifen und unförmigen Anzug anzulegen. Unter Schwerelosigkeit und in der Enge des Airlocks ist es aber eine echte Herausforderung – alleine unmöglich zu meistern. Daher wird sowohl das Anlegen als auch das Bewegen mit dem Raumanzug in Houston vor der Mission ausgiebig geübt, entweder in einem Nachbau der Luftschleuse oder auch in einer riesigen Vakuumkammer, wobei die Astronauten einen ersten Eindruck bekommen, wie schwierig und anstrengend die einfachsten Handgriffe werden. Auch im Weltall werden sie – wie in der Vakuumkammer – gegen die Druckdifferenz anarbeiten müssen, denn je größer der Unterschied zwischen innen und außen, desto steifer wird der Anzug. Sie bekommen dabei auch einen Eindruck, wie ungeschickt man durch die dicken Gummihandschuhe wird, mit denen jedes Fingerspitzengefühl verloren geht. Diese Handschuhe werden ebenfalls über metallische Ringverschlüsse mit dem übrigen Torso verbunden. Die Griffflächen sind Schwachstellen – eine größere Beschädigung könnte schnell zu einem Leck im Anzug führen. Neben zahlreichen Kontrollen der Handflächen und Finger während des Außeneinsatzes werden auch schützende Überhandschuhe eingesetzt, was natürlich der Fingerfertigkeit wenig zuträglich ist.

Der weiße Anzug selbst ist aus allen High-Tech-Materialien hergestellt, die man sich nur denken kann. Die Liste der verschiedenen Schichten liest sich wie ein Who-is-who der chemischen Faserkunde. Nylon ist hierbei wohl noch das Unspektakulärste – es gibt unter anderem Schichten aus Neopren, Elastan, Mylar, Kevlar und Nomex. Die bekannte Verwendung dieser unterschiedlichen Materialien im Wassersport, bei schusssicheren Westen oder feuerfesten Schutzkleidern lässt auf die verschiedenen Funktionen der Schichtlagen schließen. Wie ein kleines unabhängiges Raumschiff

Lower Torso Assembly (LTA)
Beinteil des Raumanzuges mitsamt der Stiefel

Hard Upper Torso (HUT)
Brustteil des Raumanzuges, an dem die Arme befestigt werden und auf das später auch der Helm aufgesetzt wird

Primary Life Support Subsystem (PLSS)
Rucksack des Raumanzuges, der die lebenswichtigen Aggregate und Tanks enthält

Display and Control Module (DCM)
Steuereinheit des Raumanzuges am Oberkörper des Astronauten

Lower Torso Assembly (LTA) bezeichnete Teil schließt oben auf Hüfthöhe mit einem metallischen Ring ab, über den er mit dem **Hard Upper Torso (HUT)** verbunden wird.

Der **Hard Upper Torso** ist bereits vorbereitet: An den harten »Brustpanzer« sind bereits die passenden Arme anmontiert worden, hinten ist das **Primary Life Support Subsystem (PLSS)** angeschlossen, während auf Höhe des Brustkorbes das **Display and Control Module (DCM)** angebracht ist. Über das DCM kann der Astronaut den Raumanzug steuern und die verschiedenen Parameter einstellen. Allerdings sind die Schalter und Drehknöpfe auf der Brust nur mit einem Spiegel zu sehen, der am Handschuh angebracht ist. Deshalb sind alle Beschriftungen spiegelverkehrt geschrieben – man denkt ja schließlich mit!

Das **PLSS** hat die wichtige Aufgabe, den Astronauten mit Sauerstoff zu versorgen und gleichzeitig das ausgeatmete Kohlendioxid zu binden. Die im Anzug zirkulierende Luft wird auch temperiert, was über das **DCM** eingestellt werden kann. Nachdem das **PLSS** das zentrale Element ist, müssen zahlreiche andere Komponenten des **EMUs** mit diesem verbunden werden, bis letztendlich der untere und der obere Teil des Raumanzuges fest aneinandermontiert werden. Bis auf den

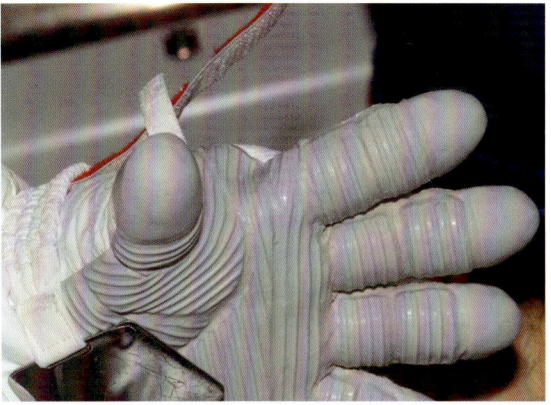

◄ Die Handschuhe für den Außenbordeinsatz müssen immer wieder genau auf mögliche Schäden kontrolliert werden.

muss der Anzug den Astronaut vor den extremen Temperaturen schützen und dabei auch Einschläge von Kleinstmeteoriten wegstecken können. Weiterhin muss ein gewisser Luftdruck im Anzug gewährleistet sein. Im Vakuum des Weltraumes würde sonst sofort die bereits erwähnte Dekompressionskrankheit zuschlagen, es käme zu massiven Lungenschäden durch den fehlenden Luftdruck und die in den Lungenbläschen austretende Flüssigkeit und schnell auch zu gravierenden Herzproblemen. Ganz abgesehen von dem fehlenden Sauerstoff, den der Mensch zum Überleben braucht.

Bevor schließlich der eigentliche Helm angelegt wird, zieht der Astronaut eine seltsam anmutende Kappe auf. Diese hat sich aus den prähistorischen Anfängen der Raumfahrt bis in das ISS-Zeitalter herübergerettet und enthält Kopfhörer und Mikrofon, um die Kommunikation mit der Raumstation zu ermöglichen. Der Helm selbst wird fest am Torso angebracht, sodass der Astronaut seinen Kopf darin frei bewegen kann. So kann er auch an den Müsliriegel gelangen, der im

Helm eingebaut ist, um ihm auf seinem mehrstündigen anstrengenden Ausstieg eine gewisse Stärkung zukommen zu lassen. Beim Essen muss man freilich sehr aufpassen, dass bei dem speziell angefertigten Riegel keine Brösel entstehen – sie folgen ja nicht der Schwerkraft, sondern sind in der Schwerelosigkeit eine ernsthafte Gefahr für die Augen oder auch die Nase des Astronauten – ein Niesen im Weltraum hätte schwerwiegende Folgen etwa für die Sicht!

Die oft verwendete Bezeichnung »Weltraumspaziergang« täuscht über die wahre Natur des Außeneinsatzes hinweg. Denn mitnichten ist die Arbeit im All mit einem Spaziergang zu vergleichen. Vielmehr leisten die Astronauten Schwerstarbeit, die leicht unterschätzt wird, hat man das Bild des schwerelos driftenden Raumfahrers vor dem Hintergrund der blauen Erdkugel vor Augen. Neben der ermüdenden Konzentration auf die oft schwierigen und auch mitunter gefährlichen Arbeiten wird den Astronauten auch mehrstündige starke körperliche Anstrengung abverlangt. Bis zu drei Liter Flüssigkeitsverlust können vorkommen, wie Astronaut *Reinhold Ewald* zu berichten weiß. Daher ist es wichtig, den Astronauten auch ausreichend Trinkwasser mitzugeben: Über einen Strohhalm, der wie der Müsliriegel im Helm leicht zugänglich eingebaut wird, können sie sich im Bedarfsfall aus einem Wasserbeutel bedienen.

Wie viele Abkürzungen in der Raumfahrt hat auch der Begriff **EVA** noch eine weitere Bedeutung, nämlich **Extravehicular Visor Assembly**. Diese ist oberhalb des durchsichtigen Spezialplastikhelms angebracht und erlaubt dem Astronauten die Benutzung verschiedener Lichtfilter, darunter auch der bekannte goldbedampfte Schutzschild. Außerdem sind damit auch vier Lichtquellen seitlich am Helm des Astronauten verfügbar sowie eine Kamera, die die eindrucksvollen Bilder von **EVA** Arbeiten liefert, indem sie dem Astronauten sprichwörtlich über die Schulter schaut.

Für den absoluten Alptraum, dass ein Astronaut sich aus irgendeinem Grund von der Station entfernt, ohne mit ihr durch ein Sicherungsseil verbunden zu sein, muss jeder Spaziergänger das **SAFER (Simplified Aid for EVA Rescue)**-System am Raumanzug angebracht haben. Durch 24 Stickstoff ausstoßende Düsen kann der von der Station wegdriftende Raumfahrer so den notwendigen Impuls aufbringen, um seine Bewegungsrichtung wieder auf die ISS auszurichten. Bislang ist glücklicherweise jedoch noch nie ein Astronaut in die Verlegenheit gekommen, **SAFER** zu Rettungszwecken benutzen zu müssen. Alles, was bisher während **EVAs** verloren ging, waren etwa verschiedene Werkzeuge, auf deren »Rettung« aus verständlichen Gründen verzichtet wurde.

Arbeit drinnen und draußen

In Oberpfaffenhofen und Houston ist man mittlerweile am Verzweifeln. Gleich nachdem die Besatzung ihre ersten morgendlichen Lebenszeichen von sich gegeben hatte, hatte Houston die Anweisung an den Hauptrechner der ISS geschickt, die den Befehlsspeicher der *Columbus*-Kommandos im **C&C-MDM** löschen sollte. Aber: Immer noch wird eine volle Warteschlange angezeigt. Zweimal wird der Versuch im Verlauf der nächsten Stunde wiederholt, doch das Resultat bleibt das Gleiche. Wieder mal ist guter Rat teuer.

Um der Besatzung die weitere Arbeit im europäischen Modul zu erleichtern, hat sich *Gerd Hajen* als letzte Aktivität in seiner *Orbit-3*-Schicht noch dazu entschlossen, die Kommandos zum Aktivieren zumindest der beiden Ventilatoren zu senden, die Luft nach

Columbus hinein- bzw. aus dem Modul hinausblasen. Da diese Befehle als vital eingestuft sind, laufen sie über die **VTC** und sind deshalb von den momentanen Fehlern nicht betroffen – die beiden Gebläse beginnen zu arbeiten. Der Ventilator, der innerhalb des Moduls die Luft zirkulieren und auch den notwendigen Luftfluss über die Rauchmelder sicherstellen soll, bleibt vorerst jedoch inaktiv. Die Besatzung muss selbst die Feuerwarnfunktion wahrnehmen. Nachdem zumindest diese Kommandos an Bord erfolgreich ausgeführt wurden, überlässt *Gerd Hajen* nun leicht frustriert die ACE-Konsole *Kai-Uwe Peters* von der nächsten Schicht, aber zumindest ein »Good Luck« schreibt er ihm noch in sein Konsolenlogbuch.

In der Morgen-DPC wird die Besatzung dann über die Lage informiert und gebeten, vor dem Start von zwei der heutigen Aktivitäten kurz per Funk Bescheid zu sagen – man möchte nicht riskieren, dass zeitgleich vom Boden her Befehle an die Computer geschickt werden, die die Crew stören könnten. Und *Léo* kann nicht anders als zu schwärmen, wie es toll ist, *Columbus* endlich durch das Shuttle-Fenster fest an der Station verankert zu sehen.

Dann geht es an die Arbeit. Während sich der Großteil der Besatzung mit dem bevorstehenden Weltraumausstieg befasst, hat *Dan Tani* den Auftrag, zwei Laptops in *Columbus* herzurichten und in Betrieb zu nehmen. Die beiden Rechner, die er nun aus ihren Transporttaschen nimmt, sind Thinkpads A31p. Nicht das Allermodernste, was die Computertechnik zu bieten hat, aber nur für sehr wenige Computertypen wurde das aufwendige und kostspielige Verfahren zur

Extravehicular Visor Assembly
Auf dem Helm angebrachte Anordnung von Sichtfiltern, Scheinwerfern und einer Kamera

▼ *Frank De Winne kontrolliert während seines Langzeitaufenthaltes die Columbus-Daten mit dem Crew Laptop.*

Personal Computer System (PCS)
Über PCSs kann der amerikanische Teil der Raumstation kontrolliert und kommandiert werden

▶ *Die Laptops sind meist das einzige Medium, um mit der Familie oder Freunden zu kommunizieren.*

Personal Workstation (PWS)
Laptop zur Kontrolle und Konfigurierung von *Columbus*

Station Support Computer (SSC)
Der SSC enthält die Hilfsprogramme, die die Crew täglich braucht. Sein Inhalt wird regelmäßig vom Boden aus aktualisiert.

Backroom
Viele der Konsolen im Houstoner Kontrollraum haben noch eine Unterstützungsgruppe im Hintergrund, die durch den jeweiligen Flight Controller im Hauptkontrollraum geleitet wird. Den OPSPLAN unterstützen beispielsweise unter Tags noch ein ODF (kümmert sich um die Prozeduren an Bord), ein RPE (macht die technische Planungsarbeit), ein Russischübersetzer und der OCA, der Dateien von und zur ISS schiebt.

Erlangung der Weltraumzertifizierung durchgeführt. Deshalb ist auf der Raumstation nur eine Sorte vertreten – und erst nach und nach wird inzwischen auf eine neuere Version des Thinkpads umgestellt. Obwohl die beiden Laptops, die *Dan* nun in der Hand hält, vom gleichen Modell sind, werden sie in *Columbus* ganz unterschiedliche Aufgaben erfüllen. Das **PCS (Personal Computer System)** ist an das amerikanische LAN der Station angeschlossen, das auch in das europäische Modul hineingelegt worden ist. Über diesen Computer kann die Besatzung die wesentlichen Daten der Raumstation einsehen und auch entsprechende Befehle zur Umkonfigurierung senden. Der andere Laptop **PWS (Personal Workstation)** hängt am *Columbus*-LAN und erlaubt entsprechend das Kommandieren von *Columbus* und das Einsehen der Telemetrie des europäischen Raumlabors.

Neben dem **PCS** und dem **PWS** gibt es schließlich noch zwei weitere Gruppen von Laptops, die in den nächsten Tagen ebenfalls noch in *Columbus* installiert werden müssen. Zunächst den wichtigen **SSC (Station Support Computer)**, mit dem die Astronauten Zugang zur Timeline, zu den Prozeduren und anderen Tools haben, die sie für ihre Arbeit in der ISS benötigen. Hier laufen auch ihre persönlichen E-Mails auf, und von hier aus können sie auch über Voice-over-IP mit ihren Familien telefonieren. Houston hat direkten Zugriff auf diese Laptops und führt für die Astronauten regelmäßig die Synchronisation ihrer Mailboxen durch, schiebt Dateien für die Crew auf vordefinierte Verzeichnisse oder holt dort die digitalen Bilder ab, die die Astronauten mit den Fotokameras geschossen haben. Eine eigene Konsolenposition gibt es hierfür in Houston, zwar nicht im Hauptkontrollraum, aber im **Backroom** des OPSPLANs. Hier werden auch alle E-Mails an die Crew kurz gesichtet – natürlich nicht detailliert gelesen, wohl aber auf »Anhängsel« kontrolliert, die ja Computerviren enthalten könnten. Außerdem: Selbst wenn man die E-Mail-Adresse der Astronauten (die natürlich für einen Weltraumaufenthalt nicht die gewöhnliche Adresse ist) kennt – der Experte im **Backroom** stellt nur Mails von Leuten durch, die auf der jeweiligen persönlichen Liste eines Besatzungsmitglieds stehen – also kein Spam im Weltall!

Trotz der vielen Computer an Bord können die Astronauten dennoch nicht im Internet surfen, so wie man das auf der Erde kennt. Technisch wäre es kein Problem, während einer bestehenden Funkverbindung zwischen Erde und Station auch den Datenverkehr des World Wide Webs zu implementieren. Aber auch hier gibt es massive Sicherheitsbedenken, und deswegen

ist diese Funktion momentan nicht freigegeben. Aber Diskussionen über ein echtes Internet auf der Raumstation sind im Gange.

Der vierte Typ Laptop ist ein Computer, der zum Zubehör der meisten Experimentschränke gehört. Durch diese Laptops kann die Besatzung die Experimente des jeweiligen Racks kontrollieren, die wichtigsten Parameter darstellen und sich je nach wissenschaftlichem Experiment auch Live-Videobilder ansehen.

Für den Moment ist allerdings der **PWS** zum Kommandieren von *Columbus* am wichtigsten: Mit seiner Aktivierung ist die Besatzung in der Lage, alle die Kommandos direkt zu schicken, die, wenn vom Boden aus gesendet, im Moment irgendwo zwischen dem **C&C-MDM** und dem **MMC** verloren gehen. In München hat man allerdings entschieden, vorerst nicht von dieser Möglichkeit Gebrauch zu machen, die Astronauten per **PWS** die Aktivierung von *Columbus* vornehmen zu lassen. Zu wertvoll ist die Crew-Zeit – und solange es noch Aufgaben gibt, die grundsätzlich nur von den Astronauten an Bord erledigt werden können, haben diese absolute Priorität. Und davon existieren momentan noch mehr als genug.

Nach dem Installieren der beiden Laptops und einem notwendigen Neustart des **PWS** assistiert *Dan Tani* nun *Léo Eyharts*, der einen der Bodenschränke aufklappen muss, um an die Ventilatoren für die Luftumwälzung innerhalb des Moduls zu gelangen. So wie viele der beweglichen Teile mussten auch diese Geräte für die Startbelastung besonders gesichert werden. *Léo* verschwindet halb in dem Leitungsgewirr unterhalb der Bodenabdeckung, um die Fixierungsschrauben zu entfernen und so das mechanische Dämpfungssystem zu aktivieren, das später dafür sorgen soll, dass sich die Vibrationen des laufenden Ventilators nicht auf die Strukturelemente von *Columbus* übertragen.

Bis *Léo* seine Arbeitsschritte ausgeführt hat und wieder fremde Hilfe zum Schließen des Bodenschranks benötigt, hat *Dan* »Grey Space« auf seiner Timeline: Nichts ist für die nächste Dreiviertelstunde für ihn vorgesehen. So beschließt er, bereits mit seinen Nachmittagsaufgaben zu beginnen. Vielleicht kann er ja dann später eine zusätzliche Aufgabe für das *Columbus*-Kontrollteam einschieben, die nicht auf der Timeline ist.

Die erste Beschäftigung, die er findet, ist, den Experimentschank BIOLAB in seine endgültige Position zu bringen. Denn um den Schwerpunkt des Space Shuttles genau ausbalancieren zu können, musste dieses Rack für die Startphase in eine andere Bucht innerhalb von *Columbus* montiert werden. Was in dem 1:1-Modell der Raumstation in Houston trotz leichter Styropor-Rack-Attrappen einigermaßen schwierig ist, ist in der Schwerelosigkeit beinahe ein Kinderspiel: Mühelos hantiert *Dan* mit dem schweren Experimentschrank innerhalb des europäischen Labors. Allerdings gibt es einige Ungereimtheiten in der Prozedur – und so muss *Dan* in München nachfragen, warum sein Werkzeug nicht zu den Schrauben passt, die er öffnen soll. Schnell muss der COSMO *Maurizio Costa* eine Ant-

wort auf das Problem des Astronauten finden – und diesmal ist es einfach: Die Anweisungen an die Crew waren nicht klar – *Dan* sollte diesen Schritt der Prozedur gar nicht durchführen! Aber sofort hat *Dan* die nächste Frage an EUROCOM *Peter Eichler*: Die Seriennummer auf dem Stromwandler, der für den BIOLAB-Laptop in das noch nicht ganz fertig eingebaute Rack montiert werden soll, ist dieselbe wie die einer der zusätzlichen Startfixierungen. Auch hier kann *Maurizio* schnell helfen und die Verwirrung aufklären.

Inzwischen hat auch der Weltraumausstieg von *Hans Schlegel* und *Rex Walheim* begonnen. Um 15:25 Uhr haben sie von Houston das »Go« erhalten, die Luke des Airlocks zu öffnen und sich entlang der Station in die Ladebucht des Space Shuttles zu bewegen. Für *Hans* ist es die erste **EVA** überhaupt, während *Rex* mit inzwischen drei **EVAs** bereits ein alter Hase ist. Der Großteil des heutigen Weltraumspaziergangs ist nicht *Columbus* gewidmet, sondern Wartungsarbeiten an der Station, die auch eine hohe Wichtigkeit für den weiteren Betrieb der Raumstation haben.

◀ *Hans Schlegel wird von Steve Frick und Peggy Whitson in die Luftschleuse geschoben.*

Auf dem **ICC-Lite**-Träger, der die europäischen Au-ßenexperimente SOLAR und EuTEF in der Shuttle-Lade-bucht fixiert und heizt, ist auch ein neuer Stickstoff-tank für die Raumstation befestigt. Dieser Tank muss in der **Truss**-Struktur der Raumstation montiert und der leere alte Behälter im Space Shuttle auf die Erde zurückgebracht werden. Diesmal kommt *Rex* die Rolle der »Roboterarmverlängerung« zu, und *Leland Melvin* und *Stan Love* werden ihn von der **Robotic Work-station** innerhalb der Station aus sachte durch die Gegend schwenken. Wie alle Einsätze des Roboter-arms sind auch diese Manöver durchaus anspruchsvoll und wurden eingehend trainiert. Schließlich haben die Astronauten an den Steuerpaneelen der **Robotic Workstation** nur eingeschränkte Kamerasicht auf den Arm zur Verfügung, um die Bewegungen korrekt durchzuführen.

Für das *Columbus*-Team in Oberpfaffenhofen hat der Weltraumspaziergang vor allem die Auswirkung, dass der Strom des **ICC-Lite**-Trägers abgeschaltet wer-den muss, um den **EVA**-Astronauten eine gefahrlose Entfernung des Stickstofftanks zu ermöglichen. Für *Nathalie Gérard* an der COL OC-Konsole bedeutet dies wieder ein kurzes Daumendrücken, denn mit dem Strom des **ICC-Lite** verlieren auch die externen Pay-

▶ Im Inneren der Raumstation können die Kollegen den Ausstieg auf einem Monitor beobachten.

loads SOLAR und EuTEF ihre Heizer, die sie vor dem Einfrieren und dem Kältetod bewahren. Wieder kön-nen die beiden nur für eine bestimmte Zeit in diesem Zustand bleiben, ohne Schaden zu nehmen.

Hans ist zunächst *Rex* beim Abmontieren des riesi-gen Tanks behilflich, dann hangelt er sich in Richtung **Truss**, um den alten Tank auszubauen und die Monta-ge des vollen Austauschbehälters vorzubereiten. *Rex* muss sich in der Zwischenzeit an dem Roboterarm befestigen, dann bespricht er sich über Funk mit den beiden Operatoren des **SSRMS**-Arms und gibt ihnen die Richtung und Entfernung an, in der er bewegt werden muss, um den Tank greifen zu können. Die Kontrollzentren sind meist nur Zuhörer in diesem mo-notonen Dialog: »Ten feet to port side and 20 feet out of the Payload bay« – »Copy – here we go« – »Good motion – continue motion – continue motion – continue motion – and stop motion« – »Motion stopped«...

Nachdem er den Tank gefasst und aus seiner Posi-tion gelöst hat, dirigiert er vorsichtig den Roboter aus der Ladebucht – in den Händen den Stickstofftank – und *Leland* und *Stan* setzen seine Kommandos in Arm-bewegungen um. *Rex* findet während seines langsa-men Fluges durchs All auch noch die Zeit, sich bei allen zu bedanken, die an der Planung und dem Trai-ning für diesen Weltraumspaziergang mitgewirkt haben. Ein großes Team von **EVA**-Spezialisten hat zusammen mit den Robotikexperten jeden Handgriff genauestens geplant und immer wieder zusammen mit der Crew in dem riesigen Wasserbecken der NASA, dem **Neutral Buoyancy Laboratory (NBL)** die Abläufe durchgespielt und immer weiter optimiert.

Da es auf der Erde keine Möglichkeit gibt, Schwere-losigkeit über einen längeren Zeitraum herzustellen, ist das Schweben in Wasser bei guter Austarierung die einzige Möglichkeit, halbwegs realistisch komplexe Außenbordeinsätze zu trainieren. Im **Neutral Buoyan-cy Laboratory** in Houston sind deshalb in einem

Neutral Buoyancy Laboratory (NBL)
Außerhalb des *Johnson Space Centers* gelegene Trainingsan-lage, in der Weltraumspazier-gänge unter Wasser trainiert werden

▶ *Hans Schlegel in der Luft-schleuse*

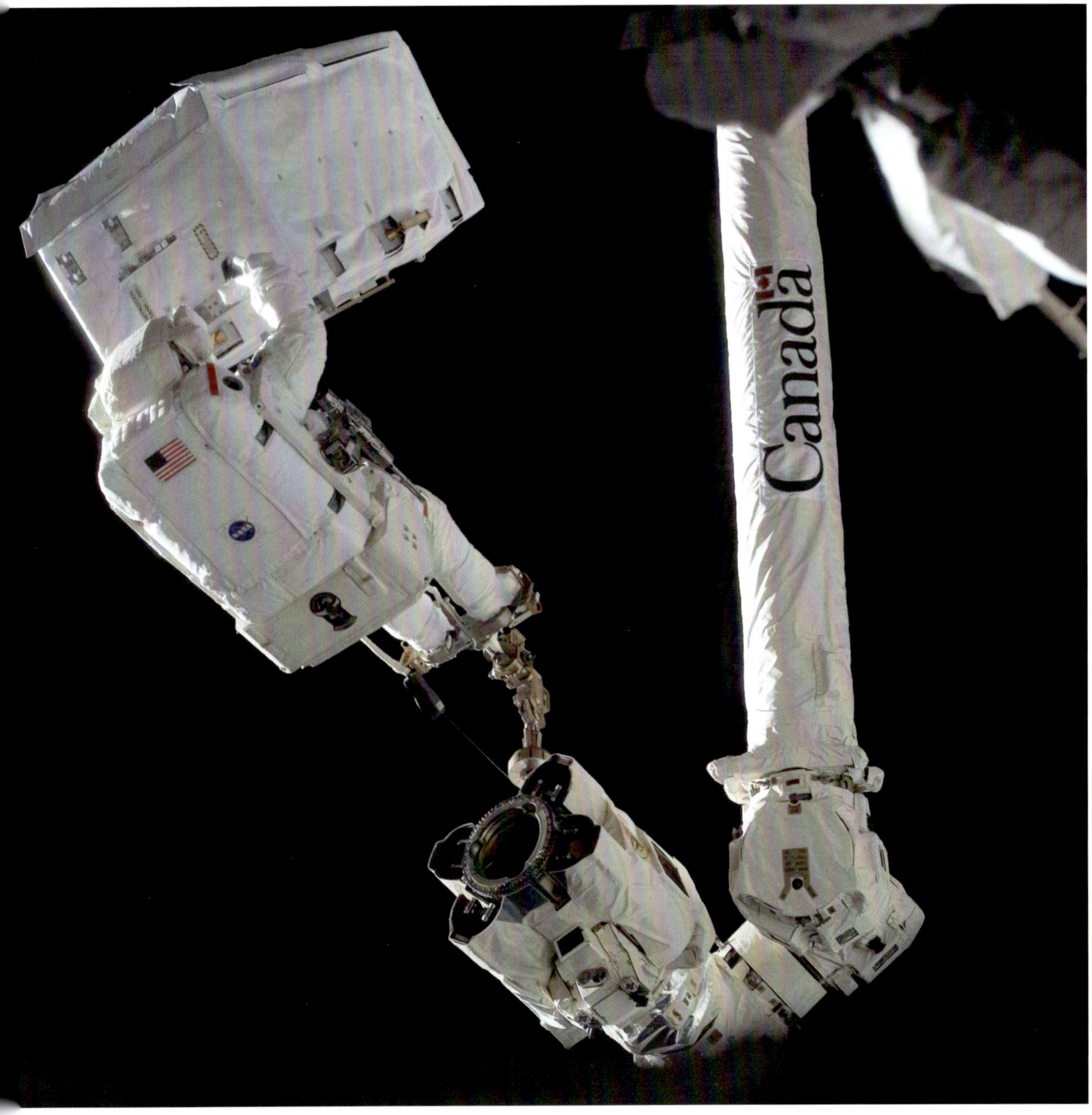

◀ *SSRMS, Astronaut und Stickstofftank auf dem Weg zum Einbau*

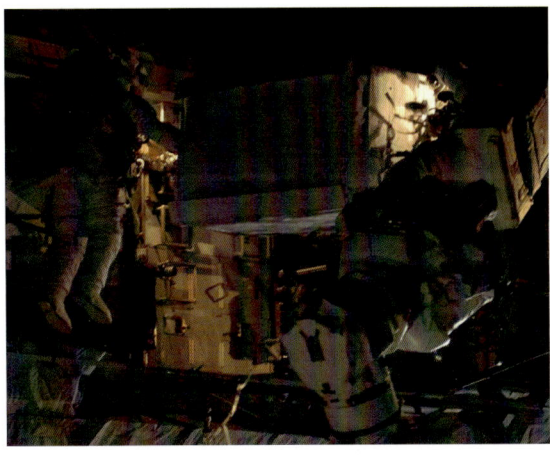

◀ *Hans Schlegel und Rex Walheim beim Austausch des Stickstofftanks*

61 Meter mal 31 Meter großen und 12 Meter tiefen Pool alle Teile der gesamten Raumstation als 1:1-Komponenten vorhanden, ebenso wie die für Weltraumspaziergänge wesentlichen Teile des Space Shuttles. Diese Segmente werden für das Training einer bestimmten **EVA** dann im Pool in einer Weise konfiguriert, dass der Ausflug ins All auf möglichst realistische Weise trainiert werden kann. Von vielen Sicherungstauchern begleitet, von Dutzenden von Kameras gefilmt und von einem kleinen Kontrollzentrum überwacht, muss jedes Mitglied einer **EVA**-Crew jeden Handgriff so lange üben, bis er endgültig sitzt. Hierbei kommen immer wieder Probleme oder technisch nicht optimale

▶ Peggy Whitson und Yuri Malenchenko beim Training im Neutral Buoyancy Laboratory am Johnson Space Center

seitliche Annäherung günstiger wäre oder überhaupt die gesamte Sequenz umgestellt werden muss.

Und nun bewährt sich, was die Experten zusammen mit den Astronauten ausgeklügelt haben – die zweite **EVA** der Mission läuft problemlos ab. *Hans* hat den alten Tank bereits entfernt und assistiert nun beim Einbau des neuen. Den alten nimmt *Rex* wieder mit seinem Roboterarm zurück in die Ladebucht des Shuttles. In der Zwischenzeit kann *Hans* doch noch eine kleine, aber wichtige Aufgabe am *Columbus*-Modul erfüllen: Die dicken Stahlstifte, mit denen das Forschungslabor in der *Atlantis* verankert war, liegen immer noch frei und stellen Kältebrücken zu der ansonsten vollständig isolierten Außenhaut dar. Deshalb werden nun auch an diesen Stellen Isolierungskappen installiert. Und in München sind wieder einmal eindrucksvolle Bilder vom neuen ISS-Bestandteil auf dem großen Bildschirm zu sehen.

Nach diesen erfolgreich erfüllten Aufgaben streben *Rex* und *Hans* wieder der Luftschleuse der ISS zu, deren Luke sich daraufhin um 22:07 Uhr schließt. Der zweite Weltraumspaziergang der Mission ist ohne Probleme und Fehler zu Ende gegangen. Und auch die externen Payloads in der Ladebucht des Space Shuttles – zeitweilig ohne Heizung – haben die **EVA** gut überstanden. Der nächste Außenbordeinsatz wird beinahe vollständig ihnen gewidmet sein!

Abläufe zum Vorschein und können korrigiert werden. Die Astronauten haben hier ein wichtiges Mitspracherecht, denn nur sie haben nach dem Training im Pool die Expertise zu beurteilen, ob der Stickstofftank am besten von der Vorderseite zu greifen ist, ob eine

▶ Hans Schlegel auf dem Weg zum Columbus-Modul

Flight Day 7 / *Columbus* wird aktiviert

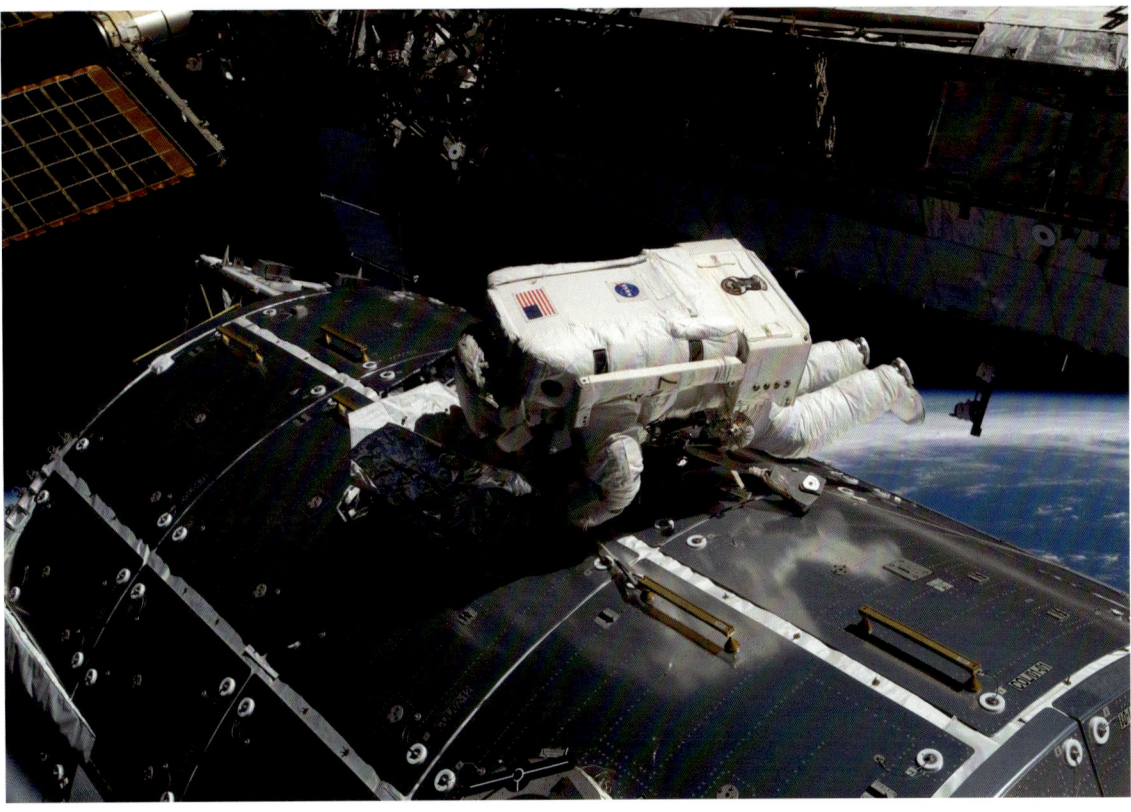

▶▲ *Die Crew kehrt zurück in die Raumstation.*

◀◀ *Columbus ist nun Teil der ISS.*

Üben macht den Meister

»Munich, Station for urgent emergency call.« Der alarmierende Funkspruch der Astronauten wäre nicht notwendig gewesen, um das Kontrollzentrum in Oberpfaffenhofen in große Aufregung zu versetzen – schon seit ein paar Sekunden füllt sich der Monitor an der COL SYSTEMS-Konsole mit rot unterlegten Zahlen. Ein Albtraum für das ganze Team ist eingetreten – und dennoch kann niemandem etwas zustoßen, denn der Notfall ist nur erfunden und es brennt nirgendwo. Der Astronaut ist nicht wirklich im Weltall – und es ist eigentlich auch kein Astronaut, der eben Mission Control München angesprochen hat, sondern ein Trainer am Kölner Astronautenzentrum. Das Szenario ist Teil einer Simulation, in der die Flight Controller für ihre bevorstehende Arbeit trainiert werden sollen.

Für jedes Mitglied des Teams gibt es einen speziell ausgelegten Plan, wie viele Simulationen in verschiedenen Abstufungen durchzustehen sind, bevor endgültig von der ESA das Zertifikat ausgestellt wird, das wie ein Führerschein benötigt wird, um an der Konsole arbeiten zu dürfen.

Was jeder neu eingestellte Flight Controller von Haus aus mitbringen sollte, sind zum einen gute Englischkenntnisse, zum anderen Begeisterung und ein gutes technisches Verständnis, was er in einem Ingenieur- oder naturwissenschaftlichen Studienabschluss bewiesen haben sollte. So gibt es innerhalb des Teams viele Raumfahrttechniker, aber auch Physiker oder Astronomen. Einige haben bereits Berufserfahrung in einem anderen Bereich, viele kommen aber auch direkt von den Universitäten. Manche haben sogar einen Doktorgrad in ihrem Spezialgebiet erworben, das jedoch nichts mit Raumfahrt zu tun haben muss.

Am Anfang jeder Ausbildung steht der **Columbus User Level**-Kurs, der am Europäischen Astronautenzentrum (EAC) in Köln durchgeführt wird. Diese einwöchige Schulung müssen auch alle Astronauten über sich ergehen lassen – sie sollen die grundlegenden Kenntnisse über das **Electrical Power Distribution System (EPDS)**, das **Thermal Control System (TCS)**, das **Environmental Control and Life Support System (ECLSS)**, die Bordcomputer und Laptops haben. Das Wissen wird nicht nur im Klassenzimmer vermittelt, sondern auch in einem beinahe mit dem echten Columbus-Modul identischen Nachbau, dem »Mock-up«, das in einer riesigen Halle zusammen mit einem alten Spacelab, einem Trainings-ATV und einem Soyuz-Simulator steht.

Alle Flugdirektoren und die COL OC-Gruppe haben

in ihrem Trainingsplan noch eine weitere Woche in Köln stehen. Während dieser Zeit werden sie über das Innenleben der vier europäischen Wissenschaftslabors an Bord des Columbus-Moduls ausgebildet. Jede dieser Payloads hat Stromverteilung, Kühlung oder Datenanbindung etwas anders implementiert, was natürlich nicht verwechselt werden darf. Welches Rack hatte nun keine eigenen **Cautions** oder **Warnings**? Welche Payload hat einen zweiten Kühlwasserkreislauf, der über einem Wärmetauscher mit dem Columbus-Kreislauf verbunden ist? Produzieren die Kameras in BIO-LAB nun analoge oder digitale Datenströme?

Die Trainer am EAC, die auch die zukünftigen ISS-Besatzungen in die Geheimnisse der Experimentschränke einweisen, bilden auch die Oberpfaffenhofener aus. Hierfür stehen am Europäischen Astronautenzentrum originalgetreue Modelle zur Verfügung, um die Astronauten und die Flight Controller in den einzelnen Handgriffen für ihre Aufgaben während der Mission zu schulen.

Die Flugdirektoren erhalten weiterhin eine Ausbildung in Personenführung, Entscheidungsfindung und Krisenmanagement, wie sie auch andere Berufsgruppen – die Piloten der Lufthansa, Fluglotsen und Operatoren in Atomkraftwerken – bekommen, die ebenfalls schnelle Entscheidungen in kritischen Situationen fällen müssen. Durch Computersimulationen werden die Anwärter unter Stresssituationen zu Entscheidungsfindungen und zu einer effizienten Kommunikation gezwungen, fast wie später an der Konsole.

Die Grundausbildung setzt sich dann vor Ort in Oberpfaffenhofen fort, wo ein Team von Trainern die »Newbees« etwa einen Monat lang unter seine Fittiche nimmt, um ihnen zum einen die wichtigsten technischen Details der ISS und zum anderen die zahlreichen Softwareprogramme, Vorgehensweisen und

Columbus User Level
Nach einem genauen Schema wird festgelegt, welcher Astronaut welches spezifische Training erhält. Dabei werden mit User, Operator und Specialist drei Stufen unterschieden. Das User Level Training entspricht damit einem Grundkurs.

▶ Flugdirektor Albert Schencking versucht im Modell der Raumstation in Houston den Racktransfer. Da das Modell aus Styropor ist, schafft er das Kippen selbst unter Schwerkraft ohne fremde Hilfe.

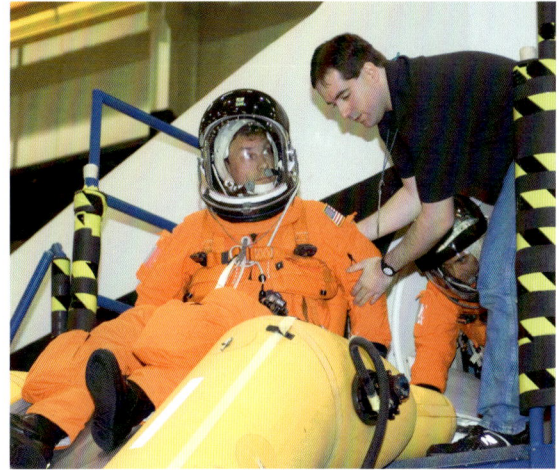

Fähigkeiten nahezubringen, die für ihre spätere Arbeit an der Konsole unerlässlich sind. Jede Trainingseinheit wird durch einen Test abgeschlossen, der durch ein unbestechliches Computerprogramm erfolgt.

Daraufhin beginnt das Einarbeiten durch die jeweiligen Kollegen und damit die Phase, in der das Spezialwissen vermittelt wird, das die einzelne Kontrollraumposition auszeichnet. Nach dem Grundsatz, dass man nicht vergisst, was man schon selbst einmal gemacht hat, werden die neuen Kollegen fest in die Vorbereitung zukünftiger Missionsszenarien eingebunden und lernen dabei die komplexen Datenbanken und Netzwerke, die speziell entwickelten Computerprogramme zum Kommandieren von *Columbus* und zum Empfang der Daten kennen. Zusammen mit einem erfahrenen Flight Controller werden dann auch die ersten Erfahrungen im »richtigen« Kontrollraum gesammelt, zunächst durch passives Verfolgen seiner Arbeit und schließlich durch die ersten eigenen Schritte unter seiner Obhut.

Und dann steht noch eine Reise nach Houston auf dem Plan. Im dortigen Kontrollzentrum der NASA soll den amerikanischen Kollegen über die Schulter geschaut werden. Nachdem sich die Europäer in eine bereits bestehende Struktur einfügen müssen, ist dieses »On-the-Job Training« ein wichtiger Ausbildungsbestandteil. Nicht zu unterschätzen ist auch die Gelegenheit, die zukünftigen Kollegen auf der anderen Seite des Atlantiks persönlich kennenzulernen – erfahrungsgemäß läuft das Zusammenarbeiten später dann wesentlich unkomplizierter. Natürlich ist die USA-Reise für jeden Flight Controller ein einmaliges Erlebnis, da nur wenige Personen überhaupt Zugang zu den Hochsicherheitsbereichen im *Johnson Space Center* haben. Auch die Flight Controller der NASA müssen noch eine extra Sondergenehmigung einholen,

◄ *Building 9 am Johnson Space Center in Houston. Die Crew (hier Stan Love) trainiert an den 1:1-Modellen des Space Shuttles den Notausstieg.*

um ihren europäischen Kollegen die ganz besonderen Schmankerln zeigen zu können: das riesige **Building 9** etwa, wo die gesamte Raumstation, eine Soyuz-Kapsel und auch einige Teile des Space Shuttles im Maßstab 1:1 nachgebaut stehen. Hier sind die Chancen sehr groß, auch auf Astronauten zu treffen, die zusammen mit ihren Trainern den Einbau von Experimentschränken üben, den Notausstieg aus dem Shuttle proben oder die Handgriffe für die Wartung einer Wasserpumpe für eine zukünftige Mission optimieren. Ein echter Raumfahrtsenthusiast nimmt auch gerne

Building 9
Riesige Halle am *Johnson Space Center*, wo die Raumstation und der Space Shuttle für Trainingszwecke nachgebaut sind

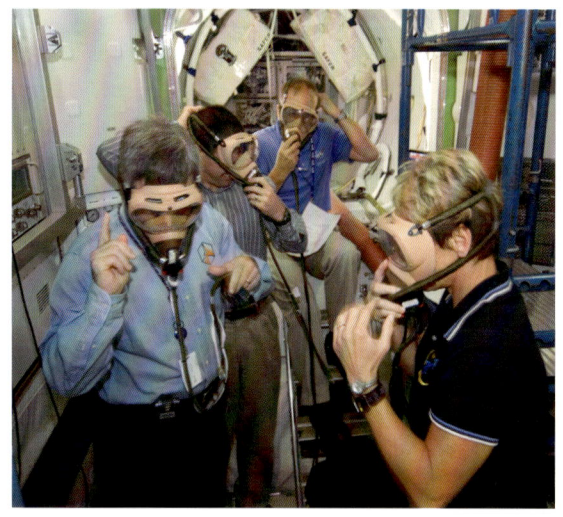

◄ *Notfalltraining im Building 9. Die Astronauten suchen ihren Weg durch die »verrauchte« Raumstation.*

Training für *Columbus*

Dr. *Rüdiger Seine*, Trainings-
verantwortlicher

»In Vorbereitung auf die Aktivierung und den Betrieb des *Columbus*-Moduls der Internationalen Raumstation ISS führte die Europäische Weltraumagentur ESA ihre bislang größte Trainingskampagne durch. Die Astronauten der ISS und des Space Shuttles *Atlantis* mussten die zeitkritische Aktivierung notfalls ohne Unterstützung der Bodenzentren durchführen können. Die Teams des *Columbus*-Kontrollzentrums in Oberpfaffenhofen und in den angeschlossenen Nutzlastzentren sollten die Erfahrung aus der Entwicklungsphase des Moduls in den Betrieb übernehmen.

Die neuartige Herausforderung dieser Trainingsentwicklung bestand darin, ein nachhaltiges Kursprogramm zu erstellen, das über die gesamte Betriebszeit von *Columbus* eine gleichbleibende Qualität sicherstellen kann. Darüber hinaus muss das Training mit den internationalen Partnern der ISS abgestimmt werden.

Die ESA bildete am Europäischen Astronautenzentrum (EAC) in Köln zunächst ein Team von Instruktoren. Dieses Team bestand aus Fachleuten der ESA, nationaler Raumfahrtagenturen und des Industrieunternehmens Astrium. Durch die Einbindung der Astrium-Mitarbeiter wurde der Wissenstransfer aus den Ingenieurabteilungen in das Training sichergestellt.

Ein detailgetreues Modell des Forschungsmoduls und ein Simulator wurden als Trainingseinrichtungen am EAC installiert. Mithilfe des Modells können die Astronauten auf die anfallenden mechanischen Aktivitäten vorbereitet werden; beispielsweise die Installation von Ventilatoren oder das Entfernen der Sicherungseinrichtungen für die Transportphase. Darüber hinaus können sich die Besatzungsmitglieder in dem Modell mit den räumlichen Gegebenheiten von *Columbus* vor dem Start vertraut machen. Der Simulator bildet die Funktionsweise des Moduls nach. Mit ihm können die Kommandos über das Computerinterface und die Überwachung der Modulfunktionen geübt werden.

Die Astronauten durchliefen ein etwa vierwöchiges *Columbus*-Training in mehreren Blöcken, die über ihre gesamte Ausbildungszeit verteilt waren. Darin wurde die schritt-

weise Aktivierung von *Columbus* in Szenarien mit und ohne Beteiligung der Bodenkontrolle geübt. Die Bedienung des Moduls im normalen Betrieb nahm den größten Teil der Ausbildung der Astronauten in Anspruch. Zusätzlich wurde die Besatzung auf die notwendigen Reaktionen im Falle von Fehlfunktionen und auf Reparaturarbeiten vorbereitet.

Das Training der ersten Bodenteams erstreckte sich über mehr als zwei Jahre. Zuerst mussten sich die zukünftigen Flight Controller mit den technischen Details von *Columbus* vertraut machen. In dieser Zeit standen der intensive Austausch mit den Ingenieuren der Entwicklungsteams und das Studium der technischen Dokumentation im Vordergrund. Darauf folgten Unterricht an den Betriebskonsolen mitsamt der vorbereiteten Computerprogramme zur Steuerung und Überwachung des Moduls. Die operationelle Umgebung des Sprech- und Datenverkehrs zwischen den europäischen und außereuropäischen Zentren nahm breiten Raum in der späteren Ausbildung ein.

Durch verschiedene, immer komplexer werdende Simulationen wurden die Bodenteams schrittweise an ihre Aufgaben herangeführt. Zuerst wurden interne Simulationen am Kontrollzentrum in Oberpfaffenhofen durchgeführt. Danach wurde der Simulator am EAC in Köln als Datenquelle über ein Datennetzwerk mit den Kontrollzentren in Oberpfaffenhofen und anderen europäischen Standorten verbunden. Die Flight Controller konnten so von ihrem Arbeitsplatz im Kontrollraum realitätsnah die Überwachung und Steuerung von *Columbus* erlernen. Abschließend wurden Simulationen mit der NASA durchgeführt, um die Kommunikation und Zusammenarbeit mit den Zentren der NASA in Houston und Huntsville zu üben.

Nach der Inbetriebnahme von *Columbus* wurden und werden alle Astronauten, die zur ISS fliegen, in Köln für die Arbeit im europäischen Modul trainiert. Auch das Training für Bodenpersonal wird fortgesetzt, um neue Mitarbeiter auszubilden und die erfahrenen Flight Controller auf neue Experimente und Aktivitäten vorzubereiten.«

Integrated Sims/European Sims
Gemeinsame Simulation auf europäischer Ebene

das Angebot an, einmal ein Foto an der Flugdirektorkonsole im historischen *Apollo*-Kontrollraum zu machen – andere Besucher können diesen Raum nur durch ein Glasfenster einsehen. Ein weiteres Gebäude enthält zwei Flugsimulatoren für den Space Shuttle, in denen die Piloten kritische Flugmanöver üben können. Oder wie wär's mit den zukünftigen Entwicklungen für die Robotererkundung des Mars? Oder die historischen Mondsteine? Die Liste der Sehenswürdigkeiten für Weltrauminteressierte am *Johnson Space Center* ist lang.

Zurück in Oberpfaffenhofen hat sich der angehende Flight Controller nach allen bestandenen Trainingseinheiten nun den Zugang zu einer ersten Stufe von Simulationen verdient, den hausinternen oder **Stand-alone**-Simulationen. Hier übt das Flugkontrollteam in Oberpfaffenhofen alleine, die Astronauten oder die

anderen Kontrollzentren werden von den Trainern gespielt.

In der zweiten Stufe, den **Integrated Sims** oder **European Sims**, nehmen neben dem *Columbus*-Kontrollzentrum auch die anderen europäischen Zentren teil, die für die Experimente in *Columbus* zuständig sind – B.USOC in Belgien, CADMOS in Frankreich, ERASMUS USOC in den Niederlanden, MARS in Italien und MUSC in Köln. Die angehenden Flight Controller werden hierbei scharf von den Trainern beobachtet und auf den Voice Loops belauscht – die für die jeweilige Evaluierungssimulation für die entsprechende Position dann ein besonders kompliziertes Szenario ersonnen haben, das vom Trainee bewältigt werden muss.

Und schließlich spielt in der dritten Stufe auch die NASA mit – manchmal auch die Japaner oder Russen,

---

Stand-alone Sims
Niedrigste Stufe des Simulationstrainings ohne externe Verbindungen

manchmal sogar die entsprechenden Astronauten. Diese »höchste Weihe« der **Joint Multi-Segment Training (JMST)**-Simulationen schließt die Ausbildung des Flight Controllers ab. Er erhält die Zulassung, an der »richtigen« Konsole seine erste Schicht zu absolvieren.

Aber auch voll ausgebildete Flight Controller bleiben von Simulationen nicht verschont. Auch sie müssen immer wieder zurück in den Übungskontrollraum K3. Teils, weil manche geplanten Szenarien so schwierig sind, dass sie zunächst trocken geübt werden müssen, teils, weil glücklicherweise schwerwiegende Fehler im richtigen Alltag nur selten vorkommen, aber auch diese immer wieder trainiert werden müssen.

Alle Simulationen werden durch die involvierten Trainerteams intensiv vorbereitet, und es wird eine Art Skript entwickelt, das auch die geplanten Fehler und Zwischenfälle enthält. Ein Hochleistungsrechner mit einer eigens entwickelten Software simuliert hierbei das *Columbus*-Modul und stellt sicher, dass etwa ein Kommando zum Beschleunigen der Wasserpumpe auch den erwarteten Einfluss auf die Telemetriedaten des Wasserdrucks oder der Temperatur hat. Hier können die Trainer dann auch die vorgesehenen Fehler einspielen und die Reaktionen der Flight Controller mit den vorher im Drehbuch erarbeiteten Musterlösungen des Problems vergleichen. Was sich nicht über den Simulator oder die von den Trainern gespielten Astronauten in die Simulation einbauen lässt, das wird von den Ausbildern durch **Green Cards** gesteuert. So bekam Flugdirektor *Alexander Nitsch* etwa während einer Simulation den Regiebefehl ausgehändigt, dass er wegen einer akuten Fischvergiftung sofort seine Konsole zu verlassen habe und für den Rest der Simulation somit ausfalle. Das nun führungslose Flugkontrollteam musste mit dieser neuen Situation zurechtkommen und *Martin Canales* an der COL OC-Konsole sich als Back-up Flight Director versuchen.

Unvergessen war für alle Beteiligten auch der Moment, als das Oberpfaffenhofener Team wieder einmal ohne Absprache mit der »Crew« die Kamera in *Columbus* aktiviert hatte und plötzlich auf der großen Projektionsleinwand des Kontrollraums ein halbnackter »Astronaut« durch das Modul marschierte – der Trainer im Kölner *Columbus*-Mockup wollte den Flight Controllern ein für alle Mal die wichtige Übereinkunft mit der ISS-Besatzung einprägen, dass die Kamera nur auf deren ausdrückliche Erlaubnis hin eingeschaltet werden darf. Die Lektion ist wohl allen im Gedächtnis geblieben.

Manche Simulationen ziehen sich über mehrere Ta-

ge hin, Nächte inklusive, um auch das wichtige Handover von einem Team zum nächsten zu praktizieren. Und natürlich finden die durch das Simulationsteam eingespielten Fehler in solch einem Fall dann bevorzugt während dieser Übergabe statt, um das Konsolenpersonal vor die schwierige Aufgabe zu stellen, die Ereignisse der Schicht der nachfolgenden Schicht zu vermitteln und parallel dazu auf den gerade aufgetretenen Fehler zu reagieren.

Nach jeder Simulation werden in einer durch den **Sim-Director** geleiteten Schlussbesprechung die gröbsten Auffälligkeiten hervorgehoben und diskutiert. Zusammen mit dem Flugdirektor der Simulation entscheidet sich dann, für welche Teilnehmer die Simulation als bestanden gewertet werden kann und wer von einer Wiederholung profitieren könnte.

Parallel zu den Simulationen hat jeder Neuling auch eine gewisse Zahl von On-the-Job-Trainings im operationellen Kontrollraum in Oberpfaffenhofen zu bestreiten. Dabei schaut er einem erfahrenen Flight Controller an seiner zukünftigen Position während dessen Schicht über die Schulter. Hier lernt er all die kleinen praktischen Tricks und auch die Abläufe, die oft in der »richtigen« Welt leicht anders sind als in der idealen Welt der Ausbildung.

Nach der Absolvierung einer festgelegten Anzahl von Simulationen und On-the-Job-Sitzungen hat der neue Flight Controller dann die Stufe erreicht, in der er durch die ESA formell bescheinigt bekommt, dass er für die Arbeit am Col-CC zertifiziert ist. Seine ersten Schichten macht er dennoch nicht im »Alleingang«, sondern unter den Augen eines erfahrenen Kollegen – insbesondere wird auch darauf geachtet, dass die ersten Schichten eine nicht zu anspruchsvolle Timeline vorweisen. Wobei natürlich jederzeit alles passieren kann …

Die Installation von EPM

Während außerhalb der Raumstation immer noch der Weltraumspaziergang die ganze Aufmerksamkeit des Houstoner Kontrollzentrums auf sich zieht, konzentrieren sich die Münchner auf die Aktivitäten, die innerhalb der Raumstation, insbesondere in *Columbus*, vor sich gehen. Gestern bereits hat *Peggy Whitson* das **EPM (European Physiology Modules)**-Rack in seine endgültige Position gebracht, und nun muss der Experimentschrank noch über einige Schläuche und Kabel mit *Columbus* verbunden werden.

Für das **EPM**-Rack sind bereits einige sehr interessante wissenschaftliche Experimente in der Planung

Joint Multi-Segment Training (JMST)
Gemeinsame Simulation aller Partner

Sim-Director
Leiter einer Simulation auf der Seite der Trainer

Green Cards
Durch die Trainer eingestreute »Ereigniskarten«, die den Verlauf der Simulation regeln

▶ Das EPM (European Physiology Modules), eingebaut in der endgültigen Position

▶ Die Verbindungsschläuche zum EPM-Rack. Wasserkühlung, Datenverbindungen und die Stromversorgung werden dadurch sichergestellt.

und Vorbereitung. Wie bereits beschrieben, hat die fehlende Schwerkraft einen sehr umfassenden und noch nicht vollständig verstandenen Einfluss auf die Vorgänge in unserem Körper. Deshalb ist die menschliche Physiologie unter Schwerelosigkeit nach wie vor ein wichtiges und aktuelles Forschungsthema. Mit dem **European Physiology Module** stehen Wissenschaftlern verschiedene Funktionen zur Verfügung, die für solche Experimente genutzt werden können. In der gegenwärtigen Ausbaustufe gibt **EPM** den Astronauten ein EKG-Gerät zur Aufzeichnung der Herzaktivitäten und einen Gehirnstrommesser (EEG) an die Hand, weiterhin ist eine Ausrüstung zur Entnahme von Blut-, Urin- und Speichelproben vorhanden. Die restlichen Einschübe des Racks sind noch leer und können zukünftig um für dedizierte Experimente benötigte Geräte erweitert werden.

Einige Monate nach der 1E-Mission wird die ESA mit EPM und einem Experiment zur räumlichen Wahrnehmung unter Schwerelosigkeitsbedingungen beginnen. Kurz darauf soll die Wirkung von Salz in der Nahrung

auf den menschlichen Stoffwechsel untersucht werden – ein ehrgeiziges Programm für das neue Modul.

Um in *Columbus* sehr vielseitige Versuche für das humanbiologische Forschungsfeld zu ermöglichen, wird die NASA ebenfalls zwei weitere eigene Experimentschränke hierfür im europäischen Labor installieren. Mit den beiden **Human Research Facilities (HRF)** werden dann Funktionen zur Messung der Atmungsgase, zum Aufnehmen von Ultraschallbildern, zum Messen der Körpermasse der Astronauten (ein einfaches Wiegen gestaltet sich ja ohne Schwerkraft eher schwierig ...) und zum Zentrifugieren und Kühlen von Urin- oder Blutproben zur Verfügung stehen. Damit mausert sich *Columbus* in dieser Hinsicht zu einem einzigartigen orbitalen Laboratorium für die Erforschung der menschlichen Physiologie unter Schwerelosigkeit.

Jedes der vier ESA-Payload-Racks hat sein eigenes kleines Kontrollzentrum. **EPM** wird durch das CADMOS (Centre d'Aide au Développement des activités en Micro-pesanteur et des Opérations Spatiales)-Center in Toulouse betreut. Immer wenn Experimente mit **EPM** auf dem Flugplan stehen, kommt das CADMOS-Personal an seine Konsole. Dann ist es die Aufgabe des COL OC, die verschiedenen Zentren zu koordinieren und sicherzustellen, dass die benötigten Ressourcen wie Strom, Kühlwasser oder etwa eine breitbandige Datenverbindung von *Columbus* zur Verfügung gestellt werden. Das eigentliche Kommandieren des Experiments übernimmt dann das entsprechende Zentrum selbst, wobei der COL OC auch hier die volle Übersicht behalten muss und deshalb jedes der Payload-Kontrollzentren erst einmal für das Senden von Befehlen an die Raumstation freischaltet und danach die Leitung wieder blockiert. Schließlich ist es der jeweilige

Das **European Physiology Module (EPM)** bietet verschiedene Möglichkeiten zur Erforschung des menschlichen Körpers unter Schwerelosigkeit. Ein Elektrokardiograf (EKG) und ein Elektroenzephalograf (EEG) sind fest eingebaut und können in verschiedenen Betriebsmodi verwendet werden. Außerdem ist in dem großzügig ausgelegten Stauraum für weiteres Zubehör auch ein komplettes Set zur Abnahme von Blut-, Urin- und Speichelproben enthalten. Das Rack bietet weiterhin die Möglichkeit, externes

Zubehör anzuschließen und mit Strom, Daten- und Videoprozessierungsmöglichkeiten zu versorgen. Wie für jedes Rack ist ein Laptop zur Steuerung vorgesehen, es gibt einen Not-Aus- und einen Hauptschalter, über die das **EPM** von der Besatzung vollständig oder teilweise stromlos geschaltet werden kann. Für alle Racks vorgeschrieben ist auch der Feuerlöscherzugang, über den ein Feuer im Innenraum des Racks schnell mit einem Kohlendioxidlöscher erstickt werden kann.

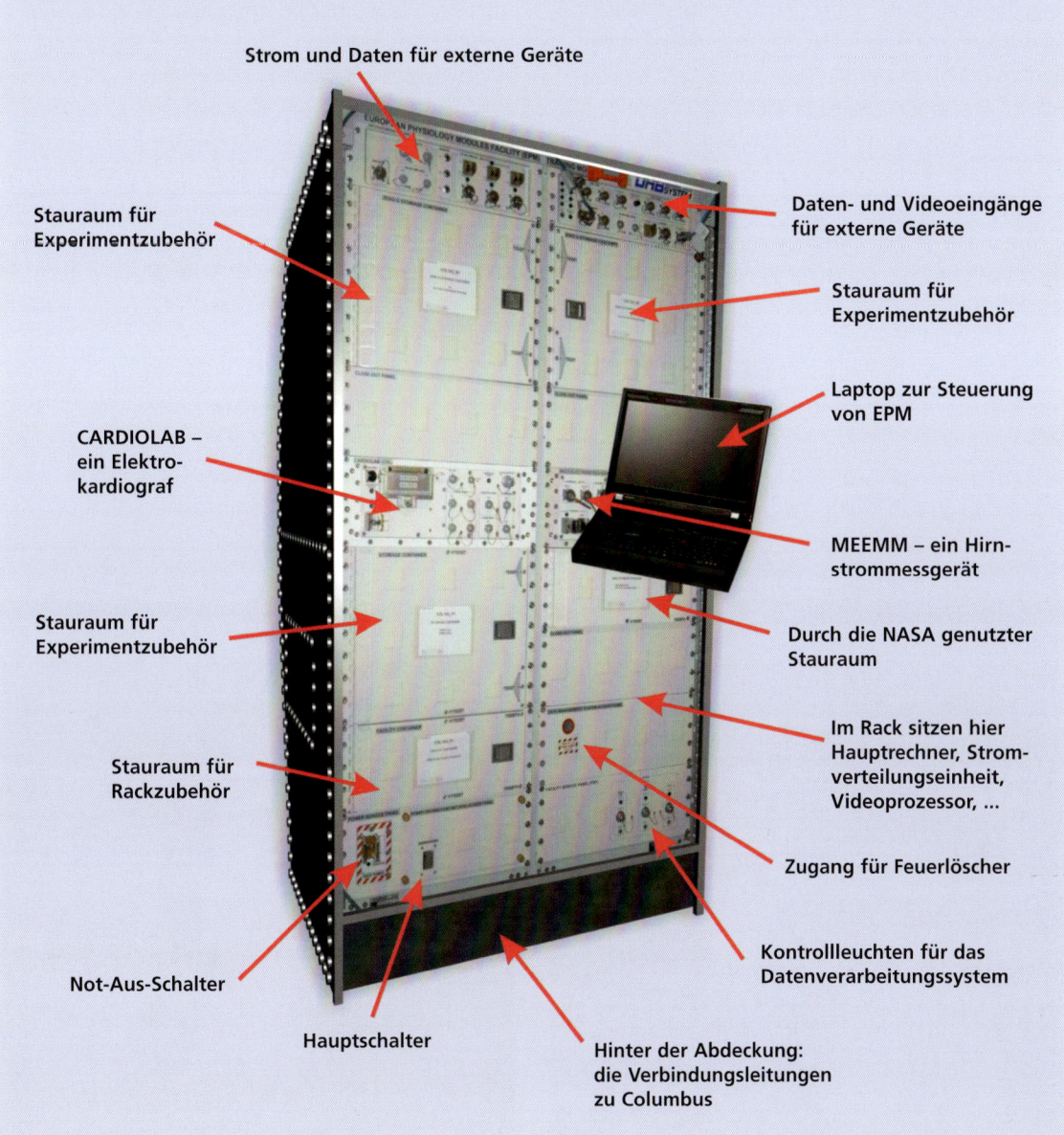

Strom und Daten für externe Geräte

Stauraum für Experimentzubehör

Daten- und Videoeingänge für externe Geräte

Stauraum für Experimentzubehör

Laptop zur Steuerung von EPM

CARDIOLAB – ein Elektrokardiograf

MEEMM – ein Hirnstrommessgerät

Durch die NASA genutzter Stauraum

Stauraum für Experimentzubehör

Im Rack sitzen hier Hauptrechner, Stromverteilungseinheit, Videoprozessor, ...

Stauraum für Rackzubehör

Zugang für Feuerlöscher

Kontrollleuchten für das Datenverarbeitungssystem

Not-Aus-Schalter

Hauptschalter

Hinter der Abdeckung: die Verbindungsleitungen zu Columbus

Columbus-Flugdirektor in Oberpfaffenhofen, der für alle Vorgänge im europäischen Modul die volle Verantwortung trägt.

Da auch bei Fragen der Besatzung zu den Experimenten nach wie vor nur der EUROCOM mit den Astronauten reden darf, die Antwort aber meist von den Experten der Payload-Kontrollzentren kommt,

muss in einem solchen Fall CADMOS die Antwort dem COL OC mitteilen, dieser gibt sie an den COL FLIGHT weiter, und der signalisiert schließlich dem mithörenden EUROCOM, dass der Crew die Antwort mitgeteilt werden darf. Und weil man die Raumfahrer ungern warten lassen will, muss diese Kommunikation so schnell wie möglich ablaufen.

Für den Augenblick dreht sich alles um den unteren Teil des Experimentierschranks, wo *Peggy* gerade daran arbeitet, die Kühlwasserschläuche und Strom- und Datenleitungen von **EPM** mit *Columbus* zu verbinden. Wie alle Arbeiten an Bord der Raumstation, bei denen die Besatzung mit stromführenden Kabeln in Berührung kommen könnte, sind hier wieder einige Sicherheitsmaßnahmen zu treffen, um die Astronauten nicht zu gefährden. *Aaron Butler* und *Bernie Kerr* haben daher schon vor einiger Zeit die notwendigen Kommandos geschickt und die Telemetrie sorgfältig kontrolliert, um dem Flugdirektor mitteilen zu können, dass die Besatzung aus ihrer Sicht an den Verbindungen des **EPM**-Racks ohne Risiko arbeiten kann.

Léo Eyharts arbeitet währenddessen immer noch in den »Kellern« des *Columbus*-Moduls. An den Wasserpumpen und der Klimaanlage des Moduls müssen ebenfalls einige Transportbolzen gelöst werden, die nur für die Startphase vonnöten waren. Jetzt können sie entfernt werden, um das Isolationssystem zu aktivieren, das die Übertragung der Vibrationen laufender Aggregate auf die Struktur von *Columbus* weitgehend verhindern soll. *Léo* muss sich hier wirklich abmühen, denn viele Kabel und Leitungen versperren die Sicht auf seinen Arbeitsplatz, der noch dazu schwer mit den

Händen zu erreichen ist. Schließlich verkantet sich auch noch die Bodenplatte am Ende der Aktivität, sodass *Peggy* zur Hilfe kommen muss. Auch EUROCOM und COSMO versuchen, mit Tipps zur Seite zu stehen, aber manchmal ist auch rohe Gewalt eine Lösung!

Das Bodenteam in München hat in der Zwischenzeit ein weiteres Problem zu lösen. Kurz vor dem Start des Space Shuttles hat sich herausgestellt, dass eine elektrische Sicherung für die Stromversorgung der externen Payloads nicht den richtigen Wert hat, um ein NASA-Experiment, das mit der nächsten Shuttle-Mission außen an *Columbus* angebaut werden soll, wirkungsvoll vor zu viel Strom zu schützen. Natürlich war das Modul kurz vor dem Start nicht mehr zugänglich, sodass die Sicherung nicht mehr am Boden ausgetauscht werden konnte. Schnell wurde das elektronische Bauteil deshalb in den Space Shuttle eingeladen, um den Austausch dann während der Mission durch die Astronauten durchführen zu lassen.

Allerdings war vor dem Start die Zeit zu knapp, um die zahlreichen Untersuchungen zu absolvieren, die notwendig sind, um einen Gegenstand als weltraumtauglich, als »kompatibel mit *Columbus*« und als sicherheitstechnisch unbedenklich einzustufen. Deshalb wurde die Sicherung **yellow-tagged**, was für die Besatzung

yellow-tagged
Mit einem gelben Anhänger versehen, der der Crew sagt, dass der Gegenstand bis auf Weiteres nicht verwendet werden darf

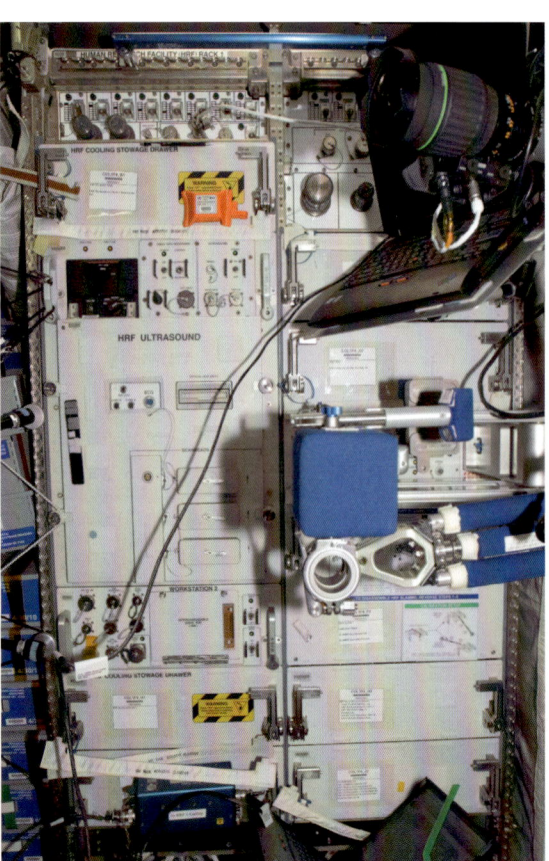

▶ *Human Research Facilities – HRF1- und HRF2-Rack nach dem Umzug in das Columbus-Modul*

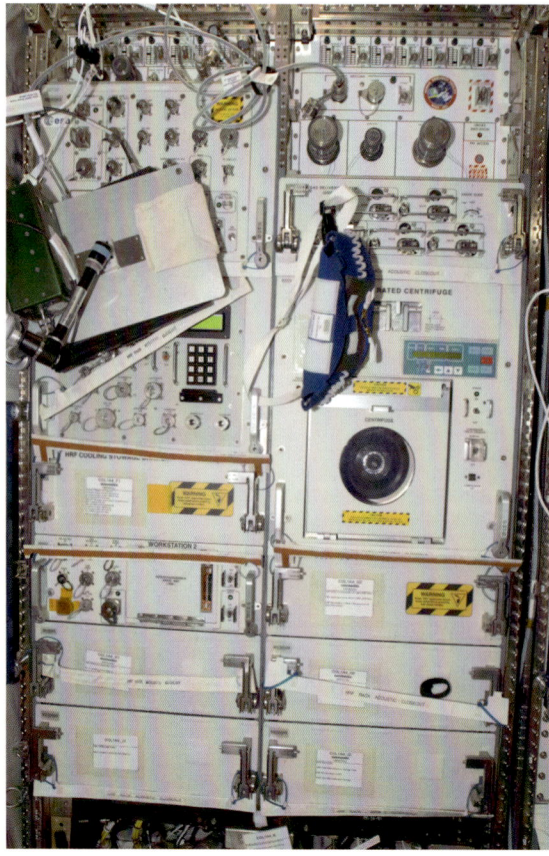

◀ *Léo Eyharts beim Öffnen der Columbus-Bodenplatten. Hinter den Abdeckungen befinden sich die Wasserpumpen und die Klimaanlage. In die beiden gold-farbenen Platten sind die Namen der am Bau von Columbus betei-ligten europäischen Ingenieure eingraviert.*
(siehe auch Innenseite des Schutzumschlages)

bedeutet, dass sie auf keinen Fall benutzt werden darf. Seither haben die ESA-Ingenieure ganze Arbeit geleis-tet und alle notwendigen Dokumentationen herbeige-schafft, alle nötigen Unterschriften eingesammelt und alle Formulare ausgefüllt, um nun beim NASA-Mana-gement offiziell die Entfernung des **Yellow Tags** zu beantragen. Und wirklich stimmt die NASA in der täg-lich stattfindenden Managementkonferenz diesem Antrag zu. Mit Hochdruck wird nun daran gearbeitet, eine Prozedur zu schreiben, die der Besatzung den Austausch der Sicherung im Detail erklärt. Dann muss diese Arbeitsanleitung von allen Beteiligten durchge-sehen, gegebenenfalls verbessert und schließlich eine endgültige Version erarbeitet werden, die dann an Bord gebracht werden kann. Die Planer bemühen sich zeitgleich, schon einmal einen Zeitraum in der Timeline zu reservieren. Das alles ist auch wieder eine kleine Herausforderung für ein noch nicht allzu gut einge-spieltes Team in Oberpfaffenhofen, das jedoch bereits mehr als voll ausgelastet ist!

Aus der Managementkonferenz kommt auch noch eine weitere gute Nachricht für die Teams. Nach einer sorgfältigen Analyse der Shuttle-Ressourcen wurde beschlossen, dass von allen lebenswichtigen Stoffen noch genügend Reserven in den Tanks der *Atlantis* sind, um die Mission um einen Tag zu verlängern – wichtige Neuigkeiten für die Münchner Flight Controller, die noch eine lange Wunschliste mit Aktivitäten haben, die möglichst bald in dem neuen Modul erledigt werden sollen.

Was ist rechtens auf der Raum-station?

Großes Interesse an der neuen Situation der Raum-station, die mit *Columbus* nun endlich wirklich »inter-national« geworden ist, besteht auch in einem Fach-gebiet, das auf den ersten Blick weit weg ist von Astronauten, Space Shuttles und Weltraumfahrt – dem Recht. Auch die ISS ist keine rechtsfreie Zone, und gerade der enorme Sachwert, das Zusammenspiel von unterschiedlichen Staaten und das große öffent-liche Interesse verlangen nach Regularien für Streit-oder Straffälle.

Schon vor Beginn der Raumfahrtära war klar, dass der Rechtsgrundsatz der alten Römer »Cuius est solum eius est usque ad coelum et ad astra« – (etwas frei) »Wem das Land gehört, dem gehören auch der Himmel und die Sterne darüber« nicht mehr haltbar sein würde (im Luftfahrtrecht hat sich dieser Grundsatz dagegen erhalten – wodurch es nun juristisch wieder wichtig ist, den Luftraum klar vom Weltraum abzugrenzen). Der Start von **Sputnik 1** im Jahr 1957 – für die west-liche Welt ein aufrüttelndes Ereignis inmitten des Kalten Krieges der Supermächte – verstärkte verständ-licherweise das Bedürfnis, für die Weltraumfahrt einen verbindlichen Rechtsrahmen zu etablieren. Zurückge-hend auf mehrere seit 1958 von der Generalversamm-lung der Vereinten Nationen angenommene Resolutio-nen, wurde 1967 mit dem **Outer Space Treaty**, dem Weltraumvertrag, die völkerrechtliche Grundlage für den Weltraum gelegt. Dieser noch heute verbindliche Vertrag wurde von den meisten Staaten ratifiziert und enthält die wesentlichen Grundprinzipien mit uni-

Sputnik 1
Erster künstlicher Erdsatellit der Menschheit

Outer Space Treaty
Juristische Grundlage der Raumfahrt

verseller Geltung. In diesem Vertragswerk wird das All zum Allgemeingut erklärt, das von jedermann friedlich genutzt werden kann. Dementsprechend kann auch niemand Eigentumsansprüche etwa auf dem Mond oder anderen Planeten geltend machen oder Massenvernichtungswaffen im All stationieren.

Ergänzend dazu wurden in den folgenden Jahren weitere Abkommen erarbeitet und unterzeichnet, die unter anderem die Haftung für Schäden regeln, die durch künstliche Weltraumobjekte entstehen, zur Rettung und Rückführung von Astronauten in Notsituationen verpflichten, eine Registrierung von gestarteten Weltraumobjekten verlangen, die Nutzung und Ausbeutung des Mondes oder anderer Planeten regeln und das Testen von Nuklearwaffen im Weltall verbieten. Grundsätzlich kommt hierbei dem Startstaat eine wichtige juristische Bedeutung zu. Das ist entweder der Staat, der ein Weltraumobjekt startet, den Start durchführen lässt oder von dessen Territorium oder Anlagen ein Weltraumobjekt gestartet wird. Da es in der Praxis häufig mehrere Startstaaten für ein Weltraumobjekt gibt (viele europäische Satelliten werden beispielsweise in Russland gestartet), sind hier zusätzliche Verträge zwischen den Nationen nötig, um rechtlich klare Verhältnisse zu schaffen.

Die ISS als bemannte und internationale Station ist jedoch nun wieder komplettes juristisches Neuland. Welches Recht gilt an Bord? Ist es das Recht des gerade überflogenen Staates? Hängt es von der Nationalität der Besatzung ab? Oder ändert sich die Rechtslage, wenn der Astronaut vom russischen in den amerikanischen Teil der Station schwebt? Das wäre dann noch verwirrender im Fall des *Columbus*-Moduls, das ja keinem Land fest zugeordnet werden kann! Und wie sieht es schließlich aus, wenn die Astronauten gar nicht in der Station, sondern außerhalb arbeiten?

Was wie rechtliche Spitzfindigkeit ohne wirkliche praktische Relevanz klingt, ist in der Realität gar nicht so weit hergeholt. Es muss nicht erst auf der ISS eine Straftat begangen oder ein Kind geboren werden, um die Frage nach den gültigen Gesetzen oder der Nationalität aufzuwerfen – schon die Frage, welchem Rechtssystem etwa eine auf der Raumstation gemachte wissenschaftliche Entdeckung unterliegt, bedarf einer eindeutigen Klärung.

Für die ISS haben die Partner ein komplexes Rechtsregime entwickelt. Die ISS ist rechtlich denn auch nicht ein Weltraumobjekt, sondern wird als aus gleich mehreren Weltraumobjekten zusammengesetzt angesehen, die jeweils von einem Partnerstaat bei den Vereinten Nationen registriert wurden. Der Registerstaat besitzt

damit Hoheitsgewalt und Kontrolle über das von ihm beigesteuerte ISS-Element. Darüber hinaus üben die Partner Hoheitsgewalt über ihre Staatsangehörigen aus. Die Registrierung von Elementen des europäischen ISS-Partners wurde dabei einheitlich auf die ESA übertragen.

Die beteiligten Staaten haben sich für die Astronauten an Bord auch auf bestimmte Verhaltensregeln verständigt, die im **Crew Code of Conduct** niedergeschrieben sind und für die Besatzung vom Beginn ihrer Auswahl für eine Mission an als verbindliche Regeln gelten. Auf wenigen Seiten ist hier skizziert, wie die Verantwortlichkeiten, Rechte und Pflichten verteilt sind. Zum einen wird die Funktion des Kommandanten klar herausgestellt, der schon im Training seine Mannschaft vertritt und führt und sich dann im Orbit mit dem Flugdirektor die übergeordnete Verantwortung für die Besatzung, die Raumstation und die Aktivitäten an Bord teilt. Wie der Kapitän auf einem Schiff hat auch er auf rechtlichem Gebiet eine besondere Rolle. Es wurde zwar auf eine explizite Erwähnung von physischer Gewalt zur Aufrechterhaltung der Ordnung verzichtet, aber die Partnerstaaten interpretieren den **Code of Conduct** in einer Weise, die dem Kommandanten auch diese letzte Möglichkeit an die Hand gibt.

Der Besatzung wird weiterhin untersagt, aus dem Privileg eines ISS-Aufenthaltes persönlichen Nutzen zu ziehen. So sind etwa persönliche Erinnerungsstücke, die der Astronaut während seiner Mission mit sich führt, zwar explizit erlaubt, aber sie dürfen nicht veräußert werden – nicht einmal für wohltätige Zwecke.

Auch verschiedene Vorschriften zur Wahrung der Persönlichkeitsrechte und zum Schutz von Gedankengut sind in das Regelwerk eingeflossen. Besonders wichtig und herausgestellt wird dies, wenn der Astronaut selbst als Forschungsobjekt für physiologische oder psychologische Experimente herangezogen wird. Solche wissenschaftlichen Projekte bedürfen zum einen der Erlaubnis durch ein medizinisches Gremium und zum anderen auch der expliziten Einwilligung des Testkandidaten, die dieser auch jederzeit ohne Angabe von Gründen widerrufen kann.

Strafrechtlich einigten sich die Partnerstaaten der ISS, dass im Falle einer Straftat die Nationalität des straffälligen Astronauten für die Zuständigkeit eines Partnerstaates (auch für *Columbus* als ein von der ESA registriertes Element) ausschlaggebend ist. Die beteiligten Staaten haben sich deshalb dazu verpflichtet, in ihren juristischen Regularien auch die Strafverfolgung eines »Außerirdischen« vorzusehen. Wenn nun aber der Astronaut nicht die Nationalität der ISS-Partner-

staaten besitzt, sondern etwa ein Weltraumtourist ist? Dann könnte es dem Staat, der das Element der Raumstation besitzt, welches Schauplatz der Straftat war, zukommen, strafrechtliche Schritte gegen den Raumfahrer einzuleiten – eine politisch sehr heikle Angelegenheit!

Ein neuer Anlauf fürs Kommandieren

In der Zwischenzeit – es ist 19:00 Uhr abends – hat *Gerd Söllners Orbit 1* an den *Orbit 2* übergeben, der überrascht feststellt, dass es noch einmal eine neue Chance gibt, das Modul zum ersten Mal voll zu aktivieren. Denn die NASA hat nach dem missglückten Versuch, ihren Computer per Kommandos zur Raison zu bringen, nun einen weiteren Plan entwickelt. Gegen 23:00 Uhr, wenn die EVA-Astronauten wieder sicher in der Station angekommen sind, soll der **C&C-MDM** auf den zweiten baugleichen Computer umgeschaltet werden. Die Ingenieure versprechen sich davon die Lösung des Problems, dass die Kommandos *Columbus* nicht erreichen. Sollte dieser Plan von Erfolg gekrönt sein, könnte der ACE *Andrea Geraci* das Team durch die noch fehlenden Schritte der Aktivierung führen und – mit etwas Glück – ein vollständig aktiviertes For-

▲ *Die riesige Metallstruktur der ISS schwebt lautlos der Nacht entgegen.*

Frischluft wird aus *Node 2* von der **Intermodule Supply Fan Assembly (ISFA)** (**a**) angesaugt und über einen Filter (**b**) geleitet. Die gereinigte Luft wird dann durch die Lamellen des **Condensate Heat Exchangers (CHX)** (**c**) geblasen. Nachdem eine Seite des **CHX** durch das Kühlwasser unter den Kondensationspunkt heruntergekühlt wird, während die andere Seite auf Raumtemperatur erwärmt ist, kann die Luft so durch geeignete Aufteilung gekühlt und entfeuchtet werden. Daraufhin wird die konditionierte Luft über zwei Lüfterschienen beiderseits über den Racks in das Modul (**d**) geblasen.

Abgesaugt wird die verbrauchte Luft aus *Columbus* über ein Gitter unterhalb der Luke. Von dort wird ein Teil durch einen der Ventilatoren der **Cabin Fan Assembly (CFA)** (**e**) wieder über den Filter und den CHX in das europäische Labor gebracht, während ein anderer Teil von der **Intermodule Return Fan Assembly (IRFA)** (**f**) an die amerikanische Seite zur Wiederaufbereitung geleitet wird. Sowohl **ISFA** als auch **IRFA** sind jeweils mit einem zusätzlichen Absperrventil versehen, um *Columbus* komplett von der Station isolieren zu können. Dazu müsste freilich auch die Luke geschlossen werden, durch die sich auch ein gewisser Luftstrom bewegt. In die Leitungen sind auch die Rauchmelder eingebaut, die ein potenzielles Feuer in *Columbus* schnell detektieren können.

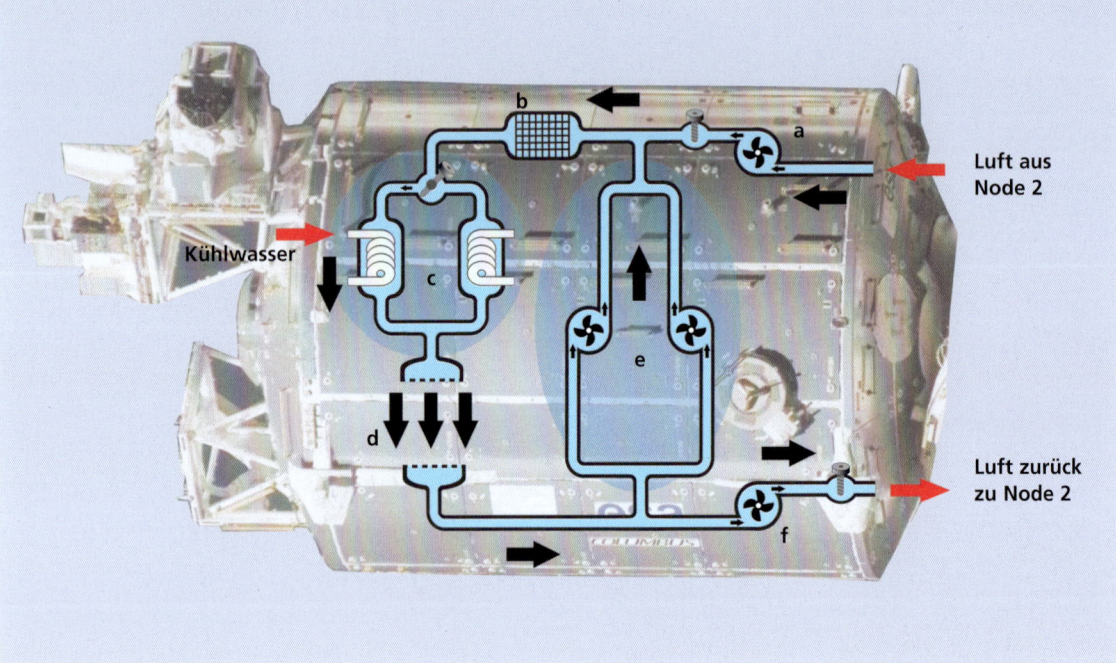

schungslabor an seinen Nachfolger *Gerd Hajen* vom *Orbit 3* übergeben ...

Nach einer sorgfältigen Analyse des Risikos und der Auswirkungen ist Houston endlich um 22:45 Uhr bereit, die Hauptcomputer umzuschalten. Die Crew wurde darüber informiert, dass eine kurze Unterbrechung der Sprechverbindung mit der Station und auch ein kurzes Ausbleiben der Telemetrie zu erwarten ist. Dann startet Houston die Umkonfigurierung.

Gespannt sehen die Münchner, wie die *Columbus*-Telemetrie von den Monitoren verschwindet, dann auch die Telemetrie aus dem amerikanischen Teil der Station, die von Houston aus nach Oberpfaffenhofen geliefert wird. Endlich, nach einigen Minuten des Wartens kommen schließlich langsam die Houstoner Werte zurück – damit funktioniert zumindest die Kommunikation des **C&C-MDM** mit dem *Johnson Space Center* wieder. Es werden Kommandos an den neuen Haupt-

rechner geschickt, die ihn auffordern, auch die *Columbus*-Daten wieder in den Datenstrom von der ISS einzubauen, womit auch die durch dunkelblaue Färbung als statisch gekennzeichneten *Columbus*-Daten auf den Displays nach und nach wieder weiß werden und eine gute Datenverbindung signalisieren.

Dann kommt der große Moment. Die Oberpfaffenhofener haben ein Testkommando geladen, und *Alexander Nitsch* gibt seine Erlaubnis, das Kommando auf seinen weiten Weg zum europäischen Labor zu schicken. Bange Sekunden sowohl in Houston als auch in Europa. Dann schließlich die große Erleichterung: Das Testkommando, das von Col-CC aus auf die Station geschickt wurde, hat die Bordcomputer von *Columbus* erreicht! Freudige Aufregung in den beteiligten Kontollzentren! Das Kommandierungsproblem scheint also gelöst zu sein! Die intensive Arbeit besonders auf amerikanischer Seite hat sich ausgezahlt und

die **Final Activation Sequence** kann wieder aufgenommen werden!

Sofort nehmen sich *Alexander Nitsch*, *Andrea Geraci*, *Dieter Arndt* und *Gustav Öffenberger* wieder die dicken Ordner mit den Aktivierungssequenzen des Moduls vor und stellen die nächsten Kommandos zusammen, die *Bernd von Kuhlmann* dann an der COL COMMAND-Konsole zu laden und auf Aufforderung an die Raumstation zu schicken hat. Und tatsächlich erreichen die bisher fehlgeschlagenen Befehle nun die entsprechenden Computer in *Columbus* und erzeugen die erwarteten Reaktionen.

Schnell kann auch der Flugdirektor in Houston davon überzeugt werden, dass die **Final Activation Sequence** von *Columbus* wieder in Schritt neun der Prozedur aufgenommen werden kann. In diesem Schritt konfiguriert COL SYSTEMS eine Vielzahl von Stromausgängen der beiden **PDUs**. Auch die Steuerung der zahlreichen Ventile, die ebenfalls eine Aufgabe der **PDUs** ist, wird aktiviert. Ohne Probleme können *Aaron Butler* und *Bernie Kerr* kurze Zeit später die erfolgreiche Ausführung melden. Die Teams auf beiden Seiten des Atlantiks werden nun von einem sportlichen Ehrgeiz gepackt – die Lorbeeren für die finale Aktivierung des europäischen Forschungsmoduls sind

zum Greifen nahe! Das Fieber greift auch auf die Flight Controller über, die gerade nicht aktiv involviert sind – sie versuchen, ihre Kollegen so gut es geht zu unterstützen …

Im folgenden zehnten Schritt muss der **High Rate Multiplexer (HRM)** von *Columbus* aktiviert werden. Dieses Bauteil bildet das Interface zum breitbandigen Datensystem der ISS, das über das Ku-Band nach White Sands, weiter nach Huntsville und schließlich nach Oberpfaffenhofen übermittelt wird. Auch dieser Schritt kann ohne weitere Probleme kommandiert werden, die Daten bestätigen den Erfolg.

Dann folgt mit Schritt elf wieder eine Aufgabe für *Bernie Kerr* und *Aaron Butler* auf der COL SYSTEMS-Position. Sie werden die Klimaanlage des Moduls in Betrieb nehmen. *Columbus* bezieht die Atemluft aus dem amerikanischen Teil der Raumstation. Dorthin zurückgepumpt wird auch die verbrauchte Luft, die dann aufbereitet wird. Im europäischen Modul selbst können nur die Feuchtigkeit aus der Luft entfernt, die Temperatur geregelt und die Luft umgewälzt werden. Für diese Konditionierung der Atmosphäre wird die Luft in einem bestimmten Verhältnis über die beiden Lamellenanordnungen eines Wärmetauschers, des **Condensate Heat Exchangers (CHX)**, geblasen. Einer der beiden Lamellenkämme wird von kaltem Kühlwasser durchflossen, er entfernt die Feuchtigkeit durch Kondensation und die Wärme durch Energieaustausch aus der Kabinenluft. Der zweite Kamm besitzt normalerweise Raumtemperatur, kann aber bei Problemen ebenfalls als Wärmesenke benutzt werden. Ein Regelkreis steuert dann das Verhältnis der Luft, damit sie so über die gekühlten bzw. ungekühlten Lamellen strömt, dass die letztendlich wieder gemischte Luft die gewünschte Temperatur aufweist.

Bevor nun auch der Ventilator in der Kabine selbst seinen Betrieb aufnehmen kann, müssen die Rauch-

High Rate Multiplexer (HRM)
Liefert die Columbus-Daten an die US-Seite

◄ *Der Kabinenventilator (Cabin Fan Assembly) ohne Abdeckungen*

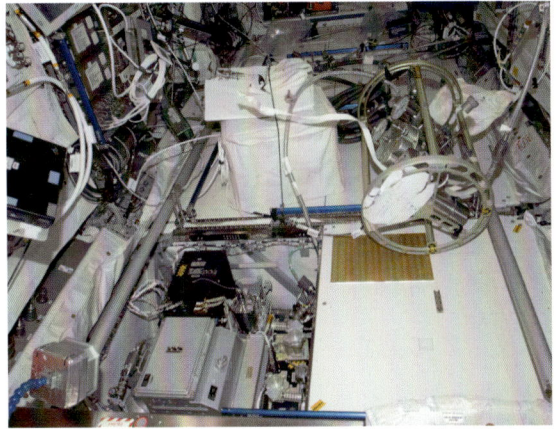

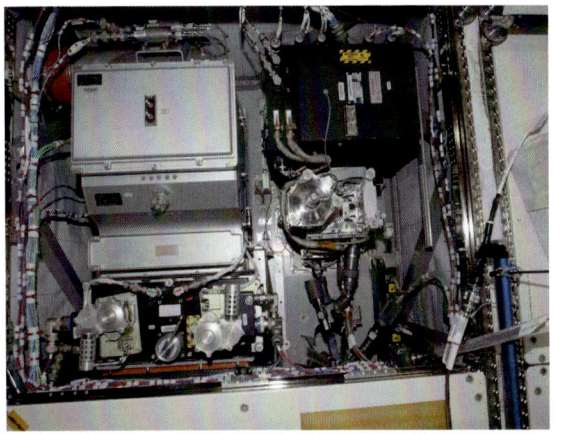

◄◄ *Geöffnete Bodenplatte am Deck Rack 1 in Columbus*

◄ *Detailansicht der Klimaanlage und der Wasserpumpe in Columbus*

melder in *Columbus* scharf geschaltet werden. Eine **Flight Rule** legt diese Abfolge klar fest – erst muss der Rauchmelder seine Messwerte liefern, bevor die Luft bewegt werden darf. Nur hierdurch kann sicher verhindert werden, dass sich ein eventuell bereits vorhandenes Feuer über die Gebläse rasend schnell über die gesamte Station ausbreiten kann. Die Rauchdetektoren arbeiten übrigens nach einem ähnlichen Prinzip wie auf der Erde. Es wird die Abschwächung eines Laserstrahls gemessen, der von der Laserdiode über zwei Spiegel auf einen Fotodetektor gelenkt wird. Diese Abschwächung wird mit dem Signal eines Fotodetektors verglichen, der nicht direkt im Strahlengang des Lasers eingebaut ist. Wenn kein Rauch vorhanden ist, wird der direkte Fotodetektor ein maximales Signal zeigen, während der zweite kaum Lichteinfall misst. Bei Rauch wird der direkte Strahl abgeschwächt und der zweite Detektor zeigt ein stärkeres Signal, da der Rauch das Licht in alle Richtungen aus dem Laserstrahl hinausstreut. Ein Algorithmus in den **VTCs** wertet die Signale aus und löst gegebenenfalls den Feueralarm aus.

Feuer an Bord!

Ein Feuer an Bord der Raumstation oder des Space Shuttles ist einer der Albträume jedes Astronauten und jedes Flight Controllers. Daher wurde bereits in der Konstruktionsphase der Raumstation starkes Augenmerk auf die Feuersicherheit gelegt. Dennoch können Unfälle nicht vollständig ausgeschlossen werden, wie etwa das Feuer an Bord der russischen Raumstation MIR im Jahr 1997 beweist, bei dem der deutsche Astronaut *Reinhold Ewald* seinen russischen Kollegen mit dem Feuerlöscher beistehen musste.

Für solche Notfälle an Bord der Station ist jeder Handgriff wichtig, sodass die Astronauten auch auf der Raumstation ihre extrem knappe Zeit mit regelmäßigem Training für den Ernstfall verbringen müssen. Etwa einmal pro Monat steht ein Notfalltraining für die Besatzung auf dem Plan, an dem auch die Kontrollzentren teilnehmen. Wieder ist es das Team der Trainer, das ein mögliches Szenario entwirft und für Crew und Ground die Ausgangssituation in Form von **Green Cards** vorbereitet.

Prinzipiell wird zwischen drei Notfällen auf der Raumstation unterschieden. Die schlimmsten anzunehmenden Ereignisse wären ein Feuer an Bord, ein Druckabfall in der Station – etwa verursacht durch den Einschlag eines Minimeteoriten oder **Toxic Atmosphere**, also das ungewollte Freisetzen von giftigen Substanzen, wie zum Beispiel das Austreten von Ammoniak,

das als Kühlmittel im äußeren Kühlkreislauf eingesetzt wird und schon in sehr geringen Konzentrationen tödlich wirkt.

Für die drei Notfälle gilt jeweils der gleiche Grundsatz: Nur wenn ausreichend Zeit vorhanden ist, werden die Astronauten versuchen, die Ursache zu bekämpfen. Wenn Eile angesagt ist, dann wird sich die Besatzung sofort daran machen, das Soyuz-Raumschiff, das als Rettungsschiff fungiert, für eine Notfalllandung klarzumachen. Für den Fall der Fälle wird deshalb täglich vom russischen Kontrollzentrum der **Form 14** genannte Datensatz mit Kursinformationen für eine potenzielle Notlandung auf die Station hochgeladen, von den Astronauten als Teil der Morgenvorbereitung ausgedruckt und zu den Notfallprozeduren in die Soyuz-Kapsel gelegt. Die geforderte ständige Ablegebereitschaft der Soyuz-Raumschiffe ist auch der Grund für den etwa halbjährlichen Austausch dieser Kapseln – man möchte sich auf kein Rettungsschiff verlassen, das mehr als ein halbes Jahr den harschen Weltraumbedingungen ausgesetzt war.

Jede Notfallübung und jeder wirkliche Notfall beginnt damit, dass sich die Besatzung am Rettungsraumschiff sammelt. Parallel dazu erklärt der STATION FLIGHT einen ISS-Notfall, wodurch in wenigen Augen-

Form 14
Russisches Dokument mit den Notlandedaten

Toxic Atmosphere
Das Vorhandensein von giftigen Stoffen in der Luft der ISS

▶ *Ein Feuerlöscher, wie er im amerikanischen, europäischen und japanischen Teil der Raumstation benutzt wird. In Columbus sind davon zwei installiert.*

Feuer an Bord der MIR

Dr. *Reinhold Ewald*, ESA-Astronaut und leitender ESA-Missionsmanager

»Feuer an Bord, toxische Atmosphäre oder Druckverlust – diese drei Gefahrensituationen werden vor jeder Raumfahrtmission trainiert. Doch garantieren können ein solches Training und auch die ausgeklügeltste Apparatur das Überleben von Mensch und Raumfahrzeug nicht. Hinzu kommen muss eine schnelle und zielgerichtete Zusammenarbeit der Besatzung und – wenn möglich – der Teams am Boden. Letzteres war entscheidend für den glimpflichen Ausgang des Apollo-13-Fluges, Ersteres hat den Expeditionen 22 und 23 bei dem Feuer an Bord der Raumstation MIR am Abend des 23. Februar 1997 geholfen, nicht nur mit heiler Haut davonzukommen, sondern auch den Flug und in wesentlichen Teilen das Programm fortzusetzen.

Eine als Zusatzsauerstoffquelle benutzte Patrone mit Perchlorat-Füllung brannte statt langsam in einer heftigen Reaktion ab und ließ eine Stichflamme nach außen, die das Aluminium der Halterung schmelzen ließ und unter starker Rauchentwicklung die Atmosphäre der MIR-Station binnen Minuten vernebelte. Die Besatzung – vier Russen, ein Amerikaner und ich als deutscher Forschungskosmonaut – reagierte sofort, zog Vollschutzgasmasken mit eigener Sauerstoffversorgung an und begann, das Feuer zu löschen. Dass die dabei benutzten Wasserlöscher die Reaktion unter den kritischen Punkt abkühlten, kam der Besatzung zugute. Etwa 2 ½ Stunden später hatten die Bordgeräte die Atmosphäre soweit gereinigt, dass die Besatzung beschloss,

an Bord zu bleiben. Erst am frühen Morgen kam ein Kontakt mit der Bodenstelle zustande, da war im Orbit schon alles gelaufen.«

blicken alle verfügbaren Kommunikationskapazitäten der TDRS-Satelliten exklusiv für die Raumstation reserviert werden und dadurch so beinahe kontinuierlicher Sprach- und Datenverkehr sichergestellt wird.

Sollte der Notfall mit einem Ammoniakaustritt innerhalb der Station verbunden sein, so ist extreme Eile geboten, da bereits kleinste Konzentrationen tödlich wirken. Deshalb zieht sich die Besatzung sofort Atemmasken über und rettet sich in den russischen Teil der Station, in dem kein Ammoniak für den äußeren Kühlkreislauf verwendet wird und deshalb keine Gefahr bestehen sollte. Dann isolieren sie den russischen Teil von der übrigen Station. Wenn nötig, entkleiden sie sich zuvor komplett, um so zu verhindern, dass das Ammoniak über die Kleidung in die noch unverseuchte Atemluft gelangt. Da der russische Teil eine eigene kleine Raumstation mit allen zum Überleben nötigen Gerätschaften ist, können sich die Astronauten hier unbegrenzt weiter aufhalten, wenn sie hier die Luftqualität für gut befunden haben.

In jedem anderen Notfall ist zwar Eile geboten, aber es besteht keine unmittelbare Todesgefahr innerhalb von Sekunden. Nachdem sich die Astronauten am Rettungsraumschiff versammelt haben, überprüfen sie zunächst, ob sie hier sicher sind – sie etablieren einen **»Safe Haven«**, also eine sichere Zone. Von dort aus wird dann anhand der vorhandenen Daten entschieden, ob eine Behebung des Problems, sei es ein Feuer

oder ein Leck, versucht werden soll. Ein Besatzungsmitglied übernimmt dann die Überwachung der Station mittels eines der Laptops, während die beiden anderen auf Leck- oder Feuersuche »gehen«. Hierbei versuchen die Bodenstationen, so gut wie möglich zu assistieren. Jedem kleinsten Hinweis, jeder etwas erhöhten Temperatur oder jedem plötzlichem Ausfall einer Komponente wird nachgegangen – alles könnte ein Indiz sein, wo das Feuer ausgebrochen oder der Mikrometeorit eingeschlagen sein könnte.

Die Crew hat im Notfall einige Instrumente zur Hand, die zur Suche benutzt werden können. Für die Feuersuche wird ein spezielles Messgerät verwendet, das spezifische gasförmige Brandprodukte analysiert – über die Konzentration an verschiedenen Orten ist dann eine Lokalisierung des Brandherdes möglich.

Für die Lecksuche macht sich die Crew zunächst zunutze, dass sich alle Luken nur in eine Richtung gegen Unterdruck schließen lassen. Nach einem vordefinierten Muster wird nun jeweils eine der Luken geschlossen und beobachtet, ob sie geschlossen bleibt oder sich durch einen Überdruck von der falschen Seite wieder öffnet. So kann jeweils darauf geschlossen werden, auf welcher Seite der gerade untersuchten Luke sich der geringere Luftdruck und damit das Leck befindet. Mit empfindlichen akustischen Geräten, die für den Notfall bereitstehen, kann auch das leichte Pfeifen, das durch das Ausströmen der Atmosphäre

Im Notfall sind die Astronauten – trotz der Unterstützung durch die Kontrollzentren – auf sich alleine gestellt. Daher ist es besonders wichtig, dass die Notfallausrüstung in jedem Modul griffbereit zur Verfügung steht. Zum einen sind Feuerlöscher **(Portable Fire Extinguisher – PFE)** über die Station verteilt. Die amerikanischen Modelle ersticken jede Flamme durch Kohlendioxid, während die Russen in ihrem Teil der Raumstation wasserbasierte Löschtechniken verwenden. Auf jeden Feuerlöscher können nadelförmige Verlängerungen aufgeschraubt werden, um auch Brände innerhalb von Racks schnell löschen zu können. Jedes Rack muss dafür über gekennzeichnete Feuerlöschöffnungen verfügen, die leicht mit dem Einführstutzen durchstoßen

werden können und dann Zugang für das erstickende Gas erlauben.

Im Brandfall – aber auch bei toxischen Stoffen in der ISS-Luft oder bei einem plötzlichen Druckabfall – ziehen sich die Astronauten umluftunabhängige Atemmasken **(Portable Breathing Apparatus – PBA)** über. Diese Druckluftflaschen der Atemmasken versorgen sie etwa 15 Minuten lang mit Atemluft, teilweise können die Masken auch an »Sauerstoffsteckdosen« angeschlossen werden, die über die Station verteilt sind. In den Atemmasken ist auch eine Gegensprechanlage integriert, sodass die Besatzung im Notfall den Funkkontakt mit den Bodenstationen aufrechterhalten kann.

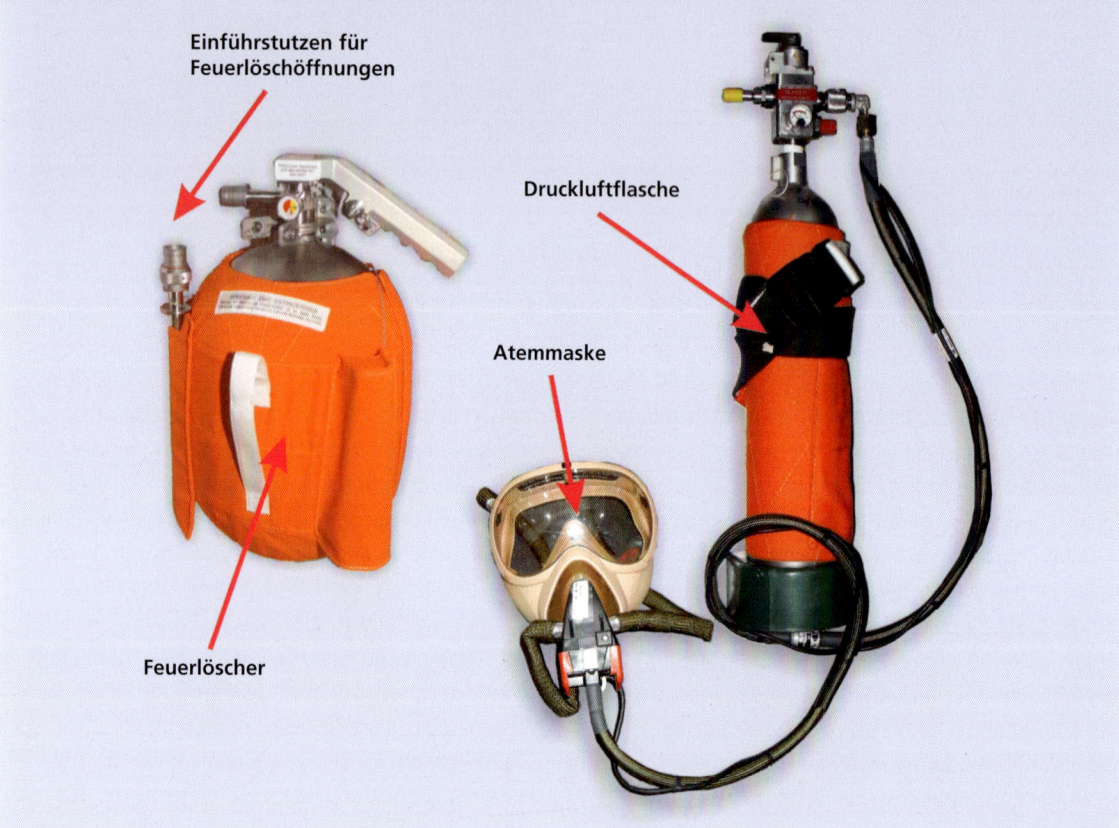

Einführstutzen für Feuerlöschöffnungen

Druckluftflasche

Atemmaske

Feuerlöscher

aus einem Modul verursacht wird, detektiert werden.

In jedem Modul müssen für den Fall der Fälle Atemmasken angebracht sein, um der Crew in jeder Lage das Überleben zu sichern. Weiterhin sind auch überall Feuerlöscher vorhanden, wobei diese als allerletzte Option angesehen werden. Die wichtigste Maßnahme zur Feuerbekämpfung ist eher das Stoppen der Energiezufuhr, also das Ausschalten des elektrischen Stromes für alle »verdächtigen« Geräte.

Für medizinische Notfälle ist entsprechendes Material auf der Station vorhanden, die Astronauten haben eine entsprechende Ausbildung, und zu Stationsarbeitszeiten ist auch immer ein Arzt **(Crew Surgeon)** im Houstoner Kontrollzentrum anwesend. Die Reak-

tion auf alle erdenklichen medizinischen Notfälle ist auch, wie bereits erwähnt, in Ablaufschemata zusammengefasst, sodass sich die Besatzung auch bei abgerissener Funkverbindung zur Erde zu helfen weiß.

Vor einem wirklichen und ernsten Notfall sind die Station und ihre Besatzung bisher glücklicherweise verschont geblieben. Aber auch ein Fehlalarm lässt das Adrenalin bei allen Beteiligten schlagartig ansteigen. So geschehen am Freitag, den 13. Juni 2008 – wohl doch ein Unglück bringender Tag? Nach der erfolgreichen 1E-Mission und den ersten Erfahrungen und auch wissenschaftlichen Ergebnissen besuchte Bundespräsident *Dr. Horst Köhler* mit weiteren Vertretern des diplomatischen Korps das *Columbus*-Kontrollzentrum.

◀ Davon, dass man gerade auf der Raumstation einen Feuernotfall vermutet und die Kontrollzentren mit Hochdruck ein Rettungsszenario beginnen, ahnt Bundespräsident Horst Köhler nichts (rechts Astronaut Reinhold Ewald).

Sogar ein Gespräch mit der ISS wurde arrangiert – wegen der großen Sicherheitsvorkehrungen bei einem Präsidentenbesuch vom Simulationskontrollraum K3 aus. Bei seiner letzten Frage bat er die Crew wie besprochen, mit der Kamera einen kurzen Schwenk durch das europäische Modul zu machen – und genau dabei kam einer der Astronauten aus Versehen an den Feueralarm-Knopf!

Die Folge war eine automatische Umkonfiguration der Station in einen Notfallmodus. Trotz der Klarstellung durch die Astronauten wurde die Annahme eines Stationsbrandes von Houston so lange verfolgt, bis das Gegenteil sicher bewiesen werden konnte. *Horst Köhler* und die anwesende Presse bekamen von den sich anbahnenden Schwierigkeiten und der aufkommenden Hektik glücklicherweise gar nichts mit, wohl aber der COL FLIGHT an der Konsole im richtigen Kontrollraum K4, der von Houston aufgefordert wurde, den vom Bundespräsidenten blockierten Funkkanal sofort zu räumen. Die Abschiedsworte des Bundespräsidenten waren nur im Kontrollraum zu hören, während die Crew schon ihre Notfallprozeduren abarbeitete und gegenüber Houston eifrig beteuerte, dass es ein Versehen war.

Obwohl es sich nur um einen Fehlalarm handelte, waren die Kontrollzentren die nächsten Stunden über beschäftigt, die Station zurück in »Nominal Ops« zu bringen ... Ein aufregender Tag – mit Bundespräsident und Feueralarm!

Nicht nur im Orbit, auch auf der Erde kann es zu Notsituationen kommen, die das Leben der Astronauten auf der ISS unmittelbar gefährden können. Insbesondere fürchtet man einen Ausfall des Hauptkontrollzentrums in Houston. Hier werden alle Systeme kontrolliert, die für das Überleben im Weltall notwendig sind, ein Wegfall dieser Kontrollmöglichkeit könnte zu sehr ernsten und bedrohlichen Lagen führen.

Daher ist Mission Control Houston gut geschützt. Nicht nur das gesamte NASA-Gelände ist abgesperrt, der Zugang für Fremde wird nur nach sehr aufwendiger und eingehender Prüfung ihres Hintergrundes gewährt – und auch nur dann, wenn es einen triftigen Grund gibt, warum sie das *Johnson Space Center* überhaupt betreten müssen. Die unmittelbare Umgebung des riesigen fensterlosen **Buildings 30**, von dem aus schon die ersten Mondmissionen überwacht und betreut wurden, ist noch einmal mit speziellen Sperren versehen, die mit dem Auto nur nach nochmaliger Kontrolle passierbar sind. Während laufender Space-Shuttle-Missionen ist der eigentliche Kontrollraumbereich nur nach einer zusätzlichen Sicherheitsüberprüfung zugängig – Gäste müssen noch einmal weitere Unterschriften von hochrangigen NASA-Mitarbeitern einholen, bevor sie den notwendigen Passierschein hierfür bekommen.

Unmöglich zu kontrollieren ist allerdings ein anderes Risiko. Die texanische Küste wird oft von schweren Hurrikans heimgesucht, die es in der Vergangenheit

Building 30
Gebäude im *Johnson Space Center*, welches das Mission Control Center (MCC) beherbergt

immer wieder notwendig gemacht haben, das *Johnson Space Center* zu schließen – andernfalls könnte weder für die Sicherheit im Gebäude noch für die Sicherheit der anfahrenden Mitarbeiter garantiert werden. Alleine im Jahr des *Columbus*-Starts 2008 musste Houston zweimal evakuiert werden – die Stürme *Gustav* und *Ike* ließen grüßen!

Für solche Notfälle musste in der Vergangenheit an das Kontrollzentrum in Moskau übergeben und mussten schnellstmöglich amerikanische Experten dahin ausgeflogen werden. In der Zwischenzeit ist ein überarbeitetes, mehrstufiges Katastrophenkonzept in Kraft, welches für den schlimmsten Fall vorsieht, dass im mehrere hundert Kilometer entfernten NASA-Zentrum in Huntsville ein Serverpark hochgefahren wird, der die wichtigsten Funktionen des Houstoner Bodensystems übernehmen kann. Alle Partnerkontrollzentren, wie etwa Oberpfaffenhofen, müssen sich ebenfalls entsprechend umkonfigurieren, um ihre Datenverbindung zur Raumstation beibehalten zu können. Das Flugkontrollteam aus Houston braucht dann nicht einmal mehr nach Huntsville fliegen, um weiterhin die ISS kontrollieren und kommandieren zu können. Der Plan ist, das **Backup Control Center Activation Team (BAT)** in einem Hotel in der Nähe von Austin (Texas) einzuquartieren, wo sie sich über das Internet auf den Servern in Huntsville einwählen und so den Betrieb der Raumstation weiterführen können. Nur für den absoluten Ausnahmefall, dass nämlich das Houstoner Kontrollzentrum irreparabel zerstört würde, steht in Huntsville auch ein Notfallkontrollraum zur Verfügung – das **Backup Control Center (BCC)**. Die Flight Controller möchten an eine solche Katastrophe jedoch lieber nicht denken – die meisten haben ihre Häuser und Familien im Großraum Houston, und keiner würde gerne in einer solchen Krisensituation beides verlassen müssen, um von Alabama aus die Raumstation zu überwachen!

Das Environmental Control and Life Support System

Nachdem die Rauchmelder im europäischen Modul nun endlich aktiviert sind, geht es mit der Aktivierung Schlag auf Schlag weiter. Im Schritt 13 wird die **Condensate Water Separator Assembly (CWSA)** eingeschaltet, die das im Wärmetauscher produzierte Kondenswasser von der gekühlten Luft trennt und in den amerikanischen Teil der Station zurückführt. Dann läuft in Schritt 14 endlich der Kabinenventilator **(Cabin Fan Assembly – CFA)** und damit die Luftzirkulation innerhalb des Moduls an. Nun kann die Atmos-

phäre im neuen Segment der Raumstation das erste Mal gefiltert und von eventuellen kleinsten Partikeln gereinigt werden. Nur die aktive Bewegung der Luft durch den Ventilator kann garantieren, dass sich keine lokalen Ansammlungen von Gasen, wie etwa Kohlendioxid, bilden können, die für die Besatzung gefährlich werden könnten. Durch die Schwerelosigkeit gibt es keine Bewegung der Luft durch Konvektionsströmungen.

Die nächsten beiden Schritte der **Final Activation Sequence** bringen das europäische Forschungslabor in die Lage, die Lufttemperatur selbst zu regeln. Die **Cabin Temperature Control Units (CTCU)** werden eingeschaltet, die dazu gehörende Regelungssoftware wird konfiguriert. Außerdem laufen nun auch die beiden Ventilatoren an, die Luft in das Modul hinein- und aus dem Modul herausblasen.

Das *Columbus*-Modul tauscht seine Luft mit dem *Node 2* aus – eine **Intermodule Ventilation Supply Fan Assembly (ISFA)** pumpt Frischluft in das europäische Labor, während die **Intermodule Ventilation Return Fan Assembly (IRFA)** verbrauchte Luft zur Aufbereitung zurück in Richtung ISS bläst.

Alle diese Geräte, die für eine ausreichende Belüftung von *Columbus* und die Klimatisierung des europäischen Labors sorgen, werden unter dem Begriff **Environmental Control and Life Support System (ECLSS)** zusammengefasst.

Die gesamte Prozessierung der Atemluft, also das Entfernen von Kohlendioxid und das Anreichern mit Sauerstoff, findet im Normalfall im russischen Teil der Raumstation statt. Dort wird das lebenswichtige Gas über die Zersetzung von Wasser durch Elektrolyse gewonnen. Der hierbei ebenfalls entstehende hochexplosive Wasserstoff wird ins All geblasen.

Natürlich ist das **Elektron** genannte Gerät im **Service Module** nicht die einzig mögliche Sauerstoffquelle. Um die geforderte Redundanz sicherheitsrelevanter Systeme zu gewährleisten, gibt es im russischen Teil noch ein zweites Gerät, das auf einem anderen Prinzip beruht. Beim **Solid Oxygen Generator**, der in ähnlicher Form bereits auf der MIR-Station seine Verlässlichkeit bewiesen hat, müssen die Astronauten im Bedarfsfall eine Kartusche einsetzen, aus der dann über eine chemische Reaktion Sauerstoff erzeugt wird.

Schließlich steht an der amerikanischen Ausstiegsschleuse auch noch ein Außentank mit Sauerstoff zur Verfügung, genauso bringen die Progress- oder künftig auch die ATV-Raumtransporter gasförmigen Sauerstoff in Tanks mit sich, der dann vor dem Abdocken dieser Raumschiffe in die ISS-Atmosphäre eingeführt

---

Cabin Temperature Control Units (CTCU)
Übernehmen die automatische Steuerung der Lufttemperatur

Intermodule Ventilation Supply Fan Assembly (ISFA)
Ventilator, der Luft von *Node 2* nach *Columbus* pumpt

Intermodule Ventilation Return Fan Assembly (IRFA)
Ventilator zur Rückführung der Luft nach *Node 2*

Backup Control Center (BCC)
Längerfristiges Notfallkonzept für einen Ausfall von Mission Control Houston

Backup Control Center Activation Team (BAT)
Flugkontrollteam, das notfallmäßig kurzzeitig die Kontrolle über die Raumstation nach einer Evakuierung des *Johnson Space Centers* übernehmen kann

Elektron
Sauerstoff erzeugendes Gerät der Russen

Condensate Water Separator Assembly (CWSA)
Wasserabscheider

Solid Oxygen Generator
Weiterer russischer Sauerstoffgenerator

wird. In einem der auf die 1E-Mission folgenden Shuttle-Flüge wird schließlich auch der amerikanische Teil der Station mit dem **Oxygen Generator System (OGS)** die Möglichkeit erhalten, Sauerstoff aus Wasser zu gewinnen.

Nicht weniger wichtig als die Zufuhr von Atemluft ist das Herausfiltern von Kohlendioxid, das der Mensch beim Ausatmen produziert und das in zu hoher Konzentration giftig ist. Hier stellen die Russen mit ihrer großen Langzeit-Raumfahrterfahrung das Hauptgerät zur Verfügung. In **Vozdukh**, das im **Service Module** installiert ist, wird CO_2 über regenerative Absorber gebunden und dann in das Vakuum des Weltraums abgelassen.

Auch hier gibt es wieder ein ähnlich funktionierendes amerikanisches Pendant, die **Carbon Dioxide Removal Assembly (CDRA)**. Für den Notfall stehen auch Lithiumhydroxid Kanister zur Verfügung, die ebenfalls das schädliche Gas binden, bis sie gesättigt sind. Somit stellen Russen und Amerikaner die lebenswichtige Atmosphäre in der ISS und damit auch in dem europäischen Modul und in den japanischen Modulen zur Verfügung.

Die beiden Luftkanäle, die *Columbus* mit der ISS verbinden, sind mit Klappen versehen, die etwa bei einem Notfallalarm sofort automatisch geschlossen werden, während auch die **ISFA**- und **IRFA**-Ventilatoren heruntergefahren werden. Hierdurch soll vermieden werden, dass bei starker Rauchentwicklung oder giftigen Substanzen in der Atmosphäre eines Moduls auch die anderen Bereiche der ISS in Mitleidenschaft gezogen werden. Mithilfe der Klappen kann jedes Modul komplett isoliert werden, wenn dazu auch die Luke geschlossen wird.

Vom frisch hereinkommenden Luftstrom wird in *Columbus* zunächst einmal die Flussrate gemessen, dann folgt ein Filter, der die Luft reinigt und von kleinsten Partikeln befreit. Wie schon erwähnt, musste nach der Installation des Moduls die gesamte *Columbus*-Atmosphäre erst einmal komplett über diesen Filter laufen, bevor der Besatzung erlaubt wurde, die persönliche Schutzausrüstung mit Brille und Atemfilter abzulegen. Nur so konnte sichergestellt werden, dass winzige Teilchen, die sich während der erschütterungsreichen Startphase gelöst haben könnten, nicht über die Atemluft in die Augen oder Lungen der Crew kommen würden.

Nach der Filterung wird der Luftstrom im **Condensate Heat Exchanger (CHX)** durch ein Zwei-Wege-Regelventil **(Thermal Control Valve – TCV)** auf zwei Wärmetauscher aufgeteilt, von denen einer durch das Kühlwasser unter den Kondensationspunkt gekühlt

wird, während der andere auf Raumtemperatur bleibt. Durch den kalten Wärmetauscher wird die darüberströmende Luft einerseits gekühlt, andererseits kondensiert die Luftfeuchtigkeit an der lamellenartigen Struktur. Dadurch wird die Luft getrocknet und das gewonnene Kondenswasser an den amerikanischen Bereich der Station zur Aufbereitung weitergeleitet. Das **Thermal Control Valve** regelt das Verhältnis, in dem die Luft über den kalten oder den normal warmen Wärmetauscher geblasen wird, und ist somit in der Lage, die letztendliche Temperatur der Frischluft in dem Forschungslabor einzustellen. Gesteuert wird dieses Ventil automatisch über eine von zwei **Cabin Temperature Control Units (CTCU)**, die die Lufttemperatur im Modul messen, mit dem einstellbaren Soll-Wert vergleichen und entsprechend das **TCV** veranlassen, einen mehr oder weniger großen Anteil des Luftstromes über den kalten Wärmetauscher zu leiten.

Hinter dem **CHX** werden die beiden Luftströme wieder gemischt. Dann passiert die Luft zwei Sensoren, die den Sauerstoffgehalt messen und sicherstellen, dass sich kein Kondenswasser mehr in den Leitungen befindet. Schließlich wird sie über Belüftungsleisten an beiden Seiten des Moduls in die Kabine geblasen.

Die verbrauchte Luft wird aus *Columbus* über einen mit einem Gitter geschützten Auslass entnommen, der unterhalb der Eintrittsluke angebracht ist. Üblicherweise ist dieses Gitter der erste Ort, um nach verloren gegangenen Gegenständen zu suchen – wegen der fehlenden Schwerelosigkeit ist die Luftströmung innerhalb der ISS die einzige Kraft, die auf frei fliegende Gegenstände wirkt. Die Abluft passiert wieder eine Reihe von Sensoren. Hier wird die Luftfeuchtigkeit gemessen, die Ist-Temperatur der Kabine, die über die **CTCUs** dann das Aufteilen des Luftstroms auf den warmen und den kalten Wärmetauscher regelt, der Kohlendioxidgehalt und der Luftdruck. Außerdem befinden sich hier auch die beiden Rauchmelder.

Nun teilt sich der Luftstrom wieder auf und wird entweder über den **IRFA** zur Aufbereitung Richtung ISS weitergeleitet oder über einen von zwei **Cabin Fan Assemblies (CFA)** zur Luftumwälzung innerhalb des Moduls der über den **ISFA** angesaugten Frischluft zugefügt.

Natürlich sind in diesem System aus Klimaanlage, Luftüberwachung und -bewegung alle wichtigen Komponenten mehrfach ausgeführt, um einen Ausfall der Luftzirkulation durch einen einzelnen Fehler zu verhindern – also auch hier Ein-Fehler-Toleranz!

Das **ECLSS**-Subsystem hat neben dieser eben beschriebenen Funktion noch eine Reihe von zusätzlichen

Oxygen Generator System (OGS)
Amerikanischer Sauerstoffgenerator

Vozdukh
Vorrichtung zum Entzug des Kohlendioxids aus der Kabinenluft

Carbon Dioxide Removal Assembly (CDRA)
Amerikanisches Gerät zum Binden von Kohlendioxid

Thermal Control Valve (TCV)
Verteilt die Luft auf die kalten und warmen Wärmetauscherlamellen in genau dem Verhältnis, dass schließlich die erwünschte Kabinentemperatur erreicht wird

Aufgaben. Zunächst gehören die schon erwähnten Überdruckventile zu diesem System, die bei einer zu hohen Druckdifferenz zwischen Innerem und Äußerem des Moduls das Bersten der Außenhaut verhindern. Im Weltall kann freilich kein hoher Außendruck auf *Columbus* einwirken, weshalb die entsprechenden Ventile für diesen Fall nach der Startphase ihre Funktion verloren haben und ausgebaut wurden. Die Ventile für zu hohen Innendruck bleiben ein wichtiger Schutzmechanismus, sind aber abgeschaltet, solange das europäische Modul mit der ISS Luft austauscht und somit der amerikanische Teil der Station diesen Überdruckschutz wahrnehmen kann. Im Falle einer Isolierung (geschlossene Luke) müsste *Columbus* diese Funktion jedoch wieder selbst gewährleisten.

Weiterhin existieren vier **Cabin Depress Assemblies (CDAs)**, über welche die Atmosphäre im Modul in den Weltraum abgelassen werden kann. Diese Ventile können im äußersten Notfall benutzt werden, um etwa vergiftete Luft, die nicht anders wieder regeneriert werden kann, aus der ISS zu entfernen. Die vier Ventile sind mit Heizern versehen, die bei ihrer notfallmäßigen Benutzung verhindern, dass sich die ausströmende Luft durch die starke Expansion in den Weltraum so stark abkühlt, dass die enthaltene Feuchtigkeit zu einem schnellen Vereisen und Zufrieren der Auslässe führt. Dieser physikalische Effekt ist beispielsweise auch bei Tauchern gefürchtet, wo ein schnelles Atmen und damit eine rasche Luftentnahme aus den Druckluftflaschen bei kaltem Wasser zu einem Ver-

eisen und Versagen der Lungenautomaten und damit zu einer lebensbedrohlichen Situation führen kann.

Ebenfalls zum **ECLSS**-System zählen die beiden Leitungen, die an manchen Rackstandorten zur Verfügung stehen und über die gasförmige Stoffe in den Weltraum abgelassen werden können beziehungsweise für Experimente kontinuierlich Vakuum generiert werden kann. Ebenfalls für wissenschaftliche Zwecke ist eine Druckleitung mit Stickstoff aus amerikanischen Beständen nach *Columbus* hineingeführt. Dieses Gas kann als Druckluft zur Steuerung von pneumatischen Systemen verwendet werden, als Gas für Experimente oder zum Spülen von Prozesskammern. Für den *Columbus*-Wasserkreislauf hat der Stickstoff zusätzlich die wichtige Aufgabe, einen kontinuierlichen statischen Wasserdruck aufrecht zu erhalten, um eine mögliche Kavitation (»Durchdrehen«) der Wasserpumpe effektiv zu verhindern.

Schließlich existiert noch eine weitere »Schnüffelleitung«, die von *Columbus* zu einem Luftanalysator im amerikanischen Teil der Station führt. Automatisch kann so in regelmäßigen Abständen die Luftqualität in den einzelnen Sektoren analysiert und überwacht werden.

Es ist wieder einmal Aufgabe der COL SYSTEMS-Position, die verschiedenen Ventilatoren, Wärmetauscher und Ventile zu überwachen und zu steuern. Sie kümmern sich um den **ECLSS**-Bereich genauso wie auch um den Wasserkreislauf und das elektrische System an Bord.

Cabin Depress Assembly (CDA)
Ventil zum Ablassen der *Columbus*-Atmosphäre in das Weltall

▼ *Der japanische Astronaut Koichi Wakata bei der Arbeit am Columbus CWSA*

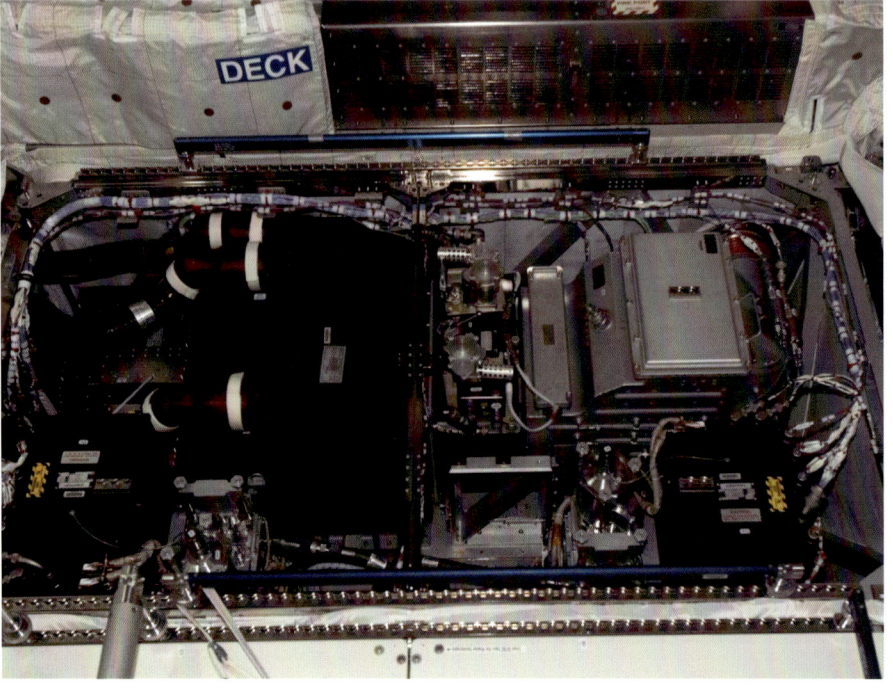

▶▶ *Das offene »Herz« von Columbus, das Lebenserhaltungssystem im Deck Rack 1. Im Hintergrund das Einsauggitter für den Luftstrom aus der Kabine*

▲ Noch ist die Atlantis an der ISS festgemacht (hier der Verbindungstunnel), doch bald beginnen die Vorbereitungen für die Rückkehr zur Erde.

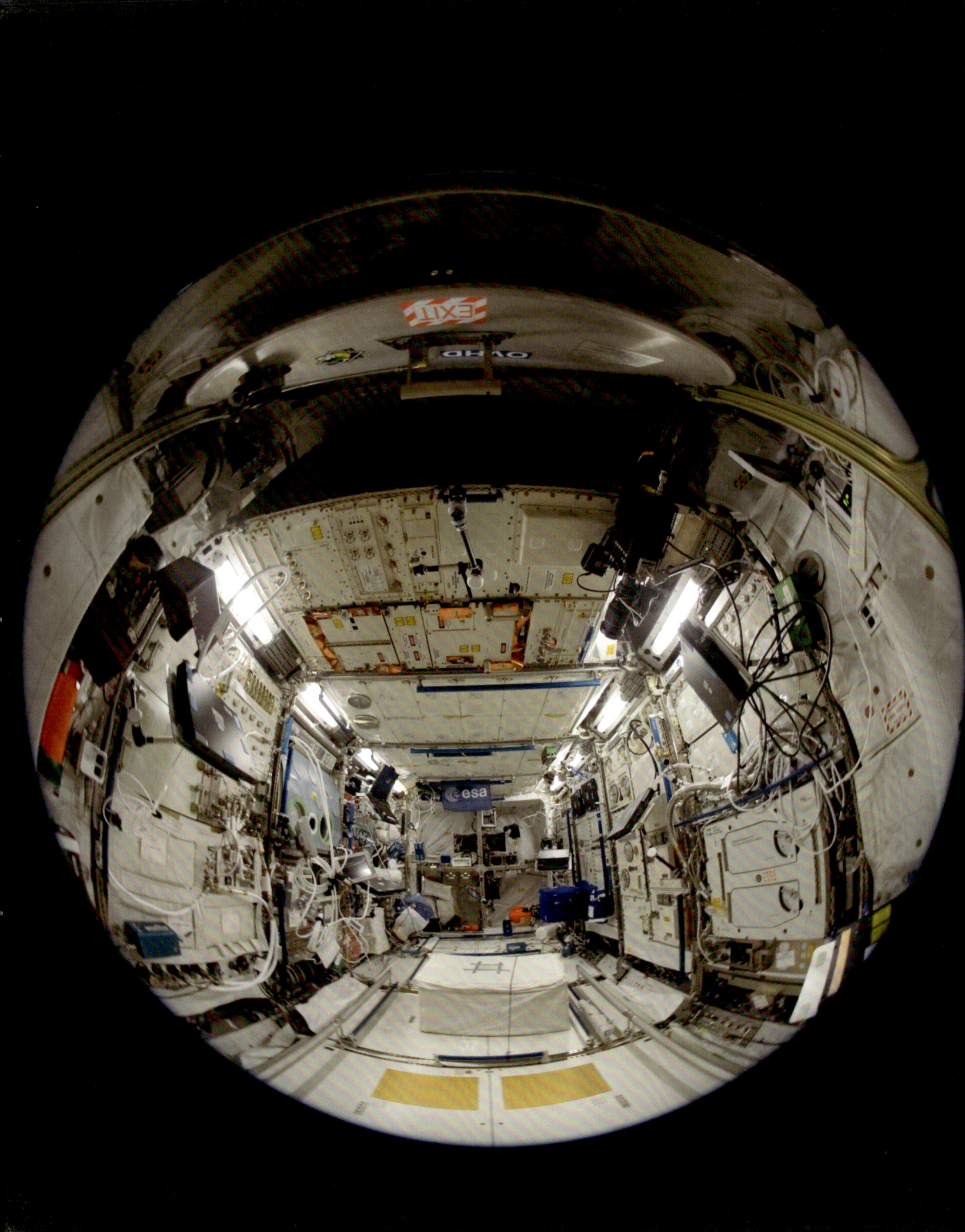

Erleichterung: Das Modul läuft!

Columbus endlich aktiviert!

Nachdem endlich erfolgreich Bodenbefehle zu *Columbus* geschickt werden können, hat das Team des *Orbits 2* nun der Ehrgeiz gepackt. *Alexander Nitsch* treibt zur Eile an, und auch als bereits die Kollegen der nächsten Schicht langsam im Kontrollraum eintreffen, wird mit dem Aktivieren des Moduls fortgefahren. *Dieter Arndt* an der COL DMS-Position hat noch zwei weitere Computer zu starten und richtig zu konfigurieren.

Zunächst die **Payload Control Unit (PLCU)**, welche die Kommunikation mit den Experimentschränken ermöglicht, ihnen das Zeitsignal liefert und als Gegenleistung die wichtigsten Telemetrieparameter erhält, die dann von der **PLCU** zum großen Pool der *Columbus*-Daten beigesteuert werden. Alle Experimente sind zusätzlich an das *Columbus*-LAN-Netzwerk angeschlossen, aber die wirklich wichtigen Daten werden über einen seriellen Datenbus an die **PLCU** gesendet, die diese dann weiter prozessiert.

Der zweite Computer ist die **External Control and Measurement Unit (XCMU)**, die baugleich mit den **CMUs** ist. Sie stellt einige direkte Leitungen zu den externen Payloads zur Verfügung. Über diese Leitungen können analoge Werte gelesen oder Steuersignale gesendet werden. Während des nächsten Weltraumausstiegs wird dieser Computer eine zentrale Rolle spielen: Unmittelbar nach der Installation von SOLAR und EuTEF außen an *Columbus* werden die einzigen Datenlieferanten, die für die beiden Experimente zur Verfügung stehen, die Temperatursensoren sein, die zwar innerhalb von EuTEF und SOLAR angebracht sind, aber in Wirklichkeit zur **XCMU** gehören. Genauso wird es die **XCMU** sein, die ein Spannungssignal an die beiden Außenexperimente schicken und sie so aktivieren wird.

Trotz der misstrauischen Blicke, die der gerade hereinkommende *Orbit-3*-COL DMS *Maximilien de Roquigny-Iragne* über die Schultern von *Dieter Arndt*

wirft, funktioniert die Aktivierung der beiden letztgenannten Computer ohne die inzwischen gewohnten Probleme.

Der allerletzte Schritt der Aktivierung ist schließlich noch die korrekte Konfigurierung der Heizer, die an verschiedenen Stellen der Außenhaut des Moduls angebracht sind und verhindern sollen, dass die Temperaturen im Sonnenschatten einen kritischen Bereich annehmen.

Endlich, endlich in den frühen Morgenstunden am 14. Februar 2008 um 01:15 Uhr kann Flugdirektor *Nitsch* ein erfolgreich aktiviertes europäisches Forschungslabor an den Flugdirektor in Houston melden. Und das NASA-Team in Amerika gratuliert dem europäischen Team in Oberpfaffenhofen zu diesem wichtigen Meilenstein. *Columbus* läuft – und jeder Flight Controller ist eifrig damit beschäftigt, dieses historische Ereignis mit mehr oder weniger Ausrufezeichen versehen in seinem elektronischen Konsolenlogbuch zu dokumentieren.

Für *Kagan Özdemir* auf der COL COMMS-Position steht als letzte Aktivität noch an, die *Columbus*-Telemetriepakete in die Standardkonfiguration zu bringen. Das möchte er noch schnell erledigen, bevor auch er seine Konsole an die nächste Schicht abgibt. *Reinhard Wilkeit* steht schon bereit und freut sich wie alle *Orbit-3*-Controller darauf, ein komplett aktiviertes Modul zu übernehmen, obwohl man die Lorbeeren für die erste vollständige Aktivierung, die nun dem *Orbit 2* gebühren, auch selbst gerne gewonnen hätte!

Auch BIOLAB und EDR an ihrer endgültigen Position

Während das Oberpfaffenhofener Team an den letzten Schritten der Aktivierungsprozedur gearbeitet hat, waren die Astronauten auf der ISS nicht untätig. *Léo Eyharts* plagte sich mit der Installation der großen

▲ *Auch wenn das Konfigurieren der Telemetriepakete später Routine sein wird: Beim ersten Mal verlangt es die ganze Konzentration von Kagan Özdemir an der COL COMMS-Position.*

Payload Control Unit (PLCU)
Computer zur Verwaltung der verschiedenen Experimentschränke

External Control and Measurement Unit (XCMU)
Kommandierungs- und Datenschnittstelle für die externen Payloads

Die Menschen machen's

Dr. *Bob Dempsey*, ISS-Flugdirektor der 1E-Mission

»Als ich als Kind die damaligen Weltraummissionen ver-
folgte, imponierte mir immer die Technik, die solche Meis-
terleistungen wie die Mondlandungen oder auch den
Bau von Raumstationen überhaupt erst möglich machte.
Nachdem ich dann einige Jahre bei der NASA gearbeitet
hatte, musste ich meine Sicht der Dinge revidieren: Es war
nicht die Technik, durch die all das zustande kam, sondern
es waren die Menschen. Es waren die vielen Frauen und
Männer, die tausende von Stunden leidenschaftlich in die
gemeinsame Sache investierten.

Das Arbeiten an der 1E-Mission war etwas Einzigartiges
in meiner Karriere. Denn obwohl das Ziel das Gleiche war,
führten doch die kulturellen Unterschiede zu sehr unterschiedlichen Herangehensweisen.

Wir verbrachten in München und Houston ganze Jahre
damit, uns immer wieder die Frage zu stellen: »Was machen wir, wenn dieses oder jenes passiert?«. Und wir trai-
nierten immer und immer wieder zusammen in verschiedensten Simulationen, um sicherzustellen, dass wir bereit
wären für die bevorstehende Mission.

Während des Fluges selbst hatten wir dann mit einigen
schwierigen und unerwarteten Problemen bei der Aktivierung des neuen *Columbus*-Moduls zu kämpfen. Es waren
dann allerdings nie ein NASA- und ein ESA-Team, das an
den Lösungen arbeitete, sondern es war immer ein einziges, großes Flight Control Team, das jahrelang zusammen
trainiert und sich vorbereitet hatte.

Nach vielen anstrengenden Stunden der gemeinsamen
Arbeit war es dann schließlich geschafft: Das europäische
Labor war aktiviert! *Columbus* ist ein Wunderwerk der
Technik, aber es waren die Flight Controller in Houston
und München, die es zum Leben erweckten!«

Tox Level
Giftigkeitsskala für die ISS

Glovebox
Von der Umluft isolierter Glas-
container, in dem Proben
über eingebaute Handschuhe
manipuliert werden können,
ohne die Abgeschlossenheit des
Systems zu gefährden

BIOLAB
Auf biologische Experimente
spezialisierte Payload

▶ *BIOLAB – ein auf biologische
Experimente spezialisierter Nutz-
lastschrank*

Columbus-Kameras, die in Zukunft den Menschen auf
der Erde Einblick in das Leben im All geben sollen.
Außerdem brachte er, von *Dan Tani* unterstützt, die
beiden Experimentschränke BIOLAB und EDR in ihre
endgültige Position. Wieder einmal waren die Astronauten viel schneller als zunächst geplant. *Tom Hoppenbrouwers* am ERASMUS-USOC hatte sich extra auf
den Racktransfer vorbereitet, um der Besatzung bei
Problemen zur Seite zu stehen. Nun stellt er bei einem
Blick auf die Timeline verblüfft fest, dass die entsprechende Aktivität bereits grau eingefärbt ist – ein Zeichen dafür, dass die Astronauten die Aktivität bereits
als »erledigt« markiert haben! Auch am MUSC in Köln
freut man sich, dass der BIOLAB-Umbau allem Anschein
nach ohne Probleme über die Bühne gegangen ist.

Der Name ist Programm bei **BIOLAB,** einem
Experimentschrank, der für eine Vielzahl von biologischen Experimenten ausgelegt ist. Wie bei EPM stellt
BIOLAB nur die grundlegenden Funktionen zur Verfügung, und seine umfangreichen Möglichkeiten können
von Forschern für ihre spezifischen Versuche ausge-
nutzt werden.

Grundsätzlich wird bei dieser Payload ein automatischer Teil von einem manuellen Teil unterschieden. Der
manuelle Teil enthält zunächst einmal zwei baugleiche,
aber voneinander unabhängige Temperaturschränke,
in denen biologische Proben unter genau definierten
thermischen Bedingungen aufbewahrt oder kultiviert
werden können. Weiterhin ist eine ausziehbare
Glovebox vorhanden. In deren geschlossenem System
kann der Astronaut mit Substanzen arbeiten, die nicht
in das Ökosystem Raumstation entweichen sollen. Hierunter fallen nicht nur giftige Flüssigkeiten oder Gase,
sondern auch Bakterien- oder Pilzkulturen bzw. Experimente, die Staub oder kleine Partikel erzeugen, welche

sich unkontrolliert in der Raumstation verteilen könnten. Auch Alkohol ist übrigens per Definition einem
Tox Level zugeordnet, und daher ist kein ungeschütz-
tes Hantieren damit gestattet.

Die **Glovebox** erlaubt der Besatzung das Arbeiten
mit solchen Substanzen über eingebaute Handschuhe
und unter Sichtkontrolle über eingebaute Glasschei-
ben, ohne mit den Stoffen selbst in Berührung zu kom-

Die operationelle Philosophie, die hinter **BIOLAB** steckt, sieht vor, dass der Astronaut das Experiment im manuellen Teil vorbereitet, während der Versuch dann ferngesteuert vom Boden im automatischen Teil abläuft. Dem Astronauten stehen für die Vorbereitung zwei temperaturkontrollierte Schränke zur Verfügung, in denen die Pro-

ben entsprechend gelagert werden können, sowie eine Glovebox, die das Hantieren mit gefährlichen Stoffen erlaubt. Diese **Glovebox** kann auch mit Ozon sterilisiert werden, um keimfreies Arbeiten zu ermöglichen. Im automatischen Teil sind in einem Inkubator zwei Rotoren eingebaut, mit denen standardisierte Container unter beliebigen, durch

die Zentrifugalkraft erzeugten Schwerkraftbedingungen gehalten werden können. Während sich die Rotoren bewegen, können die Container mit definierten Lichtbedingungen und Gasatmosphären versorgt und über Kameras gefilmt werden. Durch den über dem Inkubator befindlichen Rotorarm ist es möglich, in die Container verschiedene

Substanzen einzubringen, die entweder in temperaturkontrollierten oder der Umgebungstemperatur angepassten Einschüben über dem Roboter gelagert sind. Außerdem kann der Roboterarm auch Proben aus den Containern ziehen und diese in ein automatisches Mikroskop oder ein Spektrometer für die weitere Analyse befördern.

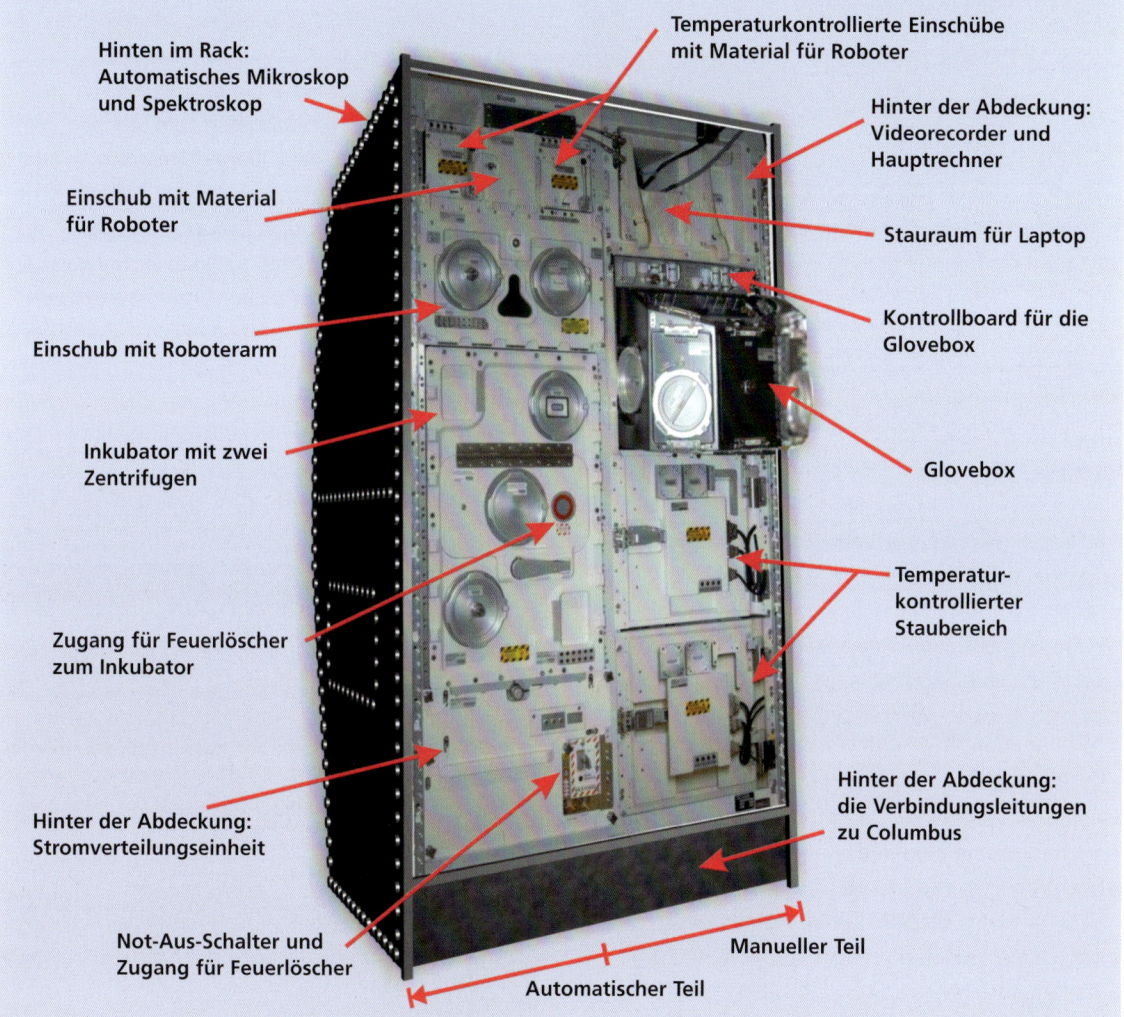

Hinten im Rack: Automatisches Mikroskop und Spektroskop

Einschub mit Material für Roboter

Einschub mit Roboterarm

Inkubator mit zwei Zentrifugen

Zugang für Feuerlöscher zum Inkubator

Hinter der Abdeckung: Stromverteilungseinheit

Not-Aus-Schalter und Zugang für Feuerlöscher

Temperaturkontrollierte Einschübe mit Material für Roboter

Hinter der Abdeckung: Videorecorder und Hauptrechner

Stauraum für Laptop

Kontrollboard für die Glovebox

Glovebox

Temperaturkontrollierter Staubereich

Hinter der Abdeckung: die Verbindungsleitungen zu Columbus

Manueller Teil

Automatischer Teil

men. Falls mit lebenden Mikroorganismen gearbeitet wurde, ermöglicht es BIOLAB, den Arbeitsbereich der **Glovebox** mit Ozon zu sterilisieren, um eventuelle »unwillkommene kleine Gäste« auf der Raumstation vor dem Öffnen der Box abzutöten.

Der automatische Teil enthält zwei Zentrifugen, in denen spezielle Experimentcontainer untergebracht werden können. Mithilfe der Zentrifugen kann eine

künstliche Schwerkraft simuliert werden. Das Besondere ist hierbei, dass die Stärke der Schwerkraft über die Rotationsgeschwindigkeit der Zentrifugen stufenlos von null bis auf die doppelte Erdanziehungskraft variiert werden kann. Es bietet sich damit die einmalige Gelegenheit, das Verhalten von biologischen Proben unter frei wählbaren Schwerefeldern zu studieren. Die Experimentcontainer können hierbei mit einer eben-

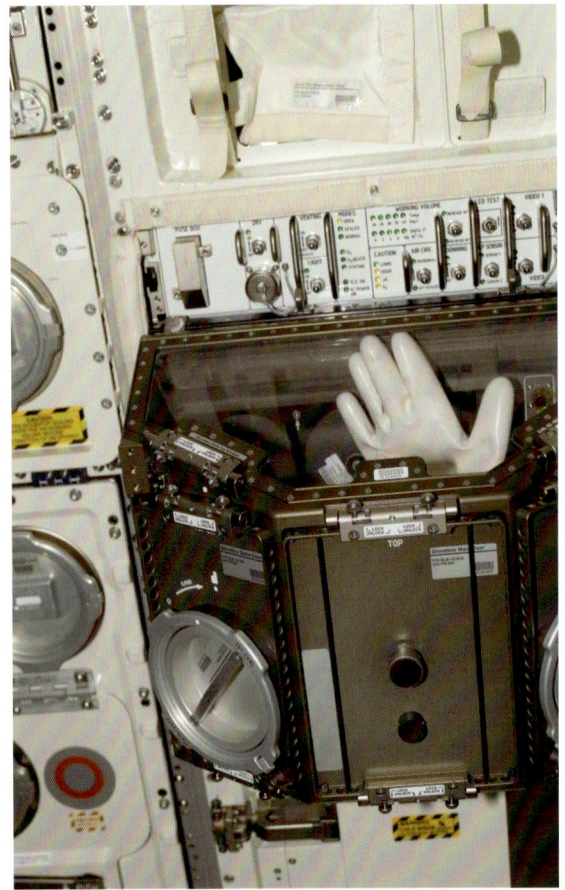

▶ Die BIOLAB-Glovebox – Wenn sie nicht im Gebrauch ist, ist die kleine Glovebox eingefahren und durch eine Abdeckung geschützt. Sie dient der Vorbereitung der Experimentcontainer.

tige Experimente zur Verfügung. Je nach Anforderungen muss der jeweilige Experimentator nur die drei Einschübe mit den jeweils erforderlichen Substanzen und Werkzeugen zur Verfügung stellen, zweckgemäße Experimentcontainer konstruieren und einen Ablaufplan mit den entsprechenden Prozeduren ersinnen. Der Astronaut würde dann an Bord in der **Glovebox** von **BIOLAB** die Experimentcontainer vorbereiten (z. B. durch Einbringen von Pflanzen oder Bakterienkulturen), verschließen und in die Zentrifugen einbauen. Außerdem würde er die spezifischen Einschübe mit Reagenzien, Nährlösungen oder anderen Chemikalien in die drei vorgesehenen Fächer einsetzen. Von diesem Zeitpunkt an könnten die Forscher von der Erde aus selbst alle weiteren Schritte, etwa das Bewässern von Pflanzen, das Einbringen von Zellgiften zum Stoppen der Zellteilung oder ähnliches, über Kommandos an den **BIOLAB**-Roboter ausführen. Der kleine Roboter könnte auch Probenteile aus den Containern in das Mikroskop oder das Spektrometer zur Untersuchung der Mikrostruktur oder der chemischen Zusammensetzung einbringen und die entsprechenden Bilder oder Spektren zur weiteren Analyse auf die Erde schicken. Erst am Ende des Experiments wäre wieder teure Crew-Zeit gefragt, um die Experimentcontainer auszubauen und, falls notwendig, in der **Glovebox** für den Rücktransport zur Erde vorzubereiten.

falls beliebig konfigurierbaren Gasatmosphäre versorgt und einem definierbaren Temperaturprofil ausgesetzt werden.

Oberhalb der Zentrifuge ist ein Roboterarm eingebaut. Dieser hat Zugriff auf die Experimentcontainer, die auf den Zentrifugen angebracht sind, und auf drei Fächer in einem noch weiter darüber gelegenen Teil von **BIOLAB**. Eines dieser drei Fächer enthält unter Umgebungstemperatur gelagerte Einsätze für den Roboterarm, während in den anderen beiden temperaturkontrollierten Fächern verschiedene Substanzen für das Experiment gelagert werden können. Außerdem stehen hinter diesen drei Fächern zudem noch ein automatisches Mikroskop und ein Spektrometer zur Verfügung. Für die Forscher ist es damit möglich, mit dem Roboterarm Substanzen oder Proben zwischen den temperaturkontrollierten Fächern, den Experimentcontainern auf der stillstehenden Zentrifuge und den Analyseinstrumenten hin- und herzutransportieren. Und dies alles selbstverständlich bequem ferngesteuert vom Labor der jeweiligen Universität oder Forschungseinrichtung aus.

Dieser automatische Teil von **BIOLAB** stellt für Wissenschaftler ein sehr vielseitiges Instrument für zukünf-

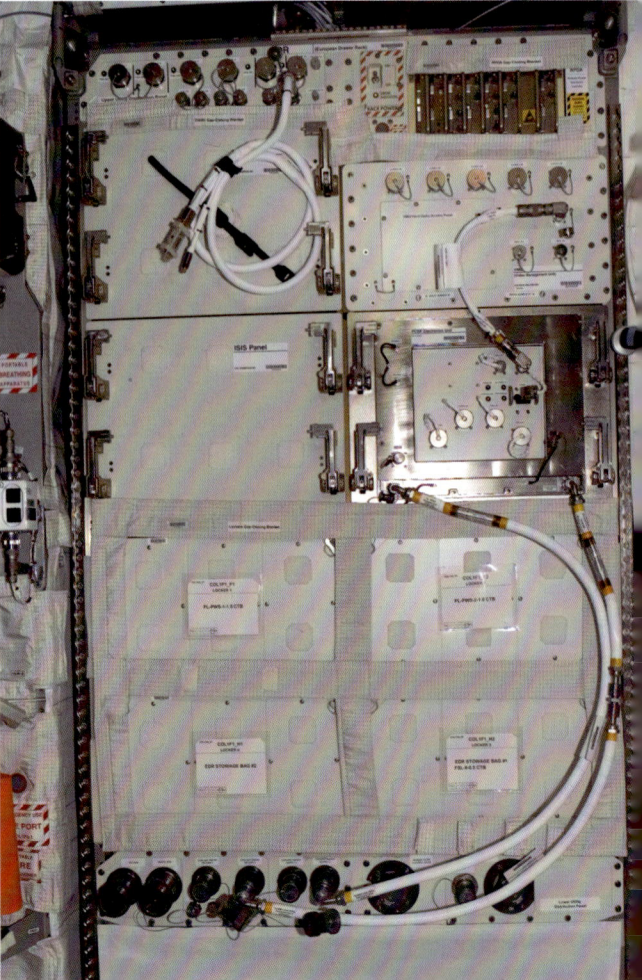

▶ Das European Drawer Rack (EDR) ist eine Versuchsanlage für verschiedenste Experimentanordnungen.

Erde gebracht werden, um dort mit allen Mitteln der modernen Molekular- und Zellbiologie untersucht zu werden.

Das **BIOLAB**-Rack wird durch das MUSC (Microgravity User Support Center) auf dem Kölner Gelände des DLR betrieben, das auch das **European Astronaut Center (EAC)** beherbergt. Die Wissenschaftler der Universität Hannover, die das **WAICO**-Experiment ersonnen haben, können ihre Versuchsreihen über das kleine Kontrollzentrum von MUSC an Bord von *Columbus* steuern und die gewonnenen Daten einsehen.

Während **BIOLAB** eine hochspezialisierte Versuchsanlage für die Untersuchung kleiner Tiere oder Pflanzen darstellt, ist das **European Drawer Rack (EDR)** ein sehr vielseitiges »Arbeitspferd«. Es stellt im Wesentlichen alle Möglichkeiten und Ressourcen, die *Columbus* anbietet, für kleinere Einschübe mit Experimenten zur Verfügung.

Der erste Einschub eines zweiteiligen Experiments ist bereits während der 1E-Mission enthalten: Die Steuereinheit für ein Kristallisationsexperiment, die **Protein Crystallisation Diagnostics Facility Electronic Unit (PCDF EU)**. Das **EDR**-Rack soll zusammen mit diesem ersten **PCDF**-Einschub zunächst auf Herz und Nieren überprüft werden, bevor dann mit einem der nächsten Shuttle-Flüge die eigentliche **PCDF Processing Unit (PCDF PU)** geliefert wird, welche die kleine klimatisierte Reaktorkammer mit den Kristallen enthält. Um die wissenschaftlichen Ergebnisse nicht zu gefährden, muss dieser zweite Bestandteil des **PCDF**-Experiments praktisch permanent mit Strom und Kühlwasser versorgt werden – deshalb ist nur eine kurze Transferzeit erlaubt, in der die Astronauten den kleinen Container vom Shuttle in das **EDR**-Rack bringen, dort einbauen und mit der **Electronic Unit** verbinden werden. Dann wird das eigentliche Experiment vom Boden aus gestartet.

Das **EDR**-Rack wird von den Niederlanden aus gesteuert. Auf dem Gelände des von der ESA betriebenen ESTEC-Centers in Noordwijk befindet sich das ERASMUS-USOC-Kontrollzentrum, das sich nicht nur um **EDR**, sondern auch um die externe Payload EuTEF kümmert. Für das **PCDF**-Experiment selbst ist allerdings noch ein anderes Zentrum zuständig – das in Brüssel beheimatete B.USOC (Belgium User Support and Operation Center).

Nachdem die Crew die beiden Experimentschränke in ihre Endposition gebracht hat, ist *Columbus* nun fürs Erste grob eingeräumt – das **Fluid Science Laboratory (FSL)** wurde bereits in seiner endgültigen Position gestartet. Bevor auch an den kleinen Kon-

European Drawer Rack (EDR)
Versuchsanlage für verschiedenste Experimentanordnungen

Protein Crystallisation Diagnostics Facility Electronic Unit (PCDF EU)
Steuereinheit für das Kristallwachstumsexperiment PCDF

PCDF Processing Unit (PCDF PU)
Die eigentliche Experimentanordnung für PCDF

◀ *Das European Drawer Rack an seiner endgültigen Position in Columbus in der Nähe des Einganges*

WAICO
Experiment zum Wurzelwachstum unter Schwerelosigkeit

Fluid Science Laboratory (FSL)
Experimentschrank für die Untersuchung von Flüssigkeiten in der Schwerelosigkeit

So ist auch der Ablauf des ersten Experiments konzipiert, das noch während der 1E-Mission vorbereitet werden soll. **WAICO** soll das Wachstum der Wurzeln der Pflanze *Arabidopsis Thaliana* unter verschiedenen Schwerkraftbedingungen untersuchen. Woher weiß ein Pflanzensamen, nach welcher Richtung er seinen Spross bilden und wohin die Wurzel zeigen muss? Es ist der von Biologen als Gravitropismus bezeichnete Effekt, der Pflanzen in der richtigen Orientierung wachsen lässt. Voraussetzung ist natürlich die Gegenwart einer Anziehungskraft. In **BIOLAB** lassen sich verschiedene Stärken des Gravitationsfeldes simulieren und die Reaktionen der Pflanzen beobachten. Die **WAICO**-Proben sollen nach dem Experiment wieder auf die

Das EDR-Rack

Das **European Drawer Rack (EDR)** bietet die Möglichkeit, Experimenteinschübe zweier verschiedener Bauarten zu installieren und hierdurch kleinere Versuchsreihen zu ermöglichen. Im Space Shuttle können baugleiche Einschübe eingesetzt werden, was die Vielfältigkeit der möglichen Experimente noch erweitert. **EDR** stellt den Experiment-containern dann verschiedene Ressourcen wie Strom, Datenanbindung, Videoprozessierung, Kühlung, Stickstoff und Vakuum zur Verfügung, teils über automatische Verbindungen an der Rückseite der Einschübe, teils über zwei Anschlussleisten an der Vorderseite des Racks.

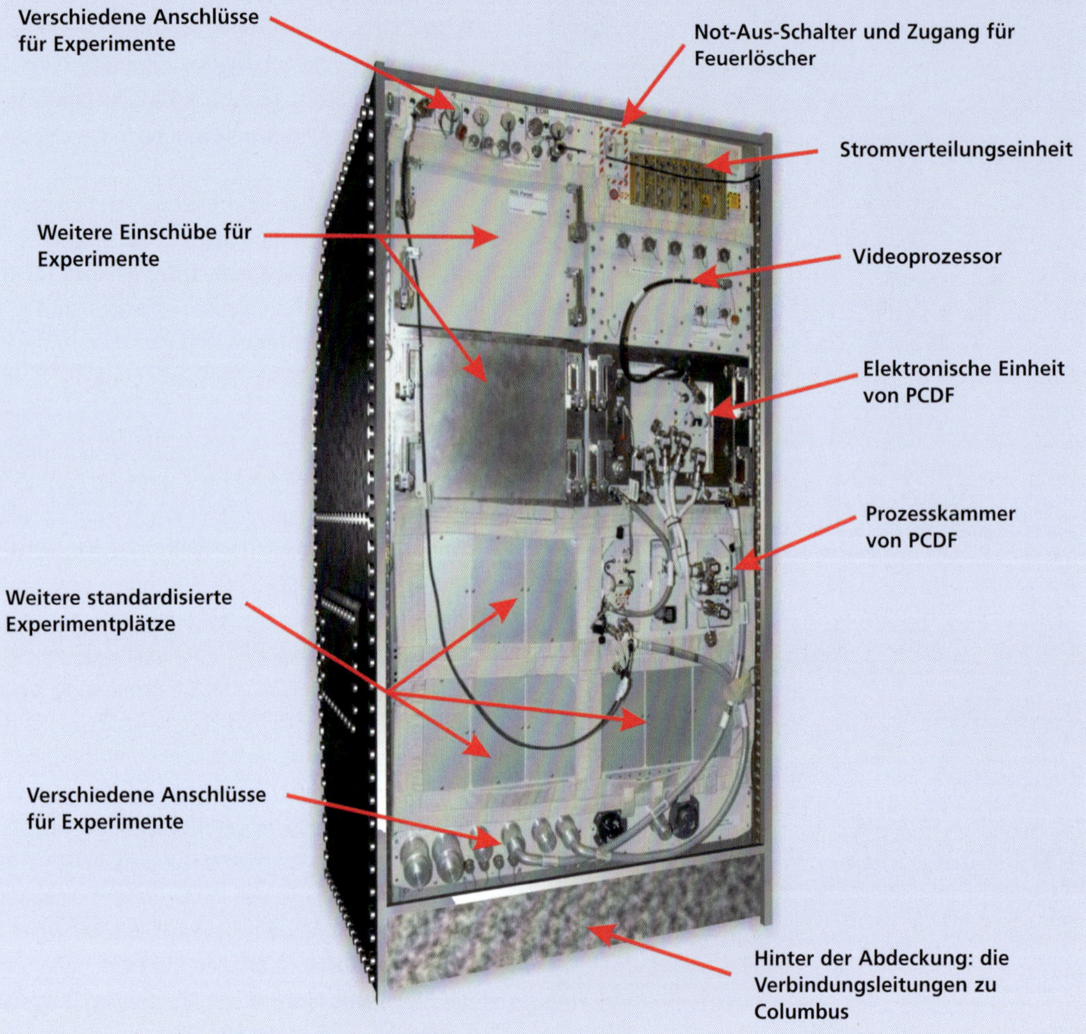

Verschiedene Anschlüsse für Experimente

Not-Aus-Schalter und Zugang für Feuerlöscher

Stromverteilungseinheit

Weitere Einschübe für Experimente

Videoprozessor

Elektronische Einheit von PCDF

Prozesskammer von PCDF

Weitere standardisierte Experimentplätze

Verschiedene Anschlüsse für Experimente

Hinter der Abdeckung: die Verbindungsleitungen zu Columbus

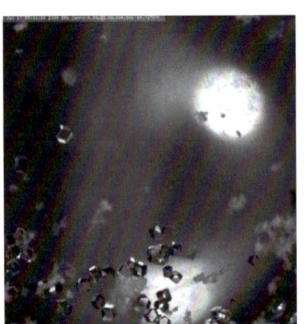

▲ *PCDF lief in den folgenden Monaten sehr erfolgreich und lieferte exzellente Wissenschaftsergebnisse. Das Bild zeigt die letzten gewachsenen Glukoseisomerase-Proteinkristalle, bevor das Experiment zur weiteren Auswertung wieder auf die Erde gebracht wurde (Mit freundlicher Genehmigung des PCDF-Science-Teams).*

trollzentren in Brüssel, Noordwijk, Köln, Neapel und Toulouse die ersten Daten sichtbar werden und die Sektkorken knallen können, müssen die Astronauten noch die Daten-, Strom- und Kühlwasserleitungen mit *Columbus* verbinden und einige manuelle Konfigurationen vornehmen, dann sind die Racks bereit, eingeschaltet zu werden.

Natürlich bekommen auch die Astronauten durch EUROCOM *Rüdiger Seine* die erfreuliche Neuigkeit übermittelt, dass *Columbus* nun endlich komplett aktiviert ist. Seiner Stimme ist die Erleichterung anzumerken, als er mit *Dan Tani* spricht. Schnell ist auch der

Astronaut von der euphorischen Stimmung in Oberpfaffenhofen angesteckt: Er freue sich schon darauf, das Münchner Team bald von Angesicht zu Angesicht zu treffen.

Während in Oberpfaffenhofen der *Orbit 3* die Konsolen übernimmt, macht sich die Crew in der ISS fertig für die Nacht – und trifft sich noch einmal für ein gemeinsames Abendessen und einige private Gespräche. Die Erde bekommt davon nichts mit: Die private Tageszeit der Astronauten hat begonnen, und alle Videokameras wurden abgeschaltet.

Später wird sich die Besatzung zum Schlafen zurückziehen. *Columbus* ist vom ersten Tag an ein interessantes und begehrtes Nachtquartier, da der Geräuschpegel im europäischen Modul im Vergleich zu den anderen Teilen der ISS vergleichsweise niedrig ist. Die Ingenieure am Boden sind davon zwar nicht so begeistert, da das Modul nie als Aufenthaltsraum für die Nacht qualifiziert wurde, aber mehr als den Astronauten hierüber Bescheid geben kann man nun mal nicht. Und so kommt es hin und wieder einmal vor, dass am nächsten Morgen eine weggedrehte oder verhängte Kamera davon zeugt, dass *Columbus* nächtliche Besucher hatte, die während der Nacht jede Möglichkeit einer Beobachtung ausschließen wollten.

Um in dem europäischen Modul zu nächtigen, müssen nicht groß Betten gerückt werden. Denn Betten im irdischen Sinn gibt es auf der Raumstation nicht. Ohne Gewicht braucht man keine weiche Unterlage zum Schlafen, ein Schlafsack genügt vollkommen. Dieser hat die Hauptfunktion, den schlafenden Astronauten an seinem gewählten Schlafplatz zu halten – er soll sich nicht am nächsten Morgen am Ansauggitter der Kabinenlüftung wiederfinden. Für etwas Privatsphäre sorgen kleine Kabinen, die **Crew Quarters**, die im russischen und amerikanischen Teil der Station eingebaut sind und die gleiche Größe wie die Experimentschränke haben. Hier hat jeder Astronaut etwas

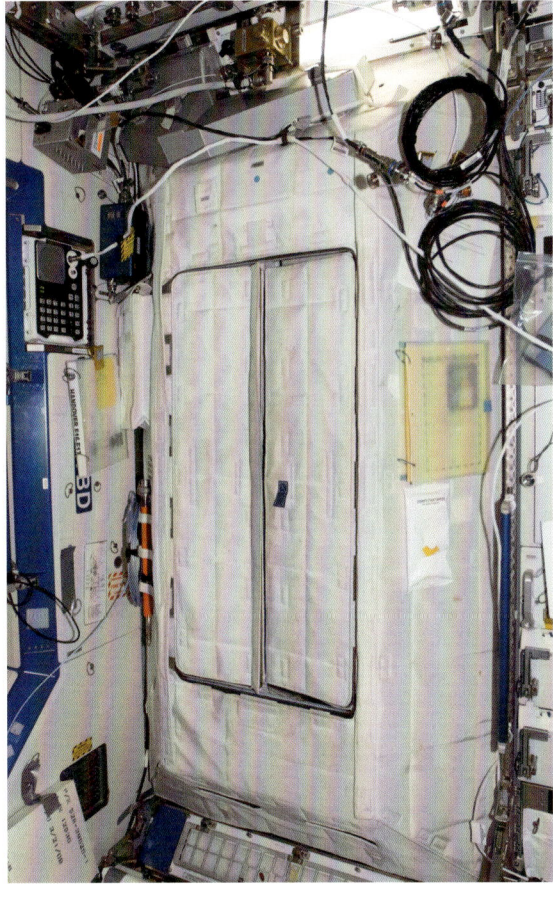

Crew Quarters
Schlafkabinen für die Astronauten

◄ *Crew Quarters: Nicht nur im russischen Teil der ISS gibt es Kabinen für die Astronauten.*

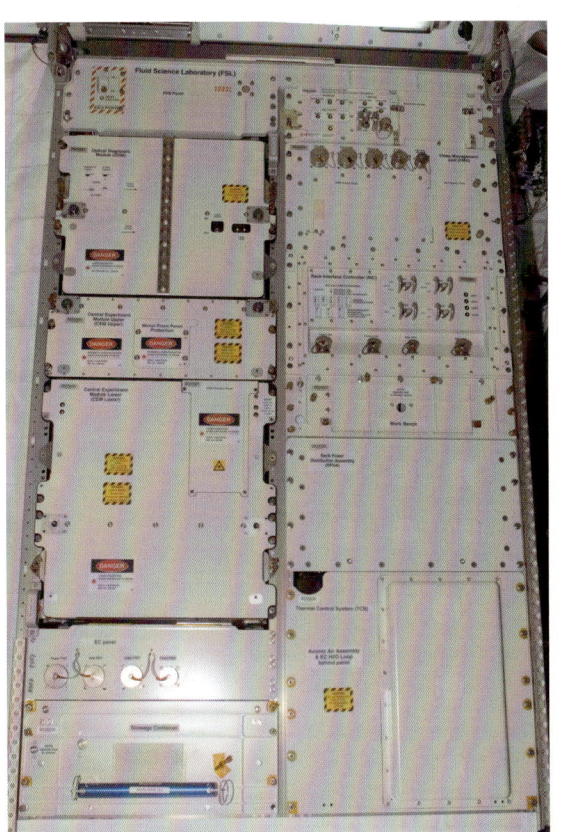

Stauraum für private Dinge – und eben die Möglichkeit, darin seinen Schlafsack auszubreiten und vom Arbeitstag zu entspannen.

Obwohl die Videokameras über Nacht ausgeschaltet sein müssen, haben die Astronauten selber ihren Alltag – und auch die All-Nacht – als Lehrfilm festgehalten. Dabei wurde auch die seltsam anmutende Körperhaltung der schlafenden Crew dokumentiert. Durch die fehlende Schwerkraft können die Arme der Astronauten wirklich die Lage annehmen, die einer vollkommen entspannten Muskulatur entspricht: Sie schweben leicht angewinkelt in Brusthöhe.

Von den Lichtblitzen, die als Antwort der Sehnerven auf die kosmische Strahlung immer wieder bei geschlossenen Augen auftauchen, wurde bereits berichtet. Natürlich ist die Wissenschaft auch stark daran interessiert, wie das Gehirn auf die Weltraumbedingungen reagiert. So existiert beispielsweise ein Experiment, das den Träumen der Astronauten auf die Schliche kommen soll. Diese nächtliche Aufarbeitungsphase des Gehirns könnte ja wertvolle Rückschlüsse auf seine Funktion im All geben. Des Öfteren sind die Astronauten auch des Nachts verkabelt – manche Versuche verlangen Blutdruck- oder Gehirnstrommessungen auch in

◄ *Der Fluid Science Laboratory-Experimentschrank für die Untersuchung von Flüssigkeiten in der Schwerelosigkeit*

▲ *Astronauten (hier der Mission STS-120) schlafen im Shuttle Middeck*

▶▶ *Das Columbus-Modul ist auf dem besten Weg zu einem Forschungslabor: Es wird fleißig eingerichtet.*

▶ *Kosmonaut Yuri V. Usachev, Commander der ISS-Expedition 2, in seiner Schlafkoje*

der Ruhephase der Besatzung. So sind *Hans*, *Léo* und Co. auch im Schlaf noch voll im Dienste der Wissenschaft.

Beobachten und Konfigurieren ...

Die Nachtschicht in Oberpfaffenhofen verläuft ruhig, die Besatzung der ISS schläft. Deshalb wird auch das Kommandieren auf das Notwendigste reduziert, um jede Störung der Astronauten zu vermeiden. Aber trotz der leeren Timeline – für *Gerd Hajen*, *Giuseppe Lentini*, *Maximilien de Roquigny-Iragne*, *Reinhard Wilkeit*, *Martin Canales* und *Enrico Noack* wird es dennoch nicht langweilig. Zum ersten Mal sehen sie ihre Datenfenster auf den Bildschirmen gefüllt mit Messwerten und Statusanzeigen, Graphen und blinkenden Zahlenkolonnen. Und nicht Daten aus einem Simulationscomputer, sondern echte Werte, die ein reales Verhalten zeigen. So blättern die Flight Controller neugierig durch die verschiedenen Anzeigefenster und versuchen, möglichst schnell möglichst viel Erfahrung mit ihren Subsystemen zu sammeln. Wie groß ist der Wasserfluss des Kühlsystems wirklich? Wie stabil sind die Ströme, die die Ventilatoren ziehen? Wie viel Datenverkehr läuft über das LAN und welche Meldungen kommen von den Bordcomputern? Bislang hatte man nur bei den äußerst seltenen End-to-End-Tests die Gelegenheit gehabt, einen einigermaßen realistischen Eindruck vom Verhalten des Moduls zu bekommen – den Daten aus den Simulatoren konnte man doch ansehen, dass sie künstlich generiert waren. Jetzt gilt es, möglichst schnell ein Gefühl für das Modul zu entwickeln! Schließlich stehen in den nächsten Tagen noch viele Tests und Konfigurationsänderungen auf dem Plan.

Weiterhin ist für die Nachtschicht eine lange Liste von vorbereitenden Arbeiten für die nächsten Tage übrig geblieben. Die Prozedur zum Austausch der elektrischen Sicherung für die externen Payloads etwa muss endlich erstellt und an Bord gebracht werden – schließlich steht diese Aufgabe schon für den kommenden Tag auf dem Plan. Die Daily Summary muss geschrieben werden – das Münchner Team möchte nicht nur die Erfolgsmeldung über die *Columbus*- Aktivierung noch einmal schriftlich an die ISS senden, sondern hat auch noch einige Fragen oder Anweisungen bezüglich des Verstauens von benutzten Gegenständen, der Stellung des EPM-Rack-Hauptschalters und des Zustands des *Columbus*-Laptops. Und schließlich, nachdem *Giovanni Gravili* erschöpft seine neue Version der morgigen Timeline abgeliefert hat, müssen sein Werk durch alle Positionen noch einmal überprüft und die nötigen Korrekturen zusammengeschrieben und eingearbeitet werden.

Um 9:00 Uhr betreten die ersten Flight Controller des *Orbits 1* mit dampfenden Kaffeetassen den Kontrollraum, was dem erschöpften *Orbit 3* eine schnelle Ablösung und baldigen Schlaf verspricht. Flugdirektor *Gerd Söllner* ist bester Laune – natürlich ist er als Verantwortlicher für diesen Flug gestern sofort per Handy über die erfolgreiche Aktivierung informiert worden. Er ist der am längsten im Projekt Arbeitende der drei COL FLIGHTs, die das Hauptkontrollteam während dieser Mission leiten. Nach einer Bankausbildung und einiger Zeit Arbeit hinter dem Schalter hat es den 39-Jährigen zur Wissenschaft getrieben. Frisch von der Universität, das Physikdiplom in der Tasche, begann er zunächst als COL DMS in dem gerade im Aufbau begriffenen *Columbus*-Team und wechselte bald auf den Stuhl des Flugdirektors. Nun leitet er den *Orbit 1* und hat zu seinem Leidwesen das Ende der Aktivierungssequenz im Kontrollraum nicht miterlebt.

Während des Handovers umreißen die einzelnen Flight Controller, wie der bevorstehende Tag aus ihrer Sicht aussehen wird. Für *Julian Doyé* von COL SYSTEMS stehen einige sog. Check-Out-Aktivitäten auf der Timeline. Hierfür wird das jeweilige Gerät eingeschaltet oder in eine andere Konfiguration gebracht, der Zustand überprüft und danach wieder zurück in die Ausgangslage konfiguriert oder ganz ausgeschaltet. Außerdem soll der statische Druck auf den Kühlwasserkreislauf in den gewünschten Bereich gebracht werden, indem der Gasdruck in einem Tank der Wasserpumpe erhöht wird. Hierzu muss die Besatzung heute allerdings zunächst die Verbindungsleitungen für die Stickstoffversorgung zwischen *Columbus* und der

◀ *Fischfreunde im Kontrollraum? Maurizio Costa und Giuseppe Lentini beim Handover an der COSMO-Konsole vor einem sehr gewöhnungsbedürftigen Bildschirmhintergrundbild*

ISS installieren. An dieser Aktivität hat nicht nur die COL SYSTEMS-Position, sondern auch COSMO *Maurizio Costa* großes Interesse. Er wird heute ein gefragter Mann sein, denn die Besatzung wird neben der Gasleitung noch viele andere mechanische Aktivitäten, etwa an BIOLAB, durchführen, die in seine Verantwortung fallen.

Nathalie Gérard hat als COL OC heute noch keine laufenden Experimente zu betreuen und kann sich ebenfalls auf die mechanische Arbeit der Besatzung an den Payloads konzentrieren. Außerdem steht die Vorbereitung des morgigen Weltraumspaziergangs, welcher der Installation der externen Payloads gewidmet sein wird, ganz oben auf ihrer Prioritätenliste.

Weil das erste Einschalten des Videosystems in Kürze ansteht, hat sich *Nuria Meneses-Ruiz* an ihrer COL COMMS-Konsole schon mit den erforderlichen Prozeduren ausgerüstet – mit etwas Glück kann das große Presseereignis am Nachmittag bereits mit der eigenen Kamera aufgenommen und zur Erde gefunkt werden.

Noch bevor die Crew ihr Tageswerk beginnt, hat COL DMS einige wichtige Kommandos an das *Columbus*-Modul zu schicken. *Gerd Söllner* hat sich deshalb entschlossen, COL DMS *Maximilien de Roquigny-Iragne* vom *Orbit 3* noch nicht nach Hause zu entlas-

▲ *Columbus-Flugdirektor Gerd Söllner ist hocherfreut über das voll aktivierte Modul.*

◀ *Julian Doyé und Bernie Kerr müssen an der COL SYSTEMS-Konsole die Daten der Wasserpumpe genau im Auge behalten.*

sen, sondern ihn gebeten, etwas länger zu bleiben und seinen Nachfolger *Horst Himmelskamp* zu unterstützen. Nachdem die Computer des Forschungslabors gestern hochgefahren wurden, müssen noch viele verschiedene Parameter gesetzt werden, um die automatischen Reaktionen, die das Modul auf bestimmte Fehler auslöst, korrekt ablaufen zu lassen.

Load Shed Table
Nach Priorität geordnete Abschaltesequenz im Fall von Energieengpässen

Eine besonders wichtige Einstellung ist dabei die Konfiguration der **Load Shed Table**, die in Ausnahmefällen bei Energiemangel aktiviert wird. Kommt es auf der ISS aus irgendeinem Grund, etwa durch Probleme mit einem der Sonnensegel, zu einem plötzlichen Stromabfall, so muss sichergestellt werden, dass unwichtige Verbraucher schnell abgeschaltet werden, während die lebenswichtigen Systeme weiterhin mit Energie versorgt werden können. Hierfür wird von allen internationalen Partnern für jede Betriebsphase der Raumstation eine Tabelle entwickelt, die vom Hauptcomputer in einem Notfall schnell abgearbeitet werden kann. Falls zu wenig Energie vorhanden ist, nimmt sich der Computer den ersten Eintrag in der Tabelle vor und sendet das entsprechende Kommando, um das dort aufgeführte Gerät auszuschalten. Dann wird der neue Stromverbrauch überprüft und gegebenenfalls die nächste Zeile der Tabelle ebenfalls berücksichtigt. So schaltet der Computer zügig so lange Stromverbraucher ab, bis der Verbrauch der zur Verfügung stehenden Energiemenge entspricht. Je weiter die Tabelle abgearbeitet werden muss, desto ernster wird die Lage in der Raumstation. Die ersten Schritte betreffen noch unkritische Systeme wie Video oder auch die Heizer an der Außenhaut, die durchaus einmal eine Zeitlang nicht laufen können, ohne einen Schaden an der Struktur durch Unterkühlung befürchten zu müssen. Dann folgen wissenschaftliche Experimente, wobei riskiert wird, dass das Ergebnis der Versuche darunter leiden könnte. Schließlich können als letzte Option noch verschiedene Funktionen der ISS abgeschaltet werden, die zwar nicht das Wohlergehen der Besatzung gefährden, wohl aber die Kontrolle der Raumstation wesentlich einschränken.

Auch das europäische Modul muss natürlich in einer Ausnahmesituation an diesem Notfallplan teilnehmen. Hierfür sind in der großen **Load Shed Table** der ISS Einträge enthalten, die ihrerseits bewirken, dass auch in der *Columbus* **Load Shed Table** der nächste Einsparungsschritt eingeleitet wird. Das Erstellen dieser Tabellen ist, wie man sich denken kann, durchaus ein Politikum. Alleine die *Columbus* **Load Shed Table** ist in ihrer Entstehungsphase hart umkämpft – möchte doch jeder Wissenschaftler sein Experiment ganz am unte-

ren Ende der **Load Shed Table** sehen. Wenn die Diskussionen dann zumindest innerhalb der ESA abgeschlossen sind und eine interne Ausschalteordnung festgelegt wurde, dann müssen die Verhandlungen auf internationalem Parkett weitergeführt werden. Warum soll in *Columbus* denn schon das erste Experiment abgeschaltet werden, während die Japaner noch ihre Kameras laufen haben? Und wenn schon ein Experiment in *Columbus* – warum dann nicht ein amerikanisches, etwa eines im MSG-Rack der NASA, das in Kürze auch im europäischen Modul stehen wird?

Diese zähen Verhandlungen finden unter Beteiligung des **Mission Science Office** statt, das die wissenschaftlichen Aktivitäten der ESA auf der Raumstation koordiniert, und resultieren jeweils in einer neuen Version der **Load Shed Table**, die für den entsprechenden Zeitraum auf der ISS die wissenschaftlichen Prioritäten berücksichtigt. Wenn die Tabellen in der Theorie existieren, machen sich die Flight Controller daran, die Kommandos zu bauen, um die Bordversionen der Tabellen entsprechend zu konfigurieren. In einem großen internationalen Test, bei dem die verschiedenen Module durch zusammengeschaltete Computersimulatoren repräsentiert werden, wird dann sichergestellt, dass das Notfallprogramm auch wie erwartet abläuft. Die simulierte Raumstation wird dabei immer wieder in den Ausgangszustand gebracht, dann wird jeweils ein immer ernster werdendes Energieproblem eingespielt. Die künstliche Raumstation reagiert entsprechend, und die Flight Controller, die den Test in den Kontrollzentren in Amerika, Europa, Japan und Russland überwachen, überprüfen, ob die vorgesehenen Geräte auch ausgeschaltet wurden.

Erst nach dem erfolgreichen Test und zu Beginn der Betriebsphase, für welche die **Load Shed Table** vorgesehen ist, werden die Parameter dann an Bord entsprechend gesetzt. Für das neu angedockte *Columbus*-Modul nimmt *Julian Doyé* unter den wachsamen Augen seiner COL DMS-Kollegen diese Einstellungen nun vor.

Nachdem die alltägliche Morning-DPC in der Timeline-Darstellung mit einem blauen Rahmen versehen ist, was der Besatzung anzeigt, dass die Aktivität genau zu der angegebenen Zeit erledigt werden muss, meldet sich *Peggy Whitson* pünktlich um 11:25 Uhr in Houston. Die Amerikaner haben seit ein paar Minuten ein kleineres Problem mit einem der Solarsegel und informieren die Besatzung darüber. Außerdem laden sie *Léo Eyharts* ein, an einer später eingeplanten kleineren Pressekonferenz teilzunehmen, für die er ursprünglich nicht eingeplant war. Aber nachdem er zu dieser Zeit noch ein paar freie Minuten hat, könnte er

Ein großer Schritt für Europa

Léopold Eyharts, ESA-Astronaut

»Es war gerade nach meinem ersten Aufenthalt auf der MIR-Station, als ich 1998 als frischgebackener ESA-Astronaut nach Houston kam. Im gleichen Jahr wurde auch der erste Teil der Internationalen Raumstation ins All geschossen, und ich rechnete mir aus, wie lange es wohl dauern würde, bevor ich wieder fliegen und hoffentlich diese neue Station mit ihrem europäischen Teil kennenlernen würde. Ich kam bei pessimistischer Abschätzung auf etwa fünf bis sechs Jahre. Es wurden dann jedoch ganze zehn Jahre, bis ich wieder in den Weltraum aufbrechen sollte – und der Start fiel beinahe auf den Tag genau auf den zehnten Jahrestag meines Erstfluges.

Auf die Frage, ob ich mich heute rückblickend anders entscheiden würde, gibt es jedoch nur eine Antwort: Ich würde wieder genau so handeln! Ich hatte die einmalige Chance, beim Jungfernflug des *Columbus*-Moduls dabei zu sein, es an der ISS zu installieren und sogar die ersten wissenschaftlichen Arbeiten an Bord zu beginnen!

Als europäischer Astronaut war ich mir der Ehre, aber auch der Verantwortung bewusst, am Ende einer langen Kette von Technikern, Ingenieuren, Wissenschaftlern, Flight Controllern, Managern und vielen anderen zu stehen, die in Europa lange Zeit hart gearbeitet hatten, um dieses ambitionierte Projekt zu verwirklichen.

Meine Mission war jedenfalls nicht nur »Zuckerschlecken«. Ziel war nicht alleine, *Columbus* in den Orbit zu bringen und zu aktivieren, sondern auch die lange und manchmal nervtötende Inbetriebnahme und das Durchtesten aller Systeme durchzuführen. Und nicht zu vergessen: mit dem Wissenschaftsprogramm der ESA zu beginnen. Für das alles waren ursprünglich drei ganze Monate vorgesehen, aber durch die Verschiebung nach dem ersten Startversuch im Dezember 2007 waren davon nur noch zwei Monate übrig geblieben, was einen permanenten Wettlauf gegen die Zeit bedeutete.

Aber nur der Erfolg zählt, und so ist es für mich heute eine große Genugtuung zu sehen, wie *Columbus* nun Tag um Tag als Forschungslabor eingesetzt und beinahe problemlos als Teil der inzwischen riesigen Raumstation betrieben wird. Mein Kollege *Frank De Winne* ist gerade von der ersten halbjährigen ESA-Mission der *Columbus*-Ära zurückgekehrt, und andere Astronauten aus Europa bereiten sich für zukünftige Langzeitflüge vor.

In der Zwischenzeit hatte ich auch die Gelegenheit, diejenigen kennenzulernen, die den Traum vom europäischen Raumlabor jeden Tag in die Realität umsetzen, und die Chance, mit ihnen näher zusammenzuarbeiten. Sowohl mit dem Team am *Columbus*-Kontrollzentrum als auch mit all denen, die an anderer Stelle in die wissenschaftliche Nutzung der ISS involviert sind. Ich war beeindruckt von der vielen Arbeit, die jeden Tag hinter dem Betrieb von *Columbus* steckt, aber auch von der großen Kompetenz und der Leidenschaft aller Beteiligten.

Wie lange wird es weitergehen? Sechs, zehn oder vielleicht 15 Jahre? Ich persönlich hoffe: So lange wie nur irgendwie möglich, denn ich bin der Überzeugung, dass *Columbus* und die ISS ein großer Gewinn für alle Menschen und für Europa ist. Besonders auch, um unsere Studenten und Kinder für Weltraum, Forschung, Wissenschaft und Technik zu begeistern.

Und was wird danach kommen? Ich bin schon gespannt auf neue und noch größere Herausforderungen, die auf Europa und die anderen Nationen warten. Der Mond und der Mars vielleicht, aber auch andere Vorhaben im Weltraum, die alle Länder auf der Erde näher zusammenbringen werden.«

---

sich zu *Peggy, Dan* und *Yuri* gesellen und damit den internationalen Charakter der Raumstation für die teilnehmenden Journalisten unterstreichen.

Der CAPCOM in Houston informiert *Peggy* nun darüber, dass das Kontrollzentrum in Huntsville keine weiteren wichtigen Punkte für die Astronauten hat und gibt damit direkt an das Oberpfaffenhofener Team weiter. *Peter Eichler* bedankt sich zunächst einmal für die Unterstützung der Besatzung bei der gestrigen Aktivierung und informiert darüber, dass in Kürze Bilder der *Columbus*-Kameras in den Kontrollzentren erwartet werden – die Astronauten sollen schließlich wissen, wann sie weltweit über die Bildschirme flimmern. Dann besprechen *Peter* und *Peggy* noch einige Details der heutigen Aktivitäten. Sie klären, welche Videokassette heute benutzt werden soll. Es stellt sich heraus, dass eine Installations-CD im Laptop an Bord fehlt und die Besatzung wird gebeten, den Hauptschalter des EPM-Racks in die On-Position zu bringen. Weil die Astronauten auch über jedes Kommando informiert werden möchten, das eine wahrnehmbare Reaktion auf der Station erzeugt, erwähnt der EUROCOM auch das spätere Konfigurieren der Kühlkreislaufventile, die ein hörbares Klacken verursachen – die Besatzung soll hierdurch nicht beunruhigt werden.

Und nun für die Kameras ganz freundlich ...

Nach der Morning-DPC stürzt sich die Crew in ihren Tagesablauf. *Peggy Whitson, Hans Schlegel* und *Léo Eyharts* werden einige Aufgaben in *Columbus* zu erledigen haben, während die anderen immer noch mit dem Hin- und Hertransportieren von Gegenständen zwischen dem Shuttle und der Raumstation beschäftigt sind. Natürlich nimmt auch die Vorbereitung der morgigen EVA einige Zeit in Anspruch. Die beiden Weltraumanzüge der Station müssen umgebaut werden, um dann morgen perfekt auf die Bedürfnisse der beiden Spaziergänger zugeschnitten zu sein.

In Oberpfaffenhofen dagegen ist der große Tag für COL COMMS und damit für *Nuria Meneses-Ruiz* gekommen. Sie wird nun damit beginnen, das Videosystem des Forschungslabors zu aktivieren und zu testen. Zentraler Bestandteil hiervon ist die **Video Distribution and Processing Unit (VDPU)**, die ein elektroni-

Video Distribution and Processing Unit (VDPU)
Schaltzentrale für Videosignale

sches Schaltfeld darstellt und es erlaubt, verschiedene Video- oder Dateneingangssignale zu verschiedenen Ausgangskanälen durchzuschalten. Als Eingangssignalgeber stehen zwei Videokameras zur Verfügung, zwei Videorekorder und von jedem der Payload-Racks mehrere Leitungen, die von den Experimenten unterschiedlich genutzt werden können. Für analoge Videosignale ist in der **VDPU** auch ein Konverter eingebaut, der das Video digitalisieren und in verschiedener Stärke komprimieren kann.

Vier der Ausgänge sind an die beiden Videorekorder und die beiden Monitore des *Columbus*-Moduls angeschlossen. So kann die Besatzung kontrollieren, wie die Videokameras eingestellt sind, oder aus wissenschaftlichem Interesse das Kristallwachstum eines Experiments auf den Bildschirmen verfolgen. Zwölf digitale Ausgangskanäle führen zum **High Rate Multiplexer (HRM)**, der diese Datenströme zu einem einzigen Signal zusammenfügt und an die US-Seite weitergibt, welche diese *Columbus*-Daten in den Gesamtdatenverkehr der Raumstation einfließen lässt.

Zusätzlich ist die **VDPU** über zwei analoge Videoleitungen auch mit dem amerikanischen Sektor verbunden. So kann Video aus der restlichen Raumstation in das europäische Labor eingespielt werden. Vor allem aber besteht die Möglichkeit, die Aufnahmen der *Columbus*-Videokameras direkt in einen der vier Videokanäle der Raumstation zu packen, die permanent zur Erde gefunkt werden.

Die **VDPU** als zentrale Komponente des Videosystems ist dann auch das erste Gerät, das *Nuria* von München aus auf der ISS einschaltet. Obwohl die kurz darauf empfangenen Daten nicht exakt den erwarteten Werten entsprechen, entschließt man sich, mit der Aktivierung fortzufahren. Zunächst werden die beiden Videokameras, dann die Rekorder eingeschaltet, und die **VDPU** wird so konfiguriert, dass das Signal einer Kamera sowohl zu den beiden Rekordern im Modul, den beiden Monitoren und auf analogem Weg zum amerikanischen Teil der Station geleitet wird und auch – digitalisiert durch den Kompressor – als breitbandiger Datenstrom zur Erde kommt.

Wen wundert es, dass dieses komplexe System nicht gleich nach dem ersten Einschalten perfekt funktioniert? Auf dem großen Projektionsschirm des Kontrollraums in Oberpfaffenhofen sehen die Flight Controller nur schwarz... Nachdem sie die verschiedenen Telemetriedaten von der Station ausgewertet und die dicken Handbücher konsultiert hat, schlägt *Nuria* dem Flugdirektor als ersten Schritt zur Eingrenzung des Problems vor, von *Léo* überprüfen zu lassen, ob die Kamera

noch durch einen Deckel verschlossen ist. *Gerd Söllner* gibt seinen Segen zu diesem Plan, EUROCOM *Peter Eichler* ruft die Station und bittet *Léo* um seine Hilfe. Dieser kann bestätigen, dass kein Deckel mehr auf dem Objektiv sitzt und dass ein Bild der Kamera auf einem der beiden Monitore in *Columbus* zu sehen ist. Warum nur auf einem? *Nuria* ist schnell und lässt den EUROCOM noch einmal nachfragen. Es stellt sich heraus, dass nur die Helligkeit auf dem zweiten Bildschirm zu niedrig eingestellt ist. Das kann *Léo* schnell korrigieren, er fokussiert auch gleich das Bild der Kamera gestochen scharf. In München allerdings sieht man davon immer noch nichts – der Projektionsschirm bleibt dunkel.

Der Fehler scheint also nicht an Bord zu suchen zu sein, sondern im Bodensystem. Und wirklich kann nach einigen Umkonfigurationen Mission Control Houston bestätigen, dass über den analogen Kanal ein gutes *Columbus*-Bild empfangen wird – und kurz darauf ist *Léo*, der im europäischen Labor arbeitet, auch im COL-CC zu sehen. Nur mit dem digitalen Bild hapert es noch – und die Bodensystemfachleute arbeiten mit den amerikanischen Kollegen hart daran. Das Resultat kann sich sehen lassen: Bald empfangen die Europäer auch auf dem digitalen Weg das Bild ihres Moduls.

Obwohl das Videobild aus dem All relativ dunkel ist, entschließt sich *Nuria*, mit dem Test ihres Systems fortzufahren und auch den Videorekorder noch ein paar Minuten auf Aufnahme zu schalten. Alles funktioniert

▶ *Nuria Meneses-Ruiz hat gut lachen – sie kann endlich das Videosystem von Columbus in Betrieb nehmen*

wunderbar – bis auf die Tatsache, dass sich keiner erklären kann, warum bereits in den beiden Rekordern ein Band eingelegt ist. Das Bodentestteam lässt grüßen.

Ein Test der zweiten Kamera ist schließlich nur bedingt möglich, weil die Besatzung das Labor bereits für ihren großen Presseauftritt dekoriert und eine Fahne genau vor die Kamera gehängt hat. Mit dem Testen des Videoequipments ist die COL COMMS-Position, zuerst *Nuria Meneses-Ruiz* und später dann *Kagan Özdemir*, den ganzen Tag noch beschäftigt – es ist lange nach Mitternacht, als die einzelnen Komponenten endlich ausgeschaltet werden können.

In der Zwischenzeit kümmert sich COL SYSTEMS um die Wasserpumpen. Diese komplexen Maschinen werden von *Julian Doyé* auf das Genaueste überprüft – von ihrem zuverlässigen Funktionieren hängt alles ab. Ohne eine laufende Wasserkühlung ist *Columbus* als Forschungslabor nicht viel wert! Die einzelnen Ventile werden eingeschaltet, teilweise durch Bodenkommandos bewegt, und die Daten analysiert. Die Astronauten bekommen davon nur ein gelegentliches Geräusch mit, aber sie sind ja bereits vorgewarnt.

Um die Pumpen endgültig in eine optimale Konfiguration zu bringen, ist das Bodenteam in Oberpfaffenhofen auf *Peggy* angewiesen, die seit 13:30 Uhr bereits an der Installation der Stickstoffleitung arbeitet. Die Akkumulatoren in den beiden Pumpen, die dazu verwendet werden, einen ausreichenden statischen Wasserdruck aufzubauen, um den Impellern der Pumpen ein effektives Umwälzen des Kühlwassers zu ermöglichen, müssen noch auf den richtigen Enddruck gebracht werden. Dafür wird der Einfachheit halber der Stickstoff verwendet, der durch die Amerikaner in der Station zur Verfügung gestellt wird. Um *Columbus* mit diesem Gas zu versorgen, muss im Durchgangstunnel zwischen den Luken von *Node 2* und dem europäischen Modul die entsprechende Verbindungsleitung installiert werden.

Peggy nimmt dazu zunächst die weiße Nomexverkleidung zwischen den beiden Modulen ab, um Zugang zu den zahlreichen Kabel- und Leitungsverbindungen zu haben. Dann verbindet sie, wie in der Prozedur beschrieben, die entsprechenden Flansche der amerikanischen und der europäischen Seite mit dem **Nitrogen Jumper**. Um sicherzugehen, dass sich in der Leitung, die ja später auch für wissenschaftliche Experimente benutzt werden soll, keine Verunreinigungen befinden, wird das gesamte System noch mit Stickstoff gespült. Dazu muss *Peggy* eine spezielle Vorrichtung an einem Gasanschluss im Modul anbauen, um zu verhindern, dass das Gas in die Atmosphäre der Raumstation gelangt. Stickstoff ist zwar nicht giftig, aber jede Änderung der Luftzusammensetzung in der ISS sollte natürlich tunlichst vermieden werden.

Weil der Stickstoff wie alle Dinge, die teuer von der Erde zur Station gebracht werden müssen, eine sehr wertvolle Ressource ist, gehört natürlich auch eine letzte Kontrolle der Dichtigkeit dazu. Diese kann von *Julian* vom Kontrollraum aus eingeleitet und über Nacht durchgeführt werden, sodass *Peggy* nur noch ihr Arbeitsmaterial aufräumen und die Nomexverkleidung wieder anbringen muss.

Hans Schlegel arbeitet in der Zwischenzeit fast Schulter an Schulter mit *Peggy*. Er hat die Aufgabe, die Notbeleuchtung zu aktivieren und zu prüfen. Im Falle eines plötzlichen Stromverlustes schaltet sich ein batteriebetriebener Leuchtstreifen unterhalb der Luke ein und weist so der Besatzung den Weg aus dem Modul. *Hans* schaltet diese Funktion ein und vergewissert sich, dass die Batterie geladen wird.

Dann wendet er sich *Léo* zu, der bereits vor dem **BIOLAB**-Rack schwebt und sich voll auf diesen Experimentschrank konzentriert. Das zahlreiche Werkzeug, das für die Arbeit an **BIOLAB** gebraucht wird, hat er schon zusammengesucht und zweckmäßig »temp stowed«, also in der Nähe seines Arbeitsplatzes irgendwo so befestigt, dass es nicht herumfliegen und Schaden anrichten kann sowie schnell greifbar ist. Außerdem hat *Léo* schon den Druck der Gasflaschen kontrolliert, dem EUROCOM die Werte durchgegeben und die zahlreichen Schrauben entfernt, die die Türen der beiden Wärmeschränke während der Startphase gesichert haben. Scheinbar hat *Léo* seinen Gefallen an dem biologischen Minilabor gefunden, denn als er München ruft, um die erfolgreiche Ausführung der Arbeiten zu melden, fügt er hinzu, es wäre wie ein »piece of cake« – »ein Stück Kuchen« – für ihn gewesen. Das kleine Kontrollzentrum in Köln, das für **BIOLAB** zuständig ist und nun die Arbeiten an seinem Rack verfolgt – immer bereit, bei eventuellen Fragen schnell die richtigen Antworten zu liefern – ist natürlich durch so ein Kompliment aus dem Mund eines Astronauten hoch erfreut. Freilich ist auf den Funkkanälen kein Platz für Freudenausbrüche, deshalb quittieren die Kölner nur trocken:

»MUSC OPS copies.« –
»Der MUSC-Operator hat verstanden.«

Die weiteren Arbeitsschritte überlässt *Léo* dann dem deutschen Astronauten und wendet sich, wie es für ihn auf der Timeline vorgegeben ist, seiner nächsten

▲ *Hans Schlegel studiert
die Installationsprozedur der
BIOLAB-Komponenten.*

Aufgabe zu. *Hans Schlegel* darf am »Sahnestückchen« **BIOLAB** weitermachen. Zunächst geht es darum, die beiden von Sicherungsschrauben befreiten Wärmeschränke komplett für den Betrieb herzurichten. Es werden Silikatbeutel eingebaut, um die Feuchtigkeit zu binden, und die beiden Einschübe installiert, auf denen später Proben angebracht werden können.

Dann wendet sich *Hans* der automatisierten Seite des Racks zu. Dort existieren zwei »Minikühlschränke«, in denen die für den Roboterarm zugänglichen Substanzen installiert werden können. Die elektronische Steuerungseinheit dazu konnte für den Start des Space Shuttles nicht in ihrer endgültigen Position untergebracht werden. Der Deutsche muss nun diese beiden Boxen an ihrer vorgesehenen Stelle einsetzen und durch zwei Schrauben fixieren. Dann wird in jeden der beiden Schränke eine zusätzliche Isolierung und jeweils ein erster Einschub gepackt, der für die spätere Überprüfung des Racks auf Herz und Nieren verwendet werden wird.

Darauf wechselt *Hans* wieder auf die andere Seite des Racks, wo die ausziehbare **Glovebox** das geschützte Hantieren mit giftigen Substanzen erlaubt, ohne mit diesen in Berührung zu kommen. Natürlich ist dieses bewegliche Teil mit besonders vielen Extrasicherungen für die turbulente erste Flugphase ausgestattet, die *Hans* jetzt mühsam Schraube für Schraube entfernen muss. Dabei hat er auch eine gewisse Reihenfolge einzuhalten, was es notwendig macht, dass er immer wieder zwischen seinem Arbeitsplatz und der Prozedur am Laptopbildschirm hin- und herschweben, das richtige Werkzeug suchen und teilweise auch noch das korrekte Drehmoment überprüfen muss.

70 Minuten hat MUSC für die Dauer dieser Prozedur veranschlagt, wobei diesen Zeitangaben auch wieder ein komplizierter Berechnungsprozess zugrunde liegt. Crewzeit ist teuer, deshalb ist man geneigt, möglichst wenig Zeit zu veranschlagen. Auf der anderen Seite möchte man vermeiden, dass die Astronauten sich zu sehr beeilen müssen – eine Quelle für potenzielle Fehler. Natürlich wurde für jede der Prozeduren im Vorfeld eine Zeitmessung auf der Erde durchgeführt,

aber auch hier sind große Unterschiede möglich. Ein erfahrener Trainer schafft die Prozedur schneller als ein Neuling, der das Rack zum ersten Mal sieht. Das Werkzeug liegt in den Trainingsräumen in Köln griffbereit daneben – und muss nicht erst in einer vollgepackten Raumstation gesucht werden. Schrauben anziehen auf der Erde ist man seit Kinderbeinen an gewohnt, aber in der Schwerelosigkeit muss man festen Halt finden, schließlich sind hier die Rollen nicht so ganz klar verteilt: Soll sich die Schraube oder der Schraubende um seine Achse drehen?

Auch die NASA verfolgt bei der Berechnung der Aktivitätsdauer verschiedene Ansätze. Die ESA hat sich schließlich für den Ansatz »mittlere Bodendauer plus 50 % **On-Orbit-Factor**« entschieden. Allerdings muss *Hans*, als er schließlich die vollendete Aktivität nach Oberpfaffenhofen melden kann, gestehen, dass die veranschlagte Zeit eher knapp war. Außerdem ist als kleines Problem aufgetaucht, dass die Drehmomente in der Prozedur in Newtonmeter angegeben waren, während die Drehmomentschlüssel auf der ISS in der amerikanischen Einheit Inchpound geeicht sind – er musste jedes Mal umrechnen. Nicht zum ersten Mal wurden in der Raumfahrt die verschiedenen in Europa und in Amerika benutzten Maßeinheiten zum Problem (so führte ein peinlicher Umrechnungsfehler im Jahr 1998 zum Absturz des »Mars Climate Orbiters« auf den Mars) – glücklicherweise ist diesmal die Auswirkung glimpflich.

In der Zwischenzeit hat *Léo* im hinteren Teil des *Columbus*-Moduls den vieldiskutierten Sicherungsaustausch vorgenommen. Nachdem sich herausgestellt hatte, dass die bereits eingebaute Sicherung für die demnächst außen anzubringende amerikanische Payload **MISSE-6** nicht den passenden Wert hat, um vor zu hohen Strömen wirksam zu schützen, war in letzter Minute noch eine Ersatzsicherung eingeladen worden. In der Zwischenzeit ist auch der entsprechende Papierkram erledigt, um die Sicherung überhaupt auf der Raumstation verwenden zu dürfen. Außerdem ist inzwischen auch die Austauschprozedur fertiggestellt und auf die Station geschickt worden. Bevor *Léo* los-

On-Orbit-Factor
Zeitaufschlag auf die Ausführungsdauer, der die Weltraumsituation berücksichtigen soll

MISSE-6
Externes Experiment des amerikanischen Verteidigungsministeriums – bizarrerweise am europäischen Labor montiert

legte, haben die Kontrollzentren noch einmal bestätigt, dass die notwendigen Sicherheitsmaßnahmen getroffen wurden, sodass *Léo* ohne Gefahr an den sonst stromführenden Leitungen arbeiten konnte. Und bald konnte er eine erfolgreich ausgetauschte Sicherung melden – ein Astronaut muss also auch Elektriker-qualitäten haben.

Die große Pressekonferenz

Flight Engineer 2
Die Besatzung auf der ISS hat je nach ihren Funktionen auch die Bezeichnung »ISS Commander« oder »Flight Engineer«.

▶ *Filigrane Arbeit an BIOLAB ist gefordert.*

PAO (Public Affairs Office)
Veranstaltungen für die Presse oder Öffentlichkeitsarbeit

ESA-PAO-EVENT
Unter dieser Bezeichnung erscheinen europäische Presse-termine in der Timeline

Nach dem Sicherungsaustausch und dem täglichen Sport folgt eine halbe Stunde Handover-Zeit, in der *Léo* als der zukünftige **Flight Engineer 2** durch seinen Vorgänger *Daniel Tani* in seine neue Aufgabe einge-wiesen wird. Für die beiden sind für die nächsten Tage einige Stunden geblockt, in denen *Dan* seinem Nach-folger die Erfahrungen aus einem halben Jahr Leben auf der ISS weitergeben wird, damit *Léo* optimal auf die kommenden eineinhalb Monate an Bord vorberei-tet ist.

Dann versammeln sich um 20:10 Uhr die beiden europäischen Astronauten, die bisherige ISS-Besatzung *Peggy*, *Dan* und *Yuri* und der Space-Shuttle-Comman-der *Steve Frick* in *Columbus* für den Höhepunkt des heutigen Tages. Von dem europäischen Modul aus soll die erste Pressekonferenz gegeben werden, im NASA-Fachjargon als **PAO**-Event bezeichnet. Seit vielen Jah-ren ist dieses **ESA-PAO-EVENT** in der Timeline des 1E-Fluges herumgegeistert – für die ESA hat es eine sehr hohe Priorität, möglichst frühzeitig nach Aktivierung des Forschungslabors alle Menschen in Europa an die-sem Meilenstein der europäischen Raumfahrtsgeschich-te teilhaben zu lassen.

Immer wieder war diese Pressekonferenz während der Simulationen nachgespielt und als Stolperstein für das Training der Planer verwendet worden – um das **ESA-PAO-EVENT** musste geschickt »herumgeplant« werden, da man die prominenten Gäste nicht warten lassen durfte. Verschiedenste Szenarien waren deshalb während der Simulationen entwickelt worden – vom Verlegen des Ereignisses in das US-Lab oder vor die geöffnete Luke bis hin zu Astronauten, die die Fragen der Presse mit Mund- und Augenschutz beantworte-ten, weil die Luft durch einen Fehler des Ventilators noch nicht endgültig gereinigt werden konnte.

Nun war der Zeitpunkt des heiß ersehnten Events endlich gekommen – und es ist tatsächlich die Bundes-kanzlerin *Angela Merkel*, die mit echten Astronauten an Bord der Raumstation spricht. Zunächst ist es aber der CAPCOM, der die Raumstation ruft und klärt, ob die Astronauten fertig für das Presseereignis sind.

Dann übergibt der CAPCOM an den deutschen Astro-nauten *Thomas Reiter*, der als Moderator neben *Angela Merkel* und dem ESA-Generaldirektor *Jean-Jacques Dordain* im Berliner Wirtschaftsministerium steht und nun über eine Telefonleitung in das Kommunikations-netz mit der Raumstation eingebunden wurde:

> »German Federal Ministry of Economics and Technology, this is Houston. Please call Alpha for a voice check.« –
> *»Deutsches Wirtschaftsministerium, hier spricht Houston. Bitte rufen Sie die Raumstation für einen Verständigungstest.«*

Jetzt dürfen sich auch die Medien einklinken, den Ton und das Bild aus dem All übernehmen und in alle Welt hinaus senden. *Thomas Reiter* begrüßt kurz seine Kol-legen auf der ISS, auf der er selbst vor etwa einem Jahr für einen sechsmonatigen Aufenthalt war. Natür-lich kennen sich die Astronauten persönlich, aber es bleibt keine Zeit für lange Small Talks. Um die kostbare Zeit effizient zu nutzen, übergibt er gleich das Wort an *Angela Merkel*.

◄ Dan und Léo – alle wichtigen Informationen und Erfahrungen werden beim Crew Handover ausgetauscht.

Die Bundeskanzlerin, des Englischen und Russischen mächtig, begrüßt die Astronauten mit einem herzlichen »Yes, hello and Dobry Den und guten Tag, ich freue mich natürlich, heute zu Ihnen sprechen zu können.« Sie erwähnt, dass sie ja *Columbus* bereits in Bremen gesehen und verabschiedet hat, und natürlich gilt die erste Frage den Installationsarbeiten. *Peggy Whitson* als Kommandantin darf als Erste antworten und erklärt in Englisch, dass das neue Modul »very beautiful« ist und ein wichtiger Beitrag, nicht nur für die ESA, sondern für die ganze ISS-Gemeinde. Die nächste Frage der Kanzlerin gilt dem Deutschen *Hans Schlegel* – natürlich will *Angela Merkel* wissen, wie es ihm im Weltraum geht. Der darf ausnahmsweise auf Deutsch antworten und betont noch einmal, dass die ISS erst durch das Anfügen des europäischen Moduls wirklich eine internationale Raumstation geworden ist. Auf die Feststellung von *Merkel*, wie stolz alle Anwesenden über die erfolgreiche Mission sind, brandet Applaus im Wirtschaftsministerium auf.

Natürlich kann sich die deutsche Kanzlerin die Frage nicht verkneifen, wie es denn sei, die Erde von oben zu sehen. *Hans Schlegel* gerät ins Schwärmen und erzählt von den wunderbaren Momenten, die er während dieser Mission, während seines letzten Space-Shuttle-Fluges 1993 und insbesondere während seines Weltraumausstiegs gestern erlebt hat – von dem gigantischen Raumschiff Erde, den intensiven Farben,

der dünnen Atmosphäre. Er beendet seine kurze Schilderung mit einem leidenschaftlichen Plädoyer für den Erhalt unseres Planeten.

Die Bundeskanzlerin beendet ihren Crew Call – und vor lauter Begeisterung geht die ehemalige Physikerin vom Deutschen ins Englische über und bedankt sich nicht nur bei den Astronauten, sondern auch bei den Mitarbeitern in den Kontrollzentren, die dieses Gespräch vorbereitet und ermöglicht haben – mit den Astronauten zu sprechen wäre wie ein Telefongespräch mit der Nachbarschaft.

Nach dem Applaus übernimmt wieder *Thomas Reiter*

◄ Die 1E-Besatzung steht der Presse Rede und Antwort. NASA-TV ist live dabei.

– er entschuldigt sich bei *Dan Tani*, den er bei seiner Begrüßung glatt übersehen hat, und vergisst auch nicht, *Peggy* nachträglich zu ihrem Geburtstag zu gratulieren. Dann übergibt er das Mikrofon an den ESA-Generaldirektor *Jean-Jacques Dordain*. Der Franzose hat sich entschieden, bei Englisch zu bleiben, und bedankt sich bei der Shuttle- und der ISS-Besatzung, dass *Columbus* so schnell und reibungslos angedockt und in Betrieb genommen werden konnte. Für ihn, der viele Jahre an diesem Unternehmen gearbeitet hat, sei es schier unglaublich, dass das Modul nun endlich im Orbit sei.

Ganz gegen das Protokoll ergreift noch einmal die deutsche Bundeskanzlerin das Wort, aber durch die leichte Verzögerung des Funksignals hat inzwischen auch *Peggy* auf der ISS das Sprechen angefangen und kommentiert die Worte des ESA-Direktors, bevor *Merkel* schließlich zu Wort kommt. Ihr als Wissenschaftlerin liege es am Herzen zu betonen, dass sie nicht nur den Transport nach Florida und den Start mit Interesse verfolgt habe, sondern dass sie auch die ersten wissenschaftlichen Ergebnisse mit Spannung erwarte.

Jean-Jacques Dordain spricht dann seinen Landsmann *Léopold Eyharts* an, der ja nur der »sichtbare« Teil einer riesigen Menge von Experten sei, welche diese Mission möglich gemacht hätten. *Léo* betont, dass er täglich an das große Team durch die beiden Tafeln im *Columbus*-Modul erinnert wird, in die die Namen und Unterschriften von hunderten von Ingenieuren und Wissenschaftlern eingraviert sind.

Angela Merkel hat noch eine ganz persönliche Frage an Astronautin *Peggy Whitson*: »Wir sind natürlich stolz auf eine Frau im Weltraum. Wie ist es denn mit den ganzen Männern an Bord? Sind sie freundlich ...?« – und weiter kommt sie nicht, sondern wird durch das Lachen der Gäste unterbrochen. *Peggy* bestätigt diplomatisch, dass sie alle eine gute Zeit hier oben haben.

Dann die umgekehrte Frage der Kanzlerin: »Is it more fun with a woman among the crew?« – *»Ist es schöner, eine Frau in der Crew zu haben?«* Nachdem sich die Astronauten anscheinend nicht entschließen können, wer diese Frage am besten beantworten könnte, ruft *Merkel* lehrerinnenhaft den Deutschen auf: »*Hans Schlegel*?« Im Lachen der Besucher geht beinahe unter, wie sie leise mit *Thomas Reiter* flüstert: »War der schon mal im Weltraum?« – und *Thomas* hilft schnell weiter: »Jaja, der war schon mal ...«

Hans Schlegel antwortet, dass ein gemischtes Team immer gut sei, und gibt dann das Mikrofon hilfesuchend an seinen Shuttle-Kommandanten ab – bei solch einem heiklen Thema soll doch der etwas dazu

sagen! »Ich würde es nicht anders machen wollen«, antwortet der diplomatisch, aber mit Nachdruck auf Englisch.

Der ESA-Generaldirektor plaudert dann mit *Hans Schlegel* noch kurz über dessen ersten Weltraum-Außeneinsatz am Vortag und wendet sich dann an *Yuri*, der als Spezialist für das ATV der ESA ausgebildet worden ist. Es klingt ehrlich, als er den Russen bittet: »Please take care of ATV!«

Dann schickt *Angela Merkel* ihre abschließenden Grüße an *Hans Schlegel* und erzählt von den vielen Menschen, die in den gegenwärtig sehr klaren Nächten am Himmel nach dem winzigen Lichtpunkt der ISS Ausschau halten und dabei hoffen, dass auch weiterhin alles gut gehen wird. Auch *Jean-Jacques Dordain* drückt nochmal aus, wie ihn dieser Moment bewegt:

> »Thank you – I was on board of *Columbus* for a couple of minutes and I was dreaming to be on board of *Columbus* as you know.« –
> *»Danke! Ich war gerade für ein paar Minuten an Bord von Columbus – und wie Ihr wisst, habe ich immer davon geträumt, einmal an Bord von Columbus sein zu können!«*

Dann übernimmt wieder *Thomas Reiter* die Moderation, beendet das Gespräch und übergibt den Funkkanal wieder an den CAPCOM, der sich bei »Madame Chancellor *Merkel*, ESA Director General *Dordain*, Moderator *Thomas Reiter* and the German Federal Ministry of Economics and Technology« bedankt und dann die Station informiert:

> »*Alpha*, we are now resuming operational *Space-to-Ground* communications.« –
> *»Raumstation Alpha, wir nehmen nun wieder den operationellen Funkverkehr zwischen Boden und Raumstation auf.«*

Wer sich bisher über die komplizierten Prozesse in der Raumfahrt und das bis ins Detail durchstrukturierte Arbeiten im Zusammenhang mit der Raumstation gewundert hat, wird argwöhnen, dass auch das lockere Plaudern der Kanzlerin und des Generaldirektors mit den Astronauten und deren durchdachte Antworten wohl nicht ganz spontan aus der Situation heraus entstanden sein dürften. Auch dass bei anderen Pressekonferenzen, bei denen etwa Kinder Fragen stellen, wie sich Flüssigkeiten in der Schwerelosigkeit verhalten, immer sofort ein Wasserbeutel zur Hand ist, um ein schnelles Experiment dazu durchzuführen, stimmt misstrauisch ...

Und natürlich hat jeder Zweifler hier recht: Ein großer Teil des Frage-Antwort-Spiels ist von langer Hand vorbereitet. Spätestens am Vortag erhält die Besatzung ein Skript mit den vorgesehenen Fragen und manchmal auch mit bereits ausgearbeiteten passenden Antworten. Außerdem sind weitere Informationen enthalten, etwa dass *Hans Schlegel Angela Merkel* mit »Frau Bundeskanzlerin« oder »Madame Chancellor« ansprechen soll, dass sich die Crew selbst mit kurzen Übersetzungen aus dem Deutschen oder Französischen behelfen soll, dass die deutsche Flagge und die der ESA im Hintergrund zu sehen sein müssen und die Embleme der jeweiligen Raumfahrtsorganisationen getragen werden sollen.

Die NASA unterhält tagsüber eine eigene Konsolenposition, **PAO**, die sich um alle öffentlichen Auftritte der Besatzung kümmert. Die ist beispielsweise bei der Eröffnung von Messen oder Konferenzen, beim Houston Rodeo, beim Anpfiff von Sportereignissen dabei. Sie beantwortet Fragen von Schulkindern an verschiedenen Schulen, sie hat beim 60. Jahrestag der Menschenrechtserklärung eine Nachricht an die Welt geschickt, natürlich geben die Astronauten auch Radiointerviews und plaudern auch mal mit Bundeskanzlern oder Staatspräsidenten.

Ganz privat dürfen sich die Besatzungsmitglieder übrigens auch Prominente wünschen, die mit ihnen ein kurzes Schwätzchen halten sollen – und diese fühlen sich sehr geehrt, wenn sie nach Houston in die heiligen Hallen des Kontrollzentrums eingeladen werden – oft zusammen mit den Familien der Astronauten.

Ein erholsamer Nachmittag im Weltall

Nach dem großen Ereignis und sozusagen dem ersten öffentlichen Auftritt des neuen Moduls dürfen sich die Shuttle-Astronauten an den Mittagstisch setzen – die ISS-Besatzung muss sich damit noch etwas gedulden: Sie hat anschließend noch einen zweiten Pressetermin ...

Dafür verläuft der Nachmittag dann für alle etwas geruhsamer: Für die Astronauten stehen nur ein paar kleinere Aktivitäten auf dem Plan, *Dan Tani* und *Léo Eyharts* schweben wieder gemeinsam durch die Raumstation und *Dan* gibt wichtige Informationen an seinen Nachfolger weiter. Nach der bisherigen anstrengenden Mission wurde etwas Freizeit für die Astronauten eingeplant, bevor sich alle abends noch einmal zusammensetzen und den morgigen Weltraumausstieg miteinander durchsprechen werden.

Die nimmermüde *Peggy* hält es jedoch nicht lange ohne Arbeit aus und fragt in München an, ob es nicht noch etwas gäbe, womit sie *Columbus* weiterbringen könnte? Wieder ist es nicht einfach, auf die Schnelle die mühsam über Jahre zusammengestellte Timeline auf Aktivitäten zu untersuchen, die einfach herausgelöst und *Peggy* angeboten werden können. Aber Langeweile und Frustration im Weltraum sollen natürlich auch nicht aufkommen – außerdem ist es eine große Chance für die ESA, noch während der Space-Shuttle-Mission wesentlich weiter in der Konfigurierung des Raumlabors zu kommen als ursprünglich geplant. Der *Orbit 1* in Oberpfaffenhofen sammelt, verwirft, überdenkt und einigt sich schließlich auf eine Liste, die auch der hereinkommende *Orbit 2* noch einmal kritisch prüft. Dann muss der COSMO *Maurizio Costa* eilig die benötigten Werkzeuge und Gegenstände zusammenschreiben und jeweils den entsprechenden Ort heraussuchen, wo *Peggy* sie finden kann. Die NASA kümmert sich dann darum, diese Tabelle an Bord zu bringen, bevor der EUROCOM *Norbert Illmer* schließlich *Peggy* rufen und ihr ein paar Aufgaben für den Nachmittag anbieten kann. *Peggy* ist begeistert und kurz darauf sieht man sie über Video wieder in *Columbus* schrauben, kontrollieren, einräumen ...

Zunächst stürzt sich die Astronautin auf das **EDR**-Rack. Über den *Columbus*-Laptop erledigt sie als Erstes den aus Sicherheitsgründen zwingend vorgeschriebenen Schritt zu prüfen, ob die Stromzufuhr zuverlässig ausgeschaltet ist. Dann kippt sie das Rack nach vorn, um Zugang zur Rückseite zu bekommen. In ihrer ersten Prozedur wird sie das Rackinnere für die Inbetriebnahme vorbereiten. Der empfindliche Rauchmelder musste während der Startphase extra gelagert werden und wird nun eingebaut. Satte 73 Schrauben entfernt *Peggy* geduldig, dann liegen die »Eingeweide« des **EDR** offen. Es ist gar nicht einfach, den dicken Luftschlauch vom Gebläse zu entfernen, den Rauchmelder in der korrekten Orientierung einzubauen und anzuschließen und letztendlich das gesamte System wieder luftdicht zu verbinden. Und das alles unter Schwerelosigkeit! Schon auf der Erde hätte sie sich im Training gewünscht, drei Hände zu haben – nun muss sie sich zusätzlich noch irgendwie im Raum fixieren, um einen stabilen Halt zum Schrauben, Einpassen, Nachjustieren und Festdrücken zu haben. Trotzdem schafft sie es schneller als in den angegebenen 100 Minuten, das Rack zu kippen, hinten zu öffnen, den Rauchsensor einzubauen, dann die akustischen

▲ *Ganz privat: Die Besatzung beim Essen.*

Isolierungen anzubringen, die Rückseite wieder mit den vielen Schrauben zu verschließen und **EDR** wieder in seine ursprüngliche Position zurückzukippen.

An seiner Konsole am ERASMUS-USOC verfolgt *Paul Dujardin* zusammen mit Experten der Herstellerfirma die Arbeiten der Astronautin über Video. Dass *Peggy* ohne Probleme und ohne Nachfragen die komplizierten Eingriffe vornehmen konnte, freut ihn. Schließlich hatte ERASMUS-USOC lange daran gearbeitet, die zugehörige Arbeitsprozedur klar und verständlich zu schreiben und die Astronauten optimal dafür zu trainieren!

Der nächste Auftrag, den *Peggy* von Oberpfaffenhofen erhalten hat, ist dagegen ein Kinderspiel. Die leeren Fächer von **EDR**, in denen zukünftig weitere Experimente installiert werden sollen, sind für die Transportphase effizient genutzt und mit verschiedenen Gegenständen gefüllt worden, die *Peggy* nun an

ihrem endgültigen Ort in *Columbus* verstaut. Gerne hätte die Astronautin auch noch die verschiedenen Kabel montiert, die das Rack mit dem Modul verbinden, ihm Strom, Kühlwasser, Daten und andere Ressourcen zur Verfügung stellen, aber die strengen Sicherheitsbestimmungen verlangen eine intensive Koordination zwischen Oberpfaffenhofen und Houston. Man will nicht übereilig einfach die Gesundheit der Astronauten aufs Spiel setzen, deswegen soll diese komplexe Aktivität erst morgen durchgeführt werden, wo sie ordentlich mit allen damit einhergehenden Kommandos der Bodenstationen in der richtigen Reihenfolge erledigt werden kann.

Somit muss *Peggy* nun ihre Arbeiten an **EDR** einstellen und darf sich dem nächsten Rack, nämlich **EPM**, zuwenden. Verglichen mit **EDR** sind ihre Aufgaben hier schlichtweg trivial. Sowohl der EKG- als auch der EEG-Einschub haben ihre eigenen Festplattenlaufwerke, um die wissenschaftlichen Daten zu speichern. Diese empfindlichen Speichermedien wurden gut gepolstert ins All transportiert. Alles, was die Astronauten noch erledigen müssen, ist, die Festplatten in ihre endgültige Position in EPM einzuschieben – das Herrichten und das anschließende Verstauen der Werkzeuge kostet mehr Zeit als die eigentliche Arbeit.

Als *Peggy* dann um 20:50 Uhr München ruft, die erfolgreiche Ausführung der angebotenen Arbeiten vermeldet und nach mehr fragt, müssen die Oberpfaffenhofener passen – mehr gibt es im Moment einfach nicht zu tun! Vorsichtig und höflich teilt *Norbert Illmer* der Besatzung mit:

> »Thanks a lot, that is currently all for today.« –
> *»Herzlichen Dank! Das ist alles für heute.«*

Die ISS-Besatzung hat am Nachmittag schließlich noch ihre persönlichen viertelstündigen Konferenzen mit ihren Psychologen, bei denen sonst keiner mithören darf. Währenddessen wird in Oberpfaffenhofen die allabendliche Planungskonferenz vorbereitet. Aufgrund der Schnelligkeit besonders von *Peggy* ist es für die Controller am Boden extrem schwierig nachzuvollziehen, welche Arbeiten schon ausgeführt wurden und welche noch nicht abgehakt werden können. Üblicherweise ruft die Besatzung Mission Control nur, wenn es Schwierigkeiten gibt, aber nicht um Bescheid zu geben, dass sie hiermit fertig ist und damit weitermacht. Deshalb haben die einzelnen Positionen *Norbert Illmer* mit einer Liste von Fragen versorgt, die sie nun geklärt haben wollen. Ist der Schalter für MEEMM nun in der REM-Position? Sind die Stromleitungen zu den externen Nutzlasten unterbrochen, damit die Astronauten morgen dort ohne Gefahr SOLAR und EuTEF installieren können? In der DPC beantworten die Astronauten dann geduldig die neugierigen Fragen – und haben auch noch einige eigene Anliegen, die wiederum die Münchner beantworten müssen.

Nach der Planungskonferenz steht Privatzeit beziehungsweise die Vorbereitung des morgigen Weltraumspaziergangs auf dem Programm. Wieder sind es *Rex Walheim* und *Stan Love*, die die Nacht in der Luftschleuse unter niedrigerem Druck verbringen müssen – sie freuen sich auf das morgige Ereignis: Jede EVA ist der Höhepunkt einer Mission – und auch eines Astronautenlebens. Wer es auf drei bis vier »Spaziergänge« bringen kann, gilt schon als äußerst erfahren!

Der steinige Weg zum Astronauten

Auf den ersten Blick führt der Astronaut ein abwechslungsreiches und abenteuerliches Leben. Dieser Eindruck verleitet besonders viele Jungen dazu, diesen Berufswunsch ganz oben auf der Liste zu führen, gleich neben Feuerwehrmann oder Lokomotivführer. Für manche bleibt es eine Phase der Kindheit, die bald vorüber ist, aber andere lässt der Traum vom Weltraumflug zeitlebens nicht mehr los. Daher ist es nicht verwunderlich, dass sich bei der letzten Stellenausschreibung der ESA zur Ergänzung ihres Astronautenkorps kurz nach der 1E-Mission fast 10.000 Kandidaten beworben haben. Da die Ausschreibung europaweit gültig war und natürlich auch in der Presse ein entsprechendes Echo hervorgerufen hat, ist diese Anzahl eigentlich sogar überschaubar. Denn die ESA hat hier einen Trick eingesetzt, um von vornherein die Anzahl der ungeeigneten Bewerber gering zu halten – was durchaus Sinn macht, wenn man sich die zahlreichen Selbstüberschätzungen in diversen TV-Castingshows vor Augen hält. Neben den »weichen« Bewerbungskriterien von einem ungefähren Alter zwischen 27 und 37, einem Studienabschluss in einem raumfahrtrelevanten Fach (etwa einer Naturwissenschaft, einem technischen Fachgebiet oder der Medizin) und guter körperlicher und geistiger Verfassung wurde die Vorlage eines Gesundheitszeugnisses nach Privatpilotenstandard gefordert. Diese zusätzliche Hürde, die mit Aufwand und Geld verbunden ist, hat sicher einige tausend Bewerbungen von Abenteurern verhindert.

Die erste Stufe des Bewerbungsverfahrens war neben dem medizinischen Gutachten ein mehrseitiger Online-Fragebogen, der Details zu Ausbildung und Studium, eventuellen fliegerischen Fähigkeiten, wissenschaftlichen Befähigungen wie die Anzahl der Fachveröffentlichungen, die Erfahrung mit Experimenten und die Fähigkeit, vor größeren Foren zu reden, ebenso abfragte wie die sportlichen Aktivitäten, das bisherige Verhältnis zur ESA und bereits sehr konkret die Bereitschaft zu längeren Aufenthalten in Star City oder Houston. Außerdem sollten kurze Essays erstellt werden, was aus der Sicht des Bewerbers der Beruf des Astronauten beinhalte und welches die Beweggründe für diesen Berufswunsch wären.

Aus der großen Anzahl der Bewerber wurden nach Kriterien, welche die ESA in Hinblick auf zukünftige Bewerbungsverfahren nicht publik machen möchte, etwa 900 mögliche Kandidaten ausgewählt. Bei dieser Selektion war sicher eine Promotion oder Pilotenerfah-

Sind Sie zum Astronauten geeignet? Unten sehen Sie eine kleine Auswahl der zahlreichen Tests, die Sie in der ersten Runde bestehen müssten – und das als einer der besten

20 % ... Es geht um Konzentration, technische und mathematische Fähigkeiten, Englisch und die Gedächtnisleistung ...

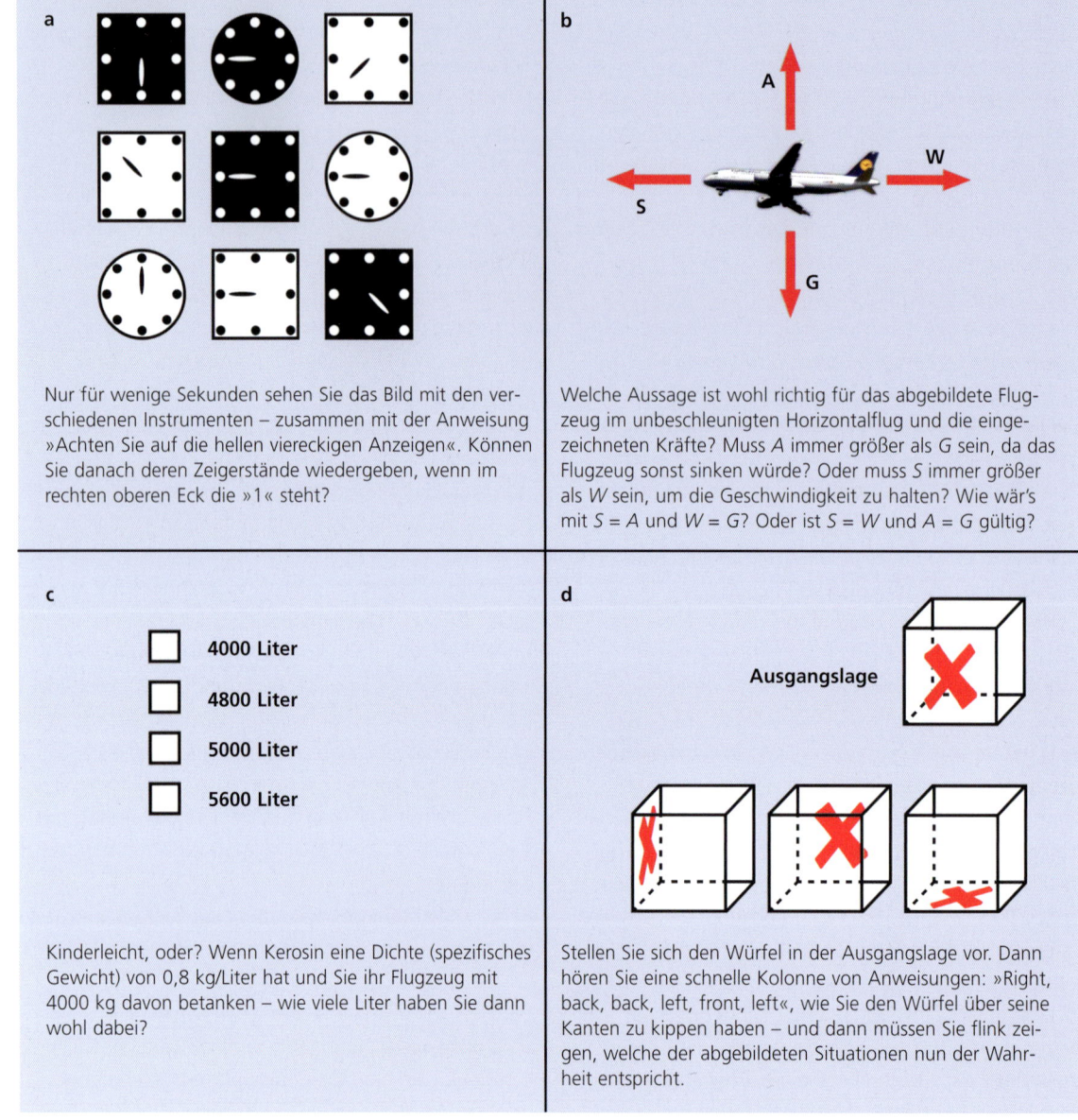

a

Nur für wenige Sekunden sehen Sie das Bild mit den verschiedenen Instrumenten – zusammen mit der Anweisung »Achten Sie auf die hellen viereckigen Anzeigen«. Können Sie danach deren Zeigerstände wiedergeben, wenn im rechten oberen Eck die »1« steht?

b

Welche Aussage ist wohl richtig für das abgebildete Flugzeug im unbeschleunigten Horizontalflug und die eingezeichneten Kräfte? Muss A immer größer als G sein, da das Flugzeug sonst sinken würde? Oder muss S immer größer als W sein, um die Geschwindigkeit zu halten? Wie wär's mit S = A und W = G? Oder ist S = W und A = G gültig?

c

☐ 4000 Liter

☐ 4800 Liter

☐ 5000 Liter

☐ 5600 Liter

Kinderleicht, oder? Wenn Kerosin eine Dichte (spezifisches Gewicht) von 0,8 kg/Liter hat und Sie ihr Flugzeug mit 4000 kg davon betanken – wie viele Liter haben Sie dann wohl dabei?

d

Ausgangslage

Stellen Sie sich den Würfel in der Ausgangslage vor. Dann hören Sie eine schnelle Kolonne von Anweisungen: »Right, back, back, left, front, left«, wie Sie den Würfel über seine Kanten zu kippen haben – und dann müssen Sie flink zeigen, welche der abgebildeten Situationen nun der Wahrheit entspricht.

rung nicht hinderlich, aber auch nicht unbedingte Voraussetzung. Die Ausgewählten wurden dann in Gruppen zu etwa 50 Personen nach Hamburg eingeladen, wo eine erste Testrunde erfolgte. Ein Institut des Deutschen Zentrums für Luft- und Raumfahrt (DLR) unterhält dort eine medizinisch-psychologische Abteilung, die im Auftrag von großen Fluggesellschaften, z. B. der Lufthansa, die Pilotenauswahl vornimmt. Die Kandidaten wurden am Vorabend des jeweiligen Testtermins eingeflogen und konnten sich dann in einem Hamburger Hotel, das eigens dafür reserviert war, für den Test

entspannen, bevor am nächsten Morgen der Testtag begann. Jeder Bewerber musste sich an einem Computer mit berührungsempfindlichem Bildschirm, Joystick und Kopfhörer in etwa zehn verschiedenen Tests beweisen. Dabei waren Englischkenntnisse genauso gefragt wie Mathematik, technische Physik, psychologische Fragebögen, Gedächtnis- und Orientierungstests, eine gute Wahrnehmung und auch Multi-Tasking-Fähigkeiten, wie ein virtuelles Flugzeug nach besonderen Vorgaben auf Kurs zu halten und nebenbei über den Kopfhörer zusätzliche Aufgaben zu lösen. Außerdem erhielten die Kandidaten weitere Fragebögen für eine genaue Gesundheitsanalyse und wurden gebeten, eine genaue Liste der während der Studienzeit besuchten Vorlesungen und Seminare einzureichen sowie Empfehlungsschreiben der bisherigen Arbeitgeber vorzulegen.

Nur ein Fünftel der zunächst Ausgewählten wurde schließlich nach ihrem Hamburger Testergebnis in Gruppen zu je sechs Personen für die nächste Runde eingeladen, die am Europäischen Astronautenzentrum in Köln stattfand. Hier standen einen Tag lang dann die psychologische Verfassung der Bewerber und deren Fähigkeiten, sich in einer Gruppe zu behaupten, auf dem Prüfstand. Wieder wurde der Test von dem Hamburger Team des DLR geleitet, erfahrene Psychologen waren ebenso involviert wie Fachleute der ESA-Personalabteilung und europäische Astronauten. Manche der Aufgaben mussten alleine absolviert werden, einige in Zweiergruppen und andere durch die gesamte Sechsergruppe. Unter den kritischen Augen des Auswahlkomitees wurden 45 glückliche Kandidaten ausgewählt, die per E-Mail dann die Einladung zur nächsten Auswahlstufe erhielten.

Diesen Bewerbern stand das wohl genaueste medizinische Screening bevor, das sie in ihrem Leben haben würden. Eine Woche lang wurden sie entweder in Toulouse oder in Köln buchstäblich auf Herz und Nieren geprüft. Von einer Klinik ging es für die verschiedensten Untersuchungen in die nächste – von über zehn Bluttests, über Ultraschall der inneren Organe bis hin zu Kernspinabbildungen ihrer Gehirne. Interessanterweise wurde auf die typischen Tests verzichtet, die man für Astronauten erwarten würde – keine Über- oder Unterdruckexperimente, kein Drehstuhl und keine Zentrifugenversuche.

Über jeden Kandidaten wurde ein ausführliches Dossier zusammengestellt und einem unabhängigen medizinischen Expertenteam vorgelegt. Die Fachleute identifizierten schließlich 22 Personen, die sie aus ihrer Sicht für den Astronautenberuf geeignet hielten. Durch ein anspruchsvolles Bewerbungsgespräch wurden schließlich zehn Bewerber dem ESA-Generaldirektor empfohlen, der schließlich die sechs zukünftigen Astronauten auswählte. Besonders in den letzten beiden Stufen waren sicher auch politische Kriterien ausschlaggebend, um alle ESA-Mitgliedsländer adäquat im europäischen Astronautenkorps vertreten zu haben.

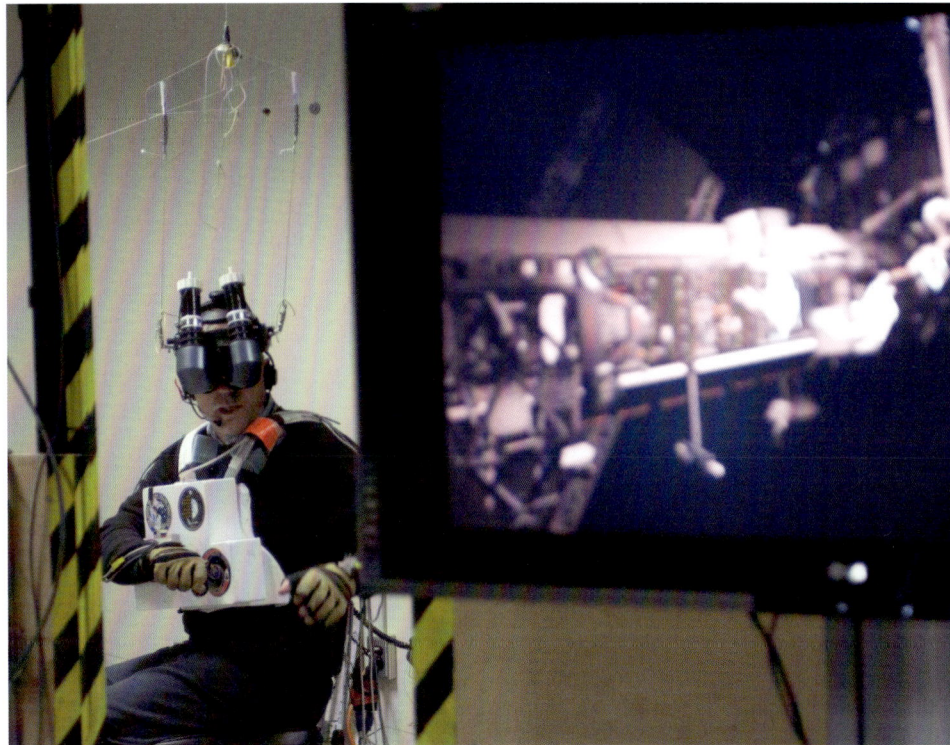

▲ *Teile der Ausbildung erfolgen durch »Virtual Reality«-Simulationen in der Space Vehicle Mockup Facility (hier Hans Schlegel).*

Den sechs Auserwählten stand dann ein 16-monatiges, extra mit großem Aufwand zusammengestelltes Training bevor, in dem sie die Grundausbildung erhielten. Dabei standen Theorie wie Orbitalmechanik oder die ISS-Subsysteme genauso auf dem Plan wie Russischstunden oder ein Tauchkurs für das zukünftige EVA-Training. Für die weitere Ausbildung – sobald sie für einen Flug ausgewählt sind – werden die Astronauten dann entweder nach Russland oder nach Amerika geschickt, wo sie mit ihren Kollegen aus aller Welt für die spezifische Mission geschult werden. Die Kalender der Astronauten sind dann auf Monate bereits ausgebucht – für jede Woche ist festgelegt, wo auf der Welt sie sich gerade im Training befinden, und wann sie endlich einmal wieder ihre Familie sehen können.

Was man als Astronaut freilich neben exzellenter gesundheitlicher Verfassung und guter wissenschaftlicher oder technischer Reputation noch besitzen sollte, ist Geduld. Denn oft dauert es Jahre, bis ein Astronaut wirklich für einen Raumflug ausgewählt wird und das erste Mal in den Weltraum reist. Bis zu diesem Zeitpunkt ist der Astronautenstatus nur eine sehr theoretische Angelegenheit.

Die Wissenschaft hält Einzug

Die letzte Nacht ohne Experimente

Während die Astronauten auf der Station sich auf die Nacht vorbereiten, über ein Internettelefon noch mit ihren Familien daheim unterhalten oder im Unterdruck der Luftschleuse noch einmal gedanklich den morgigen Ausstieg durchgehen, kommt in Oberpfaffenhofen um 02:30 Uhr das *Orbit-3*-Team an die Konsolen. Wenn die Astronauten in Kürze schlafen werden, wird sich *Guido Morzuchs* Team vorrangig um die Vorbereitung des kommenden Tages kümmern.

Für *Maximilien de Roquigny-Iragne* an der COL DMS-Position bedeutet das, dass er nur ein paar Dateien an Bord schieben oder herunterladen darf. Wie jede Nacht holt er ein Logfile aus dem Weltraum ab, das den Ingenieuren genauen Einblick darüber gibt, was in den Computern und Aggregaten in *Columbus* in den letzten 24 Stunden vorgegangen ist. Nach einem Fehler an Bord enthalten diese Logs wertvolle Hinweise auf die Ursache – und können andererseits sich anbahnende Probleme schon im Voraus erkennen lassen. Die Techniker können dann bereits an einer Vermeidungsstrategie arbeiten, bevor sich das Problem schwerwiegend manifestiert hat.

Für die beiden externen Payloads, die während der kommenden EVA installiert werden sollen, müssen noch Konfigurationsdateien in den Speicher von *Columbus* hochgeladen werden. Auch das ist eine Aufgabe für COL DMS, aber *Maximilien* ist dennoch nicht zufrieden: Er ist ein wahrer Experte für die Bordcomputer von *Columbus* und hätte sie allzu gerne getestet, auf Herz und Nieren geprüft, ihre Reaktionen kennengelernt. Aber das bleibt der Tagschicht vorbehalten – und auch sie muss sich genau an die abgemachten

◄ *SOLAR und EuTEF in der Shuttle-Ladebucht. Während der EVA 3 werden die beiden externen Experimentierplattformen an Columbus installiert.*

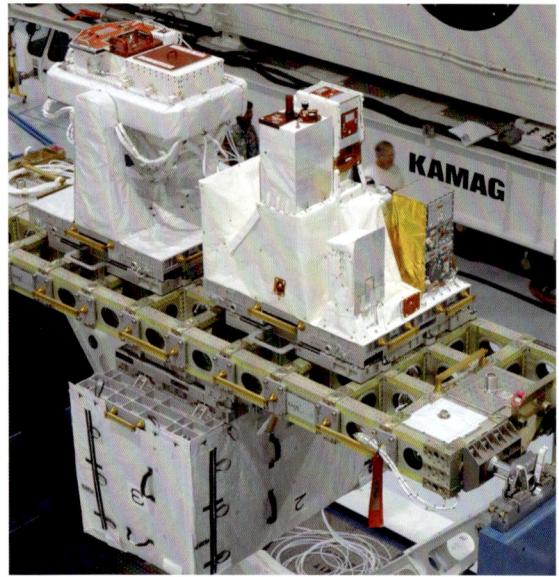

► *SOLAR und EuTEF sowie ein Stickstofftank (unterhalb) auf dem ICC-Lite vor dem Einbringen in den Payload Canister am Kennedy Space Center*

kann dann ersehen werden, wer für eine spezifische Aufgabe an Bord infrage kommt. Nun soll also *Peggy* an Dingen arbeiten, in denen sie nur eine sehr grundlegende Ausbildung erhalten hat – auch hier stehen schwierige Fragen vor den Planern: Welche Aufgaben sollen den Experten vorbehalten bleiben und welche können auch von einem weniger gut ausgebildeten Besatzungsmitglied wahrgenommen werden? Und wer kann eine solche Entscheidung überhaupt treffen und die Verantwortung hierfür tragen? *German Zoeschinger*, der bereits in mehreren Shuttle-Missionen erfahrene Planer des *Orbits 1*, kann dazu nur schmunzelnd den Kopf schütteln: »*Peggy* bringt uns zur Verzweiflung! In jeder Simulation, in jedem Training haben wir stets wegen Problemen Aktivitäten von der Timeline nehmen müssen. Jetzt schaut die Realität gerade andersherum aus: Wir haben eine gelangweilte Crew, die nach mehr Arbeit in der Timeline schreit!«

Im morgigen Flugplan soll auch eine private Telekonferenz der beiden ESA-Astronauten mit einer gerade tagenden ESA-Versammlung in Paris erscheinen. EUROCOM *Rüdiger Seine* und *Giovanni Gravili* verhandeln dieses Ereignis mit der NASA – ohne die Details kennen zu dürfen: Die ESA möchte das Ganze vertraulich behandelt wissen, und auch die Skripts werden als »confidential« auf die Station gebracht – auch hier ist es für das Flight Control Team schwierig zu agieren: Für eine solche Situation gibt es keine Prozesse, keine vorbereiteten Schnittstellen ... Aber schließlich schafft es *Giovanni*, eine zehnminütiges **Crew Choice Event** für *Hans Schlegel* und *Léo Eyharts* auf dem Plan unterzubringen.

Auch COL SYSTEMS *Enrico Noack* und COSMO *Giuseppe Lentini* arbeiten für den kommenden Tag.

Prozeduren halten – einfach nur »Herumspielen« an Bord oder auch nur Kommandos schicken, die in dieser Reihenfolge nicht ausführlich getestet wurden, ist streng verboten!

Weiterhin überlegen die Planer in den verschiedenen Kontrollzentren, *Peggy Whitson* nun mit Aufgaben zu betrauen, für die sie gar nicht trainiert worden ist. Jeder Astronaut bekommt für eine Mission ein ganz spezifisches Training. Lange vor dem Start werden komplizierte Tabellen erstellt, aus denen hervorgeht, welches Besatzungsmitglied für ein bestimmtes Modul, eine bestimmte Nutzlast oder eine schwierige Aktivität als **Specialist**, als **Operator** oder nur als **User** ausgebildet wird. Zumeist entscheidet man sich für eine redundante Ausbildung, also zwei Astronauten erhalten die gleiche Ausbildungsstufe. Aus diesen Tabellen

Crew Choice Event
Die ISS-Besatzung hat die Möglichkeit, sich bestimmte Aktivitäten zu »wünschen«. Diese werden dann als Crew Choice Event bezeichnet.

► *Léo Eyharts in der Atlantis auf dem Sitz des Piloten*

Für den Weltraumspaziergang muss die Station und somit auch *Columbus* in einer genau festgelegten Konfiguration sein. Es darf beispielsweise nicht passieren, dass bei den Außenarbeiten der Astronauten plötzlich eines der Außenbordventile flüssige oder gasförmige Stoffe abbläst. Nicht nur der Impulsübertrag durch den Gasstrom könnte fatale Folgen für die beiden Astronauten haben: Es könnten auch Stoffe abgelassen werden, die die Raumanzüge kontaminieren könnten – und die »Dreckstiefel draußen stehen lassen« geht leider in der Raumfahrt nicht. Deshalb überprüft *Enrico* genau seine Subsysteme, ob der Befehl der US-Seite an *Columbus*, in den **Proximity Ops-/ External Ops**-Modus zu gehen, vom Modul auch wirklich befolgt wurde – in diesem Modus sind alle Außenbordventile geschlossen und auch gegen versehentliches Öffnen gesichert.

An der COSMO-Konsole versucht *Giuseppe* dagegen, mit den zahlreichen Überarbeitungen des morgigen Plans Schritt zu halten. Seine Aufgabe ist es, täglich eine Liste der benötigten Werkzeuge zu erarbeiten – auch das ist nicht trivial bei der ständigen Dynamik der Timeline. Nachdem für die Arbeiten am europäischen Modul auch auf US-Werkzeug zurückgegriffen wird, muss er sich eng mit den amerikanischen Kollegen abstimmen – zuerst freundlich um Erlaubnis zur Benutzung fragen und kurz darauf ebenso freundlich Bescheid geben, dass man sich nun doch nicht für diese Aktivität entschieden habe und deshalb der Schraubenschlüssel doch nicht gebraucht würde ...

Martin Canales bereitet an der COL OC-Konsole inzwischen alles für die morgige Installation von SOLAR und EuTEF vor – das erste Mal werden zwei Nutzlasten aktiviert, zum ersten Mal wird heute Nacht von der COL OC-Konsole ein Kommando an die Station hoch gehen. Der Peruaner, der in Russland studiert hat, fließend Spanisch, Russisch, Englisch und Deutsch spricht, lädt die entsprechende Kommandosequenz an seiner Konsole und druckt die Prozedur aus, auf der im kleinsten Detail beschrieben steht, wann er welche Befehle zu schicken hat und welche Telemetriedaten dann einen spezifischen Wert annehmen müssen. Während des Kommandierens selbst wird er wie alle anderen Flight Controller akribisch abhaken, was er überprüft oder gesendet hat, wird die genauen Zeiten auf die Hundertstelsekunde genau festhalten und eintragen, welche Werte auf seinem Display auftauchen.

Nach dieser Vorbereitung bittet er COL FLIGHT um die entsprechende Konfiguration des *Columbus*-Datenstroms, den er für seine Aktivität benötigt. *Guido Morzuch* ist einverstanden und gibt *Reinhard Wilkeit* den

Auftrag, in seiner Eigenschaft als COL COMMS die benötigten Datenpakete zu starten und dafür zu sorgen, dass diese in den Datenfunkverkehr von der Station nach Houston eingebaut werden. Ganz am Ende der Nacht schließlich sendet *Martin Canales* seine Konfigurationskommandos an die Station und bringt sozusagen *Columbus* mit diesem letzten Puzzlestück endgültig in einen Status, der die dritte EVA und damit die Installation von SOLAR und EuTEF erlaubt.

Was kostet's und was bringt's?

Eine oft gestellte Frage, gleich nach den Auskünften über den derzeitigen Zustand der Bordtoilette, ist die Frage nach dem Geld. Was kostet eine Stunde Crewzeit auf der ISS? Um es vorwegzunehmen: Eine Antwort hierauf ist schwierig, wenn nicht gar unmöglich. Nur einige Anhaltspunkte können aufgeführt werden, um vielleicht eine Vorstellung zu bekommen. Man könnte auf die Idee kommen zu zählen, wie viele Menschen denn permanent und rund um die Uhr in den Hauptkontrollräumen in den USA, in Deutschland, Japan und Russland arbeiten – plus die Astronauten. Alleine hier käme man bei einer »Sparbesetzung« etwa an Wochenenden auf 30 bis 40 Leute pro Schicht. Und für die normale Schichtbesetzung kann man gut und gerne das Doppelte bis Dreifache veranschlagen. Vielleicht könnte man, um ein Gefühl für die Kosten zu bekommen, auch die Gesamtzahl der Menschen abschätzen, die für die Raumstation arbeiten? Schwierig – aber als Hinweis mag dienen, dass beispielsweise zu der Feier des ersten halben Jahres *Columbus*-Betrieb alleine auf der europäischen Seite an die 700 Einladungen verschickt wurden ... auf der Seite der NASA und auf russischer Seite darf man sicher wieder ein Vielfaches davon ansetzen. Man könnte auch in Betracht ziehen, dass ein einziger Shuttle-Flug etwas über eine halbe Milliarde kostet – zum Ausbau der Raumstation werden insgesamt weit über 20 Flüge notwendig sein. Oder: Der Bau von *Columbus* hat fast 900 Millionen Euro verschlungen. Es ist schwierig, eine definitive Antwort auf die Kostenfrage zu geben.

Die Raumfahrtorganisationen stellen sich daher keine Rechnungen für Gefälligkeiten auf der ISS, sondern haben einen Deal ausgearbeitet: Egal welcher Nationalität die Besatzungsmitglieder sind – jede Agentur bekommt von dem Gesamtkuchen der Crewzeit so viel ab, wie es ihrem Gesamtbeitrag zur ISS entspricht. Für die ESA, die *Columbus* und das ATV beisteuert, sind das 8,3 %. Damit müssen sowohl die Forschungsaktivitäten der ESA, die sich übrigens auch im russischen

Proximity Ops/External Ops
Spezielle Konfiguration der gesamten ISS für Außenaktivitäten in ihrer Nähe

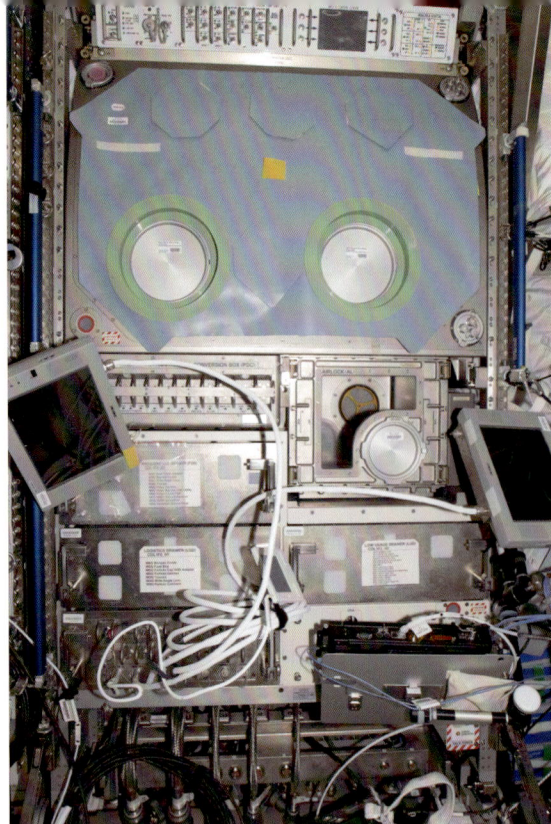

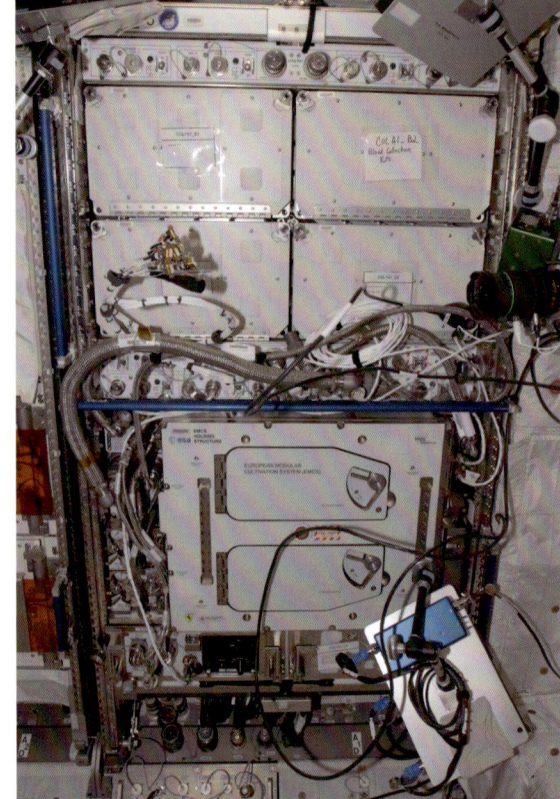

▶ *Material Science Glovebox (MSG)-Experimentschrank mit großer Glovebox, diesmal den Materialwissenschaften gewidmet*

▶▶ *Express Rack 3 in Columbus*

Material Science Glovebox (MSG)
Experimentschrank mit großer Glovebox, diesmal den Material-wissenschaften gewidmet

Human Research Facilitie (HRF)
Rackzwilling zur Untersuchung des menschlichen Körpers in der Schwerelosigkeit

oder amerikanischen Teil der Station abspielen können, abgedeckt werden als auch alle Eingriffe der Besatzung, die notwendig sind, um *Columbus* in einem guten Zustand zu erhalten.

Für die Tatsache, dass *Columbus* mit einem Space Shuttle an die Station gehievt wurde, gibt es noch einmal ein extra Tauschgeschäft: Für diese Gefälligkeit hat sich die NASA die Hälfte der Rackplätze im euro-päischen Modul gesichert. Während der 1E-Mission sind diese Plätze noch frei, aber bald werden zunächst die ebenfalls in Europa gebaute, aber nun von der NASA betriebene **Material Science Glovebox (MSG)** und ein Express Rack, das der Philosophie des EDR entspricht, nach *Columbus* geschafft. Kurz darauf zie-hen auch die beiden **Human Research Facilities (HRF)** der NASA um.

Und wer zahlt letztendlich in Europa? Natürlich – der Steuerzahler! Die ESA wird durch ihre Mitgliedsstaaten finanziert – etwa die Hälfte des deutschen Forschungs-etats für Raumfahrt fließt an die europäische Welt-raumorganisation. Hierbei können die Staaten natür-lich auch mitbestimmen, in welchem Maße sie welche Projekte der ESA mitbezahlen wollen. Soll bemannte Raumfahrt mehr gefördert werden oder die verschie-denen Satellitenmissionen? Oder Reisen von unbemann-ten Raumsonden zu den Sternen?

Deutschland engagiert sich stark für die bemannte Raumfahrt – und das ist letztendlich auch der Grund, warum das Europäische Astronautenzentrum seinen Sitz in Köln hat, warum das Col-CC in Oberpfaffenho-

fen betrieben wird und warum Astrium in Bremen als Hauptauftragnehmer des *Columbus*-Moduls fungierte. Denn in dem Maße, in dem sich ein Land finanziell beteiligt, soll auch das Geld wieder in die Wirtschaft des Landes zurückfließen – **Georeturn** ist das Schlag-wort hier.

»Und was bringt mir das?«, lautet nun natürlich die berechtigte Frage des Steuerzahlers – eine oft gestellte Frage gerade in der bemannten Raumfahrt, die natür-lich durch ihre öffentliche Wirksamkeit aus vielen an-deren mit Steuergeldern finanzierten Projekten heraus-sticht, die nicht unmittelbar Profit abwerfen. Diese Fra-ge ist weder mit dem Gewinn an wissenschaftlichen Erkenntnissen noch mit dem altbekannten Hinweis auf die Teflonpfanne erschöpfend zu beantworten – die beste Erklärung ist wohl: Raumfahrttechnologie ist eine Schlüsseltechnologie für die Zukunft – auf vielen Sektoren, nicht nur beschränkt auf Kommunikations- und Datenverarbeitungstechnik, Steuerungs- und Navi-gationstechnik, Robotik, Raketentechnik oder Luft-fahrt, sondern auch auf so exotischen Gebieten wie Tribologie (Schmierungstechnik) oder bei der Entwick-lung neuer, hitzebeständiger Klebstoffe.

Die Nationen, die sich heute das Know-how aneig-nen, werden eine tragende Rolle in der Zukunft spie-len. Wer heute nicht dabei ist, der wird morgen erst recht nicht mitreden können. Weitere nicht zu unter-schätzende Aspekte sind der nationale Stolz und das damit einhergehende Prestige für die Länder, die es schaffen, technische Glanzleistungen im Weltraum zu vollbringen. Das haben auch Staaten wie China und Indien erkannt, die sich trotz vieler sozialer und wirtschaftlicher Probleme stolze Raumfahrtprogramme leisten.

Vielleicht kommen auch gerade aus der Raumfahrt Impulse für die fundamentalen Probleme der Menschheit, wie die Sicherstellung der zukünftigen Energieversorgung, Ansätze zum Erhalt unseres blauen Planeten oder auch die Abwehr von katastrophalen Meteoriteneinschlägen auf der Erde. Für Letzteres gibt es bereits einige im Ernstfall realisierbare Konzepte zum Abfangen oder Ablenken von gefährlichen Meteoriten.

Deshalb – Raumfahrt, insbesondere die bemannte Raumfahrt, tut not! Das ständige und immer weitere Hinausschieben der Grenzen des Machbaren und des Wissens ist sicher ein menschliches Grundstreben, das 1492 auch schon *Christoph Kolumbus* nach Amerika getrieben hat. Auch damals wäre es wohl kurzsichtig gewesen, seine Reise alleine anhand ihres unmittelbaren Nutzens zu messen.

Ein weiterer Effekt ist seit Kurzem zu beobachten – die kommerzielle Nutzung der bemannten Raumfahrt. Während besonders die Japaner sehr unvoreingenommen diese neue Seite auskundschaften und sich die Raumstation auch als Werbemittel vorstellen können, melden die Amerikaner hier grundlegende Bedenken an. Die ersten japanischen Aufnahmen zu Werbezwecken auf der Station waren daher mit strengen Auflagen verbunden. Auf den Funkkanälen durfte unter keinen Umständen der Name des Produkts fallen, die Japaner mussten während der Kommunikation mit den Astronauten kryptisch von »dem Ding« sprechen. Und eine amerikanische Astronautenhand war nur dann im Bild des Spots erlaubt, wenn der Ehering, über den eine Identifizierung möglich geworden wäre, vorher abgelegt worden war ...

Auch die Russen haben den kommerziellen Nutzen der bemannten Raumfahrt bereits für sich entdeckt. Denn auch wenn es nach Science Fiction klingt – die Realität hat die ehemals so kühnen Zukunftspläne bereits eingeholt: Eine neue, vielversprechende Dimension ist der Raumfahrttourismus. Wer das nötige Kleingeld hat – also Multimillionär ist – kann mit den Russen ins All reisen und als **Space Flight Participant** einige Tage in der Raumstation verbringen – wobei ihm allerdings genau vorgeschrieben wird, was er anfassen darf und was nicht.

In Bälde wird es übrigens auch für den (vergleichsweise) kleinen Geldbeutel den Weltraum als Urlaubsort im Reisebüro zu buchen geben. Denn in den USA wird bereits der erste Raumfahrt-Flughafen für suborbitale Touristenflüge in der Nähe von Las Cruces im Bundesstaat New Mexico von der Firma Virgin Galactic gebaut. Dieses rein kommerzielle Unternehmen gewann 2004 mit dem **SpaceShipOne** den mit 10 Millionen US-Dollar dotierten Ansari-X-Prize, der für das zweimalige Erreichen einer Flughöhe von 100 Kilometern innerhalb von zwei Wochen ausgeschrieben war. Startlizenzen für das neue Raumfahrzeug **SpaceShipTwo** wurden bereits von der amerikanischen Luftverkehrs-Aufsichtsbehörde FAA erteilt. Auch wenn die Dauer der Schwerelosigkeit nur wenige Minuten beträgt, so können die Passagiere nach der Beendigung eines erfolgreichen Fluges den Astronautenstatus beanspruchen.

Für solche Projekte zeigt auch die NASA großes Interesse – in Kürze werden die ersten kommerziellen Raumfahrzeuge demonstrieren, dass sie sich auch der ISS für ein Rendezvous-Manöver annähern können.

Space Flight Participant
Amerikanische Umschreibung für »Raumfahrttourist«

SpaceShipOne
Erstes rein kommerzielles bemanntes Raumfahrzeug

◀ *Entwurf eines kommerziellen Crew-Transporters (Dream Chaser) als Nachfolgesystem des Space Shuttles*

Die Bedeutung der bemannten Raumfahrt für den Standort Oberpfaffenhofen wurde eindrucksvoll auch dadurch demonstriert, dass während der offiziellen 850-Jahr-Feier der Stadt München am 19. Juli 2008 während eines Überfluges der ISS via Videoübertragung folgende Grußbotschaft in Echtzeit von etwa 1 Million Zuschauern am Odeonsplatz im Zentrum Münchens verfolgt wurde:

»Good evening Munich!
I'm *Greg Chamitoff*, Expedition 17 Science Officer and Flight Engineer aboard the International Space Station. My crewmates and I want to congratulate the City of Munich and its Lord Mayor *Christian Ude* on the 850th birthday of the Bavarian capital. To the citizens and visitors celebrating with you in Munich... Happy Birthday to all of you! ›Building Bridges‹ is the theme for your celebration, and here on the International Space Station, we are building bridges as well. Bridges between countries and bridges to leave Earth orbit, return to the Moon, and then, go to Mars.

Munich is the home for the *Columbus* Control Center where the European Space Agency watches over our activities in your *Columbus* space laboratory. [...].
As we look down on Europe, the city of Munich shines brighter than ever tonight. To all of you down there in beautiful Munich... we wish you Happy Birthday and have fun!« –

»Guten Abend, München!
Ich bin Greg Chamitoff, Expedition-17-Wissenschaftler und Flugingenieur an Bord der Internationalen Raumstation. Meine Kollegen und ich möchten der Stadt München und ihrem Bürgermeister Christian Ude zum 850. Geburtstag der bayerischen Hauptstadt gratulieren. An alle Bürger und Besucher, die in München feiern: Alles Gute zum Geburtstag!
›Brücken bauen‹ ist das Motto Ihrer Feier, und hier auf der Internationalen Raumstation bauen wir ebenso Brücken – Brücken zwischen Ländern und Brücken, um den Erdorbit zu verlassen, zum Mond

zurückzukehren und schließlich zum Mars zu fliegen.

München ist die Heimat des Columbus-Kontrollzentrums, von wo aus die ESA über unsere Aktivitäten im Columbus-Labor wacht. [...].

Wenn wir auf Europa herunterschauen, dann leuchtet die Stadt München heute Nacht heller als sonst. An alle dort unten im schönen München: Wir wünschen Euch alles Gute und viel Spaß!«

»Marmor, Stein und Eisen bricht«

Der dritte **EVA**-Tag der Mission ist angebrochen – und es wird die erste **EVA** sein, in die das Oberpfaffenhofener Team wirklich voll involviert ist. Die erste **EVA** hat *Columbus* an die Station gebracht, und die Münchner konnten nicht wirklich eingreifen. Der zweite **EVA**-Tag war fest in amerikanischer Hand, aber jetzt? Die externen Payloads sollen installiert werden, und in der Choreografie des Ausstiegs sind einige Interaktionen zwischen den Astronauten und dem Col-CC eingeplant. Der Strom zu den externen Plattformen muss beispielsweise im richtigen Moment ein- oder ausgeschaltet werden, während die Astronauten in ihren Raumanzügen, die Astronauten im Modul, die Kontrollzentren und natürlich auch die Presse darauf warten, dass Col-CC das »Go« zum Weitermachen gibt. Da darf nichts schiefgehen.

Zu allem Überfluss werden gleichzeitig mit der **EVA** auch Astronauten in dem europäischen Forschungslabor an der Konfigurierung der Experimente arbeiten – auch sie müssen von Oberpfaffenhofen aus unterstützt werden. Es wurde deshalb entschieden, den beiden COL OCs des *Orbits 1* und des *Orbits 2* eine Unterstützung an die Seite zu geben. Während der **EVA** wird sich *Christie Bertels* um die Vorgänge in *Columbus* kümmern, während die regulären COL OCs *Nathalie Gérard* und *Tom Uhlig* den Weltraumausstieg abdecken werden. *Christie* hat bereits die volle Zertifizierung als COL OC – was bei ihrer Erfahrung als frühere NASA-Flight Controllerin kein Wunder ist – und wird nach 1E offiziell ihre Konsolenarbeit beginnen. Für die Mission wird sie heute und auch morgen die 1E-COL OCs unterstützen.

Nachdem die *Atlantis* in drei Tagen bereits wieder abdocken wird, was für die Stationsbesatzung den Übergang von der Mission zum normalen Alltag bedeutet, muss nun das Münchner Team langsam dafür sorgen, dass auch nach der Shuttle-Landung frisch ausgeruhte und voll trainierte Flight Controller zur Ver-

fügung stehen. Da es keine Pause gibt, sondern die Astronauten auch weiterhin mit Hochdruck an *Columbus* arbeiten werden, müssen sowohl neue Mitglieder des Teams frühzeitig an die Konsole herangeführt als auch erfahrene Controller ausgewechselt werden, um sie dann nach einigen Tagen Pause wieder als kompetente Leute im Kontrollraum zu haben. Der erste Wechsel findet an der COP-Position statt. *German Zoeschinger* hat gleichzeitig mit seinen COP-Aufgaben ein Flugdirektorentraining absolviert und wird nun freigestellt, um noch vor der Landung wieder an der Konsole sitzen zu können – diesmal als Flugdirektor. Für ihn übernimmt *Robert Mühlbauer* nun die *Orbit-1*-Planungsaufgaben.

Kurz nachdem der *Orbit 1* sowohl in München als auch in Houston den Kontrollraum übernommen hat, erkundigt sich der Houstoner Flugdirektor *Bob Dempsey* bei seinen Fachleuten, ob die Besatzung auf der Raumstation wohl schon auf den Beinen ist oder sich noch in ihren Schlafsäcken befindet. Da weder Ton noch Video während der privaten Zeit der Astronauten erlaubt sind, muss sich das Flugkontrollteam mit Tricks behelfen. So sieht die **ECLSS**-Position, die für die Rauchmelder auf der amerikanischen Seite zuständig ist, eine minimale Abschwächung des Rauchmelder-Lasersignals, was auf Bewegung an Bord schließen lässt.

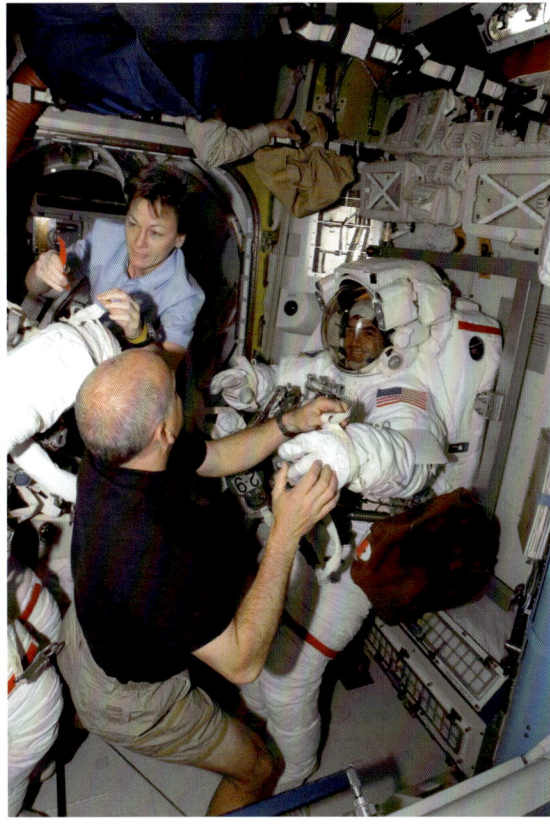

◄ *Die Vorbereitungen für den Weltraumausstieg finden wie immer im Airlock statt.*

Von der Uni in den Kontrollraum: Was macht den Right Stuff des Flight Controllers aus?

Dr. *Reinhold Ewald*, ESA-Astronaut und Leitender ESA-Missionsmanager

Quindar
Kurzer Piepston zu Beginn und Ende jedes Funkspruchs mit der Raumstation

▶ *COL OC Nathalie Gérard (links) wird tatkräftig unterstützt durch Marie-Line Guillermin.*

»Es gab Zeiten, speziell während der *Apollo*-Missionen, da war der Berufswunsch vor allem von Jungen klar: Astronaut, und wenn das nicht geht, dann wenigstens Pilot oder Lokomotivführer. Die Antworten heute sind viel differenzierter und enthalten viele Begriffe wie Business, Medien, International, aber wenig Technisches. Dabei haben sich die sog. MINT-Fächer (Mathematik, Ingenieurwesen, Naturwissenschaften, Technik) als wesentlich krisensicherer erwiesen als manche Favoriten früherer Jahre wie Arzt oder Banker/Manager. Auch machen sie glücklicher, und das hat mit dem Right Stuff dieser Berufsgruppe zu tun. Der Anteil der jungen Menschen, zunehmend auch junger Frauen, die dabei ihr Hobby zum Beruf machen und dafür auskömmlich, wenn auch nicht üppig bezahlt werden, ist in diesen Teams nämlich besonders hoch. Wer sich aus Begeisterung an Raumfahrt, Technik allgemein oder auch Forscherdrang durch ein MINT-Studium durchgebissen hat, weiß, wie gut sich Glücksmomente beim Lösen selbst- oder fremdgestellter Probleme anfühlen. Dass nach der Zeit an der Konsole im Raumfahrtkontrollzentrum oder im Entwicklungslabor der Sprung in Verantwortung im Management ein Leichtes ist, ist dabei im Preis inbegriffen. Raumfahrtprojekte leben in besonderer Weise vom Teamgeist und der motivierenden Begeisterung der Beteiligten, in der Entwicklung ebenso wie beim Betrieb. Routine: Nein danke! ›'tschuldigung, einen Moment bitte, Space-to-Ground! Ich muss dem Astronautenkollegen da oben gerade was erklären!‹«

Genauso können die Experten für die Lageregelung der Station bestätigen, dass die Gyroskope, die die Lage der Station in der gewünschten Ausrichtung halten, minimale Regelaktivitäten aufweisen – auch das ein Indiz dafür, dass sich in der Station jemand bewegt, was in winzigen Drehmomenten resultiert, die die Gyroskope kompensieren müssen.

Die Besatzung ist also zumindest teilweise wach – höchste Zeit, den Weckruf zu starten! »GC, please enable *Space-to-Ground*«, bittet *Bob Dempsey* seinen für das Bodensystem zuständigen Controller, der daraufhin die Sprechfunkverbindung zur Station scharf schaltet, die die Nacht über lieber geblockt wird. Schließlich würde schon ein falscher Tastendruck einen **Quindar** auf der Station verursachen – jenen typischen Piepston, der jeden *Space-to-Ground*-Ruf von oder zu der Station einleitet oder abschließt. Würde in der Nacht ein Notfall auftreten oder die Besatzung unerwartet heruntergerufen, so ist es für den STATION FLIGHT ein Leichtes, seinen Ground Controller schnell um das Scharfschalten zu bitten und dann den Crew Call zu beantworten.

Einige Sekunden später schallt *Drafi Deutscher* mit »Marmor, Stein und Eisen bricht« in der Raumstation, der *Atlantis* und in den Kontrollräumen über die Lautsprecher, gefolgt von einem »Good morning, *Atlantis*! And a special good morning to you, *Hans*!« Die Frau von *Hans Schlegel*, früher ebenfalls zum europäischen Astronautenkorps gehörend, hat diesen musikalischen Morgengruß für die Astronauten ausgesucht. *Hans* muss seinen Kollegen zuerst erklären, dass es ein alter deutscher Song aus seiner Jugendzeit ist, der da gerade mitten im Weltall zu hören war, ein Song über die eine große Liebe, die man im Leben findet. Und es gibt auch Romantik im Weltraum, als er hinzufügt, dass er sich sehr glücklich schätzt, für sich diese große Liebe in seiner Frau *Heike* gefunden zu haben. Und er

fügt hinzu: »Ich liebe dich, mein Schatz, have a great day and thank you!«

Nach diesem emotionalen Intermezzo kehren das Flugkontrollteam und auch die Astronauten wieder zur Routine zurück. Die Astronauten machen sich fertig für einen neuen anspruchsvollen Tag mit Weltraumspaziergang und zahlreichen Aktivitäten in *Columbus*. Hierzu dürfen auch *Rex* und *Stan* kurz ihr Unterdruck-Nachtquartier lüften und eine EVA-Katzenwäsche machen. Dann werden sie wieder auf Unterdruck gebracht, und die Vorbereitung für den Raumausflug läuft an. *Léo* und *Hans* absolvieren noch in ihrer Privatzeit die als vertraulich markierte Liveschaltung mit einer ESA-Versammlung in Paris, bevor sie die Prozeduren und das Werkzeug für den heutigen Tag zusammensuchen.

In Oberpfaffenhofen hat gerade *Julian Doyé* unter den wachsamen Augen von COL OC *Nathalie Gérard* und ACE *Kai-Uwe Peters* die Wasserventile zu den Racks geschlossen, die heute mit *Columbus* verbunden werden sollen. Außerdem wurde noch einmal kontrolliert, ob die Stromzuführungen, die ebenfalls verbunden werden sollen, auch spannungsfrei geschaltet sind. Beides ist notwendig, um den Astronauten das »Go

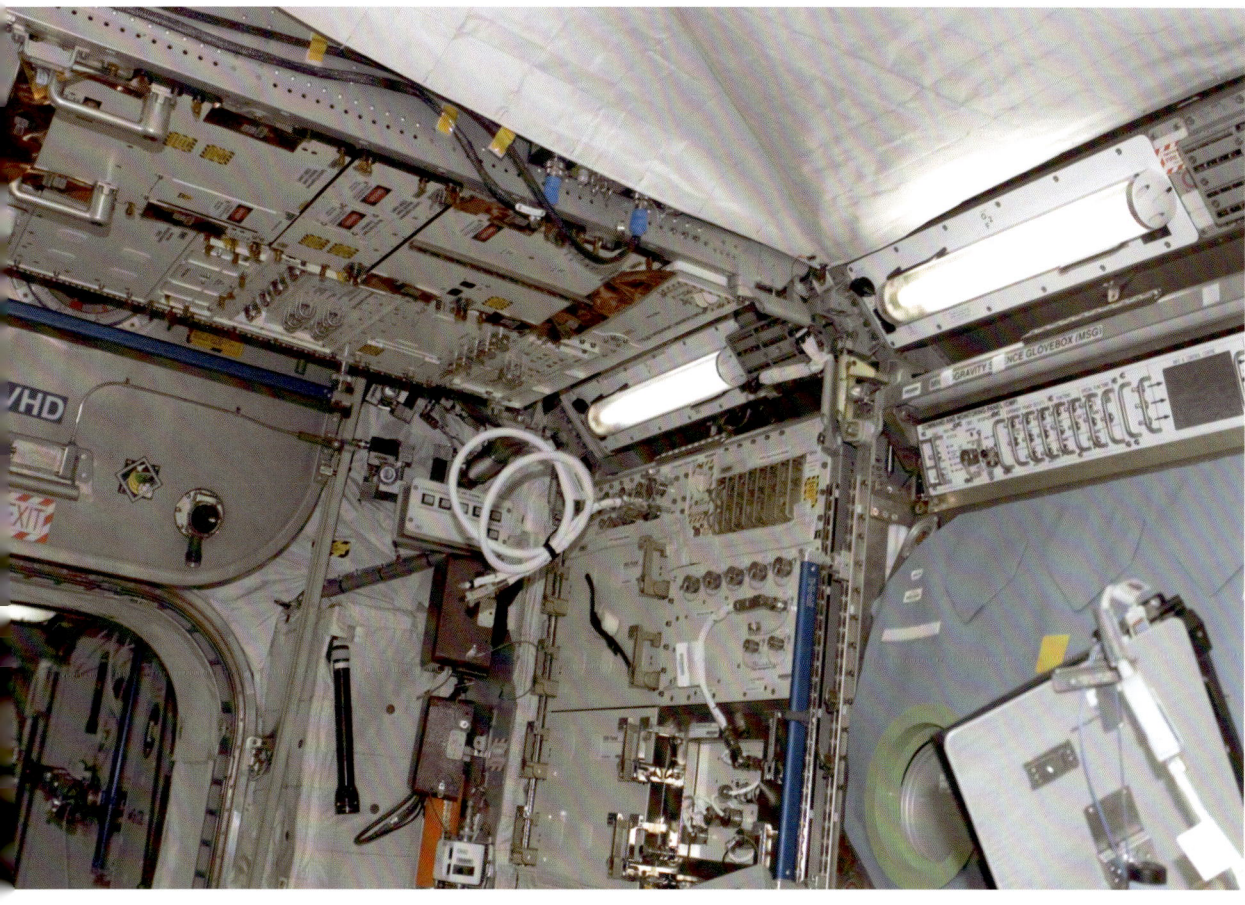

◄ *Das Fluid Science Laboratory an seiner Position in Columbus genau über dem Eingang zum Modul. Rechts das MSG-Rack*

Ahead« für die Arbeiten an den Verbindungskabeln und -leitungen in der morgendlichen **DPC** zu geben.

Houston hat in der Planungskonferenz mit der Besatzung natürlich einige Tipps, Fragen und Bitten bezüglich des Weltraumspazierganges, und auch *Peter Eichler* möchte sich für das Münchner Team noch einmal versichern, dass die Außenplattform über die manuellen Schalter ausgeschaltet wurde. Dann gibt's noch einmal die besten Wünsche für ein erfolgreiches Gelingen der Installationen.

Gleich nach der Morgen-DPC stürzen sich alle in die Arbeit – ein extrem anspruchsvoller Tag für die Flight Controller in Oberpfaffenhofen: Einen Weltraumspaziergang betreuen, die gleichzeitige Arbeit an drei verschiedenen Racks unterstützen, einiges Kommandieren zu den Subsystemen von *Columbus* und – nicht zu vergessen – den morgigen Tag planen.

Auch die Besatzung legt sofort los, während im Hintergrund die Vorbereitungen für den Weltraumspaziergang laufen – *Rex Walheim* und *Stan Love* sind inzwischen wieder auf Unterdruck in der Luftschleuse und bekommen beim Anziehen des Anzugs Hilfe von *Peggy Whitson* und *Steve Frick*. Über das *Columbus*-Video kann *Christie Bertels* sehen, dass *Dan Tani* und

Léo Eyharts sich bereits über das **FSL**-Rack hergemacht und den großen Experimentierschrank nach vorn in das Modul hineingeklappt haben.

FSL steht für **Fluid Science Laboratory** und bietet für die Untersuchung von Flüssigkeiten alles, was das Forscherherz begehrt. Durch den Wegfall der Schwerkraft, die auf der Erde das Verhalten von flüssigen Stoffen dominiert, tritt für diesen Aggregatzustand nun ein komplett anderes Erscheinungsbild zutage. Plötzlich hat die Oberflächenspannung einen dominierenden Einfluss und führt dazu, dass freie Flüssigkeiten sich kugelähnlich formen. Plötzlich können sich Stoffe mischen, die sich auf der Erde wegen ihrer unterschiedlichen Dichte eher in Schichten getrennt hätten. Temperaturgradienten führen nicht mehr dazu, dass die warme Flüssigkeit nach oben steigt und die kalte nach unten sinkt – damit fällt die Wärmekonvektion weg. Und ungewöhnliche Experimente sind möglich, wie etwa **GEOFLOW**, wo das Innere der Erde durch ein Modell von öligen Flüssigkeiten und metallenen Kugeln simuliert wird – unter Schwerkrafteinfluss würde dieses Analogon zum Erdinneren schlicht unmöglich gemacht, da sich einfach nicht die gleichen Symmetrien einbauen lassen, die für unseren Planeten gelten.

GEOFLOW
Simulation der Konvektionsbewegungen innerhalb der Erdkugel

Das GEOFLOW-Experiment

Das **GEOFLOW**-Experiment als erster Forschungsschwerpunkt für das **FSL**-Rack ist komplett in einem handlichen Container integriert (**a**), den die Astronauten einfach handhaben können. Im Container findet die umfangreiche elektronische Ansteuerung ihren Platz (**b**), genau so wie die empfindlichen optischen Elemente (**c**), deren Kernstück das Erdmodell aus Kugelschalen ist. Mit der **FSL**-Optik können die Vorgänge im Container über ein kleines Fenster beobachtet werden. In den letztendlich mithilfe eines interferometrischen Messverfahrens gewonnenen Bildern (**d**) sind die Informationen über das Temperaturfeld und damit ver-

bunden auch über das Geschwindigkeitsfeld enthalten. Indem man auch aus dem Computermodell (**f**) künstlich entsprechende Interferenzbilder errechnet (**e**) und mit dem in Schwerelosigkeit gewonnenen Bild vergleicht, kann man das Computermodell immer besser den realen Gegebenheiten anpassen und damit ein gutes Verständnis darüber gewinnen, wie sich die Vorgänge im flüssigen Erdinneren simulieren lassen.
(technische Bilder mit freundlicher Genehmigung von ESA/ EADS Astrium, wissenschaftliche Bilder mit freundlicher Genehmigung der Universität Cottbus)

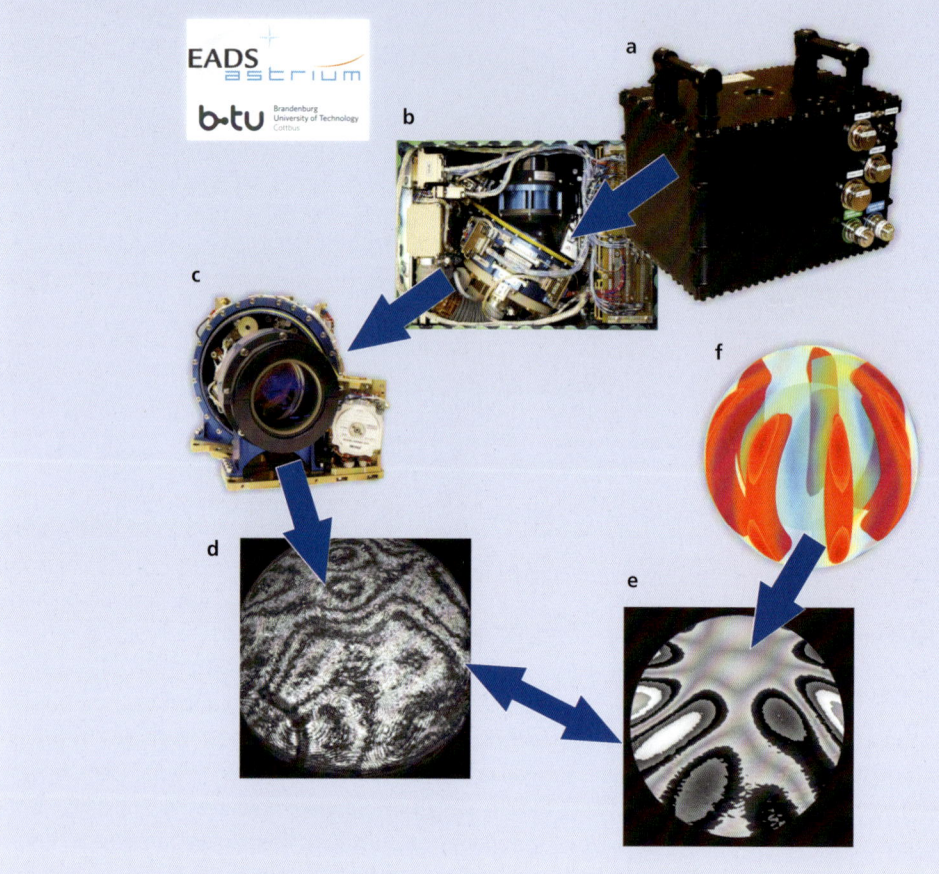

Das **FSL**-Rack gibt den Wissenschaftlern für derartige Experimente die geeigneten Werkzeuge an die Hand. Es bietet verschiedenste optische Verfahren, wie Flüssigkeiten beobachtet werden können – über Makrokameras, High-Speed-Aufnahmen bis hin zu interferometrischen Techniken und Schlierenmethoden, über die Strömungen abgebildet werden können. Über zehn Kameras mit den verschiedensten Spezialfunktionen stehen zur Verfügung, um den jeweiligen Anforderungen des Experiments gerecht zu werden. Dazu liefert **FSL** auch die nötigen Speichermöglichkeiten der riesigen Datenmengen auf Festplatten und Bandlaufwerken.

Das eigentliche Experiment muss von dem jeweiligen Wissenschaftler in einem definierten Container

zur Verfügung gestellt werden, der dann in **FSL** eingebaut wird und durch das Rack mit Strom, Kühlwasser und Datenschnittstellen versorgt wird. Die Kugelschalen des **GEOFLOW**-Erdmodells sind in genau einem solchen Container untergebracht und werden an einem der kommenden Tage von den Astronauten in FSL eingebaut werden. Um für empfindliche Versuchsanordnungen auch jede noch so kleine Erschütterung ausschließen zu können, wurde ein kleines Wunderwerk der Technik in **FSL** eingebaut: Das zentrale Segment des Racks, das auch den Experimentcontainer enthält, kann komplett freischwebend betrieben werden. Über Magnetsysteme wird das Segment in Position gehalten, und sollte das Rack eine winzige unerwünschte

Bewegung ausführen, so würde diese über Beschleunigungssensoren detektiert und durch eine geeignete Ansteuerung der Magnete verhindert werden, dass das laufende Experiment davon etwas bemerkt.

Das MARS-Center in Neapel ist verantwortlich für **FSL**, allerdings weder für das **GEOFLOW**-Experiment noch für das magnetische Isolationssystem in dem Rack. Letzteres wird kurioserweise durch die kanadische Weltraumbehörde betrieben – ein deutscher Experimentcontainer in einem Levitator aus Kanada, eingebaut in ein durch ein italienisches Kontrollzentrum betriebenes Rack in einem europäischen Labor, das am amerikanischen Teil der Internationalen Raumstation hängt …

GEOFLOW selbst wird von E-USOC in Spanien betrieben, dem Konzept der kaskadierenden Verantwortungen folgend. E-USOC muss noch nicht an der Konsole sitzen, wohl aber die Flight Controller bei MARS, die als FSL-Spezialisten für eventuelle Fragen der Besatzung oder Probleme mit dem Rack zur Verfügung stehen müssen. Sie verfolgen genau wie *Christie Bertels* über Video die Arbeit der Astronauten.

Nachdem *Léo* das Rack so nach vorn geklappt hat, dass die Rückseite gut zugänglich ist, löst er nun zusammen mit *Dan* die zahlreichen Schrauben, mit denen die acht Verdeckungen hinten an **FSL** befestigt sind. Obwohl die Schrauben so konstruiert sind, dass sie nur mit wenigen Umdrehungen zu öffnen sind und sich aus Sicherheitsgründen auch nicht von ihrem Platz an der Verdeckung entfernen lassen, dauert es eine geraume Zeit, bis die über 100 Schauben gelöst, die Verdeckungen abgenommen und sicher verstaut sind. Dann machen sich die beiden daran, die nur von hinten zugänglichen Startsicherungen für das zentrale Modul zu lösen, das den eigentlichen Experimentcontainer enthalten wird und für das Experiment vom Rack selbst entkoppelt sein soll.

Nun folgt für die beiden Astronauten eine wirklich knifflige Arbeit: Die Ingenieure haben sämtliche Kabelstränge innerhalb des Racks brav mit Kabelbindern zu dicken Bündeln zusammengruppiert. Leider wurde dabei übersehen, dass die gebündelten Kabel dann so steif sind, dass Vibrationen über sie an das zentrale Modul übertragen werden, das doch extra aufwendig von seiner Umgebung isoliert wird. Nachdem ein groß angelegter Umbau vor dem Start nicht mehr möglich war, müssen nun die Astronauten aushelfen: Sie sollen die Kabelbinder an genau definierten Stellen aufschneiden und entfernen – keine unkritische Arbeit, denn zum einen verlaufen die Stränge zum Teil an nicht einfach zugänglichen Orten, zum anderen operieren *Léo* und

Dan gefährlich nahe an empfindlichen Elementen des Racks – eine falsche Bewegung könnte den teuren Experimentschrank unwiederbringlich lahmlegen. Dementsprechend viel Zeit lassen sich die beiden, vergleichen mehrmals das Innere des Racks mit den Bildern und Beschreibungen in der Prozedur, um ja den richtigen Kabelbinder zu durchtrennen. Glücklicherweise sind die beiden ein gut eingespieltes Team – und das ausführliche Training zahlt sich ebenfalls wieder einmal aus. Gegen 12:30 Uhr kann *Léo* endlich zum Mikrofon in *Columbus* greifen und *Peter Eichler* in Oberpfaffenhofen vermelden, dass die Aktivität ohne merkbare Probleme beendet werden konnte. Ein Aufatmen vor allem bei *Nathalie Gérard* an der COL OC-Position,

▲ *Einbau des GEOFLOW-Experimentcontainers in das FSL-Rack durch NASA-Astronaut Greg Chamitoff während des Increments 18*

Das FSL-Rack

Das **Fluid Science Laboratory (FSL)** erlaubt die Untersuchung von Flüssigkeiten in der Schwerelosigkeit. Die eigentlichen Experimente müssen in einem sog. **Experiment Container** eingebaut auf die Station geliefert werden, der dann in das **FSL** eingebaut und an das Rack angeschlossen wird. **FSL** selbst stellt verschiedene optische Instrumente zur Verfügung, etwa verschiedene Kameras, die außen montiert sind und dann durch einen Spiegel-aufsatz das Innere des Experiment Containers aufnehmen. Der gesamte Bereich des Racks, in dem das optische Experiment stattfindet, kann über ein in Kanada entwickeltes Magnetschwebesystem, das **Microgravity Vibration Isolation Subsystem (MVIS)**, komplett mechanisch von der Raumstation entkoppelt werden und somit auch Störungen der idealen Schwerelosigkeitsbedingungen effektiv herausfiltern.

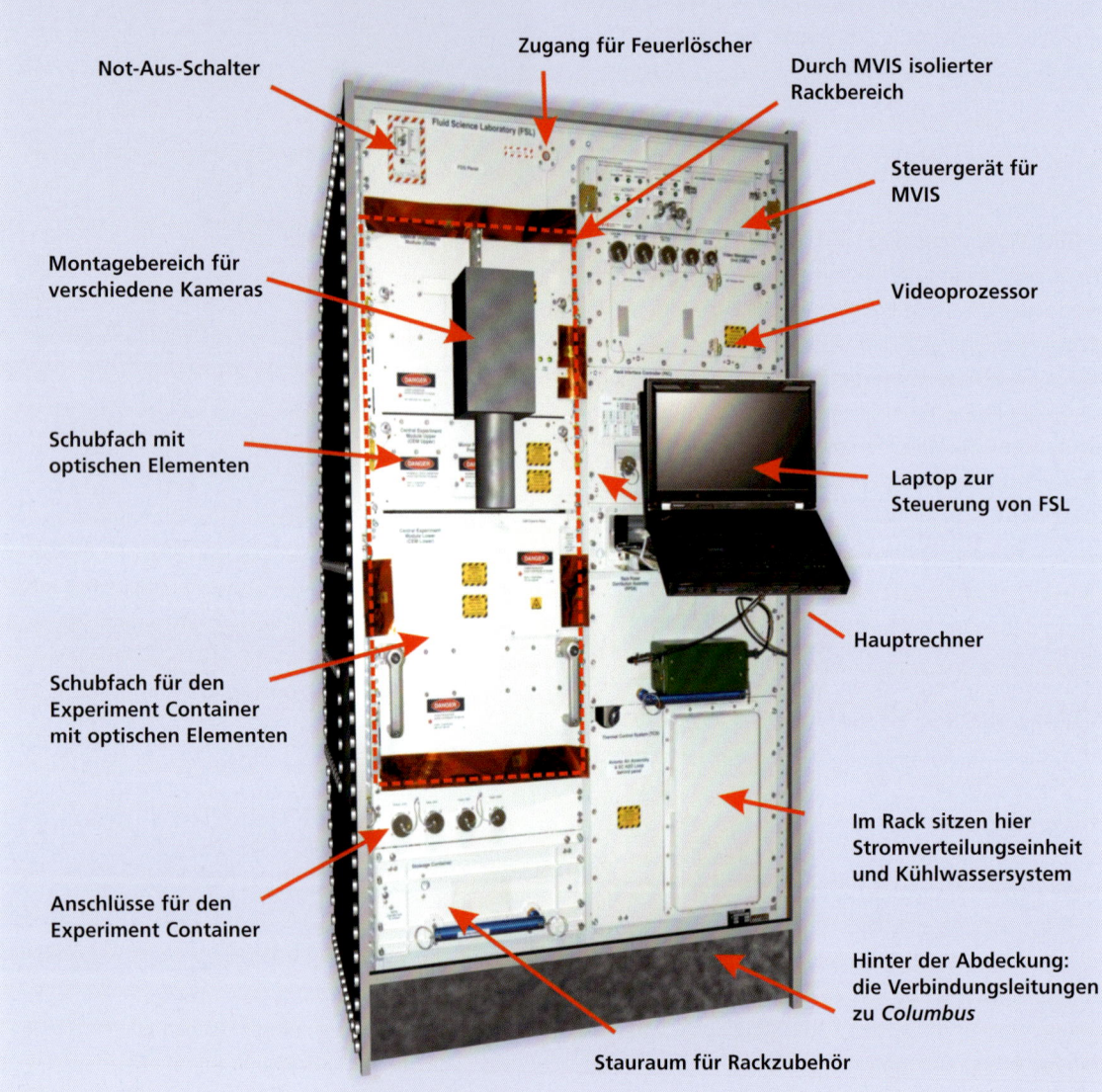

Not-Aus-Schalter

Zugang für Feuerlöscher

Durch MVIS isolierter Rackbereich

Steuergerät für MVIS

Montagebereich für verschiedene Kameras

Videoprozessor

Schubfach mit optischen Elementen

Laptop zur Steuerung von FSL

Schubfach für den Experiment Container mit optischen Elementen

Hauptrechner

Anschlüsse für den Experiment Container

Im Rack sitzen hier Stromverteilungseinheit und Kühlwassersystem

Hinter der Abdeckung: die Verbindungsleitungen zu *Columbus*

Stauraum für Rackzubehör

aber auch in Neapel im MARS-Center, wo die italienischen Flight Controller voller Spannung die Arbeit an »ihrem Rack« verfolgt haben. Zwar werden erst das erste Einschalten und der Test wirklich bestätigen können, ob die Arbeiten erfolgreich waren, aber für den Moment gibt es nun keinen Anlass, das Gegenteil annehmen zu müssen.

In weiser Voraussicht vergewissert sich *Léo* noch einmal in Oberpfaffenhofen, dass das nun alle notwendigen Arbeiten an der Rückseite von FSL waren – noch einmal möchte er die vielen Schrauben nicht öffnen müssen! *Nathalie* fragt, noch während *Léo* spricht, bei den Experten in Neapel nach – und hat die Antwort für den EUROCOM beinahe in Echtzeit parat. Flugdirektor *Gerd Söllner* braucht nur kurz mit einem Kopfnicken sein Einverständnis geben – und schon kann *Peter Eichler* den Astronauten mitteilen, dass sie das »Go« zum Zuschrauben und Zurückkippen haben. *Léo* bestätigt kurz, dass er verstanden hat und übergibt den Schraubenzieher an *Dan* – für ihn selbst steht nämlich nun der tägliche Sport auf dem Programm, das Zuschrauben ist *Dan* zugeteilt worden. Der macht zunächst noch ein paar Fotos vom offenen Bauch des Racks – generell versucht man, so viel wie möglich als Bild zu dokumentieren, man weiß ja nie, wozu es einmal nützlich sein könnte – bevor er sich an die über hundert Schrauben macht.

Eine Rackreihe weiter und um 90 Grad versetzt (**FSL** ist oberhalb der Luke in *Columbus* sozusagen in der Decke eingebaut, was aber in der Schwerelosigkeit kein Problem darstellt) schuftet *Hans Schlegel* seit einiger Zeit an **BIOLAB**. Auch seine Arbeit ist nicht ganz einfach und mit großem Aufwand verbunden. Die großen Zentrifugen, die im Inkubator des Racks eingebaut sind, mussten natürlich auch für den Start speziell gesichert werden – und das nicht zu knapp. *Hans* muss die Zentrifugen komplett herausnehmen, um die zahlreichen Schrauben entfernen zu können. Natürlich geht das nicht über das normale Öffnen des Inkubators, sondern hier muss die gesamte Front abgeschraubt werden. Diesmal sind es *Christie Bertels* und das MUSC-Zentrum in Köln, die aufmerksam die Videoübertragung von dem arbeitenden *Hans* im Auge haben und versuchen, schon aus den Bildern Probleme oder potenzielle Fragen zu erkennen und die Antworten schnell parat zu haben.

Nachdem der Inkubator geöffnet ist, schraubt *Hans* zwei Schienen an, auf denen er den gesamten Inhalt des Inkubators vorsichtig herausziehen kann. Am

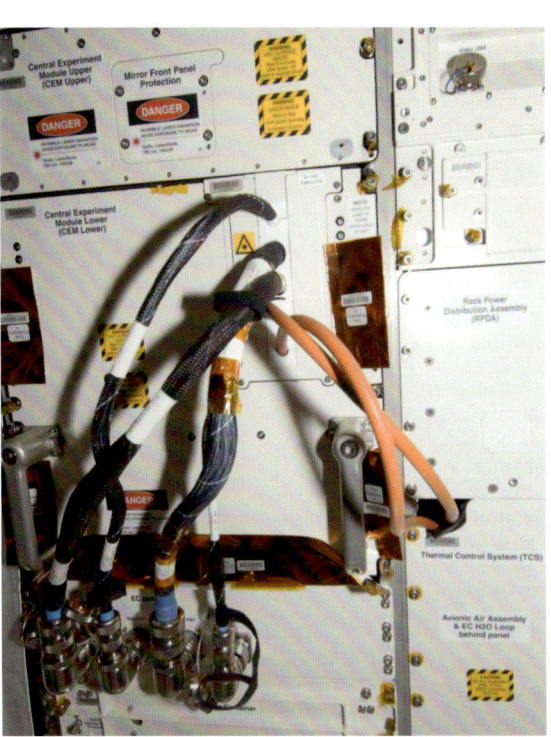

suchenden Blick des Astronauten kann *Christie* gleich sehen, dass ihm etwas fehlt – und tatsächlich sieht sie beim Vergleich der Prozedur mit der jeden Tag neu vorbereiteten Liste der Arbeitsmaterialien und ihres Lagerortes auf der ISS schnell, dass für die Arbeit ein spezieller Schraubschlüssel und ein Hebelarm benötigt werden, die nicht in der Materialliste aufgeführt sind. Noch während *Hans* zum Mikrofon greift, ist *Christie* schon mit dem COSMO *Maurizio Costa* in Kontakt, der die entsprechenden Teile aus der riesigen Datenbank aller auf der Raumstation verstauten Teile heraussucht. Als dann die Stimme von *Hans* über die Kopfhörer tönt, ist die Antwort schon fast an der Konsole des EUROCOMs angekommen – und Flugdirektor *Gerd Söllner* wirft seinen Kollegen einen wohlwollenden Blick zu: Vorausschauend zu denken – das ist genau das, was einen guten Flight Controller ausmacht!

Nun, da die Zentrifugen auf den Schienen herausgefahren und damit leicht zugänglich sind, kann *Hans Schlegel* auch die Sicherungen an den beiden großen Apparaturen herausnehmen. Noch einmal braucht *Hans* die Unterstützung des Kontrollzentrums – zu verwirrend sind die vielen Schrauben. Er möchte auch vermeiden, die falsche Schraube zu lösen und damit ein größeres Problem zu verursachen. Wieder kann das Oberpfaffenhofener Kontrollzentrum mit Unterstützung aus Köln schnell helfen.

Christie Bertels und auch COP *Robert Mühlbauer* haben inzwischen immer wieder die tickende Uhr im Blick. *Hans* macht eine gute Arbeit, dennoch fällt er

▲ *»Hat da nicht gerade München gerufen?« – Léo Eyharts auf dem Middeck der Atlantis*

◀ *FSL-Versorgungsverbindungen zum eingebauten Experimentcontainer*

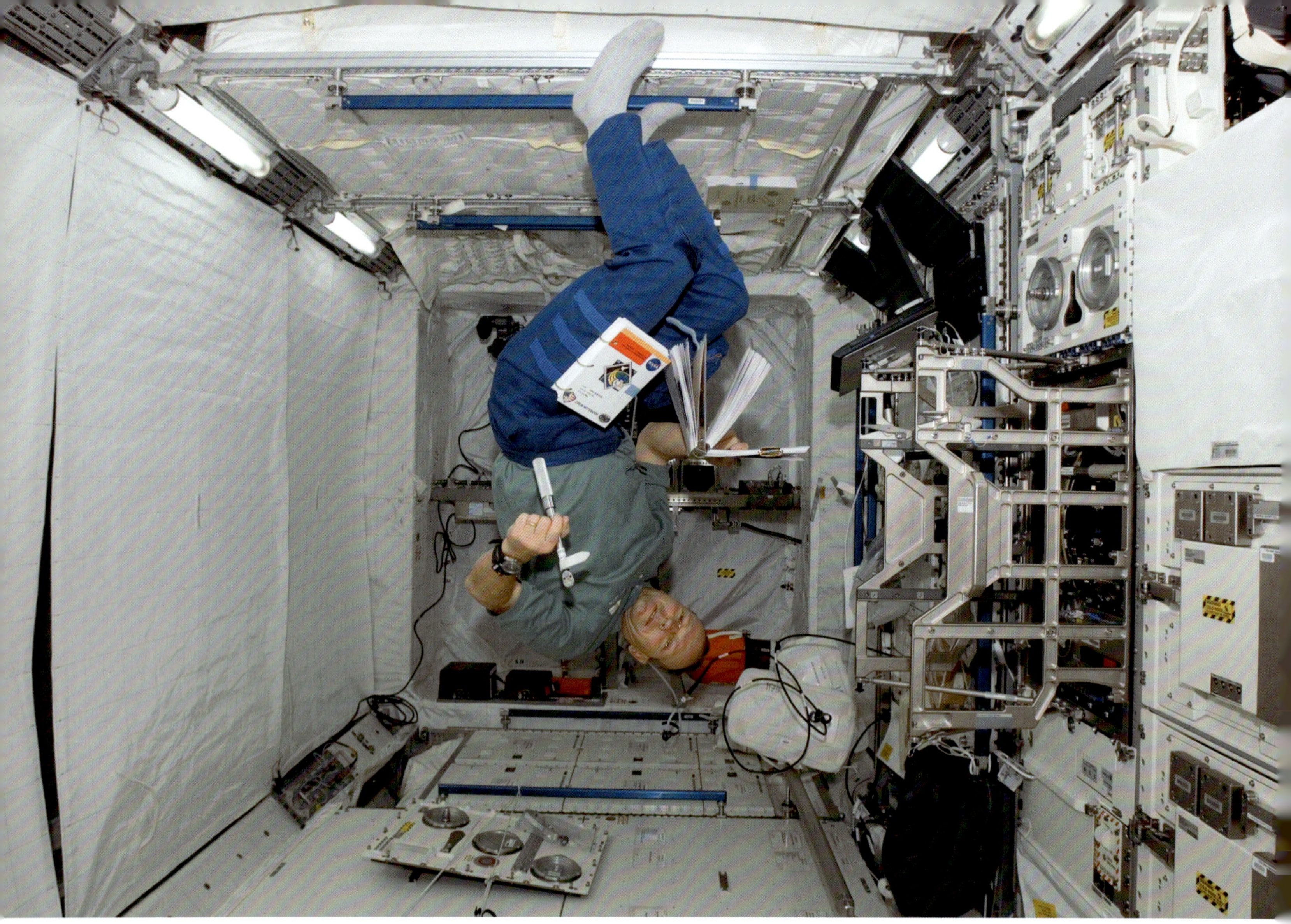

▲ *Manchmal ist es Hans Schlegel einfach zum Kopfstehen zumute!*

unweigerlich immer mehr in der Zeit zurück. Offenbar sind seine momentanen Aufgaben unter Schwerelosigkeit schwieriger als zunächst angenommen. *Hans* hat noch einiges vor sich mit **BIOLAB**, aber er hat auch andere Termine, die er wahrnehmen muss. Deswegen wird im Hintergrund bereits daran gearbeitet, welche der Aktivitäten man auf einen zukünftigen Tag verschieben kann, ohne den Gesamtplan zu sehr durcheinanderzubringen. Nicht ganz einfach, da sich langsam abzeichnet, dass es sich um zwei ganze Stunden Verzögerung handeln wird! Keine leichte Aufgabe für den COP *Robert Mühlbauer*, der ja heute seine erste »echte« Schicht macht. Und der sich mit einer Timeline konfrontiert sieht, die inzwischen so vollkommen anders ist als die 1E-Timeline, die er im Kopf hat.

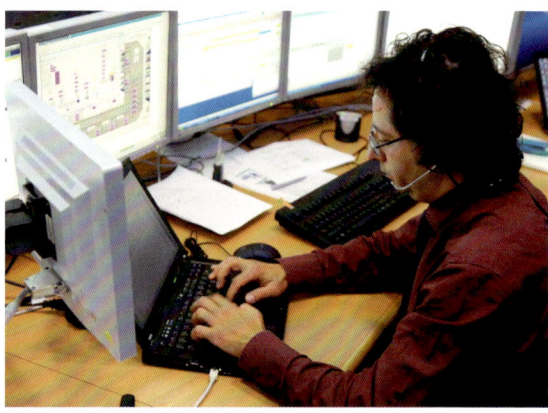

▶ *COSMO Maurizio Costa ist schon wieder auf der Suche nach einem passenden Hilfsmittel in seiner virtuellen Werkzeugtasche.*

Endlich, um 16:00 Uhr anstatt der geplanten Zeit 14:00 Uhr, kann *Hans Schlegel* vermelden, dass der Inkubator von Startsicherungen befreit und wieder komplett in **BIOLAB** eingebaut ist. Als das »Munich, Station on *Space-to-Ground* one for **BIOLAB**« in Oberpfaffenhofen ertönt, ist ausgerechnet EUROCOM *Peter Eichler* nicht an seiner Konsole – mit einem »COL FLIGHT, EUROCOM takes quick two« hat er sich schnelle zwei Minuten Auszeit gegönnt. Nun muss Flugdirektor *Gerd Söllner*, der als einziger neben dem EUROCOM auch die Sprechtaste für die beiden *Space-to-Ground*-Funkkanäle auf seinem Bildschirm

hat, also seinen ersten Funkruf aus dem Weltall beant- worten: »Station, this is Munich. Go ahead for BIO- LAB, Hans!«

Hans hat zu der durchgeführten Prozedur einige Anmerkungen, die *Christie Bertels* eifrig mitschreibt – sie könnten in der Zukunft wertvolle Informationen für neue Prozeduren sein. Außerdem gibt *Peter Eichler*, der inzwischen wieder an seiner Konsole eingetroffen ist, sich die Kopfhörer übergestülpt hat und nun *Gerd Söllner* das Funken mit der Raumstation wieder ab- nimmt, einige Informationen an *Hans* weiter, die spä- tere **BIOLAB**-Aktivitäten betreffen: Ein Schritt kann weggelassen werden – zwei Aktivitäten sind in der falschen Reihenfolge in der Timeline ...

Hans stürzt sich sogleich auf die nächste Arbeit und baut in den **BIOLAB**-Inkubator auf den beiden Zentri- fugen eine Anzahl von Experimentcontainern ein, die zwar noch kein biologisches Material enthalten, aber für einen End-to-End-Test des Racks benötigt werden. Das Austauschen von solchen Experimentcontainern wird später einmal während der operationellen Phase ein Standardvorgang sein – und *Hans* beweist, dass dieser Arbeitsgang schnell und ohne große Probleme bewältigt werden kann. Ein paar wertvolle Minuten Zeit kann er damit schon wieder aufholen und gönnt sich nach dieser Arbeit dann erst einmal sein wohlver- dientes Mittagessen.

SOLAR ist installiert!

Während *Léo* und *Dan* an **FSL** und *Hans* an **BIOLAB** arbeiten, hat auch der dritte Weltraumspaziergang der Mission begonnen. Nachdem sich *Rex Walheim* und *Stan Love* in die **EVA**-Anzüge gezwängt und danach in die enge Luftschleuse begeben haben – jeweils die Füße am Kopf des anderen, um sowohl die Luke als auch das Kontrollpaneel des **Airlocks** bedienen zu können, startet um 13:35 Uhr der Depress. Die Luft wird langsam abgepumpt, und der Druck in der Schleu- se gleicht sich langsam dem Vakuum des Weltalls an. Über den *Space-to-Ground*-Funkkanal ist das Atmen der beiden Astronauten in ihren Anzügen zu hören – alles verläuft bisher ohne größere Probleme.

Um 14:05 Uhr endlich kommt von Houston die An- weisung, dass die Luke ins Freie geöffnet werden kann. *Rex* ist der Erste, der aussteigen wird. So ist er es auch, der die Luke öffnet und sich erst einmal einen kurzen Blick auf den blauen Planeten gönnt, der sich unter ihm hinwegbewegt. Im Vergleich zum beengten Inneren der Raumstation ein atemberaubender Anblick! Seine Helmkamera überträgt den überwältigenden

▲ *Schwerstarbeit von Hans Schlegel am BIOLAB-Rack – der Zusammenbau dauert mehrere Tage.*

Eindruck auch an die Kontrollzentren – das Blau der Ozeane ist einfach wunderbar intensiv! Er verlässt die Luftschleuse, vorsichtig darauf bedacht, seine Siche- rungsleinen immer korrekt verankert zu haben. Bevor *Stan Love* ihm nachfolgt, reicht er *Rex* zunächst einmal einige Taschen mit Werkzeug und Materialien heraus, die während der **EVA** benötigt werden. Dann steigt auch *Stan* aus.

Langsam arbeiten sich die beiden Richtung *Node 2* vor, immer entlang der goldgelben Griffe, die die Pfade kennzeichnen, an denen sich die Astronauten bei Außeneinsätzen fortbewegen sollen. Dort ange- kommen trennen sich ihre Wege nach der vorgegebe- nen Choreografie für einige Minuten. Während *Rex Walheim* sich weiter Richtung *Columbus* bewegt, um dort noch einige **EVA**-Griffe an der Außenhaut an- zubringen, macht sich *Stan Love* auf in die Ladebucht der *Atlantis*, die am *Node 2* angedockt hängt. Dort findet er den Roboterarm der Raumstation bereits in der Ausgangsstellung für die heutige Installation der beiden externen Payloads vor. Wieder einmal wird ein Astronaut dem großen Greifarm als lebendige Hand dienen – und so stellt *Stan* die Halterungen entspre- chend ein und montiert sich selbst an das Ende des Roboterarms. *Leland Melvin* und *Léo Eyharts* verfolgen dabei, an der Bedienungsstation des Roboterarms im US-Lab stehend, jede Bewegung ihres Kollegen drau- ßen und korrigieren die Position des Roboters nach dessen Bedürfnissen. Passenderweise fliegt die Raum- station just in diesen Augenblicken über Deutschland – und *Léo* findet sogar die Zeit, einen kurzen Gruß über den *Space-to-Ground*-Funkkanal durchzugeben.

Inzwischen ist auch *Rex* nach seiner Griffmontage in der Ladebucht des Space Shuttles angekommen und bringt sich in Position, um seinem Kollegen beim Ab-

▲ *Stan Love beim dritten und letzten Weltraumausstieg der 1E-Mission*

External Payload Facility (EPF)
Am äußeren Ende des Moduls sind vier Installationsplätze für externe Experimente vorgesehen.

nehmen von SOLAR vom **ICC-Lite**-Träger behilflich zu sein. Dann legen die Astronauten im Space Shuttle den Schalter um, der den Heizstrom von **ICC-Lite** entfernt, was sowohl für SOLAR als auch für das immer noch auf dem Träger installierte EuTEF-Instrument um 15:36 Uhr wieder eine Überlebensuhr startet.

Irgendetwas muss dran sein an Murphy's Law, diesem unbeweisbaren und pessimistischen, aber doch durchaus realistischen Gesetz, nach dem alles, was schiefgehen kann, auch schiefgeht. Denn bislang sind die komplexen Bodencomputersysteme in München bis auf wenige kleine Ausnahmen stabil gelaufen. Aber jetzt, wo es darauf ankommt, die Kommandos zu schicken, die zum einen das SOLAR-Experiment mit Strom von *Columbus* versorgen sollen und zum anderen den reibungslosen Ablauf der **EVA** sicherstellen müssen – gerade jetzt meldet der Ground Controller *Dan Burdulis*, der für das Bodensegment verantwortlich ist, dass einer der zentralen Rechner Probleme macht. Ohne diesen: keine Telemetrie und auch keine Kommandos.

Im Orbit haben die beiden Astronauten *Walheim* und *Love* inzwischen SOLAR von **ICC-Lite** gelöst, und *Stan* lässt sich nun – die große SOLAR-Plattform fest in den Händen haltend – vom Roboterarm Richtung *Columbus* bugsieren. Eigentlich wäre *Leland* als verantwortlicher Roboteroperator eingeteilt, und *Léo* nur zum Assistieren, aber weil gerade ein wichtiges europäisches Experiment installiert wird, tritt *Leland* zur Seite und schiebt den Joystick aufmunternd *Léo* zu.

Diese wichtige Aufgabe soll doch dann auch ein Europäer erledigen! Erfreut über diese kameradschaftliche Geste übernimmt der Franzose das Steuern und schwenkt *Stan* mit viel Fingerspitzengefühl Richtung *Columbus*.

Rex macht sich inzwischen »zu Fuß« auf den Weg zum Installierungsort der externen Payloads am äußersten Ende von *Columbus* und bringt unterwegs noch weitere Griffe an der Außenhaut des europäischen Moduls an. Dann wird, sobald die beiden Astronauten weit genug von der Ladebucht entfernt sind, auch **ICC-Lite** wieder mit Strom versorgt – und EuTEF wieder entsprechend geheizt.

Während SOLAR in *Loves* Händen seiner endgültigen Heimat entgegenschwebt, wird in Oberpfaffenhofen unter Hochdruck gearbeitet: Der Computer muss schnellstmöglich wieder zum Laufen gebracht werden! Die Flight Controller können nur warten und auf das Können und die Erfahrung ihrer GCs vertrauen. *Nathalie Gérard* hat die Aktivierungsprozedur bereits vor sich liegen und malt nervös kleine Kästchen auf den Seitenrand. *Ilenya Salvoni* an der COL COMMAND-Konsole hat bereits die Datei mit den entsprechenden Kommandos geladen und überprüft zum wiederholten Mal die Reihenfolge der Befehle. Und die beiden Ground Controller *Dan Burdulis* und *David Murakaru* versuchen alles, um den widerspenstigen Computer zur Raison zu bringen.

Auf der Raumstation ist inzwischen SOLAR bei *Columbus* angekommen, und die beiden Astronauten bringen sich in Position, um die Experimentplattform auf die **External Payload Facility (EPF)** aufzusetzen, einrasten zu lassen und durch einen Drehmechanismus die Strom- und Datenverbindungen zum Modul herzustellen. Genau in diesem Moment kommt die erlösende Meldung der Ground Controller, dass der entscheidende Rechner wieder läuft. Wieder einmal kann sich das Team in Oberpfaffenhofen etwas entspannen. *Dan Burdulis* im Ground-Controlraum auf der zweiten Ebene des Kontrollzentrums lässt sich in seinen Stuhl fallen – das war jetzt knapp! Nach so viel Aufregung könnte er jetzt Ruhe brauchen, aber *Kevin Pasay* von der Nachtschicht wird erst in etwa drei Stunden auftauchen und bis dahin ist noch einiges zu erledigen!

Nachdem SOLAR von *Rex* und *Stan* ohne Komplikationen installiert wurde, muss erst innerhalb des *Columbus*-Moduls ein Schalter umgelegt werden, bevor der entsprechende Stromausgang vom Boden aus eingeschaltet werden kann. *Peter Eichler* versucht daher, den Commander der *Atlantis*, *Steve Frick* zu erreichen – nicht ganz einfach bei der vielen Kommunikation,

die während eines Weltraumspaziergangs zwischen Houston und den Astronauten stattfindet. *Steve* macht sich sogleich auf in das europäische Labor und kann wenig später mitteilen, dass der Schalter nun auf »On« steht. Daraufhin startet *Nathalie Gérard* nach der Zustimmung von *Gerd Söllner* die Abarbeitung ihrer Prozedur und bittet *Ilenya Salvoni*, der Reihe nach die erforderlichen Befehle an die Raumstation zu schicken. Kurze Zeit später – es ist 16:45 Uhr – kann *Nathalie* vermelden, dass die Stromleitung, die die SOLAR-Heizer mit Strom versorgt, eingeschaltet ist. Wieder einmal ein kleiner Zwischenerfolg: Beide Überlebensuhren konnten innerhalb des vorgegebenen Zeitraums vorerst wieder gestoppt werden!

Am meisten freut sich über diese Nachricht das B.USOC-Center, das im belgischen Brüssel die Reise ihrer Nutzlast durch das All am Monitor mitverfolgt hat. *Jean-Marc Wislez*, der diensthabende Flight Controller am B.USOC, war während des Transfers zum Zuschauen verurteilt gewesen. Nun kann er zumindest kurz aufatmen – die Installation scheint perfekt ge-

klappt zu haben! Auch die belgischen Medien hatten reges Interesse an SOLAR gezeigt. Belgien hatte mit den Astronauten und »ihren« Flight Controllern am B.USOC mitgezittert. Noch kommen zwar keine Daten an: Dazu müsste erst auch die Hauptstromzuführung eingeschaltet und der Rechner in SOLAR gebootet werden, was erst nach der Installation von EuTEF möglich ist. Aber immerhin ist bisher alles reibungsfrei abgelaufen – und das ist schon beinahe ein Grund zum Feiern. SOLAR ist schon ein tolles Gerät!

Im wissenschaftlichen Betrieb wird SOLAR spektrale Daten der Sonne über einen langen Zeitraum hinweg aufzeichnen. Drei Instrumente sind hierfür entwickelt worden, die jeweils einen anderen Wellenlängenbereich abdecken. Schon seit einiger Zeit weiß man, dass unser Zentralgestirn in gewissen Zyklen seine Aktivität verändert. Mit einer Periode von etwa elf Jahren variiert die Anzahl der Sonnenflecken, die Aufschluss über die Stärke des Partikelstroms gibt, der von der Sonne ausgehend unsere Erde ständig bombardiert. Während für die übrigen Erdbewohner dieser **Sonnenwind**

▲ *Rex Walheim auf dem Weg zum Arbeitsplatz – immer entlang des vorgegebenen Pfades*

Sonnenwind
Durch die Sonne verursachter Teilchenstrom im Weltall

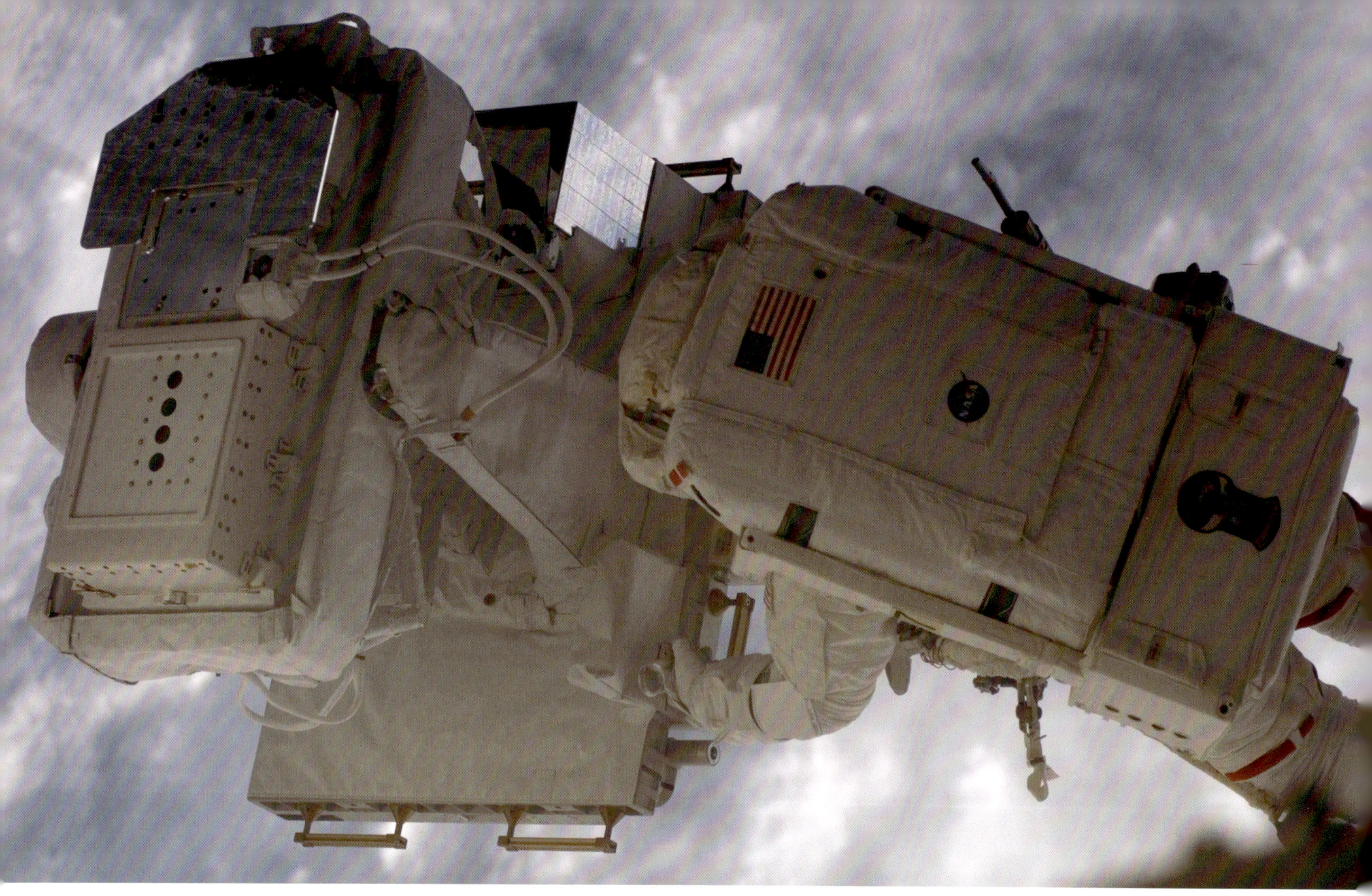

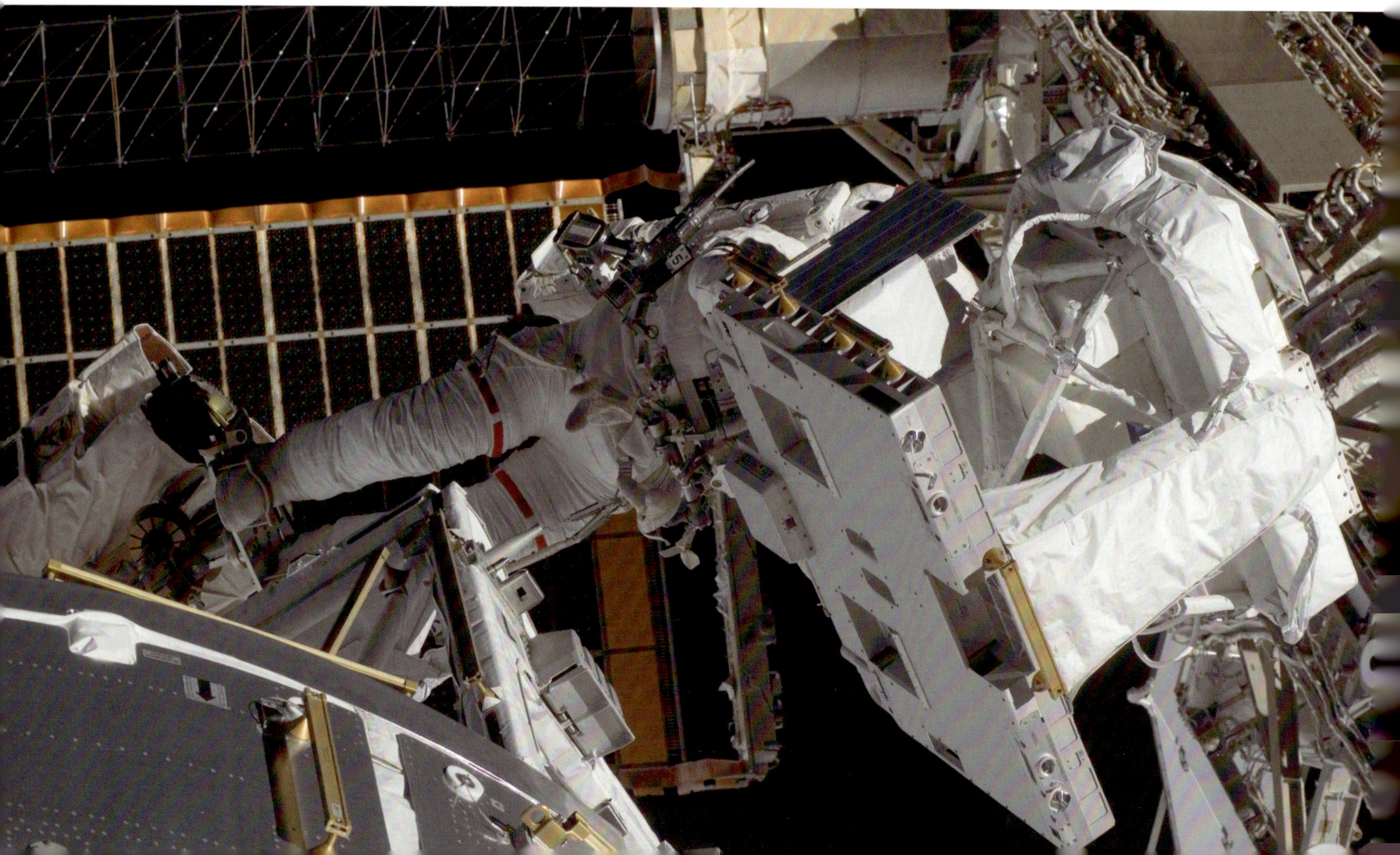

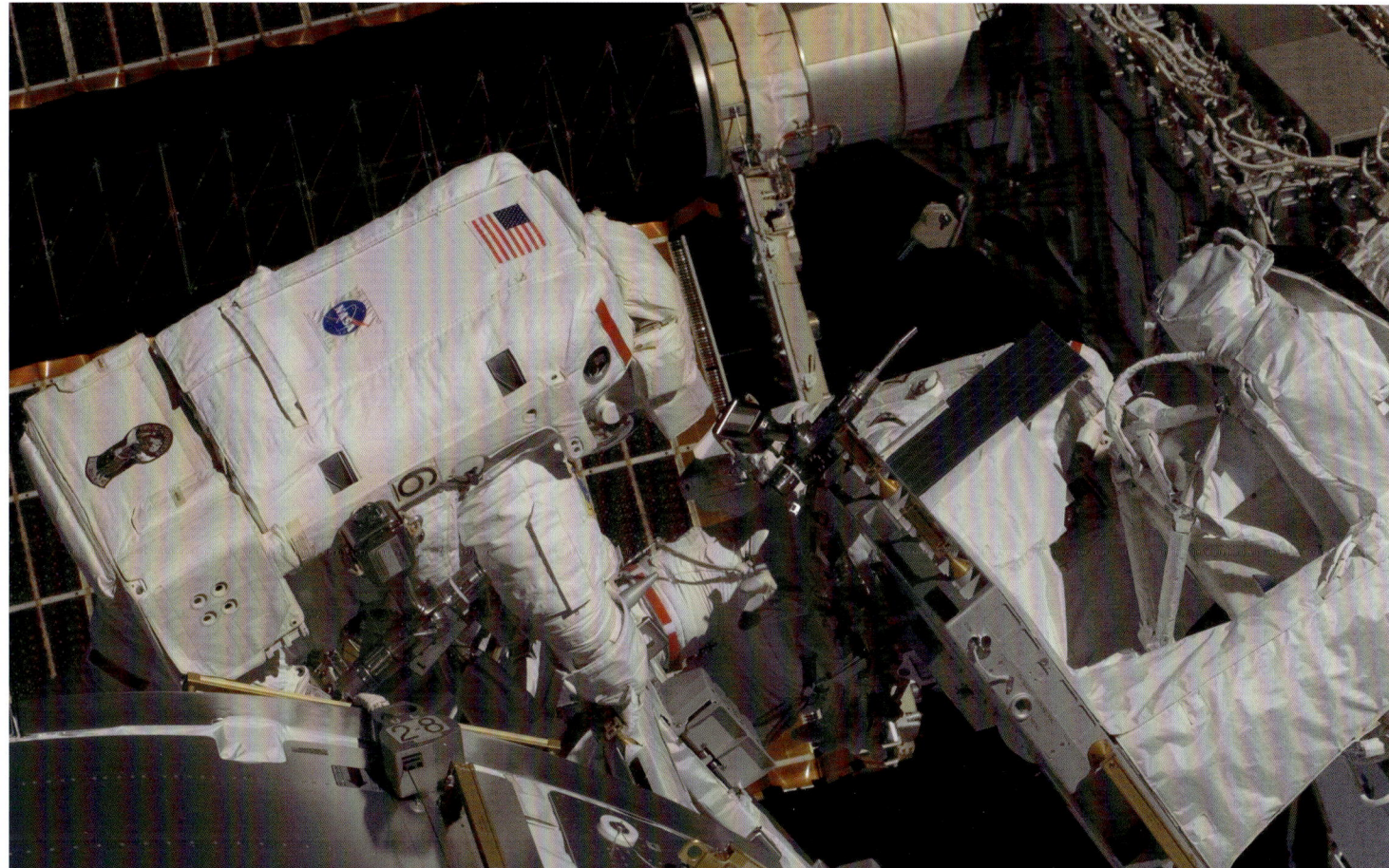

durch die Wirkung der Erdmagnetfelder und der Atmosphäre zumeist keine schädlichen Wirkungen hat und nur zu so imposanten Naturerscheinungen wie den Polarlichtern führt, sind Astronauten diesem Teilchenbombardement relativ ungeschützt ausgesetzt. Die dünne Außenhaut der Raumstation schwächt die Strahlung nicht annähernd so gut ab wie unsere Atmosphäre. Während großer Eruptionen auf der Sonne, die extrem viele hochenergetische Teilchen ins Weltall hinausschleudern, müssen deshalb auf der Raumstation besondere Vorkehrungen stattfinden: Weltraumspaziergänge müssen notfalls abgebrochen werden, und die Besatzung sollte sich in den besser abgeschirmten russischen Teil der Station zurückziehen.

Besonders für zukünftige Missionen etwa zum Mond oder Mars ist ein gutes Verständnis der Strahlungsverhältnisse im Weltall, des »Weltraumwetters«, zu dem die Sonne maßgeblich beiträgt, notwendig. Aber die Messergebnisse werden auch herangezogen werden, um den Einfluss auf klimatische Veränderungen auf der Erde aufzuklären. Hierfür wird SOLAR in den nächsten Monaten wertvolle Beiträge liefern.

Die drei Instrumente der externen Payload sind in einen um zwei Achsen schwenkbaren Rahmen montiert, der über einen Sonnensensor exakt auf die Sonne ausgerichtet werden und diese auf ihrem Weg über den Himmel verfolgen kann. Auch diese empfindliche Mechanik musste für die Startphase fest verankert werden, was durch einen fernsteuerbaren **Pin Puller** erfolgte – ein Standardbauteil in der Raumfahrt. Ein mit Paraffin gefüllter Kolben kann durch bloßes Heizen einen Bolzen aus- oder einfahren: Oft sind einfache Techniken die besten und zuverlässigsten! Im Moment verhindert der **Pin Puller** noch jede Bewegung der Plattform. So lange, bis die COL OCs und die Controller in B.USOC die notwendigen Kommandos schicken, um das Paraffin zu heizen und den Bolzen dadurch zurückzuziehen.

EuTEF folgt auf dem Fuße

Die beiden Weltraumspaziergänger sind in der Zwischenzeit schon unterwegs zu ihrem nächsten Ziel – der eine per Kletterpartie über *Columbus* und *Node 2*, der andere bequem mit dem Greifarm. Ihre nächste Aufgabe führt sie wieder zurück an die Luftschleuse.

▲ *SOLAR wird von Rex Walheim und Stan Love an seine Position an Columbus bugsiert.*

◄ *In den Händen von Stan schwebt SOLAR seinem endgültigen Bestimmungsort entgegen.*

Pin Puller
Mechanisches Bauteil, das das Ein- und Ausfahren eines Bolzens ermöglicht

Die Sonnenbeobachtungs-plattform SOLAR

Die drei **SOLAR**-Instrumente **SOVIM, SOLACES** und **SOL-SPEC** sind in eine Aufhängung eingebaut, die um zwei Achsen schwenkbar gelagert ist. Über einen Sonnensensor (Sun sensor) werden die Konstruktion der Sonne nachgeführt und die Instrumente exakt auf unser Zentralgestirn ausgerichtet. Für die wackelige Startphase kann der beweg-liche Mechanismus arretiert werden – interessanterweise über das Heizen eines paraffingefüllten Kolbens. Der gesamte Versuchsaufbau ist mitsamt seinem Hauptrechner auf eine genormte Integrationsplattform aufgesetzt, die die Schnittstelle zur **External Payload Facility (EPF)** von *Columbus* enthält.

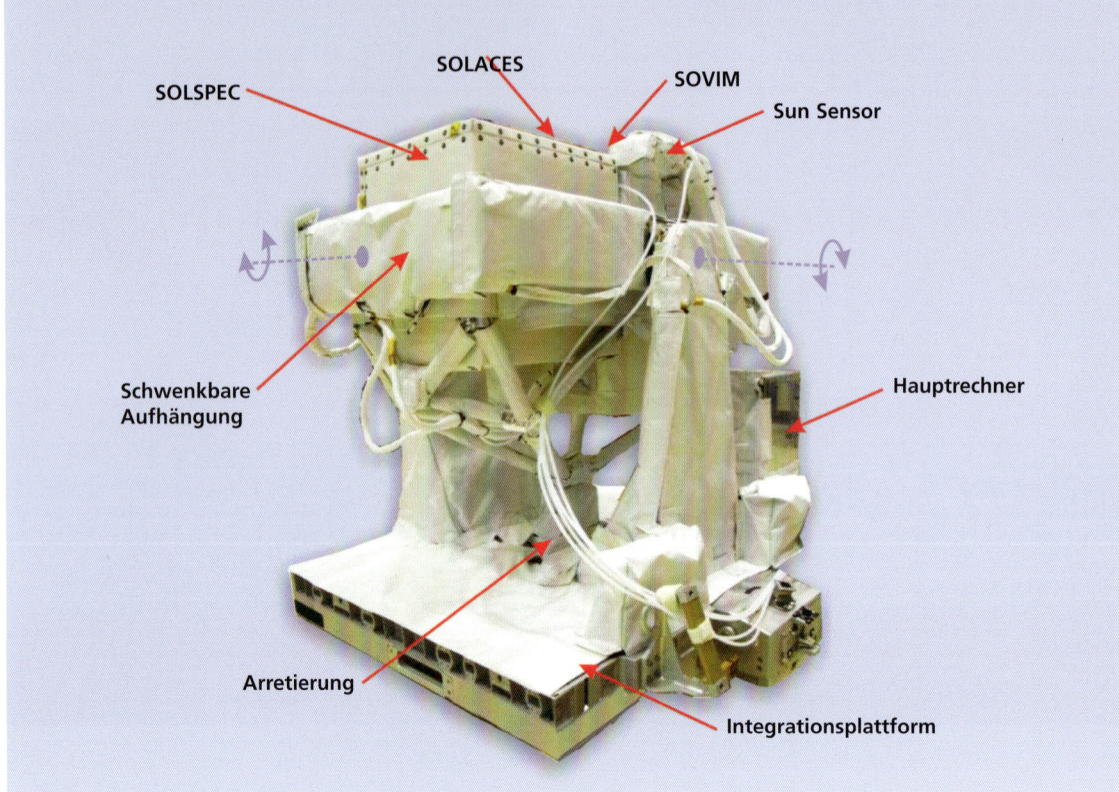

External Storage Platform 2 (ESP-2)
Eine der amerikanischen Plätze, an denen externe Experimente installiert werden können

▶ *Kurz nach der erfolgreichen Installation von SOLAR nimmt sich das glückliche Team von B.USOC die Zeit für ein schnelles Gruppenfoto. Von links: Denis Van Hoof, Saliha Klaï, Karim Litefti, Liesbeth De Smet, Alice Michel, Ségolène Brantschen und Jean-Marc Wislez.*

Dort, an der außen angebrachten **External Storage Platform 2 (ESP-2)**, wartet ein fehlerhaftes Gyroskop, einer jener riesigen Kreisel, welche die Lage der ISS kontrollieren, auf seinen Rücktransport im Space Shuttle. Das *Columbus*-Team in Oberpfaffenhofen hat dadurch eine kleine Verschnaufpause, denn das Gyro ist ein amerikanisches Bauteil und die Europäer sind nicht involviert.

Die beiden Astronauten montieren den defekten Kreisel ab, und wieder muss sich *Stan* geduldig mit dem riesigen Bauteil vom Roboterarm in Richtung Ladebucht der *Atlantis* schwenken lassen. Vorsichtig dirigiert er den Greifarm an den **ICC-Lite** heran – *Léo* und *Leland* positionieren den Roboter nach seinen Angaben milli-metergenau, sodass das Gyroskop mit der Hilfe von *Rex* in der Nutzlastbucht befestigt werden kann. Besonders sorgfältig natürlich, denn der Kreisel soll für den wackeligen Wiedereintritt ein paar Tage später gut gesichert sein und nicht zur Gefahr für die *Atlantis* und ihre Besatzung werden. Vor der endgültigen Montage musste freilich wieder die Stromzufuhr zu **ICC-**

Lite gestoppt werden, was auch für EuTEF wieder das Ende des Heizens bedeutet.

Inzwischen ist in Oberpfaffenhofen schon wieder die Zeit für das Handover gekommen. Wegen der laufenden **EVA**, welche die ganze Aufmerksamkeit der COL OCs erfordert, wurde entschieden, dass beide

COL OCs an der Konsole bleiben sollen, während das restliche *Orbit-2*-Team sich für den Handover in einen anderen Raum zurückzieht. *Nathalie Gérard* und *Tom Uhlig* machen ihre Übergabe an der Konsole, immer die Astronauten im Blick, die nun von Houston das »Go« bekommen haben, mit dem Transfer von EuTEF zu beginnen. Natürlich ist *Nathalie* sehr am weiteren Verlauf der EVA interessiert – seit Jahren hat sie für diese Momente gearbeitet – und möchte deshalb auch für die nächsten Stunden mit an der Konsole bleiben.

Schnell ist EuTEF von **ICC-Lite** gelöst, aber dann stellt *Stan Love* fest, dass die Einstellung seines Roboterarm-Arbeitsplatzes nicht optimal ist – so klinkt er EuTEF noch einmal in der Ladebucht ein, justiert die Halterungen nach und nimmt schließlich EuTEF wieder auf – jetzt kann's losgehen!

Gegen 19:20 Uhr beginnt EuTEF seine kurze Reise Richtung *Columbus* – begleitet von *Stan*, während *Rex* sich wieder auf konventionelle Weise auf den Weg macht. Zeitgleich bittet der neue COL OC, *Tom Uhlig*, *Ilenya Salvoni* an der COL COMMAND-Konsole, die Kommandos zum Abschalten des Stromes für SOLAR zu schicken. SOLAR und EuTEF werden sich in Zukunft für ihre Heizerversorgung beziehungsweise ihre Hauptstromversorgung jeweils einen Stromkanal teilen, deshalb müssen jetzt die SOLAR-Heizer ausgeschaltet werden, um auch die entsprechenden Verbindungen für EuTEF spannungsfrei zu bekommen. Das Kommandieren klappt glücklicherweise ohne Probleme, sodass der Weltraumspaziergang flüssig weitergeführt werden kann. Dafür ticken nun wieder die Überlebensuhren für beide externe Experimente ...

Um 19:45 Uhr fangen plötzlich auf den Displays an der COL OC-Konsole die Temperaturwerte von EuTEF zu laufen an – die bisher statischen blauen Werte sind nun weiß und hüpfen in ihren Nachkommastellen hin und her. Ein untrügliches Zeichen, dass die Astronauten EuTEF nicht nur mechanisch erfolgreich an *Columbus* angebaut haben, sondern dass auch die **XCMU** nun mit ihren Temperatursensoren auf EuTEF verbunden ist und der Datenfluss funktioniert. Gute Nachrichten also auch für das ERASMUS-USOC, wo man ungeduldig darauf wartet, die ersten Nachrichten aus dem All vom eigenen Experimentträger zu bekommen. Die Temperaturkurven, die nun langsam von einzelnen Messpunkten in Kurven übergehen, welche einen sanft abfallenden Trend erkennen lassen, werden dort nicht nur von den beiden EuTEF-Controllern *Andrea Köhler* und *Tom Hoppenbrouwers* gespannt verfolgt, sondern auch von den Experten der Herstellerfirmen.

Sie sind nach Noordwijk gekommen, um schnell mit ihrem Know-how eingreifen zu können, sollte in der kritischen Installierungsphase etwas Unvorhergesehenes passieren.

Obwohl der Kontakt zwischen EuTEF und *Columbus* hergestellt ist – die Überlebensuhren laufen dennoch weiterhin. Denn bevor die Heizer wieder mit Strom versorgt werden können, muss die Besatzung auch den entsprechenden Schalter für EuTEF innerhalb von *Columbus* umlegen. Es eilt jedoch nicht direkt – von beiden externen Plattformen zeigen die Sensoren durch-

▲ *Kletterpartie von Rex Walheim über Columbus und Node 2. An seinem Unterarm hat er wichtige Infos für den Einsatz mit dabei.*

▶ *Rex Walheim winkt in die Kamera*

aus brauchbare Temperaturen an – keine direkte Gefahr für die Hardware! Man beschließt deshalb, noch etwas zu warten, bevor man die Besatzung der Raumstation rufen und an die noch ausstehende kurze Schalteraktivierung erinnern möchte.

Die beiden Astronauten im All sind damit am Ende ihrer sehr erfolgreichen **EVA** angekommen. *Stan* darf sich endlich wieder aus den Fesseln des Roboterarms

lösen und mit *Rex* den Rückweg zur Luftschleuse antreten. Dabei gönnen sie sich nach getaner Arbeit für ein paar Minuten wieder den faszinierenden Blick auf ihren Heimatplaneten und schicken im Stillen Grüße an ihre Familien und Freunde dort unten. Ihr Wiedereinstieg in die Station, das Wiederhochfahren des Drucks in der Luftschleuse und das Ablegen der sperrigen **EVA**-Anzüge bleibt in München weitgehend unbeachtet: Zu viele andere Aktivitäten erfordern die ganze Aufmerksamkeit des Teams.

Als um 20:55 Uhr immer noch keine Anzeichen zu sehen sind, dass der Schalter für EuTEF eingeschaltet wurde, entscheidet man sich doch dafür, die Besatzung vorsichtig daran zu erinnern, dass in Oberpfaffenhofen, Brüssel und Noordwijk alle sehnsüchtig auf diesen Moment warten. *Norbert Illmer*, der neue Mann an der EUROCOM-Konsole, fragt nach, und *Steve Frick* verspricht, sofort nach dem Schalter zu sehen. Und

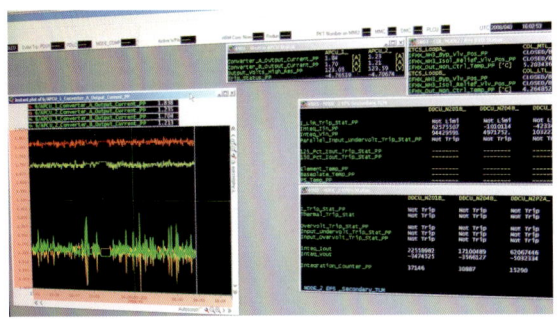

◀ *Die erste Telemetrie der externen Nutzlasten erscheint in Oberpfaffenhofen auf den Anzeigen.*

▲ *Noch ein paar kurze Arbeiten von Rex Walheim an der Außenhülle von Columbus*

schon ein paar Momente später springt die Telemetrie von »Open« auf »Closed« um. Sofort bittet *Tom Uhlig* seinen *Orbit-2*-Flugdirektor *Alexander Nitsch* um die Erlaubnis, die Heizer für die beiden externen Experimente einschalten zu dürfen. Dieser erteilt nach einem kurzen Seitenblick auf *Andrea Geraci* an der ACE-Konsole und dessen zustimmendes Nicken das »Go« hierfür. Nun ist wieder die COL COMMAND-Position gefragt, inzwischen mit *Bernd von Kuhlmann* besetzt. Er schickt unter den kritischen Augen der beiden COL OCs zunächst das Kommando, das die entsprechende Stromleitung einschaltet. Dann kommandiert er über die **XCMU** in SOLAR und EuTEF die beiden Relais auf »Ein« – und hat damit endgültig das Überleben der beiden gesichert.

Am Col-CC, am B.USOC und am ERASMUS-USOC beginnen sich die Temperaturkurven für SOLAR und EuTEF nun langsam nach oben zu bewegen – ein gutes Zeichen! Die Heizer laufen wie erwartet!

Auch der nächste Schritt soll gleich vollzogen wer-

den: Die beiden Instrumente haben noch keinen Strom über die Hauptleitungen, sondern werden momentan nur geheizt. Nach Koordination mit COL SYSTEMS und COL FLIGHT werden schließlich auch die restlichen Befehle an die Raumstation geschickt, die den entsprechenden Stromkanal der **PDU** einschalten und die Relais in SOLAR und EuTEF konfigurieren. Endlich springen auch die beiden Hauptrechner in den externen Payloads an, und die ersten wirklichen Daten füllen die Bildschirme in Col-CC, bei B.USOC und am ERASMUS-USOC.

Auch für SOLAR sind die Hersteller der Sonnenbeobachtungsplattform eigens nach Brüssel gereist, um den Flight Controllern am B.USOC-Zentrum mit Rat und Hilfe zur Seite zu stehen. Dort hat *Jean-Marc Wislez* in der Zwischenzeit schweren Herzens die Konsole an *Ségolène Brantschen* übergeben. Denn allzu gerne hätte er selbst den Knopfdruck ausgeführt, der nun seiner Kollegin zukommt. Nach kurzem Wortwechsel mit dem COL OC in Oberpfaffenhofen erteilt dieser dem B.USOC die Erlaubnis für das erste Kommando an SOLAR.

Für die ersten Gehversuche mit SOLAR hat man beschlossen, *Ségolène Brantschen* eine weitere erfahrene SOLAR-Expertin zur Seite zu stellen. *Alice Michel* wird wachsam alle Schritte mitverfolgen und ihre Kollegin unterstützen. Gemeinsam laden sie nun das Telekommando an der Konsole, schalten es scharf, und endlich läuft um 23:07 Uhr von B.USOC aus das allererste Kommando an eine europäische Payload! Es macht sich Euphorie breit in dem kleinen Brüsseler Kontrollraum, als sich in den Telemetriedaten die erwartete Reaktion von SOLAR widerspiegelt. Alleine die Vorstellung ist aufregend, dass alle diese Zahlenkolonnen das Resultat von etwas sind, das sich in diesem Augenblick irgendwo weit draußen im Weltall abspielt! Und dass die von B.USOC aus geschickten Kommandos trotz ihres weiten Weges über München, Houston, White Sands, die geostationären TDRS-Satelliten weit draußen, den Hauptrechner der ISS und schließlich über die verschiedenen Computer in *Columbus* die SOLAR-Plattform erreichen und praktisch einige Zehntelsekunden später eine Reaktion des Weltraumexperiments bewirken!

Kurz darauf kann auch das ERASMUS-USOC mit EuTEF die ersten Bits und Bytes austauschen. Hier ist es *Andrea Köhler*, die das erste Kommando schickt. Und schon sendet auch EuTEF seine Daten auf den weiten Weg nach Noordwijk.

Um EuTEF für den Start vorzubereiten und der NASA direkt für Fragen zur Verfügung zu stehen, halten sich einige Experten der Herstellerfirma in Houston auf. Natürlich wollen auch diese die Daten des Instruments sehen – aber die strikten Sicherheitsregeln der NASA erlauben es nicht, einfach das Netzwerk des *Johnson Space Centers* mit dem ESA-Netzwerk in Noordwijk zu verbinden. So versuchen die Niederländer zunächst, mit einer Webcam die Inhalte der Datenbildschirme nach Amerika zu schicken. Aber die schlechte Auflösung lässt nichts erkennen. Und so muss man schließlich inmitten in einer High-Tech-Mission auf das einfachste Kommunikationsmittel überhaupt zurückgreifen: Geduldig lesen *Andrea Köhler* und *Tom Hoppenbrouwers* die Temperaturwerte, Ströme und Voltangaben vor – und die Experten in Houston schreiben eifrig mit. Einfach und primitiv, aber es funktioniert. Das erste Ergebnis der Ferndiagnose: EuTEF ist in einem guten Zustand. Ein durchaus erfolgreicher Tag!

EuTEF ist eine Experimentalplattform, die Raum für viele verschiedene wissenschaftliche Versuche bietet. Viele Experimente und Technologiedemonstrationen –

ganze neun an der Zahl – haben darauf Platz gefunden. EuTEF stellt ihnen nur die Strom- und Datenverbindungen zur Verfügung sowie einige Services durch den Hauptrechner. Die eigentlichen Experimente kommen aus den verschiedensten Wissenschafts- und Technikbereichen und werden von unterschiedlichen Forschungseinrichtungen und Universitäten betrieben.

Da gibt es zunächst einmal DEBIE-2, das die Einschläge von Kleinstmeteoriten auf drei unterschiedlich orientierte Detektoren misst. Eine ähnliche Versuchsanordnung wurde bereits an Bord eines Forschungssatelliten geflogen, DEBIE-2 ist daher bereits die zweite Generation dieses Instruments.

Dann ist das kleine DOSTEL-Instrument auf der Plattform untergebracht. Dieses durch das Deutsche Zentrum für Luft- und Raumfahrt (DLR) betriebene Gerät misst die kosmische Strahlung, ihren zeitlichen Verlauf und ihr Spektrum.

EuTEMP hat seine Aufgabe bereits erfüllt. Über die gesamte EuTEF-Plattform hatte das Instrument seine Temperatursensoren verteilt und hat das Temperaturprofil während des Aufstiegs der *Atlantis*, der Ladebuchtöffnung und schließlich des Transfers gemessen und batteriegepuffert gespeichert. Nun wird dieser Speicher ausgelesen und das Instrument in Rente geschickt.

EVC ist zuletzt auf der Plattform hinzugefügt worden. Die **Earth Viewing Camera (EVC)** soll in der Lage sein, Bilder von der Erde zu machen und über den *Columbus*-Datenbus zur Erde zu funken.

Eine riesige Anzahl von biologischen Proben wird in EXPOSE den harschen Weltraumbedingungen ausgesetzt. Das ebenfalls vom DLR koordinierte Experiment enthält jeweils eine kleine Anzahl von Bakterien, Samen, Flechten und Pilzen sowie verschiedene organische Verbindungen. Die Proben sollen später wieder auf die Erde gebracht, untersucht und mit Referenzproben verglichen werden. Hierbei steht die spannende Frage im Mittelpunkt, ob und wie lange Mikroorganismen im All überleben können. Schließlich gibt es Theorien, dass wesentliche Bestandteile für das Entstehen des Lebens auf unserer Erde durch Meteoriten auf unseren Planeten gelangt sein könnten. Interessanterweise haben die Astronauten von *Apollo 12* auf der Mondsonde **Surveyor 3** Mikroben gefunden, die während der Montage wohl durch einen erkrankten Ingenieur in eines der Instrumente der Sonde gelangten, den Flug und die drei Jahre Mondaufenthalt tatsächlich unbeschadet überstanden haben und auf der Erde »wiederbelebt« werden konnten.

Weniger biologische, aber nicht minder interessante

Surveyor 3
1967 gestartete unbemannte Mondsonde, die 1969 als Ziel für die zweite bemannte Mondmission Apollo-12 ausgewählt wurde

▲ *Im Reinraum der Hersteller-firma inspizieren die Experten vom ERASMUS-USOC und die COL OCs während der Missions-vorbereitung die EuTEF-Platt-form, bevor die einzelnen Instrumente montiert werden.*

Ergebnisse verspricht man sich von FIPEX. Dieses Experiment, das durch die Technische Universität Dresden betrieben wird, widmet sich der Messung von freien Sauerstoffatomen. Diese aggressiven Radikale haben langfristig starke Auswirkungen auf Materialien im Weltall. Schon mehrere Versuchskampagnen wurden mit einem ähnlichen Messaufbau geflogen, nun soll das Langzeitexperiment an Bord der ISS weitere Aufschlüsse geben.

MEDET wiederum setzt verschiedene Materialien den Weltraumbedingungen aus und hat außerdem noch Sensoren implementiert, welche die Umweltbedingungen möglichst genau charakterisieren sollen.

Dann gibt es auf EuTEF noch das spätere Sorgenkind PLEGPAY. Das Instrument erzeugt eine Plasmaentladung und stellt dadurch, bildhaft gesprochen, einen elektrischen Erdungskontakt zum Weltraum her. Einige Monate später wird sich herausstellen, dass PLEGPAY das Potenzial der Station in einer Weise verändern könnte, die die ISS aus ihrem Spezifikationsrahmen herausbringen würde. Nach vielen Diskussionen wird PLEGPAY vorübergehend ausgeschaltet bleiben müssen.

Das letzte der zahlreichen Experimente ist schließlich TRIBOLAB. Hier stehen die Reibung und Schmierung im All auf dem Prüfstand. Wie man sich vorstellen kann, ist dieses Gebiet für zukünftige Missionen, seien sie bemannter oder unbemannter Natur, ein wichtiges Thema. Die Reibung muss besser verstanden und neue Schmiermittel müssen entwickelt werden, die unter Vakuum und harter Strahlung auf lange Zeit hinaus den Erfordernissen genügen.

Die Missionsplanung sieht vor, dass EuTEF etwa eineinhalb Jahre im Erdorbit bleiben und dann zur Erde zurück gebracht werden soll. Dies dient hauptsächlich der Rückführung der biologischen Proben, die anschließend in den irdischen Laboratorien genauestens untersucht werden sollen. Im Juli 2009 wurde EuTEF während der 17A-Mission wieder von zwei EVA-Astronauten deinstalliert, in die Nutzlastbucht des Shuttles und schließlich zurück zur Erde gebracht. Zurück bleibt ein verwaister Platz an der Außenhülle, der vielleicht irgendwann wieder mit einem Experiment bestückt wird.

Alle Experimente an Bord von EuTEF werden durch das ERASMUS-USOC koordiniert und gesteuert. Nachdem EuTEF rund um die Uhr laufen muss, kommt eine harte Zeit auf die kleine Belegschaft dieses Kontrollzentrums zu. Nicht nur in Oberpfaffenhofen muss ab jetzt 24 Stunden und sieben Tage die Woche gearbeitet werden, zumindest bis zum geplanten Rücktransport von EuTEF auf die Erde!

FSL wird betriebsbereit gemacht

Während der Weltraumspaziergang noch im vollen Gange ist, macht sich *Hans Schlegel* wieder daran, weiter an **BIOLAB** zu arbeiten. Wegen der großen Verzögerung wurde entschieden, eine für heute geplante Aktivität auf morgen zu verschieben, um *Hans* nicht zu sehr unter Druck zu setzen. So bleiben ihm einige kürzere Aktivitäten für den heutigen Nachmittag. Von den BIOLAB-Schrauben wird er heute Nacht wohl träumen, denn auch weiterhin geht es darum, Sicherungsschrauben vom Rack zu entfernen. Diesmal ist die Abdeckung an der Reihe, hinter der der kleine Roboterarm des automatischen Forschungslabors verborgen ist. Auch hier ist die Prozedur nicht komplett klar – und *Hans* hat irrtümlicherweise zunächst die falschen Befestigungen gelockert. So kommt es zu einiger Verwirrung, aber bald wird der Fehler entdeckt und korrigiert.

Bald darauf wieder ein Fehler in der Prozedur – die Schraubengröße ist falsch angegeben, und deshalb hat *Hans* nicht das richtige Werkzeug zur Hand. Nun muss der COSMO *Frank Hartung* helfen. Glücklicherweise ist der korrekte Schrauber schnell gefunden. Und noch ein zweites Mal ist das richtige Werkzeug nicht greifbar und muss erst in der ISS-Werkzeugkiste gesucht werden. Diesmal erbarmt sich *Peggy Whitson* des nahe an der Verzweiflung stehenden Kollegen und hilft bei der Suche. Zu zweit meistern sie auch diese Hürde.

Nachdem dann der Roboterbereich endlich geöffnet

EuTEF enthält ein buntes Konglomerat von wissenschaftlichen Experimenten, die auf einer Plattform integriert sind und von einem zentralen Computer gesteuert und mit Strom versorgt werden. Nicht sichtbar sind in der Darstellung die Instrumente **EuTEMP** und **EVC**, die auf der abgewandten Seite montiert sind und welche die Temperatur während des Aufstiegs gemessen haben bzw. Bilder der

Erde aufnehmen. **PLEGPAY** führt Plasmaexperimente durch, **DEBIE-2** zählt die Einschläge von Kleinstmeteoriten und **FIPEX** misst Sauerstoffradikale in der ISS-Umgebung. Auf **EXPOSE** und **MEDET** werden verschiedene Proben der Weltraumumgebung ausgesetzt, **DOSTEL** zeichnet Strahlungsdaten auf und **TRIBOLAB** führt Reibungsexperimente durch.

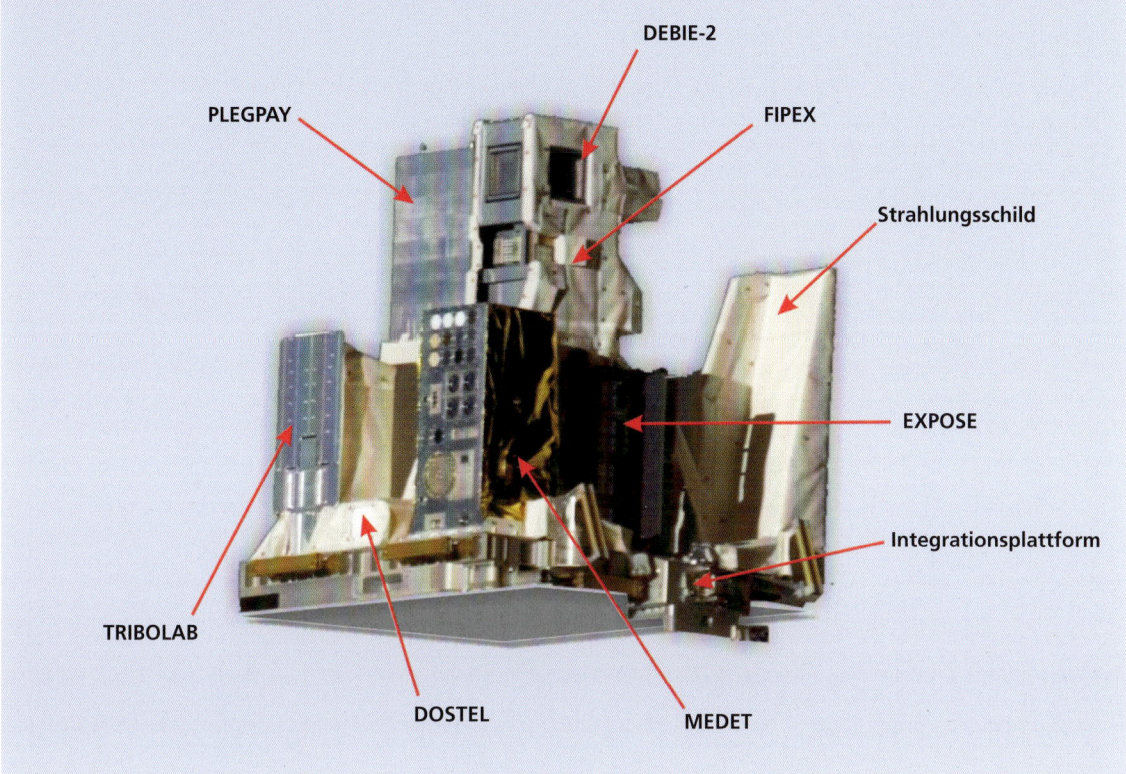

ist, muss *Hans* den kleinen empfindlichen Automaten nur noch einbauen. Auch dieser durfte nicht in seiner endgültigen Position fliegen, um Beschädigungen zu vermeiden.

Peggy hat in der Zwischenzeit an einem Sonderauftrag gearbeitet. Da sie nicht als FSL-Expertin trainiert wurde, war sie nicht dafür vorgesehen, an FSL zu arbeiten. Nun aber steht Arbeit an FSL an – und *Peggy* hat Zeit. Deswegen wurde kurzerhand beschlossen, für *Peggy* 20 Minuten einzuplanen, in denen sie sich mit den FSL-Aufgaben vertraut machen und die entsprechenden Prozeduren durchdenken kann, dann soll sie für dieses Rack einspringen. Ihre erste Aufgabe ist es, FSL als allererstes Rack mit Kabeln und Leitungen mit dem *Columbus*-Modul zu verbinden. Bisher sind alle Experimentierschränke zwar montiert, aber noch nicht über die Umbilicals (zu Deutsch Nabelschnüre) an die Ressourcen des Forschungslabors angeschlossen.

Wieder sind Sicherheitsmaßnahmen verlangt, um die Astronautin vor Stromschlag zu schützen. Da FSL an

einem Starkstromanschluss hängt, sind zwei unabhängige Stromunterbrechungen gefordert, um die notwendigen Sicherheitskriterien zu erfüllen. Hier gibt es allerdings ein Problem: Die Racks sind direkt mit der **PDU** verbunden. Den Ausgang der **PDU** kann man ausschalten – aber sonst sind keine weiteren Schalter in der Konstruktion von *Columbus* vorgesehen. Was tun, um die Sicherheitsexperten zufriedenzustellen? Natürlich ist diese Frage schon vor der Mission ausgiebig diskutiert worden, und man hat ein Schlupfloch gefunden, wie die Bestimmungen umgangen werden können, ohne die Sicherheit der Besatzung zu gefährden. Zwei unabhängige Schalter sind nämlich nur für eine bestimmte Stromstärke notwendig. Gelingt es, die mögliche Stromstärke unter den kritischen Wert zu reduzieren, dann ist auch ein Schalter ausreichend. Und wie macht man dies? Ganz einfach, indem man den Strom limitiert, der überhaupt bei den beiden **PDUs** von *Columbus* ankommt! So müssen die Amerikaner ihre Stromverteiler, an die *Columbus* angeschlos-

Geheimsprache im Funk?

Die Astronauten und Flight Controller verwenden eigene Sprachkonventionen beim Sprechen auf den Voice Loops. Jede Position hat ihren genau definierten Funkrufnamen, auch **Call Sign** genannt. Ein Funkspruch startet dann zunächst mit dem Ruf

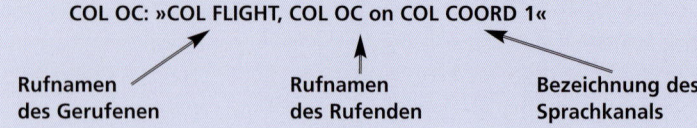

COL OC: »COL FLIGHT, COL OC on COL COORD 1«

| **Rufnamen** | **Rufnamen** | **Bezeichnung des** |
| **des Gerufenen** | **des Rufenden** | **Sprachkanals** |

und der Antwort des Gerufenen

COL FLIGHT: »COL OC, COL FLIGHT. Go ahead!«

Für den Funkspruch selbst gibt es eine Reihe von Spezialwörtern, die eine feste Bedeutung haben und deutlicher zu verstehen sind als ein schnelles »Ja« oder »Nein«:

Affirmative	Ja!
Break Break	Bitte die gegenwärtige Konversation sofort unterbrechen, ich habe eine wichtige Mitteilung zu machen.
Concur!	Ich stimme dieser Aussage zu.
Copy!	Ich habe verstanden.
Correction	Meine letzte Aussage war falsch, es folgt nun die Korrektur.
Disregard!	Meine letzter Funkspruch kann ignoriert werden.
Go ahead!	Weitermachen!
How copy?	Ist meine letzte Aussage bei Ihnen angekommen?
Negative	Nein!
On my mark – mark!	Genau auf mein Zeichen hin – jetzt!
Read back	Ich wiederhole Ihre letzte Mitteilung, um sicherzustellen, dass sie korrekt angekommen ist.
Stand by!	Bitte kurz warten, ich melde mich gleich wieder.
Station calling	Ich habe nicht verstanden, wer mich ruft. Bitte noch einmal den eigenen Funkrufnamen wiederholen!
Wilco!	Ich habe verstanden und stimme zu.

Die Qualität der Übertragung wird durch zwei Nummern angegeben:

	Signalstärke	Verständlichkeit
5	Laut	Klar und deutlich
4	Gut	Mit leichten Störungen
3	Schwach	Mit Hintergrundgeräuschen
2	Kaum hörbar	Schwierig, aber verstehbar
1	Nicht hörbar	Nicht verständlich

Die Aussage »I read you five by five« ist demnach der Idealzustand, also »laut und deutlich«. Müssen komplizierte Wörter buchstabiert werden, so wird auf das NATO-Alphabet zurückgegriffen, das jedem Buchstaben ein eindeutiges Wort zuweist: »Alpha«, »Bravo«, »Charlie«, »Delta«, …
Besonders bei hektischen, schnellen Konversationen ist es wichtig, dass der wichtige Inhalt der Meldung richtig beim anderen ankommt. Deswegen wird auch ein einfaches Wort durchaus mal buchstabiert, und der Empfänger wiederholt es, um so wirklich sicher zu sein, dass kein Missverständnis schwerwiegende Folgen nach sich zieht:
»Station, Munich on Space-to-Ground One. The power outlet is off, I repeat: O-F-F!« – »Munich, Station, we copy: Power outlet is off, we will proceed.«

sen ist, einfach in der Ausgangsleistung herunterfahren – und schon reicht es, nur den **PDU**-Ausgang als Schalter zu nutzen. Die Besatzung kann gefahrlos an den Stromkabeln hantieren.

Nachdem Houston seine Schritte bereits am späten Vormittag kommandiert hat, muss nur noch COL SYSTEMS seine Stromausgänge kontrollieren und zum Anschließen der Kühlwasserleitungen auch noch die entsprechenden Wasserventile schließen. Dann bekommt *Peggy* das »Go« aus Oberpfaffenhofen und kann damit beginnen, FSL anzuschließen.

Jedes Rack in *Columbus* verfügt über dieselben standardisierten Anschlussmöglichkeiten. Für alle stehen zwei Stromanschlüsse zur Verfügung, bei denen einer als primärer Anschluss und der zweite als Notstromversorgung vorgesehen ist. Weil jeweils einer der Anschlüsse zur **PDU1** führt und der andere mit der **PDU2** verbunden ist, könnte man sogar beim Ausfall des halben Stromsystems für jedes Rack einen Notbetrieb aufrechterhalten. Weiterhin wird jedes Rack mit Kühlwasser versorgt, was eine Zu- und eine Abflussleitung notwendig macht.

Dann stehen drei verschiedene Arten von Datenver-bindungen zur Verfügung. Die breitbandigste ist direkt mit der **VDPU** von *Columbus* verbunden und ermöglicht das Heruntersenden von großen Datenmengen oder Videos. Die schmalbandigste ist die serielle Verbindung zur **PLCU** und wird zur Kontrolle der grundlegenden Funktionen genutzt. Dazwischen angesiedelt ist die Verbindung mit dem LAN des europäischen Moduls, das etwa zum Kommandieren und für die detaillierte Telemetrie verwendet wird.

Besonders wichtig sind auch die Leitungen, die das Rack direkt mit den **VTCs** verbinden und über die das Signal des internen Rauchmelders oder andere interne Notfallnachrichten an die Zentralcomputer geschickt werden. Diese können im Falle des Falles dadurch reagieren, dass sie die Stromzufuhr zu dem jeweiligen Rack unterbrechen und damit einem entstehenden Feuer die notwendige Zündungsenergie entziehen. Außerdem werden noch eine Stickstoffversorgung und zwei dedizierte Leitungen angeboten, durch die Gase in den Weltraum abgelassen werden können.

Alle diese Leitungen muss *Peggy* jetzt für FSL anschließen und dabei darauf achten, dass jede Steckverbindung gut sitzt, kein Kühlwasser austritt und keines

▼ *Das Ende der dritten EVA: Die Crew kehrt zurück in die Raumstation.*

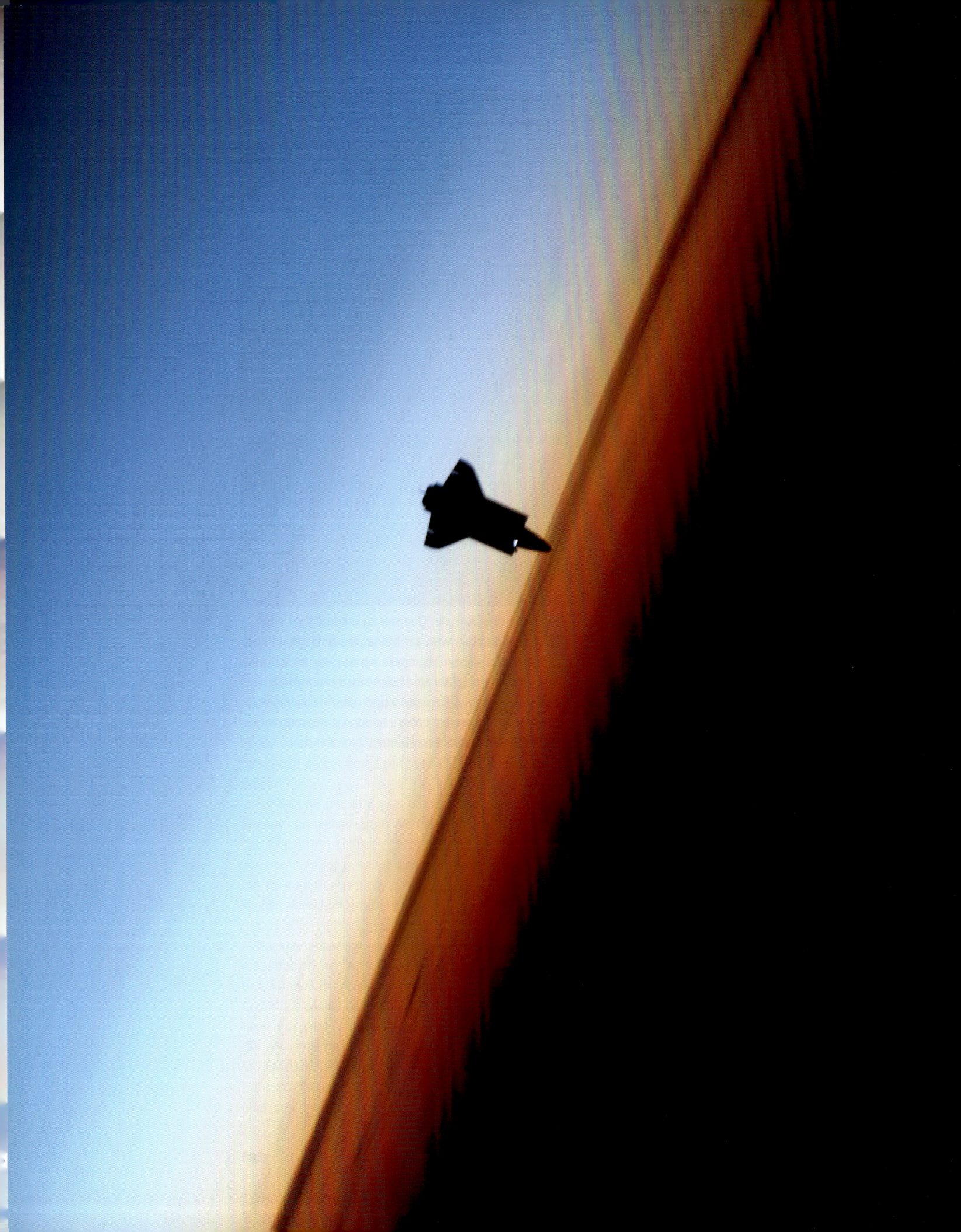

Der Endspurt beginnt

Die ersten Racks laufen!

Der folgende Tag ist ein Samstag, Wochenende! Vielleicht endlich ein Tag zum Verschnaufen? Eine Pause in der aufregenden Mission? Wäre die *Atlantis* nicht angedockt, so hätte man den Astronauten und den Flight Controllern wirklich ein entspannteres Wochenende gegönnt, aber während einer Mission muss die Zeit möglichst effektiv genutzt werden, und so wird durchgearbeitet. Der Endspurt beginnt, denn es sind noch zwei volle Arbeitstage für die Besatzung im Orbit und die Flight Control Teams geplant, bis die Shuttle-Crew wieder in den Orbiter einsteigen, den Durchgang zur ISS schließen und ihren Weg zurück zur Erde antreten wird. Die Verlängerung der Mission macht schließlich einen zusätzlichen Tag möglich.

Nach der letzten EVA der STS-122-Mission am Vortag, bei der SOLAR und EuTEF auf der externen Nutzlastplattform auf der Steuerbordseite an *Columbus* installiert wurden, kann sich am Col-CC keiner über mangelnde Arbeit beschweren. Zwei externe Payloads wollen betreut und in Betrieb genommen werden, außerdem ist das Softwareproblem von EUTEF nach wie vor ungelöst, was ERASMUS-USOC seit gestern Kopfzerbrechen bereitet.

Die beiden europäischen Astronauten *Hans Schlegel* und *Léopold Eyharts* sind im Inneren von *Columbus* weiterhin mit der Inbetriebnahme von BIOLAB, EPM und FSL beschäftigt. Auch ISS-Commander *Peggy Whitson* hilft wieder im europäischen Modul und wird dabei die ersten Zusatzkomponenten des EDR-Racks auspacken und an der Vorderseite des Nutzlastschranks montieren.

An der *Columbus*-Flugdirektor-Konsole stellt sich wie jeden Morgen für *Gerd Söllner* die spannende Frage, inwieweit die Planungsschicht über Nacht die heutige Timeline im Vergleich zum gestrigen Stand der Dinge verändert hat. Fragend schaut *Gerd Söllner* den müden *Guido Morzuch* aus der Nachtschicht an: »Das EuTEF-Softwareupdate ist erledigt«, antwortet dieser, »aber es gibt Probleme, und ERASMUS-USOC arbeitet mit Hochdruck daran.« Und er erklärt die weiteren wichtigen Eckpunkte des heutigen Flugtages und die dazugehörigen Details der Crew- und Bodenaktivitäten in *Columbus*.

Das Gleiche geschieht – wie die letzten Tage ebenfalls – auch an den anderen Konsolen im *Columbus*-Kontrollraum, an denen sich auch die anderen Teammitglieder darauf vorbereiten, die anstehenden Aktivitäten erfolgreich durchzuführen und die Astronauten gegebenenfalls bei ihren Aufgaben unterstützen zu können. Neben den Arbeiten der Besatzung an den Nutzlastschränken stehen dann später die beiden ersten Aktivierungen von EPM und EDR auf dem Plan. Sie werden nicht von den Astronauten durchgeführt, sondern von Col-CC über Kommandos an das Modul.

▼ *Am Wochenende verbringen die Astronauten gerne etwas Zeit an den wenigen Fenstern der ISS. Hier der seltene Anblick einer Sonnenfinsternis vom All aus gesehen*

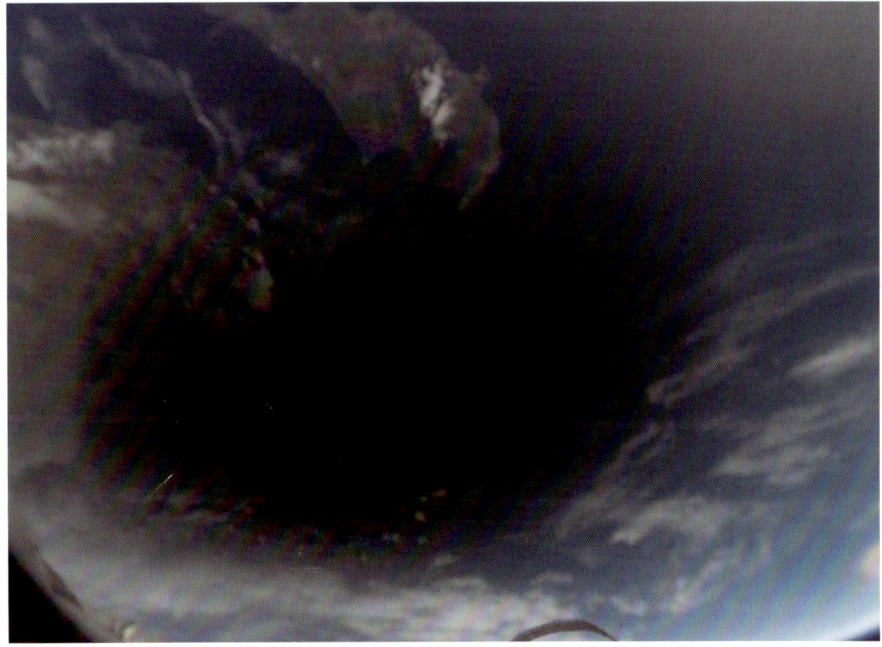

▲ *Eine wunderbare Aussicht: Der Mond von der ISS aus gesehen*

▲ *Guido Morzuch, Columbus-Flugdirektor, am Col-CC nach einer Orbit-3-Schicht*

»Great job on the **EVA** yesterday! You are keeping us really busy replanning. At this pace we anticipate having BIOLAB ready for science and FSL activated by undocking day. Our plan for Sunday is to have achieved BIOLAB, EDR and EPM activation. Monday is devoted to FSL with a chance to activate it on that day […]. The team never believed this to be possible and we are all very excited! Thank you!« –

»*Großartige Leistung während der EVA gestern! Ihr habt uns mit der Neuplanung wirklich auf Trab gehalten! Wenn wir so weitermachen, dann erwarten wir die ersten BIOLAB-Experimente am Abdock-Tag zu starten und da auch FSL zu aktivieren. Unser Plan für Sonntag wäre, BIOLAB, EDR and EPM zu aktivieren. Montag ist dann FSL gewidmet mit einer kleinen Chance, es auch da zu aktivieren […]. Wir alle haben nie geglaubt, dass wir so weit kommen würden, und wir freuen uns sehr darüber. Vielen Dank!*«

Neben den jetzt schon fast routinemäßigen Kommandierungsaktivitäten für das *Columbus*-System sind heute alle darauf gespannt, ob auch die beiden Experimentschränke ihre Aufgabe erfüllen und erfolgreich vom Boden aus – das erste Mal überhaupt – in Betrieb genommen werden können. Aber bis dahin muss noch die Crew die nötigen mechanischen Vorbereitungen treffen, bevor die ersten Kommandos von München und den jeweiligen Betriebszentren die Payloads erreichen werden.

Um die vielen auch heute wieder zu erwartenden Nutzlastaktivitäten in *Columbus* optimal betreuen zu können, tritt die COL OC-Gruppe diesmal sogar mit einer Dreifachbesetzung an. *Nathalie Gérard* wird hauptsächlich *Hans Schlegel* in seinen BIOLAB-Aktivitäten mit MUSC in Köln unterstützen. *Marie-Line Guillermin* wird zusammen mit dem Benutzerbetriebszentrum CADMOS in Frankreich die EPM-Aktivitäten überwachen – für *Marie-Line*, die zunächst von der COL COMMAND-Konsole aus an der Mission teilnahm, ist damit heute der erste Tag an ihrem zukünftigen Arbeitsplatz, der COL OC-Konsole. Und die Schnittstelle zum MARS-Center in Italien wird von *Christie Bertels* bedient, sie werden sich gemeinsam um die heutigen mechanischen FSL-Aktivitäten von *Léopold Eyharts* kümmern.

Wenn heute alles erfolgreich läuft, dann können in den nächsten Tagen die ersten Inbetriebnahmen der restlichen Experimentschränke erfolgen. Dies wird natürlich auch der Crew in der heutigen **Daily Summary** mitgeteilt:

Wie geplant meldet sich die Besatzung gegen 11:00 Uhr am Space-to-Ground-Funkkanal für die morgendliche Planungskonferenz. Von Oberpfaffenhofen gibt es heute weder Fragen noch Hinweise an die Astronauten – und auch die Crew hat keine Anliegen, die sie loswerden müsste, deswegen übergibt der CAPCOM mit den Worten:

»Huntsville and Munich do not have anything for you this morning but are standing by in case you have questions. So I hand you over to Moscow…« –

»*Huntsville und München haben heute morgen keine Anweisungen oder Fragen für Euch, sind aber verfügbar für Anliegen Eurerseits. Ansonsten leite ich Euch direkt nach Moskau weiter.*«

direkt in den Osten, und die Crew bespricht sich nun weiter mit Moskau über russische Aktivitäten – wie immer auf Russisch.

Dennoch bekommt *Peter Eichler* heute noch genug zu tun. Verzweifelt schreibt der EUROCOM schon kurz darauf in sein Log: »… dauernd verschiedene Crew Calls von drei Astronauten, die an drei ESA-Payloads in *Columbus* arbeiten (*Léo* an EPM, *Hans* an BLB und *Peggy* an EDR), … keine Chance, ein Logbuch zu führen, …ich konzentriere mich nur auf die Crew Calls, bitte schaut für Details der Crew-Fragen in die Logbücher der drei COL OCs von heute …«

Diese Aussage spiegelt etwa das wider, was nach

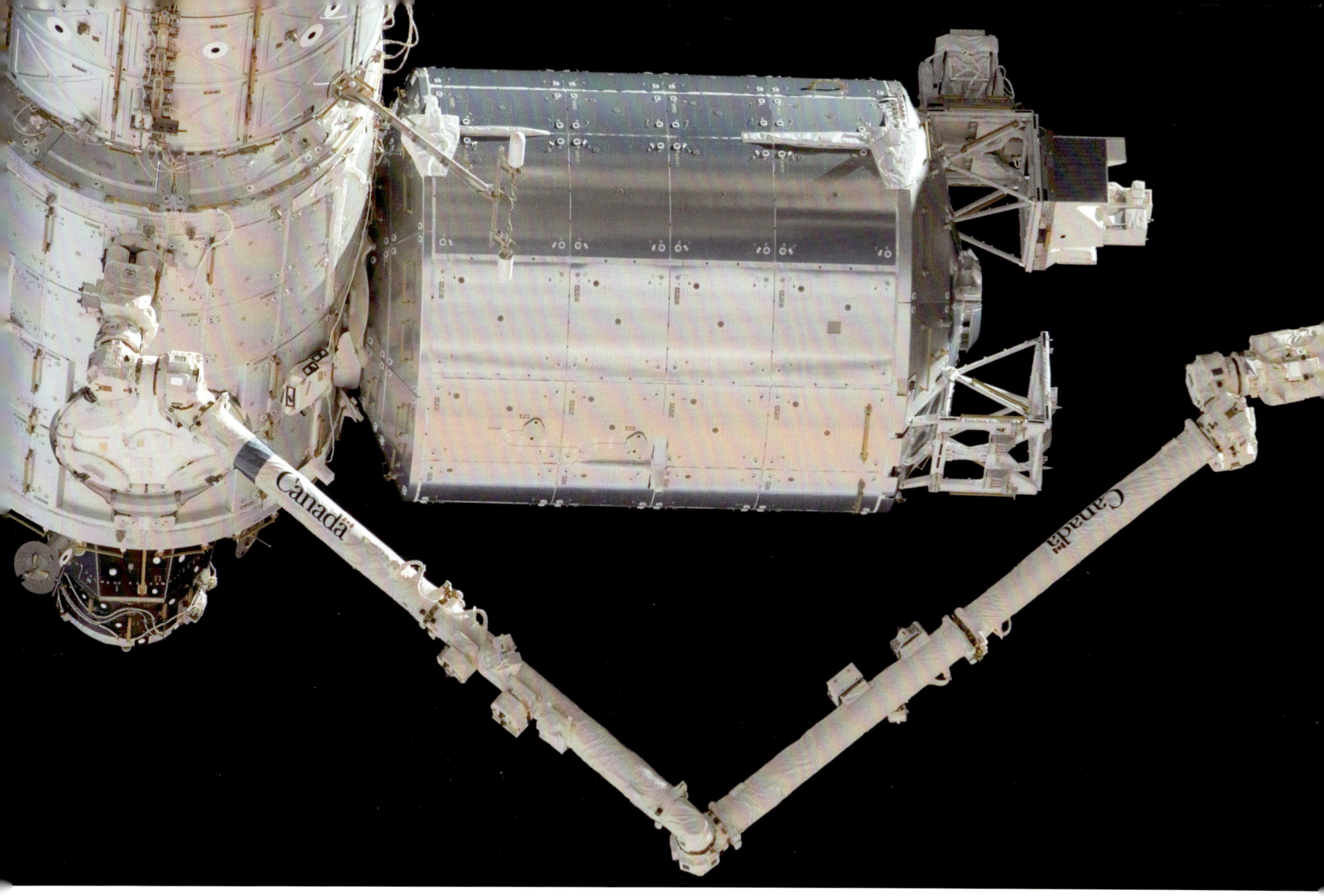

einem ruhigen Schichtbeginn etwa zwei Stunden später im Kontrollraum los ist. Pausenlos ruft die Crew das deutsche Kontrollzentrum auf den beiden Funkkanälen und hat eine Vielzahl von Fragen zu Laptops, Kabel, Steckern und Schrauben, die bei Handhabung und Installation der Komponenten verwendet werden.

Die meisten Fragen können gleich direkt von den Flight Controllern an den Konsolen beantwortet oder aber schnell mithilfe des gesamten Teams und der Experten in den Nutzlastzentren geklärt und dann an die Crew weitergegeben werden. Manchmal jedoch kommen auch unerwartete Fragen, für die das Team kurzfristig keine Antwort parat hat. Dann werden die Unterstützungsteams im Hintergrund tätig, die schnellstmöglich versuchen, die Antwort in der Dokumentation zu finden oder Spezialisten direkt bei den Herstellerfirmen kontaktieren, die ihnen weiterhelfen können.

Für die zwei geplanten Rack-Aktivierungen von **EPM** und **EDR** muss die Crew die zugehörigen Laptops installieren, bevor dann von Europa aus die Kommandos zum Booten der Hauptcomputer in den Racks geschickt werden können. Gespannt verfolgt das *Columbus* Flight Control Team auf dem großen Monitor, der das Videobild von *Columbus* zeigt, wie *Léopold Eyharts* mit dem Installieren des **EPM**-Laptops beschäftigt ist. Er zieht den Computer aus dem **Crew Transfer Bag (CTB)** und befestigt ihn auf dem vorher installierten kleinen Tisch, der mit einem beweglichen Halter und mithilfe einer Schiene auf der Vorderseite des **EPM**-Racks eingeklinkt wird. Dann folgen die

▲ *Columbus mit SOLAR und EuTEF im Erdorbit*

◀ *Der Plan für heute wird an der SYSTEMS-Konsole zwischen Gerd Söllner, Bernie Kerr und Julian Doyé (von rechts) heiß diskutiert.*

Wie findet man etwas auf der Raumstation?

Um auf der inzwischen unübersichtlich großen Raumstation einen Ort genau zu beschreiben, wurde ein eindeutiger **Location Code** vereinbart. Die ersten drei Buchstaben kennzeichnen den Modultyp, darauf folgt als einstellige Nummer die genaue Information, welches der Module gemeint ist. Nachdem der einzige Modultyp, der wirklich mehrfach auf der ISS vorhanden ist, die Nodes sind, ist diese Zusatzangabe vielleicht etwas übertrieben – schließlich gibt es nur ein *Columbus*-Labor (»COL1«) oder nur ein US-Lab (»LAB1«).

Die nächstkleinere Einteilung definiert die Wandfläche des entsprechenden Moduls. Hier wird durch einen Buchstaben die Richtung der Wand im Verhältnis zur Bewegungsrichtung der ISS angegeben – Deck, Overhead, Aft (Hinten), Forward (in Flugrichtung), Starboard (rechts), Port (links). Durch eine Nummer wird schließlich das Rack selbst bezeichnet. Auf Rack-Level kommt dann noch mal ein einfaches zweidimensionales Koordinatensystem zur Anwendung. Von oben her ist die Oberfläche in standardisierte Einschubfächer eingeteilt und mit Buchstaben benannt. Die nachgestellte Zahl gibt schließlich noch die Seite an (1 oder 2). Demnach findet ein Astronaut das CARDIOLAB-Experiment von EPM an der Stelle COL1_A3E1.

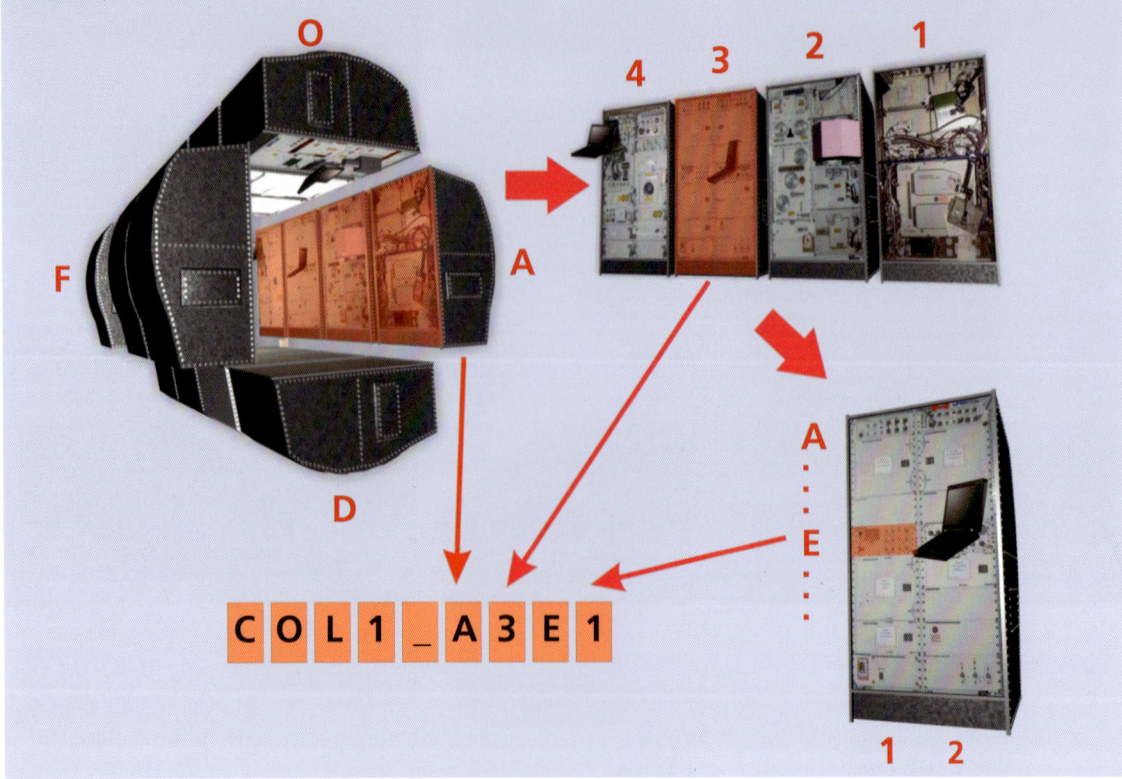

Kabel, die an der Laptop-Rückseite montiert und am **EPM**-Rack in die dazugehörigen Anschlüsse gesteckt werden müssen. Die letzten Schritte der Installation kann das Team in Oberpfaffenhofen jedoch nicht live mitverfolgen, denn das Videobild aus *Columbus* ist »eingefroren« – die Ku-Band-Funkverbindung mit der Station ist wie vorgesehen just in diesem Moment abgebrochen.

»Munich, Station on *Space-to-Ground* two for **EPM** Laptop... «, ist die Crew dann wenige Minuten später über das Sprachkommunikationssystem in den Kopfhörern der Flight Controller zu hören. Schnell signalisiert *Marie-Line Guillermin* dem Flugdirektor, dass sie mithört und bereit ist, mögliche Probleme von *Léo* zu bearbeiten, und schon antwortet *Peter Eichler*: »München hört, *Léo!*« *Léopold Eyharts* muss nun nach der erfolgreichen Installation den Laptop in Betrieb nehmen,

er bemerkt jedoch, dass das **EPM**-Rack noch nicht angeschaltet ist, und fragt deshalb, ob er trotzdem weitermachen kann. Schnell kommt die Antwort, dass der Laptop jetzt angeschaltet werden kann und zuerst einmal im Batteriebetrieb laufen soll, bis dann später der Experimentierschrank die Stromversorgung für den Laptop sicherstellen wird. Und kurz darauf sieht das Flugkontrollteam auf dem sich wieder bewegenden Videobild den Astronauten zum **EPM**-Laptop schweben.

Der Einschaltvorgang folgt für jedes Rack nach dem gleichen Schema. Zunächst wird die Wasserkühlung bereitgestellt, was dadurch erreicht wird, dass ein Kühlwasserventil im *Columbus*-Kreislauf geöffnet und der Experimentierschrank so in den Wasserfluss integriert wird. Darauf folgt das Kommando an die **PDU**, auf der Hauptstromleitung des jeweiligen Racks den

Strom einzuschalten – für manche Racks wird danach auch der Schalter für die Notstromleitung geschlossen, die von der jeweils anderen **PDU** zur Verfügung gestellt wird. Nach diesen Power-on-Kommandos startet der **EPM**-Hauptrechner seinen Bootvorgang. Wenige Sekunden später ist eine Zunahme des **EPM**-Versorgungsstromes in der Telemetrie zu erkennen: Der interne Rechner fährt die einzelnen Komponenten des Racks langsam hoch! Dann muss noch die Kommunikation zwischen **EPM** und dem Datenmanagementsystem von *Columbus* konfiguriert werden – die **PLCU** muss angewiesen werden, dass sie nun auch von **EPM** in regelmäßigen Abständen Daten anfordern muss. Als wichtiger letzter Schritt muss die **VTC** damit beginnen, die Signale des Rauchmelders, die direkt an diesem Computer auflaufen, im Sekundenabstand zu überprüfen und gegebenenfalls Alarm auslösen, wenn die vorgegebenen Limits überschritten werden. Sowohl für den Rauchmelder als auch für die Caution- und Warning-Meldungen, die das Rack senden kann, wird durch die letzten Kommandos während der Einschaltsequenz sichergestellt, dass im Notfall der stationsweite Alarm ausgelöst werden würde.

Für **EPM** verläuft alles ohne Probleme, und bald kann *Marie-Line Guillermin* stolz auf dem *Columbus*-Flugdirektor-Kanal berichten: »**EPM**-Aktivierung komplett, das Rack ist aktiv, und wir sehen die ersten Daten.« **EPM** läuft zum ersten Mal!

Nun erfolgt die Übergabe des **EPM**-Racks an sein Betriebszentrum CADMOS in Toulouse in Frankreich, wo man ebenfalls bereits gespannt auf die ersten

Lebenszeichen aus dem All wartet. Von hier aus werden nun die ersten internen Systeme von **EPM** in Betrieb genommen und getestet, um mögliche Beschädigungen der wissenschaftlichen Messgeräte frühzeitig erkennen zu können.

Inzwischen hat *Peggy Whitson* auch den **EDR**-Laptop erfolgreich am **EDR**-Rack angebracht und an die Stromversorgung in *Columbus* angeschlossen. Hier gibt es eine kleine Abweichung von der in der Konstruktion vorgesehenen Konfiguration – der Laptop wird nicht durch das Rack selbst versorgt, sondern von einer der vier **Standard Utility Panels (SUP)**, jenen kleinen Steckdosenleisten im europäischen Modul, die Strom und auch eine Verbindung zum Datenmanagementsystem ermöglichen und sich gleichmäßig verteilt unten seitlich im Modul befinden. Die Umkonfigurierung der Laptop-Stromversorgung war notwendig geworden, weil kurz vor dem Start Zweifel aufgekommen waren, ob die elektrische Absicherung der zunächst vorgesehenen **EDR**-Steckdose dem Leistungsverbrauch des Computers genügen würde – wieder eines der vielen Details, die in der Vorbereitung der Mission viel Zeit gekostet hatten und mit denen niemand im Vorfeld gerechnet hatte.

Gegen 14:00 Uhr beginnt das *Columbus*-Flugkontrollteam damit, auch das **EDR**-Rack zu aktivieren. Hier erwacht das Rack ebenfalls ohne Probleme aus dem passiven Zustand, und nach dem Bootvorgang zeigt die Telemetrie an, dass sich **EDR** nun im Standby-Modus befindet – wie erwartet! Daraufhin erfolgt wiederum die Übergabe an das zuständige Benutzerzentrum, in diesem Fall an ERASMUS-USOC in den Niederlanden, das ebenso wie CADMOS gleich mit dem Austesten der Messgeräte beginnt und die ersten Subsysteme des **European Drawer Racks** in Betrieb nimmt.

Für den 1E-Flug und für das gesamte *Columbus*-Programm ist damit ein wichtiger Meilenstein erreicht. Zwei der insgesamt vier ESA-Nutzlastschränke konnten bereits während der Mission in Betrieb genommen und im Erdorbit vom Boden aus angesteuert werden. Dies erlaubt jetzt einen ersten Einblick und erste operationelle Erfahrungen mit dem Gesamtsystem *Columbus* als Weltraumlabor. Für das Flugkontrollteam in Oberpfaffenhofen ist es ein wichtiger Schritt, neben der Steuerung und Kontrolle der Systemkomponenten auch den Betrieb der Nutzlastschränke zu beherrschen und damit in Zukunft erfolgreich durchführen zu können. Auch das Bodensegment hat eine weitere Feuertaufe bestanden, da die ersten Kommandos und Telemetriedaten über den zentralen Datenknotenpunkt Col-CC an und von den Benutzerbetriebszentren zu

Standard Utility Panels (SUP)
Strom- und Datensteckdosen, die den Anschluss von weiteren Geräten ermöglichen

◀ *Eine sehr klare Botschaft an der COL OC-Konsole: Wir sind es, die die Dinge in Bewegung bringen!*

▶ *Die beiden Ground Controller Paul Dale und Dan Burdulis überwachen das europäische Bodennetzwerk.*

ihren entsprechenden Nutzlastschränken gesendet werden konnten. Auch GSOC GC *Paul Dale* und SYSCON *Andreas Pohl* haben daher einen Grund, mit dem Verlauf der Mission zufrieden zu sein.

Der Reboost

Eine erster Härtetest steht nun für die beiden externen Experimentanlagen an, die erst seit dem Vortag auf der **External Payload Facility** montiert sind. Die Düsen der *Atlantis* sollen verwendet werden, um die Flugbahn der Raumstation anzuheben. Für diese wackelige Kurskorrektur müssen die externen Payloads in einen Modus gebracht werden, der unkontrolliertes Schwingen der beweglichen Teile vermeidet und dafür sorgt, dass SOLAR und EuTEF die auftretenden Beschleunigungskräfte gut überstehen.

Trotz der immensen Geschwindigkeit, mit der die beiden Payloads nun zusammen mit *Columbus* und der Raumstation um die Erde kreisen: Für größere Beschleunigungen sind die beiden nicht ausgelegt. Denn im Normalfall treten solche nicht auf – die Raumstation hat keinen Antrieb, sondern folgt einfach ihrer natürlichen, durch die Newtonschen und Keplerschen Gesetze vorgegebenen Bahn, die sie in etwa 90 Minuten einmal um die Erde führt.

Die bereits beschriebene minimale Abbremsung, die die Raumstation durch die äußerst dünne Restatmosphäre erfährt, führt jedoch dazu, dass die Bahnhöhe langsam immer geringer wird: Die Station stürzt auf die Erde zu – und nicht einmal wenig: In einem Monat reduziert sich die Bahnhöhe etwa um drei Kilometer. Um hier entgegenzuwirken, ist in der Tat ein regelmäßiges Anheben der Bahn der ISS nötig. Naiverweise würde man annehmen, dass hierzu eine Beschleunigung notwendig wäre, die die Station radial von der Erde wegdrückt. Aber die Himmelsmechanik ist kompliziert. Die Gleichungen ergeben, dass bei einem Raumflugkörper eine Beschleunigung in Vorwärtsrichtung (als **posigrad burn** bezeichnet) dazu führt, dass die Bahnhöhe auf der genau gegenüberliegenden Seite seiner Bewegungsellipse größer wird. Ein Abbremsen der Geschwindigkeit in Bewegungsrichtung – **retrograd burn** genannt – hätte den gegenteiligen Effekt der Absenkung der Bahnhöhe auf der entgegengesetzten Seite.

Demnach muss die ISS nun in Flugrichtung beschleunigt werden, um die Bahnhöhe zu vergrößern. Diese Bahnkorrekturen nimmt die Raumstation normalerweise nicht aus eigener Kraft vor, sondern nutzt dazu die Schubkraft von gerade angedockten Raumschiffen wie den Progress-Transportern, den europäischen ATVs oder nun eben des Space Shuttles. So benötigt die Raumstation selbst nur eine minimale Menge von Treibstoff. Diese eigenen Treibstoffreserven werden ebenfalls durch die Versorgungsraumschiffe wieder aufgefüllt.

Interessanterweise war übrigens die Bahnhöhe, die während der Planungsphase für die ISS definiert wurde, eine Kostenabwägung: Weiter draußen im All wäre es wesentlich aufwendiger gewesen, die Station mit den Versorgungsraumschiffen zu erreichen. Bei einer wesentlich tieferen Bahn dagegen wäre der bremsende Effekt der Restatmosphäre noch gravierender, und die Kosten für die Bahnanhebungen wären explodiert.

Eine zweite Notwendigkeit, die Bahn der ISS zu ändern, ergibt sich immer wieder durch drohende Einschläge von natürlichen oder menschengeschaffenen anderen Objekten, die gefährlich in die Nähe der Raumstation kommen. Seit die Menschheit Raumfahrt betreibt, sammelt sich auch der Müll im Erdorbit an. In der Zwischenzeit ist der Weltraumschrott, der aus ausgebrannten Raketenstufen, auf Weltraumspaziergängen verlorenen Gegenständen, alten Satellitenteilen und sogar einem absichtlich als Werbegag abgeschlagenen Golfball besteht, zu einer ernsthaften und durchaus nicht allzu unwahrscheinlichen Gefährdung für die Raumfahrt geworden. Die Frontfenster der kleinen Space-Shuttle-Flotte sprechen hier Bände. Sie sind mit unzähligen kleinen Kratern übersät, die von den Einschlägen solcher Mikrogeschosse herrühren.

Inzwischen sind sich die großen Weltraumnationen dieses Problems gewärtig und versuchen, so weit wie möglich, Weltraummüll zu vermeiden, indem sie zu verschrottende Altlasten gezielt auf eine Absturzbahn bringen, auf der diese entweder beim Eintritt in die Erdatmosphäre verglühen oder im schlimmsten Fall

Das »Gasgeben« in einer Umlaufbahn hat nicht dieselbe Wirkung, mit der man auf der Erde rechnen würde. Das kurze Zünden von Triebwerken, die das Raumschiff **in Bewegungsrichtung** beschleunigen, führt dazu, dass die Umlaufbahn auf der genau gegenüberliegenden Seite des Orbits angehoben wird – dieselbe Bahnstelle, an der die Beschleunigung erfolgte, wird auch weiterhin durchlaufen (allerdings mit höherer Geschwindigkeit). Umgekehrt führt das Zünden von Triebwerken **entgegen der Bewe-gungsrichtung** (also eine Abbremsung) dazu, dass die Bahnhöhe auf der entgegengesetzten Orbitseite abnimmt. Die richtige Antwort auf die oft gestellte Prüfungsfrage »Was muss ein Raumfahrzeug machen, um ein anderes zu überholen« lautet also: Das Raumschiff muss »**bremsen**« – dann wird die Orbithöhe auf der gegenüberliegenden Seite geringer, und die Umlaufbahn mit geringerer Höhe hat eine kürzere Umlaufzeit – das Raumfahrzeug »**überholt**« den Konkurrenten.

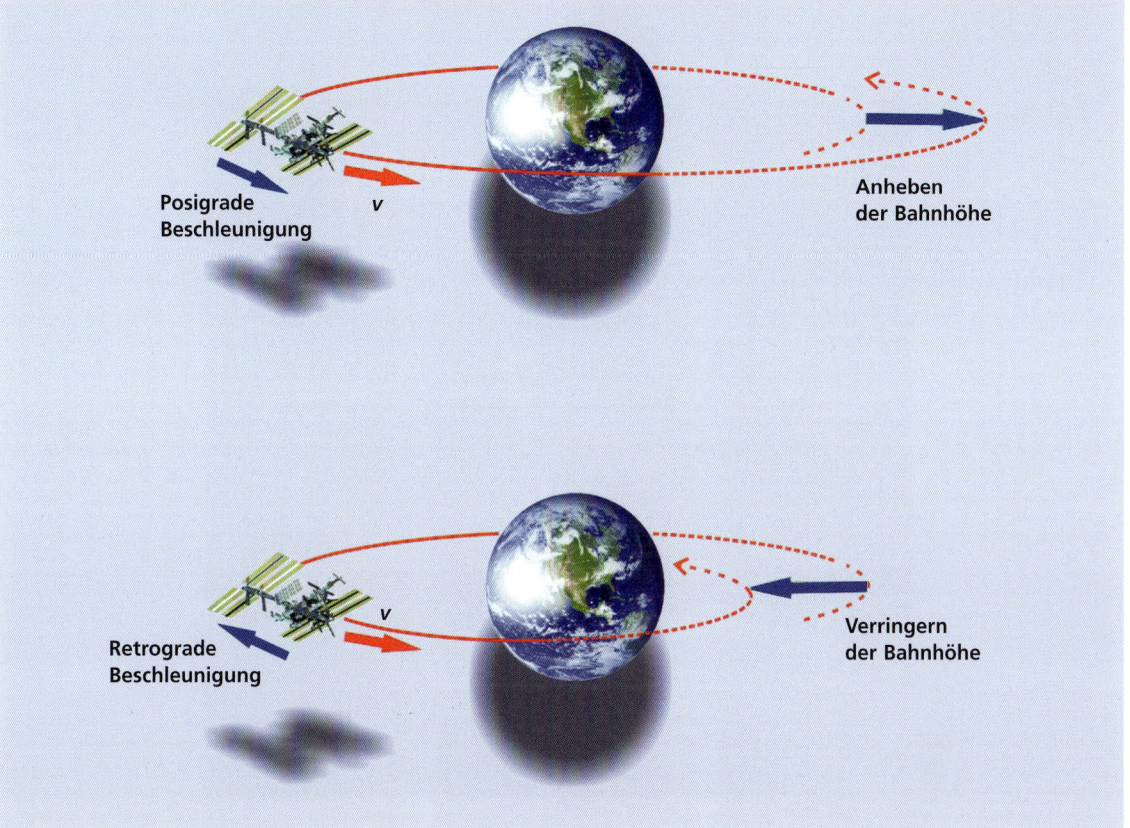

Posigrade
Beschleunigung   *v*

Anheben
der Bahnhöhe

Retrograde
Beschleunigung   *v*

Verringern
der Bahnhöhe

in einer unbewohnten Region im Pazifik einschlagen – sicher ein Tauchmekka für die Raumfahrtarchäologen von morgen. Da gerade im beliebten geostationären Orbit (mit einer Bahnhöhe von etwa 36.000 km wesentlich weiter draußen als die ISS), in dem Satelliten genauso schnell um die Erde kreisen, wie diese sich dreht, und deshalb immer über derselben Erdregion zu stehen scheinen, der Platz sehr eng ist, kann man sich hier »Space Junk« überhaupt nicht leisten. Deshalb bringt man Satelliten kurz vor dem endgültigen Abschalten mit den letzten Tropfen extra aufgesparten Treibstoffs in einen definierten **Graveyard Orbit**, wo sie zumindest für die nächsten Jahrzehnte vor sich hindümpeln können und kein weiteres Problem darstellen.

Vor dem Hintergrund des sich immer weiter verschärfenden Weltraumschrottproblems kann man auch die internationalen Proteste verstehen, als China 2007 eine Antisatellitenwaffe unter realen Bedingungen im All testete und das Zielobjekt dadurch in Zigzehntausende Teile zerlegte, die nun genau in den interessanten Orbits eine ständige Gefahr darstellen. Wie schon erwähnt, dient auch eines der Instrumente auf EuTEF (DEBIE-2) der Erforschung der Dichte von Kleinstmeteoriten und -müllteilchen.

Die Amerikaner betreiben viel Aufwand, um gerade in erdnahen Orbits alle größeren Gegenstände zu erfassen und ihre Bahnen genau zu vermessen. Die STRATCOM-Behörde der US-Army unterhält hierzu eine riesige Datenbank, in der einige 10.000 Objekte mit ihren genauen Daten katalogisiert sind und für die ständig die aktuelle Lage am Himmel errechnet wird. Auch die zukünftigen Bahnen werden abgeschätzt und beispielsweise mit der Position der Raumstation verglichen. Überschreitet für ein bestimmtes Objekt

Graveyard Orbit
wörtlich: Friedhofsumlaufbahn

Geschwindigkeitskontrolle durch kosmische Blitzer im Weltall? Hier wurde die Raumstation mit dem angedockten Space Shuttle *Endeavour* am 13. März 2008 vom deutschen Radarsatelliten *TerraSAR-X* aufgenommen. Bei einem Abstand von etwa 195 Kilometern und einer Relativgeschwindigkeit von über 34540 Kilometern pro Stunde ist dieses Beweisfoto eine kleine Meisterleistung der Experten in Oberpfaffenhofen, die *TerraSAR-X* steuern.

Für das Foto wurde die ISS mit Radarstrahlen beleuchtet. Dann wurden die Reflexionen des Metallkomplexes aufgenommen. Dabei geben Kanten ein schärferes Echo als glatte Flächen (etwa die Solarpaneele, die die Radarwellen nicht zurück zum Empfänger, sondern in die Weite des Weltalls ablenken).

Der Erdbeobachtungsradarsatellit *TerraSAR-X* umkreist die Erde in einem Abstand von 514 Kilometern auf einem polaren Orbit (also auf einer Umlaufbahn über die Erdpole), wodurch er die gesamte Erde abrastern kann, die sich unter seiner Bahn hindurchdreht.

(Quelle: DLR-HR und DLR-GSOC)

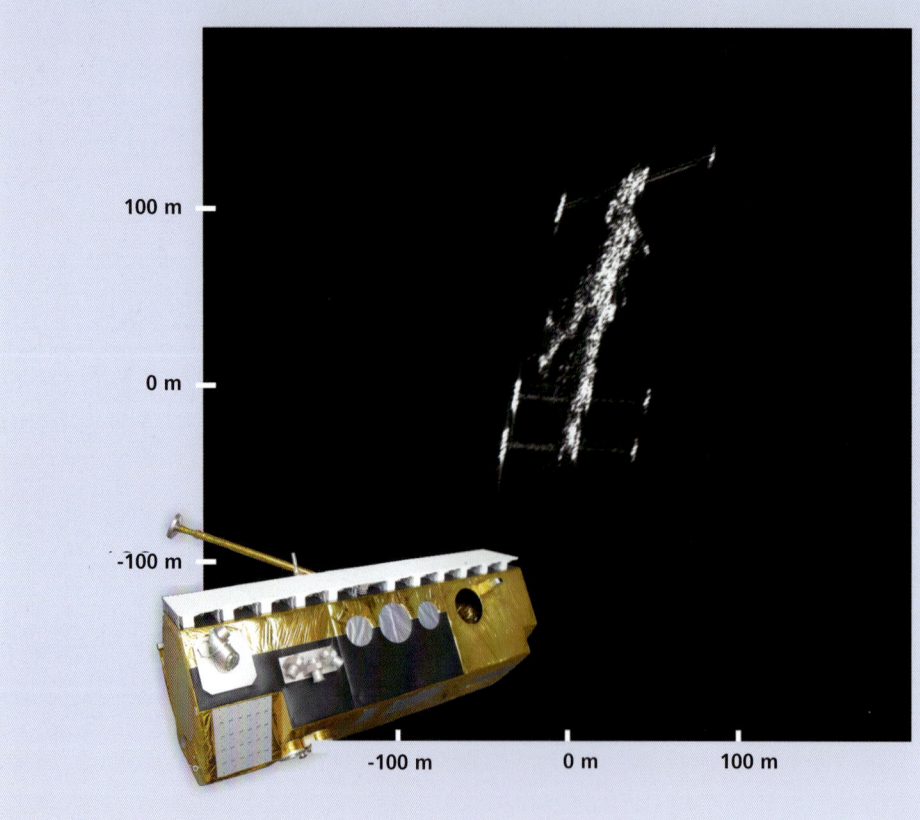

innerhalb der nächsten 48 Stunden die Wahrscheinlichkeit, in einen einige Kilometer um die Raumstation gelegten gedachten Quader einzudringen, einen bestimmten Promillewert, so wird dieses Objekt an die NASA weitergemeldet und weiterhin genau verfolgt.

Bestätigen die genauer werdenden Rechnungen in den kommenden Stunden dann die Möglichkeit einer wirklichen Gefahr für die ISS, muss diese ein zu definierendes Ausweichmanöver fliegen – günstigstenfalls am besten gleich mit einer Bahnanhebung verbunden. Die Vorbereitungszeit für ein solches Manöver dauert viele Stunden. Sollte ein anfliegendes Objekt zu spät ausgemacht werden, so bleibt nur die Möglichkeit, die Astronauten für die kritische Zeitspanne ins Rettungsraumschiff zu beordern und abzuwarten. Eine nervenaufreibende Funkstille macht sich dann in den Minuten um den berechneten Begegnungszeitpunkt breit – bis sich die Astronauten dann mit den erlösenden Worten melden, dass sie nichts Außergewöhnliches wahrgenommen haben und vorschlagen, die enge Soyuz-Kapsel endlich wieder zu verlassen.

Derartige als **Konjunktionen** bezeichnete mögliche Zusammenstöße zwischen der ISS und einem kosmischen Geschoss sind gar nicht so selten – und insbesondere das wachsende Ausmaß an von Menschenhand geschaffenen Weltraumschrott stellt für die nächsten Jahre ein ernsthaftes Problem sowohl für die bemannte als auch für die satellitengestützte Raumfahrt dar.

Columbus ist gegen Mikrometeoriteneinschläge durch eine gut durchdachte Abschirmung geschützt –

wobei eine richtige Panzerung aus Gewichts- und damit Kostengründen für Weltraumfahrzeuge nicht infrage kommt. Die sichtbare Außenhaut des Moduls besteht aus Aluminiumplatten, die auf den eigentlichen Druckkörper mit einigen Millimetern Abstand aufgeschraubt sind. In Flugrichtung sind unter den Platten zusätzliche Schichten aus Kunststoff und Kevlargewebe eingezogen, um einen noch effektiveren Schutz zu gewährleisten. Ein mit hoher Geschwindigkeit auftreffendes Projektil soll durch den Aufprall auf und den Durchschlag durch diese Abschirmung so zerstört werden, dass die verbleibenden Bruchstücke weder die Masse noch die kinetische Energie besitzen, um die Innenhülle zu perforieren. Natürlich hat auch dieser Schutz seine Grenzen, aber immerhin ist er darauf ausgelegt, das Forschungsmodul vor Einschlägen von bis zu drei Gramm schweren Teilchen zu bewahren. Ein wirklicher Test des Schutzschildes war übrigens in einem Erdlabor nicht machbar, weil die im Weltall auftretenden enormen Geschwindigkeiten technisch nicht reproduzierbar sind.

Der gegen 13:30 Uhr stattfindende Reboost jedoch, der die externen Payloads auf eine erste Probe stellt, ist kein Notmanöver, um einem dieser kosmischen Hochgeschwindigkeitsgeschosse auszuweichen, sondern ein geplantes Bahnanheben — man macht sich die Tatsache zunutze, dass der Space Shuttle gerade verfügbar ist und ausreichend Treibstoff für diese zusätzliche Zündung besitzt.

Der zehnte Nachmittag im All

Am frühen Nachmittag dieses zehnten Flugtages steht ein Ereignis auf dem Flugplan, welches das bald bevorstehende Ende der STS-122-Mission schon anzeigt. Eine Pressekonferenz der Besatzung mit dem obligatorischen Missionsfoto der gesamten Astronauten und Kosmonauten an Bord der Raumstation — natürlich in *Columbus*! Gegen 15:46 Uhr schreibt der besorgte *Julian Doyé* in sein Logbuch: »10 Crewmitglieder in *Columbus* für **PAO**-Event«. Eigentlich müssten jetzt die Alarmglocken läuten, denn *Columbus* ist auf dem Papier nur für drei Personen konstruiert und zugelassen. Eine schwierige Situation: Soll man die Astronauten

▼ *Zehn Crewmitglieder in Columbus! Das obligatorische Missionsfoto …*

▶ ... und die ISS-Crew ohne ihre Shuttle-Kollegen

bitten, sich an die Konstruktionsvorgaben zu halten? Oder lässt man sie gewähren in der Annahme, dass sie als erfahrene Experten – ob wissenschaftlicher oder Testpiloten-Hintergrund – sehr wohl selbst die Lage einschätzen können? Die Empfehlung der erfahrenen NASA-Kollegen ist eindeutig: Bedenken äußern, wenn es sein muss, aber die Besatzung selbst in der Verantwortung lassen. Kein »Mikromanagement« der Astronauten, keine allzu kleinlichen Vorschriften. Also drücken die Münchner ein Auge zu und müssen im Rückblick zugeben, dass sie kein, aber auch kein einziges Anzeichen dafür bemerkt haben, dass etwa die Klimaanlage überstrapaziert oder die Luftfeuchtigkeit signifikant angestiegen wäre. Das Presseereignis verläuft ohne Probleme, ist ein voller Erfolg, und am Ende werden sehr schöne Gruppenfotos mit den Astronauten und dem neuen Modul geschossen.

Unterdessen ist in Oberpfaffenhofen der Schicht-Handover von *Orbit 1* auf *Orbit 2* in vollem Gange. Nach neun anstrengenden Stunden mit drei in *Columbus* arbeitenden Astronauten wird jetzt das nächste Team übernehmen und die Crew weiter bis zu ihrer Schlafenszeit betreuen. Die Schichtübergabe ist auch

immer ein guter Zeitpunkt dazu, sich einen Überblick zu verschaffen, wo man im Plan steht und welche Probleme noch bearbeitet werden müssen.

Das Resümee, das dem hereinkommenden *Orbit 2* übermittelt wird, fällt nicht schlecht aus. Bisher läuft fast alles wie geplant, obwohl die Dauer der BIOLAB-Aktivitäten etwas zu kurz angesetzt zu sein scheint. *Hans Schlegel* – den ganzen Tag mit BIOLAB beschäftigt – hat das Kontrollzentrum wissen lassen, dass einige Prozedurschritte nicht richtig sind und er für viele Schritte mehr Zeit benötigt hat als vorgesehen. Das Team in Oberpfaffenhofen versucht zusammen mit dem Nutzerbetriebszentrum MUSC in Köln so gut es geht, ihn zu unterstützen und alle auftretenden Probleme schnell zu lösen.

Nach einem schnellen Handover wendet das neu eingewechselte Team seine volle Aufmerksamkeit den Aktivitäten an Bord zu. *Léopold Eyharts*, der nach dem Mittagessen wieder in *Columbus*, aber diesmal an FSL arbeitet, braucht schon bald die Hilfe der Experten in Oberpfaffenhofen. Eines der Werkzeuge scheint nicht zu passen. Schnell versuchen COSMO *Frank Hartung* und *Marie-Line Guillermin* mit dem Benutzerbetriebs-

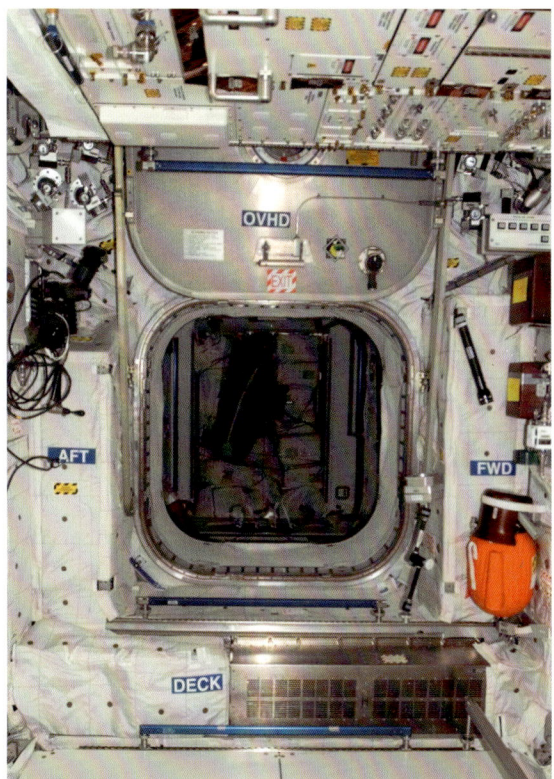

zentrum MARS in Italien eine Lösung zu finden. *Léo* wird eine Alternative aus dem amerikanischen Werkzeugkasten angeboten – und kann seine Arbeiten ohne Probleme fortführen.

Neben den Crewaktivitäten an BIOLAB und FSL am Nachmittag steht heute noch eine letzte Wiederholung des Drucktests für den Verbindungstunnel auf der Liste der abzuarbeitenden Missionsziele. Dabei müssen beide Luken, der *Node-2*-Ausgang und der *Columbus*-Eingang, geschlossen werden. Um den Verbindungstunnel, der die großen Dichtungsringe zwischen den beiden Modulen enthält, vollkommen abzudichten, werden bei dieser Aktivität auch die beiden Luftaustauschleitungen für die Luftzirkulation geschlossen. Nun ist es möglich, den Durchgang auf ein eventuelles kleines Leck und ein langsames, aber stetiges Ausströmen von wertvoller Luft hin zu überprüfen.

▲ *Der Node 2 verbindet mehrere Module miteinander: Nach links geht es zu Columbus und nach rechts später zum japanischen JEM.*

◄ *Die Columbus-Luke wird nun für den Drucktest geschlossen.*

Durch die Verzögerung der Nutzlastaktivitäten in *Columbus* tagsüber können die vollständig geplanten Arbeitsschritte für FSL und BIOLAB in *Columbus* nicht mehr vollständig durchgeführt werden, denn die Astronauten dürfen sich natürlich nicht in *Columbus* aufhalten, wenn die Verbindungstür geschlossen und somit der Fluchtweg zur rettenden Soyuz-Kapsel versperrt ist. Das hat zur Folge, dass die noch ausstehenden Arbeiten der beiden europäischen Astronauten auf den nächsten Tag verschoben werden müssen. Daraus erwächst aber auch der Vorteil, dass das Bodenteam mehr Zeit hat, offene Fragen zu klären bzw. die passenden Werkzeuge für FSL zu suchen.

Um 20.14 Uhr meldet *Aaron Butler* von der COL SYSTEMS-Konsole, dass die Umkonfiguration des Luftkreislaufes erfolgreich beendet ist und von seiner Seite aus die Crew das »Go« hat, *Columbus* zu isolieren. Um 20:25 Uhr schließt *Peggy* daraufhin die beiden Luken, und der Drucktest kann beginnen – er ist für acht Stunden angesetzt.

Ungefähr zur gleichen Zeit melden CADMOS und ERASMUS-USOC, dass die für heute gesetzten Ziele – die ersten Inbetriebnahmen von EPM und EDR und die ersten Überprüfungen der Untersysteme – erreicht und erfolgreich verlaufen sind. Das bedeutet, dass das Flugkontrollteam in Oberpfaffenhofen nun die beiden Experimentierschränke abschalten kann.

Zuerst meldet sich ERASMUS-USOC auf dem COL OC-Kanal und bestätigt, dass das EDR-Rack bereit zum Ausschalten ist. Nach kurzer Rücksprache mit *Alexander Nitsch* beginnt *Christie Bertels* mit dem Kommandieren der Ausschaltsequenz, und nach nur 15 Minuten kann sie die erfolgreiche Deaktivierung der Nutzlast vermelden. Für *Christie Bertels* ist heute die Arbeit damit noch nicht ganz beendet, denn jetzt muss noch alles fein säuberlich im Konsolenlogbuch dokumentiert und der weitere Plan für die morgigen EDR-Aktivitäten besprochen werden.

Wenig später erfolgt dann die Deaktivierung des EPM-Racks. Auch das zweite Herunterfahren eines europäischen Nutzlastschrankes klappt gleich beim ersten Versuch ganz ohne Probleme. Damit kehrt wieder etwas Ruhe im *Columbus*-Modul ein, denn aufgrund der Isolation von *Columbus* für den Drucktest arbeitet auch kein Astronaut mehr im Forschungslabor.

Langsam neigt sich für die Besatzung nun der Flugtag zehn dem Ende entgegen und sie bereitet sich auf die Nacht und den nächsten Tag vor. In der **Pre-Sleep**-Phase wird der Crew Zeit gegeben, die benutzten Werkzeuge oder Taschen aufzuräumen oder schon Vorbereitungen für den nächsten Tag zu treffen, aber auch

einfach zu entspannen oder miteinander abendzuessen.

Vor der allabendlichen Planungskonferenz stimmen *Alexander Nitsch* und EUROCOM *Norbert Illmer* noch einmal ab, welche Punkte während der **DPC** mit der Besatzung besprochen werden sollen: Bedanken natürlich für diesen erfolgreichen Tag, vor allem die Erstaktivierung von EPM und EDR ist sehr gut gelaufen. Dann wäre da noch die Frage an *Léo* bezüglich des **ESA-Mediakits**. Und der COSMO schuldet den Astronauten noch eine Antwort, die er ihnen gerne zukommen lassen würde.

Nach der abendlichen Planungskonferenz ist die Zeit gekommen, um Bilanz zu ziehen und alle offenen Punkte auf den Tisch zu legen – was direkt zu Planungsdiskussionen für den nächsten Flugtag führt. Von *Andrea Geraci*, dem ACE des *Orbit-2*-Teams, kommt die Information, dass zwei Systemaktivitäten, das Entlüften des Wasserkreislaufs und das Entnehmen von Kühlwasserproben, parallel ausgeführt werden können. Die Expertenteams in Bremen und Turin haben dies soeben nach einer ausführlichen Analyse bestätigt. Auch die von heute übrig gebliebenen Payload-Aktivitäten rutschen in die morgige Zeitplanung, wobei *Hans Schlegel* sich noch einmal BIOLAB vornehmen soll und *Léopold Eyharts* sich um FSL kümmern wird.

Das detaillierte Planen wird dann allerdings dem *Orbit-3*-Team überlassen, das gegen 2:00 Uhr den Kontrollraum betritt. Wie seit Beginn der Mission werden die Controller unter der Leitung von *Guido Morzuch* einen ausgefeilten Plan für den nächsten Tag erarbeiten. Da sich die Mission zwar langsam dem Ende zuneigt und die meisten Ziele der 1E-Mission erreicht sind, aber durch die Verlängerung der Flugdauer noch Platz auf dem Zeitplan für die Crew ist, versucht das Team, im nächtlichen Umplanungsprozess diese Lücken zu schließen. Dabei werden Aktivitäten, die eigentlich für die Zeit nach der Shuttle-Mission auf dem Plan stehen, dahingehend geprüft, ob sie schon jetzt, während der Shuttle noch an der Raumstation angedockt ist, durchgeführt werden können.

Während das Flugkontrollteam im K4 in den letzten beiden Schichten mit der Durchführung und dem Abarbeiten des Flugtages zehn beschäftigt war, hat das **Team 4** im Hintergrund bereits eine Reihe von Vorschlägen erarbeitet, die zusätzlich zu den noch nicht beendeten Aktivitäten in den nächsten Flugtagen eingeplant werden können.

Das **Team 4** – eigentlich noch einmal drei komplette Flugkontrollteams, die parallel zu verschiedenen

ESA-Mediakit
Spezielle Zusammenstellung von Gegenständen, die für Presseauftritte benutzt werden können, etwa die Länderflaggen

Team 4
Unterstützendes Flight Control Team im Hintergrund

Pre-Sleep
Eineinhalb Stunden Privatzeit, die für jedes Besatzungsmitglied täglich vor der Schlafenszeit eingeplant wird

Schichten im Hauptkontrollraum arbeiten – wird von Flugdirektor *Albert Schencking* geleitet. Es besteht aus jeweils einem Set zumeist voll qualifizierter Flight Controller, die für die Hauptakteure im K4 als Unterstützung bereitstehen und nach einem genau definierten Plan nach der Landung der *Atlantis* das Modul übernehmen sollen, um dem 1E-Team ein paar Tage der Ruhe zu gönnen, bevor auch sie wieder im regulären Betrieb eingesetzt werden – für die nächsten zehn Jahre ...

Nun assistiert das **Team 4** also dem *Orbit 3* bei der Neuplanung des kommenden Tages – und wie auch in den vergangenen Nächten ist der Name **Graveyard Shift**, den die normalerweise so ruhige Nachtschicht in der Umgangssprache der Flight Controller auch trägt, nicht im Geringsten gerechtfertigt.

Die Vorbereitung von Increment oder Flug

Nachdem das Ende der Mission unmittelbar bevorsteht, konzentrieren sich die Arbeiten zunehmend bereits auf die darauf folgende Zeit. Der Flug der *Atlantis* fällt ins Increment 16 – und nach der Landung des Space Shuttles werden die Zeitrechnung und die Planung wieder auf diese Referenz umgestellt. In den vergangenen Monaten musste deshalb in Oberpfaffenhofen nicht nur der Shuttle-Flug, sondern auch das Increment 16 vorbereitet werden – und gleich nach der Mission wird sich eine kleine »Task Force« von Flight Controllern auf die Vorbereitung des folgenden Increments 17 stürzen.

Für die Planung eines jeden Increments ist jede Menge vorbereitende Arbeit vonnöten – Dutzende von Dokumenten werden geschrieben, verhandelt, schließlich unterschrieben und immer wieder angepasst. Am Anfang der Vorbereitung am Münchner Kontrollzen-

trum steht ein Dokument, in dem die ESA ihrem Vertragspartner mitteilt, was aus europäischer Sicht auf der ISS in der nahen Zukunft stattfinden soll. In diesem **Increment Requirement Document (IRD)**, das erstaunlich wenige Seiten umfasst, legt die europäische Raumfahrtbehörde mit kurzen Anweisungen die Experimente fest, die durchgeführt werden sollen, und gibt sehr allgemeine Aufträge wie »Maintain the *Columbus* module's capabilities within specified operational performance parameters.« – »Das Columbus-Modul soll in gutem operationellem Zustand erhalten werden.« Das **Industrial Operator Team (IOT)** analysiert dieses Dokument daraufhin genau und antwortet mit einem Vorschlag, der die detaillierten Vorstellungen wiedergibt, wie die gestellten Anforderungen erfüllt werden können. Dieses Dokument fällt bereits wesentlich umfangreicher aus und enthält Tabellen, welche Gegenstände wann und mit welchem Transportmittel zur Raumstation gebracht werden müssen. Es enthält Listen von Aktivitäten, die an Bord erledigt werden müssen, die Flight Controller, die das Increment unterstützen sollen, werden bereits namentlich benannt, es wird ein Trainingsplan für die Astronauten vorgeschlagen und auch analysiert, welche Änderungen am Bodennetzwerk notwendig sind, um die vorgegebenen Missionsziele zu erreichen.

Die Experten der ESA prüfen diesen **Increment Implementation Plan (IIP)** kritisch und generieren eine Liste von Änderungswünschen und -vorschlägen, die aus ihrer Sicht notwendig sind. Diese Liste wird schließlich auf einem ersten großen Treffen von ESA und **IOT** diskutiert, und man kommt überein, wie der letztendliche **Increment Implementation Plan** aussehen soll. Nach dem **Increment Integration Review (IIR)** haben dann alle Beteiligten einen guten Einblick, was alles an Vorbereitungsarbeit zu leisten ist.

Daraufhin kann es losgehen. Die Experten können sich nun den verschiedenen Aufgaben widmen: Prozeduren müssen geschrieben, Flight Rules geändert und Stauraum im Space Shuttle verhandelt werden. Der Fortschritt der Tests, der Sicherheitsüberprüfungen und der Dokumentation für jedes einzelne Experiment muss verfolgt werden. Eventuelle Verzögerungen müssen gemeldet werden, die Astronauten erhalten ihr Training ebenso wie die Flight Controller, die auch fleißig damit beginnen, die notwendigen Telemetrieanzeigen zu programmieren und die benötigten Kommandosequenzen zu schreiben und zu testen. Auch die Planer bekommen von den zuständigen Zentren ihre detaillierten Planungsaufträge, langsam entsteht das bereits erwähnte **On-Orbit Summary (OOS)** als

Increment Requirement Document (IRD)
Vorgaben der ESA, den Inhalt eines Increments betreffend

◀ *Und immer wieder dreht sich das Gespräch um die leidige Planung für die kommenden Tage: Robert Mühlbauer und Kagan Özdemir in lebhafter Diskussion am Ende ihrer Schicht*

Graveyard Shift
Friedhofsschicht

Increment Implementation Plan (IIP)
Vorschlag des Industrial Operator Teams, wie die Anforderungen der ESA verwirklicht werden können

Increment Integration Review (IIR)
Abschließendes Treffen zur Verabschiedung des endgültigen Increment Implementation Plans

Das Orchester im Kontrollzentrum

Gerd Söllner, Leitender Flugdirektor für *Columbus*

Increment Definition and Requirement Document (IDRD)
Multilaterales Dokument für die Aktivitäten auf der gesamten Raumstation während des Increments

Increment Verification Review
Zwischenbericht, um den Fortschritt der Vorbereitungsarbeiten beurteilen zu können

Certification of Flight Readiness (CoFR)
Checkliste zur Prüfung der Flugbereitschaft

ESA ORR (ESA Operations Readiness Review)
Abschließende Beurteilung der Flugbereitschaft auf europäischer Ebene

Open Work Tracking Log (OWTL)
Datenbank zur Nachverfolgung aller noch offenen Arbeiten

Stage Operations Readiness Review (SORR)
Abschließende Beurteilung der Flugbereitschaft auf internationaler Ebene

Flight Operations Readiness Review (FORR)/ Flight Operations Review (FOR)
Vorbereitende Treffen für Shuttle-Flüge

»Mission 1E, Blick ins *Columbus*-Kontrollzentrum: In der Atmosphäre liegt ein Knistern, gespannte Erwartung auf die nächste Aktivität, den nächsten Schritt in der europäischen Raumfahrt. Für jeden sichtbar das emsige Betriebsklima, hochmotivierte Mitarbeiter auf den Gängen, in Meeting- und in den Kontrollräumen. Aber wie arbeiten die vielen Ingenieure und Flight Controller erfolgreich zusammen? Die Basis bildet ein gut orchestrierter Ablauf, der jahrelang in Meetings im Detail besprochen und in Simulationen geübt wurde. Es ist DER Moment, auf den jeder hingearbeitet hat, die persönlichen Belange werden hintangestellt. Jeder kennt seine Teamkollegen seit Jahren. Speziell im Kontrollraum haben wir in unzähligen Simulationen sämtliche Notsituationen gemeinsam durchgestanden. Diese Vertrautheit geht über unseren Kontrollraum hinaus, ebenso lange haben wir mit unseren Kollegen bei der NASA zusammengearbeitet. Es entsteht eine Sicherheit, gemeinsam alle Probleme beherrschen zu können, was sich im Betrieb dann auch als Notwendigkeit herausstellt. Schließlich gilt es, unser *Columbus*-Modul als unersetzliches Einzelstück zu betreiben. Jeder trägt seinen Teil dazu bei: am Boden agiert der Flugdirektor als Dirigent mit den Flight Controllern als Virtuosen im eingespielten Team. An Bord sind die Astronauten die Hauptakteure in einer ausgefeilten Inszenierung. Die Timeline ist unser »Konzertprogramm«, gespielt wird nach Prozeduren auf den »Instrumenten« an Bord. Nach zwei Wochen ist unser Programm erfolgreich abgearbeitet, und schon wartet das Wissenschaftler-Team in ganz Europa darauf, *Columbus* zu nutzen. Jeder von uns ist stolz darauf, mit der Premiere der Mission 1E einen wichtigen Beitrag zur europäischen Raumfahrt geleistet zu haben. Sie dient als Grundlage für den inzwischen erfolgreich etablierten Dauerbetrieb unseres europäischen Forschungsmoduls auf der ISS.«

sehr allgemeine, aber bereits auf den Tag genaue Übersicht über das gerade vorzubereitende halbe Jahr auf der ISS.

Parallel dazu werden die europäischen Missionsziele auch in den internationalen Kontext eingefügt. Sie werden mit den ISS-Partnern verhandelt und letztendlich in ein Dokument geschrieben, welches als **Increment Definition and Requirement Document (IDRD)** alles enthält, was auf der Raumstation passieren soll. Hier tauchen nun auch Prioritätsbewertungen auf – was ist extrem wichtig und was wäre einfach nur vorteilhaft? Genauso sind alle Transportflüge zur und von der Raumstation aufgeführt – bereits mit den geplanten Daten und auch mit den Namen der vorgesehenen Besatzung.

Mitten in den Vorbereitungen trifft man sich auf europäischer Seite dann noch einmal in einem großen **Increment Verification Review**, um etwa fünf Monate vor Increment-Beginn den Fortschritt der Arbeiten zu bewerten und eventuelle Probleme frühzeitig aus dem Weg räumen zu können.

Kurz darauf schlägt dann die Stunde der Bürokraten. Nun beginnt der Prozess der formalen **Certification of Flight Readiness (CoFR)**. Kernstück ist hierfür eine mehrere tausend Einträge enthaltende Tabelle, über die jedes nur erdenkliche Detail der Vorbereitungsarbeiten abgefragt und mit einem »Go« oder »No Go« bewertet wird. In einer mehrwöchigen aufreibenden Kleinarbeit füllt das **IOT**-Team nun diese Liste mit Informationen. Sind die Prozeduren für PCDF fertig? Ist die Sicherheitsanalyse für das Entlüften der Wasserpumpen verfügbar? Waren die Tests für das Sprachkommunikationssystem erfolgreich und liegen die entsprechenden Testreports vor? Wegen der zentralen Bedeutung gibt es in diesem Zeitraum mehrere Zusammenkünfte, um den Fortschritt zu überprüfen. Die Arbeiten kumulieren im **ESA ORR (ESA Operations Readiness Review)** mit dem Ziel, möglichst viele der **CoFR**-Einträge mit »Ja, fertig!« zu beantworten – etwa sechs Wochen vor dem eigentlichen Missionsbeginn.

Jedoch liegt es in der Natur eines solch komplexen Projekts, dass auch zu diesem Zeitpunkt noch zahlreiche offene Baustellen vorhanden sind. Durch seine filterähnliche Funktion werden solche Probleme durch den **CoFR**-Prozess identifiziert und können dann in eine **Open Work Tracking Log (OWTL)**-Datenbank übertragen werden, wo sie so lange verfolgt werden, bis auch sie geschlossen werden können. Die Zertifizierung der Flugbereitschaft erfolgt also nur unter der Vorgabe, dass die noch offenen Fragen rechtzeitig geklärt werden.

Einen ähnlichen Zertifizierungsprozess durchläuft die NASA für die gesamte ISS – wobei hier auch die ESA in einem eigenen NASA-**CoFR**-Eintrag erklären muss, dass sie bereit für die Mission ist – was übergeordnete ESA-Manager dann basierend auf der eigenen erfolgreichen Zertifizierung unterschreiben. Das passiert dann in den USA auf dem **Stage Operations Readiness Review (SORR)** – dreieinhalb Wochen, bevor es endlich losgeht.

Für Shuttle-Flüge wird jeweils zusätzlich noch ein paralleler unabhängiger Vorbereitungszyklus durchlaufen. Hier sind zwei wichtige Meilensteine erwähnenswert: Der **Flight Operations Readiness Review (FORR)** liegt etwa sieben bis acht Monate vor dem Starttermin vor, während der **Flight Operations Review (FOR)** etwa drei bis vier Monate vor dem Start des

Orbiters stattfindet. Trotz der ähnlichen Namensgebung sind beide Konferenzen von Inhalt und Ausrichtung her grundverschieden und bauen aufeinander auf.

Nachdem mit der ESA ein völlig neuer internationaler Partner zur ISS-Gemeinschaft hinzugestoßen ist, war die NASA beim 1E-**FORR** natürlich besonders am Stand der europäischen Vorbereitungsarbeiten interessiert. Kritisch wurden deshalb auch die Infrastruktur am Col-CC und der Simulations- und Zertifizierungsstatus des Flugkontrollteams hinterfragt. Waren diese Neulinge wirklich bereit, die große Verantwortung für das Milliardenprojekt ISS mitzutragen? Die verantwortlichen *Columbus*-Flugdirektoren mussten daher detailliert den Ist-Zustand darstellen und die noch zu bewältigende Arbeit auflisten, um die rechtzeitige Betriebsbereitschaft zu beweisen.

Im Gegensatz dazu geht es beim **FOR** dann ins Detail der während der Mission geplanten Prozeduren und Aktivitäten. Die entsprechenden Flight Controller tragen im Vorfeld alle Produkte zusammen, die für den Flug notwendig sind, und veröffentlichen sie elektronisch im **FOR**-Datenpaket. Dieses enthält schlussendlich alle Prozeduren, alle EVA-Checklisten, die Trajektorieninformationen für den Start, das Docking und die Landephase, alle Flight Rules und weitere wichtigen Dokumente und Daten.

Ein Heer von Ingenieuren und Flight Controllern macht sich drei Monate vor dem **FOR** dann daran, dieses Datenpaket buchstäblich Seite für Seite zu lesen und zu überprüfen. Alle Korrekturen und Verbesserungsvorschläge werden als **Discrepancy Notes (DNs)** erfasst. Alle so generierten **DNs** sind dann Diskussionsthema auf der einwöchigen **Flight Operations Review**-Tagung, auf der dann in verschiedenen parallelen Sitzungen die einzelnen Teile des Datenpakets entsprechend der eingegangenen **DNs** korrigiert werden – falls man übereinkommt, dass die vorgeschlagene Korrektur Sinn macht. So können manche der **DNs** im Eiltempo abgewickelt werden, andere aber verursachen zwischen den Experten lange Diskussionen. Diese Punkte werden dann noch einmal separat behandelt und von einer ausgewählten Expertengruppe gelöst. Neben dem Hauptforum mit den leitenden Flugdirektoren tagt gleichzeitig also eine Vielzahl von Expertenrunden separat in verschiedenen Besprechungsräumen, und die Resultate werden am Ende eines **FOR**-Tages dann im Hauptforum kurz präsentiert und zur letztendlichen Entscheidung gestellt.

Im Großen und Ganzen konnten für die 1E-Mission die beiden Meilensteine – der **FOR** und der **FORR** –

ohne größere Probleme über die Bühne gebracht werden. Es wurde bei beiden Reviews ein fortgeschrittener und zufriedenstellender Vorbereitungsstatus festgestellt und jeweils formal das weitere Vorgehen bis hin zum Start autorisiert.

Die letzten Stunden auf der ISS

Im ständig hell ausgeleuchteten Oberpfaffenhofener Kontrollraum ist inzwischen der Tageswechsel unbemerkt vorübergegangen und der 17. Februar angebrochen – Flugtag elf der 1E-Mission!

Für die Astronauten ist heute ein Tag der gemischten Gefühle: Abschied! Um 18:30 Uhr ist auf dem Zeitplan eine Aktivität »HATCH CLOSE« verzeichnet. Die Eingangs- oder heute besser Ausgangsluke zur *Atlantis*, quasi die Haustür der Raumstation, wird sich endgültig schließen und ISS- und Shuttle-Besatzung voneinander trennen. Während die ISS-Crew zurückbleibt, wird sich die Shuttle-Crew dann den Vorbereitungen für das Ablegen und die Rückkehr zu Erde zuwenden. Die Astronauten sind voller Vorfreude über die Heimkehr zu ihren Familien und Freunden nach einer erfolgreichen Mission. Aber natürlich schwingt auch etwas Wehmut mit: Für manch einen der Astronauten mag es der letzte Ausflug ins All gewesen sein.

Für die ISS-Besatzung beginnt dagegen eine weitere lange Zeit zu dritt, bis der nächste Besuch die Station erreicht.

Es wird jedoch nicht genau die gleiche Shuttle-Besatzung in den Orbiter steigen, die vor elf Tagen von der Startrampe in Cape Canaveral in den Weltraum aufgebrochen ist, sondern *Daniel Tani* wird den Platz von *Léopold Eyharts* im Middeck einnehmen. Beide Astronauten sind **Shuttle-rotierende Besatzungsmitglieder** der ISS, die also mit einen amerikanischen Raumgleiter und nicht mit dem Soyuz-Raumschiff zur Station fliegen. Die Dauer ihres Aufenthalts ist dabei

Discrepancy Notes (DNs)
Korrekturvorschläge für das FOR-Datenpaket

◄ *In den langen Monaten des gemeinsamen Trainings sind viele Freundschaften unter den Astronauten entstanden, hier Hans Schlegel mit Leland Melvin.*

an die Abfolge der Shuttle-Starts gekoppelt – und damit wesentlich unsicherer als die der Astronauten, die über die russischen Kapseln ausgetauscht werden. Denn die Erfahrung zeigt, dass Space-Shuttle-Starts oftmals verschoben werden, während man auf einen Soyuz-Starttermin guten Gewissens wetten kann.

Léopold Eyharts wird also nun das dritte permanente Besatzungsmitglied der Raumstation sein und in den nächsten Wochen in der **1E-Stage**, also der Phase bis zur nächsten amerikanischen Shuttle-Mission, in der Raumstation arbeiten und leben. Eingeläutet wurde der Wechsel der ISS-Besatzung durch den Austausch der an den Körper angepassten Schalensitze in der Soyuz-Kapsel, aber nun, beim Abschiednehmen, wird die neue Aufteilung noch mal besonders offensichtlich.

Wichtige Teile der Vorbereitungen für das Ablegen der Raumfähre sind das Beladen und der Transfer der Ausrüstung von der Station zum Shuttle. Im Laufe des Betriebs der Raumstation gibt es immer wieder Gegenstände, die mit dem Shuttle zur Erde zurückkehren sollen, angefangen von fehlerhaften Sensoren oder Bauteilen bis hin zu wissenschaftlichen Proben oder auf Bändern gespeicherten Experimentdaten. In **Transferlisten** wird im Vorfeld der Mission genau festgelegt, welches Equipment wieder von der Station zur Erde gebracht werden muss. Gleich mehrere Besatzungsmit-

▶ *Léopold Eyharts wird als drittes Besatzungsmitglied nun für die nächsten Wochen in der ISS wohnen.*

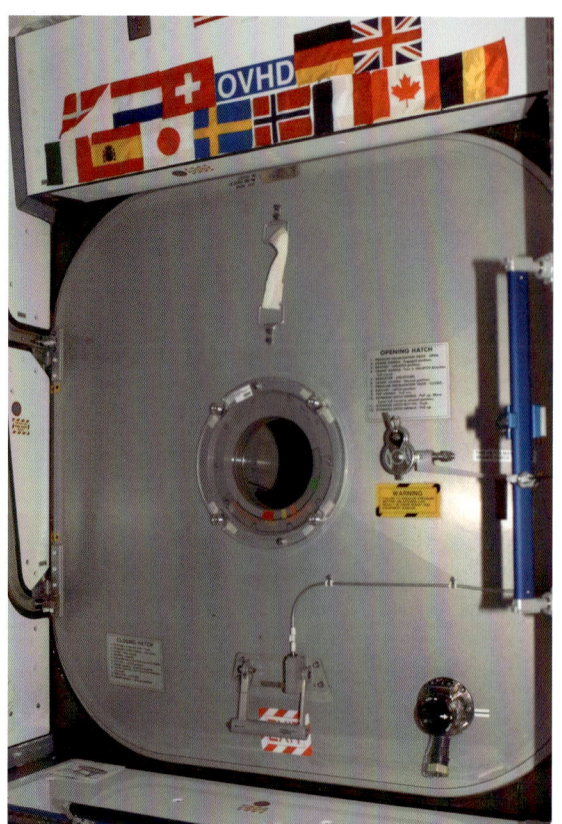

▶ *Die Luke zum PMA im Node 2 ist die Haustür der ISS. Hier betreten die Neuankömmlinge aus dem Space Shuttle die ISS.*

glieder sind mit dem Transfer während der ganzen gedockten Phase der Mission beschäftigt. Immer wieder kommt es dabei zu Problemen – sei es, dass einige Dinge nicht eindeutig identifiziert sind oder dass sie nicht aufgefunden werden können. Dann müssen die Astronauten unter anwachsendem Zeitdruck arbeiten – denn das Schließen der Luke wird deshalb nicht verschoben. So entwickelt sich auch heute in Houston dadurch etwas Hektik im Kontrollzentrum. Das Col-CC bleibt glücklicherweise dieses Mal von dieser Hektik verschont, da die Crew die wenigen ESA-Ausrüstungsgegenstände, die zurück zur Erde sollen, schnell gefunden hat. Wer möchte schon von der Raumstation das Material wieder herunterholen, wo man es doch gerade eben mit viel Aufwand endlich hinaufgebracht hat?

Neben den Astronauten, die durch die engen Röhren und Module zwischen der *Atlantis* und der Raumstation hin- und herschweben und eilig die letzten Gegenstände im Shuttle verstauen, sind andere auch mit Arbeiten in *Columbus* beschäftigt. Wenn alles nach Plan läuft und sich im Laufe der Crew-Aktivitäten keine Verzögerungen ergeben, kann auch das nächste europäische Nutzlastelement zum ersten Mal im Orbit in Betrieb genommen werden. Jedoch ist es bis dahin noch ein langer Weg – zunächst muss *Hans Schlegel* seine Arbeiten an der BIOLAB-Glovebox beenden, jenem ausziehbaren, voll gekapselten Experimentierraum, in dem nur über luftdicht angebrachte Handschuhe gearbeitet werden kann. Erst wenn *Hans* das erledigt hat, kann das Bodenteam am Col-CC die Kommandos der Aktivierungssequenz zur ISS schicken. Im *Orbit 1* wird es *Fabrice Scheid* sein, der die Befehle an die Raumstation von der COL COMMAND-Konsole aus senden wird. Er ersetzt *Ilenya Salvoni*, die sich kurz erholen soll, bevor sie dann auf ihrer zukünftigen Stelle als COL DMS beginnen wird. Für *Fabrice* steht die erste Schicht als COL DMS dagegen bereits morgen an.

Ungeachtet dessen widmet sich *Peggy Whitson* zur gleichen Zeit im *Columbus*-Modul der Installation des Wasserentlüfters. In den vergangenen Tagen war immer wieder Luft in den Kühlwasserkreislauf gelangt. Bei jedem Anschließen eines Racks mussten die Verbindungsschläuche montiert werden, und obwohl diese flexiblen Wasserrohre bereits mit Wasser gefüllt auf die Station transportiert worden waren, bildeten sich doch unweigerlich immer wieder Luftblasen. Mit einer kompliziert anmutenden Apparatur soll die Luft über das Prinzip der Zentrifugierung entfernt werden, um einem Leerlauf der Wasserpumpe – der gefährlichen Kavitation – vorzubeugen.

Um die Gefahr eines Schadens an den Impellerschaufeln so gering wie möglich zu halten, hat sich das Ingenieurteam nach langen Diskussionen dazu entschlossen, das **Degassing** gleich während der 1E-Mission durchzuführen. Aber auch in der Zukunft wird es jeweils nach einer gewissen Betriebszeit immer wieder nötig sein, diese Aktivität einzuplanen. Es ist unvermeidlich, dass immer wieder eine gewisse Menge an Luft in die Leitungen gelangt, entweder durch neu eingebaute Leitungen oder auch über die natürliche Leckrate, die jedes Wassersystem besitzt – Wasser tritt aus, Luft ein.

Um *Peggy* dabei genau über die Schultern schauen zu können, lässt *Gerd Söllner Nuria Meneses-Ruiz* die Kameras des Moduls einschalten und so konfigurieren, dass das Bild auf dem großen Projektionsschirm des Kontrollraums zu sehen ist. Die Videoverbindung mit der Station ist für die Flight Controller ein wichtiges Hilfsmittel. Dadurch sind die verantwortlichen Ingenieure am Boden nicht gänzlich auf die verbale Information der Crew angewiesen, um herauszufinden, woran die Besatzung arbeitet. Durch das Video lassen sich vom Boden aus exakt die geplanten mechani-

Degassing
Entfernen von Luft aus dem Wasserkreislauf

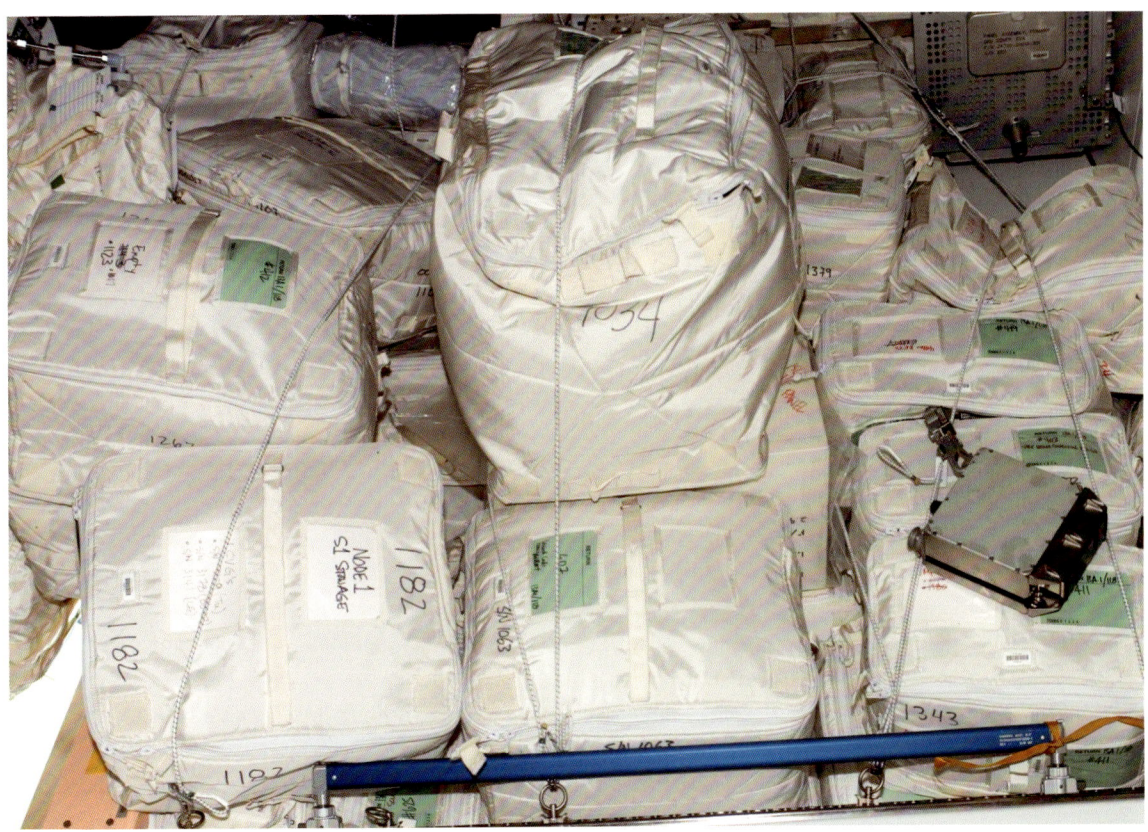

◀ *Fertig zum Abtransport: Jede Menge Ausrüstung muss wieder mit dem Space Shuttle zur Erde zurücktransportiert werden.*

schen Aktivitäten der Crew verfolgen. Oft passiert es, dass die Experten die Astronauten auf so manche technischen Kniffe aufmerksam machen und Hilfestellung geben können. Auch für einen Astronauten ist es bei Problemen praktisch, kurz zeigen zu können, womit er gerade seine liebe Not hat.

Nach dem Videobild zu urteilen, ist *Peggy* bereits voll in ihre Arbeit vertieft. Nachdem sie sich mit einem eleganten Schwung aus dem *Node 2* über die Handgriffe im Innenraum des *Columbus*-Moduls in Position gebracht hat, ist ihre erste Aufgabe das Auspacken des Entlüfters, der unter den Bodenplatten des Labors verstaut ist. Damit dieses Gerät nicht zu viel Platz wegnimmt, wurde es auseinandergelegt gelagert und muss nun erst einmal zusammengebaut werden. Mit wenigen Handgriffen kann *Peggy* das erledigen und ist dann bereit, den Entlüfter am Wasserkreislauf anzubringen. Um damit beginnen zu können, hat *Julian Doyé* von der COL SYSTEMS-Konsole aus bereits die Ventile des Kühlkreislaufs in Stellung gebracht und die richtige Durchflussrate eingestellt.

Der EUROCOM informiert die Astronautin – und schon ist auf dem Video zu sehen, wie sie die ersten flexiblen Wasserleitungen aus den Schnellverschlüssen herauszieht und den Entlüfter in den Kreislauf integriert. Gespannt verfolgen alle am Col-CC die nächsten Schritte und warten auf die Bestätigung, dass alle Leitungen neu angeschlossen sind. Leider friert das Videobild just in diesem Moment ein, und keine bewegten Bilder sind mehr sichtbar. *Nuria Meneses-Ruiz* an der COL COMMS-Konsole hat nach einem kurzen Blick auf das »Antennenmanagement-Tool« auch die Erklärung: Die Datenverbindung ist kurz abgerissen, weil eines der 30 Meter großen Solarsegel genau in die Verbindungslinie zwischen dem angesteuerten Datenrelaissatelliten und der Ku-Band-Antenne der ISS eingeschwenkt ist. »Drei Minuten keine Verbindung möglich!«, meldet *Nuria*.

Nachdem die Datenverbindung über S-Band wieder hergestellt ist, hören die Münchner *Peggy* über den Sprachkanal bestätigen, dass sie alles problemlos installieren konnte.

Als sich nach einem kurzen Flackern auch das Bild am Projektionsschirm wieder aus seiner Erstarrung löst, erinnert EUROCOM *Peter Eichler Peggy* daran, dass die Ingenieure eine Großaufnahme des Entlüftungsvorganges benötigen, um beurteilen zu können, wann der Kühlwasserkreislauf als luftfrei betrachtet werden kann.

»Copy, just a moment…«, antwortet die Astronautin, und bald wackelt das Bild der Kamera Nummer eins und fängt bedenklich an zu schwanken. Trotz ihrer Größe können die beiden Videokameras in *Columbus* von ihren Positionen am Eingang und am Endkonus des Moduls abgebaut und an jeder beliebigen Stelle im Modul angebracht werden. Ein System aus Aufsatzschienen, die überall in der Raumstation angebracht sind, ermöglicht die Befestigung von verschiedenen Gegenständen wie Handgriffen, Fußlaschen oder eben einer Kamera. An diesen Spurleisten montiert *Peggy* nun den Schwenkarm mit der Kamera und bringt ihn mit den Griffschrauben in die gewünschte Position.

Nach wenigen Sekunden ist die Schaukelei vorbei und die Kamera wieder fixiert und mit dem Fokus auf den Sammelbehälter für die Luftbläschen gerichtet. In den nächsten zwei Stunden wird nun *Julian Doyé* vom Kontrollzentrum aus die Federführung über die Aktivität übernehmen und alle verschiedenen Teilabschnitte des Wasserkühlungssystems nacheinander zuschalten, um das Wasser aus allen Verzweigungen des Kreislaufs durch den Entlüfter zirkulieren und das enthaltene Gas in kleinen Blasen ausperlen zu lassen. Das Videobild der zirkulierenden Luftblasen aus dem Weltall hat wirklich etwas Meditatives!

Der Abschied

Zur gleichen Zeit macht sich *Hans Schlegel* auf der anderen Seite des Forschungslabors wieder an BIOLAB zu schaffen. Er baut dabei die letzten Teile in die Rückwand der **Glovebox** von BIOLAB ein, schließlich fehlt nur noch der dazugehörige Laptop als Kontrollmöglichkeit für die Crew. Dieser wird an der Vorderseite des europäischen Experimentierschrankes mithilfe eines kleinen Tisches in Stellung gebracht und so positioniert, dass die Astronauten effektiv damit arbeiten können.

Von Oberpfaffenhofen aus verfolgt ein Teil des Flugkontrollteams diese letzten Arbeiten an BIOLAB. Man hofft, dass jetzt nicht noch etwas Unvorhergesehenes dazwischenkommen und die anschließend geplante erste Inbetriebnahme von BIOLAB gefährden oder gar unmöglich machen wird. Aber *Hans* leistet gute Arbeit, und bald kann er dem Kontrollzentrum melden, dass das Rack fertig konfiguriert ist.

Bevor das Team am Boden sich jedoch der Aktivierung von BIOLAB widmen kann, wird es vom dritten Astronauten, der heute in *Columbus* arbeitet, abgelenkt. Irgendetwas scheint da oben nicht zu stimmen, denn im Video ist zu erkennen, dass *Léopold Eyharts* sich nun schon seit einiger Zeit mit FSL beschäftigt,

aber noch nicht – wie vorgesehen – den Einschub mit den optischen Elementen herausgezogen hat. EURO-COM *Peter Eichler* hat dies schon seit einigen Minuten bemerkt und macht nun *Gerd Söllner* als verantwortlichen Flugdirektor darauf aufmerksam. Gemeinsam blicken sie auf die große Leinwand mit dem Videobild von *Columbus* und versuchen zu evaluieren, wo das Problem liegen könnte. Wieder einmal macht ihnen aber heute die Funkverbindung einen Strich durch die Rechnung. Denn zumindest auf dem Video wird man die nächsten Minuten nichts mehr erkennen können, denn das Ku- und S-Band-Signal werden erst wieder in elf Minuten zur Verfügung stehen. Erst dann ist der nächste Kommunikationssatellit im Sichtbereich der ISS und kann die Daten zur Erde weiterleiten.

Ein Teil des Flugkontrollteams nutzt die kurze Pause, den fensterlosen Kontrollraum zu verlassen und frische Luft zu schnappen oder sich schnell etwas zum Trinken zu holen. Diese Pausen sind während Shuttle-Missionen zur ISS eher selten, da die Datenrelaissatelliten der NASA für diese Hochphasen des ISS-Betriebs vermehrt für die Datenweiterleitung gebucht sind und beinahe ununterbrochen Funkverbindung besteht – nur eben

nicht in wichtigen Momenten wie diesem! Besonders für die Unterstützung und Absicherung der Außenbordeinsätze ist es enorm wichtig, die Raumanzugdaten und den Sprechfunkverkehr möglichst lückenlos den Bodenteams in Houston zur Verfügung zu stellen, um jederzeit die bestmögliche Sicherheit zu gewährleisten.

Einige Minuten später sitzen alle Flugingenieure wieder an ihren Plätzen – und *Nathalie Gérard* versucht, zusammen mit den Experten des MARS-Centers in Neapel schon zu erraten, was wohl auf der Station mit FSL schiefgegangen sein könnte. Sie als die Erfahrenste der COL OCs, die auch schon für Satellitenmissionen und bemannte Vorgängerflüge von 1E gearbeitet hat, weiß, dass eine der wichtigsten Eigenschaften eines guten Flight Controllers die Fähigkeit ist, vorausschauend zu denken. Was könnte als nächstschlimmeres Problem auftauchen? Wie könnten wir es angehen, falls es wirklich auftritt? Dennoch wird sie überrascht, als die Ku-Band-Antenne wieder den TDRS-Satelliten gefunden hat, die Verbindung neu etabliert ist und nun das Video wieder zum Leben erwacht. Auf der Projektionswand ist ein unerwartetes Bild zu

▲ *Die Station bewegt sich über den Grand Canyon hinweg, und dennoch hat die Kamera des Roboterarms nur Augen für den Manipulator an dessen Ende!*

sehen: *Léo* hat das FSL-Rack nach vorn aus den Verankerungen gedreht; von ihm sind nur noch die Beine zu sehen, während sich sein Oberkörper hinter dem Rack befindet. Etwas verwundert wird am Boden diskutiert: »Was macht der denn da?« Aber schon sieht man ihn wieder hervorkommen und zum Sprechgerät greifen.

Nach einem kurzen Informationsaustausch ist das Team in Oberpfaffenhofen im Bilde. *Léo* hat entdeckt, dass nicht alle Startfixierungen der Einschubfächer am Tag zuvor von der Rückseite des Racks entfernt worden sind – die Astronauten haben trotz sorgfältiger

Arbeit etwas übersehen. Um dies zu überprüfen, hat er den Schrank nach vorn geschwenkt und noch einmal alle Schraubenstellen nachgesehen. Und wirklich, zwei Schrauben stecken noch in ihrer ursprünglichen Position, wo sie nun, nachdem *Columbus* an der ISS angekommen ist, nicht mehr hingehören. Deshalb war das Herausziehen des Einschubs nicht möglich – sie müssen entfernt werden! Nach kurzer Rückfrage hat *Léo* auch das dafür vorgesehene Werkzeug gefunden und ist – diesmal fast ganz – hinter dem gekippten Experimentierschrank verschwunden. Nach etwa 20 Minuten kommt er wieder hervor und beginnt, den

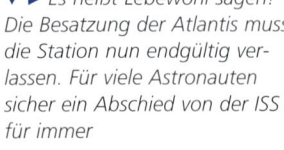

▼ ▶ *Es heißt Lebewohl sagen! Die Besatzung der Atlantis muss die Station nun endgültig verlassen. Für viele Astronauten sicher ein Abschied von der ISS für immer*

Schrank in die ursprüngliche Position zu bringen. Das sollte es gewesen sein! Da die Zeit für die Mittagspause der Crew näherrückt und die komplexen Arbeiten an den Experimentiereinrichtungen nicht an jeder beliebigen Stelle unterbrochen werden können, entscheidet das Team, den Ausbau der sensiblen optischen Elemente auf den Nachmittag zu verschieben.

Mittagessen für die Crew heißt jedoch nicht etwa auch eine Pause für das Team am Col-CC. Nein, die Zeit muss zur Vorbereitung genutzt werden, damit die Astronauten nach ihrer Mahlzeit unverzüglich weiterarbeiten können. Während *Julian Doyé* immer noch den Tanz der Wasserblasen beobachtet und entsprechend der Prozedur die Wasserventile schaltet, kann nun die Betriebnahme von **BIOLAB** erfolgen. **BIOLAB** ist damit das dritte Rack nach EPM und EDR, das in Betrieb genommen werden wird. Wie bei allen Nutzlasten wird die Aktivierungssequenz von der Wasserkühlung bis hin zum Einschalten der Stromversorgung und zum Booten des Hauptcomputers zentral vom *Columbus*-Kontrollzentrum ausgeführt, erst dann erfolgt die Übergabe der Verantwortung an das Benutzerbetriebszentrum MUSC in Köln.

Nathalie Gérard hat bereits die erforderliche Befehlssequenz in das Kommandosystem geladen. Nach dem »Go« von *Gerd Söllner* schickt sie nun die Befehle in zügiger Folge, aber nicht ohne dazwischen geflissentlich die Daten zu prüfen. Alles verläuft problemlos, und gerade noch rechtzeitig vor der Schichtübergabe hat sie es geschafft, BIOLAB zu aktivieren, und kann nun der nächsten Schicht ein laufendes Rack übergeben. Der *Orbit 2* wird fortfahren, das Rack auf Herz und Nieren zu untersuchen, und nach dem Test dann wieder abschalten.

Der *Orbit 2* ist es dann auch, der die Astronauten mahnen muss, dass das Schließen der Shuttle-Luke nicht warten kann. Der *Atlantis*-Besatzung fällt es schwer, der Station und ihren Kollegen den Rücken zu kehren – so viel wäre noch zu tun gewesen! Aber der rote vertikale Zeiger auf der Timeline rückt unerbittlich weiter und überstreicht gerade FAREWELL, das Abschiednehmen, das mit gerade einmal 15 Minuten für alle Astronauten auf ihrem Arbeitsplan eingetragen ist. Direkt gefolgt von HATCH CLOSE, dem Schließen der Luke. Ein letztes Händeschütteln und Umarmen – viele Freundschaften haben sich gebildet in den Monaten des gemeinsamen Trainings und der Vorbereitung, aber auch an den gemeinsam verbrachten Tagen im All. Ein einmaliges Erlebnis – das Abenteuer Weltall – verbindet sie alle emotional. Dann fallen die Luken ins Schloss und werden luftdicht verschlossen, die Shuttle-Astronauten mit dem Deutschen *Hans Schlegel* auf der einen, die ISS-Crew mit dem Franzosen *Léopold Eyharts* auf der anderen Seite.

Am Abend gehen noch einige Funksprüche hin und her. Da der Space Shuttle über Nacht noch angedockt ist, sind sie nur wenige Meter voneinander entfernt, aber durch das unüberwindliche Vakuum des Weltraums getrennt. Denn aus dem Verbindungstunnel wurde die Luft bereits abgelassen. Über Nacht wird getestet, ob die Eingangsluken sowohl der Station als auch der *Atlantis* dicht verschlossen sind.

▶ *Der Space Shuttle und die ISS – noch sind sie miteinander verbunden.*

Die *Atlantis* macht sich auf den Heimweg

Nach einer erholsamen Nacht müssen die Astronauten in der *Atlantis* und der ISS heute pünktlich aufstehen, denn der Tag beginnt unvermittelt mit den Arbeiten zum Abdocken der Raumfähre. Die Besatzungen auf beiden Seiten des inzwischen evakuierten **Pressurized Mating Adapters (PMA)** müssen konzentriert zusammenarbeiten, um die langen Checklisten für die physikalische Trennung des Shuttles von der Station durchzuführen. Dabei sind sie auch auf die Unterstützung der Kontrollzentren angewiesen.

Von München aus müssen *Columbus* und insbesondere die externen Payloads in eine Konfiguration gebracht werden, die kompatibel ist mit dem Abdocken und dem relativ nahen Vorbeiflug der *Atlantis*. Gleich eine anspruchsvolle Aufgabe für *Albert Schencking*, der bislang das Hintergrundteam während der Mission geleitet hat und nun seine erste Schicht als hauptver-

antwortlicher Flugdirektor antritt. Später wird er die Konsole dann an *Dirk Schulze-Varnholt* abgeben, der ebenfalls das erste Mal dem Team vorsteht. Sie haben die Plätze von *Gerd Söllner* und *Alexander Nitsch* eingenommen, die sich ein paar Tage Pause redlich verdient haben.

Noch eine weitere Änderung vollzieht sich heute im Oberpfaffenhofener Kontrollraum. Die ACE-Position wird den Dienst heute einstellen. Ihre Aufgabe, die Begleitung der Aktivierung und der ersten Inbetriebnahme von *Columbus* im Orbit, hat sie erfolgreich beendet. Über die letzen zwei Wochen hatten *Andrea Geraci*, *Kai-Uwe Peters* und *Gerd Hajen* stellvertretend für das Herstellerkonsortium Astrium und Thales Alenia Space als Teil des Flugkontrollteams im Kontrollraum gesessen und jeden der ersten Schritte »ihres« Moduls im All überwacht und betreut. Nicht nur in dieser Zeit standen die ACEs zur Verfügung, sondern in den letzten Jahren der Vorbereitung waren sie eine wichtige Schnittstelle zur den Herstellern und haben

▼ *Der Pressurized Mating Adapter (PMA) ist der Andockpunkt des Space Shuttles, hier bei der späteren Shuttle-Mission STS-126.*

▲ *Kai-Uwe Peters meldet die letzte Schicht der ACE-Position beim Flugdirektor ab.*

Star Tracker
Möglichkeit der Lagebestimmung über die Analyse des Sternenhimmels

Propulsiv
Durch Rückstoß

▶ *Akribisch verfolgt Pilot Alan Poindexter die letzten Schritte des Abdockens in der entsprechenden Prozedur.*

erheblich dazu beigetragen, *Columbus* so reibungslos in Betrieb zu nehmen.

Nach dem ESA-Betriebskonzept wurden die drei ACE-Ingenieure aus dem *Columbus*-Entwicklungsteam rekrutiert, um sicherzustellen, dass alle Systemkenntnisse auch während des Betriebs zur Verfügung stehen. Für *Kai-Uwe* und seine Kollegen war die (fast) reibungslose Inbetriebnahme der krönende Abschluss einer über 20-jährigen Entwicklungsarbeit!

Kai-Uwe Peters hat die nun Ehre, die letzte Schicht dieser Position wahrzunehmen und meldet dann sich und die gesamte Position mit etwas Wehmut beim Flugdirektor ab. Mission accomplished!

Von Houston aus unterstützt das Shuttle-Team die Astronauten in der *Atlantis* beim Abdocken, während das Station-Team engen Kontakt mit der ISS-Besatzung hält. Gute Koordination der beiden räumlich getrennten Flight Control Teams ist nun gefragt, und immer wieder tauschen sich die beiden Flugdirektoren über die Sprachkanäle aus: »STATION FLIGHT, SHUTTLE FLIGHT for heads-up« – »SHUTTLE FLIGHT, this is STATION FLIGHT, go ahead...«

Für das Abdocken muss die Station in einen speziellen Modus konfiguriert werden, den **Proximity Operations**-Mode, in dem die Station ohne aktive Lageregelung im **Free Drift** um die Erde kreist.

Während man unter der Bahn die Bewegung der Raumstation (oder besser gesagt ihres Schwerpunktes) um die Erde versteht, definiert die Lage oder **Attitude** die Ausrichtung der ISS auf ihrem Orbit. Während ein Flugzeug im Wesentlichen nur eine Ausrichtung annimmt (nämlich Nase voraus), kann die ISS wegen der fehlenden Atmosphäre prinzipiell mit jeder beliebigen Seite voraus fliegen. Sie kann der Erde immer die gleiche Seite zuwenden oder die der Erde zugewandte Seite auf ihrer Bahn ständig ändern. Das wesentliche Kriterium für die geflogene Lage ist neben wissenschaftlichen Gründen der Thermal- und Energiehaushalt der Station.

Die Lageregelung ist im Normalfall immer aktiv und sorgt dafür, dass die Raumstation auf ihrem Flug die gewünschte Lage auch stabil beibehält und nicht taumelnd jedem Drehmoment nachgibt. Der Ausfall dieses wichtigen Systems hätte schwerwiegende Folgen. Eine schwankende und sich beliebig drehende Station könnte nicht ausreichend Strom erzeugen, da es unmöglich wäre, die großen Solarzellen auf die Sonne auszurichten. Außerdem würde jeder Datenaustausch mit den TDRS-Satelliten unterbunden, denn besonders die Ku-Band-Antenne muss präzise ausgerichtet sein, um eine ausreichende Signalstärke zu gewährleisten.

Sowohl das russische als auch das amerikanische Segment kann die Lageregelung übernehmen, wobei verschiedene Methoden zur Messung und Korrektur eingesetzt werden, was das System hochredundant macht.

Die Russen verlassen sich auf robuste und wohlbekannte Technologien. Die Ausrichtung der Station messen sie über eine Kombination aus verschiedenen Verfahren. Über **Star Tracker** lässt sich die Orientierung anhand der Sternkonstellationen bestimmen, die mithilfe einer Kamera analysiert werden – eine oft verwendete Methode auch bei Satelliten. Die Ergebnisse hiervon werden verglichen mit den Messungen, die über rotierende Kreisel gewonnen werden: Da ein Kreisel seine Drehachse im Raum in der gleichen Richtung zu erhalten versucht, kann diese Achse als feste Referenz genutzt und die Lage der Raumstation relativ dazu bestimmt werden.

Wird eine Korrektur der Lage notwendig, so benutzen die Russen kleine am **Service Module** oder an einem der angedockten Raumschiffe angebrachte Düsen, um das notwendige Drehmoment aufzubringen. Diese Variante wird als **propulsiv** bezeichnet – also auf dem Rückstoßprinzip beruhend. Den dazu notwendigen Treibstoff haben die Versorgungsraumschiffe entweder selbst dabei oder es kann auf die Tanks des **Functional Cargo Blocks (FGB)** zurückgegriffen werden. Das **Service Module** ist von seiner Position her optimal für Lagekorrekturen geeignet, da es weitestmöglich vom Schwerpunkt der Station entfernt liegt und damit einen optimalen Hebelarm für das Drehmoment aufweist.

Die Amerikaner haben sich für ihre Lagemessung auf High-Tech-Methoden spezialisiert. Über vier GPS-Empfänger an verschiedenen Enden der ISS ermitteln

sie nicht nur die Position der Station, sondern vergleichen – wesentlich genauer – die Phasenlage der GPS-Funksignale und können so hochpräzise auf die Ausrichtung der Station relativ zu den GPS-Satelliten schließen. Außerdem messen sie über Ringlaserkreisel, in denen sie Laserlicht entgegengesetzt im Kreis laufen lassen, die Laufzeitunterschiede und sind so in der Lage, auch minimale Drehbewegungen der ISS festzustellen. Als dritte Methode der Lagebestimmung wird seit Kurzem die Tatsache benutzt, dass die Ku-Band-Antenne sehr genau auf den jeweiligen TDRS-Satelliten ausgerichtet ist – und dass die Position dieses Satelliten genau bekannt ist. Demnach kann über die Antennendrehung auf die Drehung der Raumstation rückgeschlossen werden.

Wenn die Amerikaner die Lageregelungsfunktion übernehmen (was die meiste Zeit über der Fall ist), dann verlassen sie sich wieder auf das Kreiselprinzip und die Drehimpulserhaltung. Nachdem die Achse des Kreisels raumfest bleibt, kann, bildhaft gesprochen, die Raumstation um diese Achse gedreht werden – in zwei Richtungen. Die dritte Richtung erhält man einfach durch zusätzliche Kreisel, deren Achsen eine andere Ausrichtung im Raum haben. Vier solche als **Gyroskope** bezeichnete Kreiselsysteme werden durch die Amerikaner auf der ISS betrieben. Sie werden die meiste Zeit für die kleinen Lagekorrekturen verwendet, die üblicherweise notwendig sind. Gefürchtet ist nur die Situation, dass plötzlich alle vier Kreiselachsen in die gleiche Richtung zeigen. Denn nun kann nur noch auf eine Störung der Lage in zwei Richtungen reagiert werden – die dritte Raumrichtung ist nicht mehr korrigierbar. Im Fall einer solchen Sättigung der Kreisel helfen nur die russischen Düsen, um die Raumstation buchstäblich festzuhalten, während man die Gyroskopachsen wieder in unterschiedliche Richtungen bringt.

◀◀ ▲ *Die Federn des Dockingadapters stoßen den Shuttle sanft in die dunklen Weiten des Weltalls. Nur die Stationsscheinwerfer spenden Licht.*

Gyroskop
Kreisel zur Lageregelung

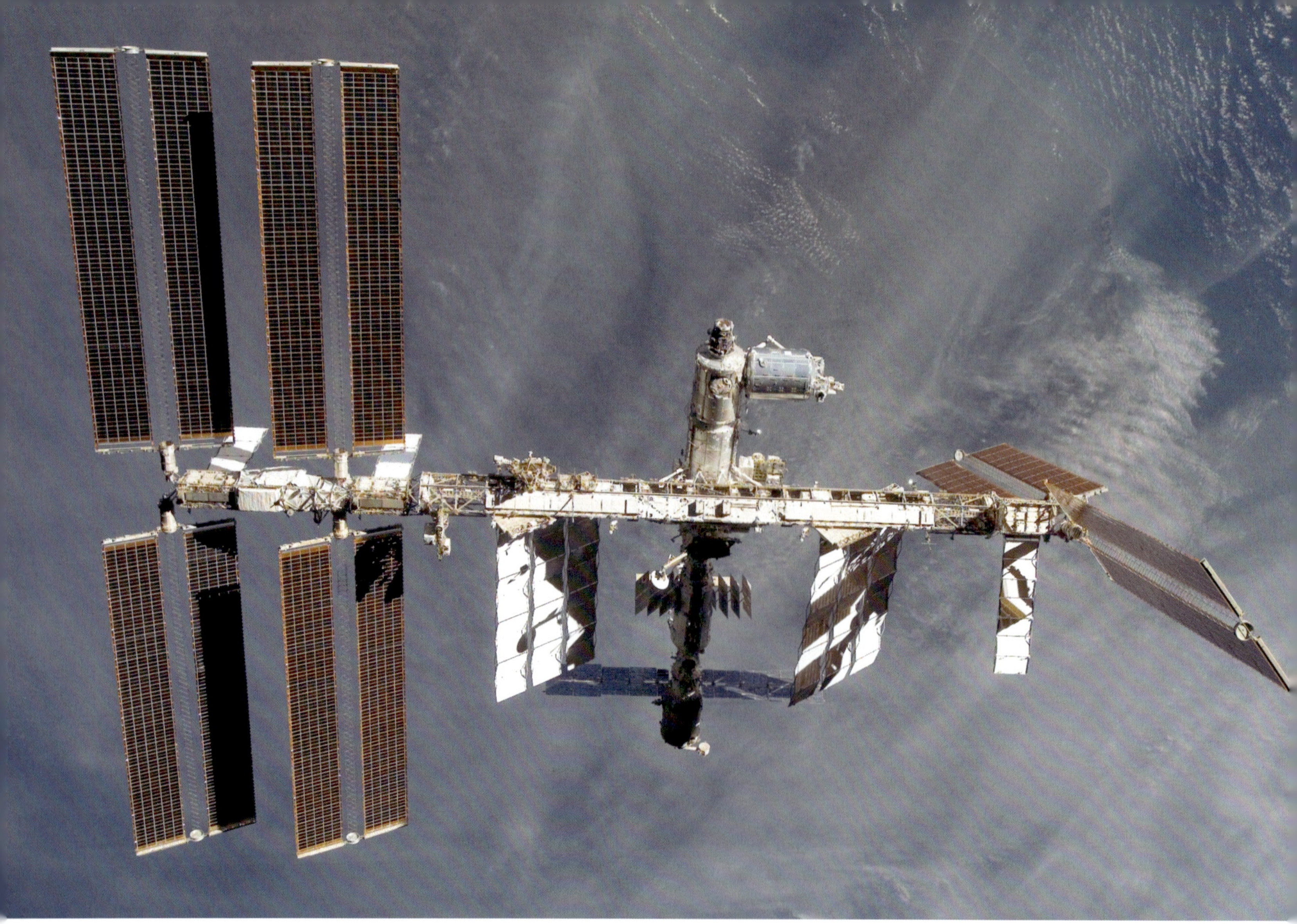

▶ *Dämmerung für die ISS nach dem Abdocken der Atlantis*

Für das Abdocken der *Atlantis* wird nun die Lageregelung der ISS ausgeschaltet – es soll verhindert werden, dass die Station aktiv dagegen arbeitet, wenn der Shuttle auf die Reise geht und dabei Kräfte und Momente auf die ISS wirken. Um 10:25 Uhr ist es dann so weit, alle nötigen Vorkehrungen sind getroffen, und die STS-122-Mannschaft vollzieht die letzten Schritte der Trennung. Schrittweise wird die Verbindung zwischen der *Atlantis* und der Raumstation gelockert. Schließlich sind es die Federn des Dockingadapters, die den Shuttle sachte abstoßen und langsam in den freien Weltraum gleiten lassen. Immer weiter entfernt sich die *Atlantis* vom Andockstutzen des *Nodes 2*, während die Astronauten in beiden Raumfahrzeugen den jeweiligen Kollegen beim Davonschweben nachschauen.

Kurz nachdem der Shuttle sich physisch von der Raumstation getrennt hat, wird die ISS in den **Snap and Hold**-Modus kommandiert. Nun reguliert sie wieder selbstständig die Lage, allerdings ist der Befehl an

die **Gyros** nur, die momentane Lage einfach zu halten und nicht weiter aktiv zu verändern. Das ist wichtig, denn solange sich die *Atlantis* in der unmittelbaren Nähe befindet, möchte man Drehbewegungen der Raumstation vermeiden – zu weit erstrecken sich die Sonnensegel in den Weltraum und zu groß wäre die Gefahr, dass sie den Shuttle streifen könnten.

Nach etwa 25 Minuten ist dann der Orbiter in sicherer Entfernung von der Station, das **Fly Around**-Manöver wird eingeleitet. Dabei umrundet der Shuttle einmal die ISS, und die Astronauten nutzen die Gelegenheit wieder für ein gegenseitiges Fotoshooting. Für die Ingenieure bietet das gewonnene Bildmaterial später eine gute Möglichkeit, sich einen Überblick über den Außenzustand der Station zu machen. Oft gibt es die Gelegenheit nicht, das gesamte Äußere der Raumstation zu inspizieren. In sicherer Entfernung darf die Besatzung des Orbiters dann die Kurskorrekturdüsen zünden und sich damit langsam auf den Rückweg zur Erde machen. Die ISS kann nun auch wieder in die

▲ *Columbus, der neue europäische Teil der Raumstation*

Fly Around
Der Shuttle umkreist zur Inspektion einmal die Raumstation.

Snap and Hold
Die Station behält die augenblickliche Lage bei.

▶ Noch schnell ein seltenes Bild fürs Familienalbum schießen: Durch das Shuttle-Fenster ist die ISS zu sehen.

richtige Fluglage für die kommenden Tage gebracht werden.

Für die Shuttle-Crew ist nun noch einiges zu tun, bis die *Atlantis* wieder in die Erdatmosphäre eindringen kann. Auf dem Plan steht für heute im Wesentlichen die nochmalige Inspektion des Hitzeschutzschilds mit dem Kameraarm, der wieder in der nun einigermaßen leeren Ladebucht seinen Platz gefunden hat.

Im *Columbus*-Modul hat *Léo Eyharts* inzwischen den Laptop in Position gebracht, um sich für die weitere

Vorbereitung des **WAICO**-Experiments und eines ersten Sterilisationstests der BIOLAB-Glovebox mit den entsprechenden Prozeduren vertraut zu machen. In München und am MUSC in Köln kämpft man ebenfalls mit BIOLAB, denn der verantwortliche COL OC hat festgestellt, dass der Rechner nicht im vorgesehenen Modus gestartet ist. Nach kurzer Rücksprache mit dem Expertenteam wird grünes Licht für einen Reboot des Rechners gegeben, da im momentanen Zustand keine Kommandos an BIOLAB gegeben und verarbeitet werden können. Also alles noch einmal zurück auf Anfang – und beim zweiten Versuch erhellen sich die Gesichter des Flugkontrollteams, denn nun zeigt die Telemetrie den erwarteten Stromverbrauch. Nach der vorgesehenen Startzeit werden die ersten Datenpakete von BIOLAB empfangen – es kann mit den für heute geplanten Aktivitäten weitergehen, jedoch mit einer deutlichen Verzögerung. Gegen Ende des Tages wird sich herausstellen, dass nicht alle vorhergesehenen Aktivitäten durchgeführt werden können.

Für das Team in Oberpfaffenhofen ist die BIOLAB-Anomalie nicht die einzige, mit der heute zu kämpfen ist. Schon in der Nacht hat die COL SYSTEMS-Position die ersten Indizien dafür zusammengetragen, dass der Wasserkreislauf nach den gestrigen Probenentnahmen und Entlüftungsaktivitäten einen deutlichen Verlust von Wasser verzeichnet. Wenigstens ist man sich durch eine kontinuierliche Beobachtung der Telemetrie inzwischen sicher, dass kein weiteres Wasser austritt. Auch eine erneute Inspektion durch die ISS-Kommandantin *Peggy Whitson* zeigt keine Wassertropfen von größerer Menge, über die man sich Sorgen machen muss.

Auch *Fabrice Scheid* an der COL DMS-Konsole kann heute nicht von einem Routinetag sprechen, denn auch hier steht ein erstes **Trouble Shooting**, also die Suche nach einem Fehler, auf dem Plan. Nach der erstmaligen Inbetriebnahme des Datenverarbeitungssystems haben die Flight Controller Zweifel an einem Telemetrieparameter einer der vier **CMUs**. Da dieser Computer aber sonst normal zu funktionieren scheint, besteht die Vermutung, dass sich die Abschlusskappen auf den nicht benutzten elektrischen Anschlüssen durch die Belastungen beim Start gelöst haben könnten. Um diese These zu untermauern, aktiviert das Flugkontrollteam nun den zweiten internen baugleichen Teil der **CMU**, der exakt dieselben Funktionen ausführen soll. Kurz vor dem Ende der *Orbit-1*-Schicht kann das Team dann konstatieren, dass auch die interne zweite Komponente der **CMU** das gleiche Problem aufweist. Das bestätigt die Theorie der abgerutschten Abschlusskappen und beweist zugleich, dass kein softwarebezogenes Problem vorliegt. Aber dennoch kommt die **CMU** auf die Liste der näher zu untersuchenden Phänomene.

Bis noch tief in die Nacht hinein sind die COL OCs und die Operatoren im MUSC-Center damit beschäftigt, die verschiedenen Komponenten von BIOLAB zu testen. Wenn das **WAICO**-Experiment beginnt, dann muss alles ohne Fehler laufen, andernfalls wären die wissenschaftlichen Daten in Gefahr. Es dauert bis weit nach Mitternacht, bis der *Orbit 3* letztendlich das Rack ausschalten kann und die verantwortlichen Flight Controller im Kölner MUSC endlich müde nach Hause fahren können.

Alltag im All

Der Flugtag Dreizehn verspricht, der erste etwas ruhigere Tag der Mission für die Oberpfaffenhofener zu werden. Die *Atlantis* zieht bereits viele Kilometer entfernt von der ISS ihre Bahn. An Bord des Orbiters hat *Hans Schlegel* mit etwas Wehmut zu kämpfen: Zu aufregend war der Trip ins All. Sein Kollege *Léo Eyharts* ist auf der ISS geblieben, somit hat sich dort die Anzahl der Astronauten, auf die das Münchner Team ein Auge werfen muss, auf nur drei verringert.

Für die Astronauten auf der Raumstation ist heute ein Ruhetag. Während der Mission waren die Tage bis obenhin gefüllt mit Aktivitäten, und nun sollen sie erst einmal zum Durchatmen kommen, weshalb die Timeline nur das absolut Nötigste enthält: Den täglichen Sport und einen Pressetermin. Ein **Crew Off-Day** – also mit einem Minimalarbeitspensum wie an einem Feiertag. Um der Besatzung dennoch eine sinnvolle Beschäftigung zu ermöglichen, wurde das Konzept der **Task List** ersonnen. Die Kontrollzentren geben über diese Liste der Crew eine Anzahl von Aktivitäten an die Hand, die in der nächsten Zeit erledigt werden müssen und jederzeit abgearbeitet werden können. Je nach Lust und Laune können sich die Astronauten hier bedienen – sehr zur Freude der Kontrollzentren, die für jede abgehakte Aufgabe dankbar sind. Auch Oberpfaffenhofen ist heute auf der **Task List** vertreten. Der EPM-Laptop soll verstaut und einer der Stationslaptops in *Columbus* installiert werden, zwei geradezu ideale Beschäftigungen für die arbeitswütige *Peggy*!

In Oberpfaffenhofen werden auch heute wieder »frische«, neue Flight Controller eingewechselt. Das 1E-Team, das teilweise mehr als zehn Tage aufreibende Schichtarbeit mit kaum Freizeit und wenig Schlaf hinter sich hat, kann sich eine Ruhepause gönnen. *Gustav Öffenberger* hat seine erste Solo-Schicht an der DMS-Konsole – bisher hat er seine Kollegen während der wichtigsten Phasen als zusätzlicher DMS-Experte unterstützt. Auch *Ilenya Salvoni* wechselt nun von COL COMMAND nach COL DMS, ähnlich wie *Marie-Line Guillermin*, die ihre erste wirkliche COL OC-Schicht meistern muss. Sie wird die Konsole später an *Christie Bertels* übergeben, die als erfahrene NASA-Kollegin bereits viele Schichten in Houston absolvierte. *Fabio Burzagli* übernimmt die Nachtschicht an der SYSTEMS-Position, wo er während der Mission seine Kollegen

Crew Off-Day
Arbeitsfreier Tag für die ISS-Besatzung

Trouble Shooting
Suche nach der Fehlerursache

Task List
Wunschzettel der Flight Controller, der Arbeiten auflistet, die von der Besatzung jederzeit erledigt werden können

▶ Der kanadische Astronaut Bob Thirsk (im Vordergrund) hält als EUROCOM den Kontakt zu seinen Kollegen im All. Auch André Kuipers (im Hintergrund) ist sowohl EUROCOM als auch Astronaut.

auch einmal auszuschlafen. Nachdem die *Atlantis* nicht mehr angedockt ist, fällt der alltägliche Missionsweckruf auf der ISS weg, wodurch *Peggy*, *Yuri* und *Léo* etwas länger in ihren kleinen Schlafkabinen in den künstlichen ISS-Tag hineindämmern können. In diesen kleinen schrankähnlichen Räumen im russischen *Zvezda*-Modul haben die drei sogar ein kleines bisschen Privatsphäre. Neben ihrem Schlafsack sind hier ihre wenigen Habseligkeiten untergebracht, die sie an ihre Familien daheim erinnern – oder an das entsprechende Lieblingsbaseballteam. Die russischen Kabinen haben sogar den Luxus eines kleinen Fensters nach draußen – was diesen kleinen engen Schlafplatz jedem noch so komfortablen Nobelhotelzimmer den Rang ablaufen lässt. Denn wo sonst gibt es einen derartigen Ausblick?

In Zukunft werden einige Crewmitglieder auf das Privileg eines eigenen Erdblicks verzichten müssen. Wenn die permanente Besatzung der ISS auf sechs Personen aufgestockt wird, dann müssen einige Astronauten in amerikanischen **Crew Quarters** nächtigen – und im US-Teil der Station wird mit Fenstern eher gegeizt!

Der Tagesablauf auf der ISS beginnt jeden Tag mit etwas Freizeit für die Astronauten – im **OSTPV** großzügig als eineinhalb Stunden **POSTSLEEP** eingetragen. Üblicherweise geht es nach dem Aufstehen erst einmal an den Laptop. Dort wartet schon das **Daily Summary**, die tägliche Zeitung auf die Astronauten, woraus sie die wichtigsten Parameter der ISS ersehen können

schon tatkräftig unterstützt hat. Und *German Zoeschinger*, der für 1E als **Columbus Operations Planner** qualifiziert war, findet sich nun im Stuhl des Flugdirektors wieder.

Auch die EUROCOMs tauschen ihre 1E-Mannschaft aus, aber deswegen kommen nicht minder erfahrene Personen an die Konsole: *Herve Stevenin* hat bereits während der **Astrolab**-Mission von *Thomas Reiter* Erfahrung gesammelt. Und *Bob Thirsk* ist als kanadischer Astronaut geradezu prädestiniert, mit seinen Kollegen auf der Raumstation zu funken. Lange Zeit wird er jedoch nicht in Oberpfaffenhofen als EUROCOM arbeiten können, denn sein eigener Flug auf die ISS ist bereits geplante Sache – und sein Training hierfür wird in Kürze beginnen!

Crew Off-Day heißt für die Astronauten, endlich

POSTSLEEP
Morgendliche Privat- und Vorbereitungszeit der ISS-Besatzung

▶ Was darf's denn heute zum Frühstück sein? Trotz der großen Auswahl: Auf der Erde schmeckt's besser!

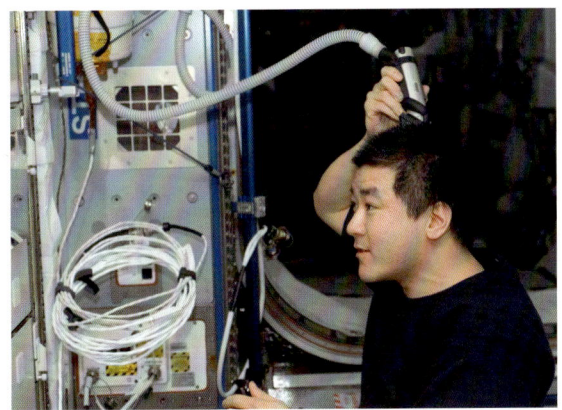

und Informationen über die Flugbahn und über die geplanten Aktivitäten erhalten. Es gibt auch Verweise auf andere wichtige Dokumente zum Tag. Die russischen Kosmonauten interessieren sich besonders für das **Form 24**, das die traditionelle russische Darstellung der Timeline enthält. Jeden Tag verwendet Houston viel Zeit darauf zu untersuchen, ob dieses Dokument auch wirklich mit dem amerikanischen **OSTPV** übereinstimmt. Jeder Astronaut erhält außerdem auch speziell zusammengestellte Nachrichten über die Ereignisse auf der Erde, denn ohne Internet oder Fernsehen ist es schwer, über das Weltgeschehen informiert zu bleiben.

Die russischen Besatzungsmitglieder kümmern sich morgens auch darum, dass der aktuelle Notlandeplan ausgedruckt in den Soyuz-Raumschiffen bereitliegt, während sich die Amerikaner besonders die Wunschliste für Luftaufnahmen für den betreffenden Tag zu Gemüte führen. Die Geowissenschaftler haben hier für die aktuelle Flugbahn lohnende Ziele zusammengestellt, und die Astronauten bemühen sich, die gewünschten Bilder den Tag über zu schießen. Dann wird die Timeline ausführlich studiert, um einen ersten Überblick über den Tagesablauf zu erhalten.

In die **POSTSLEEP**-Phase fällt auch das Frühstück, das die Astronauten gemeinsam im russischen *Zvezda*-Modul einnehmen. Hier ist sogar ein kleiner Esstisch vorhanden. Die Besatzung kann aus verschiedenen Speisen auswählen. Einen Kühlschrank gibt es auf der Station nur für wissenschaftliche Zwecke, daher sind die Mahlzeiten als dehydrierte und beschriftete Plastikpäckchen gelagert. Die Astronauten testen das Essen vor ihrem Flug und stellen je nach ihrem Geschmack dann ihre persönliche Wunschliste zusammen. Weil der Geschmackssinn in der Schwerelosigkeit abstumpft, ist auch eine Anzahl an stark würzenden Soßen an Bord, um hier zumindest etwas Abhilfe zu schaffen.

Die Zubereitung von Speisen und Getränken ist denkbar einfach: Wasser hinzufügen, schütteln, eventuell noch erwärmen – fertig! Das Trinken und Essen selbst dagegen ist gewöhnungsbedürftig. Die Getränke können einfach aus der Zubereitungstüte über einen eingebauten Strohhalm geschlürft werden. Beim Essen achten die Astronauten peinlich darauf, nicht zu kleckern. Das gibt zwar keine Flecken am Tisch, wohl aber winzige Flugobjekte, die Schaden in der Station oder Verletzungen bei den Bewohnern verursachen könnten. Die Abfälle werden gesammelt und später mit dem nächsten Versorgungsraumschiff in der Atmosphäre verglüht.

Dann steht die persönliche Hygiene an. Die alte russische MIR-Station verfügte noch über den Komfort einer Dusche, aber für die ISS wurde auf solchen Luxus verzichtet. Die Besatzung muss sich mit feuchten Tüchern und Trockenshampoo behelfen. Das Rasieren und Zähneputzen funktioniert beinahe wie auf der Erde. Einen kleinen Unterschied gibt es nur jeweils am Ende. Denn die Bartstoppeln müssen vom Rasierer sorgfältig mit einem Staubsauger entfernt werden. Die Zahnpasta im Mund wird einfach heruntergeschluckt. Dieses kurze und intensive Minzerlebnis ist den Astronauten wesentlich lieber als das Hantieren mit irgendwo in der Station verteilten Spucktüten.

◀ *Selbst so alltägliche Tätigkeiten wie das Haareschneiden können auf der ISS kompliziert werden. Aber selbst ist der Mann!*

Form 24
Russische Darstellung der Timeline in tabellarischer Form

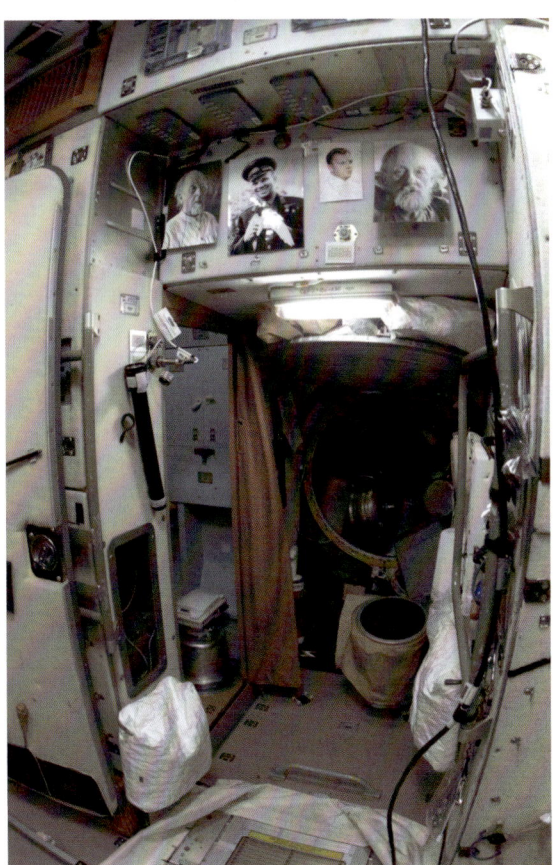

◀ *Ein wichtiges »Örtchen« im Weltall: die russische Toilette*

▲ *Die russische Toilette*

Solid Waste Tank/Liquid Waste Tank
Bei der Toilette wird fester und flüssiger Abfall unterschieden.

Und wie funktioniert nun die Toilette? Kurz gesagt: Angenehm ist es nicht. Für das »kleine Geschäft« wird bei Männern eine passende Röhre, bei Frauen ein speziell geformter Trichter verwendet. Mit Unterdruck – natürlich keine Wasserspülung! – wird der Urin abgesaugt, speziell behandelt und schließlich als Brauchwasser wieder aufbereitet. Für das »große Geschäft« muss sich der Astronaut möglichst passgenau auf die eigens angepasste Schüssel setzen, denn auch hier wird Unterdruck verwendet, weshalb Dichtheit die Voraussetzung ist ...

Die Toilette muss jedoch zunächst einmal »hochgefahren« werden – wofür es eine eigene zweiseitige Prozedur gibt. Zunächst muss ein Separator anlaufen, damit kein Urin in den Saugventilator gelangt, der den Unterdruck erzeugt. Dann wird eine aggressive Substanz beigefügt, die das WC vor der Ablagerung von Urinstein schützen soll – die Toxidität dieses Mittels macht die Technik der Toilette noch einmal komplizierter. Und schließlich wird der Unterdruck erzeugt – und der Astronaut kann sich endlich erleichtern. Dabei behält er die zahlreichen LEDs im Auge, die das korrekte Funktionieren anzeigen und verhindern, dass weder der **Solid Waste Tank** noch der **Liquid Waste Tank** voll werden.

Ersterer wird letztendlich in ein Versorgungsraumschiff entsorgt, der Inhalt des Letzteren prozessiert und das extrahierte Wasser wieder verwendet.

Wegen der komplizierten Handhabung muss sogar

der alltägliche Vorgang des »Austretens« vorher geübt werden. Am *Johnson Space Center* steht ein eigener Simulator bereit, mit dem die Astronauten trainieren können. In der Schüssel ist hierfür eine Zielkamera montiert, die ihnen in ungewöhnlicher Perspektive zeigt, wo noch Lecks zwischen ihrem Körper und der Toilette sind.

Dass ausgerechnet dieses wichtige Ausrüstungsstück auf der ISS nur einmal vorhanden ist (das Soyuz-Raumschiff hat nur ein behelfsmäßiges »Örtchen«), hat die Besatzung in den Monaten nach der 1E-Mission schmerzlich feststellen müssen. Nach einem Defekt in der Absaugpumpe war das Raumstationsklo russischen Fabrikats kurzfristig außer Betrieb, und die Crew musste sich für die Notdurft vorläufig mit der Toilette der Soyuz-Kapsel behelfen, während zwischen Russland und Amerika hektische Verhandlungen geführt wurden, wie das entsprechende Ersatzteil schnellstmöglich auf die Station geschafft werden könnte. Jeder Klempner auf der Erde würde sich über einen solchen Reparaturauftrag freuen – immerhin hat die Toilette einen Preis im zweistelligen Millionenbereich!

Erst etwa ein Jahr nach der *Columbus*-Mission brachte auch die NASA endlich eine eigene Toilette an Bord. Für das permanente Aufstocken der Besatzung auf sechs Personen war das eine unabdingbare Voraussetzung!

Nach der Morgenhygiene schlüpfen die Astronauten in das jeweilige Gewand. Kurze Hose und T-Shirt sind bei einer Temperatur von etwa 22 °C besonders beim täglichen Sport angemessen, sonst darf es auch einmal die lange Hose sein, an der einige Klettstreifen angebracht sind, die das Befestigen von kleineren Gegenständen direkt auf den Oberschenkeln erlauben. *Peggy* trägt dazu ausdauernd ihre rot-weißen Socken – ein Geschenk, das sie zu ihrem Geburtstag mitgebracht bekommen hat. Wäschewaschen und Bügeln bleibt den Astronauten übrigens erspart. Gebrauchte Kleidung wird wieder in das jeweils angedockte Versorgungsraumschiff gepackt, jedoch nicht für eine kosmische Altkleidersammlung, sondern für ein finales Feuerwerk in der oberen Atmosphäre ...

Derart vorbereitet sind die Astronauten schließlich bereit für den bevorstehenden Arbeitstag. Bevor sie mit den Kontrollzentren für die morgendliche Planungskonferenz Kontakt aufnehmen, haben sie noch die Gelegenheit, für ihre bevorstehenden Arbeiten das notwendige Werkzeug zusammenzusuchen. Was genau sie brauchen, haben die Flight Controller über Nacht bereits in der **Stowage Note** für sie zusammengestellt.

Der ISS-Tag sieht dann das Arbeiten je nach Time-

Mit den auf die 1E-Mission folgenden Shuttle-Flügen wurden die entsprechenden Geräte auf die ISS gebracht, um einen geschlossenen Wasserkreislauf aufzubauen. Das Trinkwasser wird durch die **Water Processing Assembly** zur Verfügung gestellt, die das Wasser quasi aus Abwasser aufbereitet. Wasser wird nicht nur für die **Oxygen Generation Assembly** benötigt, die daraus über einen Elektrolyseprozess den lebenswichtigen Sauerstoff herstellt. Wasser wird auch zum Waschen und Trinken gebraucht und in den Weltraumanzügen mitgeführt. Die Astronauten

scheiden Wasser in Form von Urin und Schweiß aus. Der Urin wird in der **Urine Processing Assembly** vorbehandelt und der wiederverwertbare Anteil der **Water Processing Assembly** zugeführt. Der Schweiß resultiert in einer erhöhten Luftfeuchtigkeit, die an den **Condensate Heat Exchangern** kondensiert und zur **Water Processing Assembly** als Kondenswasser gelangt. Überflüssiges Wasser verstaut die Besatzung in **Contingency Water Bags**, die einen Notwasservorrat darstellen.

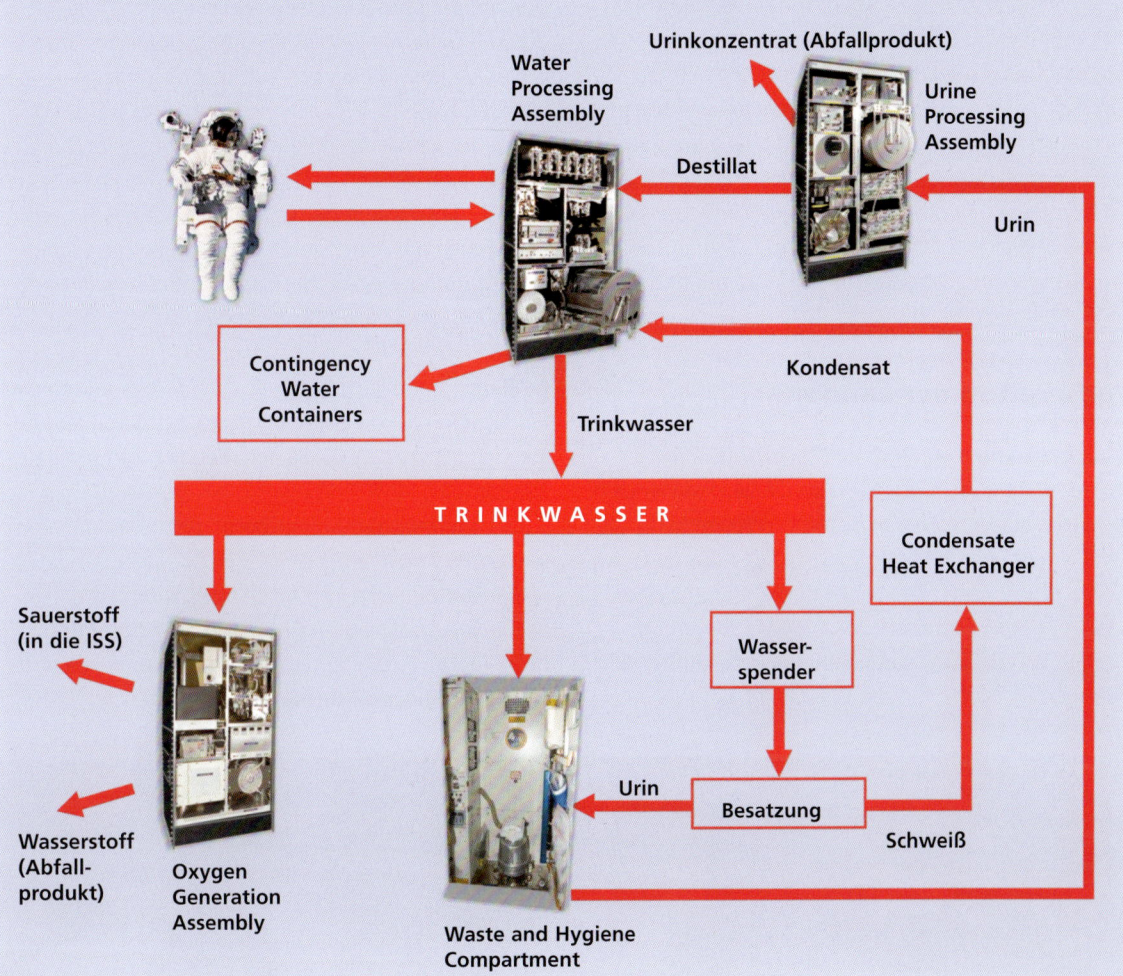

line vor, Pflichtprogramm sind der tägliche Sport und das gemeinsame Mittagessen, das wie auch das Frühstück im russischen Teil der Station zubereitet und eingenommen wird. Um den Astronauten diese Ruhepause wirklich entspannend zu gestalten, ist es für die Bodenstationen nur in wirklich dringenden Fällen gestattet, hier durch Funkrufe zu stören. Völlig ruhig ist es allerdings auch während des Mittagessens nicht. Die unzähligen Ventilatoren und Pumpen haben einen durchaus bemerkenswerten Geräuschpegel, der peinlich genau überwacht werden muss. Des Öfteren müssen die Astronauten sogar zu Ohrstöpseln greifen.

Übertönt wird das Surren und Brummen nur noch durch die Musik, mit der sich die Besatzung ihren Arbeitstag etwas versüßt.

Nachdem heute viel freie Zeit auf der Timeline eingetragen ist, nehmen sich die Astronauten die Arbeiten von der **Task List** vor und erledigen sowohl das Verstauen des EPM-Laptops, der in den kommenden Wochen nicht benötigt wird, als auch das Installieren des **Station Support Computers** in *Columbus*, mit dem die Timeline angezeigt, die Prozeduren aufgerufen und Dateien mit Houston ausgetauscht werden können.

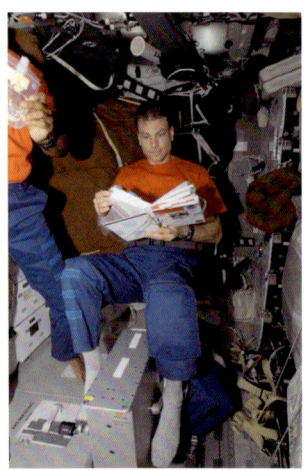

▲ Nach dem Abdocken von der ISS müssen die sieben Astronauten wieder mit der Enge des Flug- und Middecks der Atlantis auskommen.

Die Arbeit der Crew endet wie jeden Tag mit der abendlichen Planungskonferenz, danach ist wieder Freizeit angesagt. Fernsehen oder Internet gibt es leider nicht, aber das Kontrollzentrum in Houston bemüht sich immer wieder, beispielsweise ihren begeisterten Baseballfans im All zumindest die Aufzeichnung eines wichtigen Spiels zukommen zu lassen. Das Abendessen nehmen alle, wenn möglich, gemeinsam ein. Inzwischen hat es sich eingebürgert, dass man sich hierfür im amerikanischen Segment trifft – der Node 1 ist als Esszimmer auserkoren worden. Gelegentliche Funkrufe der Astronauten in den Abendstunden verraten von den Hintergrundgeräuschen her, dass die Besatzung auch mal länger in den Abend hinein zusammensitzt. Gerne benutzen die Astronauten natürlich auch die Computer, mit denen sie über eine Software eine beliebige Telefonnummer auf der Erde anrufen können. Natürlich nur, solange die Funkverbindung mit der Station nicht unterbrochen ist.

Vorbereiten der Landung

Andernorts im All, an Bord der Raumfähre Atlantis, dreht sich an diesem Tag alles um die bevorstehende Heimkehr aus dem All. Ermuntert durch den Song »Always Look on the Bright Side of Life« aus dem Monty-Python-Film »Das Leben des Brian«, mit dem sie von Mission Control Houston geweckt wurden, machen sich die Astronauten an die Vorbereitung des Flug- und Middecks für den Wiedereintritt.

Lose Gegenstände müssen fest verstaut und gesichert und die Sitze für die Mannschaft aufgebaut werden. Die Bestuhlung war nach dem erfolgreichen Aufstieg in den Weltraum vor beinahe zwei Wochen beiseite geräumt worden, um Platz für die siebenköpfige Mannschaft des Orbiters zu schaffen. Auch die Start- und Wiedereintrittsanzüge werden schon einmal überprüft und bereitgelegt.

Gegen Mittag beginnt die Besatzung mit der Überprüfung der Leitwerke an den Flügeln und der Heckflosse – kann man sich in der Atmosphäre der Erde darauf verlassen, dass sich der Space Shuttle ohne Probleme steuern lässt? Auch die Düsen, die vor dem Eintritt in die Atmosphäre für das Manövrieren benötigt werden, werden einer detaillierten Kontrolle unterzogen. Alles ist in bester Ordnung, auch aus Houston bekommen die Astronauten die Freigabe für die morgige Landung: Die Auswertung der Hitzeschildinspektion hat keine besorgniserregenden Ergebnisse geliefert. Später am Abend wird dann schließlich auch die Ku-Band-Antenne der Atlantis eingefahren und in ihre Parkposition für die Landung gebracht. Damit endet die Videoübertragung aus dem Raumschiff für diese Mission …

Das Kontrollzentrum in Oberpfaffenhofen nimmt sich derweil noch einmal das BIOLAB-Rack und die externe Payload SOLAR an Bord von Columbus vor. Für beide Nutzlasten laufen **Checkout and Commissioning Tasks**, sie werden also geprüft und für die ersten wissenschaftlichen Messungen vorbereitet. All das

▶ Die Vorbereitungen des Flugdecks für den Wiedereintritt laufen auf vollen Touren!

kann allein durch Kommandieren vom Boden her passieren – und immer wieder zeigt sich ein unerwartetes Verhalten des hochkomplexen Gesamtsystems: Beim Transfer von Dateien auf den SOLAR-Hauptrechner hakt es, der Kommandierungsrechner in Oberpfaffenhofen mag nicht so, wie er sollte. Bei der Kalibrierung der beweglichen SOLAR-Plattform scheint die Payload immer dann in den Standby-Modus zu fallen, wenn einer der Schalter erreicht wird, die den mechanischen Endpunkt der Drehbewegung anzeigen. Die Temperatur des SOVIM-Instruments fällt in nicht erwartete Bereiche, der Ventilator innerhalb von BIOLAB scheint zu langsam zu laufen und ein Wasserventil zeigt »OVERLOAD« an. Für jedes Problem müssen die Flight Controller schnell eruieren, ob fortgefahren oder ein sicherer Zustand angestrebt werden soll, bevor sie das

Problem in einer **Anomaly Report**-**Flight Note** dokumentieren und ein **Anomaly Resolution Team** zur Untersuchung eingeschaltet werden muss, um die Ursache und einen Lösungsvorschlag zu finden.

Direkt nach der 1E-Mission werden es 60 **Anomaly Reports** sein, die durch das *Columbus*-Team geschrieben wurden. 60 nicht erwartete Probleme, die untersucht und behoben werden müssen! Diese vergleichsweise hohe Zahl darf nicht darüber hinwegtäuschen, dass das Modul vorher sorgfältig getestet worden ist. Es ist vielmehr die kaum vorstellbare Komplexität der Hard- und Software, deren Verhalten sich durch keine Tests vollständig charakterisieren lässt. Denn auf der Erde lassen sich weder die Bedingungen der Schwerelosigkeit noch eine realistische Integration in das Gesamtsystem ISS wirklich simulieren.

Anomaly Report
Jedes nicht verstandene Problem wird von den Flight Controllern in einem Anomaly Report dokumentiert, um eine weitere Untersuchung durch Experten zu triggern.

▼ *Die Atlantis mit leerer Ladebucht – nur der Stickstofftank und der Andockstutzen kehren zur Erde zurück.*

Die Landung

Der 14. und letzte Flugtag der *Atlantis* und somit auch der allerletzte Tag der 1E-Mission ist für *Léo* auf der Raumstation mit BIOLAB-Aktivitäten aufgefüllt worden. Die fleißige Nachtschicht war wieder äußerst produktiv und hat die Planung komplett überarbeitet. Allerdings zeigt sich immer mehr, dass dieses Umplanen nur ein paar Stunden vor der Abarbeitung des Plans mit vielen Fehlern behaftet ist. Alles geschieht unter großem Zeitdruck, womit ein gründliches Durchdenken der Abläufe unmöglich ist. Der Fehlerteufel schlägt gnadenlos zu, wo immer er nur kann.

Während die drei Astronauten an Bord der Raumstation gerade aufstehen, frühstücken und sich für den Tag vorbereiten, hat *Christie Bertels* von Oberpfaffenhofen aus bereits mit Unterstützung des MUSC-Centers in Köln das BIOLAB-Rack an Bord aktiviert. Dadurch kann *Léo Eyharts* unverzüglich mit seiner Arbeit beginnen, sobald er bereit dafür ist – wie immer versuchen die Kontrollzentren, die Zeiten, in denen die Astronauten auf die Bodenstationen warten müssen, so kurz wie möglich zu halten.

Während der morgendlichen Planungskonferenz erhält *Léo* nochmals letzte Anweisungen und Tipps für die bevorstehenden Arbeiten an BIOLAB, dann macht er sich ans Werk. Das große Tagesziel ist heute in *Columbus* das weitere Austesten dieses Racks, da das erste Experiment **WAICO** bereits in den Kühlschränken der Raumstation auf seinen Start wartet. Hierfür muss zunächst nachgewiesen werden, dass die Glovebox dicht ist und ohne Probleme funktioniert. Dabei müssen die Astronauten helfen, und es kommt immer wieder zu den gefährlichen »Pingpong-Spielen« zwischen der Besatzung und dem Boden, welche die Flight Controller am liebsten vermeiden würden: Einen Schritt macht die Crew, der nächste wird vom Boden kommandiert, dann wieder ein Handgriff der Besatzung, und wieder »Aufschlag Kontrollzentrum«. Solche Sequenzen sind als sehr störanfällig bekannt: Ein kleines Bodenproblem, ein kleiner Abriss in der Funkverbindung – und schon kann die Timeline auf Tage hinaus gefährdet sein und der Astronaut an Bord muss sich frustriert einer anderen Aufgabe widmen, bis wieder alles gerade gerückt worden ist.

Auch heute führt ein kleines nicht genügend beachtetes Detail dazu, dass sich die Arbeiten an BIOLAB festfahren. Um etwas Zeit zu gewinnen, wird *Léo Eyharts* zunächst einmal gebeten, bis auf Weiteres zu seinen täglichen Sportübungen überzugehen. Während der Astronaut auf dem Trainingsgerät strampelt, schwitzen auch die BIOLAB-Experten in Köln, um schnellstmöglich eine Lösung zu finden.

Andernorts, in der zweiten kleinen Oase im unwirtlichen Weltall, sind inzwischen die Vorbereitungen für die bevorstehende Rückkehr auf Hochtouren angelaufen. Wie vorgesehen haben die Astronauten um 11:19 Uhr die Ladebucht der *Atlantis* für die bevorstehende Landung geschlossen. Damit fällt auch die bisher benützte Kühlungsmöglichkeit über die Radiatoren auf der Innenseite der Buchtklappen weg, und der Shuttle muss für die letzten Stunden der Mission durch gezielte Verdampfung von Wasser seinen Wärmehaushalt gewährleisten.

Für diesen Mittwoch sind vier Landemöglichkeiten für die *Atlantis* vorgesehen. Dabei kommen zwei Orte infrage – mit einer klaren Präferenz für die **Shuttle Landing Facility** am *Kennedy Space Center* (KSC), denn dann müsste man die *Atlantis* nicht erst umständlich ans Cape zurücktransportieren. Mehr als die Hälfte aller Space Shuttles konnten in der Vergangenheit nach ihren Flügen in Florida landen. Sollten die Wetterbedingungen dort nicht entsprechend sein, so ist auch die *Edwards Air Force Base* in Kalifornien in Bereitschaft.

Die erste Option sieht eine Landung um 15:07 Uhr am *Kennedy Space Center* vor. Einen Orbit später wäre ein zweiter Versuch mit einer Aufsetzzeit von 16:42 Uhr

Shuttle Landing Facility
Landebahn für den Space Shuttle

Der Orbiter *Atlantis* ist ein hochkomplexes Wunderwerk der Technik. Während er in der Landungsphase seinen Kurs wie ein antriebsloses Flugzeug über die Einstellung von Flügel und Heckflosse bestimmt, sind im Weltraum eine Anzahl von Schubdüsen vonnöten. Die drei großen Haupttriebwerke am hinteren Ende der *Atlantis* kommen nur in der kurzen Startphase zum Einsatz. Sie erhalten ihren Treibstoff aus dem orangefarbenen externen Tank der Raumfähre. Die Anschlussverbindungen zwischen diesem und der *Atlantis* sind an einer gefährlichen Position – sie führen genau durch den Hitzeschild des Shuttles. Deswegen sind die **Umbilical Doors**, die die Anschlüsse nach dem Abwerfen des externen Tanks verschließen, kritische Punkte: Sie müssen zur Landung geschlossen sein, notfalls müssten die Astronauten in einem Weltraumspaziergang nachhelfen! Auch die Haupttriebwerke müssen vor den extremen Temperaturen des Wiedereintritts geschützt werden. Dies übernimmt die **Body Flap**, die wie die gesamte Unterseite der *Atlantis* mit Hitzeschutzkacheln versehen ist. Die **Body Flap** wird während der Flugphase in der Atmosphäre auch für die Kontrolle der Orbiterlage verwendet.

Im Orbit selbst wird das aus zwei Düsen bestehende **Orbital Maneuvering System (OMS)** für Bahnkorrekturen verwendet, während die 44 kleineren Düsen des **Reaction Control Systems (RCS)** bei Lagekorrekturen zum Einsatz kommen. Einige der Düsen sind auch an der Nase des Shuttles angebracht. Nur so sind saubere Lageänderungen möglich, die keinen Einfluss auf den Kurs des Raumschiffs haben. Sowohl die **OMS**- als auch die **RCS**-Düsen im hinteren Teil der *Atlantis* sind zusammen mit ihren Tanks in zwei **Pods** untergebracht, die jeweils seitlich auf den Körper der Raumfähre montiert sind.

Im Weltall wird die **Payload Bay** des Orbiters geöffnet, damit die Radiatoren an den riesigen Ladebuchttoren die in der Fähre erzeugte Wärmeenergie abstrahlen können.

Die Besatzung kann sich nur im vorderen Teil der Raumfähre ohne Raumanzug bewegen. Dort stehen mit **Flight Deck** und **Middeck** zwei Stockwerke zur Verfügung, die den Lebensraum der Astronauten bilden. Der Docking-Adapter zum Anlegen an die Raumstation ist innerhalb der Ladebucht angebracht und kann dann vom **Middeck** aus betreten werden.

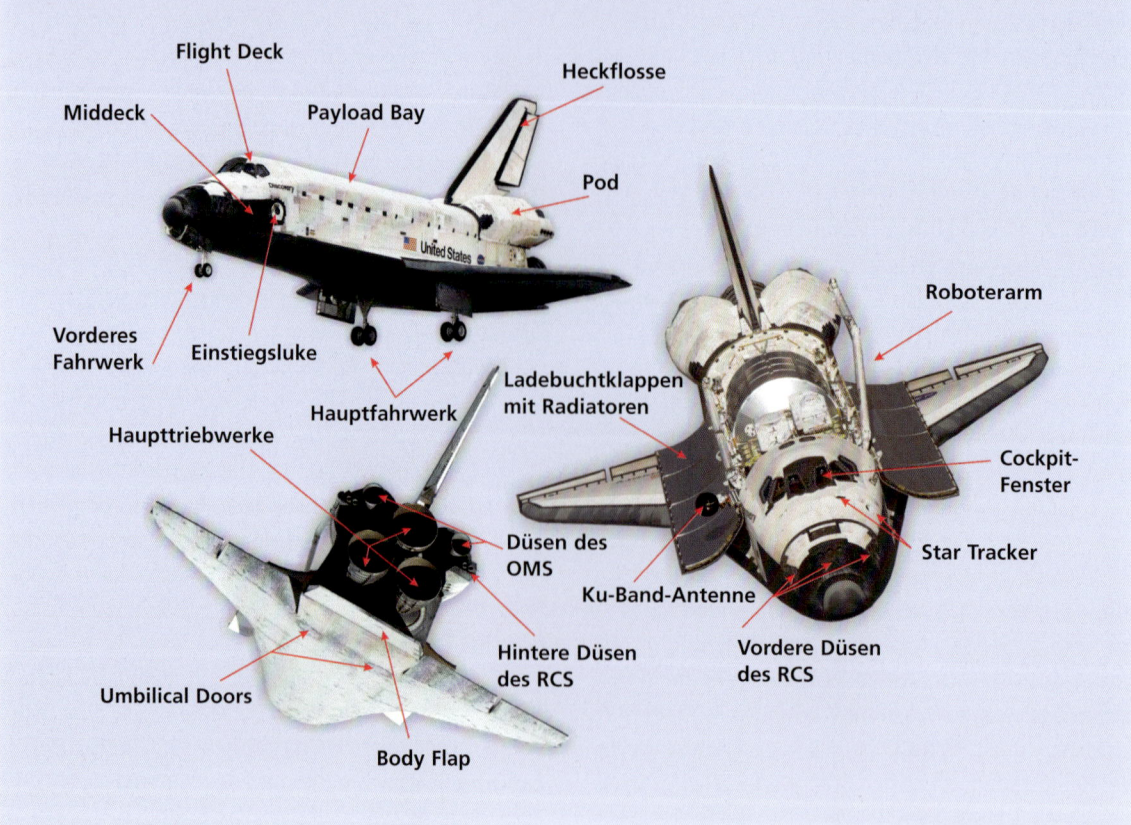

möglich. In den nächsten beiden Orbits kämen dann nur noch Landungen in *Edwards* in Frage, mit einer spätesten Landung dort um 19:47 Uhr. Allerdings gibt es eine zusätzliche Einschränkung: Sind die Ladebuchtklappen der *Atlantis* erst einmal geschlossen und das Raumschiff auf den Wasserverdampfer für seinen Wärmehaushalt angewiesen, so reicht der Wasservorrat an Bord nur für drei der vier Landemöglichkeiten. Da die

Wettervorhersagen in *Cape Canaveral* nicht schlecht sind, hat man sich entschlossen, die ersten drei Landeoptionen zu wählen – zwei Chancen für KSC und im ungünstigsten Fall halt dann *Edwards*! Damit war auch der Zeitpunkt vorgegeben, zu dem das **Thermal Control System** umkonfiguriert werden musste.

Nachdem die riesigen Tore sich über der nun beinahe leeren Ladebucht geschlossen haben, wird die Software für den Wiedereintritt in die Hauptcomputer geladen. Auch die **Star Tracker**, jene kleinen Kameras, über die der Shuttle durch Auswertung der Sternkonstellationen seine Position bestimmen kann, sind inzwischen wieder durch schützende Klappen bedeckt und damit für die Landung bereit.

In Houston beobachtet man in der Zwischenzeit aufmerksam die Wetterlage an den möglichen Landeplätzen, die für die 1E-Mission als primäre Ziele zur Verfügung stehen. Das Wetter am Cape scheint stabil und die verschiedenen Kriterien für die Landung sind im Moment alle erfüllt – keine Wolke in Sicht!

In Oberpfaffenhofen ist man inzwischen mit der Analyse des BIOLAB-Problems einen Schritt weiter und EUROCOM *Bob Thirsk* kann dem trainierenden Astronauten mitteilen, dass die Arbeit an dem biologischen

Experimentierschrank wieder aufgenommen werden kann – »on your discretion«, also wann immer es *Léo* gelegen scheint.

An Bord der *Atlantis* zwängen sich die Raumfahrer in der Zwischenzeit wieder in ihre orangefarbenen **Advanced Crew Escape Suits (ACES)**, die sie schon in der Startphase vor zwei Wochen trugen. Wie auch bei den **EMU**-Weltraumanzügen gehören hier eine Art Windel und Unterwäsche mit eingewebten Wasserleitungen zur Einstellung einer komfortablen Temperatur zur Ausstattung. Die eigentlichen Anzüge sind druckfest und Weiterentwicklungen der Kampfpilotenausrüstung. Sie enthalten im Beinbereich die Möglichkeit, die Füße mit erhöhtem Druck zu komprimieren. Damit wird verhindert, dass bei hohen Beschleunigungen das Blut vom Kopf in die Beine sackt und zur

◀ *Kurz vor dem Wiedereintritt legen die Astronauten ihre Advanced Crew Escape Suits (ACES) an.*

Deorbit Burn
Kurzes Zünden der Triebwerke in Flugrichtung zum Abbremsen des Orbiters, wodurch er auf eine Bahn gebracht wird, die ihn in die Atmosphäre eintauchen lässt

Orbital Maneuvering System (OMS)
Triebwerke des Space Shuttles, die nach dem Brennschluss der Haupttriebwerke nach der Startphase zum Manövrieren und zur Kurskorrigieren benutzt werden

Entry Interface
Willkürlich definierte Höhe, in der der Orbiter wieder in die Atmosphäre eintritt

Bewusstlosigkeit führt. Außerdem enthält der Anzug auch eine unabhängige Atemluftversorgung für etwa eine halbe Stunde, ein Rettungsboot und einen Fallschirm.

Die amerikanischen Space Shuttles fliegen und landen nach ihrem Eintritt in die Erdatmosphäre wie Flugzeuge und können begrenzt gesteuert werden, was ein punktgenaues Aufsetzen möglich macht. Ganz anders die russischen Soyuz-Kapseln, die nach ihrem Wiedereintritt auf die Erde zustürzen und deren Fall nur durch Bremsfallschirme und -raketen verlangsamt wird, bevor sie auf dem Boden in Kazakhstan aufsetzen. Hier ist der Landeort nur grob vorhersagbar, und die Astronauten/Kosmonauten müssen durch Suchtrupps erst geortet werden. So betrachtet ist die bevorstehende Landung der *Atlantis* ein vergleichbar überschaubares Abenteuer.

Während sich die *Atlantis*-Astronauten so ausstatten, ist in Houston die Entscheidung gefallen, dass die Landung direkt am *Kennedy Space Center* möglich ist. Allerdings machen leichte Scherwinde den geplanten Landeanflug von Südosten her schwierig. Chefastronaut *Steve Lindsey* wird daher wieder einige Versuchslandungen durchführen. Aus seiner Sicht scheint es augenblicklich günstiger zu sein, aus Nordwesten her die **Shuttle Landing Facility** anzusteuern. Diese Information wird den Astronauten in der Raumfähre mitgeteilt, und sie bekommen auch die notwendigen Daten hierfür übermittelt. Bevor sie nun auch die Helme aufsetzen, werden sie von Houston noch einmal ermahnt, ausreichend Flüssigkeit zu trinken. Der Kreislauf, der sich in den vergangenen zwei Wochen an die Schwerelosigkeit angepasst hat, soll sich auch auf der Erde wieder schnell regenerieren. Dazu ist ein ausreichendes Flüssigkeitsvolumen im Körper die Grundvoraussetzung.

Im MUSC-Center in Köln ist man derweil auf die Aktivitäten in der Raumstation konzentriert. Und wieder einmal sind die Astronauten einfach zu schnell. *Léopold Eyharts* hat die Glovebox bereits ausgeschaltet und ist dabei, sie wieder in das Rack hineinzuschieben. Allerdings wird die Box noch ein paar Momente im eingeschalteten Zustand gebraucht. Gut, dass *Léo* just in diesem Moment herunter ruft, da sich der Mechanismus irgendwie verkantet zu haben scheint. Da kann man den Astronauten doch gleich freundlich bitten, die Glovebox noch einmal kurz einzuschalten!

Im Shuttle-Kontrollraum in Houston macht inzwischen der SHUTTLE FLIGHT seinen letzten Rundruf in seinem Flugkontrollteam: Sind alle bereit und mit einer Landung am *Kennedy Space Center* in Florida einver-

standen? Jeder Experte prüft seine Kriterienliste, im Speziellen sind die Wetterexperten gefragt: Ihre Meinung ist das Zünglein an der Waage. Die Wolkenbedeckung in einer bestimmten Höhe darf 25 % nicht überschreiten, die Sichtweite muss bei über acht Kilometern liegen, die Querwinde dürfen eine bestimmte Stärke nicht überschreiten, Gewitter in einem gewissen Umkreis sind ein »No Go«, und insgesamt sollten Windrichtung, der Sonnenstand und andere Faktoren die Landung begünstigen. Die Entscheidung muss jetzt fallen, denn ist der Space Shuttle erst einmal durch den **Deorbit Burn** aus seiner Umlaufbahn herauskatapultiert, so muss er auch auf der entsprechenden Landebahn landen. Ein Durchstarten oder auch nur eine größere Bahnkorrektur sind praktisch unmöglich, denn ist der Shuttle erst einmal in der Atmosphäre, dann gibt es nur noch passive Mittel der Bahnkorrektur. Wie ein motorloser Gleiter ist er auf die Stellung der Ruder und Leitwerke angewiesen, es stehen keine Düsen oder Propeller zur Verfügung.

Deshalb sehen die Flight Controller nun ihre Daten besonders sorgfältig durch und können schließlich ihrem Flugdirektor jeweils ein »Go« geben: Die *Atlantis* wird also in *Cape Canaveral* landen! Die Astronauten schnallen sich nun in ihre Sitze. Da der **Deorbit Burn** um 13:59 Uhr stattfinden soll, bringt Shuttle-Kommandant *Steve Frick* das Raumschiff in die dafür vorgesehene Lage. Zweck des **Deorbit Burns** ist es, durch eine Abbremsung des Orbiters dafür zu sorgen, auf der gegenüberliegenden Seite seiner Bahn die Bahnhöhe so zu reduzieren, dass er in die Erdatmosphäre eintauchen und schließlich wie ein Flugzeug landen kann. Dazu müssen die Düsen des **Orbital Maneuvering Systems (OMS)** so ausgerichtet sein, dass die zwei Minuten und 44 Sekunden dauernde Zündung zu einer entsprechenden Abbremsung führt – das Raumschiff muss also mit dem Heck in Flugrichtung gedreht werden.

In Oberpfaffenhofen haben sich in der Zwischenzeit die **ESA BMEs** zu Wort gemeldet. Nach Meinung der **Biomedical Engineers** arbeitet *Léo* bereits zu lange an BIOLAB und sollte sich nun endlich in seiner wohlverdienten Mittagspause erholen. Zusammen mit dem Flugarzt wachen die **BMEs** über das Wohlergehen der Astronauten und müssen daher immer wieder die Flight Controller ermahnen, die oft zu sehr auf die noch ausstehenden Arbeiten fixiert sind und dabei zu wenig die persönlichen Bedürfnisse der Besatzung im Blick haben. Heute jedoch zieht es *Léo* vor, seine Arbeiten zunächst zu vollenden und sein Mittagessen entsprechend später einzunehmen. Seine Meinung wird

natürlich von allen akzeptiert und ihm vom MUSC-
Center hoch angerechnet …

Während der *Orbit 2* unter der Leitung von Flugdirektor *Albert Schencking* an die Konsolen kommt, wird über dem Indischen Ozean der **Deorbit Burn** gezündet. Beinahe drei Minuten feuern die beiden **OMS**-Düsen der *Atlantis*, während sie kopfüber und mit dem Heck in Flugrichtung durch das Weltall schießt. Damit ist nun endgültig das *Kennedy Space Center* als Landeort festgelegt, und auch die Landezeit um 14:07 Uhr ist nun fix. Es gibt kein Zurück mehr! Nach dem Brennschluss kehrt in der Raumfähre noch einmal für kurze Zeit Schwerelosigkeit ein. Während Houston die durch die Abbremsung neu definierte Flugbahn des Orbiters überprüft, wird das Raumschiff in die Wiedereintrittslage gebracht: Nase voraus, Hitzeschild erdwärts und den Bug um etwa 40 Grad angestellt – so werden die empfindlichen Teile der *Atlantis* am besten von den in Kürze auftretenden Reibungskräften geschützt, die den Schutzschild gefährlich und bis zum Glühen aufheizen werden.

Die Oberpfaffenhofener werden durch **Houston Support Group** *Columbus* (**HSG-C**) über den erfolgreichen **Deorbit Burn** der *Atlantis* informiert:

> »COL FLIGHT, HSG-C. Just to let you know: *Atlantis* deorbit burn successfully completed and landing cleared at KSC.« –
> »COL FLIGHT, hier spricht HSG-C. Zu Ihrer Information: Der Deorbit Burn der Atlantis wurde erfolgreich abgeschlossen, und es gibt Erlaubnis für die Landung am Kennedy Space Center.«

Auf der Raumstation hat *Léo Eyharts* in der Zwischenzeit die beiden Gasflaschen aufgedreht, die Kohlendioxid und Sauerstoff für zukünftige Experimente zur Verfügung stellen. EUROCOM *Bob Thirsk* ist voll des Lobes für die schnelle Arbeit des Franzosen. Jetzt kann MUSC über Telekommandos die BIOLAB-Tests fortführen – und *Léo* kann sich endlich zu *Peggy* und *Yuri* gesellen, die bereits im russischen **Service Module** mit dem Essen begonnen haben.

Etwa zeitgleich, um 14:35 Uhr – beinahe eine halbe Stunde vor der Aufsetzen auf der viereinhalb Kilometer langen Piste in Florida und in etwa 12 Kilometern Höhe – kommt die *Atlantis* zum ersten Mal wieder mit den obersten Schichten der Erdatmosphäre in Berührung. Langsam nehmen die aerodynamischen Kräfte zu – das **Entry Interface** ist erreicht. Ab nun werden nicht mehr Steuerdüsen und die Keplerschen Gesetze für die Lageregelung verwendet, sondern – wie bei einem

▲ *Gekonnt steuern die Astronauten die Atlantis auf die Landepiste in Florida zu.*

Mach

Die Mach-Zahl dient zur Angabe der Geschwindigkeit, sie ist das Verhältnis der Geschwindigkeit eines Flugkörpers zur Schallgeschwindigkeit. *Ma* = 2 heißt doppelte Schallgeschwindigkeit.

Black Out

Abriss der Funkverbindung durch die ionisierte und damit leitfähige Luftschicht

Flugzeug – aerodynamische Flächen wie die Flügel oder das Seitenleitwerk an der Schwanzflosse. Nachdem die Geschwindigkeit immer noch etwa **Mach 23**, also 23-fache Schallgeschwindigkeit beträgt, führt selbst die dünne Restatmosphäre zu einem enormen Abbremsungseffekt und daher zu einer starken Aufheizung der Shuttle-Unterseite. Die Hitzeschutzkacheln beginnen zu glühen, und die kritische Flugphase beginnt, in der im Jahr 2003 die *Columbia* verunglückte. Denn ein fehlerhafter Hitzeschild hätte nun katastrophale Folgen. Die Temperaturen an der Shuttle-Unterseite sind so hoch, dass die Luft zu ionisieren beginnt. Die entstehende Plasmawolke verursacht eine Unterbrechung der Funkverbindung, den einige Sekunden andauernden **Black Out**. Nur ein paar Zentimeter dicke

spezielle Keramikkacheln schützen die Astronauten vor dem heißen Inferno. Selbst das Metall der Orbiterstruktur würde im Nu schmelzen. Nun zahlt sich der große Aufwand aus, den die Astronauten in die penible Untersuchung des Hitzeschildes mit dem Kameraarm gesteckt hatten. Heftig durchgeschüttelt und mit einem beeindruckenden Feuerspiel vor den Cockpitscheiben setzt sich die Reise der *Atlantis* fort.

Am Rand der **Shuttle Landing Facility** steht in der Zwischenzeit bereits ein aus über 20 Spezialfahrzeugen bestehender Konvoi bereit, um den Orbiter in Empfang zu nehmen, zu sichern und den Ausstieg der Besatzung zu ermöglichen. Alles erwartet den kleinen Punkt am Himmel, der den aus dem All zurückkehrenden Space Shuttle ankündigen wird.

Außerhalb der Sichtweite der Bodenhelfer fliegt die *Atlantis* gerade vier seitliche Schwenkmanöver, die ihre Geschwindigkeit weiter verringern sollen.

Kurz bevor der Orbiter die Küste von Florida erreicht, hat die Bahnverfolgungsanlage auf *Merritt Island* das Raumschiff ausgemacht und verfolgt es auf seiner weiteren Bahn. Wie auch schon beim Start bewegen sich die Peilschüsseln, ohne dass das bloße Auge erkennen kann, worauf sie ausgerichtet sind.

In den allerletzten Minuten der *Atlantis*-Mission übernimmt Pilot *Alan Poindexter* das Steuer und dirigiert – ganz wie ein Flugzeugkapitän – den Shuttle Richtung Landebahn. Die *Atlantis* stürzt förmlich auf die Erde zu. Ihr Sinkwinkel von 19 Grad ist beinahe siebenmal größer als bei einem Verkehrsflugzeug. Erst kurz vor dem Aufsetzen auf den harten Beton der Landebahn 15 auf dem *Kennedy Space Center* zieht *Alan Poindexter* die Nase der *Atlantis* etwas nach oben, um den steilen Sturzflug abzufangen. Zusätzlich verringert sich die Geschwindigkeit des Shuttles auf den letzten Höhenmetern noch einmal deutlich und ermöglicht so dem Piloten eine Landung bei einer Geschwindigkeit von etwa 360 km/h. Kurz vorher werden die Fahrwerke des überdimensionalen »Segelflugzeuges« ausgefahren und eingerastet.

Seit einigen Minuten sind die Blicke des *Columbus* Flight Control Teams auf die rechte Großbildleinwand im K4 gerichtet. Dort hat Ground Controller *David Hagenström* die Videoübertragung der letzten Augenblicke dieser ersten und wohl auch letzten rein europäischen Mission zur ISS auf den Projektor gegeben. Für kurze Zeit interessieren nicht die Bilder aus dem *Columbus*-Modul, sondern alle verfolgen gespannt die Heimkehr von *Hans Schlegel* und den anderen Astronauten.

Pünktlich um 15:07 Uhr deutscher Zeit – am Cape

ist gerade ein schöner Morgen angebrochen – setzen die Fahrwerke der *Atlantis* mit einem kurzen Aufqualmen der Reifen zielgenau in der Mitte der Piste auf. Seit Beginn der Shuttle-Flüge dient die Qualität des Aufsetzens der Beurteilung der Professionalität des Piloten. Genau auf dem Mittelstreifen aufzusetzen gilt als fliegerische Höchstleistung.

Kurz darauf entfaltet sich auch wie geplant der Bremsfallschirm, um den Raumgleiter schnell abzubremsen. Der Orbiter braucht beinahe eine ganze Minute, um zu einem endgültigen Stillstand zu kommen. Die Landebahn befindet sich nur wenige Kilometer nördlich der Startanlage 39A, von der die *Atlantis* vor genau 12 Tagen, 18 Stunden, 21 Minuten und 40 Sekunden gestartet ist. In dieser Zeit hat das Raumschiff 202-mal die Erde umrundet und dabei etwa 8,5 Millionen Kilometer zurückgelegt, einen Wiedereintritt in die Erdatmosphäre überstanden und ist dabei punktgenau an

ihrem Startort gelandet. Wahrlich eine Meisterleistung!

Lauter Beifall hallt durch den Hauptkontrollraum K4 in Oberpfaffenhofen. Wieder sind nicht nur die Flight Controller anwesend, die gerade auf Schicht sind, sondern es sind für den großen Augenblick auch andere hereingekommen, die in den letzten beiden Wochen Teil der 1E-Mission waren. Für sie sind die Bilderbuchlandung und die problemlose Rückkehr der Raumfähre der Schlusspunkt einer sehr erfolgreichen Mission, die nach jahrelanger Vorbereitung nun zu einem guten Ende gekommen ist. Zwar hat der Shuttle-Flug den Beteiligten alles abverlangt – lange Schichten zu ungewöhnlichen Zeiten, kaum Freizeit und wenig Schlaf, einen konstant hohen Adrenalinspiegel und ständige Aufregung, denn Routine wird sich erst später einstellen. Aber das Hochgefühl entschädigt nun für alles!

Nur kurz ist Zeit für das Team im Kontrollraum, um

▲ *Die Besatzung der Atlantis nach der geglückten Rückkehr vor ihrem Space Shuttle, der von den verschiedenen Einsatzfahrzeugen des Bodenpersonals umgeben ist*
Von links: L. Melvin, H. Schlegel, St. Love, R. Walheim, A. Poindexter, St. Frick

▲ *Im Missionslogo des STS-122-Fluges spielt das Segelschiff auf die Entdeckungsreisen von Christoph Kolumbus in die »neue Welt« an.*

Crew Transport Vehicle (CTV)
Hilfsfahrzeug für das Aussteigen der Besatzung

den Videoübertragungen aus Amerika zu folgen. Dann gilt die ganze Aufmerksamkeit wieder den drei Astronauten auf der Raumstation, die ihrer täglichen Arbeit nachgehen. Viel gibt es noch an Bord zu tun, bevor das europäische Labor seine gesamte Leistungsfähigkeit unter Beweis stellen kann. Die nächsten Tage und Wochen werden erfüllt sein mit verschiedensten Vorbereitungsarbeiten und dem ausführlichen Testen sowohl der Experimentschränke als auch der unterschiedlichen Bordaggregate, die für den Betrieb des Moduls unerlässlich sind. *Peggy Whitson*, *Yuri Malenchenko* und *Léopold Eyharts* werden hierfür oft in *Columbus* anzutreffen sein und Schritt für Schritt auch die ersten wissenschaftlichen Experimente beginnen. WAICO für BIOLAB, GEOFLOW für FSL, PCDF für das EDR-Rack, Versuche mit den klangvollen Namen NEUROSPAT und 3D-SPACE für EPM. Auch die amerikanischen Racks HRF1 und HRF2, MSG und ER-3 werden in Kürze in *Columbus* montiert werden, und Huntsville wird daraufhin auch mit diesen Experimentierschränken beginnen, Wissenschaft zu betreiben. Schon jetzt, während *Léo* noch an BIOLAB schraubt, folgt SOLAR draußen vollautomatisch der Sonne und misst die solare Strahlung. EuTEF hat bereits die ersten Experimentläufe seines ausführlichen Programms hinter sich.

In Florida ist die *Atlantis* inzwischen mit einem kurzen Ruck zum Stehen gekommen. Jetzt muss das Bodenteam zunächst die Atmosphäre um den Space Shuttle auf austretende Schadstoffe oder explosive Gase untersuchen. Erst dann dürfen sich weitere Fahrzeuge nähern, die schon auf dem Runway mit der Sicherung und der Untersuchung des Orbiters beginnen. Die Astronauten im Inneren klettern inzwischen wieder aus ihren orangen Überlebensanzügen, um kurz darauf durch einen NASA-Arzt eine erste kurze Untersuchung zu erhalten. Dafür wurde das **Crew Transport Vehicle (CTV)** an die *Atlantis* gefahren und damit ein bequemer Ein- und Ausgang installiert. Nach dem kurzen Gesundheitscheck dürfen sie dann hinunter auf das Flugfeld, wo bereits Kollegen, Freunde und Familien auf sie warten. Ein großartiger Moment für alle! Nur *Dan Tani* hat entschieden, seine Rückkehr auf die Erde etwas langsamer angehen zu lassen, und ist im **CTV** geblieben. Niemand kann es ihm verdenken, er hat viele Wochen auf der ISS verbracht und braucht etwas mehr Zeit, um seinen Körper und auch seine Gedanken wieder auf die Erde zurückzubringen.

In der Zwischenzeit stürmen die Techniker den Shuttle, um nach den speziell erarbeiteten Checklisten die *Atlantis* in die entsprechende Konfiguration zu

▶ *Wieder im Kennedy Space Center zurück, beschreibt Rex Walheim das Gefühl beim Start des Space Shuttles.*

bringing, damit die Fähre in die Wartungsgebäude geschleppt werden kann. Außerdem müssen einige Experimentaufbauten so schnell wie möglich sichergestellt werden, um die wissenschaftliche Verwertbarkeit nicht zu gefährden. Die Besatzung dreht zusammen noch eine letzte Runde um ihr treues Raumschiff, und *Steve Frick* spricht allen aus der Seele, als er betont:

»It's great for the 122 crew to be back on the ground at *Kennedy Space Center*, everything worked just great and perfectly.« –
»*Es ist großartig für die STS-122-Besatzung, wieder zurück auf der Erde und am Kennedy Space Center zu sein. Alles lief einfach wunderbar.*«

Raumfahrt – Ein Weg in die Zukunft

Thomas Reiter, Kosmonaut, Astronaut und Mitglied des DLR-Vorstands

»Die Raumfahrt hat in unserer Gesellschaft einen festen Platz gefunden – in den Bereichen der Erdbeobachtung, der Telekommunikation und der Navigation ist sie unverzichtbar geworden. Die Raumfahrt dient sowohl der Entwicklung neuer Anwendungen als auch dem Erkenntnisgewinn für den Menschen. Darüber hinaus übt insbesondere die bemannte Raumfahrt eine große Faszination aus. Schon seit Urzeiten erkundet der Mensch unbekanntes Terrain – und natürlich hat er schon immer mit mehr oder weniger Sehnsucht zu den Sternen aufgeschaut. Es folgt die logische Frage: Was ist dort draußen? Diese ständige alltägliche Neugier treibt uns an, unsere Grenzen unaufhörlich zu erweitern, um immer wieder Antworten auf immer wieder neue Fragen zu finden. Neugier ist eine zutiefst menschliche Eigenschaft, die in unserer Entwicklung schon immer eine zentrale Rolle gespielt hat. Die bemannte Raumfahrt wird es uns vielleicht eines Tages ermöglichen, unseren Lebensraum auszudehnen. Oder wir finden im Weltall neue Materialien, was zum Beispiel in der Energieversorgung der Zukunft eine Rolle spielen könnte. Dass wir heute eine hoch entwickelte Gesellschaft sind, was unsere kulturellen und wissenschaftlichen Fähigkeiten angeht, ist auch ein Verdienst der Generationen von Wissenschaftlern und Ingenieuren, die in der Raumfahrt arbeiten. Das Engagement Deutschlands in der Raumfahrt Europas entspricht unseren Möglichkeiten.

In den nächsten Jahrzehnten kann es bemannte Missionen zum Mond geben. Dafür jedoch wird es notwendig sein, die notwendige Infrastruktur aufzubauen, über die notwendigen Trägersysteme und Raumschiffe zu verfügen und Raumfahrttechnologien, wie z. B. in den Bereichen Sensorik, Robotik und Kommunikation, weiterzuentwickeln. Dies geht aber nur in intensiven internationalen Kooperationen. Dafür ist die Internationale Raumstation ISS mit dem europäischen Forschungslaboratorium *Columbus* heute ein hervorragendes Beispiel.

Der Erdorbit ist eine logische Zwischenstation auf dem Weg ins All. Die ISS spielt als ›Testplattform‹ für die Weiterentwicklung von Raumfahrttechnologien und Betriebsverfahren eine wesentliche Rolle. Die dort erlangten Erfahrungen sind unerlässlich für die Vorbereitung und Durchführung von Langzeitmissionen. Robotische und bemannte Missionen werden auch in der Zukunft komplementär sein und dazu dienen, das Wissen über unseren eigenen Planeten, über eine Vielzahl wissenschaftlicher Disziplinen, über unser Sonnensystem und Universum zu erweitern.

Bei all dem darf natürlich nicht vergessen werden, dass gerade die Raumfahrt schon immer ganz massiv als Technologietreiber fungiert hat. Gerade für Deutschland, dessen wirtschaftliche Zukunft wesentlich von der weiteren Entwicklung und Beherrschung neuer Technologien bestimmt werden wird, ist die bemannte Raumfahrt mit ihren besonders hohen Anforderungen an Funktionalität und Zuverlässigkeit – so wie in Projekten wie *Columbus* und ATV demonstriert – unverzichtbar. Raumfahrt ist eine Querschnittstechnologie, die auf viele Bereiche der Wissenschaft und Wirtschaft direkte Auswirkungen hat und damit den Menschen neben der Erweiterung des Wissens auch einen Nutzen bringt.

In den nächsten Jahren wird sich entscheiden, wohin die Reise geht. Dabei wird die bemannte Raumfahrt in Deutschland und in Europa eine entscheidende Rolle spielen – bei der Nutzung der ISS bis zum Ende ihrer Lebenszeit, bei der Weiterentwicklung des europäischen ATVs und beim Entwurf und der Umsetzung neuer Programme für die bemannte Exploration.

Die bis heute erfolgten Investitionen werden sich in der Zukunft auszahlen, und Deutschland wird auch weiterhin ein verlässlicher Partner auf dem bemannten Weg ins All sein.«

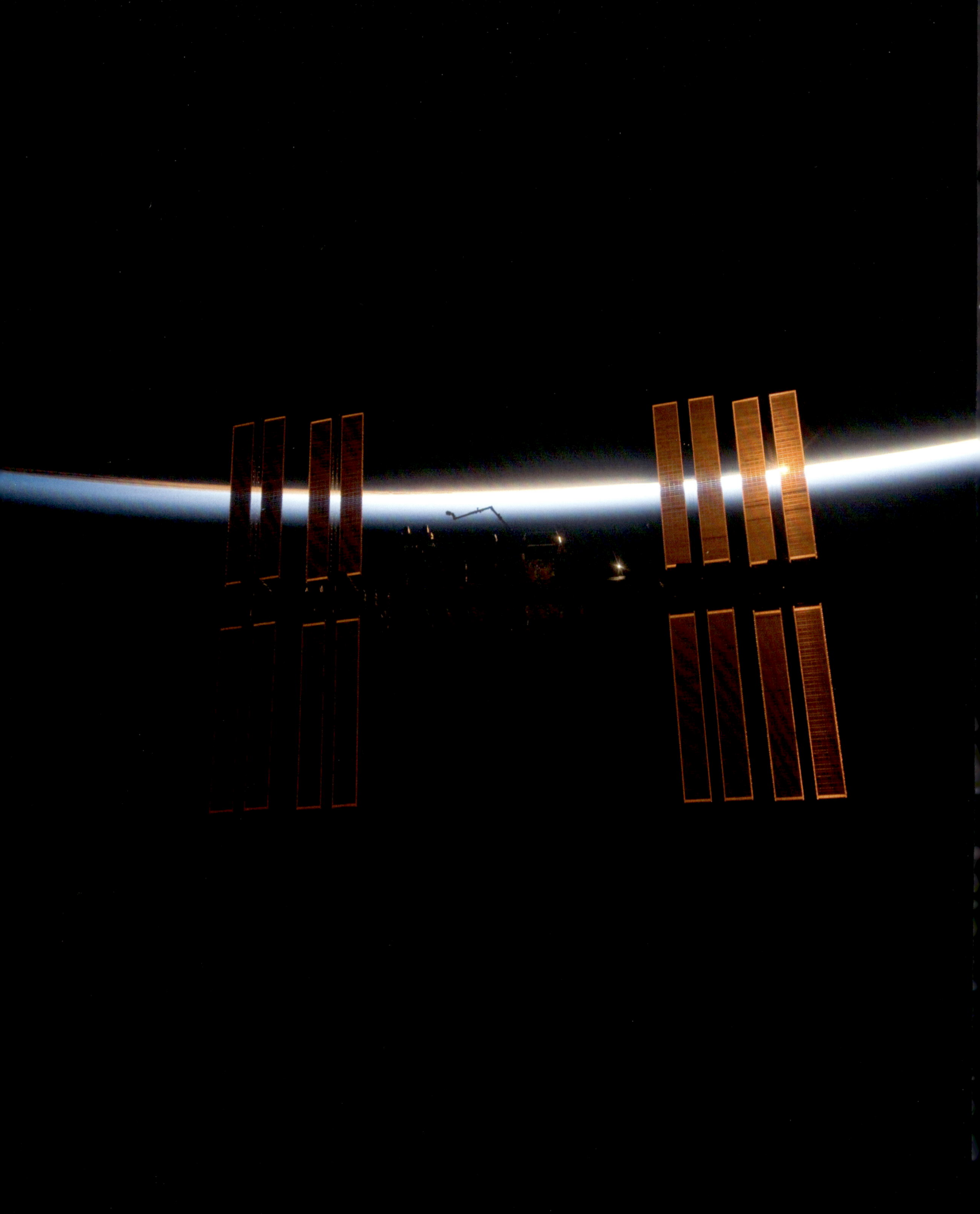

Epilog

Das motivierte Team aus Oberpfaffenhofen hat es endlich geschafft: Nach vielen Jahren der Vorbereitung, des Wartens und Hoffens ist es nun offiziell: »Munich« ist zu einem Synonym für bemannte Raumfahrt geworden – wie »Houston«, »Huntsville« oder »Moskau«. Aus dem kleinen Dorf Oberpfaffenhofen, inmitten von Wiesen und Weiden, zwischen den Seen des Fünfseenlandes und in Blickweite der Alpen gehen jeden Tag riesige Datenströme in den Weltraum und von der Raumstation zurück auf die Erde. Täglich haben die Oberpfaffenhofener direkten Kontakt mit den Astronauten in der Raumstation, die in über 300 Kilometern Höhe als kleiner Punkt ihre Bahn über den Himmel zieht. Modernste Wissenschaft wird über diesen kleinen bayerischen Ort im All koordiniert – gewissermaßen ferngesteuert an Bord des europäischen Forschungsmoduls.

Für die Raumfahrt mag es ein kleiner Schritt gewesen sein, aber für Europa war es ein riesiger Fortschritt. Zum ersten Mal betreiben und nutzen die Europäer in Eigenregie ein permanent bemanntes Forschungslabor im Weltall. Wie wird es weitergehen?

Für das Flugkontrollteam in Oberpfaffenhofen sind die schönen Bilder des heimkehrenden Orbiters auch mit nachdenklichen Gefühlen verbunden. Buchstäblich wie im Flug ist die Mission vorübergegangen – nun beginnt das Neuland! Die zwei Wochen waren bis ins Detail durchdacht, das Team war hoch motiviert, der Mangel an Freizeit und Schlaf verschmerzbar und die helfende Hand der erfahrenen NASA-Kollegen war allgegenwärtig. Nun wird der Alltag Einzug halten – für über zehn Jahre soll *Columbus* betrieben werden, und nun müssen Vorbereitung und Durchführung nebeneinander geschehen. Wie wird sich die Motivation entwickeln, wenn dem Team ab sofort permanenter Schichtbetrieb abverlangt wird? Und die ersten eigenständigen Gehversuche – es wird immer wieder ein Stolpern geben, aber es muss konsequent vorwärts gehen ...

EuTEF und SOLAR werden schon in Kürze damit beginnen, ihre wissenschaftlichen Messserien aufzunehmen. Auch das erste wissenschaftliche Experiment für BIOLAB, WAICO, ist schon in der 7-Tage-Vorschau der Timeline zu sehen. Wird *Columbus* zu einem besseren Verständnis des Lebens unter Schwerelosigkeit beitragen? Werden es bahnbrechende Ergebnisse sein, die das europäische Labor liefern wird? Und wird es den Weg ebnen, den Weg zurück zum Mond, den Weg zu anderen Planeten und zukünftige Entdeckungsreisen ermöglichen – vielleicht über die Grenzen unseres Sonnensystems hinaus?

Die Zukunft wird es zeigen.

Danke – ohne Euch wäre es nicht gegangen!

Dieses Buch ist allen Kollegen, Freunden und Raumfahrt-enthusiasten gewidmet, die aktiv oder ermutigend zu seiner Entstehung beigetragen haben. Einigen möchten wir ein besonderes Dankeschön für ihre Hilfe und Unterstützung sagen:

Unseren Familien – Ihr wart die Leidtragenden, wenn wir Abende, Wochenenden oder Ferien nur mit dem Schreiben und Recherchieren beschäftigt waren.

Barbara Kehr – Du hast in all den langen, teilweise hektischen 25 Jahren nie am Erfolg des Raumstations-projekts gezweifelt – Danke!

Vincent und Benedikt – danke, dass Ihr dann doch nicht den Laptop kaputt gemacht habt.

Sabine Nitsch – für die endlose Geduld und Ausdauer in Deiner Unterstützung

Tina Mitterleitner (jetzt Tina Uhlig) – super, dass Du trotzdem »ja« gesagt hast und ein dickes »Vergelt's Gott« für die viele Geduld und die große Unterstützung – wieder mal!

Ulrike Nitsch, Klaus Uhlig und Tina Uhlig – Ihr habt die Schreibfehler gefunden und geholfen, aus unserem Fachchinesisch halbwegs lesbare Absätze zu machen

Astronaut Léopold Eyharts – danke für die schwere-losen Details der Mission!

Denis Van Hoof, Jean-Marc Wislez, Leif Steinicke, Liesbeth De Smet, Saliha Klaï und Ségolène Brantschen für die Detailinformationen von B.USOC

Tom Hoppenbrouwers für die ERASMUS-USOC-Geschichten

Stefano Masiello – er hat sein nächtliches Abenteuer am Launch Pad beigesteuert

Astronaut Dr. Reinhold Ewald – danke für Rat und Tat und die fachliche Expertise!

Rob Landis und Paul Wester, unseren »verdeckten Ermittlern« bei der NASA

Diane Hord als ehemalige Shuttle-Lageregelungs-expertin

Margret Krause und Jan Helge Mey, beide Mitarbeiter von Prof. Dr. Stephan Hobe am Institut für Luft- und Weltraumrecht der Uni Köln

Aaron Butler – danke für die Unterstützung in den Fragen bezüglich der Lageregelung der ISS

Herve Stevenin für die wertvollen Erfahrungen, die er uns mitgeteilt hat

Dr.-Ing. Birgit Futterer von der Universität Cottbus,

Dr. Gerold Picker von Astrium und Jan Dettmann von der ESA für alles Wissenswerte zum GEOFLOW-Experiment

Kai-Uwe Peters – dem Experten in Sachen Columbus. Herzlichen Dank!

Dem Neuseeländer Bernie Kerr und dem Engländer Colin Ward für Ihre Übersetzungshilfen – thanks to you!

Dr. Martin Wickler für die Informationen und Bilder zu TerraSAR-X

Danke für die Bilder an Uwe Müllerschkowski vom EAC, Zeholy Pronk, Gianluigi Camatto und Jean-Marc Wislez von ERASMUS-USOC, Liesbeth De Smet von BUSOC, Dr. Martin Wickler, Oliver Amend und Christian Ehrhardt.

Katja Lenoth, Sandra Brogl und Lucas Marchi, die sich als »Fotomodel«-Flight Controller zur Verfügung gestellt haben

German Zoeschinger – unserem »Haus- und Hoffotografen«! Ihm verdanken wir die vielen in die-sem Buch gezeigten »Echtzeit-Fotos« aus den Kontrollräumen. Danke für Dein Engagement und Deine enthusiastische Mitarbeit!

Dr. Bob Dempsey, Gerd Söllner, Astronaut Dr. Reinhold Ewald, Bob Chesson, Astronaut Léopold Eyharts, Astronaut Thomas Reiter und Dr. Rüdiger Seine für den Einblick, den sie durch kleine Essays in ihre Fachgebiete gegeben haben!

Astronaut Hans Schlegel, der das Vorwort beige-steuert hat

Die wohlwollende Unterstützung und die Freigabe des Buches von Seiten des DLR verdanken wir Thomas Kuch und Prof. Dr. Felix Huber, unseren Vorgesetzten in Oberpfaffenhofen.

Jochen Horn – unserem Lektor vom Carl Hanser Verlag, der unser Buchprojekt von Anfang an tatkräftig und engagiert unterstützt hat.

Last but not least ein herzliches thank you, merci beau-coup, molto grazie, cok teşekkür ederim, ευχαριστώ, gracias, большое спасибо und vielen Dank an die Flight Controller der 1E-Mission, sei es in Oberpfaffen-hofen oder anderswo in Europa. Eurem engagierten und oft selbstlosen Einsatz ist ein guter Teil des Erfolges der 1E-Mission zuzuschreiben! Weiter so!

Abkürzungs- und Sachwortverzeichnis

Personenverzeichnis

Bildquellenverzeichnis

German Zoeschinger/DLR: Seite 10 (kleines Bild),
    12 (links und unten), 13 (unten links), 27 (unten
    rechts), 29, 30, 33 (Infobox), 34, 35 (unten), 36, 39,
    42 (oben), 72, 73, 76, 77, 79 (kleine Bilder), 106,
    107, 108, 120, 129 (oben), 134, 136, 138 (oben),
    141, 143, 147, 152, 153, 170, 172, 191, 199,
    202, 222 (unten), 228 (unten), 237 (unten), 245,
    248 (unten), 249 (unten), 251, 252, 259, 260,
    270 (oben), 276 (oben)
DLR: Seite 18, 19, 23 (unten), 24 (oben links), 25
    (oben), 26 (unten rechts), 27 (oben), 28, 39, 185,
    222 (oben)
ESA: Seite 18, 22, 23 (oben), 183 (rechtes Bild)

Thomas Uhlig/privat: Seite 12 (oben)
Alexander Nitsch: Seite 54 (oben links)
Martin Wickler/DLR: Seite 254
Joachim Kehr/privat: Seite 18, 27 (unten links)
Oliver Amend: Seite 43
Thomas Kuch: Seite 42 (unten)
dpa picture-alliance: Seite 21
Stefano Masiello: Seite 52 (oben links)
N. Mihalache: Seite 234
ERASMUS: Seite 196, 240 (oben), 244
Sierra Nevada Corporation (SNC): Seite 219

Alle übrigen Bilder: NASA

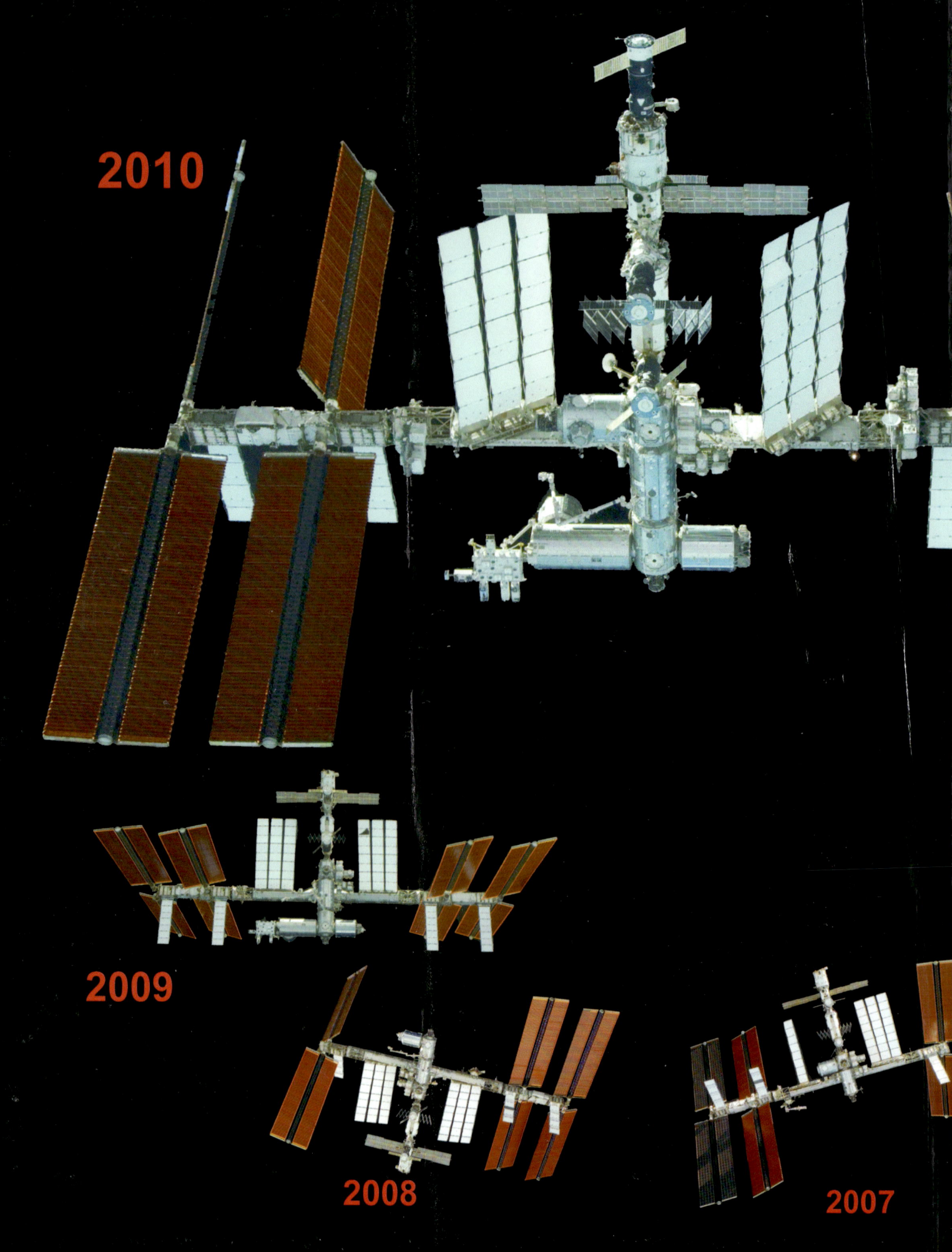

2010

2009

2008

2007